U0936290

现行有色金属

行业标准汇编

中国有色金属工业标准计量质量研究所　编

北　京

冶　金　工　业　出　版　社

2003

图书在版编目(CIP)数据

现行有色金属行业标准汇编/中国有色金属工业标准计量质量研究所编.—北京:冶金工业出版社,2003.3
ISBN 7-5024-3166-7

Ⅰ.现... Ⅱ.中... Ⅲ.有色金属—标准—汇编—中国 Ⅳ.TG146-65

中国版本图书馆 CIP 数据核字(2002)第 096111 号

出版人 曹胜利(北京沙滩嵩祝院北巷 39 号,邮编 100009)
责任编辑 郭富志 美术编辑 王耀忠 责任校对 王贺兰 责任印制 牛晓波
北京兴华印刷厂印刷;冶金工业出版社发行;各地新华书店经销
2003 年 3 月第 1 版,2003 年 3 月第 1 次印刷
787mm×1092mm 1/16; 47.5 印张; 1147 千字; 745 页; 1-2000 册
168.00 元
冶金工业出版社发行部 电话:(010)64044283 传真:(010)64027893
冶金书店 地址:北京东四西大街 46 号(100711) 电话:(010)65289081
(本社图书如有印装质量问题,本社发行部负责退换)

《现行有色金属行业标准汇编》

编 辑 委 员 会

前　言

根据标准的层次和使用范围，我国标准可分为国家标准、行业标准、地方标准和企业标准。目前我国的有色金属国家标准、行业标准总数已近两千个，其中国家标准近一千五百个、行业标准五百余个。以前，无论是从标准单行本的发行上讲，还是从标准汇编的频次上讲，国家标准都受到更大的重视，而行业标准相对关注不够。为了弥补这种不足，中国有色金属工业标准计量质量研究所组织力量编辑了《现行有色金属行业标准汇编》。

本书按金属类别将有色金属行业标准分为七个部分。第一部分，轻金属标准；第二部分，重金属标准；第三部分，贵金属标准；第四部分，半导体材料标准；第五部分，稀有金属标准；第六部分，粉末冶金标准；第七部分，稀土金属标准。共收录从 1994 年至 2002 年间发布的有色金属行业标准 163 个。需要说明的是，本书只汇编了有色金属行业标准中的产品标准部分，没有包括分检标准、基础标准。

目前的有色金属行业标准基本上包含两部分：一部分是由 1994 年国家标准清理整顿时转化而来，即由原来的国家标准（GB）、国家内部标准（GBn）、专业标准（ZBH）转化而来；另一部分则是 1994 年以后制定的。对于转化而来且没有经过修订的行业标准，此前由于没有出版过行业标准的单行本，曾经造成许多不便甚至混乱，这次汇编时，将转化的这些标准按给定的行业标准号进行编排，并明示代替关系，将有助于方便地使用这些行业标准。

由于我国经济管理体制近年来变化较大，标准化管理体制变化也较频繁，因此行业标准中批准发布部门出现了多个部门。为了尊重历史，在汇编时没有强求统一。

关于行业标准的总体编排格式，由于各个时期的要求不一样，因此行业标准的编排格式也有一定差异，汇编时基本保持原貌，仅在个别地方做了一些编辑性修改。

对于汇编中的行业标准，如有任何疑问，请与以下标准化技术委员会秘书处联系。

全国有色金属标准化技术委员会

轻金属分技术委员会	(010)62228793
重金属分技术委员会	(010)62228795
贵金属分技术委员会	(010)62228796
稀有金属分技术委员会	(010)62228796
粉末冶金分技术委员会	(010)62228796
SEMI 材料分标准化技术委员会	(010)62228796
全国稀土标准化技术委员会	(010)62245003

中国有色金属工业标准计量质量研究所

2003 年 3 月 1 日

目　录

一、轻金属标准

中华人民共和国有色金属行业标准

YS/T 65—1993

铝电解用阴极糊

1 主题内容与适用范围

本标准规定了铝电解用阴极糊的分类、技术要求、试验方法、检验规则及标志、包装、运输、贮存。

本标准适用于以煅烧无烟煤为主要原料生产的铝电解用阴极糊。

2 引用标准

GB 1429 炭素材料灰分含量测定方法

GB 1431 炭素材料耐压强度测定方法

GB 6154 炭素材料体积密度测定方法

GB 6155 炭素材料真密度测定方法

GB 8719 炭素材料及其制品的包装、标志、运输和质量证明书的一般规定

GB 8720 炭糊类挥发分的测定方法

YS/T 62 铝电解用炭素制品取样方法

YS/T 63 铝电解用炭糊检测试样焙烧方法

YS/T 64 铝电解用炭素制品电阻率测定方法

3 产品分类

铝电解用阴极糊按其理化性能、产品用途、施工温度的不同分为三类 7 个牌号,见表 1。

表 1

分类	牌号	名称	适用部位	施工温度/℃
第一类	BSZH	半石墨周围糊	填充底部炭块与侧部炭块接缝及耐火砖等之间较宽缝隙	110±10
	BSTH	半石墨炭间糊	填充炭块与炭块之间缝隙	110±10
	BSGH	半石墨钢棒糊	填充阴极钢棒与炭块之间缝隙	110±10
	BSTN	半石墨炭胶泥	填充侧部块之间较小缝隙	60±10
第二类	PTRD	普通热捣糊	填充炭块与炭块之间缝隙	130~140
第三类	PTLD-1	普通冷捣糊	用于铝电解槽垫层,填充炭块与炭块、炭块与炉壳间缝隙或小型电解槽的整体槽衬	25~50
	PTLD-2	普通冷捣糊	用于电解槽阴极燕尾槽的接缝	25~50

注:① BSZH、BSTH、BSGH、BSTN 4 个牌号的产品是与铝电解用半石墨阴极炭块配套使用的。

② PTRD 这一牌号的产品是与铝电解用普通炭块配套使用的。

中国有色金属工业总公司 1993-03-17 批准　　1994-04-01 实施

4　技术要求

4.1　铝电解用阴极糊的理化性能应符合表 2 的规定。

表 2

牌　号	灰　分 /%	电阻率 /(μΩ·m)	挥发分 /%	耐压强度 /MPa	体积密度 /(g/cm^3)	真密度 /(g/cm^3)	针入度/度 (20℃)
	不大于			不小于			
BSZH	7	73	7～11	17	1.44	1.87	—
BSTH	7	73	8～12	18	1.42	1.86	—
BSGH	4	73	9～13	25	1.44	1.87	—
BSTN	5	—	≤50	—	—	—	450～650
PTRD	10	75	9～12	18	1.40	1.84	—
PTLD-1	12	95	≤12	18	1.42	1.84	—
PTLD-2	10	90	≤10	20	1.42	1.84	—

注：针入度的单位为度，1 度＝0.1mm。

4.2　表 2 中的体积密度为焙烧后的数据。

4.3　如需方对产品理化性能有特殊要求时，可由供需双方另行协商。

5　试验方法

铝电解用阴极糊理化性能仲裁分析按下列方法进行：

灰分的测定按 GB 1429 的规定。

耐压强度的测定按 GB 1431 的规定。

体积密度的测定按 GB 6154 的规定。

真密度的测定按 GB 6155 的规定。

挥发分的测定按 GB 8720 的规定。

阴极糊的焙烧方法按 YS/T 63 的规定。

电阻率的测定按 YS/T 64 的规定。

针入度的测定按附录 A 的规定。

6　检验规则

6.1　检查和验收

6.1.1　铝电解用阴极糊应由供方技术监督部门进行检验，保证产品质量符合本标准的规定，并填写质量证明书。

6.1.2　需方应对收到的产品按本标准的规定进行检验，如检验结果与本标准的规定不符时，应在收到之日起 3 个月内向供方提出，由供需双方协商解决。如需仲裁，仲裁取样在需方共同进行。

6.2　组批

6.2.1　每批为同一次生产的产品。

6.2.2　周围糊、炭间糊、钢棒糊每批不大于 50t。

6.2.3　炭胶泥每批不大于 1t。

6.2.4 冷捣糊和热捣糊每批不大于50t。

6.3 检验项目

每批铝电解用阴极糊应进行理化性能的检验。

6.4 仲裁取样和制样

按 YS/T 62 的规定进行。

6.5 检验结果判定

理化性能仲裁分析结果与本标准规定不符时,按仲裁分析结果重定牌号或退货。

7 标志、包装、运输、贮存和质量证明书

铝电解用阴极糊的包装、标志、运输、贮存和质量证明书按 GB 8719 的规定进行。

附 录 A
炭胶泥针入度测定方法
(补充件)

A1 主题内容与适用范围

本附录规定了砌筑铝电解槽内衬时填充侧部炭块之间较小缝隙所用炭胶泥针入度测定方法。

本附录适用于炭胶泥针入度的测定。测定范围:450～650 度(20℃)。

A2 原理

炭胶泥试样在保温 20℃情况下,以 ϕ9.5mm×200mm、重 38g 的圆柱铝棒测其在 3s 内沉入炭胶泥试样的深度。

A3 仪器和设备

A3.1 针入度计:ϕ9.5mm×200mm,重 38g 的铝棒。

A3.2 低温恒温箱:温度调节范围 -20～30℃。

A3.3 烧杯:铝器皿,容量 1L。

A4 试样

用指定的取样器,取试样约 1L 装入铝制烧杯中。

A5 测定步骤

A5.1 将装有试样的烧杯放入低温恒温箱。

A5.2 不断搅拌试样使其均匀,且温度在 20±1℃,然后将针入度计放在正中位置,调整铝棒高度,使其端头刚好与试样表面相接触。

A5.3 将针入度计刻度盘上的指针调整到零,然后启动针入度计,在 3s 内使铝棒自由插入试样。

A5.4 从针入度计刻度盘上读取铝棒插入试样的深度。

A5.5 重复测定一次。

A6 测定结果的计算

A6.1 针入度按下式计算：

$$针(20℃)=\frac{针(1)+针(2)}{2}$$

A6.2 取其两次测定值的平均值整数位。

A7 允许差

A7.1 测定结果的允许差应满足下表的要求。

度

针　入　度　(20℃)	相 对 偏 差
	同一化验室不大于
450～650	±2

附加说明：

本标准由中国有色金属工业总公司标准计量研究所提出。

本标准由贵州铝厂、湖南新化炭素厂负责起草。

本标准主要起草人：朱凯旋、晏华利、余国金、傅作礼。

中华人民共和国有色金属行业标准

YS/T 67—1993

LD30、LD31铝合金挤压用圆铸锭

1 主题内容与适用范围

本标准规定了LD30、LD31铝合金圆铸锭的状态、尺寸偏差、化学成分、显微组织、表面质量及检验方法等内容。

本标准适用于挤压建筑型材及其他行业用的LD30、LD31铝合金圆铸锭。

2 引用标准

GB/T 3190 铝及铝合金加工产品的化学成分

GB 3199 铝及铝合金加工产品的包装、标志、运输、贮存

GB/T 3246 铝及铝合金加工制品显微组织检验方法

GB 6987 铝及铝合金化学分析方法

3 产品分类

3.1 牌号、状态、规格

铸锭的牌号、状态及规格应符合表1的规定。

表1 mm

合金牌号	状态	公称直径
LD30,LD31	铸态或 均匀化	80,90,112,124,142,150, 162,192,212,250,300

注：经供需双方协商，可供应其他规格的铸锭，并在合同中注明。

4 技术要求

4.1 化学成分

铸锭的化学成分应符合GB 3190的规定。

4.2 外形尺寸及允许偏差

外形尺寸及允许偏差应符合表2的规定。

表2 mm

铸锭公称直径	直径允许偏差	铸锭长度	长度允许偏差	弯曲度		端面切斜
				每米	全长	
				不大于		
≤124	±2	300～4 500	+10	5	15	5
>124～300	±3	300～4 500	+15	5	15	5

注：可供应定尺及倍尺铸锭。如需要其他长度的铸锭，可在合同中注明。

中国有色金属工业总公司 1993-03-17 批准 1994-04-01 实施

4.3 显微组织

均匀化状态铸锭的显微组织不允许有过烧。

4.4 低倍组织

铸锭的低倍组织应符合表3的规定。

表3

缺陷名称	技术要求
裂纹	不允许存在
气孔	不允许存在
夹渣	只允许有两点夹渣,且单个面积不大于0.5mm^2
光亮	允许不多于10点,每点平均直径不大于3mm
晶粒	或不多于2点,每点平均直径不大于10mm
羽毛状晶	羽毛状晶的面积应不大于试片总面积的30%
晶粒度	不允许大于二级
疏松	不超过二级

4.5 表面质量

4.5.1 铸锭表面不允许有拉裂、气泡及腐蚀斑点。

4.5.2 铸锭表面允许存在深度不大于1.5mm的拉痕、成层(冷隔)、缩孔等缺陷。

4.5.3 允许有经过铲凿修整过的,且不大于2mm的机械碰伤,并不多于四处。

4.5.4 铸锭表面不允许有高出基面1mm的金属瘤。

4.5.5 铸锭表面应清洁、无油污及尘土。

4.5.6 铸锭端面不允许有飞边及毛刺。

5 试验方法

5.1 化学成分仲裁分析方法

铸锭化学成分的仲裁分析方法应按GB 6987进行。

5.2 低倍组织试验方法

铸锭低倍组织试验方法按附录A规定进行。

5.3 显微组织试验方法

均匀化铸锭的显微组织试验方法按附录B规定进行。

6 检验规则

6.1 检查与验收

铸锭应由供方技术监督部门检查和验收,并保证产品符合本标准要求。

6.2 组批

铸锭应成批提交验收,每批应由同一牌号、状态、规格组成。每批最多由两个熔次组成。

6.3 检验项目

每批铸锭均应检查化学成分、表面质量、外形及尺寸偏差、低倍组织和显微组织。

6.4 取样位置和取样数量

6.4.1 化学成分取样

化学成分试样应在铸造 0.5m 长以后,从流槽或流盘中采取。每熔次取 1 份。

6.4.2 低倍组织取样

采用横向铸造法生产时,每熔次至少取 2 根铸锭,去掉铸造开头部分 400mm 和收尾部分 300mm 后,从每根的头、尾各切取一个低倍试片。

采用竖式铸造法生产时,每铸次至少取 1 根铸锭(每熔次至少取 2 根铸锭),去掉铸造开头部分 50mm 和收尾部分 100mm 后,从每根的头、尾各切取一个低倍试片。

6.4.3 显微组织取样

均匀化状态供货的铸锭,每批(每热处理炉)从热处理炉高温区中的两块铸锭上,各切取一个试样进行显微组织检验。

6.5 重复试验

对有低倍缺陷的铸锭允许重复取样进行重复试验。取样方法是:对有低倍缺陷的铸锭从其头、尾两端各切掉 400mm 后,再切取低倍试片进行复验,复验结果合格,可全批交货,如其中有任一试样仍不合格,则全批报废,或由供方逐根检查,合格者交货。

7 标志、包装、运输和贮存

7.1 标志

7.1.1 每根铸锭的端面打上合金牌号、炉号、熔次号及检印,并捆扎在同一端。

7.1.2 每一捆铸锭应设有 2 处标签,注明:

a. 供方技术监督部门的检印;

b. 产品名称;

c. 合金牌号;

d. 供应状态;

e. 熔次号。

7.2 包装、运输和贮存

7.2.1 铸锭为裸件捆扎,每个捆的大小、重量以及捆扎方法根据铸锭长短由供方确定,也可由供需双方共同商定,并在合同中注明。运输及贮存按照 GB 3199 执行。

7.2.2 质量证明书

每批铸锭应附符合本标准要求的质量证明书,其中注明:

a. 供方名称;

b. 产品名称;

c. 合金牌号及状态;

d. 熔次号;

e. 铸锭直径及长度;

f. 净重;

g. 技术监督部门印记;

h. 包装件数;

i. 本标准编号;

j. 包装日期。

附 录 A

铸锭低倍检验方法

(补充件)

A1 适用范围

本附录适用于LD30、LD31铝合金铸锭低倍组织检验。

A2 试样准备

A2.1 取样部位及数量

按本标准规定分别切取。

A2.2 试样厚度

试样厚度为 20～30mm。

A2.3 标记

在一端面上,用钢印打上合金牌号、炉号、熔次号、根号及试样号。

A2.4 加工

将未打标记的一面进行铣削加工,加工面的表面粗糙度不应大于 $\overset{1.6}{\bigtriangledown}$。加工后的试片表面应洁净。

A3 试片浸蚀

试片应均匀、分散地装在料筐内,并能完全浸入槽液中。

A3.1 蚀洗

NaOH水溶液浓度 8%～12%;

室温下蚀洗时间 10～15min。

蚀洗后的试片应在流动的清水槽内清洗,除尽试片表面碱液。

A3.2 光亮洗

硝酸溶液浓度 20%～30%

试片在室温下,在硝酸溶液中除去表面黑色腐蚀产物,以试片表面达到洁白为准,然后在流动的清水槽内清洗干净为止。

A3.3 晶粒度显现

进行晶粒度检查的试片,应采用下列浸蚀剂:

$HF:HNO_3:HCl$

1 5 15 体积分数

可多次反复浸蚀,在流动的清水中清洗,以能清晰地显现晶粒为准。

A4 检查评定

浸蚀好的试片,用目视进行检查,找出存在的缺陷,并根据组织特征进行正确的判断及评定。晶粒度及疏松见图片。

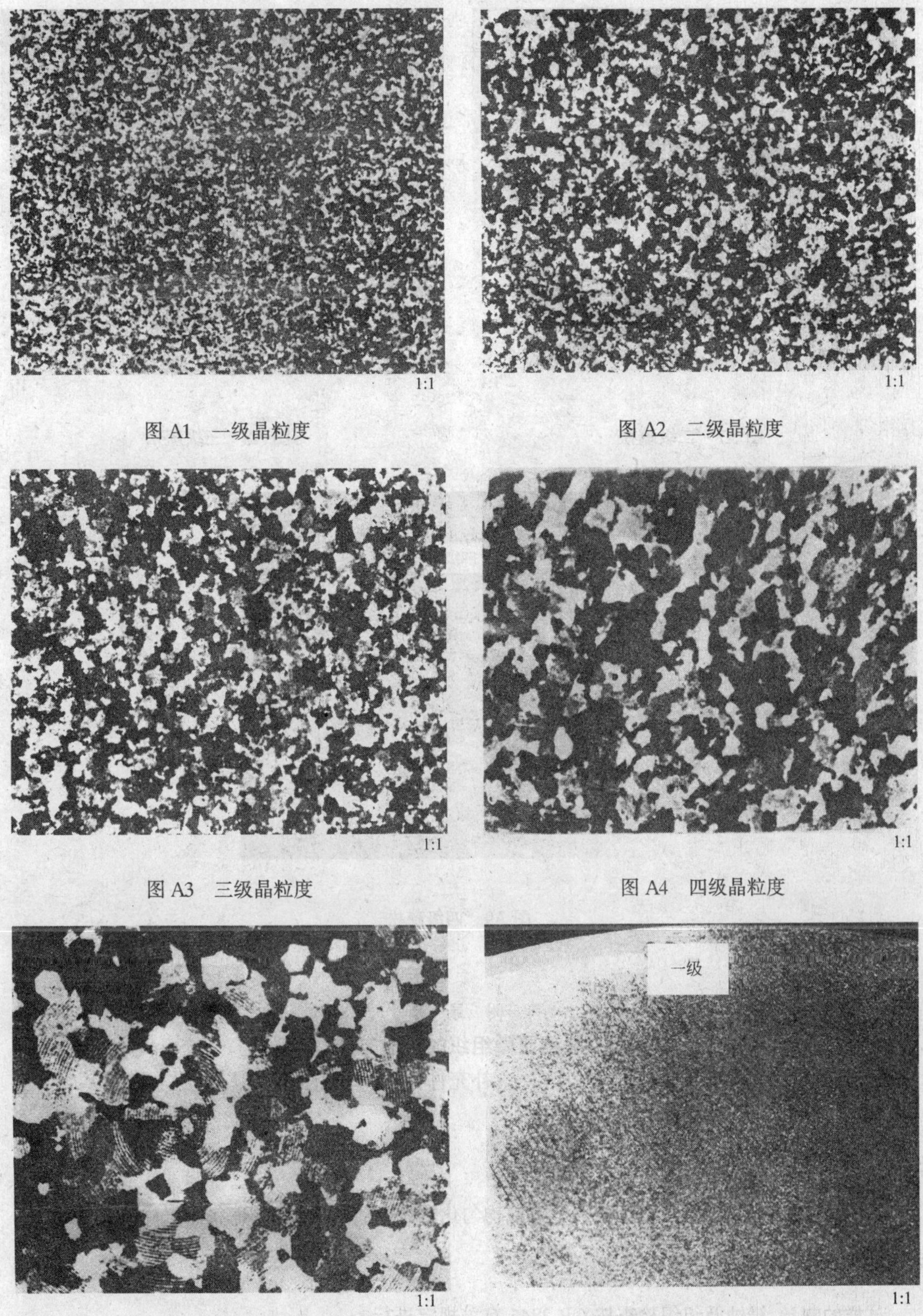

图 A1 一级晶粒度

图 A2 二级晶粒度

图 A3 三级晶粒度

图 A4 四级晶粒度

图 A5 五级晶粒度

图 A6 一级疏松

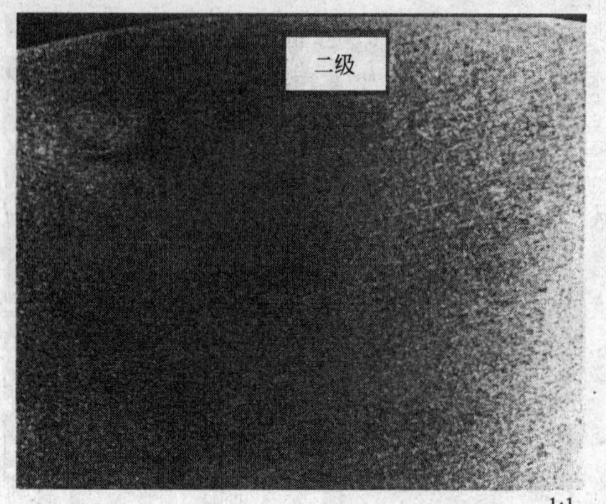

图 A7 二级疏松

图 A8 三级疏松

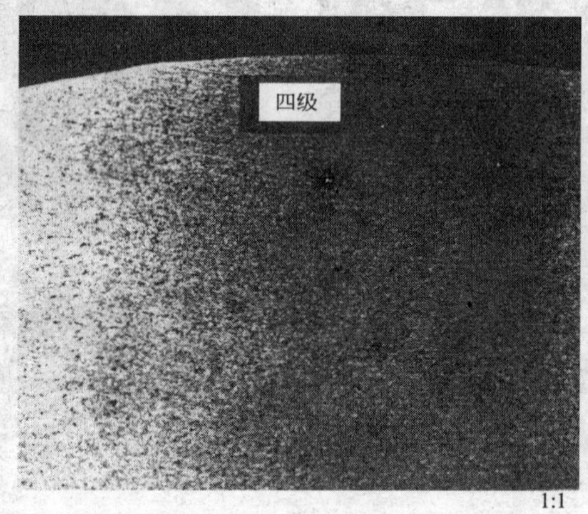

图 A9 四级疏松

附 录 B
铸锭显微组织的检验方法
（补充件）

B1 适用范围

本附录仅适用于 LD30、LD31 铝合金铸锭均匀化热处理后的显微组织检验。

B2 试样的制备、浸蚀及组织检查

试样的制备、浸蚀及组织检查按 GB 3246 有关规定进行。

B3 过烧的判定

LD31 合金铸锭均匀化热处理后的正常显微组织及过烧显微组织典型照片见下图。

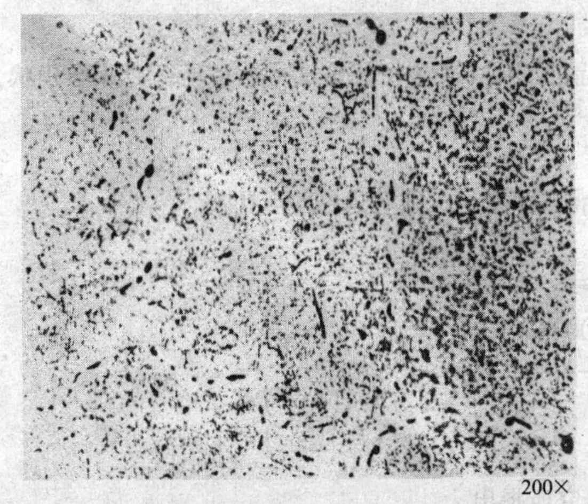

200×

图 B1 LD31 合金铸锭均匀化后正常显微组织

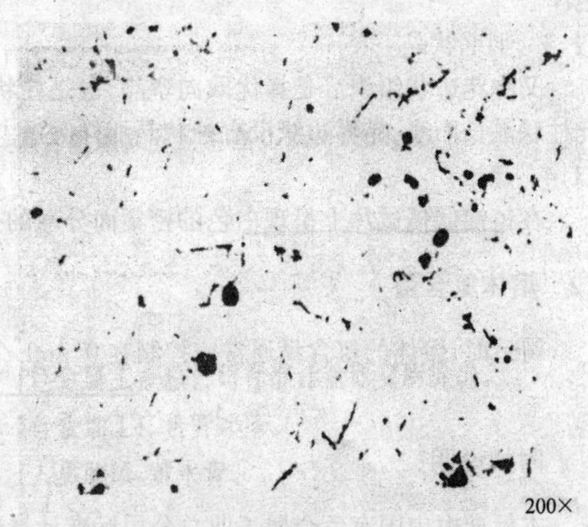

200×

图 B2 LD31 合金铸锭均匀化后过烧显微组织

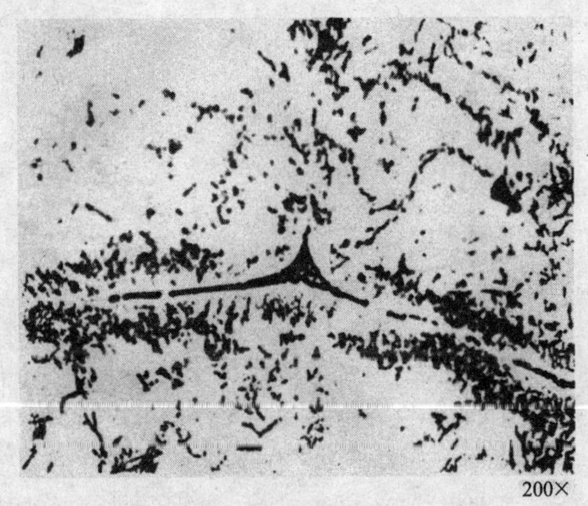

200×

图 B3 LD31 合金铸锭均匀化后过烧显微组织

附 录 C
缺陷与低倍形貌、熔体氢含量
（参考件）

C1 铸锭的低倍缺陷及形貌

C1.1 夹渣

在铸锭低倍试片上，呈现不规则的边部发毛的夹入物，一般呈黑色。

C1.2 光亮晶粒

由于工艺条件控制不当，使铸锭中形成贫乏固溶体的粗大树枝状晶，在铸锭低倍试片上呈现光亮色泽。

C1.3 羽毛状晶

又称花边状组织。是择优取向孪晶，也是柱状晶的变种，通常在低倍试片上呈平行薄片堆积状，此柱状晶长而窄，晶界边缘没有柱状晶那样圆滑。

C1.4 疏松

在铸锭低倍试片上呈现白色的密集而分散的孔洞，背光观察则呈暗色的小孔穴。

C2 熔体氢含量

铸造时，熔体的氢含量通常应控制在0.2mL/100g以下。

附加说明：

本标准由中国有色金属工业总公司标准计量研究所提出。

本标准由东北轻合金加工厂负责起草。

本标准主要起草人：吴欣凤、黄永青。

中华人民共和国有色金属行业标准

YS/T 69—1993

钎接用铝合金板材

1 主题内容与适用范围

本标准规定了钎接用铝合金板材的产品分类、技术要求、试验方法、检验规则及标志、包装、运输、贮存。

本标准适用于制造板翅式换热器及其他工业做钎接用的铝合金轧制板材。

2 引用标准

GB 228 金属拉伸试验方法

GB/T 3190 铝及铝合金加工产品的化学成分

GB 3194 铝及铝合金板材的尺寸及允许偏差

GB 3199 铝及铝合金加工产品的包装、标志、运输、贮存

GB/T 3246 铝及铝合金加工制品显微组织检验方法

GB/T 3247 铝及铝合金加工制品低倍组织检验方法

GB 6397 金属拉伸试验试样

GB/T 6987.1～6987.24 铝及铝合金化学分析方法

3 产品分类

3.1 分类

板材的类别、合金牌号、状态和规格应符合表1的规定。

表 1

板材类别	合金牌号		供应状态	规格/mm		
	包覆合金	基体合金		标准厚度	宽度	长度
LQ_1 板	LT17	LF21	M、Y_2	0.8,0.9,1.0,1.2,1.5,1.6,2.0,2.5,3.0,3.5,4.0	1 000～1 600	2 000～10 000
LQ_2 板	LT13					

3.2 标记示例

用LT13合金包覆的、半冷作硬化状态,厚度为1.2mm,宽度为1 500mm,长度为4 000mm的钎接板,标记为:

板:LQ_2Y_2 1.2×1 500×4 000 YS

4 技术要求

4.1 化学成分

中国有色金属工业总公司 1993-08-16 批准　　1994-09-01 实施

钎接板材的化学成分应符合 GB/T 3190 的规定。

4.2 包覆层厚度

4.2.1 钎接板采用双面包覆。需要单面包覆时应在合同中注明。

4.2.2 钎接板每面包覆层厚度应符合表 2 的规定,其级别须在合同中注明。要求按 A 级包覆层供货时,符合 A 级包覆层厚度的板材,应达到订货量的 75% 以上,包覆层厚度不能达到 A 级规定的板材,其厚度也应在 B 级范围内,同时,应注明其重量或张数及包覆层实际厚度。

表 2 mm

板材厚度	每面包覆层厚度范围	
	A 级	B 级
0.8,1.0	0.08～0.12	0.07～0.15
1.2	0.08～0.13	0.08～0.16
2.0	0.08～0.14	0.08～0.16

注:用户要求其他厚度的板材时,其包覆层厚度须经供需双方商定并在合同中注明。

4.3 尺寸允许偏差

4.3.1 钎接板厚度允许偏差应符合表 3 的规定。

表 3 mm

厚度	宽度		
	1 000～1 200	>1 200～1 400	>1 400～1 600
	厚度允许偏差(±)		
0.8～1.1	0.08	0.10	0.13
>1.1～2.4	0.10	0.13	0.15
>2.4～3.6	0.13	0.13	0.18
>3.6～4.0	0.20	0.20	0.23

注:要求单向偏差(+或-)时,其值为表中数值的二倍。

4.3.2 钎接板宽度允许偏差为±3mm,要求单向偏差时,其偏差值为 6mm。

4.3.3 要求厚度或宽度超出规定范围以外时,其允许偏差由供需双方协商,并在合同中注明。

4.3.4 钎接板长度允许偏差应符合表 4 的规定。

表 4 mm

厚度	长度	
	≤3 000	>3 000
	长度允许偏差(±)	
0.8～4.0	4	6

注:要求长度允许偏差仅为"+"或"-"时,其值为表中数值的二倍。

4.3.5 需方要求控制对角线偏差时,应在合同中注明。板材的对角线允许偏差应符合表 5 的规定。

表 5

mm

板材宽度（W）	板材长度	
	≤3 700	>3 700
	对角线允许偏差 不大于	
≥1 000	$2.0\times\frac{W}{300}$	$2.8\times\frac{W}{300}$

注：当宽度（W）不是 300mm 的整倍数时，用其整数倍加 1 来确定偏差。例如：宽度（W）为 1 220mm，长度为 2 000mm，则对角线允许差为：2.0mm×5=10mm。

4.3.6 钎接板的不平度应符合表 6 的规定。

表 6

mm

板材宽度	不平度 不大于	
	宽度方向	长度方向任意 2m 之内
1 000～1 200	12	10
>1 200～1 600	15	

4.3.7 板材边缘应切齐，无裂边和毛刺。

4.4 力学性能

4.4.1 LQ_2 板材的室温横向力学性能应符合表 7 的规定。

表 7

板材类别	状态	厚度 /mm	抗拉强度 σ_b/(N/mm²)	伸长率 δ_5/%
			不小于	
LQ_2 板	M	0.8～1.3	≤147	18
		>1.3～4.0		20
	Y_2	0.8～1.3	137	3
		>1.3～4.0		5

4.4.2 LQ_1 板材室温横向力学性能附实测结果交货。

4.5 包覆质量

4.5.1 钎接板不允许有包覆层脱落和未包覆现象。

4.5.2 钎接板的包覆层与基体金属要焊合牢固，不允许有分层。

4.6 表面质量

4.6.1 板材表面不允许有裂纹、腐蚀、穿通气孔。

4.6.2 板材表面允许有轻微的压过划痕、金属及非金属压入物、擦伤、划伤、辊痕等缺陷，但缺陷深度不得超过 0.10mm。

4.6.3 在每一平方米的板面上允许有总面积不大于 100mm² 的气泡，单个气泡面积不大于 20mm²。

4.6.4 允许有能够蚀洗掉的油痕。

5 试验方法

5.1 化学成分仲裁分析方法

钎接板的化学成分仲裁分析方法按 GB/T 6987.1～6987.24 进行。

5.2 室温力学性能试验方法

钎接板材的室温横向力学性能试验方法按 GB 228 进行。试样号应符合 GB 6397 中 P_4 的规定。

5.3 包覆层厚度检验方法

钎接板包覆层厚度的检验按 GB/T 3246 进行。

5.4 外形尺寸测量方法

钎接板的外形尺寸测量方法按 GB 3194 规定进行。

5.5 分层检验方法

钎接板材的分层检验方法按 GB/T 3247 进行。

5.6 表面质量检查方法

钎接板材的表面质量以目视检查。

6 检验规则

6.1 检查和验收

钎接板由供方技术监督部门检查和验收,保证产品质量符合本标准的规定,并填写质量证明书。

6.2 组批

钎接板应成批提交验收,每批板材应由同一合金牌号、状态和规格组成,批重不限。

6.3 检验项目

每批钎接板材均应进行化学成分、外形尺寸偏差、包覆层厚度、包覆质量、表面质量及力学性能的检验。

6.4 取样位置和取样数量

6.4.1 在板材上切取做拉伸试验用的试样,试样的长轴方向应垂直于板材的轧制方向。每批按板材张数取 2%,每张取一个试样,每批不少于 2 个试样。

6.4.2 每批按张数取 5%的板材做包覆层厚度的检验。

6.4.3 供方根据生产情况对包覆质量进行抽查。

6.5 重复试验

当包覆层厚度及力学性能试验结果有某项不合格时,则须从该不合格试样代表的板材上重取双倍数量的试样进行重复试验,复验后仍有某个试样的试验结果不合格时,则不合格试样代表的该张板材判废。供方可对不合格试样所代表的板材区间逐张进行试验,合格者交货,不合格者判废。

7 标志、包装、运输、贮存

7.1 标志

板材的包装箱标志应符合 GB 3199 的规定。在验收合格的板垛上、下 3 张(单面包覆的应 100%地在包覆面上)打上如下印记:

a. 供方技术监督部门的检印;

b. 产品名称;

c. 供应状态;

d. 厚度;

e. 批号。

7.2 包装、运输和贮存

板材应涂油,板间不垫纸装箱包装,需方不要求涂油时应在合同中注明。其他要求应符合

GB 3199的规定。

7.3 质量证明书

每批钎接板材均应附有符合本标准要求的质量证明书,其上注明:

a. 供方名称;

b. 产品名称;

c. 供应状态;

d. 规格;

e. 批号;

f. 重量或张数;

g. 力学性能试验结果;

h. 技术监督部门的印记;

i. 本标准编号;

j. 出厂(或包装)日期。

附加说明:

本标准由中国有色金属工业总公司提出。

本标准由西南铝加工厂负责起草。

本标准主要起草人:郭永学、王光梁。

自本标准实施之日起,原中华人民共和国国家标准 GB 3881—1983《钎接用铝合金板》作废。

中华人民共和国有色金属行业标准

YS/T 75—1994

炼钢脱氧和部分铁合金用铝锭

代替 YB/Z 4—1975

1 主题内容与适用范围

本标准规定了用原铝生产的炼钢脱氧和部分铁合金用铝锭的技术条件、试验方法、检验规则及标志、包装、运输、贮存。

本标准适用于炼钢脱氧和部分铁合金生产中所用铝锭。

2 引用标准

GB/T 6987 铝及铝合金化学分析方法

3 技术要求

3.1 化学成分

炼钢脱氧和部分铁合金用铝锭化学成分应符合下表的规定。

级别	牌号	化学成分/%				
		Al	杂质 不大于			
		不小于	Fe	Si	Cu	杂质总和
1	Al 98.0	98.0	1.1	1.0	0.05	2.0
2	Al 95.0	95.0	3.5	2.0	0.05	5.0
3	Al 92.0	92.0	4.0	3.0	0.15	8.0

注：用户对铝锭化学成分中的微量元素含量的不同要求，可经供需双方协议，满足用户要求。

3.2 外观

3.2.1 铝锭表面应光洁。

3.2.2 铝锭表面应无飞边、夹渣和较严重气孔。

3.3 锭重和锭型

每块铝锭重量为 15kg±2kg 或 20kg±2kg。铝锭锭型应适合于包装、贮存、运输的需要。用户若对锭重、锭型有特殊要求时，可由供需双方协议，以满足用户要求。

4 试验方法

4.1 炼钢脱氧和部分铁合金用铝锭的化学分析方法按 GB/T 6987 及本标准附录 A 的规定进行。

4.2 炼钢脱氧和部分铁合金用铝锭的外观用目视法检验。

5 检验规则

5.1 检查和验收

5.1.1 铝锭由供方技术检验部门验收，并保证产品质量符合本标准规定。

5.1.2 当需方检验结果与本标准不符合时，应在收到铝锭之日起 3 个月内向供方提出，由供需双方协

中国有色金属工业总公司 1994-04-07 批准　　1995-04-01 实施

商解决,必要时进行仲裁。仲裁分析结果为最终结果。

5.2 组批

每批铝锭由同一个熔炼号的产品组成,数量不少于30块。

5.3 检验项目

每批炼钢脱氧和部分铁合金用铝锭应进行化学成分和外观的检验。

5.4 取样和制样

5.4.1 在每批铝锭上、中、下各取一块铝锭(当铝锭散捆时,则将该批铝锭重新堆垛,按上述方法再取)。

5.4.2 使用直径15~20mm的钻头(可用乙醇做润滑剂),沿每块铝锭对角线,在中心及距两角顶100mm处钻孔共3处,在钻孔取样时,必须清除表面氧化层,其厚度不小于0.5mm,钻孔深度为厚度的2/3以上。

5.4.3 钻取的铝屑应细致混匀,以磁铁处理后用四分法缩分至不少于100g,均分成4份封闭装好,2份用于仲裁,其余由供需双方各存1份。

6 标志、包装、运输、贮存及质量证明书

6.1 每块铝锭应标明:生产厂标志、熔炼炉号、验收检印。

6.2 铝锭颜色标志

一级 一道黄色竖线

二级 二道黄色竖线

三级 三道黄色竖线

6.3 铝锭应打捆包装。

6.4 铝锭应用清洁的车辆运输。

6.5 每批炼钢脱氧和部分铁合金用铝锭应附质量证明书,其上注明:

a. 供方名称;

b. 产品名称;

c. 产品牌号或品级;

d. 批号、批重、件数;

e. 分析检验结果和技术监督部门印记;

f. 本标准编号;

g. 出厂日期。

附 录 A
硅铁铝合金铁含量测定——EDTA滴定法
(补充件)

A1 方法提要

试料用氢氧化钠溶解,硝酸酸化,在pH1~2时,以磺基水杨酸作指示剂,用EDTA标准滴定溶液进行络合滴定。测定范围:0.2%~10%。

A2 试剂

A2.1 氢氧化钠溶液 (400 g/L)

A2.2　过氧化氢　　(300g/L)

A2.3　硝酸　　(1+1)

A2.4　硝酸　　(1+3)

A2.5　氢氧化铵　　(1+1)

A2.6　EDTA标准滴定溶液0.01mol/L

A2.6.1　配制方法

称取18.70g乙二胺四乙酸二钠,用热水溶解,冷却后稀释至1L,混匀。

A2.6.2　标定方法

移取5.00 mL上述溶液,置于400 mL锥形杯中,加入70 mL水,投入一小块刚果红试纸,用盐酸(1+1)和氢氧化铵(1+1)调至试纸刚变红色,加入1.5g六次甲基四胺(此时应为pH5.5~6),加7~8滴二甲酚橙(0.1%),用氯化锌标准溶液(0.1 mol/L)滴定至由黄色变为粉红色为终点。

A2.7　磺基水杨酸　(100 g/L)

A3　分析步骤

称取0.100 0 g试样于银皿中,用少许水湿润,加入5.00 mL氢氧化钠溶液(A2.1)置电热板上加热溶解,待反应后加入2~3滴过氧化氢(A2.2),继续加热溶解并蒸发至干涸后,移入600℃的高温炉内熔5~6min,冷却,用50~60mL热水于电热板上加热抽出至完全。稍冷却后,在边摇动烧杯边将试液注入已盛有30 mL硝酸(A2.3)的250 mL烧杯中,空白加30 mL硝酸(A2.3)用擦棒将皿擦洗干净,将试液加热至清,冷却至室温,移入100 mL容量瓶中,以水稀释至刻度,混匀。

移取上述试液20.0 mL于400 mL锥形杯中,加入70~80 mL水,3 mL磺基水杨酸溶液(A2.7),用氢氧化铵(A2.5)调至试液由紫红色刚变为棕红色(pH应为6左右)。加入2.00 mL硝酸(A2.4),加热至80~90℃趁热用EDTA标准滴定溶液(A2.6)滴定至亮黄色为终点。

A4　分析结果的计算

铁含量按式(A1)计算

$$\mathrm{Fe}(\%)=\frac{c\cdot V\times 0.055\,85}{1/5\times m} \tag{A1}$$

式中　c——EDTA标准滴定溶液的实际浓度,mol/L;

V——滴定消耗EDTA标准滴定溶液时的体积,mL;

m——试料量,g;

0.055 85——与1.00 mLEDTA标准滴定溶液〔$c_{\mathrm{EDTA}}=1.000$ mol/L〕相当铁的质量,g/mol。

A5　允许差

实验室之间测定结果之差应不大于0.3%。

附加说明:

本标准由中国有色金属工业总公司标准计量研究所提出。

本标准由抚顺铝厂负责起草。

本标准主要起草人:常奎春、常立忠、冯锡积、王允昌、刘建中。

中华人民共和国有色金属行业标准

YS/T 78—1994

铝 土 矿 石

1 主题内容与适用范围

本标准规定了铝土矿石产品的分类、技术要求、试验方法、检验规则及标志、包装、运输、贮存。

本标准适用于供生产氧化铝、刚玉型研磨材料和高铝水泥等用的由含水氧化铝、氧化铁与氧化硅等组成的铝土矿石。

2 引用标准

GB 2007.1～2007.7 散装矿产品取样、制样通则

GB/T 3257 铝土矿化学分析方法

3 产品分类

铝土矿按矿床、矿石类型分成沉积型一水硬铝石、堆积型一水硬铝石及红土型三水铝石 3 大类型，并按化学成分共分为 9 个牌号。

4 技术要求

4.1 化学成分

铝土矿石的化学成分应符合下表的规定。

矿床（矿石）类型	牌号	化学成分/%					
		Al_2O_3/SiO_2	Al_2O_3	Fe_2O_3	S	CaO+MgO	TiO_2
		不小于		不大于			
沉积型（一水硬铝石）	LK12-70	12	70	3	0.3	1.5	—
	LK8-65	8	65	5	0.5	1.5	—
	LK5-60	5	60	6	0.5	1.5	—
	LK3-53	3	53	9	0.7	—	—
堆积型（一水硬铝石）	LK15-60	15	60	20	0.1	1.5	—
	LK11-55	11	55	25	0.1	1.5	—
	LK8-50	8	50	28	0.1	1.5	—
红土型（三水铝石）	LK7-50	7	50	18	—	—	2
	LK3-40	3	40	25	—	—	3

注：① 用做高铝水泥的铝土矿石必须符合下列要求：Fe_2O_3<2.5%，TiO_2<3.5%，R_2O（一价金属氧化物）<1.0%，MgO<1.0%。

② 受矿石资源限制或需方有特殊要求时，供需双方可另行协商供应其他成分的铝土矿石。

4.2 物理性能

中国有色金属工业总公司 1994-04-07 批准　　　　1995-04-01 实施

4.2.1 附着水

4.2.1.1 沉积型一水硬铝石的水分不得大于7%。

4.2.1.2 堆积型一水硬铝石及红土型三水铝石的水分不得大于8%。

4.2.2 粒度

铝土矿石的粒度不得大于150mm。

4.2.3 外观

铝土矿石中不得混入泥土、石灰岩等杂物。

5 试验方法

5.1 铝土矿石的化学成分的分析按GB/T 3257的规定进行。

5.2 铝土矿石附着水的测定按GB 2007.6规定的方法进行,干燥箱温度控制在105±5℃。

5.3 铝土矿石粒度的测定按GB 2007.7规定的方法进行。

5.4 铝土矿石中混入的泥土等杂物凭肉眼及经验进行检查。

6 检查规则

6.1 检查与验收

6.1.1 铝土矿石应由供方技术监督部门检验,保证产品质量符合本标准的规定,并填写质量证明书。

6.1.2 需方应对收到的产品按本标准的规定进行检验,如检验结果与本标准的规定不符时,应在收到产品之日起20天内向供方提出,由供需双方协商解决。如需仲裁,仲裁取样在需方共同进行。

6.1.3 铝土矿石附着水的重量由供需双方协商扣除。

6.2 组批

铝土矿石应成批提交检验,每批应由同一牌号的铝土矿石组成。

6.3 取样与制样

铝土矿石的取样、制样方法见附录A(补充件)。

7 标志、包装、运输、贮存

7.1 如产品办理散装运输,在装车(船)前,车厢(货仓)要清扫干净。

7.2 每车厢(货仓)应装运同一牌号的产品,不得混装。

7.3 产品堆放场地要干净,防止混入杂物。

7.4 输出每批产品应插牌标志并附有质量证明书,注明:

a. 供方名称;

b. 产品名称和牌号;

c. 批号或生产日期;

d. 分析检验结果和技术监督部门印记;

e. 净重和车(船)数;

f. 本标准编号;

g. 发货日期。

附 录 A
铝土矿石取样、制样方法
（补充件）

A1 适用范围

本标准适用于散装铝土矿石(一水硬铝石、三水铝石)化学成分、粒度及附着水检测用试样的采取和制备。

A2 术语与定义

术语定义同 GB 2007 的规定。

A3 一般规定

A3.1 本标准规定取样、制样、测定的总精密度(β_{SDM})为±1.0%，取样精密度(β_s)为±0.6%(概率为95%)。

A3.2 本标准所列取样及缩分方法中的第一法为仲裁法。

A3.3 取样、制样用的设备、工具和盛样容器必须保持洁净，紧固耐用。

A3.4 成分样品应妥善保管6个月，以备核查。

A3.5 矿石品质波动、精密度及取样系统误差校核试验方法分别按 GB 2007.3、GB 2007.4 和 GB 2007.5 的规定进行。

A3.6 在整个取样过程中应注意安全操作。

A4 取样

A4.1 取样工具

a. 尖头钢锹；

b. 取样铲(规格见图 A1、表 A1)；

c. 钢锤；

d. 带盖盛样桶或内衬塑料薄膜的盛样袋。

A4.2 取样的一般程序

A4.2.1 验明取样交货批量及矿石牌号。

A4.2.2 确定取样部位和取份样的方法。

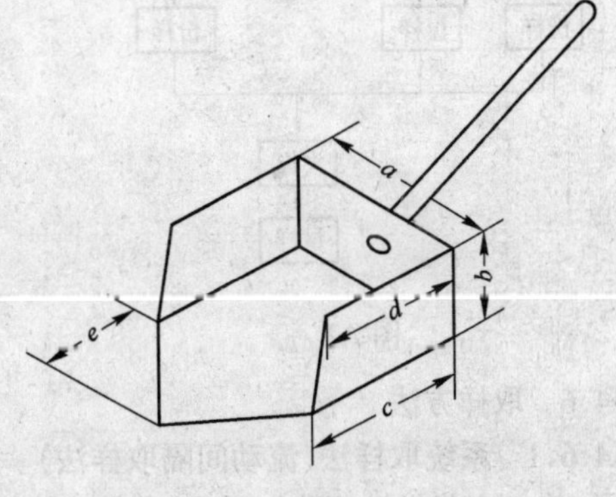

图 A1

表 A1

最大粒度/mm	取 样 铲 尺 寸/mm					份样量/kg
	a	b	c	d	e	
150	350	120	350	240	140	9
100	300	110	300	220	100	6
50	150	75	150	130	65	3.0
20	80	45	80	70	35	1.0
10	60	35	60	50	25	0.5

A4.2.3 确定份样个数及组合方法，按需要组成副样或大样。

A4.2.4 根据最大粒度决定份样量及所需取样工具尺寸。

A4.3 份样数

A4.3.1 不同交货批量所取份样数应不少于表 A2 的规定。

表 A2

份样数/个 品质波动 / 交货批量/t	小	中	大
	$S_w<1.0$	$1.0\leqslant S_w<1.5$	$1.5\leqslant S_w<2.5$
≤50	6	18	28
>50～100	9	32	48
>100	12	40	62

A4.3.2 对品质波动大小未知和需要进行粒度试验的样品应按品质波动大的取份样数。

A4.4 份样量

根据矿石最大粒度确定每个份样应取的最小重量(见表 A1)。所取的每个份样量应大致相等，其重量变异系数应小于 20%。

A4.5 组成大样或副样的方式

按需要采用图 A2 及图 A3 的任一种方式组成大样或副样。副样可由一个车(车厢)或几个车(车厢)组成，将测定结果加权平均，即为该交货批的结果。

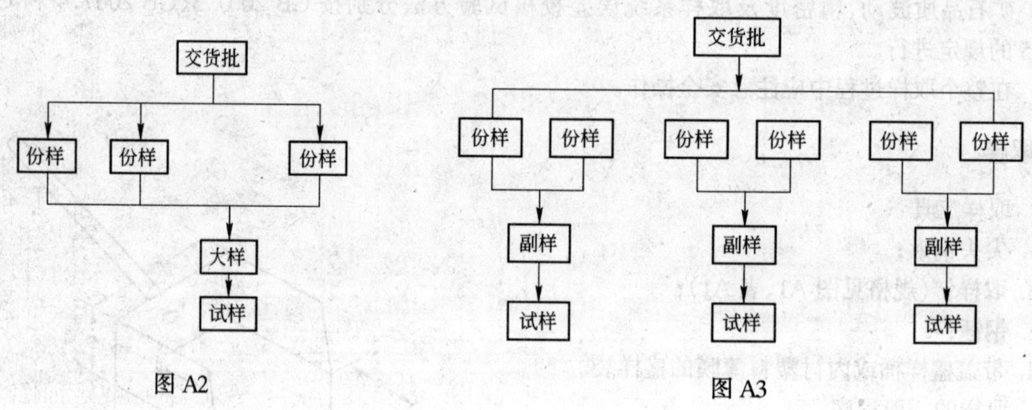

图 A2　　图 A3

A4.6 取样方法

A4.6.1 系统取样法(流动间隔取样法)

在一交货批矿石装卸、加工或衡重的移动过程中，按一定的重量间隔或时间间隔取份样，份样间的间隔根据规定的份样数和实际批量按下式算出：

$$T\leqslant\frac{Q}{n}\text{或}T=\frac{60Q}{G\cdot n}$$

式中 T——取样间隔，t 或 min；

Q——批量，t；

n——标准规定份样数；

G——每小时装卸量，t/h。

取第一个份样时，可在第一间隔内任意确定，但不可在第一间隔的起点开始，以后继续取的份样按计算的间隔取，取样间隔不得大于计算所得的间隔。如按固定间隔应取份样数已经完成，而矿石的装卸、加工或衡重尚在进行，应按原定间隔继续取份样，直至整批矿石移动完毕为止。

如在运输带上或落口处取份样，须截取矿石流的全截面。如在用抓斗、吊兜、铲车及其他工具装卸或堆垛过程中取样，则应在装卸或堆垛过程中新露出的面上取样，也可在装卸工具中取样。取样点应均匀地分布在整批矿石的各个部分，而不仅是它的表层或某一局部。取样点的直径约为最大粒度的 2 倍，但不得小于 10cm。

所取份样的粒度比例应符合取样间隔或取样部位的粒度比例，所得大样的粒度比例应尽可能与整批矿石的粒度分布相符。

A4.6.2　货车取样法

在货车的装卸过程中，应在新露出的面上随机定点取份样。每车应取份样数按下式计算：

$$\text{每车应取份样数} = \frac{\text{规定份样数}}{\text{货车数}}$$

当规定的份样数少于货车数时，每个货车至少取一个份样，货车载重量不同时，份样数的分配与装载量成正比。

如在车上取样，其取样点应均匀或循环分布在车厢的对角线上，两端距车厢角不少于 0.5m，距表层 30 cm 以下，份样的粒度比例，应与车厢中矿石粒度分布大致相同。份样点位置如图 A4。

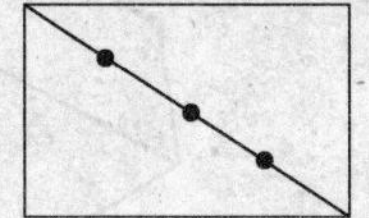
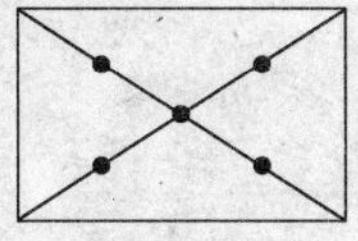
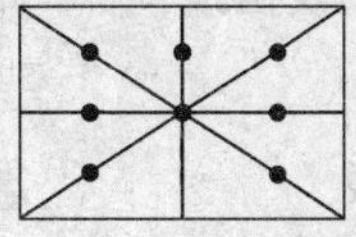

图 A4

如矿石装载成圆锥体时，在圆锥体高度的 1/5，1/3 及 2/3 部位分别按应取份样数均匀或循环布点取份样(图 A5)。

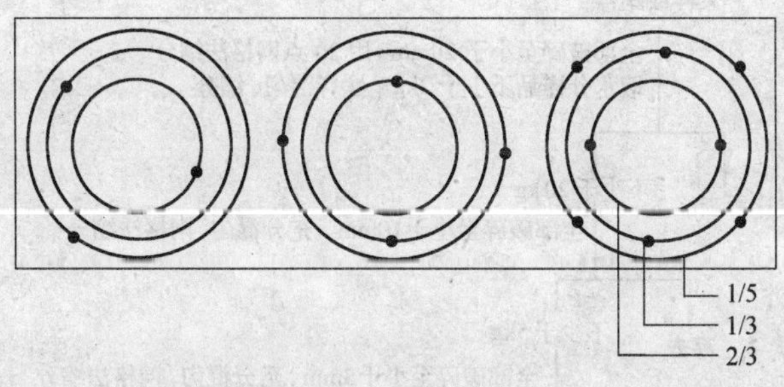

图 A5

A4.7　注意事项

A4.7.1　水分样品应在衡重前后立即采取并将其置于洁净、密闭的容器内，注意勿使水分在测定前发生变化。当批量大，装卸时间长或大雨、气温高时，须将整批矿石分成几部分，将每一部分的份样制备成副样测定水分。

A4.7.2　本标准所列取样方法，遇大块时，可按比例砸取一部分代表性样品，其重量应符合大块在份样中所占重量比；当大块不是全部位于取样点内时，可仅砸取落在取样点内的这部分大块。但取粒度样品不能砸取。

A5 制样

A5.1 制样要求

A5.1.1 在制样全过程中应防止样品有任何变化和污染，制备的样品应能代表原样品的品质特性，且适用于分析或试验的要求。

A5.1.2 样品过于潮湿不能筛分，破碎、缩分时，可在干燥箱(低于品质变化温度105℃)或空气中进行预干燥，以达到适于制样的程度。

A5.1.3 样品的破碎应将全部样品破碎至规定的全量通过的粒度(根据破碎条件应尽量减少制样程序中的破碎步骤)。破碎前必须将破碎机内部清扫干净。破碎与前次不同的样品时，应从这一批矿石中取出适量的矿石(不得使用样品)先在破碎机中通过。破碎后残留在破碎机内部的矿石，须全部清扫出，防止污染样品。

破碎后残留在破碎机内部的样品必须全部取出。

A5.2 制样设备及工具

a. 制样粉碎机；

b. 干燥箱：能调节温度，使箱内任一点的温度在设定温度±5℃之间；

c. 份样铲(见图A6)及挡板；

d. 标准筛；

e. 玛瑙研钵；

f. 盛样容器。

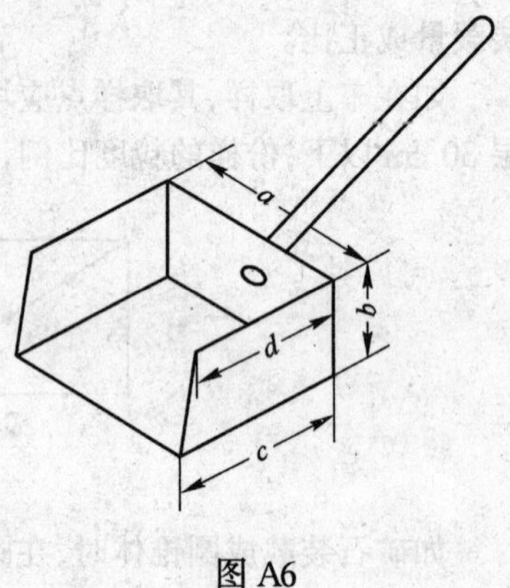

图 A6

A5.3 制样程序

根据需要，参照以下程序，同时或单独制备水分，化学成分及其他性能测试样品。

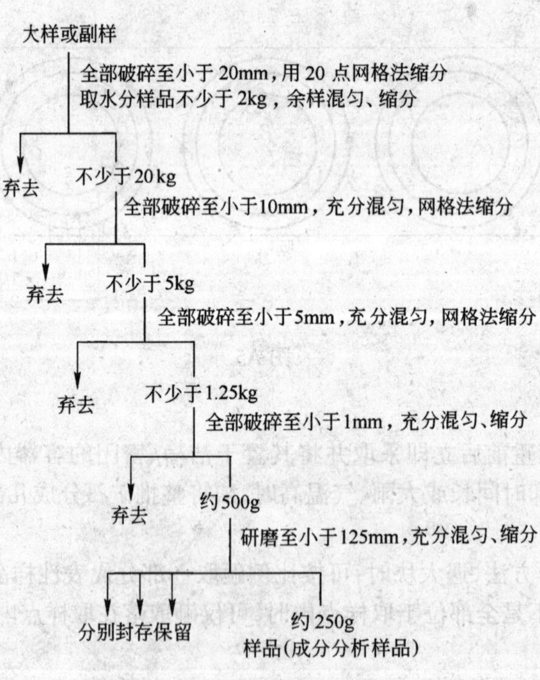

图 A7

试样用玛瑙研钵研磨前,需用磁铁吸去铁屑,消除破碎系统带进的铁屑。

A5.4 缩分方法

可使用下列的一个方法或几个方法并用。大颗粒样品堆成圆锥时容易产生偏析,造成缩分偏差,样品粒度大于 1mm 前不宜使用圆锥四分法。

A5.4.1 网格缩分法

将样品置于洁净、平整的铁板(或其他金属板)上,根据破碎粒度按表 A3 所列样品层厚度铺成长方形平堆,选用相应规格的份样铲,再按制样程序规定的缩分留量将样品平堆划成等分的网格。缩分大样不得少于 20 格,缩分副样不得少于 12 格,缩分份样不得少于 4 格(见图 A8)。用挡板及份样铲插到底部,从每格取等量的一铲,集合成缩分样品。当大样量多时,可将大样分成几个等分,分次按上述同样操作缩分。

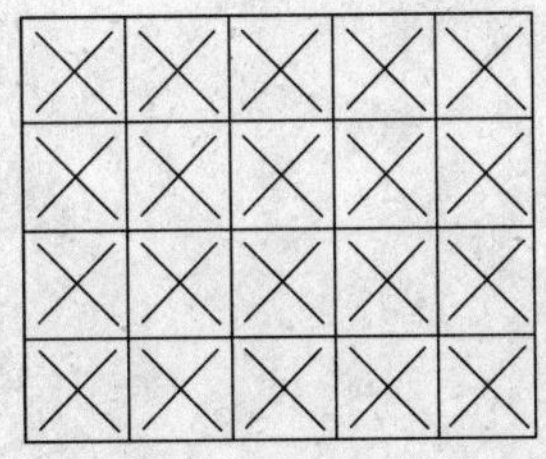

图 A8

表 A3 mm

样品粒度	样品层厚度	份样铲尺寸				
		a	*b*	*c*	*d*	材料厚度
20	35~45	80	45	80	70	2.0
10	25~35	60	35	60	50	1.0
5	20~30	50	30	50	40	1.0
3	15~25	40	25	40	30	0.5
1	10~15	30	15	30	25	0.5
0.25	5~3	15	10	15	12	0.5

A5.4.2 圆锥四分法

将样品于洁净、平整的铁板上(或其他金属板)堆成圆锥形,用挡板将样品自圆锥顶尖落下,使均匀地沿锥尖散落,注意勿使圆锥中心错位,如此反复至少转堆 3 次,然后将圆锥顶压平,用挡板自上插下,再沿垂直方向自上插下,分成四等分,任取两个对角的等分重复操作数次,缩分至不少于该粒度的最少留量。

A5.5 样品容器和标签

A5.5.1 水分样品应装入有密闭盖的容器中,并附以标签。

A5.5.2 成分样品应装入样品袋中,并附以标签。

A5.5.3 标签上注明以下各项:

a. 编号;

b. 品名、等级、产地;

c. 批量或副批量;

d. 车号或船号；

e. 取样、制样人员；

f. 取样、制样地点、日期及天气；

g. 分析项目。

附加说明：

本标准由中国有色金属工业总公司标准计量研究所提出。

本标准由贵州铝厂负责起草。

本标准主要起草人：骆其均、董玉华、刘志满、黄建和。

中华人民共和国有色金属行业标准

YS/T 86—1994

船用焊接铝合金型材尺寸和截面特性

1 主题内容与适用范围

本标准规定了船用焊接铝合金型材的分类、尺寸、截面特性、单位长度的质量以及型材和带板组合后截面参考数值。

本标准适用于船舶与海洋工程结构以及其他工程结构用铝合金型材。

本标准适用于焊接性好的中高强度铝合金型材,但其他工程结构用铝合金型材也可选用。

2 分类

船用铝合金型材按截面可分为:球扁铝型材、T形铝型材和不等边铝角材共3大类。球扁铝型材、T形铝型材、不等边铝角材和相匹配的带板截面如图1(a、b、c)所示。

3 截面特性

3.1 球扁铝型材的截面尺寸和理论重量如表1所示、其截面参考数值如表2所示,球扁铝型材与带板组合后的截面参考数值如表3所示。

3.2 T形铝型材的截面尺寸和理论重量如表4所示,其截面参考数值如表5所示,T形铝型材与带板组合后的截面参考数值如表6所示。

3.3 不等边铝角材的截面尺寸和理论重量如表7所示,其截面参考数值如表8所示,不等边铝角材与带板组合后的截面参考数值如表9所示。

注:① 表1～表9中的I_x、I_y、I_u、I_v分别为型材对X-X、Y-Y、U-U、V-V轴的惯性矩;I_{xoj}为型材与带板组合后对X-X轴的惯性矩;W_x为型材与带板组合后对X-X轴的最小抗弯截面模数;i_x、i_y、i_u、i_v分别为型材对X-X、Y-Y、U-U、V-V轴的惯性半径。

② 型材与带板在质量计算时,密度值为2.65g/cm^3,适用于LF5、LF15、LF16合金。

中国有色金属工业总公司 1994-12-12 批准　　　　1995-11-01 实施

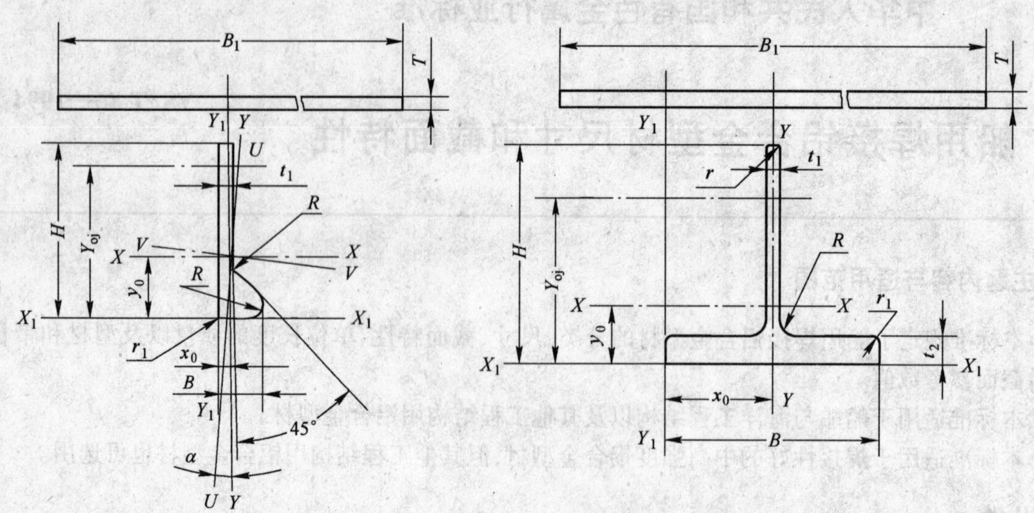

(a) 球扁铝型材和相匹配的带板

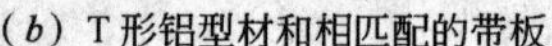

(b) T形铝型材和相匹配的带板

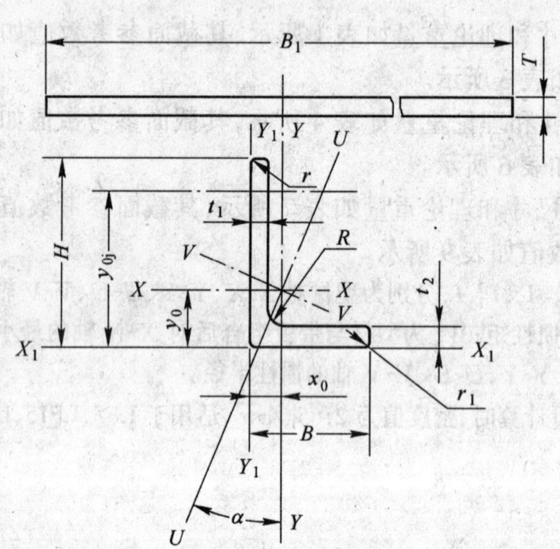

(c) 不等边铝角材和相匹配的带板

图 1 型材与相匹配的带板截面示意图

H—型材的高度；B—型材的宽度；t_1—型材腹板的厚度；t_2—翼板的厚度；

T—带板的厚度；B_1—带板的宽度；R、r、和 r_1—圆弧半径；x_0—型材重心到 Y_1-Y_1 的距离；

y_0—型材重心到 X_1-X_1 的距离；Y_{oj}—型材与带材组合

后的重心至 X_1-X_1 的距离；

U-U、V-V—型材的扭转轴；α—型材的 U-U 轴与 Y-Y 轴之间的夹角

表 1

种类	型号	型材尺寸					型材截面积	理论重量
		H	B	t_1	R	r_1	F	G
		mm					cm^2	kg/m
球扁铝型材	1	40	10	2.5	3.0	1.0	1.582	0.419
	2	50	12	2.5	4.0	1.0	2.209	0.585
	3	50	14	3.0	4.0	1.5	2.695	0.714
	4	60	15	3.0	4.0	1.5	3.167	0.839
	5	70	17	3.5	4.0	1.5	4.093	1.085
	6	80	20	3.5	4.5	2.0	5.168	1.369
	7	90	22	4.0	5.0	2.0	6.441	1.707

表 2

种类	型号	型材截面参考数值										
		x_0	y_0	I_x	i_x	I_y	i_y	I_u	i_u	I_v	i_v	α
		cm	cm	cm^4	cm	cm^4	cm	cm^4	cm	cm^4	cm	(°)
球扁铝型材	1	0.28	1.43	2.26	1.20	0.10	0.25	0.067	0.206	2.21	1.20	6.64
	2	0.34	1.66	4.72	1.46	0.21	0.31	0.144	0.256	4.78	1.47	6.91
	3	0.41	1.67	5.64	1.45	0.34	0.36	0.241	0.299	5.74	1.46	8.16
	4	0.42	1.99	9.90	1.77	0.46	0.38	0.318	0.317	10.04	1.78	7.14
	5	0.46	2.37	18.03	2.10	0.73	0.42	0.508	0.352	18.25	2.11	6.64
	6	0.55	2.54	28.49	2.35	1.35	0.51	0.936	0.426	28.91	2.37	7.26
	7	0.60	2.91	45.71	2.66	2.01	0.56	1.389	0.464	46.33	2.68	6.97

表 3

型材种类		型材和带板组合后的截面参考数值								
		Y_{oj}	I_{xoj}	W_x	Y_{oj}	I_{xoj}	W_x	Y_{oj}	I_{xoj}	W_x
		cm	cm^4	cm^3	cm	cm^4	cm^3	cm	cm^4	cm^3
	型号	带板规格/mm,150×3			带板规格/mm,150×4			带板规格/mm,150×5		
球扁铝型材	1	3.44	11.44	3.32	3.62	12.48	3.45	3.76	13.38	3.56
	2	4.00	23.81	5.95	4.25	26.17	6.16	4.43	28.11	6.34
	3	3.85	27.18	7.07	4.10	30.14	7.34	4.30	32.57	7.57
	4	4.43	43.56	9.83	4.74	48.39	10.20	4.98	52.31	10.50
	5	4.88	68.65	14.08	5.24	76.74	14.64	5.53	83.32	15.07
	6	5.15	106.65	20.69	5.58	120.35	21.56	5.92	131.60	22.22
	7	5.48	152.21	27.78	5.95	172.58	29.03	6.32	189.55	29.98

续表 3

型材种类		型材和带板组合后的截面参考数值								
		Y_{oj}	I_{xoj}	W_x	Y_{oj}	I_{xoj}	W_x	Y_{oj}	I_{xoj}	W_x
		cm	cm^4	cm^3	cm	cm^4	cm^3	cm	cm^4	cm^3
球扁铝型材	型号	带板规格/mm,200×3			带板规格/mm,200×4			带板规格/mm,200×5		
	1	3.58	12.09	3.37	3.74	13.07	3.49	3.86	13.94	3.61
	2	4.21	25.55	6.07	4.43	27.76	6.26	4.60	29.59	6.43
	3	4.07	29.43	7.23	4.31	32.23	7.48	4.49	34.54	7.69
	4	4.71	47.47	10.07	5.00	52.08	10.41	5.22	55.78	10.68
	5	5.21	75.51	14.48	5.57	83.40	14.98	5.83	89.71	15.38
	6	5.56	118.73	21.37	5.98	132.43	22.14	6.31	143.40	22.74
	7	5.92	170.57	28.80	6.40	191.49	29.94	6.77	208.42	30.80
球扁铝型材	型号	带板规格/mm,200×6			带板规格/mm,250×3			带板规格/mm,250×4		
	1	3.97	14.77	3.72	3.68	12.53	3.41	3.82	13.47	3.52
	2	4.73	31.22	6.59	4.36	26.76	6.14	4.56	28.84	6.32
	3	4.63	36.58	7.89	4.23	31.02	7.34	4.45	33.68	7.57
	4	5.40	58.97	10.92	4.91	50.28	10.23	5.19	54.66	10.54
	5	6.05	95.05	15.72	5.46	80.61	14.75	5.80	88.20	15.21
	6	6.57	152.62	23.24	5.86	127.97	21.83	6.27	141.36	22.53
	7	7.07	222.70	31.50	6.27	185.01	29.51	6.74	205.83	30.55
球扁铝型材	型号	带板规格/mm,250×5			带板规格/mm,250×6			带板规格/mm,300×3		
	1	3.93	14.31	3.64	4.03	15.15	3.76	3.74	12.85	3.43
	2	4.71	30.58	6.49	4.83	32.16	6.65	4.46	27.65	6.20
	3	4.61	35.88	7.78	4.75	37.85	7.97	4.35	32.22	7.41
	4	5.39	58.17	10.80	5.55	61.20	11.03	5.07	52.41	10.35
	5	6.05	94.20	15.58	6.24	99.28	15.90	5.66	84.55	14.95
	6	6.58	151.90	23.08	6.83	160.71	23.55	6.11	135.27	22.16
	7	7.10	222.36	31.34	7.38	236.14	31.99	6.55	196.67	30.03
球扁铝型材	型号	带板规格/mm,300×4			带板规格/mm,300×5			带板规格/mm,300×6		
	1	3.88	13.75	3.55	3.98	14.59	3.67	4.07	15.45	3.80
	2	4.65	29.63	6.37	4.79	31.30	6.53	4.90	32.85	6.70
	3	4.55	34.75	7.63	4.70	36.86	7.84	4.83	38.78	8.03
	4	5.32	56.57	10.63	5.51	59.91	10.88	5.65	62.83	11.11
	5	5.97	91.81	15.37	6.20	97.53	15.72	6.39	102.39	16.03
	6	6.50	148.21	22.81	6.79	158.32	23.32	7.02	166.73	23.76
	7	7.00	217.09	30.99	7.35	233.08	31.73	7.62	246.32	32.34

续表 3

型材种类		型材和带板组合后的截面参考数值								
		Y_{oj}	I_{xoj}	W_x	Y_{oj}	I_{xoj}	W_x	Y_{oj}	I_{xoj}	W_x
		cm	cm^4	cm^3	cm	cm^4	cm^3	cm	cm^4	cm^3
球扁铝型材	型号	带板规格/mm,300×8			带板规格/mm,400×4			带板规格/mm,400×5		
	1	4.22	17.35	4.12	—	—	—	—	—	—
	2	5.09	35.93	7.07	—	—	—	—	—	—
	3	5.02	42.48	8.46	—	—	—	—	—	—
	4	5.89	68.15	11.58	5.50	59.21	10.76	5.67	62.31	10.99
	5	6.67	110.80	16.62	6.22	96.90	15.59	6.42	102.16	15.91
	6	7.36	180.73	24.55	6.82	158.08	23.18	7.08	167.37	23.64
	7	8.03	267.97	33.38	7.40	233.62	31.59	7.71	248.49	32.24
球扁铝型材	型号	带板规格/mm,400×6			带板规格/mm,400×8			带板规格/mm,400×10		
	1	—	—	—	—	—	—	—	—	—
	2	—	—	—	—	—	—	—	—	—
	3	—	—	—	—	—	—	—	—	—
	4	5.80	65.08	11.23	6.00	70.31	11.71	6.17	75.73	12.28
	5	6.58	106.68	16.21	6.83	114.72	16.80	7.02	122.43	17.43
	6	7.28	175.12	24.05	7.59	188.23	24.81	7.82	199.97	25.58
	7	7.95	260.73	32.80	8.31	280.85	33.78	8.59	298.08	34.71
球扁铝型材	型号	带板规格/mm,500×10			带板规格/mm,500×12			带板规格/mm,500×15		
	1	—	—	—	—	—	—	—	—	—
	2	—	—	—	—	—	—	—	—	—
	3	—	—	—	—	—	—	—	—	—
	4	—	—	—	—	—	—	—	—	—
	5	—	—	—	—	—	—	—	—	—
	6	7.94	204.79	25.79	8.12	216.44	26.66	8.35	235.37	28.19
	7	8.75	306.10	34.99	8.95	322.06	35.98	9.21	346.62	37.64

表 4

种 类	型 号	型材尺寸							型材截面积 F	理论重量 G
		H	B	t_1	t_2	r_1	r	R		
		mm							cm^2	kg/m
T形铝型材	1	50	25	3.0	6.0	1.5	0.5	3.0	2.838	0.752
	2	60	30	3.5	7.0	1.5	0.5	3.5	3.987	1.056
	3	70	35	3.5	7.0	1.5	0.5	4.0	4.703	1.246
	4	80	40	4.0	8.0	2.0	0.5	5.0	6.152	1.630
	5	90	45	4.0	9.0	2.0	0.8	6.0	7.408	1.963
	6	100	50	4.0	10.0	2.0	0.8	6.0	8.718	2.310
	7	110	55	4.0	11.0	2.0	0.8	6.0	10.127	2.684
	8	120	60	4.0	12.0	2.0	0.8	6.0	11.637	3.084
	9	130	65	4.5	13.0	2.0	0.8	7.0	13.888	3.680
	10	140	70	5.0	14.0	2.0	0.8	7.5	16.273	4.312
	11	150	75	5.0	15.0	2.0	0.8	7.5	18.204	4.824
	12	160	80	5.5	16.0	2.0	0.8	8.5	20.993	5.563
	13	180	90	6.0	18.0	2.0	0.8	9.0	26.231	6.951

表 5

种类	型号	型材截面参考数值										
		x_0	y_0	I_x	i_x	I_y	i_y	I_u	i_u	I_v	i_v	α
		cm	cm	cm^4	cm	cm^4	cm	cm^4	cm	cm^4	cm	(°)
T形铝型材	1	1.25	1.46	6.60	1.53	2.42	0.92	—	—	—	—	—
	2	1.50	1.74	13.37	1.83	4.90	1.11	—	—	—	—	—
	3	1.75	1.99	21.74	2.15	8.09	1.31	—	—	—	—	—
	4	2.00	2.27	37.12	2.46	13.83	1.50	—	—	—	—	—
	5	2.25	2.41	54.85	2.72	20.84	1.68	—	—	—	—	—
	6	2.50	2.56	77.51	2.98	29.94	1.85	—	—	—	—	—
	7	2.75	2.70	105.87	3.23	41.58	2.03	—	—	—	—	—
	8	3.00	2.82	140.62	3.48	56.16	2.20	—	—	—	—	—
	9	3.25	3.11	199.24	3.79	79.03	2.39	—	—	—	—	—
	10	3.50	3.40	273.99	4.10	107.87	2.57	—	—	—	—	—
	11	3.75	3.52	343.32	4.34	137.12	2.74	—	—	—	—	—
	12	4.00	3.81	454.80	4.65	180.62	2.93	—	—	—	—	—
	13	4.50	4.23	711.91	5.21	284.32	3.29	—	—	—	—	—

表 6

型材种类		型材和带板组合后的截面参考数值								
		Y_{oj}	I_{xoj}	W_x	Y_{oj}	I_{xoj}	W_x	Y_{oj}	I_{xoj}	W_x
		cm	cm^4	cm^3	cm	cm^4	cm^3	cm	cm^4	cm^3
T形铝型材	型号	带板规格/mm,150×3			带板规格/mm,150×4			带板规格/mm,150×5		
	1	3.72	30.83	8.28	4.00	34.17	8.54	4.21	36.86	8.76
	2	4.08	55.09	13.50	4.42	61.74	13.96	4.69	67.13	14.33
	3	4.51	83.87	18.59	4.91	94.36	19.22	5.22	102.91	19.71
	4	4.75	128.64	27.06	5.20	145.91	28.07	5.56	160.23	28.84
	5	4.96	183.87	37.07	5.45	209.89	38.51	5.85	231.72	39.59
	6	—	—	—	—	—	—	—	—	—
	7	—	—	—	—	—	—	—	—	—
	8	—	—	—	—	—	—	—	—	—
	9	—	—	—	—	—	—	—	—	—
	10	—	—	—	—	—	—	—	—	—
	11	—	—	—	—	—	—	—	—	—
	12	—	—	—	—	—	—	—	—	—
	13	—	—	—	—	—	—	—	—	—
T形铝型材	型号	带板规格/mm,200×3			带板规格/mm,200×4			带板规格/mm,200×5		
	1	3.97	33.44	8.43	4.22	36.60	8.67	4.41	39.11	8.86
	2	4.39	60.66	13.82	4.72	67.12	14.23	4.97	72.26	14.55
	3	4.88	92.99	19.05	5.27	103.35	19.61	5.57	111.59	20.04
	4	5.17	144.10	27.85	5.62	161.71	28.76	5.97	175.91	29.45
	5	5.43	207.63	38.25	5.94	234.76	39.54	6.34	256.87	40.51
	6	—	—	—	—	—	—	—	—	—
	7	—	—	—	—	—	—	—	—	—
	8	—	—	—	—	—	—	—	—	—
	9	—	—	—	—	—	—	—	—	—
	10	—	—	—	—	—	—	—	—	—
	11	—	—	—	—	—	—	—	—	—
	12	—	—	—	—	—	—	—	—	—
	13	—	—	—	—	—	—	—	—	—

续表 6

型材种类		型材和带板组合后的截面参考数值								
		Y_{oj}	I_{xoj}	W_x	Y_{oj}	I_{xoj}	W_x	Y_{oj}	I_{xoj}	W_x
		cm	cm^4	cm^3	cm	cm^4	cm^3	cm	cm^4	cm^3
T形铝型材	型号	带板规格/mm,200×6			带板规格/mm,250×3			带板规格/mm,250×4		
	1	4.57	41.26	9.04	4.14	35.30	8.53	4.37	38.27	8.75
	2	5.16	76.58	14.83	4.62	64.78	14.02	4.93	70.97	14.40
	3	5.80	118.47	20.41	5.16	99.87	19.35	5.53	109.90	19.86
	4	6.26	187.83	30.02	5.50	156.18	28.39	5.94	173.62	29.22
	5	6.67	275.51	41.30	5.80	226.62	39.05	6.31	253.94	40.23
	6	—	—	—	6.07	312.66	51.51	6.64	352.80	53.12
	7	—	—	—	6.29	416.98	66.26	6.92	473.51	68.41
	8	—	—	—	6.48	540.74	83.47	7.16	617.59	86.29
	9	—	—	—	6.63	694.12	104.70	7.33	795.87	108.53
	10	—	—	—	6.79	870.87	128.17	7.51	1000.69	133.19
	11	—	—	—	6.92	1065.62	154.06	7.66	1228.40	160.28
	12	—	—	—	7.06	1301.37	184.37	7.81	1500.55	192.18
	13	—	—	—	7.32	1848.65	252.45	8.08	2132.47	263.80
T形铝型材	型号	带板规格/mm,250×5			带板规格/mm,250×6			带板规格/mm,300×3		
	1	4.55	40.63	8.93	4.69	42.65	9.09	4.27	36.69	8.60
	2	5.16	75.84	14.70	5.34	79.92	14.96	4.80	67.95	14.16
	3	5.81	117.76	20.26	6.03	124.27	20.60	5.38	105.25	19.57
	4	6.28	187.41	29.85	6.55	198.85	30.38	5.76	165.87	28.78
	5	6.71	275.72	41.11	7.02	293.82	41.83	6.11	242.16	39.64
	6	7.09	385.11	54.31	7.46	412.08	55.27	6.42	335.84	52.35
	7	7.42	519.53	70.00	7.83	558.18	71.27	6.67	449.96	67.42
	8	7.70	680.86	88.37	8.16	734.39	90.00	6.89	585.90	85.03
	9	7.91	881.09	111.35	8.40	954.07	113.58	7.06	754.15	106.87
	10	8.12	1111.11	136.90	8.63	1206.77	139.83	7.23	947.66	131.05
	11	8.30	1368.23	164.88	8.84	1490.31	168.51	7.37	1162.18	157.68
	12	8.45	1673.98	198.03	9.02	1827.04	202.66	7.51	1419.65	188.95
	13	8.75	2384.49	272.43	9.35	2610.52	279.29	7.78	2017.52	259.20

续表 6

型材种类		型材和带板组合后的截面参考数值								
		Y_{oj}	I_{xoj}	W_x	Y_{oj}	I_{xoj}	W_x	Y_{oj}	I_{xoj}	W_x
		cm	cm^4	cm^3	cm	cm^4	cm^3	cm	cm^4	cm^3
T形铝型材	型号	带板规格/mm,300×4			带板规格/mm,300×5			带板规格/mm,300×6		
	1	4.48	39.49	8.80	4.65	41.72	8.98	4.78	43.64	9.14
	2	5.09	73.86	14.51	5.30	78.48	14.80	5.47	82.35	15.04
	3	5.73	114.88	20.04	6.00	122.36	20.41	6.20	128.54	20.73
	4	6.19	182.91	29.55	6.51	196.20	30.13	6.76	207.14	30.62
	5	6.61	269.19	40.72	6.99	290.38	41.54	7.29	307.81	42.21
	6	6.99	376.02	53.83	7.42	407.80	54.93	7.77	434.00	55.82
	7	7.31	507.23	69.41	7.80	552.96	70.87	8.20	590.85	72.04
	8	7.58	664.62	87.64	8.13	728.16	89.55	8.58	781.13	91.05
	9	7.79	859.91	110.44	8.37	946.71	113.05	8.86	1019.91	115.10
	10	7.99	1084.33	135.77	8.61	1198.26	139.23	9.13	1295.42	141.94
	11	8.16	1335.04	163.54	8.82	1480.62	167.84	9.38	1605.71	171.20
	12	8.32	1633.47	196.41	8.99	1816.10	201.91	9.58	1974.76	206.22
	13	8.61	2327.10	270.19	9.33	2597.09	278.40	9.95	2835.56	284.86
T形铝型材	型号	带板规格/mm,300×8			带板规格/mm,400×4			带板规格/mm,400×5		
	1	5.26	14.46	2.75	—	—	—	—	—	—
	2	6.17	27.71	4.49	—	—	—	—	—	—
	3	6.51	138.67	21.29	6.02	121.97	20.27	6.25	128.78	20.61
	4	7.15	224.81	31.44	6.55	196.48	29.98	6.84	208.74	30.50
	5	7.75	335.74	43.31	7.05	291.89	41.39	7.40	311.70	42.11
	6	8.31	475.85	57.25	7.51	411.23	54.79	7.92	441.34	55.75
	7	8.82	651.41	73.88	7.90	559.22	70.75	8.37	603.21	72.03
	8	9.27	866.08	93.40	8.25	738.32	89.48	8.78	800.38	91.13
	9	9.63	1138.47	118.25	8.51	962.33	113.07	9.09	1048.96	115.35
	10	9.96	1454.48	146.08	8.76	1220.58	139.39	9.38	1336.59	142.43
	11	10.28	1811.95	176.30	8.99	1510.99	168.15	9.66	1661.36	171.93
	12	10.53	2239.37	212.75	9.17	1856.28	202.45	9.88	2048.45	207.34
	13	11.00	3240.59	294.63	9.52	2661.15	279.51	10.29	2953.41	286.92

续表 6

型材种类		型材和带板组合后的截面参考数值								
		Y_{oj}	I_{xoj}	W_x	Y_{oj}	I_{xoj}	W_x	Y_{oj}	I_{xoj}	W_x
		cm	cm^4	cm^3	cm	cm^4	cm^3	cm	cm^4	cm^3
T形铝型材	型号	带板规格/mm,400×6			带板规格/mm,400×8			带板规格/mm,400×10		
	1	—	—	—	—	—	—	—	—	—
	2	—	—	—	—	—	—	—	—	—
	3	6.43	134.41	20.90	6.71	143.69	21.43	6.92	151.56	21.90
	4	7.07	218.77	30.95	7.41	234.97	31.70	7.67	248.30	32.37
	5	7.68	327.80	42.71	8.09	353.45	43.71	8.39	374.08	44.57
	6	8.24	465.79	56.54	8.72	504.41	57.83	9.08	535.02	58.93
	7	8.75	638.99	73.05	9.31	695.30	74.70	9.72	739.47	76.07
	8	9.21	851.05	92.45	9.85	930.79	94.54	10.32	992.96	96.23
	9	9.56	1120.36	117.14	10.29	1233.45	119.93	10.82	1321.71	122.13
	10	9.90	1433.16	144.80	10.69	1587.36	148.44	11.29	1708.18	151.28
	11	10.22	1787.38	174.88	11.09	1989.70	179.35	11.75	2148.61	182.79
	12	10.47	2211.20	211.14	11.41	2475.18	216.88	12.13	2684.13	221.24
	13	10.95	3205.11	292.68	12.02	3620.35	301.31	12.85	3953.65	307.75
T形铝型材	型号	带板规格/mm,500×10			带板规格/mm,500×12			带板规格/mm,500×15		
	1	—	—	—	—	—	—	—	—	—
	2	—	—	—	—	—	—	—	—	—
	3	—	—	—	—	—	—	—	—	—
	4	—	—	—	—	—	—	—	—	—
	5	—	—	—	—	—	—	—	—	—
	6	9.32	552.09	59.23	9.58	576.49	60.18	9.90	608.77	61.51
	7	10.02	766.28	76.50	10.31	800.92	77.65	10.67	845.95	79.26
	8	10.67	1033.36	96.82	11.01	1081.59	98.22	11.42	1143.33	100.15
	9	11.24	1382.90	123.02	11.63	1451.23	124.81	12.09	1537.68	127.21
	10	11.78	1796.43	152.56	12.21	1890.24	154.79	12.73	2007.92	157.77
	11	12.30	2269.31	184.44	12.79	2392.91	187.11	13.36	2546.86	190.60
	12	12.75	2849.16	223.51	13.28	3013.25	226.82	13.92	3216.91	231.10
	13	13.59	4232.74	311.49	14.23	4499.58	316.25	14.99	4829.72	322.27

续表 6

型材种类		型材和带板组合后的截面参考数值								
		Y_{oj}	I_{xoj}	W_x	Y_{oj}	I_{xoj}	W_x	Y_{oj}	I_{xoj}	W_x
		cm	cm^4	cm^3	cm	cm^4	cm^3	cm	cm^4	cm^3
	型号	带板规格/mm,600×8			带板规格/mm,600×10			带板规格/mm,600×12		
T形铝型材	1	—	—	—	—	—	—	—	—	—
	2	—	—	—	—	—	—	—	—	—
	3	—	—	—	—	—	—	—	—	—
	4	—	—	—	—	—	—	—	—	—
	5	—	—	—	—	—	—	—	—	—
	6	—	—	—	—	—	—	—	—	—
	7	—	—	—	—	—	—	—	—	—
	8	—	—	—	—	—	—	—	—	—
	9	—	—	—	—	—	—	—	—	—
	10	—	—	—	—	—	—	—	—	—
	11	12.13	2216.47	182.66	12.71	2359.17	185.58	13.16	2475.83	188.09
	12	12.57	2782.93	211.41	13.21	2973.48	225.08	13.71	3128.96	228.18
	13	13.39	4134.55	308.74	14.16	4447.15	314.10	14.76	4702.10	318.53
	型号	带板规格/mm,600×15			带板规格/mm			带板规格/mm		
T形铝型材	1	—	—	—						
	2	—	—	—						
	3	—	—	—						
	4	—	—	—						
	5	—	—	—						
	6	—	—	—						
	7	—	—	—						
	8	—	—	—						
	9	—	—	—						
	10	—	—	—						
	11	13.69	2621.20	191.42						
	12	14.30	3321.60	232.24						
	13	15.47	5015.83	324.18						

表 7

种 类	型 号	型材尺寸 H	B	t_1	t_2	r_1	r	R	型材截面积 F	理论重量 G
		mm							cm^2	kg/m
不等边铝角材	1	40	25	3.0	4.0	1.5	2.0	4.0	2.1010	0.5568
	2	55	25	2.5	2.5	1.25	1.25	3.0	1.9501	0.5168
	3	60	35	3.0	3.0	1.5	2.0	3.0	2.7611	0.7317
	4	70	45	4.0	4.0	5.0	5.0	5.0	4.3863	1.1624
	5	80	50	4.0	5.0	5.0	4.0	5.0	5.4118	1.4341
	6	90	56	6.0	6.0	5.0	5.0	5.0	8.3463	2.2118
	7	100	60	4.0	10.0	6.0	6.0	6.0	9.5226	2.5235
	8	110	65	4.0	11.0	6.0	6.0	6.0	11.0326	2.9236
	9	120	70	4.0	12.0	6.0	6.0	6.0	12.6426	3.3503
	10	130	75	4.5	13.0	7.0	7.0	7.0	14.9097	3.9511
	11	140	80	5.0	14.0	7.5	7.5	7.5	17.3791	4.6055
	12	150	85	5.0	15.0	7.5	7.5	7.5	19.3791	5.1355
	13	160	90	5.5	16.0	8.5	8.5	8.5	22.1647	5.8736
	14	170	95	6.0	18.0	9.0	9.0	9.0	26.0459	6.9022
	15	180	100	6.0	18.0	9.0	9.0	9.0	27.5459	7.2997

表 8

种类	型号	型材截面参考数值 x_0	y_0	I_x	i_x	I_y	i_y	I_u	i_u	I_v	i_v	α
		cm	cm	cm^4	cm	cm^4	cm	cm^4	cm	cm^4	cm	(°)
不等边铝角材	1	0.67	1.22	3.23	1.24	1.13	0.73	0.65	0.56	3.72	1.33	24.2
	2	0.48	1.97	6.22	1.79	0.86	0.66	0.58	0.54	6.52	1.83	13.3
	3	0.75	2.00	10.37	1.94	2.69	0.99	1.62	0.77	11.43	2.03	19.91
	4	0.99	2.23	21.52	2.21	6.94	1.26	4.06	0.96	24.40	2.36	22.90
	5	1.24	2.40	32.73	2.46	11.93	1.48	6.70	1.11	37.96	2.65	24.98
	6	1.27	2.96	68.43	2.87	20.57	1.57	12.16	1.21	77.04	3.04	21.80
	7	1.92	2.32	76.62	2.84	34.43	1.90	18.89	1.41	92.15	3.11	28.40
	8	2.14	2.45	104.66	3.08	47.48	2.07	26.19	1.54	125.95	3.38	28.50
	9	2.35	2.58	139.01	3.32	63.78	2.25	35.37	1.67	167.42	3.64	28.60
	10	2.48	2.86	195.35	3.62	85.66	2.40	47.72	1.79	233.29	3.96	27.80
	11	2.62	3.15	268.89	3.93	113.12	2.55	63.25	1.91	318.76	4.28	27.10
	12	2.83	3.28	336.96	4.17	143.69	2.72	80.63	2.04	400.03	4.54	27.30
	13	2.96	3.56	443.54	4.47	183.04	2.87	102.99	2.16	523.60	4.86	26.80
	14	3.16	3.77	580.29	4.72	239.78	3.03	135.35	2.28	684.73	5.13	26.80
	15	3.31	3.97	695.28	5.02	282.05	3.20	159.43	2.41	817.90	5.45	26.50

表 9

型材种类		型材和带板组合后的截面参考数值								
		Y_{oj}	I_{xoj}	W_x	Y_{oj}	I_{xoj}	W_x	Y_{oj}	I_{xoj}	W_x
		cm	cm^4	cm^3	cm	cm^4	cm^3	cm	cm^4	cm^3
不等边铝角材	型号	带板规格/mm,150×3			带板规格/mm,150×4			带板规格/mm,150×5		
	1	3.22	15.68	4.87	3.43	17.27	5.03	3.59	18.60	5.18
	2	4.54	24.83	5.47	4.79	26.94	5.63	4.97	28.67	5.77
	3	4.57	40.39	8.83	4.88	44.37	9.10	5.11	47.59	9.32
	4	4.75	78.26	16.48	5.13	87.28	17.03	5.42	94.68	17.47
	5	5.01	119.55	23.87	5.45	134.26	24.64	5.80	146.42	25.26
	6	5.15	185.15	35.94	5.59	209.03	37.38	5.96	229.51	38.51
	7	4.86	272.49	56.10	5.39	313.30	58.12	5.84	348.47	59.69
	8	5.00	356.94	71.42	5.56	411.86	74.08	6.04	459.69	76.12
	9	5.12	455.94	89.10	5.70	527.59	92.53	6.21	590.63	95.17
	10	5.28	583.01	110.52	5.86	672.85	114.87	6.37	753.06	118.25
	11	5.44	731.41	134.42	6.02	841.45	139.87	6.53	940.90	144.16
	12	5.42	887.47	160.13	6.12	1021.48	166.78	6.65	1143.50	172.02
	13	5.71	1090.15	190.76	6.28	1248.21	198.62	6.80	1393.57	204.91
	14	5.78	1336.58	231.39	6.32	1524.77	241.22	6.82	1699.73	249.18
	15	6.00	1552.48	258.96	6.55	1767.49	269.83	7.06	1967.95	278.66
不等边铝角材	型号	带板规格/mm,200×3			带板规格/mm,200×4			带板规格/mm,200×5		
	1	3.39	16.77	4.94	3.58	18.26	5.10	3.73	19.54	5.24
	2	4.75	26.36	5.55	4.97	28.32	5.70	5.13	29.93	5.83
	3	4.84	43.54	8.99	5.12	47.30	9.23	5.33	50.31	9.44
	4	5.10	85.98	16.87	5.46	94.89	17.37	5.74	102.06	17.78
	5	5.42	132.57	24.45	5.86	147.43	25.17	6.19	159.40	25.73
	6	5.57	206.83	37.12	6.04	232.23	38.48	6.41	253.39	39.54
	7	5.37	310.39	57.79	5.94	354.52	59.66	6.41	391.39	61.10
	8	5.54	608.46	73.70	6.16	468.85	76.17	6.66	519.88	78.06
	9	5.69	523.67	92.10	6.33	603.69	95.31	6.88	672.04	97.74
	10	5.84	668.44	114.40	6.50	770.74	118.55	7.06	859.50	121.71
	11	6.00	836.54	139.35	6.66	963.90	144.64	7.24	1075.94	148.71
	12	6.11	1016.04	166.22	6.79	1172.79	172.71	7.38	1311.85	177.70
	13	6.27	1242.27	198.02	6.95	1429.60	205.84	7.54	1597.74	211.93
	14	6.31	1518.27	240.55	6.96	1744.45	250.52	7.55	1950.08	258.35
	15	6.54	1760.54	269.14	7.21	2020.09	280.21	7.81	2256.86	288.95

续表 9

型材种类		型材和带板组合后的截面参考数值								
		Y_{oj}	I_{xoj}	W_x	Y_{oj}	I_{xoj}	W_x	Y_{oj}	I_{xoj}	W_x
		cm	cm^4	cm^3	cm	cm^4	cm^3	cm	cm^4	cm^3
不等边铝角材	型号	带板规格/mm,200×6			带板规格/mm,250×3			带板规格/mm,250×4		
	1	3.84	20.72	5.39	3.51	17.52	4.99	3.68	18.94	5.14
	2	5.27	31.38	5.96	4.89	27.41	5.60	5.09	29.24	5.74
	3	5.50	52.92	9.63	5.03	45.78	9.10	5.29	49.32	9.32
	4	5.96	108.14	18.14	5.36	91.79	17.13	5.71	100.43	17.60
	5	6.47	169.49	26.22	5.74	142.63	24.85	6.16	157.24	25.52
	6	6.72	271.57	40.42	5.91	224.47	37.97	6.38	250.45	39.25
	7	6.79	423.04	62.28	5.79	341.77	58.99	6.38	387.46	60.73
	8	7.09	563.98	79.59	6.00	451.81	75.33	6.64	515.21	77.63
	9	7.34	731.55	99.70	6.17	581.52	94.27	6.85	666.60	97.26
	10	7.55	937.72	124.27	6.33	742.71	117.25	7.04	853.25	121.17
	11	7.74	1175.75	152.00	6.50	929.31	143.05	7.22	1068.87	148.11
	12	7.91	1436.57	181.73	6.62	1130.60	170.80	7.37	1303.94	177.04
	13	8.07	1750.03	216.88	6.78	1379.43	203.59	7.52	1589.00	211.21
	14	8.08	2138.35	264.77	6.80	1684.15	247.71	7.53	1940.36	257.54
	15	8.36	2474.28	296.10	7.04	1951.23	277.13	7.80	2246.41	288.10
不等边铝角材	型号	带板规格/mm,250×5			带板规格/mm,250×6			带板规格/mm,300×3		
	1	3.82	20.17	5.29	3.92	21.34	5.44	3.60	18.07	5.02
	2	5.24	30.78	5.87	5.36	32.19	6.00	5.00	28.17	5.64
	3	5.48	52.17	9.52	5.63	54.66	9.71	5.18	47.45	9.17
	4	5.96	107.30	17.99	6.17	113.11	18.33	5.56	96.33	17.33
	5	6.48	168.82	26.05	6.73	178.50	26.50	5.99	150.64	25.15
	6	6.75	271.63	40.24	7.05	289.57	41.07	6.19	239.11	38.61
	7	6.84	424.76	62.07	7.22	456.23	63.17	6.15	368.17	59.88
	8	7.15	567.50	79.38	7.57	611.89	80.79	6.39	488.80	76.55
	9	7.41	737.52	99.51	7.88	798.13	101.33	6.58	631.49	95.90
	10	7.63	946.91	124.13	8.13	1027.90	126.51	6.76	807.87	119.44
	11	7.82	1188.85	151.94	8.35	1293.74	155.02	6.93	1011.77	145.92
	12	8.00	1454.32	181.75	8.55	1586.70	185.52	7.07	1233.30	174.39
	13	8.17	1773.14	217.03	8.74	1936.93	221.71	7.23	1503.73	208.01
	14	8.18	2168.70	265.12	8.75	2374.21	271.24	7.24	1836.19	253.47
	15	8.47	2510.51	296.57	9.06	2748.93	303.41	7.50	2126.66	283.60

续表 9

型材种类		型材和带板组合后的截面参考数值								
		Y_{oj}	I_{xoj}	W_x	Y_{oj}	I_{xoj}	W_x	Y_{oj}	I_{xoj}	W_x
		cm	cm^4	cm^3	cm	cm^4	cm^3	cm	cm^4	cm^3
不等边铝角材	型号	带板规格/mm,300×4			带板规格/mm,300×5			带板规格/mm,300×6		
	1	3.76	19.43	5.17	3.88	20.64	5.32	3.98	21.81	5.48
	2	5.18	29.91	5.77	5.32	31.39	5.90	5.43	32.78	6.04
	3	5.41	50.80	9.38	5.59	53.51	9.57	5.73	55.92	9.76
	4	5.89	104.65	17.77	6.13	111.22	18.14	6.32	116.78	18.47
	5	6.40	164.85	25.77	6.70	175.98	26.27	6.94	185.26	26.71
	6	6.66	265.15	39.82	7.02	286.02	40.75	7.31	303.53	41.54
	7	6.74	414.39	61.52	7.19	451.43	62.77	7.56	482.30	63.81
	8	7.03	553.66	78.71	7.54	606.13	80.34	7.96	650.04	81.67
	9	7.29	719.45	98.70	7.85	791.34	100.80	8.31	851.86	102.49
	10	7.50	923.74	123.15	8.10	1019.98	125.92	8.60	1101.92	128.15
	11	7.69	1159.84	150.74	8.32	1284.66	154.36	8.85	1392.08	157.25
	12	7.87	1418.69	180.34	8.53	1576.44	184.79	9.10	1713.13	188.34
	13	8.03	1730.17	215.37	8.72	1925.45	220.91	9.30	2096.47	225.35
	14	8.04	2116.16	263.05	8.73	2361.28	270.33	9.34	2578.59	276.15
	15	8.33	2450.36	294.31	9.04	2734.98	302.46	9.67	2988.12	308.97
不等边铝角材	型号	带板规格/mm,300×8			带板规格/mm,400×4			带板规格/mm,400×5		
	1	4.15	24.25	5.85	3.86	20.11	5.22	3.96	21.29	5.37
	2	5.61	35.58	6.35	5.30	30.81	5.82	5.41	32.23	5.95
	3	5.95	60.39	10.16	5.58	52.83	9.46	5.73	55.35	9.65
	4	6.61	126.34	19.10	6.15	110.64	18.00	6.36	116.70	18.35
	5	7.30	200.67	27.51	6.73	175.86	26.12	7.00	186.15	26.58
	6	7.75	332.35	42.87	7.08	287.38	40.60	7.41	307.28	41.45
	7	8.12	532.27	65.53	7.28	455.80	62.60	7.71	491.43	63.73
	8	8.60	721.10	83.83	7.65	613.74	80.20	8.14	664.95	81.66
	9	9.03	950.04	105.19	7.98	803.33	100.71	8.53	874.55	102.57
	10	9.39	1236.14	131.68	8.24	1037.83	125.93	8.84	1135.21	128.42
	11	9.70	1569.84	161.79	8.48	1309.70	154.51	9.12	1438.47	157.76
	12	10.01	1940.80	193.85	8.70	1609.97	185.08	9.39	1774.90	189.09
	13	10.27	234.48	232.23	8.89	1969.05	221.41	9.61	2176.91	226.46
	14	10.34	2949.61	285.16	8.92	2418.64	271.17	9.66	2684.92	277.85
	15	10.73	3421.82	319.03	9.24	2803.21	303.50	10.01	3114.42	310.99

续表 9

型材种类		型材和带板组合后的截面参考数值								
		Y_{oj}	I_{xoj}	W_x	Y_{oj}	I_{xoj}	W_x	Y_{oj}	I_{xoj}	W_x
		cm	cm^4	cm^3	cm	cm^4	cm^3	cm	cm^4	cm^3
不等边铝角材	型号	带板规格/mm,400×6			带板规格/mm,400×8			带板规格/mm,400×10		
	1	4.05	22.47	5.54	4.20	25.09	5.97	4.34	28.27	6.52
	2	5.51	33.61	6.10	5.67	36.54	6.44	5.81	39.99	6.88
	3	5.86	57.65	9.84	6.05	62.11	10.27	6.21	66.87	10.77
	4	6.53	121.88	18.67	6.79	130.98	19.30	6.99	139.57	19.98
	5	7.21	194.72	26.99	7.53	209.15	27.77	7.77	221.94	28.55
	6	7.68	323.79	42.17	8.08	350.88	43.43	8.38	373.74	44.59
	7	8.05	520.66	64.67	8.56	567.46	66.28	8.94	605.38	67.71
	8	8.53	707.01	82.86	9.12	774.02	84.84	9.56	827.51	86.57
	9	8.97	933.24	104.08	9.64	1026.64	106.54	10.13	1100.56	108.61
	10	9.32	1216.21	130.42	10.07	1345.91	133.61	10.63	1448.50	136.24
	11	9.64	1546.63	160.36	10.47	1721.16	164.46	11.09	1859.62	167.76
	12	9.96	1914.30	192.27	10.85	2140.36	197.22	11.53	2319.96	201.14
	13	10.22	2354.42	230.47	11.18	2645.14	236.68	11.91	2877.82	241.54
	14	10.30	2915.16	283.14	11.32	3297.16	291.29	12.12	3606.22	297.58
	15	10.68	3384.43	316.92	11.76	3833.83	326.01	12.61	4198.17	332.99
不等边铝角材	型号	带板规格/mm,500×10			带板规格/mm,500×12			带板规格/mm,500×15		
	1	4.37	29.32	6.71	4.49	33.87	7.55	4.65	43.04	9.25
	2	5.85	41.11	7.03	5.97	45.89	7.69	6.14	55.37	9.02
	3	6.26	68.41	10.92	6.40	74.34	11.62	6.58	85.49	12.99
	4	7.08	142.76	20.16	7.24	151.92	20.98	7.45	167.54	22.49
	5	7.90	227.35	28.76	8.09	239.85	29.66	8.32	259.92	31.23
	6	8.57	385.43	44.96	8.80	405.96	46.15	9.08	436.53	48.10
	7	9.20	627.38	68.17	9.48	659.28	69.57	9.81	704.08	71.78
	8	9.88	861.02	87.17	10.19	904.74	88.78	10.57	964.21	91.24
	9	10.51	1149.88	109.39	10.87	1209.14	111.25	11.29	1287.71	114.02
	10	11.07	1521.18	137.36	11.48	1602.81	139.63	11.96	1708.91	142.90
	11	11.59	1962.68	169.30	12.05	2072.75	172.06	12.58	2213.80	175.92
	12	12.11	2458.65	203.08	12.61	2601.31	206.28	13.21	2782.14	210.68
	13	12.55	3064.29	244.14	13.11	3250.59	248.02	13.76	3485.28	253.25
	14	12.83	3863.75	301.20	13.44	4114.77	306.12	14.17	4429.95	312.59
	15	13.37	4506.98	337.12	14.03	4803.69	342.51	14.81	5174.93	349.53

续表 9

型材种类		型材和带板组合后的截面参考数值								
		Y_{oj}	I_{xoj}	W_x	Y_{oj}	I_{xoj}	W_x	Y_{oj}	I_{xoj}	W_x
		cm	cm^4	cm^3	cm	cm^4	cm^3	cm	cm^4	cm^3
不等边铝角材	型号	带板规格/mm,600×8			带板规格/mm,600×10			带板规格/mm,600×12		
	1	—	—	—	—	—	—	—	—	—
	2	—	—	—	—	—	—	—	—	—
	3	—	—	—	—	—	—	—	—	—
	4	6.97	136.42	19.56	7.15	145.22	20.32	7.30	154.81	21.22
	5	7.79	218.91	28.09	8.00	231.37	28.94	8.17	244.13	29.89
	6	8.45	372.60	44.07	8.71	393.95	45.24	8.92	414.32	46.47
	7	9.07	609.02	67.12	9.39	643.33	68.52	9.64	674.31	69.94
	8	9.74	837.44	85.97	10.11	885.37	87.61	10.39	927.43	89.22
	9	10.37	1119.92	108.03	10.79	1185.91	109.95	11.11	1242.53	111.80
	10	10.92	1482.70	135.77	11.40	1574.80	138.16	11.77	1652.57	140.38
	11	11.43	1914.03	167.45	11.97	2039.52	170.40	12.39	2144.33	173.07
	12	11.93	2398.89	201.00	12.53	2562.86	204.46	13.00	2698.70	207.53
	13	12.37	2990.39	241.74	13.03	3205.99	245.99	13.55	3383.94	249.70
	14	12.64	3769.88	298.34	13.37	4062.20	303.79	13.95	4303.34	308.45
	15	13.17	4399.34	334.06	13.96	4746.13	340.07	14.58	5031.58	345.16
不等边铝角材	型号	带板规格/mm,600×15			带板规格/mm			带板规格/mm		
	1	—	—							
	2	—	—	—						
	3	—	—	—						
	4	7.50	171.61	22.89						
	5	8.39	265.19	31.61						
	6	9.18	445.42	48.53						
	7	9.95	718.79	72.23						
	8	10.74	985.69	71.75						
	9	11.51	1318.70	114.61						
	10	12.21	1754.69	143.65						
	11	12.89	2279.53	176.89						
	12	13.56	2871.52	211.84						
	13	14.16	3608.23	254.78						
	14	14.68	4605.27	314.68						
	15	15.31	5387.24	351.89						

附加说明：

本标准由中国有色金属工业总公司标准计量研究所提出。
本标准由西南铝加工厂、上海船舶运输科学研究所起草。
本标准主要起草人:蔡国兰、陈国虞、李瑞山。

中华人民共和国有色金属行业标准

YS/T 89—1995

煅烧 α 型氧化铝

Calcined α-alumina

1 主题内容与适用范围

本标准规定了煅烧 α 型氧化铝产品的分类、技术要求、试验方法、检验规则及标志、包装、运输、贮存。

本标准适用于以工业氢氧化铝或工业氧化铝为原料，在适当的温度下煅烧成晶型稳定的 α 型氧化铝产品。主要用于生产陶瓷和耐火材料等的原料。

2 引用标准

GB 6523 氧化铝粉末有效密度的测定 比重瓶法

GB 6609.2～6609.5 氧化铝化学分析方法

GB 8170 数值修约规则

3 产品分类

按理化指标不同，产品分为低钠型和中钠型两类，共 7 个牌号。

4 技术要求

4.1 各牌号产品的理化指标应符合表 1 规定。

表 1

分类	牌号	化学成分/%						真密度/(g/cm^3) 不小于	α-Al_2O_3/% 不小于
		Al_2O_3 不小于	杂质含量，不大于						
			SiO_2	Fe_2O_3	Na_2O	灼减			
低钠型	AN-03	99.5	0.06	0.03	0.03	0.10		3.97	95
	AN-05	99.5	0.06	0.03	0.05	0.10		3.97	95
	AN-10	99.3	0.08	0.04	0.10	0.10		3.96	95
	AN-20	99.0	0.10	0.05	0.20	0.20		3.95	93
中钠型	AN-30	99.5	0.04	0.04	0.30	0.20		3.93	90
	AN-40	99.0	0.10	0.05	0.40	0.20		3.90	85
	AN-50	97.0	0.15	0.10	0.50	0.40		3.85	80

注：① 氧化铝含量为 100%减去表列杂质含量总和之差。

中国有色金属工业总公司 1995-04-06 批准　　1995-12-01 实施

② 牌号中短横表示冶炼产品,数字代表氧化钠含量百分数×100的值。

③ 牌号中数字为氧化钠含量代号。

④ 数字的修约规则,按GB 8170进行。

4.2 外观为洁白结晶粉末。

4.3 对掺杂剂及杂质等有特殊要求时,由供需双方共同协商解决。

5 试验方法

5.1 化学成分分析方法按GB 6609.2～6609.5进行。

5.2 真密度试验方法按GB 6523进行。

5.3 α-Al_2O_3的测定方法,按附录A进行。

6 检验规则

6.1 产品由供方技术监督部门进行检验,保证产品符合本标准规定,并填写质量证明书。

6.2 需方可对收到的产品进行检验,如检验结果与本标准规定不符时,在收到产品之日起一个月内向供方提出,由供需双方协商解决。

6.3 产品应成批提交验收。每批由同一混合料组成。

6.4 每批产品出厂前按同牌号编号取样。每批重不超过20t。取样应有代表性,可连续取样亦可从20个以上不同部位取等量样品,总量不少于5kg。其中α-Al_2O_3含量只做型式分析。

6.5 将6.4取得的产品样充分混匀,用四分法缩分至重量不少于1kg;分成3份,其中两份供检验用,另一份封存3个月备查。

7 标志、包装、运输、贮存

7.1 标志

产品包装应有明显标志。注明:供方名称、产品名称、注册商标、牌号、批号、重量、出厂日期。散装时应提交内容与此相同的卡片。

7.2 包装

产品包装采用具有足够强度和密度及不污染产品的包装材料,每袋重为50 kg±0.5 kg,亦可由供需双方协商采用其他适当重量和包装材料包装或散装。

7.3 运输

产品运输及装、卸严禁杂质混入,并应有防潮、防雨雪措施。

7.4 贮存

产品应在不受潮的仓库内分批、分牌号存放,不得混杂,并严禁杂质混入。

7.5 质量证明书

每批产品应附有质量证明书,注明:

a. 供方名称;

b. 产品名称和牌号;

c. 批号;

d. 分析检验结果和技术监督部门印证;

e. 本标准编号;

f. 出厂日期。

附 录 A

α-Al_2O_3 的测定方法

(补充件)

A1 主题内容与适用范围

本标准规定了 α 型氧化铝(α-Al_2O_3)的测定方法。

本标准适用于 α-Al_2O_3 的测定。测定范围:0～100%。

A2 方法原理

将制好片的试样放在 X 射线衍射仪上,测定 α 型氧化铝的(012)晶面和(116)晶面 X 射线衍射强度,并求出它们各自与标准 α-氧化铝(标称含量 100%)的强度比,二者平均值即为分析试样中 α-Al_2O_3 的含量。

A3 仪器和设备

X 射线衍射仪、玛瑙研钵、压片装置。

A4 标样制作

将拜耳法氢氧化铝(粒度小于 5μm),置于 ϕ60mm×80mm 刚玉坩埚,装至 2/3 处,在 1 500±10℃保温 8 h,焙烧后标样的化学成分应达到 Al_2O_3 大于或等于 99.95%,Na_2O 小于 0.01%。

A5 测试步骤

A5.1 用棉球沾少许无水乙醇,将研钵、样品架等擦干净、吹干备用。

A5.2 取 3 g 试样,在玛瑙研钵中研磨至粒径为 3～5μm。

A5.3 取 1 g 左右磨好的样品,放入样品架内,填实后,轻压制片,压力以样片竖起不塌为宜。

A5.4 开冷却水,打开低压电源开关,衍射仪预热 20 min。

A5.5 打开 X 光高压电源,达到稳定状态,再打开 X 射线衍射仪微机测控操作系统。

A5.6 进行测角仪 θ、2θ 角度校正。

A5.7 选择衍射条件:铜靶(工作电压 36 kV,电流 20 mA),Ni 片滤波;狭缝为 1.0 mm,0.15 mm,0.5°;时间常数(RC)为 1 s;扫描速度为 1°/min。

A5.8 选择测量条件:净强度测量,扫描范围(2θ):(012)晶面为 25.1°～26.1°;(116)晶面为 57.1°～58.1°;采样步宽(2θ)为 0.01°;积分扫描时间各 60 s。

A5.9 按所选条件测定试样和标样的积分强度。

A6 测定结果的计算

A6.1 用数据处理软件分别扣除每个峰背底强度后,计算净积分强度(I)。

A6.2 当试样中 α-Al_2O_3 含量不大于 50%时,以(012)衍射面的测定值计算 α-Al_2O_3 的含量:

$$\alpha\text{-}Al_2O_3\text{ 含量} = I(012)_{试}/I(012)_{标} \times 100\% \quad (A1)$$

式中 $I(012)_{试}$——试样(012)晶面的衍射净积分强度;

$I(012)$标——标样(012)晶面的衍射净积分强度。

A6.3　当试样中 $\alpha\text{-}Al_2O_3$ 含量大于50%时，还需用(116)衍射面的强度测定值，按下式计算 $\alpha\text{-}Al_2O_3$ 的含量。即：

$$\alpha\text{-}Al_2O_3\text{含量} = 1/2\times[I(012)_{试}/I(012)_{标} + I(116)_{试}/I(116)_{标}] \tag{A2}$$

式中　$I(116)$试——试样(116)晶面的衍射净积分强度；

$I(116)$标——标样(116)晶面的衍射净积分强度。

A7　允许差

本测量法的允许误差同试验室小于1.0%，不同试验室小于2.0%。

附加说明：

本标准由中国有色金属工业总公司标准计量研究所提出。

本标准由中国长城铝业公司负责起草。

本标准主要起草人：周成龙、邓素琴、余洪生、王学信、闫晋刚。

中华人民共和国有色金属行业标准

铝及铝合金铸轧带材

YS/T 90—1995

1 主题内容与适用范围

本标准规定了铝及铝合金铸轧带材的产品分类、技术要求、试验方法、检验规则、包装、标志、运输、贮存等。

本标准适用于铝及铝合金铸轧带材的生产、检查与验收。

2 引用标准

GB/T 3190 铝及铝合金加工产品的化学成分

GB/T 3199 铝及铝合金加工产品的包装、标志、运输、贮存

GB/T 3247 铝及铝合金加工制品低倍组织检验方法

GB/T 6987 铝及铝合金化学分析方法

GB/T 7999 铝及铝合金的光电光谱分析方法

3 产品分类

3.1 牌号、规格

铸轧带材(以下简称带材)的牌号、规格见表1。

表 1

牌　　号	厚度/mm	宽度/mm
1070、1070A、1060、1050、1050A 1A30、1100、1200、1145、3A21	6～10	800～1 600

注：用户需其他牌号、规格时，由供需双方协商确定。

3.2 铸轧带卷(以下简称带卷)的内径一般为 508 mm 或 600 mm，外径为 1 100～1 800 mm，用户需要特殊尺寸的内、外径时，由供需双方协商确定。

3.3 标记示例

用 1060 制造的、厚度为 7.5mm、宽度为 1 200 mm、卷径为 ϕ1 500 mm 的带卷，标记为：

铸轧带 1060　7.5×1 200 ϕ1500　YS/T 90—1995

4 技术要求

4.1 化学成分

带材的化学成分应符合 GB/T 3190 的规定。

4.2 尺寸偏差

4.2.1 带材的尺寸允许偏差应符合表2的规定。

中国有色金属工业总公司 1995-10-04 批准　　　　1996-06-01 实施

表 2

mm

厚度偏差	宽度偏差	带卷外径偏差
±0.50	+20 −5	±20

4.2.2 带材的纵向和横向厚度应均匀一致,中部凸度最大为 0.12mm,横向两端厚度差不超过 0.10 mm,每卷纵向厚度差不超过 0.30 mm。

4.3 力学性能

带材的力学性能一般不做检验。如果要求检验,其数值和试验方法由供需双方协商确定。

4.4 表面质量

4.4.1 带材表面应平整、洁净。不允许有热带、气道、裂纹、腐蚀等缺陷,允许有不影响使用的金属及非金属压入等缺陷。

4.4.2 带卷端面应整齐,但允许有工艺裂边,裂边宽度不超过 15 mm;端面允许有局部错层,但错层宽度不得超过 30 mm,头尾 5 圈不得超过 50 mm。

4.5 低倍组织

4.5.1 用于继续轧制的带材表面晶粒度不得超过 3 级,用户如有特殊要求应在合同中注明。

4.5.2 带材不允许有影响使用的夹杂、孔洞、分层等缺陷。

4.6 熔体氢含量

熔体氢含量应控制在 0.2 mL/100 g 以下。

5 试验方法

5.1 化学成分分析方法

带材的化学成分按 GB/T 7999 的规定进行,化学成分仲裁分析方法按 GB/T 6987 的规定进行。

5.2 低倍组织试验方法

带材的低倍组织试验方法按 GB/T 3247 的规定进行。

6 检验规则

6.1 检查与验收

带材由供方技术监督部门检查验收,并保证产品质量符合本标准要求。

6.2 组批

带材应按批次提交验收,每批次应由同一牌号、规格组成。

6.3 检验项目

每批带材均应进行化学成分、尺寸偏差、表面质量、低倍组织的检验。

6.4 取样位置和数量

化学成分应每熔次取一个试样(用户可在成品中取样)进行分析。表面质量、尺寸偏差应逐卷检查,横向两端厚度差应在距边部 20mm 处测量。低倍组织每卷取 1 个试样,试样自带卷尾部切取,试样尺寸为(300～400)mm×(40～50)mm(长×宽)。

6.5 重复试验

对于有低倍缺陷的带卷,允许重复取样试验,重复取样仍从该卷中切取,取样数量为 2 个。重复试验结果合格,则整卷合格;如果仍有一个试样不合格,则整卷不合格。

7 包装、标志、运输、贮存

7.1 带卷的包装、标志、运输、贮存按照 GB/T 3199 的规定进行，在验收的带卷上应贴有如下内容的标签：

a. 供方技术监督部门检印；
b. 产品名称；
c. 牌号；
d. 批号；
e. 规格；
f. 熔次号；
g. 重量。

7.2 质量证明书(合格证)

经检验合格的带卷，应附有符合本标准要求的质量证明书，其上注明：

a. 供方名称；
b. 产品名称；
c. 牌号；
d. 批号；
e. 重量和卷号；
f. 规格；
g. 熔次号；
h. 供方技术监督部门检印；
i. 包装日期；
j. 本标准编号。

附 录 A
新旧牌号对照表
(参考件)

表 A1

新 牌 号	1070A	1060	1050A	1A30	1100	1200	3A21
被替代的旧牌号	L1	L2	L3	L4	L5-1	L5	LF21

注：除 3A21 与 LF21 化学成分等同外，其他新牌号与被替代的旧牌号化学成分相近似，但不等同。

附加说明：

本标准由中国有色金属工业总公司提出。

本标准由华北铝业有限公司负责起草。

本标准主要起草人：程杰、杜万明、王淑芬。

中华人民共和国有色金属行业标准

YS/T 91—1995

瓶盖用铝及铝合金板、带材

1 主题内容与适用范围

本标准规定了瓶盖用铝及铝合金板和带材的分类、技术要求、试验方法、检验规则、包装、标志、运输、贮存。

本标准适用于瓶盖用铝及铝合金板、带材。

2 引用标准

GB/T 228 金属拉伸试验方法

GB/T 3190 铝及铝合金加工产品的化学成分

GB/T 3199 铝及铝合金加工产品的包装、标志、运输、贮存

GB/T 5125 有色金属冲杯试验方法

GB/T 6987 铝及铝合金化学分析方法

3 产品分类

3.1 牌号、状态、规格

板、带材的合金牌号、状态和规格应符合表1的规定。

表1

合金牌号	状态	规格/mm				
		厚度	宽度		板材长度	卷内径
			板材	带材		
1 100 8 011 3 003 3 105	H14(Y_2) H16(Y_1) H18(Y)	0.2～0.3	500 ～ 1 000	50 ～ 1 500	500～1 000	75、152 200、205 300、350 405、500 510

注：① 如需其他合金牌号、状态、规格的板、带材，供需双方另行协商并在合同中注明。

② 卷外径尺寸(或重量)由供需双方协商，并在合同中注明。

3.2 标记示例

3.2.1 用8011合金制造的，H18状态，厚度为0.22 mm，宽度为610 mm的带材标记为：

带 8011-H18 0.22×610 YS/T 91—1995

3.2.2 用3105合金制造的，H14状态，厚度为0.23mm，宽度为1 000mm，长度为1 000mm的板材标记为：

板 3105-H14 0.23×1 000×1 000 YS/T 91—1995

中国有色金属工业总公司 1995-10-04 批准 1996-06-01 实施

4 技术要求

4.1 化学成分

板、带材的化学成分应符合 GB/T 3190 的规定。

4.2 尺寸允许偏差

4.2.1 板、带材厚度允许偏差,mm: ±0.015

4.2.2 板、带材宽度允许偏差,mm: $^{+3}_{0}$

4.2.3 板材长度和对角线允许偏差应符合表 2 的规定。

表 2

精 度	长度允许偏差	对角线允许偏差
	不大于,mm	
普 通 级	+1 0	4
高 精 级	+0.5 0	2

注:用户要求高精级时在合同中注明。

4.2.4 带材端部应卷整齐,错层不大于 5 mm,塔形不大于 20 mm(内 10 圈除外)。

4.3 力学性能

板、带材的力学性能应符合表 3 的规定。

表 3

合 金 牌 号	状 态	厚 度 /mm	抗拉强度 σ_b /MPa	伸长率 δ_{10} /%
			不 小 于	
1100	H14	0.2~0.3	110~145	2
	H16		130~165	1
	H18		150	1
8011	H14	0.2~0.3	125~155	2
	H16		145~180	2
	H18		155	1
3003	H14	0.2~0.3	140~180	1
	H16		165~205	1
	H18		180	1
3105	H14	0.2~0.3	150~200	1
	H16		170~220	1
	H18		190	1

4.4 深冲性能

板、带材冲杯制耳率不大于 5%。

4.5 外观质量

4.5.1 边缘应切齐,无毛刺。

4.5.2 表面上不允许有裂纹、腐蚀。

4.5.3 允许有不影响使用的轻微的划伤、擦伤、松树枝状花纹、金属及非金属压入、压过划痕等缺陷。

4.5.4 带材应卷紧,不允许有松层。

5 试验方法

5.1 化学成分仲裁分析方法应按 GB/T 6987 进行。

5.2 厚度、宽度、长度及对角线用能保证精度的量具进行测量。厚度应在距边缘不小于 10 mm 处测量。

5.3 力学性能试验方法应按 GB/T 228 进行。

5.4 冲杯试验方法应按 GB/T 5125 进行。

5.5 外观质量用目测检查。

6 检验规则

6.1 检查和验收

6.1.1 板、带材应由供方技术监督部门进行检验,保证产品质量符合本标准的规定,并填写质量证明书。

6.1.2 需方收到产品后,应在 10 日内检查包装是否破损和产品有无腐蚀和损伤现象。对其他产品质量按本标准的规定进行检验,如检验结果与本标准的规定不符时,应在收到产品之日起 2 个月内向供方提出,由供需双方协商解决。

6.2 组批

板、带材应成批提交验收,每批应由同一牌号、状态和规格组成。批重不限。

6.3 检验项目

每批板、带材应进行化学成分、外形尺寸偏差、力学性能及外观质量的检验。要求检验制耳率时在合同中注明。

6.4 取样位置和取样数量

取样位置和取样数量应按表 4 的规定。

表 4

检验项目	取样位置	每批取样数量	要求的章条号	检查或试验方法的章条号
化学成分	铸造取样	每熔次 1 个	4.1	5.1
	成品取样	每批 1 个		
力学性能	任意部位	每批取两张,每张取 1 个试样	4.3	5.3
深冲性能	任意部位		4.4	5.4
尺寸允许偏差	—	100%	4.2	5.2
外观质量	—	100%	4.5	5.5

注: 化学成分分析供方按 GB/T 3190 的规定在铸造时取样,需方在成品上取样。

6.5 重复试验

拉伸、深冲试验即使有一个试样的试验结果不合格时,也应从该样品上另取双倍数量的试样进行重复试验,重复试验结果如仍有不合格时,允许供方逐卷(分切前大卷)检验,合格者交货。

7 标志、包装、运输、贮存

7.1 标志

7.1.1 每个卷(或每箱板)上应贴有标签,标签上注明:

a. 供方技术监督部门印记;

b. 合金牌号;

c. 交货状态;

d. 厚度;

e. 批号;

f. 重量。

7.1.2 包装箱标志应符合 GB/T 3199 的规定。

7.2 包装、运输、贮存应符合 GB/T 3199 的规定。带材在合同中应注明立包或卧包。

7.3 质量证明书

每批板、带材应附有符合本标准要求的质量证明书,其上注明:

a. 供方名称;

b. 产品名称;

c. 合金牌号;

d. 状态;

e. 批号;

f. 规格;

g. 净重或件数;

h. 质量监督部门印记;

i. 力学性能检验结果;

j. 本标准编号;

k. 包装日期。

附加说明:

本标准由中国有色金属工业总公司标准计量研究所提出。

本标准由西南铝加工厂负责起草。

本标准主要起草人:于静兰、卢敬华。

中华人民共和国有色金属行业标准

YS/T 92—1995

铝合金花格网

1 主题内容与适用范围

本标准规定了铝合金花格网的分类、技术要求、试验方法、检验规则和包装等内容。

本标准适用于铝合金挤压型材拉制的花格网,该产品适用于建筑、装饰和防护、防盗装置等场合。

2 引用标准

GB/T 3190 铝及铝合金加工产品的化学成分

GB/T 3199 铝及铝合金加工产品的包装、标志、运输、贮存

GB/T 5237 铝合金建筑型材

GB/T 6462 金属和氧化物覆盖层 横断面厚度显微镜测量方法

GB/T 6987 铝及铝合金化学分析方法

GB/T 8015 铝及铝合金阳极氧化膜厚度的试验方法

3 产品分类

3.1 合金牌号及供应状态

铝合金花格网的合金牌号为6063,供应状态为T2。T2为由高温成型过程冷却,经冷加工后自然时效至基本稳定的状态。

3.2 型号、花形及规格

3.2.1 铝合金花格网的型号、花形及规格如表1所示。

表1

型号	花形	规格/mm		
		厚度	宽度	长度
LGH 101	中孔花	5.0、5.5、6.0、6.5 7.0、7.5	480~2 000	≤6 000
LGH 102	异型花			
LGH 103	大双花			
LGH 104	单双花			
LGH 105	五孔花			

注:用户需要其他规格时,由供需双方协商。

3.2.2 铝合金花格网的花形如图1~图5所示。

中国有色金属工业总公司 1995-10-04 批准 1996-06-01 实施

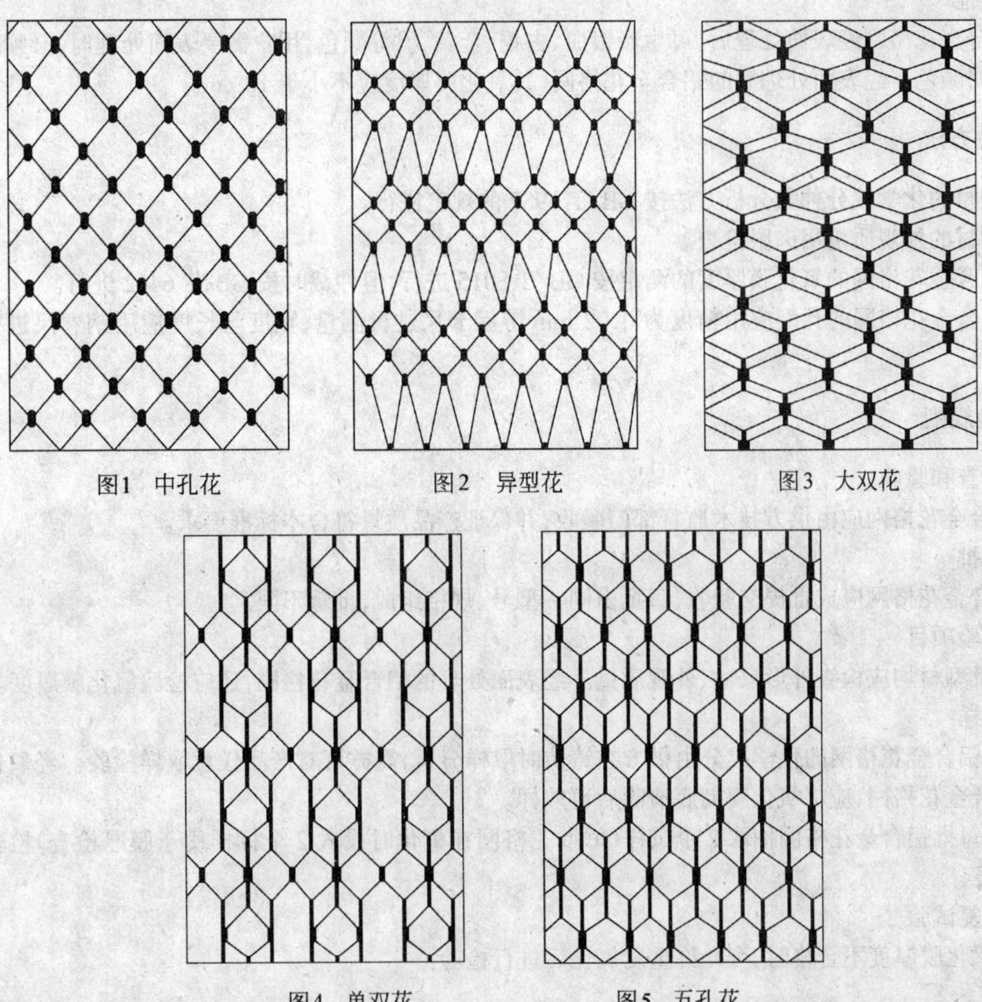
图1 中孔花
图2 异型花
图3 大双花
图4 单双花
图5 五孔花

3.3 标记示例

型号为 LGH101,厚度为 7.5 mm,宽度为 1 050 mm,长度为 5 000 mm 的铝合金花格网标记为:

铝花格网 LGH101 7.5× 1 050×5 000 YS/T 92—1995

4 技术要求

4.1 化学成分

铝合金花格网的化学成分应符合 GB/T 3190 的规定。

4.2 外形尺寸及允许偏差

4.2.1 铝合金花格网用型材的外形尺寸应符合供需双方会签的图样要求,其尺寸允许偏差应符合 GB/T 5237 的要求。

4.2.2 定尺交货的铝合金花格网的长度允许偏差为 +25 mm,宽度允许偏差为 +10 mm。

4.2.3 铝合金花格网的孔型尺寸偏差,由供需双方协商确定。

4.3 外观质量

铝合金花格网的表面应清洁、平整、孔型均匀,不允许有裂纹、起皮、氧化膜脱落、腐蚀存在。

4.4 其他

铝合金花格网经表面处理后，可生产银白、古铜、金黄、黑等颜色，用户需要表面处理时，必须在合同中注明颜色。经表面处理后的铝合金花格网，其氧化膜厚度应不小于 10 μm。

5 试验方法

5.1 型材的化学成分仲裁分析方法按 GB/T 6987 的规定进行。

5.2 型材的外观质量用肉眼检查。

5.3 铝合金花格网的氧化膜厚度的测定按 GB/T 8015 进行，但仲裁时按 GB/T 6462 进行。

5.4 铝合金花格网的孔型应用精度为 0.02 mm 游标卡尺进行测量，宽度与长度应用钢卷尺进行测量。

6 检验规则

6.1 检查和验收

铝合金花格网应由供方技术监督部门验收，并保证产品质量符合本标准要求。

6.2 组批

铝合金花格网应成批提交验收，每批由同一型号、规格组成，批重不限。

6.3 检验项目

每批型材均应检查外形尺寸、外观质量。经表面处理的铝合金花格网，还应检验氧化膜厚度。

6.4 取样

6.4.1 铝合金花格网的化学成分由供方在铸造时取样分析，需方可对产品任意取样检验。经氧化处理的铝合金花格网，应将氧化膜彻底清除后再取样。

6.4.2 每批铝合金花格网抽取 2 个试样(每批花格网在氧化时投入 2 个标样用于膜厚检查)检验氧化膜厚度。

6.5 重复试验

当氧化膜厚度不合格时，可允许重复氧化后进行检验。

7 包装、标志、运输和贮存

7.1 包装

铝合金花格网的包装方式由供方确定，并使产品在运输过程中不受损伤、变形。若用户有特殊要求时，可双方协商。其他应符合 GB/T 3199 的规定。

7.2 标志

在验收合格的产品上，每批应拴挂有打上如下标记的小牌，其上注明：

a. 供方技术监督部门的印记；

b. 合金牌号；

c. 批号；

d. 规格、型号。

7.3 质量证明书

每批铝合金花格网应附有符合本标准规定的质量证明书，其上注明：

a. 供方名称；

b. 合金牌号；

c. 型号及规格；

d. 重量和件数；

e. 氧化膜厚度检验结果；

f. 技术监督部门的印记；

g. 本标准编号；

h. 包装日期。

附加说明：

本标准由中国有色金属工业总公司标准计量研究所提出。

本标准由西南铝加工厂起草。

本标准主要起草人:蔡国兰、李瑞山。

前　言

本标准是《空调器散热片用铝箔》行业标准的第 1 部分，是对 YS/T 95—1996 的修订。本标准所规定的产品可直接用于空调器散热片。

本标准与原 YS/T 95—1996 行业标准相比：

1. 取消了 1060、1050A、1145、1235 牌号，增加了 8011 牌号；

2. 根据空调器生产厂目前的使用厚度，将厚度范围由原来的 0.10 mm～0.20 mm，修订为 0.08 mm～0.20 mm；

3. 铝箔卷内径增加了 ϕ300 mm；

4. 加严了厚度允许偏差；

5. 加严了抗拉强度、杯突值的要求，增加了规定非比例伸长应力的要求。

本标准自实施之日起，代替 YS/T 95—1996。

本标准由中国有色金属工业标准计量质量研究所提出。

本标准由中国有色金属工业标准计量质量研究所归口。

本标准主要起草单位：华北铝业有限公司、东北轻合金有限责任公司。

本标准主要起草人：孔祥鹏、王淑芬、关世彤、管连仲、梁明霞、张深阳、梁　岩。

中华人民共和国有色金属行业标准

YS/T 95.1—2001

代替 YS/T 95—1996

空调器散热片用铝箔 第1部分 素铝箔

Aluminium foil for air conditioner

Part 1: Untreated aluminium foil

1 范围

本标准规定了空调器散热片用素铝箔(以下简称铝箔或素箔)的要求、试验方法、检验规则、标志、包装、运输及贮存和合同内容等。

本标准适用于表面无涂层的空调器散热片用铝箔。

2 引用标准

下列标准所包含的条文,通过在本标准中引用而构成为本标准的条文,本标准出版时,所示版本均为有效。所有标准都会被修订,使用本标准的各方应探讨使用下列标准最新版本的可能性。

GB/T 228—1987 金属拉伸试验方法

GB/T 3190—1996 变形铝及铝合金化学成分

GB/T 3199—1996 铝及铝合金加工产品 包装、标志、运输、贮存

GB/T 6608—1999 铝箔厚度的测定 称量法

GB/T 6987—2001 铝及铝合金化学分析方法

GB/T 16865—1996 变形铝、镁及其合金加工制品拉伸试验用试样

GB/T 17432—1998 变形铝及铝合金化学成分分析取样方法

YS/T 419—2000 铝及铝合金杯突试验方法

3 要求

3.1 产品分类

3.1.1 牌号、状态、规格应符合表1的规定。

表1

牌号	状态	规格/mm	
		厚度	宽度
1100、1200、8011	O、H22、H24、H26、H18	0.080~0.200	≤1 400

注:用户需要其他牌号、状态、规格时,由供需双方协商,并在合同中注明

3.1.2 卷径应符合表2的规定。

中国有色金属工业协会 2001-05-21 批准

2001-09-01 实施

表 2

mm

内　　径	外　　径
75、150、200、300	供需双方协商

注：内径要求其他规格时，供需双方协商决定。

3.1.3　标记示例

用 1100 牌号、H22 状态、厚度为 0.105 mm、宽度为 1 050 mm 的素铝箔，标记为：

铝箔 1100-H22　0.105×1 050　YS/T 95.1—2001

3.2　化学成分

铝箔的化学成分应符合 GB/T 3190 的规定。

3.3　尺寸及允许偏差

3.3.1　厚度及厚度允许偏差应符合表 3 的规定。

表 3

mm

厚　　度	厚度允许偏差	厚　　度	厚度允许偏差
0.080～0.115	±0.005	>0.130～0.200	±0.010
>0.115～0.130	±0.008		

3.3.2　宽度及宽度允许偏差应符合表 4 的规定。

表 4

mm

宽　　度	宽度允许偏差	宽　　度	宽度允许偏差
⩽500	+1.0 −0.5	>500	±1.0

3.3.3　箔材的侧边弯曲在 2 m 长度范围内不大于 2 mm。

3.3.4　芯子管长度及允许偏差应符合表 5 的规定。

表 5

mm

芯子管长度	允许偏差
⩽1 400	+2.0 0

3.3.5　箔卷错层不大于 0.5 mm，塔形不大于 5 mm，芯子管比箔卷端面长出不得超过 2 mm。

3.4　力学性能和工艺性能

室温纵向拉伸试验和杯突试验结果应符合表 6 的规定。

表 6

牌　　号	状　　态	厚度/mm	抗拉强度 σ_b/MPa	规定非比例 伸长应力 σ_p/MPa	伸长率 (50 mm 定标距) δ/%	杯突值 I、E/mm
1100 1200 8011	O	0.08～0.20	80～110	⩾50	⩾20	⩾6.0
	H22	0.08～0.20	100～130	⩾65	⩾16	⩾5.5
	H24	0.08～0.20	115～145	⩾90	⩾12	⩾5.0
	H26	0.08～0.20	135～165	⩾120	⩾6	⩾4.0
	H18	0.08～0.20	⩾160	—	⩾1	—

注：用户有特殊要求时，由供需双方协商，并在合同中注明。

3.5 外观质量

3.5.1 素箔表面为铝箔轧制表面，应平整、洁净，不允许有划伤、孔洞、腐蚀和黄褐色油斑等影响使用的缺陷。

3.5.2 素箔应缠紧，端面应平整、洁净，不允许有滑层现象及压陷和脏污，但允许有轻微的毛边。

3.5.3 每一交货验收批素箔，允许不多于20%的卷有接头，每卷接头不多于1处，接头处应有明显标记。

4 试验方法

4.1 化学成分仲裁分析方法

化学成分仲裁分析按 GB/T 6987 规定的方法进行。试样制取方法应符合 GB/T 17432 的规定。

4.2 室温力学性能试验方法

室温拉伸试验参照 GB/T 228 的规定进行。拉伸试样按 GB/T 16865 的规定制取。

4.3 杯突试验方法

杯突试验按 YS/T 419 规定的方法进行。

4.4 尺寸测量方法

4.4.1 宽度用分度值为 0.5 mm 的钢直(或卷)尺测量。

4.4.2 厚度采用 0.001 mm 精度的量具测量，厚度仲裁测量方法按 GB/T 6608 的规定进行。

4.5 外观质量检验方法

外观质量一般采用目测方法检验。

5 检验规则

5.1 检查与验收

5.1.1 素箔应由供方技术监督部门进行检验，保证产品质量符合本标准(或订货合同)的规定，并填写质量证明书。

5.1.2 需方应对收到的产品按本标准的规定进行复验，复验结果与本标准或订货合同的规定不符时，应在收到产品之日起 30 天内向供方提出，由供需双方协商解决。如需仲裁，仲裁取样在需方，由供需双方共同进行。

5.2 组批

素箔应成批提交验收，每批应由同一合金、同一状态和规格组成，批重不限。

5.3 检验项目

每批素箔出厂前应进行化学成分、尺寸偏差、外观质量、抗拉强度、伸长率的检验。规定非比例伸长应力、杯突值不做出厂检验，由供方根据生产情况进行检测，每月抽检不少于 10% 批次，但供方须以工艺保证产品达到相应质量要求，如用户要求对这些项目按批进行检验，应在合同中注明。

5.4 取样

素箔的取样应符合表 7 的规定。

表 7

检验项目	取 样 规 定	要求的章条号	试验方法的章条号
化学成分	按 GB/T 17432	3.2	4.1
尺寸偏差 外观质量	逐卷检查，受检铝箔应打开 1 m～3 m 进行检测	3.3、3.5	4.4、4.5

续表 7

检验项目	取样规定	要求的章条号	试验方法的章条号
力学性能	每批(热处理炉)抽取2%的卷(不少于2卷)每卷切取3个纵向试样	3.4	4.2
工艺性能	随力学性能试样在同一卷料切取,每批抽取2卷,每卷切取3片试样,试样尺寸为80 mm×80 mm	3.4	4.3
外观质量	任意部位逐卷检验	3.5	4.5

5.5 检验结果的判定

5.5.1 化学成分不合格时,判整批不合格。

5.5.2 外观质量、外形尺寸不合格时,判单件不合格。其余可逐卷检验,合格者交货。

5.5.3 当室温拉伸试验结果有某个试样不合格时,应从该试样所在卷中另取双倍数量的试样进行重复试验,重复试验仍有试样不合格时,判该卷不合格,其余逐卷检验,合格者交货,不合格者报废。

6 标志、包装、运输、贮存

6.1 标志

素箔的包装箱标志应符合 GB/T 3199 的规定,验收合格的素箔卷应贴上标签,其上应注明:

a. 牌号;

b. 供货状态;

c. 批号(卷号);

d. 规格;

e. 重量;

f. 技术监督部门检印。

6.2 素箔的包装、运输、贮存

素箔的包装、运输、贮存应符合 GB/T 3199 规定。

6.3 质量证明书

每批素箔应附有符合本标准要求的质量证明书,其上应注明:

a. 供方名称;

b. 牌号;

c. 供货状态;

d. 重量;

e. 规格;

f. 批号(卷号);

g. 力学性能试验结果;

h. 规定非比例伸长应力及杯突试验结果(合同要求时);

i. 技术监督部门检印;

j. 生产日期;

k. 本标准编号。

7 合同内容

订购本标准所列材料的合同应包括以下内容:

a. 材料名称;

b. 牌号；

c. 材料状态；

d. 材料规格；

e. 重量(包括单卷重量)；

f. 管芯材料及规格；

g. 本标准要求的“应在合同中注明”的事项；

h. 本标准编号；

i. 增加标准以外内容时的协商结果。

前　言

本标准是《空调器散热片用铝箔》的第2部分,为新制定标准。

本标准涂层指标中耐碱性只适用于碱液清洗的亲水箔。

本标准的附录A、附录B为标准的附录。

本标准由中国有色金属工业标准计量质量研究所提出。

本标准由中国有色金属工业标准计量质量研究所归口。

本标准主要起草单位:华北铝业有限公司、重庆顺威铝业有限公司。

本标准主要起草人:孔祥鹏、王淑芬、董中伟、刘照旺。

中华人民共和国有色金属行业标准

YS/T 95.2—2001

空调器散热片用铝箔 第2部分 亲水铝箔

Aluminium foil for air conditioner Part 2: Hydrophilic aluminium foil

1 范围

本标准规定了空调器散热片用亲水铝箔(以下简称亲水箔)的要求、试验方法、检验规则、标志、包装、运输及贮存和合同内容等。

本标准适用于空调器散热片用表面覆有耐腐蚀性和亲水性涂层的铝箔。

2 引用标准

下列标准所包含的条文,通过在本标准中引用而构成为本标准的条文,本标准出版时,所示版本均为有效。所有标准都会被修订,使用本标准的各方应探讨使用下列标准最新版本的可能性。

GB/T 1771—1991 色漆和清漆 耐中性盐雾性能的测定

GB/T 3199—1996 铝及铝合金加工产品 包装、标志、运输、贮存

GB/T 6461—1986 金属覆盖层 对底材为阴极的覆盖层 腐蚀试验后的电镀试样的评级

GB/T 6987—2001 铝及铝合金化学分析方法

GB/T 9286—1998 色漆和清漆 漆膜的划格试验

GB/T 9753—1988 色漆和清漆 杯突试验

GB/T 16865—1996 变形铝、镁及其合金加工制品拉伸试验用试样

GB/T 17432—1998 变形铝及铝合金化学成分分析取样方法

3 要求

3.1 产品分类

3.1.1 亲水箔结构如图1所示。

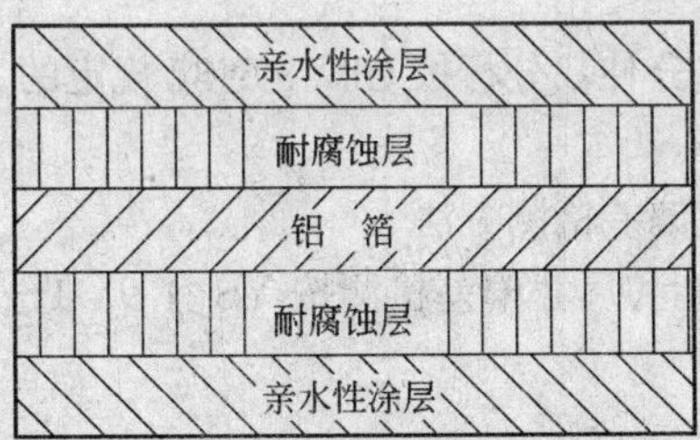

图1 亲水箔结构图

3.1.2 亲水箔用铝箔基材应符合 YS/T 95.1 的规定。

3.2 标记示例

用1100牌号、H22状态、厚度为0.105mm、宽度为1 050 mm的铝箔制作的亲水箔,标记为:

中国有色金属工业协会 2001-05-21 批准 2001-09-01 实施

亲水箔　1100-H22　0.105×1 050　YS/T 95.2—2001

3.3　尺寸偏差、力学性能和工艺性能

亲水箔尺寸偏差、力学性能和工艺性能应分别符合 YS/T 95.1—2001 中 3.3 及 3.4 的规定。

3.4　涂层性能

亲水箔涂层性能应符合表 1 的规定。

表 1

序号	项目		技术指标
1	膜厚		1.0 μm～2.0μm(单面平均厚度)
2	亲水性	初期亲水角	初期亲水角≤20°
		持久亲水角	持久亲水角≤35°
3	附着力		杯突试验(压陷深度为 5 mm):无剥落 划格试验(划格间距 1 mm):0 级
4	耐腐蚀性		盐雾试验(500 h)　R.NO.≥9.5
5	耐碱性		试样涂层完全不起泡
6	耐溶剂性		试样失重≤1%
7	耐热性		在 200℃的温度下,保持 5 min,颜色不变; 在 300℃的温度下,保持 5 min,涂膜微黄
8	耐油性		在免清洗油中浸泡 24 h:涂层不起泡
9	涂层气味		无异味
10	对模具磨损		与普通铝箔一样

3.5　外观质量

3.5.1　涂层表面为浅色或无色(并在合同中注明),涂层要求色泽及厚度均匀,无缺涂现象。

3.5.2　亲水箔整卷长度应易于展开,展开时不应有黏结和撕裂现象。

3.5.3　亲水箔应缠紧,端面应平整、洁净,不允许有滑层现象及压陷和脏污,但允许有轻微的毛边。

3.5.4　每一交货验收批亲水箔,允许 20%的卷有一接头,接头处应有明显标记。

4　试验方法

4.1　化学成分仲裁分析方法

亲水箔用铝箔基材的化学成分仲裁分析按 GB/T 6987 规定的方法进行,其试样制取方法应符合 GB/T 17432 的规定。

4.2　力学性能、工艺性能和尺寸偏差检测方法

亲水箔的力学性能、工艺性能和尺寸偏差检测按 YS/T 95.1—2001 中 4.2、4.3 和 4.4 的规定进行。

4.3　涂层性能试验方法

4.3.1　膜厚测量方法

膜厚测量按附录 A 规定的方法进行。

4.3.2　亲水角测量方法

亲水角测量按附录 B 规定的方法进行。附录 B 中给出了两种持久亲水角测量方法,实际生产中测量一种即可。

4.3.3 附着力试验方法

杯突试验方法按 GB/T 9753 的规定进行。

划格试验方法按 GB/T 9286 的规定进行。

4.3.4 中性盐雾试验方法

中性盐雾试验方法按 GB/T 1771 的规定进行，试样尺寸为 70 mm×120 mm，试验结果的评定参照 GB/T 6461 的规定进行，试验所产生的缺陷面积与相应保护等级划分见表 2。

表 2

缺陷面积占试样面积的百分比/%	级别	缺陷面积占试样面积的百分比/%	级别
0	10	>0.05~0.07	9.3
≤0.02	9.8	>0.07~0.10	9
>0.02~0.05	9.5	>0.10~0.25	8

4.3.5 耐碱试验方法

在 20℃±2℃、200 g/L 的 NaOH 溶液中浸泡 3 min，观察涂层表面情况。

4.3.6 耐溶剂性试验方法

在 80℃~85℃ 的三氯乙烯(化学纯)中浸泡 5 min，测量试样失重情况。

4.3.7 耐热性试验方法

在 200℃ 的温度下，保持 5 min，观察涂膜颜色；在 300℃ 的温度下，保持 5 min，观察涂膜颜色。

4.3.8 耐油性试验方法

在免清洗油中浸泡 24 h，观察涂层是否起泡。

4.3.9 涂层气味的试验方法

采用 5 人评价法，将亲水箔加热至 200℃，5 个嗅觉检验，应无异味。

4.3.10 对模具磨损试验方法

将样品固定在旋转圆盘上，将具有一定重量的针放在样品上，旋转圆盘。试验后检查针头磨损情况，并将此结果与铝箔试验结果相比较，应无差异。针重：220 g，针材料：模具钢(HV=800)，圆盘转速：300 r/min，运行长度：376 m。

4.4 外观质量检验方法

外观质量一般采用目测法检验。

5 检验规则

5.1 检查与验收

5.1.1 亲水箔应由供方技术监督部门进行检验，并保证产品质量符合本标准(或订货合同)的规定，并填写质量证明书。

5.1.2 需方应对收到的产品按本标准的规定进行复验，复验结果与本标准(或订货合同)的规定不符时，应在收到产品之日起一个月内向供方提出，由供需双方协商解决。如需仲裁，仲裁取样应在需方，由供需双方共同进行。

5.2 组批

亲水箔应成批提交验收，每批应由同一合金、状态、规格和颜色组成，批重不限。

5.3 检验项目

每批亲水箔出厂前应进行铝箔基材的化学成分、亲水箔的尺寸偏差、外观质量、抗拉强度、伸长率以及初期亲水角、附着力的检验,对碱液清洗的亲水箔还需进行耐碱性的检验。其他性能不做出厂检验,由供方根据生产情况进行检测,每月抽检不少于10%批,但供应须以工艺保证产品达到相应质量要求,如用户要求做这些性能检测试验,应在合同中注明。

5.4 取样

产品取样应符合表3的规定。

表3

<table>
<tr><td colspan="2" rowspan="2">检验项目</td><td colspan="2">取样规定</td><td rowspan="2">要求的章节号</td><td rowspan="2">试验方法的章节号</td></tr>
<tr><td>取样位置</td><td>取样数量</td></tr>
<tr><td colspan="2">铝箔基材化学成分</td><td colspan="2">符合 GB/T 17432 的规定</td><td>3.1.2</td><td>4.1</td></tr>
<tr><td colspan="2">力学性能、工艺性能
尺寸偏差</td><td colspan="4">同 YS/T 95.1 中表 7 的规定</td></tr>
<tr><td colspan="2">膜厚</td><td>任意部位</td><td>1次/卷</td><td>3.4</td><td>4.3.1</td></tr>
<tr><td rowspan="2">亲水角</td><td>初期亲水角</td><td>任意部位</td><td>逐卷</td><td>3.4</td><td>4.3.2</td></tr>
<tr><td>持久亲水角</td><td>任意部位</td><td>1次/卷</td><td>3.4</td><td>4.3.2</td></tr>
<tr><td colspan="2">附着力</td><td>任意部位</td><td>1次/卷</td><td>3.4</td><td>4.3.3</td></tr>
<tr><td colspan="2">耐腐蚀性</td><td>任意部位</td><td>1次/卷</td><td>3.4</td><td>4.3.4</td></tr>
<tr><td colspan="2">耐碱性</td><td>任意部位</td><td>1次/卷</td><td>3.4</td><td>4.3.5</td></tr>
<tr><td colspan="2">耐溶剂性</td><td>任意部位</td><td>1次/卷</td><td>3.4</td><td>4.3.6</td></tr>
<tr><td colspan="2">耐热性</td><td>任意部位</td><td>1次/卷</td><td>3.4</td><td>4.3.7</td></tr>
<tr><td colspan="2">耐油性</td><td>任意部位</td><td>1次/卷</td><td>3.4</td><td>4.3.8</td></tr>
<tr><td colspan="2">涂层气味</td><td>任意部位</td><td>1次/卷</td><td>3.4</td><td>4.3.9</td></tr>
<tr><td colspan="2">对模具磨损</td><td>任意部位</td><td>1次/卷</td><td>3.4</td><td>4.3.10</td></tr>
<tr><td colspan="2">外观质量</td><td>任意部位</td><td>逐卷</td><td>3.5</td><td>4.4</td></tr>
</table>

5.5 检验结果的判定

5.5.1 化学成分不合格时,判整批不合格。

5.5.2 外观质量、外形尺寸不合格时,判单件不合格。其余可逐卷检验,合格者交货。

5.5.3 其他涂层性能检验结果有任一试样不合格时,判该批不合格。

5.5.4 当室温拉伸试验结果有某个试样不合格时,应从该试样所在卷中另取双倍数量的试样进行重复试验,重复试验仍有试样不合格时,判该卷不合格,其余逐卷检验,合格者交货,不合格者报废。

6 标志、包装、运输、贮存

6.1 标志

亲水箔的包装箱标志应符合 GB/T 3199 的规定,验收合格的亲水箔卷应贴上标签,其上应注明:

a. 铝箔牌号;

b. 铝箔供货状态;

c. 批号(卷号);

d. 规格;

e. 重量;

f. 技术监督部门检印。

6.2 亲水箔的包装、运输、贮存

亲水箔的包装、运输、贮存应符合 GB/T 3199 规定。

6.3 质量证明书

每批亲水箔应附有符合本标准要求的质量证明书,其上应注明:

a. 供方名称;

b. 铝箔牌号;

c. 铝箔供货状态;

d. 重量;

e. 规格;

f. 批号(卷号);

g. 力学性能试验结果;

h. 杯突试验结果(合同要求时);

i. 涂层性能试验结果(合同要求时);

j. 技术监督部门检印;

k. 生产日期;

l. 本标准编号。

7 合同内容

订购本标准所列材料的合同内容应包括以下内容:

a. 材料名称;

b. 铝箔牌号;

c. 铝箔供货状态;

d. 材料规格;

e. 重量(包括单卷重量);

f. 管芯材料及规格;

g. 本标准要求的“应在合同中注明”的事项;

h. 本标准编号;

i. 增加标准以外内容时的协商结果。

附 录 A
(标准的附录)
涂层厚度的测量方法

A1 仪器和材料

1 000 mL 烧杯,98%(质量分数)浓硫酸,分析天平(万分之一),秒表。

A2 测试方法

A2.1 取 100 mm×100 mm 试样一块,在 100℃ 恒温烘干箱中烘 5 min,冷却后称重计 m_1。

A2.2 将试样浸没于盛放浓硫酸的烧杯中,观察涂层完全溶掉后,立即用水冲洗,在 100℃ 恒温烘干箱内烘 5 min,冷却后称重计 m'_1。

A3 计算

A3.1 单面涂层平均厚度按式(A1)计算

$$H=\frac{m_1-m'_1}{2\times10\times10\times\rho}\times10^4 \tag{A1}$$

式中 H——单面涂层均匀厚度,μm;

m_1、m'_1——涂层腐蚀前后的铝箔质量,g;

ρ——涂层的密度(指涂料生产厂家给出的耐腐蚀层和亲水层的平均密度),g/cm^3。

A3.2 计算结果的修约

计算结果保留至小数点后一位。

附 录 B
（标准的附录）
亲水角测量方法

B1 初期亲水角

B1.1 仪器与材料

接触角测量仪、锥形瓶、三氯乙烯(化学纯)、蒸馏水、50 mm×50 mm 试样三片。

B1.2 涂层的亲水性以涂层和水滴的接触角表示。

B1.3 接触角的测量方法

B1.3.1 将接触角仪接通电源,调节接触角仪水平。

B1.3.2 将样片固定在工作台上。

B1.3.3 将蒸馏水加入液滴调节器中,将调节器固定在主机上旋转测微头,使适量的水(0.005 mL～0.02 mL)在针头上形成水滴,使水滴移至试样表面,使水滴位于目镜中心。

B1.3.4 当水滴在试样上静置 60 s 后,转动目镜中十字线作水滴与涂层接触点处的切线,切线与固定十字线的夹角即为接触角。

B2 持久亲水角

B2.1 仪器与材料

500 mL 烧杯、100 mm×50 mm 的试样 6 片、蒸馏水。

B2.2 连续浸渍测试方法

B2.2.1 将亲水箔 3 片试样浸没在盛放管道水的烧杯中 100 h 后,取出风干。

B2.2.2 按第 B1.3 的规定测接触角。

B2.3 干-湿循环测试方法

B2.3.1 将试样 3 片固定在试样架上浸入蒸馏水中 2 min,自然干燥 6 min 为一个循环,重复 300 次循环后晾干。

B2.3.2 按第 B1.3 的规定测接触角。

前　言

凿岩机用铝合金管材是矿山凿岩机支架用气腿管,在我国已有近30年的生产历史,年生产量达200 t左右,其牌号有2A11、2A12两种,状态为T4。这种管材的特点是要求控制内径和壁厚偏差,而现行的铝合金管材国家标准要求控制的是外径和壁厚偏差,多年来一直没有此方面的国家标准和行业标准,有关加工厂一直采用供需双方签订的技术协议或企业标准组织生产。为了满足国内生产厂与用户的需要,特制定本标准。

本标准由中国有色金属工业总公司标准计量研究所提出。

本标准由中国有色金属工业总公司标准计量研究所负责归口。

本标准由西北铝加工厂起草。

本标准主要起草人:郭进军、王虎臣、邓小民。

本标准于1997年5月15日首次发布。

中华人民共和国有色金属行业标准

YS/T 97—1997

凿岩机用铝合金管材

Aluminium alloy tube for quarrying machine

1 范围

本标准规定了凿岩机用铝合金管材的要求、试验方法、检验规则及标志、包装、运输、贮存。

本标准适用于凿岩机用铝合金拉制管材。

2 引用标准

下列标准所包含的条文,通过在本标准中引用而构成为本标准的条文。本标准出版时,所示版本均为有效。所有标准都会被修订,使用本标准的各方应探讨使用下列标准最新版本的可能性。

GB 228—1987 金属拉伸试验方法

GB/T 3190—1996 变形铝及铝合金化学成分

GB/T 3199—1996 铝及铝合金加工产品包装、标志、运输、贮存

GB/T 3246—1982 铝及铝合金加工制品显微组织检验方法

GB/T 6987—1986 铝及铝合金化学分析方法

GB/T 16865—1997 变形铝、镁及其合金加工制品拉伸试验用试样

3 订货合同内容

本标准所列产品的订货合同应包括下列内容:

3.1 产品名称。

3.2 牌号。

3.3 产品状态。

3.4 尺寸(外径、壁厚、定尺长度)。

3.5 重量。

3.6 标准编号。

3.7 精度等级。

3.8 其他。

4 要求

4.1 产品分类

4.1.1 牌号、状态、规格

管材的牌号、状态、规格应符合表1的规定。

中国有色金属工业总公司 1997-05-15 批准

1998-05-01 实施

表1 牌号、状态、规格

牌 号	状 态	规格/mm		
		外 径	内 径	壁 厚
2Al1	T4	85	75	5
		77	67	
		75	65	
2Al2		70	60	
		62	52	
		65	56	4.5

注：表中规定以外的规格由供需双方协商。

4.1.2 标记示例

用2Al1制造的、淬火自然时效、普通级、外径为75 mm、壁厚为5 mm、长度为1 450 mm定尺的管材，标记为：

管 2Al1-T4 普 75×5×1450 YS/T 97—1997

4.2 化学成分

管材的化学成分应符合GB/T 3190中相应合金牌号的规定。

4.3 尺寸及允许偏差

4.3.1 管材的内径、壁厚及其允许偏差应符合表2的规定。

表2 管材尺寸及其允许偏差

外 径	内 径			壁 厚	
	公称尺寸	允许偏差		公称尺寸	允许偏差
		普通级	高精级		
85	75	+0.40 −0.20	+0.35 −0.15	5	±0.5
77	67				
75	65				
70	60				
62	52				
65	56			4.5	±0.45

注：高精级应在订货合同中注明，如有特殊要求由供需双方另行协商。

4.3.2 管材的弯曲度，每米长度内不应超过2mm，全长的弯曲度不超过2×Lmm。

4.3.3 管材的交货长度允许在1 m～6 m内定尺。短定尺管材允许按需方要求的倍数交货，其倍尺长度应加入锯口余量，每个锯口为5 mm。定(倍)尺长度允许偏差为+20 mm。

4.3.4 管材的两端应切平整。

4.4 力学性能

管材的纵向室温拉伸试验结果应符合表3的规定。

表3 管材的纵向室温拉伸性能要求

合金牌号	状 态	抗拉强度 σ_b	规定非比例伸长应力 $\sigma_{p0.2}$	伸长率 δ_{10}
		MPa		%
		不 小 于		
2Al1	T4	375	225	11
2Al2		410	265	10

4.5 显微组织

管材的显微组织不允许有过烧。

4.6 表面质量

4.6.1 管材的表面不允许有裂纹、起皮、气泡、外来夹杂物和腐蚀斑点。

4.6.2 管材的外表面允许有深度不大于 0.5 mm 的其他局部缺陷存在。

4.6.3 管材的内表面允许有深度不大于 0.2 mm 的其他局部缺陷存在,但拉道面积不得大于内表面的 10%,其深度不得大于 0.1 mm。

5 试验方法

5.1 化学成分的仲裁分析方法

管材的化学成分仲裁分析方法按 GB/T 6987 的规定进行。

5.2 力学性能检验方法

管材的室温拉伸性能试验按 GB 228 的规定进行。

管材拉伸试样的选取按 GB/T 16865 的规定执行。

5.3 显微组织检验方法

管材的显微组织检验方法按 GB/T 3246 的规定进行。

5.4 尺寸测量方法

管材的内径尺寸由精度为 0.01 mm 的量具(或用用户提供的样规)在端头测量;管材的壁厚尺寸用精度为 0.01mm 的量具在管材的两端测量;管材的外径尺寸不检查。

5.5 表面质量检查方法

管材的外表面用肉眼逐根检查,内表面用肉眼从两端头逐根检查。

6 检验规则

6.1 检查和验收

6.1.1 管材应由供方技术监督部门进行检验,保证产品质量符合本标准的规定,并填写质量证明书。

6.1.2 需方应对收到的产品按本标准的规定进行检验,如检验结果与本标准的规定不符时,应在收到产品之日起 3 个月内向供方提出,由供需双方协商解决。如需仲裁,仲裁取样在需方由供需双方共同进行。

6.2 组批

管材应成批提交验收,每批应由同一合金牌号、状态和规格组成。每批重量应不大于 1000kg。

6.3 检验项目

每批管材应进行化学成分、外形尺寸及允许偏差、力学性能、显微组织和表面质量的检查。

6.4 取样

6.4.1 每批(热处理炉)管材切取不少于 2 个力学性能试样。

6.4.2 每批(热处理炉)管材切取 2 个显微组织试样。

6.5 检验结果的判定

6.5.1 化学成分、显微组织不合格时为整批不合格;表面质量、外形尺寸及允许偏差不合格时为单件不合格。

6.5.2 当力学性能试验结果有一个不合格时,应从该批管材重取双倍数量(允许包括原受检不合格管材)的试样进行重复试验,重复试验仍有试样不合格时,则该批判为不合格,但允许供方逐根检验或重复热处理,合格者交货。

7 标志、包装、运输、贮存

7.1 标志

7.1.1 在检验合格的管材上应有如下标志：

a. 供方质量监督部门的检印；

b. 合金牌号；

c. 供应状态；

d. 批号。

7.1.2 管材的包装箱标志应符合 GB/T 3199 的规定。

7.2 包装、运输、贮存

管材采用不涂油装箱，要求其他包装时应在合同中注明。运输和贮存应符合 GB/T 3199 的规定。

7.3 质量证明书

每批管材应附有产品质量证明书，其上注明：

a. 供方名称；

b. 产品名称；

c. 合金牌号；

d. 规格；

e. 供应状态；

f. 批号；

g. 净重和件数；

h. 各项分析检验结果和质量监督部门印记；

i. 本标准编号；

j. 出厂日期。

前　　言

电焊条用铝镁合金粉主要用于制作焊条药皮,也可用做高温耐火材料。随着该产品在工业中的用途越来越广泛,生产销售量也日益扩大。为了满足国内外的需要,特制定本标准。

本标准由中国有色金属工业总公司标准计量研究所提出。

本标准由中国有色金属工业总公司标准计量研究所负责归口。

本标准由西北铝加工厂负责起草。

本标准主要起草人:朱锦序、郭进军、墨兆祥。

本标准于1997年5月15日首次发布。

中华人民共和国有色金属行业标准

YS/T 98—1997

电焊条用铝镁合金粉

Aluminium-magnesium alloy powder for welding electrode

1 范围

本标准规定了电焊条用铝镁合金粉的要求、试验方法、检验规则及标志、包装、运输、贮存等。

本标准适用于电焊条和高温耐火材料用的铝镁合金粉。

2 引用标准

下列标准所包含的条文,通过在本标准中引用而构成为本标准的条文。本标准出版时,所示版本均为有效。所有标准都会被修订,使用本标准的各方应探讨使用下列标准最新版本的可能性。

GB/T 3199—1996 铝及铝合金加工产品包装、标志、运输、贮存

GB/T 4108—1983 镁粉、铝镁合金粉粒度组成的测定干筛分法

GB/T 4374—1984 镁粉和铝镁合金粉化学分析方法

3 订货合同内容

本标准所列的产品订货合同应包括下列内容:

3.1 产品名称。

3.2 牌号。

3.3 重量。

3.4 标准编号。

3.5 其他。

4 要求

4.1 牌号、粒度、化学成分

电焊条用铝镁合金粉的牌号、粒度、化学成分应符合表1的规定。

表1 牌号、粒度、化学成分

牌号	粒度		化学成分/%		
	筛网孔径/μm	不大于,%	活性铝镁量,不小于	铝含量	铁不大于
FLMH	+250	5	98	50±3	0.5
	+140	10			
	−71	50			

注:如有特殊要求,由供需双方协商。

4.2 表面质量

电焊条用铝镁合金粉表面应呈银灰色、颗粒为不规则的多面体且无异类夹杂物,允许有微量粉块。

中国有色金属工业总公司 1997-05-15 批准 1998-05-01 实施

5 试验方法

5.1 粒度分析方法

电焊条用铝镁合金粉粒度分析方法应按 GB/T 4108 的规定进行。

5.2 化学成分的分析方法

电焊条用铝镁合金粉化学成分分析方法按 GB/T 4374 的规定进行。

5.3 表面质量检查方法

电焊条用铝镁合金粉采用目视法检查。

6 检验规则

6.1 检查与验收

6.1.1 电焊条用铝镁合金粉应由供方技术监督部门进行检验,保证产品质量符合本标准的规定,并填写质量证明书。

6.1.2 需方应对收到的产品按本标准的规定进行检验,如检验的结果与本标准的规定不符合时,应在收到产品之日起 3 个月内向供方提出,由供需双方协商解决。如需仲裁,仲裁取样在需方由供需双方共同进行。

6.2 组批

电焊条用铝镁合金粉应成批提交验收,每批应由同一牌号和粒度组成。每批重量应不大于5000kg。

6.3 检验项目

每批电焊条用铝镁合金粉应进行外观粒度、化学成分的检验。

6.4 取样

6.4.1 每批电焊条用铝镁合金粉应抽取交货件数的 10%进行外观检验,并用取样小铲和取样针在每个包装件的上、中、下部位取样,检查粒度和化学成分。

6.4.2 所取样品充分混匀,用四分法缩分出平均试样,重量不少于 250 g。

6.5 检验结果的判定

6.5.1 化学成分不合格时为整批不合格,外观质量不合格时为单件不合格。

6.5.2 粒度检验不合格时,应从该批电焊条用铝镁合金粉重取双倍数量(包括原受检不合格的电焊条用铝镁合金粉)的试样对不合格项目重复检验,重复检验结果仍不合格时,该批判为不合格,但可逐件检验,合格者重新组批交货。

7 标志、包装、运输、贮存

7.1 标志

7.1.1 在检验合格的合金粉包装容器上贴标签,注明:

a. 供方名称或商标;

b. 产品名称;

c. 批号;

d. 本标准编号;

e. 毛重和净重;

f. 生产日期;

g. “易燃”、“防潮”、“向上”字样。

7.1.2 电焊条用铝镁合金粉的包装箱标志应符合 GB/T 3199 的规定。

7.2 包装、运输、贮存

7.2.1 电焊条用铝镁合金粉用金属容器包装,包装容器要密封好,然后装入木制花栏箱内,每箱毛重不得超过 60 kg。用户有特殊要求时,应在合同中注明。

7.2.2 包装容器内衬塑料袋时袋口要扎紧,若不衬塑料袋时,该容器要通过 1960Pa 压力检验,黑铁皮制的包装桶,外面要涂漆,内表面要涂铝粉。

7.2.3 运输和贮存

7.2.4 电焊条用铝镁合金粉须用篷车或集装箱运输,包装件在装卸、运输作业时,不允许抛扔、磕碰和倒置。

7.2.5 电焊条用铝镁合金粉应贮存在干燥库房内,库房内相对湿度不得大于 75%,库房内温度应保持在 -5℃~30℃为宜。

7.2.6 其他包装、运输、贮存的规定按 GB/T 3199 执行。

7.3 质量证明书

每批电焊条用铝镁合金粉应附有产品质量证明书,注明:

a. 供方名称;

b. 产品名称;

c. 批号;

d. 件数和净重;

e. 各项分析检验结果和技术监督部门印记;

f. 本标准编号;

g. 出厂日期。

前　言

本标准按照 GB/T 1.1—1993 规定格式编制，设置了前言，第 1 章　范围；第 2 章　引用标准；第 3 章　合同内容；第 4 章　产品分类；第 5 章　技术要求；第 6 章　试验方法；第 7 章　检验规则；第 8 章　标志、包装、运输、贮存。

本标准系采用我国新的铝合金牌号及状态表示方法，新牌号与旧牌号在含铝量上存在对应关系，即保证纯度相同。

本标准在确定厚度范围时慎重考虑了用户使用情况，规定为 0.3～4mm。其允许偏差达到日本 JISH4000 标准水平。鉴于原标准中 LT 66 合金板仅用于笔杆、笔帽等深冲、氧化性较好的行业，本标准将其内容取消。

本标准的附录 A 和附录 B 是提示的附录。

本标准自实施之日起，代替 YS/T 242—1994。

本标准由国家有色金属工业局提出。

本标准由中国有色金属工业标准计量质量研究所归口。

本标准由东北轻合金有限责任公司负责起草。

本标准主要起草人：王涛、刘少洲、孙彦刚。

本标准由中国有色金属工业标准计量质量研究所负责解释。

中华人民共和国有色金属行业标准

YS/T 242—2000

表盘及装饰用纯铝板

代替 YS/T 242—1994

Aluminium sheet for dial plates and ornaments

1 范围

本标准规定了钟表行业表盘、电度表盘及其他装饰行业用纯铝板材的品种、要求、试验方法、检验规则、包装、标志等内容。

本标准适用于钟表、仪表表盘、标牌及各种装饰用的高表面质量的纯铝板材。

2 引用标准

下列标准所包含的条文,通过在本标准中引用而构成为本标准的条文,本标准出版时,所示版本均为有效。所有标准都会被修订,使用本标准的各方应探讨使用下列标准最新版本的可能性。

GB/T 228—1987 金属拉伸试验法

GB/T 3190—1996 变形铝及铝合金化学成分

GB/T 3199—1996 铝及铝合金加工产品 包装、标志、运输、贮存

GB/T 6987.1～6987.21—1986 铝及铝合金化学分析方法

GB/T 6987.22～6987.23—1987 铝及铝合金化学分析方法

GB/T 6987.24—1988 铝及铝合金化学分析方法

GB/T 16865—1997 变形铝、镁及其合金加工制品拉伸试验用试样

GB/T 17432—1997 变形铝及铝合金化学成分分析取样方法

3 合同内容

订购本标准所列材料的合同应包括下列内容:

a. 产品名称;

b. 产品牌号、状态、规格;

c. 重量;

d. 标准编号;

e. 其他。

4 产品分类

4.1 牌号、状态、规格

板材的牌号、状态、规格应符合表1的规定。

国家有色金属工业局 2000-03-29 批准 2000-10-01 实施

表 1

牌　号	状　态	规　格/mm		
		厚　度	宽　度	长　度
1070A、1060 1050A、1035 1200、1100	O、H14 H24、H18	0.3~4.0	1000 1200 1500	2000、2500 3000、3500 4000、4500

注：

1. 0.3~0.4mm 厚只供应宽 1000mm、长 2000mm 的板材。
2. 如需方对板材宽、长有特殊要求时，可提供非标准规格板材，但应经供需双方协商并在合同中注明。

4.2　标记示例

用 1060 制造的，厚度为 1.5mm、宽度为 1200mm、长度为 3000mm 的退火状态板材标记为：

1060-O　1.5×1200×3000　YS/T 242—2000

5　技术要求

5.1　化学成分

板材的化学成分应符合 GB/T 3190 的规定。

5.2　力学性能

板材的室温力学性能应符合表 2 的规定。

表 2

牌　号	状　态	厚　度/mm	抗拉强度 σ_b/MPa	伸长率 δ/%(50mm)
1070A 1060	O	>0.3~0.5 >0.5~0.8 >0.8~1.3 >1.3~4.0	55~95	≥20 ≥25 ≥30 ≥35
	H14 H24	>0.3~0.5 >0.5~0.8 >0.8~1.3 >1.3~4.0	85~120	≥2 ≥3 ≥4 ≥5
	H18	>0.3~0.5 >0.5~0.8 >0.8~1.3 >1.3~2.0	≥120	≥1 ≥2 ≥3 ≥4
1050A	O	>0.3~0.5 >0.5~0.8 >0.8~1.3 >1.3~4.0	60~100	≥15 ≥20 ≥25 ≥30
	H14 H24	>0.3~0.5 >0.5~0.8 >0.8~1.3 >1.3~4.0	95~125	≥2 ≥3 ≥4 ≥5
	H18	>0.3~0.5 >0.5~0.8 >0.8~1.3 >1.3~2.0	≥125	≥1 ≥2 ≥3 ≥4

续表 2

牌 号	状 态	厚 度/mm	抗拉强度 σ_b/MPa	伸长率 δ/%(50mm)
1035 1100 1200	O	>0.3~0.5 >0.5~0.8 >0.8~1.3 >1.3~4.0	75~110	≥15 ≥20 ≥25 ≥30
	H14 H24	>0.3~0.5 >0.5~0.8 >0.8~1.3 >1.3~4.0	120~145	≥2 ≥3 ≥4 ≥5
	H18	>0.3~0.5 >0.5~0.8 >0.8~1.3 >1.3~2.0	≥155	≥1 ≥2 ≥3 ≥4

5.3 尺寸及外形允许偏差

5.3.1 板材厚度允许偏差应符合表 3 的规定。

表 3 mm

名义厚度	允许偏差	名义厚度	允许偏差
0.3~0.6	±0.05	>1.2~2.0	±0.10
>0.6~1.2	±0.06	>2.0~4.0	±0.15

5.3.2 板材的宽度及长度允许偏差应符合表 4 的规定。

表 4 mm

宽度允许偏差	长度允许偏差
±3	±4

5.3.3 板材不平度应符合表 5 的规定。

表 5 mm

宽 度	厚 度	不平度 不大于	
		端头部位	其他部位
1000~1500	0.3~1.5	13	7
	>1.5~4.0	15	

注：端头部位指沿板材长度方向上两端 300mm 范围内所包含的板面

5.4 表面质量

5.4.1 板材应为轧制表面、质量均匀。

5.4.2 板材表面不允许有裂纹、腐蚀、松树枝状花纹等影响使用的缺陷存在。

5.4.3 板材表面允许有轻微的油痕存在,但油痕面积不应超过板面的 10%。

5.4.4 板材的任一面,在每两平方米范围内,未做规定的其他缺陷不应超过 4 个。每处面积不应超过 50mm×50mm 范围,其中缺陷深度不应超过厚度允许负偏差之半,板材另一面允许有未规定的其他缺陷存在,其深度不超过厚度允许偏差。

6 试验方法

6.1 化学成分仲裁分析方法

板材的化学成分仲裁分析方法应符合 GB/T 6987 的规定。化学成分分析取样方法应符合 GB/T 17432。

6.2 室温力学性能试验方法

板材的室温力学性能试验方法应符合 GB/T 228 规定。试样按 GB/T 16865 规定制取。

6.3 尺寸测量方法

板材厚度用精度不小于 0.01mm 的千分尺测量,其他尺寸用米尺测量。

6.4 表面质量检查方法

板材表面质量应以目视方法检查。

7 检验规则

7.1 检查和验收

板材由供方技术监督部门进行检查和验收,并保证产品质量符合木标准规定。

7.2 组批

板材应成批提交验收,每批应由同一牌号、状态、规格板材组成。

7.3 检验项目

每批板材均应进行化学成分、尺寸偏差、力学性能和表面质量检查。

7.4 取样

板材取样位置和取样数量应符合表 6 的规定。

表 6

检验项目	取样位置	每批取样数量
化学成分	符合 GB/T 17432	2 个
力学性能	按 GB/T 16865	1%,不少于 2 个
尺寸及外形偏差	—	逐张
表面质量	—	逐张

7.5 检验结果的判定

7.5.1 化学成分不合格时,判整批不合格。尺寸及外形偏差和表面质量不合格时,为单张不合格,允许逐张检验。

7.5.2 当力学性能有一个指标不合格时,应从该批另取双倍数量的试样(至少有一个试样取自原不合格试样代表的那张板材)进行复验,复验结果仍有一个试样不合格时,判全批不合格。

8 标志、包装、运输、贮存

8.1 标志

验收合格的每批板材每垛上、下各取 3 张打上如下印记,且保证每个包装箱至少有一张带有该印记的板材:

a. 供方技术监督部门印记;

b. 牌号;

c. 状态;

d. 厚度;

e. 批号。

8.2 包装、运输、贮存

板材不涂油、不垫纸包装。如需方要求垫纸可由供需双方协商后在合同中注明,且应符合 GB/T 3199 的规定。

8.3 质量证明书

每张板材应附有符合本标准要求的质量证明书,其上应注明:

a. 供方名称;

b. 产品名称;

c. 牌号;

d. 状态;

e. 规格;

f. 批号;

g. 力学性能试验结果;

h. 重量或张数;

i. 检印;

j. 本标准编号;

k. 包装日期。

附 录 A
(提示的附录)
新旧牌号对照表

新 牌 号	旧 牌 号	新 牌 号	旧 牌 号
1070A	L1	1035	L4
1060	L2	1100	L5-1
1050A	L3	1200	L5

附 录 B
(提示的附录)
新旧状态代号对照表

新状态代号	旧状态代号	新状态代号	旧状态代号
O	M	H18	Y
H14、H24	Y_2		

前　言

本标准是对 YS/T 243—1994(原 GB/T 3619—1983)《纺织经编机盘片用铝合金模锻件》的修订。

本标准与 YS/T 243—1994 相比,主要有如下变化:

1. 本标准名称改为《纺织经编机用铝合金线轴》;

2. 本标准采用 GB/T 3190—1996《变形铝及铝合金化学成分》中的牌号及 GB/T 16475—1996《变形铝及铝合金状态代号》中的状态代号;

3. 本标准增加了 7A04、7A09、7A88、6A02 合金;

4. 本标准是对铝合金线轴作出规定,改变了原标准仅对盘片毛料规定的缺点。

本标准的附录 A 和附录 B 是提示的附录。

本标准自实施之日起,即代替 YS/T 243—1994。

本标准由中国有色金属工业标准计量质量研究所提出。

本标准由中国有色金属工业标准计量质量研究所负责归口。

本标准由东北轻合金有限责任公司、西南铝业(集团)有限责任公司负责起草。

本标准主要起草人:杨金凤、李富秋、张万金、陈兆义、唐明君、李瑞山。

中华人民共和国有色金属行业标准

YS/T 243—2001

纺织经编机用铝合金线轴

代替 YS/T 243—1994

Aluminium alloy reel of thread for textile tricot machines

1 范围

本标准规定了纺织经编机用铝合金线轴的要求、试验方法、检验规则和标志、包装、运输、贮存及合同内容等。

本标准适用于纺织经编机用铝合金线轴。

2 引用标准

下列标准所包含的条文,通过在本标准中引用而构成为本标准的条文。本标准出版时,所示版本均为有效。所有标准都会被修订,使用本标准的各方应探讨使用下列标准最新版本的可能性。

GB/T 228—1987　金属拉伸试验法

GB/T 231—1982　金属布氏硬度试验方法

GB/T 3190—1996　变形铝及铝合金化学成分

GB/T 3199—1996　铝及铝合金加工产品　包装、标志、运输、贮存

GB/T 3246.1—2000　铝及铝合金加工制品显微组织检验方法

GB/T 3246.2—2000　铝及铝合金加工制品低倍组织检验方法

GB/T 4437.1—2000　铝及铝合金热挤压管　第一部分　无缝圆管

GB/T 6987—1986　铝及铝合金化学分析方法

3 要求

3.1 产品分类

3.1.1 牌号、状态

线轴的类别、牌号、状态应符合表1的规定。

表 1

类别		合金	供应状态
整体线轴		7A04 7A09 7A10 7A88	T6
组合线轴	轴片	7A04 7A09 7A10 7A88	
	轴管	6A02 7A10	
注:需表面处理的须在合同中注明			

中国有色金属工业协会 2001-02-12 批准　　2001-05-01 实施

3.1.2 线轴规格应符合表 2 的规定。

表 2

产品代号	规格/mm					装配方式
	轴片直径	孔径	总长度	管径	两轴片内间距	
Z302	355(14″)	70	355	120	315	组合
Z303	450(17″)	90	366	150	320	组合
Z305	534(21″)	152 152.7	534 540	185 200	470 480	整体
Z305-1	534	152.7	530	200	470	整体
Z305-2	534	152.7	540	200	480	整体
535-1	535	153	540	200	480	整体
535-2	535	152.7	535	200	470	组合
762-1	762(30″)	152.7	535	260	470	组合
762-2	762	152.7	539	296	450	组合
762-3	762	152.7	531	296	442	组合
762-4	762	152.7	540	296	470	组合
762-5	762	152.7	541	298	451	组合
762-6	762	152.7	1093	298	1003	组合

注：如需上述规格以外的盘头，可由供需双方另签图纸并在合同中注明

3.1.3 标记示例

用 7A10 合金制造，经 T6 状态处理，代号为 Z302 的线轴，标记为：

线轴 7A10-T6 Z302 YS/T 243—2001。

3.2 外形尺寸及允许偏差

线轴的外形尺寸及允许偏差应符合双方商定的图纸要求。

3.3 化学成分

3.3.1 7A88 合金的化学成分应符合表 3 的规定

表 3

牌号	化学成分/%											
	Cu	Mg	Fe	Si	Zn	Mn	Cr	Ti	Ni	其他		Al
										单个	总和	
7A88	1.0～2.0	1.5～2.8	≤0.75	≤0.50	4.5～6.0	0.20～0.6	0.05～0.20	≤0.10	≤0.20	≤0.10	≤0.20	余量

3.3.2 7A04、7A10、6A02 合金的化学成分应符合 GB/T 3190 的规定。

3.4 力学性能

3.4.1 线轴的室温力学性能应符合表 4 的规定。

3.5 显微组织

线轴的高倍组织不允许过烧。

表 4

类 别	合金牌号	供应状态	抗拉强度 σ_b /MPa	规定非比例伸长应力 $\sigma_{p0.2}$ /MPa	伸长率 δ_5 /%	布氏硬度 HB
			不 小 于			
整体线轴或组合线轴轴片	7A04、7A09	T6	510	435	6	125
	7A10		470	345	5	120
	7A88		460	345	5	120
组合线轴轴管	6A02		295	—	3	—
	7A10		470	345	5	120

3.6 低倍组织

3.6.1 轴片低倍组织试片的流线应顺着轮廓外形分布，不允许有穿流、裂纹和夹杂。

3.6.2 轴管低倍组织不允许有缩尾、裂纹，允许有不大于 0.5mm 的夹杂，其数量不允许超过三点。

3.7 外观质量

3.7.1 线轴的表面粗糙度应符合供需双方签订的图纸要求。

3.7.2 组合线轴的连接处经阳极氧化后，不允许有裂纹等缺陷。

4 试验方法

4.1 化学成分仲裁分析方法

线轴的化学成分仲裁分析方法应按 GB/T 6987 的规定进行。

4.2 室温力学性能试验方法

4.2.1 线轴的轴片、轴管的室温拉伸试验方法应按 GB/T 228 的规定进行。

4.2.2 布氏硬度试验方法应按 GB/T 231 的规定进行。

4.3 显微组织试验方法

线轴的轴片、轴管的显微组织试验方法应按 GB/T 3246.1 的规定进行。

4.4 低倍组织试验方法

线轴的轴片、轴管的低倍组织试验方法应按 GB/T 3246.2 的规定进行。

4.5 外形尺寸测量方法

线轴的外形尺寸用精度不低于 0.05mm 卡尺和专用量具直接测量。

5 检验规则

5.1 检查和验收

5.1.1 线轴由供方技术监督部门检验，保证产品质量符合本标准要求，并填写质量证明书。

5.1.2 需方应对收到的线轴按本标准的规定进行检验，如检验结果与本标准或合同的规定不符时，应在收到产品之日起 2 个月内向供方提出，由供需双方协商解决。

5.2 组批

线轴应成批提交验收，每批应由同一代号、合金牌号、状态、同一表面处理方式的线轴组成。

5.3 检验项目

每批线轴均应进行化学成分、尺寸、力学性能、外观质量的检查。

5.4 取样位置和取样数量

线轴的取样位置及数量应符合表5的规定。

表5

检验项目	取样位置	取样数量	要求的章条号	检验的章条号
化学成分	熔体或除焊缝外线轴任意部位	每熔次或每批1个	4.3	5.1
力学性能	轴片:按图纸规定位置	每淬火炉次2个	4.4	5.2
	轴管的取样位置及数量按GB/T 4437.1的规定执行	每淬火炉次2个		
尺寸及偏差	任意部位	逐件	4.2	5.5
外观质量	任意部位	逐件	4.7	5.6
低倍组织	按图纸规定位置	每批1个	4.6	5.4
显微组织	按图纸规定位置	每淬火炉次1个	4.5	5.3

注:化学成分分析时,供方在铸造时取样,复验或仲裁时,在线轴上取样

5.5 检验结果的判定及处理

5.5.1 化学成分不合格时,判整批不合格;低倍组织不合格时,判批不合格,外形尺寸允许偏差及外观质量不合格时,为单件不合格。

5.5.2 力学性能有一个试样的试验结果不合格时,应从该试样的相邻位置或另剖切一个轴片取双倍数量的试样进行复验,如复验结果仍有一个不合格时,全批报废或经重复热处理后,按原取样规则重新检验。

5.5.3 显微组织不合格,判该淬火炉次不合格。

6 标志、包装、运输、贮存

6.1 标志

6.1.1 每个验收合格的线轴应有如下标记:

a. 供方技术监督部门的印记;

b. 合金牌号;

c. 供应状态;

d. 批号。

6.1.2 线轴的包装箱标志应符合GB/T 3199的规定。

6.2 包装、运输和贮存

线轴的包装、运输和贮存应符合GB/T 3199的规定。

6.3 质量证明书

每批线轴应附有符合本标准要求的质量证明书,其中注明:

a. 供方名称;

b. 产品名称;

c. 合金牌号;

d. 供应状态;

e. 产品代号;

f. 批号;

g. 净重或件数;

h. 各项分析试验结果；
i. 技术监督部门的印记；
j. 本标准编号；
k. 包装日期。

7 订货合同

本标准所列产品的订货合同应包括下列内容：
a. 产品名称；
b. 牌号；
c. 供应状态；
d. 产品代号；
e. 重量(个数)；
f. 本标准编号；
g. 其他特殊要求。

附 录 A
(提示的附录)
新旧牌号对照表

新牌号	旧牌号	新牌号	旧牌号
7A04	LC4	7A88	LC88
7A09	LC9	6A02	LD2
7A10	LC10	—	—

附 录 B
(提示的附录)
新旧状态对照表

新 状 态	旧 状 态
T6	CS

前　言

本标准参照国外先进标准,结合我国的国情,依据技术上先进、经济上合理的原则,对技术部分做了如下修订:

1. 将原标准中氧化铝五级品取消,保留一至四个等级并改为对应的牌号。

2. 将原标准中氧化铝一级品:Fe_2O_3 含量不大于 0.03%,修订为不大于 0.02%;Na_2O 含量不大于 0.55%,修订为不大于 0.50%。

3. 将原标准中氧化铝二级品:Fe_2O_3 含量不大于 0.04%,修订为不大于 0.03%。

4. 将原标准中氧化铝灼减不大于 0.8%,修订为不大于 1.0%。

本标准自生效之日起,同时代替 YS/T 274—1994。

本标准由中国有色金属工业总公司提出。

本标准由中国有色金属工业总公司标准计量研究所负责归口。

本标准由山东铝业公司负责起草。

本标准主要起草单位:山东铝业公司。

本标准主要起草人:李林海、李宇圣。

中华人民共和国有色金属行业标准

YS/T 274—1998

氧　化　铝

代替 YS/T 274—1994

Alumina

1　范围

本标准规定了氧化铝(Al_2O_3)的分级、要求、试验方法、检验规则及标志、包装、运输、贮存。

本标准适用于熔盐电解法生产金属铝用氧化铝,也适用于生产刚玉、陶瓷、耐火制品及生产其他氧化铝化学制品用原料氧化铝。

2　引用标准

下列标准所包含的条文,通过在本标准中引用而构成为本标准的条文。本标准出版时,所示版本均为有效。所有标准都会被修订,使用本标准的各方应探讨使用下列标准最新版本的可能性。

GB 8170—1987　数值修约规则

GB/T 6609.1—1986　氧化铝化学分析方法　重量法测定水分

GB/T 6609.2—1986　氧化铝化学分析方法　重量法测定灼烧失量

GB/T 6609.3—1986　氧化铝化学分析方法　钼蓝光度法测定二氧化硅量

GB/T 6609.4—1986　氧化铝化学分析方法　邻二氮杂菲光度法测定氧化铁量

GB/T 6609.5—1986　氧化铝化学分析方法　火焰光度法测定氧化钠量

3　订货合同内容

本标准所列材料的订货合同应包括下列内容:

3.1　产品名称。

3.2　牌号。

3.3　质量。

3.4　本标准编号。

3.5　其他。

4　要求

4.1　产品分级

氧化铝按化学成分分为四个牌号:AO-1、AO-2、AO-3、AO-4。

4.2　化学成分

氧化铝的化学成分应符合表 1 的规定。

中国有色金属工业总公司 1998-05-06 批准　　　　1998-12-01 实施

表 1 氧化铝的化学成分

牌 号	化 学 成 分 /%				
	Al_2O_3 不小于	杂质含量,不大于			
		SiO_2	Fe_2O_3	Na_2O	灼 减
AO-1	98.6	0.02	0.02	0.50	1.0
AO-2	98.4	0.04	0.03	0.60	1.0
AO-3	98.3	0.06	0.04	0.65	1.0
AO-4	98.2	0.08	0.05	0.70	1.0

注:

1. Al_2O_3 含量为 100.0%减去表 1 所列杂质总和的余量。
2. 表中化学成分按在 300℃ ±5℃温度下烘干 2h 的干基计算。
3. 表中杂质成分按 GB 8170 处理。

4.3 外观

氧化铝为白色晶体,不应有杂物和团块。

4.4 其他要求

需方对质量有特殊要求,由供需双方协商。

5 试验方法

氧化铝的化学成分仲裁分析按 GB/T 6609 的规定进行。

6 检验规则

6.1 检查和验收

6.1.1 氧化铝应由供方技术监督部门进行检验,保证产品质量符合本标准的规定,并填写产品质量证明书。其内容按本标准 7.5 条规定填写。

6.1.2 需方应对收到的产品按本标准的规定进行检验。如检验结果与本标准的规定不符时,应在收到产品之日起 1 个月内向供方提出,由供需双方协商解决。如需仲裁,仲裁取样由供需双方共同进行。仲裁取样、制样办法按本标准 6.3 条的规定进行。

6.2 组批

氧化铝应成批提交检验,每批应由同一批号的产品组成,袋装氧化铝每批质量为不大于 120t;槽罐车散装氧化铝每批重量为不大于 1200t。

6.3 化学成分仲裁取样和制样

6.3.1 袋装氧化铝每批随机选择 20 袋,用直径 15～20mm 的铜管探针沿包装袋对角线插入深度不小于袋长 2/3 处,取同等数量的试样。

6.3.2 槽罐车散装氧化铝应逐车取样,用直径 15～25mm 的铜管探针插入 1m 处等量取样,每车取样点不得少于两处。

6.3.3 将所取得的全部试样充分混匀,按四分法缩分至重量不小于 1kg,分成三份,分装于三个洁净的磨口玻璃瓶中,一份做仲裁分析,其余由供需双方各保存一份。

6.4 检验项目

每批氧化铝应进行化学成分和外观的检验。

6.5 判定规则

化学成分仲裁分析结果与本标准规定不符时,按仲裁分析结果重新判定牌号。

7 标志、包装、运输、贮存

7.1 标志

包装袋上应标明:产品名称、注册商标、产品批号、质量、生产厂名称及产地。

7.2 包装

包装袋用聚丙烯塑料编织袋。需方对产品包装有特殊要求时,可由供需双方协商确定。

7.3 运输

产品发运时,车厢内应清扫干净或铺苇席。不同等级的产品不得混装。

7.4 贮存

产品应分批堆放在清洁、干燥的仓库内,不得污染。

7.5 质量证明书

每批产品应附质量证明书,其上注明:

a. 供方名称;

b. 产品名称和牌号;

c. 批号、质量;

d. 分析检验结果及技术监督部门印记;

e. 本标准编号;

f. 出厂日期。

8 其他

袋装氧化铝交货质量以实际检斤为准。

前言

本标准是根据近年来生产工艺的提高和使用方面的发展,对原标准 YS/T 275—1994(原国标 GB 8179—1987)进行修订的。

本标准对原标准中的 Fe、Ti 杂质含量进行了修订,以适应目前用户对该产品的需求。

本标准的附录 A 是标准的附录。

本标准自生效之日起,同时代替 YS/T 275—1994。

木标准由中国有色金属工业标准计量质量研究所提出。

本标准由中国有色金属工业标准计量质量研究所归口。

本标准起草单位:抚顺铝厂。

本标准主要起草人:王兰、刘向前、齐宁。

中华人民共和国有色金属行业标准

YS/T 275—2000

代替 YS/T 275—1994

高 纯 铝

High purity aluminum

1 范围

本标准规定了高纯铝的化学成分、检验方法和检验规则及标志、包装、运输、贮存。

本标准适用于以 99.99%铝为原料,采用磁场搅拌、定向凝固提纯法生产的高纯铝。

2 引用标准

下列标准所包含的条文,通过在本标准中引用而构成为本标准的条文。本标准出版时,所示版本均为有效。所有标准都会被修订,使用本标准的各方应探讨使用下列标准最新版本的可能性。

YS/T 244.1~244.5—1994 高纯铝化学分析方法

3 订货内容

本标准所列的订货合同应包括以下内容:

3.1 产品名称。

3.2 规格及尺寸范围。

3.3 重量。

3.4 分析要求。

3.5 其他。

4 要求

4.1 产品分类

高纯铝按化学成分分为两个牌号,A199.999,A199.9995。

4.2 化学成分

高纯铝化学成分应符合表 1 的规定

表 1

牌 号	化 学 成 分										
	Al/%	杂质含量/10^{-6} 不大于									
	不小于	Cu	Si	Fe	Ti	Zn	Pb	Ga	Cd	Ag	In	总量
Al99.999	99.999	2.8	2.8	2.5	0.9	1.0	0.5	0.5	0.2	0.2	0.2	10
Al99.9995	99.9995	Cu+Si+Fe+Ti+Zn+Ga≤5.0										

4.3 表面质量

高纯铝产品为银白色、表面光洁、具有清晰结晶条纹。不得有肉眼可见的夹杂物。

4.4 供货状态

产品供货状态为半圆锭、长板锭及梯形锭。每个半圆锭重量不大于 40kg,板锭重量不大于 20kg,

国家有色金属工业局 2000-10-25 批准　　2001-03-01 实施

长板锭为 600mm×200mm×65mm 左右。梯形锭为 10kg 左右;如需方有特殊要求,供需双方另行商定。

5 检验方法

5.1 高纯铝的化学成分仲裁分析方法按 YS/T 244 和附录 A 的规定进行。

5.2 高纯铝的表面质量用目视法检查。

6 检验规则

6.1 检查和验收

6.1.1 产品应由供方技术监督部门进行检验,保证产品符合本标准要求,并填写产品质量证明书。

6.1.2 需方可对收到的产品进行质量检验,如检验结果与本标准不符合时,可在收到产品之日起 6 个月内向供方提出。由双方协商解决。

6.2 组批

产品成批提交检验,但考虑产品为定向凝固提纯的锭料,故每个锭为一个批号。

6.3 检验项目

每批高纯铝应进行化学成分及表面质量的检验。

6.4 取样和制样

6.4.1 仲裁取样按如下规定进行:在锭的上表面沿中心线位置均分 6 等份,用麻花钻头在等分线上 5 个点取试料,弃去表面层,添加无水乙醇(分析纯)进行冷却、润滑,以减少试料掺杂,钻屑经盐酸(1+1)浸泡,然后再经离子交换纯水,把钻屑表面冲洗干净,烘干后,混合均匀,用四分法缩分至分析试样所需的量。

6.5 检验结果的判定

6.5.1 化学成分分析结果与本标准规定不符时,可从该批中取双倍数量的试样,进行重复分析,如其中仍有一项结果不合格时,则该批产品为不合格,如各项分析结果合格则为合格产品。

6.5.2 表面质量不符合本标准规定时,按件判不合格。

7 标志、包装、运输和贮存

7.1 标志

每批产品均应在锭上打有明显生产方的商标及批号。

7.2 包装、运输和贮存

7.2.1 产品用干净的牛皮纸包裹后,放入塑料袋和编织袋内,每袋净重不超过 40kg,编织袋上标明:产品名称、批号、净重、供方名称、出厂日期。并注明防潮、轻放等文字或标志。

7.2.2 产品运输过程中,应防止雨淋,受潮,不得激烈碰撞,以免损坏包装而沾污产品。

7.2.3 产品应存放在清洁、干燥和无酸碱气氛之处,以防产品沾污变质,存放时间不宜超过 3 年。

7.3 质量证明书

每批产品附有产品质量证明书,其中注明:

a. 供方名称;

b. 产品名称;

c. 批号、净重;

d. 分析检验结果、技术监督部门印记;

e. 出厂日期。

附 录 A

（标准的附录）

高纯铝中镉、银和铟的分析方法

测定范围：镉量：$1\times10^{-5}\%\sim2.5\times10^{-4}\%$；铟量 $2\times10^{-5}\%\sim5\times10^{-4}\%$；银量 $1\%\sim8\times10^{-5}\%$

本标准遵守 GB/T 1467—1978《冶金产品化学分析方法的标准总则和一般规定》。

A1　镉量的测定

A1.1　方法提要

试样以盐酸、硝酸溶解。在有氰化钾-酒石酸存在下，以二硫腙-三氯甲烷萃取分离，然后再以二硫腙-四氯化碳萃取，于波长 518nm 进行光度测定。

A1.2　试剂

A1.2.1　盐酸（ρ1.19g/mL）(GR)。

A1.2.2　硝酸（ρ1.42g/mL）(GR)。

A1.2.3　酒石酸钾钠溶液（5%）。配制后应呈微碱性，过滤后用二硫腙-三氯甲烷溶液（0.01%）萃取至有机相为绿色，保存于石英器皿中。

A1.2.4　氢氧化钠溶液（40%）(GR)。

A1.2.5　氰化钾溶液（10%）

A1.2.6　二硫腙-三氯甲烷溶液（0.01%）。

A1.2.7　酒石酸溶液（2%）(GR)。

A1.2.8　三氯甲烷。

A1.2.9　盐酸羟胺溶液（25%）(GR)。

A1.2.10　二硫腙-四氯化碳溶液（0.01%），用时用四氯化碳稀释至 0.002%，保存暗处，2 天内使用。

A1.2.11　镉标准贮备溶液，1mL 含 0.1mg 镉。

A1.2.12　镉标准溶液，1mL 含 0.1μg 镉。

A1.3　仪器

分光光度计。

A1.4　分析步骤

A1.4.1　测定数量：分析时应称取 2 份试样进行测定，取其平均值。

A1.4.2　试样：称取 2.000g 试样。

A1.4.3　空白试验：随同试样做空白试验。

A1.4.4　测定

A1.4.4.1　将试样（A1.4.2）置于 100mL 石英杯中。加入 20mL 水，30mL 盐酸（A1.2.1），10mL 硝酸（A1.2.2），激烈反应停止后置砂浴上在保持 50mL 体积情况下缓缓加热至试样全部溶解，并蒸发至析出结晶（空白蒸至 25～28mL）。加少量水并加热使盐类溶解后取下，移入聚乙烯杯中。加入 30mL 酒石酸钾钠（A1.2.3），混匀，用聚乙烯量杯加入 30mL 氢氧化钠（A1.2.4），混匀，加入 2mL 氰化钾（A1.2.5），混匀。用塑料棒搅拌，待沉淀全部溶解后，使体积不超过 100mL，冷却至室温。

A1.4.4.2　将试液移入 250mL 分液漏斗中，加入 25mL 二硫腙-三氯甲烷（A1.2.6），萃取 2min。将有机转入含有 25mL 酒石酸（A1.2.7）的另一分液漏斗中，再往水相中加 10mL 三氯甲烷（A1.2.8），振荡 0.5min。合并有机相（注意勿使碱液混入有机相）。将有机相与酒石酸用力振荡 5min，弃去有机相。加入 5mL 三氯甲烷(A1.2.8)振荡洗涤水相,弃去有机相。加入 0.5mL 盐酸羟胺(A1.2.9),3mL 氢氧化钠(A1.2.4),混匀。加入 10.0mL 二硫腙-四氯化碳溶液(A1.2.10),萃取 1min,弃去水相。

A1.4.4.3 将有机相置于 2cm 比色皿中,以水为参比,于分光光度计波长 518nm 处测量其吸光度。

A1.4.4.4 将所得吸光度减去空白吸光度后,从标准曲线上查得相应的镉量。

A1.4.5 标准曲线的绘制

A1.4.5.1 移取 0,0.50,1.00,2.00,3.00,4.00,5.00μg 镉的标准溶液(A1.2.12)分别置于一组聚乙烯杯中。用水稀释至 50mL,加 30mL 酒石酸钾钠(A1.2.3),10mL 氢氧化钠(A1.2.4),2mL 氰化钾(A1.2.5),混匀。冷却至室温。

A1.4.5.2 按 A1.4.4.2 和 A1.4.4.3 项进行操作。

A1.4.5.3 以镉量为横坐标,相应吸光度减去空白后为纵坐标,绘制标准曲线。

A1.5 分析结果的计算

按式(A1)计算镉的百分含量:

$$Cd(\%)=(m_1/m_0)\times 100 \qquad (A1)$$

式中 m_1——从标准曲线上查出的镉量,g;

m_0——试样量,g。

A1.6 允许差

实验室之间分析结果的差值不应大于表 A1 中所列的允许差。

表 A1 %

镉 量	允 许 差	镉 量	允 许 差
0.00001~0.0001	0.00004	>0.0001~0.00025	0.00005

A2 铟量的测定

A2.1 方法提要

试样以盐酸、硝酸溶解。使铟与溴氢酸作用形成溴化铟络合物,用乙酸丁酯萃取,再用盐酸反萃后,使铟与结晶紫显色,再以苯萃取,进行光度测定。

A2.2 试剂

A2.2.1 盐酸(ρ1.19g/mL)(1+1)(GR)。

A2.2.2 硝酸(ρ1.42g/mL)。

A2.2.3 溴氢酸(5mol/L)。

A2.2.4 乙酸丁酯。

A2.2.5 溴氢酸(5mol/L)。

A2.2.6 过氧化氢(30%)。

A2.2.7 硫酸(2.5mol/L)。

A2.2.8 抗坏血酸(1%)。

A2.2.9 碘化钾(4mol/L)。

A2.2.10 硫代硫酸钠(0.1mol/L)。

A2.2.11 结晶紫(0.1%)。

A2.2.12 苯。

A2.2.13 铟标准贮存溶液,1mL 含 1mg 铟。

A2.2.14 铟标准溶液,1mL 含 0.01mg 铟。

A2.3 仪器

分光光度计。

A2.4 分析步骤

A2.4.1 测定数量:分析时应称取 2 份试样进行测定,取其平均值。

A2.4.2 试样:称取 2.000g 试样。

A2.4.3 空白试验:随同试样做空白试验。

A2.4.4 测定

A2.4.4.1 将试样(A2.4.2)置于石英杯中。加 10mL 水,30mL 盐酸(A2.2.1),10mL 硝酸(A2.2.2),待溶解后在低温加热蒸干(不致析出氧化物)。加入 20mL 溴氢酸(A2.2.3),在低温处蒸干,再加入 20mL 溴氢酸,如上述操作直至再加入溴氢酸时不产生溴为止。

A2.4.4.2 往杯中加入 10mL 水,40mL 溴氢酸(A2.2.3)将盐类溶解,移入分液漏斗中。加入 25mL 乙酸丁酯(A2.2.4),萃取 2min,萃取反复进行两次,合并有机相。向有机相中加入 10mL 溴氢酸(A2.2.5)振荡洗涤一次,弃去水相。

A2.4.4.3 向有机相中加 2 滴过氧化氢(A2.2.6),20mL 盐酸(1+1)反萃,并反复反萃 2 次,合并水相于 50mL 石英杯中。加热蒸发至干,加 2mL 硫酸(A2.2.7)溶解盐类,并用 2mL 硫酸(A2.2.7)和 2mL 水将试液洗入 50mL 分液漏斗中。

A2.4.4.4 加入 0.5mL 抗坏血酸(A2.2.8),2mL 碘化钾(A2.2.9),0.2mL 硫代硫酸钠(A2.2.10),2mL 结晶紫(A2.2.11),10.0mL 苯(A2.2.12),萃取 1min,弃去水相。放置 30min。

A2.4.4.5 将部分有机相置于 2cm 比色皿中,以苯为参比,于分光光度计波长 610nm 处测量其吸光度。

A2.4.4.6 将所测得吸光度减去空白吸光度后,从标准曲线上查得相应的铟量。

A2.4.5 标准曲线的绘制

A2.4.5.1 移取 0,0.5,1.0,2.0,3.0,4.0,6.0,8.0,10.0μg 铟的标准溶液(A2.2.14)分别置于一组 50mL 分液漏斗中,加入 4mL 硫酸(A2.2.7),2mL 水。

A2.4.5.2 按照 A2.4.4.4 和 A2.4.4.5 项进行操作。

A2.4.5.3 以铟量为横坐标,以相应的扣除空白的吸光度为纵坐标,绘制标准曲线。

A2.5 分析结果的计算

按式(A2)计算铟的百分含量

$$\mathrm{In}(\%) = (m_1/m_0) \times 100 \qquad \text{(A2)}$$

式中 m_1——从标准曲线上查出的铟量,g;

m_0——试样量,g。

A2.6 允许差

实验室之间分析结果的差值不应大于表 A2 中所列的允许差。

表 A2 %

铟 量	允 许 差	铟 量	允 许 差
0.00002~0.0002	0.00004	>0.0002~0.0005	0.00006

A3 银量的测定

A3.1 方法提要

试样用盐酸、硝酸溶解。在pH1～3的溶液中,用二硫腙-四氯化碳将银萃取富集。在酸性介质中借银对锰-过硫酸反应体系的催化作用测定银。

A3.2 试剂

A3.2.1 盐酸(ρ1.19g/mL)(GR)。

A3.2.2 硝酸(ρ1.42g/mL)(GR)。

A3.2.3 抗坏血酸(5%)(GR)。

A3.2.4 二硫腙-四氯化碳溶液(0.005%)。

A3.2.5 硫酸(1+1)(GR)。

A3.2.6 高氯酸(70%)(GR)。

A3.2.7 磷酸(1+1)。

A3.2.8 硫酸锰(0.006mol/L)。

A3.2.9 过硫酸钾。

A3.2.10 银标准贮备溶液,1mL含0.10mg银。

A3.2.11 银标准溶液,1mL含0.5μg银。

A3.3 仪器

分光光度计。

A3.4 分析步骤

A3.4.1 测量数量:分析时应称取2份试样进行测定,取其平均值。

A3.4.2 试样:称取0.5000g试样。

A3.4.3 空白试验:随同试样做空白试验。

A3.4.4 测定

A3.4.4.1 将试样(A3.4.2)置于50mL石英杯中,加入10mL盐酸(A3.2.1),3～5mL硝酸(A3.2.2),待激烈反应后置电热板上继续加热至完全溶解,并蒸发至近干。取下,迅速加入5mL硝酸(A3.2.2),继续加热并慢慢摆动使附在杯上的盐类湿润下来,蒸发至玻璃状,加入5mL硝酸(A3.2.2)继续蒸发至玻璃状(略有干涸也无妨)。加40mL水,加热使盐类完全溶解,冷却后加入1mL抗坏血酸(A3.2.3)(如含铁量极微可不加),用试纸检查pH值应在1～3,否则用稀硝酸和氢氧化铵调节。

A3.4.4.2 将试液移入分液漏斗中,用少量水冲洗石英杯,洗涤液并入分液漏斗中。加入5mL二硫腙-四氯化碳(A3.2.4),萃取2～3min。将有机相分入另一分液漏斗中。再重复萃取一次,合并有机相。用5mL水将有机相萃洗一次,小心地将有机相滤入原烧杯中,低温蒸干。

A3.4.4.3 加入0.5mL硫酸(A3.2.5),0.25mL高氯酸(A3.2.6),蒸发至冒白烟,冷却,加0.5mL硝酸(A3.2.2),蒸发至近干。取下用2～3mL水冲洗杯壁,加入2mL磷酸(A3.2.7),加热2～3min使残渣充分溶解。溶清后取下,用少许水和擦棒擦洗杯壁,将其洗入25mL比色管中。

A3.4.4.4 加入1mL硫酸锰(A3.2.8),0.5g过硫酸钾(A3.2.9),稀释至10mL,混匀。放入沸水中加热7min,以流水迅速冷却至室温,准确稀释至10mL,混匀。

A3.4.4.5 将部分溶液置于1cm比色皿中,以水为参比,于分光光度计波长530nm处测量其吸光度。

A3.4.4.6 将所测得吸光度减去空白吸光度后,从标准曲线上查得相应的银量。

A3.4.5 标准曲线的绘制

A3.4.5.1 移取0,0.05,0.10,0.20,0.30,0.40μg银的标准溶液(A3.2.11)分别置于一组石英杯中。各加入40mL水,2～3滴硝酸(A3.2.2)使pH在1～3之间。

A3.4.5.2 按照A3.4.4.2～A3.4.4.5项进行操作。

A3.4.5.3 以银量为横坐标,扣除空白后的吸光度为纵坐标,绘制标准曲线。

A3.5 分析结果的计算

按式(A3)计算银的百分含量：

$$Ag(\%)=(m_1/m_2)\times 100 \quad (A3)$$

式中 m_1——从标准曲线上查出的银量，g。

m_2——试样量，g。

A3.6 允许差

实验室之间分析结果的差值应不大于表A3中所列的允许差。

表 A3 %

银 量	允 许 差
$1\sim8\times10^{-5}$	2×10^{-5}

前　言

本标准是按 GB/T 1.1—1993 和 GB/T 1.3—1997 格式要求编制的。它是根据近十年来国内铝中间合金锭生产、使用方面的发展，对 YS/T 282—1994 标准修订而成。

与前版相比，它主要有下列一些修订：

1. 设置了前言；

2. 增加了第 2 章引用标准，第 3 章订货单内容；

3. 新增加了 3 个牌号：AlSr5、AlSr10、AlSi12。AlSi12 是取代 GB/T 8734—1988 标准中用户使用较多的 ZAlSiD-0 号合金锭；

4. AlCu50 中杂质含量 Pb 由 0.20 修订为 0.10；

5. AlTi5B1 中主含量 Ti 由 5.0～6.2 修订为 4.5～6.0，B 由 0.9～1.4 修订为 0.9～1.2。

本标准生效之日起，同时代替 YS/T 282—1994。

本标准由中国有色金属工业标准计量质量研究所提出。

本标准由中国有色金属工业标准计量质量研究所归口。

本标准由南京铁合金厂(南京铜铝材总厂)负责起草。

本标准主要起草人：李恭琴、郧宁、程建华、许明、谈荣生。

中华人民共和国有色金属行业标准

YS/T 282—2000

铝 中 间 合 金 锭

代替 YS/T 282—1994

Aluminum master alloy ingots

1 范围

本标准规定了铝中间合金锭的要求、试验方法、检验规则以及标志、包装、运输和贮存。

本标准适用于配制合金用的铝中间合金锭。

2 引用标准

下列标准所包含的条文,通过在本标准中引用而构成为本标准的条文。本标准出版时,所示版本均为有效。所有标准都会被修订,使用本标准的各方应探讨使用下列标准最新版本的可能性。

GB/T 6987.1～6987.21—1986 铝及铝合金化学分析方法

GB/T 6987.22～6987.23—1987 铝及铝合金的化学分析方法

GB/T 6987.24—1988 铝及铝合金的化学分析方法

GB/T 8170—1987 数值修约规则

3 订货单内容

本标准所列材料的订货单内应包括下列内容:

3.1 产品名称。

3.2 牌号。

3.3 数量(重量)。

3.4 本标准编号(含年号)。

3.5 其他要求。

4 要求

4.1 产品分类

合金锭按化学成分分为 18 个牌号,合金锭的牌号及化学成分应符合表 1 中规定。

4.2 分析数值的判定,采用修约比较法,数值修约规定按 GB/T 8170 的有关规定进行,修约数位与表中所列极限值数位一致。

4.3 合金锭的断口组织应致密,不允许有明显的熔渣和偏析。

4.4 合金锭的表面应无霉斑及油污,无夹杂物,但允许有氧化膜、皱皮和收缩裂纹。

4.5 需方对合金锭有特殊要求时,由供需双方另行商定。

4.6 合金锭外形应便于包装、运输及使用,其形状规格可采用图 1 所示。

国家有色金属工业局 2000-03-29 批准　　　　2000-10-01 实施

表 1 铝中间合金锭化学成分表

序号	牌号	化学成分/%																								物理性能	
		合金元素												杂质 不大于												熔化温度/℃	特性
		Cu	Si	Mn	Ti	Ni	Cr	B	Zr	Sb	Fe	Be	Al	Cu	Si	Mn	Ti	Ni	Cr	Zr	Fe	Zn	Mg	Pb	Sn		
1	AlCu50	48.0～52.0	—	—	—	—	—	—	—	—	—	—	余量	—	0.40	0.35	0.10	0.20	0.10	—	0.45	0.30	0.20	0.10	0.10	570～600	脆
2	AlSi24	—	22.0～26.0	—	—	—	—	—	—	—	—	—	余量	0.20	—	0.35	0.1	0.20	0.10	—	0.45	0.2	0.40	0.10	0.10	700～800	脆
3	AlSi20	—	18.0～21.0	—	—	—	—	—	—	—	—	—	余量	0.20	—	0.35	0.1	0.20	0.10	—	0.45	0.2	0.40	0.10	0.10	640～700	脆
4	AlSi12	—	11.5～13.0	—	—	—	—	—	—	—	—	—	余量	0.03	—	0.10	0.10	—	—	—	0.35	0.08	—	—	Ca 0.1	560～620	脆
5	AlMn10	—	—	9.0～11.0	—	—	—	—	—	—	—	—	余量	0.20	0.40	—	0.1	0.20	0.10	—	0.45	0.2	0.50	0.10	0.10	770～830	韧
6	AlTi4	—	—	—	3.0～5.0	—	—	—	—	—	—	—	余量	—	0.2	—	—	—	—	—	0.3	0.1	—	—	—	1020～1070	易偏析
7	AlTi5	—	—	—	4.5～6.0	—	—	—	—	—	—	—	余量	0.15	0.50	0.35	—	0.10	0.10	V 0.25	0.45	0.15	0.50	0.10	0.10	1050～1100	易偏析
8	AlNi10	—	—	—	—	9.0～11.0	—	—	—	—	—	—	余量	—	0.2	0.1	—	—	—	—	0.5	—	—	0.1	—	680～730	韧
9	AlCr2	—	—	—	—	—	2.0～3.0	—	—	—	—	—	余量	—	0.2	—	—	—	—	—	0.5	0.1	—	—	—	900～1000	易偏析
10	AlB3	—	—	—	—	—	—	2.5～3.5	—	—	—	—	余量	0.1	0.2	—	—	—	—	—	0.4	0.1	—	—	—	800	韧

续表 1

序号	牌号	化学成分 /%																							物理性能	
		合金元素											杂质 不大于												熔化温度/℃	特性
		Cu	Si	Mn	Ti	Ni	Cr	B	Zr	Sb	Fe	Be	Al	Cu	Si	Mn	Ti	Ni	Cr	Zr	Fe	Zn	Mg	Pb	Sn		
11	AlB1	—	—	—	—	—	—	0.5～1.5	—	—	—	—	余量	0.1	0.2	—	—	—	—	—	0.3	0.1	—	—	—	800	韧
12	AlZr4	—	—	—	—	—	—	—	3.0～5.0	—	—	—	余量	—	0.2	—	—	—	—	—	0.3	0.1	—	0.1	—	800 850	易偏析
13	AlSb4	—	—	—	—	—	—	—	—	3.0～5.0	—	—	余量	—	0.2	—	—	—	—	—	0.3	—	—	—	—	660	易偏析
14	AlFe20	—	—	—	—	—	—	—	—	—	18.0～22.0		余量	0.1	0.2	0.3	—	—	—	—	—	0.1	—	—	—	1020	脆
15	AlTi5B1	—	—	—	4.5～6.0	—	—	0.9～1.2	—	—	—	—	余量	0.02	0.20	0.02	—	0.04	0.02	0.02	0.30	0.03	0.02	—	—	800	易偏析
16	AlBe3	—	Sr	—	—	—	—	—	—	—	—	2.0～4.0	余量	—	0.2	—	—	—	—	—	0.25	0.1	—	—	Ca	820	韧
17	AlSr5	—	4.0～6.0	—	—	—	—	—	—	—	—	—	余量	0.01	—	—	—	—	—	—	0.2	0.05	0.05	—	0.05	680～750	韧
18	AlSr10	—	9.0～11.0	—	—	—	—	—	—	—	—	—	余量	0.1	—	—	—	—	—	—	0.2	0.1	0.1	—	0.1	780～850	韧

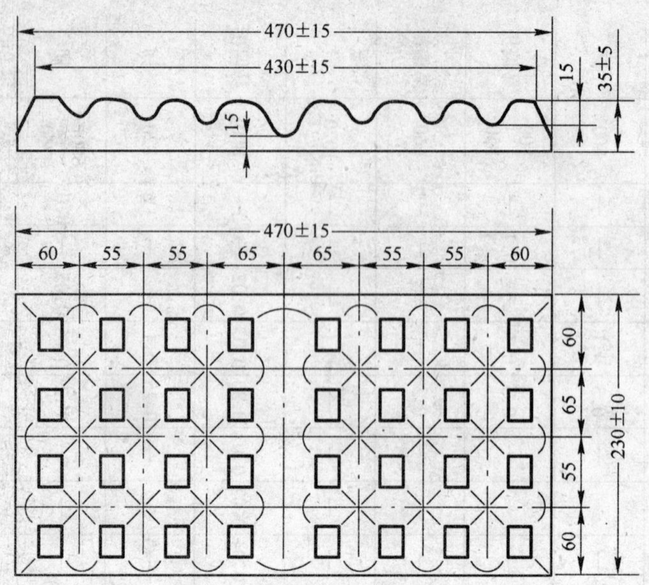

图1　合金锭的外形尺寸

5　试验方法

5.1　合金锭的化学成分仲裁分析方法按 GB/T 6987.1～6987.24 的规定进行。

5.2　断口组织检验从每批合金锭中任取一锭，韧性合金由底部锯至锭厚的 1/3 处打断，用目视进行检查；脆性合金断口可直接用目视进行检查。

5.3　合金锭表面质量用目视进行检查。

6　检验规则

6.1　检查和验收

6.1.1　合金锭应由供方技术监督部门进行检验，保证产品质量符合本标准的规定，并填写质量证明书。

6.1.2　需方应对收到的产品按本标准的规定进行检查，如检验结果与本标准的规定不符时，应在收到产品之日起两个月内向供方提出，由供需双方协商解决。如需仲裁，仲裁取样由供需双方在需方共同进行。

6.2　组批

产品应成批提交验收，每批应由同一炉号的产品组成。经供需双方商定，也可由多炉组成。

6.3　检验项目

每批或炉合金锭应进行化学成分、断口组织、表面质量的检验。

6.4　取样和制样

6.4.1　化学成分的仲裁取样、制样、应从该批合金锭中任取一锭，在其上表面沿对角线钻通三处取得，一点居中，另两点分别在距端点 100mm 处。脆性合金锭可破碎筛分取样。

6.5　检验结果判定

6.5.1　化学成分和断口组织检验结果不符合本标准规定时，则在该批产品中对不符合本标准规定的项目取双倍试样复验。如复验后仍有一个结果不符合本标准规定时，则该批产品为不合格。

6.5.2 表面质量不符合本标准规定时,按锭判不合格。

7 标志、包装、运输、贮存

7.1 标志

7.1.1 每块合金锭上应标注牌号、炉号。

7.1.2 脆性合金锭应包装成箱(或桶),每箱(或桶)应注明:

a. 供方名称;

b. 产品名称和牌号;

c. 炉号。

7.2 包装、运输、贮存

7.2.1 脆性合金锭每箱(桶)重量不超过 50kg。

7.2.2 合金锭应按牌号堆放及运输,不得混号。严防潮湿。

7.3 质量证明书

每批合金锭应附有质量证明书,注明:

a. 供方名称;

b. 产品名称、牌号及注册商标;

c. 批或炉号;

d. 每批或炉重量及件数;

e. 化学成分分析结果及技术监督部门印记;

f. 本标准编号;

g. 出厂日期。

前　言

阳极糊用做铝电解的阳极,在铝电解中导电并电化消耗,在电流的作用下还原氧化铝中的铝,是电解的重要材料。为了更好地适应阳极糊生产和应用的需要,根据生产的发展和实际情况,在原标准的基础上,修订本标准。

本标准由中国有色金属工业标准计量质量研究所提出并归口。

本标准起草单位:抚顺铝厂、青铜峡铝厂。

本标准参加起草单位:包头铝厂、黄河铝业有限公司、兰州连城铝厂、郑州轻金属研究院。

本标准主要起草人:韩国安、刘吉元、王成忠、张景新、李金声、韩立国、董学良。

中华人民共和国有色金属行业标准

YS/T 284—1998

代替 YS/T 284—1994

铝电解用阳极糊

Anode paste for aluminium electrolysis

1 范围

本标准规定了铝电解用阳极糊的定义、要求、试验方法、检验规则、包装、标志、运输和贮存。

本标准适用于铝电解用连续自焙阳极糊,即铝电解侧插槽型和铝电解上插槽型用自焙阳极糊。

2 引用标准

下列标准所包含的条文,通过在本标准中引用而构成为本标准的条文。本标准出版时,所示版本均为有效。所有标准都会被修订,使用本标准的各方应探讨使用下列标准最新版本的可能性。

GB/T 1426—1978 炭素材料分类
GB/T 1429—1985 炭素材料灰分含量测定方法
GB/T 1430—1978 炭素材料硫量的测定
GB/T 1431—1985 炭素材料耐压强度测定方法
GB/T 6154—1985 炭素材料体积密度测定方法
GB/T 6155—1985 炭素材料真密度测定方法
GB/T 6712—1986 高纯石墨制品中硅的测定 硅-钼蓝分光光度法
GB/T 6713—1986 高纯石墨制品中铁的测定 邻二氮菲分光光度法
GB/T 8718—1988 炭素材料术语
GB/T 8719—1988 炭素材料及其制品包装、标志、运输和质量证明书的一般规定。
YS/T 62—1993 铝电解用炭素制品取样方法
YS/T 63—1993 铝电解用炭糊试样焙烧方法
YS/T 64—1993 铝电解用炭素制品电阻率测定方法
YS/T 411—1998 铝电解用预焙阳极、阳极糊二氧化碳反应性的测定方法

3 定义与符号

3.1 定义

阳极糊:以石油焦、沥青焦为主要原料制成的糊料,用于铝电解的连续自焙阳极。

3.2 牌号的含义

铝电解用阳极糊的牌号按 GB/T 1426 规定意义如下:

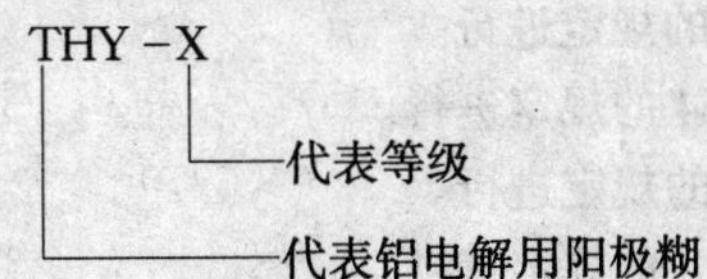

国家有色金属工业局 1999-01-11 批准

1999-06-01 实施

4 订货单内容

本标准所列订货单应包括下列内容：

a. 产品名称；

b. 牌号；

c. 糊块规格；

d. 数量；

e. 本标准编号；

f. 其他需要协商或增加标准以外的要求。

5 要求

5.1 牌号

铝电解用阳极糊按理化性能分为4个牌号：THY-0、THY-1、THY-2、THY-3。

5.2 理化性能

铝电解用阳极糊理化性能应符合表1规定。

表1 铝电解用阳极糊理化性能

牌号 \ 项目	灰分/%	电阻率/(μΩ·m)	耐压强度/(N/m^2)	真密度/(g/cm^3)	体积密度/(g/cm^3)	二氧化碳反应性/($mg/(cm^2·h)$)
	不大于		不小于			不大于
THY-0	0.35	70	29	2.00	1.40	80
THY-1	0.45	75	28	1.99	1.39	95
THY-2	0.60	80	27	1.98	1.38	110
THY-3	0.80	80	27	1.98	1.38	110

注：二氧化碳反应消耗速率指氧化消耗和脱落消耗之和

5.3 其他要求

5.3.1 铝电解用阳极糊不准有外来夹杂物，糊块的重量和形状由供需双方商定。

5.3.2 如需方对硫分含量有特殊要求，则由供需双方在订货时协商。

5.3.3 如需方对灰分中三氧化二铁和二氧化硅含量有特殊要求，则由供需双方在订货时协商。

5.3.4 如需方对沥青含量及流动性有特殊要求，则由供需双方在订货时协商。

5.3.5 如需方有其他特殊要求，由供需双方在订货时协商。

6 试验方法

6.1 灰分的测定按GB/T 1429的规定进行。

6.2 耐压强度的测定按GB/T 1431的规定进行。

6.3 真密度的测定按GB/T 6155的规定进行。

6.4 体积密度的测定按GB/T 6154的规定进行。

6.5 硫含量的测定按GB/T 1430的规定进行。

6.6 二氧化硅的测定按GB/T 6712的规定进行。

6.7 三氧化二铁的测定按GB/T 6713的规定进行。

6.8 焙烧试验按 YS/T 63 的规定进行。

6.9 电阻率的测定按 YS/T 64 的规定进行。

6.10 二氧化碳反应性的测定按 YS/T 411 规定进行。

7 检验规则

7.1 检查与验收

7.1.1 铝电解用阳极糊由供方技术监督部门进行,并保证产品质量符合标准规定,并填写质量证明书。

7.1.2 需方应对收到的铝电解用阳极糊进行验收,当验收结果与本标准不符时,应在收到铝电解用阳极糊之日起一个月内向供方提出,由供需双方协商解决,必要时请第三方进行仲裁,仲裁取样在需方共同进行,仲裁分析结果为最终结果。

7.2 检验项目

阳极糊的理化性能如:灰分、电阻率、耐压强度、真密度、体积密度、二氧化碳反应性应逐项进行检验。

7.3 取样

取样方法按 YS/T 62 的规定进行。

8 包装、标志、运输和贮存

包装、标志、运输和质量证明书按 GB/T 8719 的规定执行。

前言

YS/T 285《铝电解用预焙阳极》(原 GB 8742—1988)制定于 1988 年,使用年限已经 10 年。随着工艺技术条件的不断变化,有必要对该标准进行修订。本标准考虑与国外先进标准接轨,根据大多数厂家和用户的意见和建议,主要做了以下修订:

1. 增加一个牌号:TY-3。

2. 新增两项技术指标:热膨胀率和 CO_2 反应性。

本标准的附录 A 是标准的附录。

本标准由中国有色金属工业标准计量质量研究所提出。

本标准由中国有色金属工业标准计量质量研究所归口。

本标准由中国长城铝业公司负责起草。

本标准主要起草人:王学信、刘瑞、余洪生、常先恩、王芝敏。

中华人民共和国有色金属行业标准

YS/T 285—1998

铝电解用预焙阳极

代替 YS/T 285—1994

Anode carbon for aluminium electrolysis

1 范围

本标准规定了铝电解用预焙阳极的要求、试验方法、检验规则、包装、标志、运输和贮存。

本标准适用于振动成型方法生产的铝电解用预焙阳极。

2 引用标准

下列标准所包含的条文,通过在本标准中引用而构成为本标准的条文。本标准出版时,所示版本均为有效。所有标准都会被修订,使用本标准的各方应探讨使用下列标准最新版本的可能性。

GB/T 1429—1985 炭素材料灰分含量测定方法

GB/T 1431—1985 炭素材料耐压强度测定方法

GB/T 6154—1985 炭素材料体积密度测定方法

GB/T 6155—1985 炭素材料真密度测定方法

GB/T 8170—1987 数值修约规则

YS/T 62—1993 炭素材料取样方法

YS/T 64—1993 铝电解用炭素制品电阻率测定方法

YS/T 411—1998 铝电解用预焙阳极、阳极糊二氧化碳反应性的测定方法

3 订货单内容

本标准所列订货单应包括下列内容:

a. 产品名称;

b. 牌号;

c. 规格;

d. 数量;

e. 本标准编号;

f. 其他需协商或增加标准以外的要求。

4 要求

4.1 牌号

电解用预焙阳极按理化特性分为3个牌号:TY-1、TY-2和TY-3。

4.2 理化性能

预焙阳极理化性能指标应符合表1规定。

4.3 预焙阳极的尺寸允许偏差

预焙阳极的尺寸允许偏差应符合以下规定:

国家有色金属工业局 1999-01-11 批准 1999-06-01 实施

表 1

牌 号	灰 分 /%	电阻率 /(μΩ·m)	热膨胀率 /%	CO_2 反应性/ (mg/(cm²·h))	耐压强度 /MPa	体积密度 /(g/cm³)	真密度 /(g/cm³)
	不 大 于				不 小 于		
TY-1	0.50	55	0.45	45	32	1.50	2.00
TY-2	0.80	60	0.50	50	30	1.50	2.00
TY-3	1.00	65	0.55	55	29	1.48	2.00

注:

1. CO_2 反应性作为参考指标。
2. 抗折强度由供需双方协商。
3. 对于有残极返回生产的产品灰分要求,由供需双方协商。
4. 表中数据按 GB/T 8170 处理。

a. 长度,不大于±0.1%;

b. 宽度,不大于±1.5%;

c. 高度,不大于±3.0%;

d. 不直度,不大于长度的 1%。

注:预焙阳极的规格由供需双方协商。

4.4 外观

4.4.1 成品表面粘接的填充料必须清理干净。

4.4.2 成品表面的氧化面面积不得大于该表面面积的 20%,深度不得超过 5mm。

4.4.3 成品下部掉角、掉棱应符合以下规定(参见图 1):

a. 掉角 $e+f+g$ 不大于 300mm;

b. 掉角 $e+f+g$ 在 100～300mm 之间的不得多于两处,小于 100mm 的不计;

c. 掉棱长度不大于 300mm,深度不大于 60mm;

d. 掉棱长度在 100～300mm,深度不大于 60mm 的不得多于两处,小于 60mm 的不计。

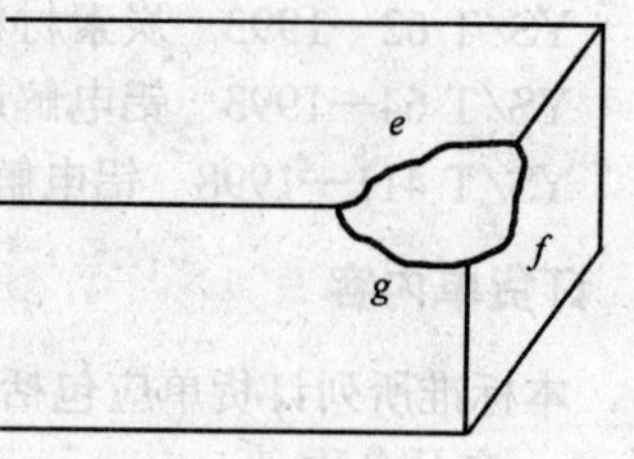

图 1

4.4.4 棒孔内或孔边缘裂纹长度不大于 80mm,孔与孔之间不允许有连通裂纹。

4.4.5 棒孔内或孔边缘缺棱长乘宽不大于 80mm×30mm。

4.4.6 棒孔底面凹陷深度不大于 15mm,缺损面积不大于底面积的三分之二(允许人工修补)。

4.4.7 大面裂纹长度不大于 200mm,数量不多于 3 处。

5 试验方法

5.1 灰分的测定按 GB/T 1429 的规定进行。

5.2 耐压强度的测定按 GB/T 1431 的规定进行。

5.3 体积密度的测定按 GB/T 6154 的规定进行。

5.4 真密度的测定按 GB/T 6155 的规定进行。

5.5 电阻率的测定按 YS/T 64 的规定进行。

5.6 热膨胀率的测定按附录 A 的规定进行。

5.7 CO_2 反应性的测定按 YS/T 411 的规定进行。

6 检验规则

6.1 检查与验收

6.1.1 预焙阳极成品由供方技术监督部门进行检验,保证产品质量符合本标准的规定,并填写质量证明书。

6.1.2 需方对产品进行验收,当验收结果与本标准不符时,应在收到产品之日起一个月内向供方提出,由供需双方协商解决。必要时请第三方进行仲裁,仲裁分析结果为最终结果。

6.2 检验项目

每批成品应进行灰分、电阻率、二氧化碳反应性、耐压强度、体积密度、真密度的检验,表面质量必须逐块检查。

6.3 取样

取样按 YS/T 62 的规定进行。

7 包装、标志、质量证明书

7.1 包装

预焙阳极需用草绳包装。

7.2 标志

按不同牌号,预焙阳极的标志如下:

a. TY-1 端部横向一道白线;

b. TY-2 端部横向二道白线;

c. TY-3 端部横向三道白线。

7.3 质量证明书

每批预焙阳极应附质量证明书,注明:

a. 供方名称;

b. 产品名称;

c. 牌号;

d. 批号、批重、件数;

e. 各项分析、检验结果及检验部门印记;

f. 本标准编号;

g. 出厂日期。

附 录 A

(标准的附录)

热膨胀率测定方法

A1 范围

本标准适用于铝电解用预焙阳极热膨胀率的测定。

A2 定义

热膨胀率是指材料受热膨胀程度的度量。即当物体温度每升高1℃时,所引起的沿某一特定方向上的线度的增长与它在0℃时的线度之比,叫做该物体的线膨胀率。

A3 仪器设备和材料

A3.1 热膨胀仪:温度能达到1000℃。

A3.2 游标卡尺:精度0.02mm。

A3.3 氮气:纯度99.95%。

A4 试样

A4.1 尺寸直径20mm±5mm,长度50mm的圆柱体。

A4.2 要求:

长度公差不大于±0.1mm,两端面要垂直于试样轴向,其平行度不大于0.1mm/100mm。试样表面无可见裂纹或瑕疵。

A5 试验步骤

A5.1 用游标卡尺测量试样长度,精确到0.02mm。

A5.2 将试样小心地装入石英膨胀计内,使试样和石英管处于同一轴线上,然后垂直放入加热炉内,炉口用保温材料盖好。

A5.3 安装千分表,使读数为0.2mm左右。

A5.4 接通电源开关,记录温度值和千分表读数值。

A5.5 打开氮气瓶旋钮,先用3～4L/min的流量通半分钟左右,然后使氮气流量控制在1～1.5L/min。

A5.6 在100℃、900℃左右保温10min,待千分表读数基本恒定后,记下温度值和千分表读数值。

A5.7 试验结束后,关闭氮气旋钮,切断电源。

A6 计算公式和试验误差

A6.1 计算公式

试样热膨胀率α(1/℃)按式(A1)计算,精确至小数点后一位。

$$\alpha = \frac{L_2 - L_1}{(900 - 100) \cdot L_0} + \alpha_{100\sim900\text{石英}} \tag{A1}$$

式中 α——试样在温度100℃～900℃范围内的热膨胀率,1/℃;

L_0——试样室温时的长度,mm;

L_1——试样在100℃时的膨胀量,mm;

L_2——试样在900℃时的膨胀量,mm;

$\alpha_{100\sim900\text{石英}}$可取$0.55\times10^{-6}$1/℃。

A6.2 试验误差

两次平行试验的误差不得超过0.1×10^{-6}1/℃。

A7　试验报告

试验报告应包括下列内容：

a. 样品编号；

b. 规格及来源；

c. 试样热膨胀率及其平均值。

前　　言

YS/T 286—1994《铝电解用普通阴极炭块》(原 GB 8743—1988)制定于 1988 年,在 1994 年标准清理整顿时改为 YS/T 286—1994,已不能适应铝工业技术发展的需要,因此现参照国外同类产品标准和国内生产实际及用户意见进行修订。本标准与 YS/T 286—1994 相比,主要做了以下改动:

1. 将原标准三个牌号改为两个牌号。
2. 对原标准灰分、电阻率、真密度和耐压强度做了适当调整。
3. 在原标准炭块尺寸及允许偏差中补充了加工后的要求。

本标准自生效之日起,同时代替 YS/T 286—1994。

本标准由中国有色金属工业标准计量质量研究所提出。

本标准由中国有色金属工业标准计量质量研究所负责归口。

本标准由贵州铝厂负责起草。

本标准起草人:李兴钢、张助英、骆其钧、李秋生。

中华人民共和国有色金属行业标准

YS/T 286—1999

铝电解用普通阴极炭块

代替 YS/T 286—1994

1 范围

本标准规定了铝电解用普通阴极炭块的要求、试验方法、检查与验收规则及标志、包装、运输和贮存。

本标准适用于砌筑铝电解槽用普通阴极炭块。

2 引用标准

下列标准所包含的条文,通过在本标准中引用而构成为本标准的条文。本标准出版时,所示版本均为有效。所有标准都会被修订,使用本标准的各方应探讨使用下列标准最新版本的可能性。

GB/T 1429—1985 炭素材料灰分含量测定方法

GB/T 1431—1985 炭素材料耐压强度测定方法

GB/T 6154—1985 炭素材料体积密度测定方法

GB/T 6155—1985 炭素材料真密度测定方法

GB/T 8719—1988 炭素材料及其制品的包装、标志、贮存、运输和质量证明书的一般规定

YS/T 62—1993 铝电解用炭素制品取样方法

YS/T 64—1993 铝电解用炭素制品电阻率测定方法

YB/T 5160—1993 铝电解槽用阴极炭块的电解试验方法

3 订货单(或合同)内容

本标准所列材料的订货单(或合同)应包括下列内容:

a. 产品名称;

b. 牌号;

c. 外形尺寸;

d. 数量;

e. 本标准编号;

f. 其他。

4 要求

4.1 产品分类

4.1.1 铝电解用普通阴极炭块的代号以 TKL 表示。

4.1.2 铝电解用普通阴极炭块分为 TKL1 和 TKL2 两个牌号。

4.2 理化指标

炭块理化指标应符合表 1 的规定。

国家有色金属工业局 1999-11-17 批准　　2000-06-01 实施

表 1

牌　号	灰　分 /%	电阻率 /(μΩ·m)	破损系数	体积密度 /(g/cm³)	真密度 /(g/cm³)	耐压强度 /MPa
	不　大　于			不　小　于		
TKL1	9	55	1.5	1.54	1.86	32
TKL2	10	60	1.5	1.52	1.84	30

4.3　炭块的尺寸及允许偏差

炭块的尺寸及允许偏差应符合表 2 的规定。

表 2

mm

规　格	允许偏差　不大于					
	宽　度		厚　度		长　度	
	加工前	加工后	加工前	加工后	加工前	加工后
400×400×550	±10	±5	±10	±5	±10	±10
400×400×800 400×400×1000 400×400×1100 400×400×1200 400×400×1300 400×400×1400 400×400×1500 400×400×1600 400×400×1700 400×400×1800 400×400×2050 400×400×2080	±10	±5	±10	±5	±15	±15
400×115×480 400×115×520 400×115×550 400×115×600 400×115×650 400×115×700	±10	±3	±10	±3	±10	±10

4.4　炭块弯曲度应符合表 3 的规定。弯曲度超出规定时,除工作面外可加工修整。

表 3

mm

截面 400×400	截面 400×115
长度小于或等于 1m 时,弯曲度不大于 5mm,长度大于 1m 时,弯曲度不大于长度的 0.5%	一个大面弯曲度不大于 2mm,另一个大面弯曲度不大于长度的 1.2%

4.5　外观

4.5.1　炭块表面应平整,不允许有空穴、分层缺陷和夹杂物。

4.5.2　炭块表面粘结的填充料必须清理干净。

4.5.3 炭块表面允许有符合表 4 规定的缺陷。

表 4

mm

缺陷名称	缺陷尺寸	
	截面 400×400	截面 400×115
裂纹(宽度 0.2～0.5) (宽度<0.2 不计)	长度≤100 (不多于两处)	长度≤80 (不多于两处)
缺角	深度≤40	深度≤30
缺棱(深度<10 不计)	深度为 10～30 长度≤100	深度为 10～30 长度≤100

注:

1. 跨棱裂纹采用连续计算方法。
2. 截面 400mm×400mm 的炭块,有一个大面不允许有宽度大于 0.2mm 的裂纹。
3. 裂纹深度具体控制范围由供需双方协商。

5 试验方法

5.1 铝电解用普通阴极炭块理化性能按以下方法测定:

灰分含量的测定按 GB/T 1429 的规定进行。

耐压强度的测定按 GB/T 1431 的规定进行。

体积密度的测定按 GB/T 6154 的规定进行。

真密度的测定按 GB/T 6155 的规定进行。

电阻率的测定按 YS/T 64 的规定进行。

破损系数的测定按 YB/T 5160 的规定进行。

5.2 外观质量检验方法

铝电解用普通阴极炭块的尺寸偏差、表面缺陷用卷尺、角尺测量。

6 检验规则

6.1 检查与验收

6.1.1 铝电解用普通阴极炭块由供方技术监督部门进行检查,保证炭块质量符合本标准的规定,并填写质量证明书。

6.1.2 需方应对收到的炭块按本标准的规定进行验收。如检验结果与本标准的规定不符合时,应在收到炭块之日起 1 个月内向供方提出,由供需双方协商解决。如需仲裁,仲裁取样在需方,由双方共同进行。

6.2 组批

6.2.1 铝电解用普通阴极底部炭块 60～120t 为一批。

6.2.2 铝电解用普通阴极侧部炭块 10t 为一批。

6.3 取样

铝电解用普通阴极炭块理化性能正常取样及仲裁取样分析均按 YS/T 62 规定进行。

6.4 检验项目

6.4.1 每批铝电解用普通阴极炭块应按本标准规定的理化性能的项目进行检验。

6.4.2 铝电解用普通阴极炭块应按本标准规定逐块进行外形尺寸和表面外观缺陷的检查。

6.5 检验结果的判定

理化性能分析结果与本标准规定不符时,按仲裁分析结果重定牌号或退货。

7 标志、包装、运输和质量证明书

标志、包装、贮存、运输和质量证明书按 GB/T 8719 的规定进行。

前　　言

YS/T 287—1994《铝电解用半石墨质阴极炭块》(原 GB 8744—1988)制定于 1988 年,等效采用日本 NDK《炭块—日本电极株式会社》标准,在 1994 年标准清理整顿时改为 YS/T 287—1994。

此次修订除参照采用日本 NDK 标准外,还参照了波兰 STI 公司标准,并结合我国一些企业的生产实际和主要用户的建议,保证了标准的先进性和实用性。

标准修订的主要内容如下:

1. 对 BSL-1 的电阻率、电解膨胀率、耐压强度做了修订。
2. 增加牌号 BSL-3。
3. 对 BSL-C 的耐压强度做了修订。
4. 对外观缺陷允许范围进行更明确的规定。

本标准附录 A 是标准的附录。

本标准自生效之日起,同时代替 YS/T 287—1994。

本标准由中国有色金属工业标准计量质量研究所提出。

本标准由中国有色金属工业标准计量质量研究所负责归口。

本标准由贵州铝厂负责起草。

本标准起草人:李兴钢、赵伟荣、骆其钧、李秋生。

中华人民共和国有色金属行业标准

YS/T 287—1999

铝电解用半石墨质阴极炭块

代替 YS/T 287—1994

1 范围

本标准规定了铝电解用半石墨质阴极炭块的要求、试验方法、检查与验收规则及标志、包装、运输和贮存。

本标准适用于砌筑铝电解槽用半石墨质阴极炭块。

2 引用标准

下列标准所包含的条文，通过在本标准中引用而构成为本标准的条文。本标准出版时，所示版本均为有效。所有标准都会被修订，使用本标准的各方应探讨使用下列标准最新版本的可能性。

GB/T 1429—1985 炭素材料灰分含量测定方法

GB/T 1431—1985 炭素材料耐压强度测定方法

GB/T 6154—1985 炭素材料体积密度测定方法

GB/T 6155—1985 炭素材料真密度测定方法

GB/T 8170—1987 数值修约规则

GB/T 8719—1988 炭素材料及其制品的包装、标志、贮存、运输和质量证明书的一般规定

YS/T 62—1993 铝电解用炭素制品取样方法

YS/T 64—1993 铝电解用炭素制品电阻率测定方法

3 订货单(或合同)内容

本标准所列材料的订货单(或合同)应包括下列内容：

3.1 产品名称。

3.2 牌号。

3.3 外形尺寸。

3.4 数量。

3.5 本标准编号。

3.6 其他。

4 要求

4.1 产品分类

4.1.1 铝电解用半石墨质阴极炭块的代号以 BSL 表示。

4.1.2 铝电解用半石墨质阴极炭块分为底部炭块 BSL-1、BSL-2 和 BSL-3 三种牌号，侧部炭块为 BSL-C一种牌号。

4.2 理化性能

4.2.1 铝电解用半石墨质阴极炭块理化性能应符合表 1 的规定。

国家有色金属工业局 1999-11-17 批准　　2000-06-01 实施

表 1

牌号	灰分 /%	电阻率 /(μΩ·m)	电解膨胀率 /%	耐压强度 /MPa	体积密度 /(g/cm³)	真密度 /(g/cm³)
	不大于			不小于		
BSL-1	7	40	1.0	32	1.56	1.90
BSL-2	8	45	1.2	30	1.54	1.87
注：BSL-3 理化性能不低于 BSL-2，不再单列。						

4.2.2 铝电解用半石墨质阴极侧部炭块（含角部炭块）理化性能应符合表 2 的规定。

表 2

牌号	灰分/%	耐压强度/MPa	体积密度/(g/cm³)	真密度/(g/cm³)
	不大于	不小于		
BSL-C	8	31	1.56	1.90

4.2.3 理化性能指标数值取值按 GB/T 8170 的规定执行。

4.3 炭块的尺寸及允许偏差

4.3.1 非加工底部炭块和非加工侧部炭块尺寸允许偏差应符合表 3 的规定。

表 3 mm

名称	规格	允许偏差(不大于)		
		宽度	厚度	长度
底部炭块	535×470×3380 420×420×2550 400×400×2100 400×400×1800 400×400×1600	±10	±10	±15
侧部炭块	540×375×3100 570×420×3150 400×115×550			
注：表中未列规格可由供需双方协商。				

4.3.2 BSL-1、BSL-2 和 BSL-C 加工后尺寸允许偏差应符合表 4 规定。

表 4

名称	炭块规格 /mm	允许偏差(不大于)				
		宽度/mm	厚度/mm	长度/mm	沟槽宽、深/mm	直角度/(°)
底部炭块	515×450×3280 515×450×3250	±2	±4	±12	±3	±0.4
	400×400×2500 400×400×2100 400×400×1800 400×400×1600	±3	±3	±12	±3	±0.4

续表 4

名称		炭块规格/mm	允许偏差(不大于)				
			宽度/mm	厚度/mm	长度/mm	沟槽宽、深/mm	直角度/(°)
侧部炭块	非角部炭块	355×123×520 400×123×550 400×115×560 400×115×550 400×130×500	±3	±3	±5	—	±0.4
	角部炭块	360/204×123×520	±5	±5	±5	—	—

注：表中未列规格由供需双方协商。

4.3.3 BSL-3 加工后尺寸及允许偏差应符合表 5 规定。

表 5 mm

炭块规格	允许偏差(不大于)				
	宽度	厚度	长度	沟槽宽、深	直角度/(°)
515×450×3280 515×450×3250	±5	±5	±15	+5 −3	±0.5
400×400×2500 400×400×2200	±5	±5	±15	+5 −3	±0.5

注：表中未列规格由供需双方协商。

4.4 外观

4.4.1 产品表面应平整。断面组织不允许有空穴、分层和夹杂物。

4.4.2 BSL-1、BSL-2 和 BSL-C 炭块表面以及 BSL-3 工作面允许存在符合表 6 规定的缺陷。

表 6 mm

缺陷名称	缺陷尺寸
缺角	$a+b+c\leqslant 50$,不多于 2 处,小于 40 的不计
缺棱	$a+b+c\leqslant 50$,不多于 2 处,小于 40 的不计
表面缺陷	近似周长($a+b+c$)$\leqslant 100$,深度$\leqslant 5$
裂纹(宽度 0.5 以下)	长度(a 或 $a+b$)$\leqslant 60$

注：

1. 跨棱裂纹长度为 $a+b$。
2. a、b、c 的计算见图 1。

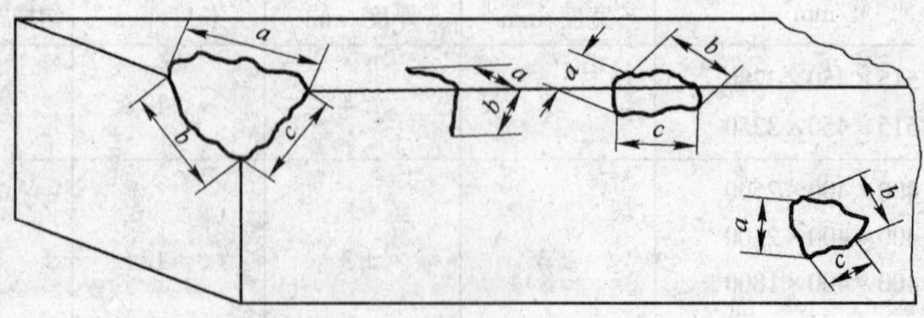

图 1 缺陷示意图

4.4.3 BSL-3 非工作面(是指工作面及其往下 150mm 以外的周边部分)允许存在符合表 7 规定的缺陷。

表 7 mm

缺陷名称	缺 陷 尺 寸
缺 角	$a+b+c\leqslant 230$,不多于 2 处,小于 40 的不计
缺 棱	$a+b+c\leqslant 230$,不多于 2 处,小于 40 的不计
表面缺陷	近似周长($a+b+c$)$\leqslant 200$,深度$\leqslant 8$
裂纹(宽度 0.5 以下)	长度(a 或 $a+b$)$\leqslant 100$

注:

1. 跨棱裂纹长度为 $a+b$。

2. a、b、c 的计算见图 1。

4.4.4 炭块弯曲度

4.4.4.1 炭块长度大于 1m 时,弯曲度不大于长度的 0.1%。

4.4.4.2 非加工块长度大于 1m 时,弯曲度不大于长度的 0.5%。

5 试验方法

5.1 铝电解用半石墨质阴极炭块理化性能按以下方法测定:

灰分含量的测定按 GB/T 1429 的规定进行。

耐压强度的测定按 GB/T 1431 的规定进行。

体积密度的测定按 GB/T 6154 的规定进行。

真密度的测定按 GB/T 6155 的规定进行。

电阻率的测定按 YS/T 64 的规定进行。

电解膨胀率的测定按本标准附录 A 的规定进行。

5.2 表面质量检验方法

5.2.1 铝电解用半石墨质阴极炭块的表面外观质量用肉眼检查。

5.2.2 铝电解用半石墨质阴极炭块的尺寸偏差、表面缺陷用卷尺、角尺测量。

6 检验规则

6.1 检查与验收

6.1.1 铝电解用半石墨质阴极炭块由供方技术监督部门进行检查,保证炭块质量符合本标准的规定,并填写质量证明书。

6.1.2 需方应对收到的炭块按本标准的规定进行验收,如检验结果与本标准的规定不符合时,应在收到炭块之日起 1 个月内向供方提出,由供需双方协商解决。如需仲裁,仲裁取样在需方,由双方共同进行。

6.2 组批

6.2.1 底部炭块 60～120t 为一批。

6.2.2 侧部炭块(含角部炭块)10t 为一批。

6.3 检验项目

6.3.1 每批铝电解用半石墨质阴极炭块按本标准规定的理化性能的项目进行检验。

6.3.2 铝电解用半石墨质阴极炭块,按本标准规定逐块进行外形尺寸和表面外观缺陷的检查。

6.4 理化性能仲裁取样和制样

6.4.1 仲裁取样每批取一个试样,具体尺寸及部位应符合图2或图3的规定。

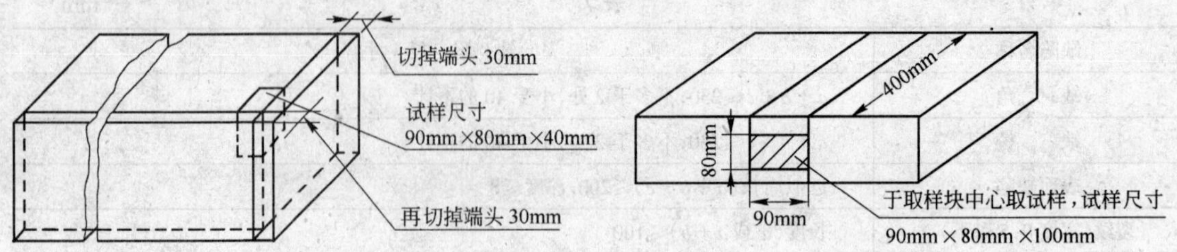

图2 底部炭块仲裁取样示意图　　　　图3 侧部炭块仲裁取样示意图

6.4.2 仲裁取样,如不具备上述取样条件,按YS/T 62的规定进行。

6.5 检验结果判定

理化性能分析结果与本标准规定不符时,按仲裁分析结果重定牌号或退货。

7 标志、包装、运输、贮存及质量证明书

7.1 标志

7.1.1 检查合格后,在每块半石墨质阴极炭块上贴上检验合格证,或打上合格印记。

7.1.2 按不同牌号,在每块半石墨质阴极炭块上标记如下:

BSL-1 侧面一道黄线。

BSL-2 侧面一道白线。

BSL-3 侧面二道白线。

7.2 包装半石墨质阴极炭块先用塑料薄膜内包,再用草绳捆包,或用其他方式包装。

7.3 运输、贮存按GB/T 8719的规定进行。

7.4 质量证明书

每批铝电解用半石墨质阴极炭块应附质量证明书,注明:

a. 供方名称;

b. 产品名称、规格和牌号;

c. 批号;

d. 净重和件数;

e. 各项理化性能分析结果及技术监督部门印记;

f. 本标准编号;

g. 出厂日期。

附 录 A
(标准的附录)
铝电解用半石墨质阴极炭块 电解膨胀率测定方法

A1 定义

电解膨胀率:半石墨质阴极炭块在熔盐电解状态下的热膨胀率。

A2 仪器设备和材料

A2.1 电解膨胀率测定装置(见图 A1)

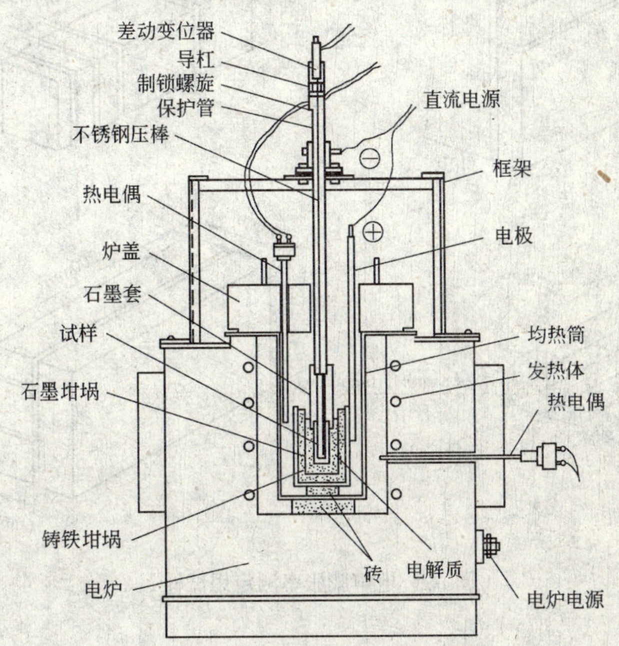

图 A1 电解膨胀率测定装置安装图

A2.1.1 自动控制升温电炉;最高温度 1300℃

A2.1.2 差动变位器:测量范围 0.5～5mm

A2.2 电解容器

A2.3 手动控制升温电炉:最高温度 1300℃

A2.4 焙烧罐

A2.5 游标卡尺

A2.6 上皿天平

A3 试验准备

A3.1 试样

A3.1.1 质量检查人员按图 A2 所示,在现场取胚料,其尺寸为 90mm×130mm×410mm(长度不小于 410mm)。

A3.1.2 分析人员仍按图 A2 所示将胚料加工成 50mm×50mm×200mm 的样块两个,然后将样块进一步加工成 ϕ38mm×126mm 的圆柱形试块,并在试块的中心部位开一个 ϕ8mm×116mm 的孔(如图 A2 所示)。

A3.2 安装石墨套(见图 A3)

A3.2.1 加热炭胶泥,在试块上涂上溶化了的炭胶泥,然后胶接上石墨套。

A3.2.2 胶接上石墨套的试块冷却后与填充焦同时装入焙烧罐中,试块放在罐的外周部并且尽量避开中心位置,试块的上下都铺有一定高度的填充焦。

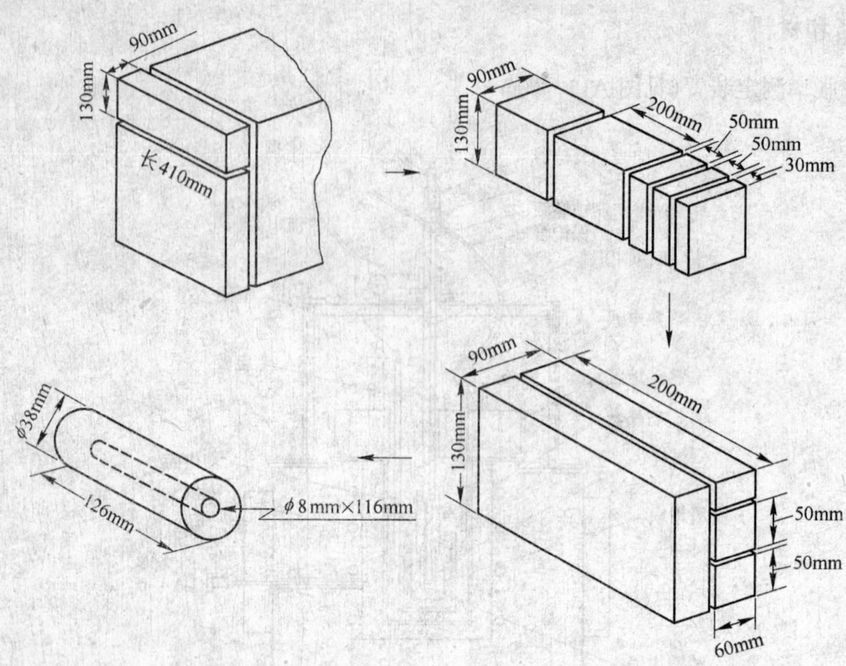

图 A2 电解膨胀率测定用试样

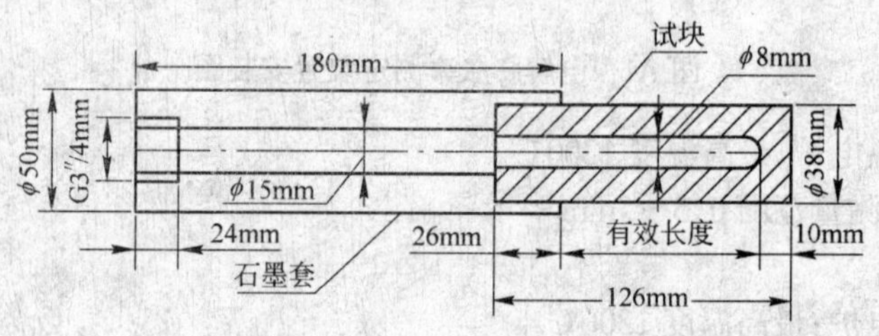

图 A3 试块与石墨套组合图

A3.2.3 将焙烧罐放入手动控制升温的电炉中心，盖上炉盖，将升温速度控制在 30℃/h，升到 1000℃时，保温 2h。

A3.2.4 切断电源，待其自然冷却至 500℃时即可打开炉盖，冷却至室温取出试块，此时试块与石墨胶接牢固。

A3.3 电解质的溶解

A3.3.1 将冰晶石、萤石和氧化铝在 105～110℃温度内干燥 2～4h。

A3.3.2 将 1560g 冰晶石，300g 氧化铝，140g 萤石混合均匀，装入铁柄勺的石墨坩埚内，然后放入自动控制升温的电炉中，盖上炉盖，将升温速度控制在 50℃/h，升到 1060℃，电解质得以熔化。

A4 试验步骤

A4.1 测量试块(A.3.2.4 中所提试块)的有效长度。

A4.2 确认电解质已完全熔化后，以此装配带石墨套的试块、保护管、变位检查棒、差动变位器。

A4.3 将电炉的温度稳定在 1000℃。

A4.4　经常检查变位计的指针(因电解膨胀作用,检测系统也有变化,需待其稳定),少许转动差动变位器的固定导杆,使变位计的指针指在零位。

A4.5　以石墨坩埚为阳极,试块为阴极,在检查确认其接线无误后,接整流器电源,通上40A的直流电,进行4h的电解试验。

A4.6　从变位记录纸上,读出试块伸长的最大值。

A5　计算结果的表述

A5.1　试块的电解膨胀率按式(A1)计算:

$$S=\frac{L}{L_0}\times 100\% \qquad \text{(A1)}$$

式中　S——电解膨胀率,%;

L——试块膨胀后伸长的最大值,mm;

L_0——试块的有效长度,mm。

A5.2　结果取两次测定结果的平均值,结果计算值取至小数后两位。数值取值按GB/T 8170的规定执行。

A6　试验报告

a. 委托单位;

b. 试样名称及编号;

c. 试验结果的平均值;

d. 试验单位;

e. 试验人员;

f. 试验日期。

前　言

由于近年来稀土总量在0.12%以下的产品使用和生产量增加,同时也有研究表明,稀土添加量0.05%对电工圆铝杆的抗拉强度有明显改善,故增加了稀土总量在0.05%~0.12%范围这一牌号,牌号由原标准的2个增为3个,并对相应的稀土总量范围做了调整,增加了Ga、Mg作为考核元素,并对Si、Fe含量也做了相应的调整。

本标准的附录A、附录B、附录C为标准的附录。

本标准自生效之日起,代替YS/T 309—1994。

本标准由中国有色金属工业标准计量质量研究所提出。

本标准由中国有色金属工业标准计量质量研究所负责归口。

本标准由包头铝厂、北京有色金属研究总院、郑州轻金属研究院负责起草。

本标准主要起草人:王云利、韩在光、李月双、张春明、刘汝婷、刘文华、徐竹清。

中华人民共和国有色金属行业标准

YS/T 309—1998

重熔用铝稀土合金锭

代替 YS/T 309—1994

Aluminium rare-earth alloy ingot for remelting

1 范围

本标准规定了重熔用铝稀土合金锭的要求、试验方法、检验规则及标志、包装、运输。

本标准适用于氧化铝-稀土化合物-冰晶石熔盐电解共析法生产的重熔用铝稀土合金锭。

2 引用标准

下列标准所包含的条文,通过在本标准中引用而构成为本标准的条文。本标准出版时,所示版本均为有效。所有标准都会被修订,使用本标准的各方应探讨使用下列标准最新版本的可能性。

GB/T 1196—1993 重熔用铝锭

GB/T 6987.1～6987.21—1986 铝及铝合金化学分析方法

GB/T 6987.22～6987.23—1987 铝及铝合金化学分析方法

GB/T 6987.24—1988 铝及铝合金化学分析方法 三溴偶氮胂光法测定铈组稀土元素总量

GB/T 8170—1987 数值修约规则

GB/T 10111—1988 利用随机数骰子进行随机抽样的方法

3 订货合同内容

本标准所列的订货合同内应包括下列内容:

a. 产品名称;

b. 牌号;

c. 重量;

d. 本标准编号;

e. 其他。

4 要求

4.1 产品分类

重熔用铝稀土合金锭按化学成分分为 3 个牌号:Al-RE-1、Al-RE-2、Al-RE-3。

4.2 化学成分

重熔用铝稀土合金锭的化学成分应符合表 1 的规定。

国家有色金属工业局 1998-11-03 批准　　1999-05-01 实施

表 1

牌号	化学成分/%							
	稀土总量 ΣRE	杂质 不大于						Al
		Si	Fe	Cu	Ga	Mg	总和	
Al-RE-1	0.05~0.12	0.13	0.20	0.01	0.03	0.03	0.30	余量
Al-RE-2	0.13~0.20	0.13	0.20	0.01	0.03	0.03	0.30	余量
Al-RE-3	0.21~0.30	0.13	0.20	0.01	0.03	0.03	0.30	余量

注：

1. 表中稀土总量系指以铈为主的混合轻稀土。
2. 表中未规定的其他杂质元素，如 Mn、Zn、Ti、Cr 等，供方可不做常规分析，但应定期分析。
3. 表中未规定的其他单项杂质元素等于或大于 0.010%时，应计入杂质总和。
4. 如有特殊要求，由供需双方协议。
5. 测定先按 GB/T 8170 修约成与上表中的极限数位一致后，再与其极限数值比较。

4.3 外观

4.3.1 铝稀土合金锭外观应呈银白色。

4.3.2 表面应整洁，无较严重的飞边和气孔，允许有轻微的夹渣。

4.4 锭形和锭重

锭形和锭重应符合 GB/T 1196—1993 中 4.3 的规定。

5 试验方法

5.1 重熔用铝稀土合金锭的化学成分仲裁分析方法按 GB/T 6987 和本标准的附录 A、附录 B 和附录 C 的规定进行。

5.2 重熔用铝稀土合金锭的外观用肉眼检查。

6 检验规则

6.1 检查和验收

6.1.1 重熔用铝稀土合金锭应由供方技术监督部门进行检验，保证产品质量符合本标准的规定，并填写质量证明书。

6.1.2 需方应对收到的产品按本标准的规定检验，如检验结果与本标准的规定不符时，应在收到产品之日起 3 个月内向供方提出，由供需双方协商解决。如需仲裁，仲裁取样在需方，由供需双方共同进行。

6.1.3 重熔用铝稀土合金锭应按批(件)过磅计量。

6.2 组批

重熔用铝稀土合金锭应成批提交检验，每批应由同一熔炼号的产品组成，数量不少于 30 块。

6.3 检验项目

每批重熔用铝稀土合金锭应进行化学成分和外观的检验。

6.4 化学成分仲裁取样、制样

6.4.1 化学成分仲裁取样、制样按照 GB/T 10111 的规定进行，从该批(捆)铝稀土合金锭取出 3 块合金锭。

6.4.2 采用钻孔法取样。用直径为 10~20mm 的钻头钻孔，用乙醇做润滑剂。

6.4.3 在合金锭的正面(面积大的一面),沿其对角线钻孔3处,一处在中心,另两处各距角顶约100mm,各钻孔钻进的深度不小于厚度的三分之二。在钻取试样时,必须先清除表面氧化层,其厚度不小于0.5mm。

6.4.4 钻取的铝屑应混匀,用磁铁处理后,用四分法缩分,质量不少于100g,作为化学成分分析的试样。

6.5 检验结果判定

6.5.1 化学成分仲裁分析结果与原牌号规定不符时,按仲裁分析结果重定牌号或判不合格。

6.5.2 外观不符合本标准规定时,按块处理。

7 标志、包装、运输

7.1 标志

7.1.1 每块铝稀土合金锭上应浇铸或打印生产厂标志、熔炼号和检印。

7.1.2 每捆铝稀土合金锭的一侧应有不易脱落的鲜明颜色标志,各牌号铝稀土合金锭的颜色标志规定如下:

合金锭牌号	颜色标志
Al-RE-1	一道黑色竖线
Al-RE-2	二道黑色竖线
Al-RE-3	三道黑色竖线

7.2 包装

铝稀土合金锭的包装应符合GB/T 1196—1993中7.2的规定。

7.3 运输

铝稀土合金锭应用清洁的车厢发运。

7.4 质量证明书

每批铝稀土合金锭应附有质量证明书,注明:

a. 供方名称;

b. 产品名称和牌号;

c. 注册商标;

d. 批号;

e. 批重和件数;

f. 分析检验结果和技术监督部门印记;

g. 本标准编号;

h. 出厂日期。

附 录 A
(标准的附录)
重熔用铝稀土合金锭化学分析方法
二溴一氯偶氮氯膦光度法测定稀土总量

A1 范围

本附录规定了重熔用铝稀土合金锭中稀土总量的测定方法。

本附录适用于重熔用铝稀土合金锭中稀土总量的测定。测定范围：0.050％～0.400％。

本附录不适用于测定钇组稀土（Tb、Dy、Ho、Er、Tm、Yb、Lu、Y）含量在稀土总量中大于10％的样品。

A2　原理

试料以盐酸溶解。在盐酸介质中，稀土元素与二溴一氯偶氮氯膦生成蓝色的络合物，于分光光度计波长645nm处测量其吸光度。

二溴一氯偶氮氯膦简写为DBC-CPA，其结构式为：

A3　试剂

A3.1　过氧化氢：（30％），市售。

A3.2　盐酸：（1＋1）。

A3.3　草酸（$H_2C_2O_4\cdot 2H_2O$）溶液：（5％）。

A3.4　二溴一氯偶氮氯膦溶液：（0.05％）。

A3.5　铝溶液：称取2.0g纯铝置于400mL烧杯中，分次加入总体积为120mL的盐酸（A3.2）。低温加热至完全溶解。加入5mL过氧化氢（A3.1），煮沸5min，冷却。移入1000mL容量瓶中，用水稀释至刻度，混匀。

A3.6　铈标准贮存溶液：称取0.6142g预先在800～850℃灼烧30min并于干燥器中冷却至室温的二氧化铈（＞99.9％）置于烧杯中，加入5mL高氯酸（1＋1）、2mL过氧化氢（A3.1），盖上表皿，低温加热至二氧化铈完全溶解，蒸发至近干，稍冷。加入50mL盐酸（A3.2）、6滴过氧化氢（A3.1），加热煮沸，溶解盐类，使过氧化氢分解完全，冷却。移入500mL容量瓶中，加入35mL盐酸（A3.2），用水稀释至刻度，混匀。此溶液1mL含1mg的铈。

注：在本附录测定条件下，等量铈与钇组稀土含量在总稀土中不超过10％的混合稀土的二溴一氯偶氮氯膦络合物吸光度一致，故可用铈代替混合稀土作标准。

A3.7　铈标准溶液A：移取10.00mL铈标准贮存溶液（A3.6）于500mL容量瓶中，加入40mL盐酸（A3.2），以水稀释至刻度，混匀。此溶液1mL含20μg铈。

A3.8　铈标准溶液B：移取10.00mL铈标准溶液A（A3.7）于100mL容量瓶中，以水稀释至刻度，混匀。此溶液1mL含2μg铈（用时现配）。

A4　仪器

分光光度计。

A5　试样

厚度不大于1mm的碎屑。

A6　分析步骤

A6.1　测定次数

独立测定二次,取其平均值。

A6.2 试料

按表A1称取试料

表 A1

稀土含量 /%	试　料 /g	试液总体积 /mL	移取试液(A6.4.1) /mL	补加铝溶液(A3.5) /mL
0.050～0.200	0.2000	250	5.00	0.50
>0.200～0.400	0.1000	250	5.00	1.50
试料空白	0	250	5.00	2.50

A6.3 空白试验

随同试料做空白试验。

A6.4 测定

A6.4.1 将试料(A6.2)置于200mL烧杯中,盖上表皿。加入10mL盐酸(A3.2),低温加热溶解试料,加入1～2滴过氧化氢(A3.1),煮沸,冷却。移入表A1规定的容量瓶中,用水稀释至刻度,混匀。

A6.4.2 按表A1移取试液(A6.4.1)于25mL容量瓶中,并补加相应的铝溶液(A3.5)。

A6.4.3 加入6mL盐酸(A3.2)、5mL草酸溶液(A3.3)、1mL DBC-CPA溶液(A3.4),用水稀释至刻度,混匀,放置5min。

A6.4.4 移取部分溶液(A6.4.3)于2cm比色皿中,以随同试料的空白溶液为参比,于分光光度计波长645nm处测量其吸光度。从工作曲线上查出相应的稀土量。

A6.5 工作曲线的绘制

A6.5.1 移取0,1.00,2.00,3.00,5.00,6.00mL的铈标准溶液B(A3.8)分别置于一组25mL容量瓶中,加入2.5mL铝溶液(A3.5),以下按A6.4.3进行。

A6.5.2 移取部分溶液(A6.5.1)于2cm比色皿中,以标准系列零浓度溶液为参比,于分光光度计波长645nm处测量吸光度。以铈量为横坐标,吸光度为纵坐标,绘制工作曲线。

A7 分析结果的计算

总稀土的百分含量按式(A1)计算:

$$\Sigma RE=\frac{m_1\cdot V_0\times 10^{-6}}{m_0\cdot V_1}\times 100 \qquad \text{(A1)}$$

式中 V_0——试液总体积,mL;

V_1——移取试液体积,mL;

m_1——自工作曲线查得的总稀土量,μg;

m_0——试料量,g。

A8 允许差

实验室之间分析结果的允许差应不大于表A2所列的允许差。

表 A2 %

稀 土 含 量	允 许 差
0.050～0.150	0.015
>0.150～0.250	0.020
>0.250～0.400	0.025

附 录 B
（标准的附录）
重熔用稀土铝合金锭化学分析方法
三溴偶氮胂光度法测定铈组稀土总量

B1 范围

本附录规定了重熔用铝稀土合金锭中铈组稀土总量的测定方法。

本附录适用于重熔用铝稀土合金锭中铈组稀土总量的测定。测定范围：0.050%～0.400%。

本附录不适用于含有钇组稀土的重熔用铝稀土合金锭中铈组稀土总量的测定。

B2 原理

试料以盐酸溶解，在盐酸-草酸介质中，以过氧化氢和乙醇消除钛（Ⅳ）及铁（Ⅲ）的干扰，在约1mol/L盐酸介质中，铈组稀土与三溴偶氮胂生成稳定的蓝色络合物，于分光光度计波长634nm处测量其吸光度。

三溴偶氮胂的化学名称为：2-(2-胂酸基苯偶氮)-7-(2,4,6-三溴苯偶氮)-1,8-二羟基-3,6-萘二磺酸。其化学结构式：

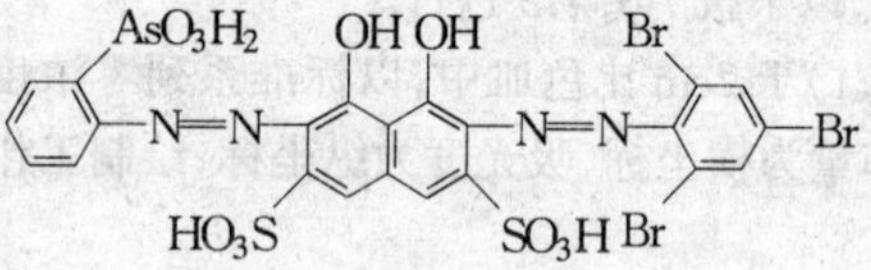

B3 试剂

B3.1 过氧化氢：(30%)，市售。

B3.2 盐酸：(1+1)。

B3.3 乙醇。

B3.4 过氧化氢：(5+95)。

B3.5 草酸($H_2C_2O_4 \cdot 2H_2O$)溶液：(8%)。

B3.6 三溴偶氮胂溶液：(0.05%)。

B3.7 铝溶液(4mg/mL)：称取4.00g纯铝于500mL烧杯中，分次加入总量为100mL的盐酸(B3.2)，低温加热至完全溶解，冷却。移入1000mL容量瓶中，用水稀释至刻度，混匀。

B3.8 铈标准贮存溶液：称取0.6142g预先在800～850℃灼烧30min并于干燥器中冷却至室温的二氧化铈(>99.9%)置于烧杯中，加入5mL高氯酸(1+1)、2mL过氧化氢(B3.1)，盖上表皿，低温加热至二氧化铈完全溶解，蒸至近干，稍冷。加入50mL盐酸(B3.2)、6滴过氧化氢(B3.1)，加热煮沸，溶解盐类，使过氧化氢分解完全，冷却。移入500mL容量瓶中，加入35mL盐酸(B3.2)，用水稀释至刻度,混匀。此溶液1mL含1mg的铈。

注:在本附录测定条件下,等量铈与其他铈组稀土的三溴偶氮胂络合物吸光度一致,故可用铈代替铈组稀土作标准。

B3.9 铈标准溶液A:移取10.00mL铈标准贮存溶液(B3.8)于500mL容量瓶中,加入40mL盐酸(B3.2),用水稀释至刻度,混匀。此溶液1mL含20.0μg铈。

B3.10 铈标准溶液B:移取10.00mL铈标准溶液A(B3.9)于100mL容量瓶中,用水稀释至刻度,混匀。此溶液1mL含2μg铈(用时现配)。

B4 仪器

分光光度计。

B5 试样

厚度不大于1mm的碎屑。

B6 分析步骤

B6.1 测定次数

独立地进行两次测定,取其平均值。

B6.2 试料

按表B1称取试料

表B1

铈组稀土含量 /%	试　　料 /g	试液总体积 /mL	移取试液(B6.4.1) 体积/mL	补加铝溶液(B3.7) 体积/mL
0.050~0.200	0.2000	250	5.00	0
>0.200~0.400	0.1000	250	5.00	0.50
试料空白	0	250	5.00	1.00

B6.3 空白试验

随同试料做空白试验。

B6.4 测定

B6.4.1 将试料(B6.2)置于200mL烧杯中,盖上表皿,加入10mL盐酸(B3.2),低温加热溶解试料,滴加1~2滴过氧化氢(B3.1),煮沸,冷却。移入表B1规定的容量瓶中,用水稀释至刻度,混匀。

B6.4.2 按表B1移取试液(B6.4.1)于25mL容量瓶中,并补加相应的铝溶液(B3.7)。

B6.4.3 加入4.0mL盐酸(B3.2)、2.0mL草酸溶液(B3.5)、2.0mL乙醇(B3.3)、3滴过氧化氢(B3.4),混匀。加入2.5mL三溴偶氮胂溶液(B3.6),用水稀释至刻度,混匀。

B6.4.4 移取部分溶液(B6.4.3)于2cm比色皿中,以随同试料的空白溶液为参比,于分光光度计波长634nm处测量其吸光度,从工作曲线上查出相应的铈组稀土量。

B6.5 工作曲线的绘制

B6.5.1 移取0,1.00,2.00,3.00,4.00,5.00mL铈标准溶液B(B3.10)分别置于一组25mL容量瓶中,各加入1.00mL铝溶液(B3.7)。以下按B6.4.3进行。

B6.5.2 移取部分溶液(B6.5.1)于2cm比色皿中,以标准系列中零浓度溶液为参比,于分光光度计波长 634nm 处测量其吸光度,以铈组稀土量为横坐标,吸光度为纵坐标,绘制工作曲线。

B7 分析结果的计算

铈组稀土的百分含量按式(B1)计算:

$$铈组稀土(\%)=\frac{m_1\cdot V_0\times10^{-6}}{m_0\cdot V_1}\times100 \quad (B1)$$

式中 V_0——试液总体积,mL;

V_1——移取试液体积,mL;

m_1——自工作曲线上查得的铈组稀土量,μg;

m_0——试料量,g。

B8 允许差

实验室之间分析结果的差值应不大于表 B2 所列的允许差。

表 B2 %

铈组稀土含量	允 许 差	铈组稀土含量	允 许 差
0.050~0.150	0.015	>0.250~0.400	0.025
>0.150~0.250	0.020		

附 录 C
(标准的附录)
重熔用铝稀土合金锭化学分析方法
荧光光度法测定铈量

C1 范围

本附录规定了重熔用铝稀土合金锭中铈量的测定方法。

本附录适用于重熔用铝稀土合金锭中铈量的测定。测定范围:0.020%~0.400%。

C2 原理

试料以盐酸溶解,在 4%盐酸介质中,以盐酸羟胺还原铁以消除其干扰,以 251nm 紫外光激发铈(Ce)(Ⅲ)离子,测定其 355nm 处的相对荧光强度。

C3 试剂

C3.1 过氧化氢:(30%),市售。

C3.2 盐酸:(1+1)。

C3.3 盐酸羟胺:(5%)。

C3.4 铈标准贮存溶液:称取 0.6142g 预先于 800~850℃灼烧 30min,并于干燥器中冷至室温的二氧化铈(>99.9%)置于烧杯中,加入 5mL 高氯酸(1+1)、2mL 过氧化氢(C3.1),盖上表皿,低温加热至完全溶解,蒸于近干,稍冷。加入 50mL 盐酸(C3.2)、6 滴过氧化氢(C3.1),加热煮沸,溶解盐类,使过氧化氢分解完全,冷却。移入500mL容量瓶中,加入35mL盐酸(C3.2),用水稀释至刻度,混匀。此溶液1mL含1mg铈。

C3.5 铈标准溶液A:移取10.00mL铈标准贮存溶液(C3.4)于500mL容量瓶中,加入40mL盐酸(C3.2),用水稀释至刻度,混匀。此溶液1mL含20μg铈。

C3.6 铈标准溶液B:移取10.00mL铈标准溶液A(C3.5)于100mL容量瓶中,用水稀释至刻度,混匀。此溶液1mL含2μg铈(用时现配)。

C4 仪器

荧光分光光度计(氙灯或汞灯光源)。

C5 试样

厚度不大于1mm的碎屑。

C6 分析步骤

C6.1 测定次数

独立地进行两次测定,取其平均值。

C6.2 试料

按表C1称取试料。

表 C1

铈含量/%	试　料/g	试液总体积/mL	移取试液体积/mL
0.020～0.100	0.2000	100	10.00
>0.100～0.400	0.1000	100	5.00

C6.3 空白试验

随同试料做空白试验。

C6.4 测定

C6.4.1 将试料(C6.2)置于300mL烧杯中,盖上表皿,加入20mL盐酸(C3.2)、0.2mL过氧化氢(C3.1),低温加热至试料完全溶解,煮沸,使过氧化氢分解完全,冷却。溶液移入100mL容量瓶中,用水稀释至刻度,混匀。

C6.4.2 按表C1移取试液(C6.4.1)于25mL容量瓶中,加2mL盐酸(C3.2)、1mL盐酸羟胺(C3.3),用水稀释至刻度,混匀。

C6.4.3 移取部分溶液(C6.4.2)于荧光池中,以251nm紫外光激发,于荧光光度计发射波长355nm处,测量其相对荧光强度,减去随同试料所做空白试验溶液的相对荧光强度,由工作曲线上查得相应的铈量。

C6.5 工作曲线的绘制

C6.5.1 移取0,2.00,4.00,6.00,8.00,10.00mL铈标准溶液B(C3.6)分别置于一组25mL容量瓶中,加入2mL盐酸(C3.2)、1mL盐酸羟胺(C3.3),用水稀释至刻度,混匀。

C6.5.2 移取部分溶液(C6.5.1)于荧光池中,以251nm紫外光激发,测定其355nm处的相对荧光强度。以铈量为横坐标,相对荧光强度减去标准系列中零浓度溶液的相对荧光强度为纵坐标,绘制工作曲线。

C7 分析结果的计算

铈的百分含量按式(C1)计算：

$$Ce=\frac{m_1 \cdot V_0 \times 10^{-6}}{m_0 \cdot V_1} \times 100 \qquad (C1)$$

式中 V_0——试液总体积,mL;

V_1——移取试液体积,mL;

m_1——自工作曲线上查得的铈量,μg;

m_0——试料量,g。

C8 允许差

实验室之间分析结果的差值应不大于表 C2 所列的允许差。

表 C2 %

铈 含 量	允 许 差	铈 含 量	允 许 差
0.020～0.080	0.008	>0.150～0.250	0.020
>0.080～0.150	0.015	>0.250～0.400	0.025

前　言

本标准是按 GB/T 1.1—1993 的要求进行编写。设置了“前言”、“范围”、“引用标准”、“合同内容”、“要求”、“试验方法”、“检验规则”、“标志、包装、运输、贮存”等内容。

本标准采用的合金牌号、状态符合 GB/T 3190—1996《变形铝及铝合金化学成分》和 GB/T 16475—1996《变形铝及铝合金状态代号》标准的规定。

本标准由国家有色金属工业局提出。

本标准由中国有色金属工业标准计量质量研究所负责归口。

本标准由西南铝加工厂、福建瑞闽铝板带有限公司、华北铝业有限公司起草。

本标准主要起草人：陆海庆、戴玲宝、明文良、陈昌云、熊心源、王淑芬。

本标准为首次制定。

本标准由中国有色金属工业标准计量质量研究所负责解释。

中华人民共和国有色金属行业标准

YS/T 421—2000

印刷用PS版铝板基

1　范围

本标准规定了印刷用PS版铝板基的产品分类、要求、试验方法、检验规则、包装、标志、运输、贮存等内容。

本标准适用于印刷用PS版铝板基(以下简称片材、卷材)的生产及验收。

2　引用标准

下列标准所包含的条文,通过本标准引用而成为本标准的条文。所有标准都会被修订,使用本标准的各方应探讨使用下列标准最新版本的可能性。

GB/T 228—1987　金属拉伸试验法

GB/T 1031—1995　表面粗糙度　参数及数值

GB/T 3190—1996　铝及铝合金加工产品化学成分

GB/T 3199—1996　铝及铝合金加工产品　包装、标志、运输、贮存

GB/T 6987.1～6987.21—1986　铝及铝合金化学分析方法

GB/T 16865—1997　变形铝、镁及其合金加工制品拉伸试验用试样

GB/T 17432—1998　变形铝及铝合金化学成分分析取样方法

3　合同内容

订购本标准所列材料的合同内应包括以下内容:

a. 产品名称;

b. 合金牌号;

c. 材料状态;

d. 材料规格;

e. 重量(卷/片数);

f. 卷芯材料及规格;

g. 本标准编号;

h. 包装方式(注明立、卧式);

i. 特殊要求。

4　要求

4.1　产品分类

4.1.1　形状

铝板基按形状分为片材和卷材。

4.1.2　铝板基的合金牌号、状态、规格

4.1.2.1　片材的合金牌号、状态、规格应符合表1的规定。

国家有色金属工业局 2000-03-29 批准　　2000-10-01 实施

表 1

合金牌号	状态	规格/mm	
		厚度	宽度×长度
1050 1060	H18、H19	0.15~0.30	1120×1310
			1035×1270
			1000×1260
			770×1030
			760×920
			565×905
			645×830
			645×670
			550×650

4.1.2.2 卷材的合金牌号、状态、规格应符合表 2 的规定。

表 2

合金牌号	状态	规格/mm		
		厚度	宽度	卷材套筒内径
1050、1060	H18、H19	0.15~0.30	500~1600	200~510

4.1.3 若需要其他合金牌号、规格及对套筒有特殊要求时,双方另行协商并在合同中注明。

4.1.4 标记示例

a) 用 1050 牌号的工业纯铝制造的完全冷作硬化状态,厚度为 0.28mm,宽度为 760mm、长度为 920mm 的片材,标记为:

片:1050-H18 0.28×760×920 YS/T 421—2000

b) 用 1050 牌号的工业纯铝制造的完全冷作硬化状态,厚度为 0.28mm,宽度为 760mm 卷材,标记为:

卷:1050-H18 0.28×760 YS/T 421—2000

4.2 化学成分

片材、卷材合金的化学成分应符合 GB/T 3190 标准的规定。

4.3 外形尺寸及允许偏差

4.3.1 厚度及允许偏差应符合表 3 的规定。

表 3 mm

厚度	允许偏差	厚度	允许偏差
≤0.2	±0.008	>0.2	±0.010

4.3.2 宽度允许偏差:$^{+2}_{0}$mm。

4.3.3 片材长度允许偏差:±1.5mm。

4.3.4 片材两对角线长度允许偏差为±1.5mm。

4.3.5 不平度

片材(卷材)与平面之间间隙不大于3mm,每米波浪数不多于3个,长度不足1000mm的片材,也不多于3个。

4.3.6　卷材应卷紧、端部应整齐;卷材不允许有接头,不允许有裂边、毛刺。塔形不大于15mm,错层不大于5mm。

4.3.7　卷材的侧边弯曲:每米长度不大于1mm(由供方工艺保证)。

4.4　力学性能

力学性能应符合表4的规定。

表4

合金牌号	状　态	抗拉强度 σ_b/MPa	伸长率 δ/% 50mm定标距
1050、1060	H18	≥135	≥1

注:H19状态力学性能附实测结果交货

4.5　表面质量

4.5.1　片材、卷材表面应洁净、平整,不允许有裂纹、腐蚀、气泡、起皮、穿通气孔、折伤、周期印痕、压过划痕、松树枝状花纹等缺陷。

4.5.2　卷材表面且不允许有非金属压入、擦划伤、粘伤、横波及较严重的横纹等缺陷,允许有轻微的色差、亮条等缺陷。

4.5.3　片材表面且不允许有较严重的非金属压入及擦划伤、横纹等缺陷;允许有轻微的粘伤、黑条、横纹、色差、亮条等缺陷。边部15mm内允许有轻微分散的缺陷。

4.5.4　表面粗糙度用横向的轮廓算术平均偏差 R_a 衡量,R_a = 0.18～0.28μm(供方工艺保证)。

5　试验方法

5.1　化学成分仲裁分析方法应按GB/T 6987的规定进行。化学成分分析取样方法应符合GB/T 17432。

5.2　力学性能试验方法应按GB/T 228的规定进行。试样按GB/T 16865规定制取。

5.3　表面质量用目测。表面粗糙度测量方法应按GB/T 1031的规定进行。

5.4　尺寸测量用能保证精度的仪器或量具测量。厚度在距边缘不小于10mm处进行测量。

6　检验规则

6.1　检查和验收

6.1.1　片(卷)材由供方技术监督部门检查和验收,并保证产品质量符合本标准规定。

6.1.2　需方应对收到的产品按本标准的规定进行检验,如检验结果与本标准(或订货合同)的规定不符时,应按GB/T 3199的有关规定向供方提出,供需双方协商解决。

6.2　组批

片材和卷材应成批提交验收,每批应由同一牌号、状态、规格组成,批重不限。

6.3　检验项目

全批均应进行化学成分、外形尺寸允许偏差、表面质量和力学性能的检验。

6.4　取样

片材、卷材的取样位置和取样数量应符合表5的规定。

表 5

检验项目	取样位置	取样数量	要求的章条号	检验的章条号
化学成分	按 GB/T 17432		4.2	5.1
力学性能	按 GB/T 16865		4.4	5.2
外形尺寸偏差	任意部位	每批不少于 5 个	4.3	5.4
表面质量	任意部位	由生产厂家自定	4.5	5.3
注：每批按 1%(卷数),但不少于一卷取样进行拉伸试验				

6.5 检验结果的判定

在检测结果中有不合格指标者,在抽样卷材上取双倍数量试样进行试验,对不合格项目进行复检。如复检结果全部合格,则判该批产品合格。如复检中仍有一项或一个指标不合格,则该卷判废,该批其他卷逐个进行试验,不合格者判废。

7 计重方式

片材、卷材均采用检斤计重。

8 包装、标志、运输、贮存

8.1 包装

8.1.1 片材包装

片材不涂油包装,包装质量应符合 GB/T 3199 标准的规定。

8.1.2 卷材包装应牢固、防潮。具体包装方法由供方制订。

8.2 标志

8.2.1 包装箱内应有装箱单,其中注明:

a. 需方名称;
b. 合金牌号及状态代号;
c. 规格;
d. 批号;
e. 数量(件数或净重);
f. 产品标准编号;
g. 检验印记;
h. 生产日期。

8.2.2 每个包装箱(件)上,应有明显的运输箱牌(或标签),其上注明:

a. 收货单位名称;
b. 到站;
c. 产品名称;
d. 合金牌号及状态代号;
e. 规格;
f. 批号;
g. 数量(净重、毛重或代码件数);
h. 包装件数;
i. 产品标准编号;

j. 发站；

k. 出厂日期；

l. 生产单位名称。

8.2.3 包装箱上应有明显的“防潮”、“雨伞”、“向上”标志。

8.3 运输、贮存

片材和卷材的运输和贮存应按照 GB/T 3199 的规定进行。

8.4 质量证明书

每批片、卷材应附有符合标准要求的质量证明书，其上注明：

a. 供方名称；

b. 合金牌号；

c. 供应状态；

d. 规格；

e. 批号；

f. 重量或片数；

g. 力学性能试验结果；

h. 本标准编号；

i. 供方技术监督部门检印；

j. 包装日期。

前　言

《铝幕墙板》行业标准分为2部分,第1部分为板基,第2部分为氟碳喷漆铝单板。本标准为第1部分,主要适用于制作铝幕墙用的铝板基材。

成品铝幕墙板产品应执行 YS/T 429.2—2000《铝幕墙板　氟碳喷漆铝单板》。

铝塑复合板幕墙用铝板、带基材应执行 YS/T 431—2000《铝及铝合金彩色涂层板、带材》(适于辊涂法生产的涂层基材)或 YS/T 432—2000《铝塑复合板用铝带》(适于表面不含涂层的基材)。

本标准的技术指标是根据国内生产实际情况,参照美国 ASTM B209:1996 确定的。与 ASTM B209:1996 相比,本标准对厚度为2.0～4.0mm 的“H24”状态的板材的力学性能值略做调整,其余厚度和状态性能值达到美国 ASTM B209:1996 标准。

本标准尺寸允许偏差比一般用途的民用板材加严很多,其中对角线允许偏差以及板材不平度公差达到美国 ASTM B209:1996 标准水平,完全能满足用户做幕墙用的要求。

本标准做弯曲性能试验时,所有弯曲半径≤0.5mm。这样更进一步保证了材料变形能力,满足了用户要求。

本标准材料表面质量要求严于一般用途的民用板材。

本标准对于制作天花板及其他工业喷涂用铝板也有参考意义。

本标准由中国有色金属工业标准计量质量研究所提出。

本标准由中国有色金属工业总公司标准计量研究所归口。

本标准主要起草单位:西南铝加工厂、福建瑞闽铝板带有限公司。

本标准主要起草人:毛素华、游江海、戴玲宝、陈昌云、唐昌伟、陆海庆、纪长健。

本标准为首次发布。

中华人民共和国有色金属行业标准

YS/T 429.1—2000

铝幕墙板 板基

1 范围

本标准规定了铝幕墙板基材的要求、试验方法、检验规则、标志、包装、运输、贮存及合同内容。

本标准适用于铝幕墙板基,板基表面未进行涂漆、阳极氧化等各种表面处理。

制作天花板及其他工业喷涂用铝板材可参照执行本标准。

2 引用标准

下列标准所包含的条文,通过在本标准中引用而构成为本标准的条文。本标准出版时,所示版本均为有效。所有标准都会被修订,使用本标准的各方应探讨使用下列标准最新版本的可能性。

GB/T 228—1987 金属拉伸试验法

GB/T 232—1999 金属材料 弯曲试验方法

GB/T 3190—1996 变形铝及铝合金化学成分

GB/T 3194—1996 铝及铝合金板、带材的尺寸允许偏差

GB/T 3199—1996 铝及铝合金加工产品 包装、标志、运输、贮存

GB/T 6987.1~6987.21—1986 铝及铝合金化学分析方法

GB/T 6987.22~6987.23—1987 铝及铝合金化学分析方法

GB/T 6987.24—1988 铝及铝合金化学分析方法

GB/T 16865—1997 变形铝、镁及其合金加工制品拉伸试验用试样

GB/T 17432—1998 变形铝及铝合金化学成分分析取样方法

3 要求

3.1 产品分类(见表1)

表1

牌 号	状 态	厚 度/mm	宽 度/mm	长 度/mm
1050、1060、1100、8A06、3003、5005	H14 H24	1.5~4.0	914~2200	1500~5500
3003、3004、5005、5052	O	1.5~4.0		

注:

1. 需要其他合金、状态、规格时,供需双方协商。
2. 需方应优先选用3×××系和5×××系铝合金板材

3.2 标记示例

用3003制造的、H24状态,厚度为2.0mm,宽度为1500mm,长度为4000mm的铝板,标记为:板 3003-H24 2.0×1500×4000 YS/T 429.1—2000

3.3 尺寸允许偏差

3.3.1 厚度、宽度、长度允许偏差应符合表2的规定,当用户有特殊要求时应在合同中注明。

国家有色金属工业局 2000-10-25 批准 2001-03-01 实施

表 2 mm

厚　度	厚度允许偏差	宽度允许偏差	长度允许偏差
1.5～1.6	±10	+3 0	+6 0
>1.6～2.0	±0.11		
>2.0～2.5	±0.12		
>2.5～3.2	±0.14		
>3.2～4.0	±0.18		

3.3.2　板材对角线允许偏差应符合表 3 的规定。

表 3 mm

长　度	宽　度(*W*)	
	≤1000	>1000
	两对角线长度之间的最大差值,不大于	
≤3500	0.8×*W*/100	0.7×*W*/100
>3500	1.2×*W*/100	1.0×*W*/100

注：如果规定的宽度不是 100mm 的整倍数,则表中(*W*/100)用不小于(*W*/100)的最小整数代替。例如:规定宽度为 1220mm,长度≤3500mm,则偏差为 0.7×13mm=9.1mm。如所得结果不是整数(mm),则应把结果值化简成相邻较小的整数。如上例的最终结果为 9mm

3.3.3　板材的不平度(即将板材自由放在平台上,板面与平台的间隙)应符合表 4 的规定。

表 4

牌　号	不平度/mm	
	板材宽度/mm	
	≤1800	>1800
1050、1060、1100、8A06、3003、3004	≤3	≤5
5005、5052	≤5	≤7

3.4　化学成分

板材的化学成分应符合 GB/T 3190 标准的规定。

3.5　力学性能

板材的力学性能应符合表 5 的规定。1060、1050、1100、3003、5005 牌号不检测规定非比例伸长应力,需要检测规定非比例伸长应力时,应在合同中注明。

表 5

牌　号	状　态	厚度/mm	抗拉强度 σ_b/MPa	规定非比例伸长应力 $\sigma_{p0.2}$/MPa	伸长率(50mm 定标距) δ/%
			不　小　于		
1060	H14	1.5～2.0	85	65	8
	H24	>2.0～4.0	85～120		10

续表 5

<table>
<tr><th rowspan="2">牌　号</th><th rowspan="2">状　态</th><th rowspan="2">厚度/mm</th><th>抗拉强度
σ_b/MPa</th><th>规定非比例伸长应力
$\sigma_{p0.2}$/MPa</th><th>伸长率(50mm 定标距)
δ/%</th></tr>
<tr><th colspan="3">不　小　于</th></tr>
<tr><td rowspan="2">1050</td><td rowspan="2">H14
H24</td><td>1.5~2.0</td><td>95</td><td rowspan="2">75</td><td>6</td></tr>
<tr><td>>2.0~4.0</td><td>95~125</td><td>8</td></tr>
<tr><td rowspan="2">1100</td><td rowspan="2">H14
H24</td><td>1.5~2.0</td><td>110</td><td rowspan="2">95</td><td>5</td></tr>
<tr><td>>2.0~4.0</td><td>110~145</td><td>6</td></tr>
<tr><td rowspan="2">8A06</td><td rowspan="2">H14
H24</td><td>1.5~2.0</td><td>100</td><td rowspan="2">—</td><td>6</td></tr>
<tr><td>>2.0~4.0</td><td>100~145</td><td>8</td></tr>
<tr><td rowspan="3">3003</td><td>O</td><td>1.5~4.0</td><td>95~130</td><td>35</td><td>25</td></tr>
<tr><td rowspan="2">H14
H24</td><td>1.5~2.0</td><td>140</td><td rowspan="2">115</td><td>5</td></tr>
<tr><td>>2.0~4.0</td><td>120~170</td><td>8</td></tr>
<tr><td>3004</td><td>O</td><td>1.5~4.0</td><td>150~200</td><td>60</td><td>18</td></tr>
<tr><td rowspan="3">5005</td><td>O</td><td>1.5~4.0</td><td>105~145</td><td>35</td><td>21</td></tr>
<tr><td rowspan="2">H14
H24</td><td>1.5~2.0</td><td>140</td><td rowspan="2">115</td><td>5</td></tr>
<tr><td>>2.0~4.0</td><td>120~180</td><td>6</td></tr>
<tr><td>5052</td><td>O</td><td>1.5~4.0</td><td>170~215</td><td>65</td><td>19</td></tr>
</table>

3.6　工艺性能

板材应能够作 90°的冷弯不出现裂纹,其弯曲半径≤0.5mm。

1×××系合金 H24 状态弯折时允许有轻微的弯折变形纹存在。

3.7　外观质量

3.7.1　板材边部应切齐,无毛刺、裂边。板材不允许有分层。

3.7.2　板材表面不允许有裂纹、腐蚀。不允许板材两端 50mm 范围以外的矫直辊印。

3.7.3　板材一面不允许有松树枝状花纹、气泡等缺陷。允许有轻微乳液痕及油痕,但面积不超过板面的 10%;允许有轻微、少量的擦伤、划伤、金属及非金属压入物、压过划痕等缺陷,缺陷深度不超过 0.05mm。

3.7.4　板材另一面允许有不严重的缺陷,但缺陷深度不得超过板材厚度的允许负偏差,并保证板材的最小厚度。

4　试验方法

4.1　化学成分仲裁分析方法

板材化学成分仲裁分析方法按 GB/T 6987 规定的方法进行。

4.2　室温力学性能试验方法

板材的室温力学性能试验方法按 GB/T 228 的规定进行。

4.3　工艺性能试验方法

板材的弯曲性能试验方法按 GB/T 232 的规定进行。弯曲试样厚度为板材的厚度,试样宽度为 20mm,长度不小于 150mm。

4.4　尺寸测量方法

板材的尺寸测量方法按 GB/T 3194 的规定进行。

4.5 外观质量检查方法

板材的外观质量用目视法检查。

5 检验规则

5.1 检查和验收

5.1.1 板材由供方技术监督部门进行检查和验收,保证板材质量符合本标准要求,并填写质量证明书。

5.1.2 需方应对收到的产品按本标准的规定进行检验,如检验结果与本标准(或订货合同)的规定不符时,应按 GB/T 3199 的有关规定向供方提出,供需双方协商解决。

5.2 组批

板材应成批提交验收,每批应由同一牌号、状态、规格的板材组成。

5.3 检验项目

每批板材均应进行化学成分、尺寸允许偏差、力学性能、外观质量的检查。当合同中要求进行弯曲性能检查时,每批还应进行弯曲性能的检查。

5.4 取样

板材的取样应符合表 6 的规定。

表 6

检 验 项 目	取 样 规 定	要求的章条号	检验的章条号
化学成分	符合 GB/T 17432 的规定	3.4	4.1
力学性能	每批取总张数的 2%,最少取 2 张,每张取一个试样。 其他要求应符合 GB/T 16865 的规定	3.5	4.2
工艺性能	每批取总张数的 2%,最少取 2 张,每张取一个试样。 其他要求应符合 GB/T 16865 的规定	3.6	4.3
尺寸偏差	逐张检测	3.3	4.4
外观质量	逐张检测	3.7	4.5

5.5 检验结果判定

5.5.1 化学成分不合格时,判整批不合格。外观质量、尺寸允许偏差不合格时,为单件不合格。

5.5.2 当力学性能、工艺性能结果有一个试样不合格时,从不合格试样被切取的板材上重取双倍数量的试样进行重复试验。如复验后仍有一个试样不合格时,该张板材应予报废。供方可对不合格试样所代表的板材区间逐张进行检验,合格者交货。

6 计重

板材检斤计重。

7 标志、包装、运输、贮存

7.1 标志

7.1.1 板材的包装箱标志应符合 GB/T 3199 的规定。

7.1.2　板材验收时不允许用蜡笔写字。

7.2　包装、运输和贮存

板材不涂油，板间应垫纸包装，有特殊要求时应在合同中注明。其他要求应符合 GB/T 3199 的规定。

7.3　质量证明书

每批板材均应附有符合本标准要求的质量证明书。其上注明：

a. 供方名称；

b. 合金牌号；

c. 规格；

d. 批号；

e. 供应状态；

f. 重量或张数；

g. 力学性能结果；

h. 工艺性能；

i. 本标准编号；

j. 供方技术监督部门印记；

k. 包装日期。

8　合同内容

订购本标准所列材料的合同应包括下列内容：

a. 材料名称；

b. 合金牌号；

c. 材料状态；

d. 材料规格；

e. 重量(或片数)；

f. 本标准编号；

g. 用途及特殊要求。

前　言

《铝幕墙板》行业标准分为两部分，第1部分是板基，第2部分为氟碳喷漆铝单板。本标准为第2部分，应与第1部分同时使用。

本标准的涂层性能指标主要参照GB/T 5237.5—2000和AAMA 2605:1998标准制定的。

本标准规定的涂层分二涂、三涂两种，不同的涂层，其厚度要求不同，一般底漆应控制在7μm左右，面漆应≥25μm，清漆15μm左右。由于在最终的制成品上，对各漆层的厚度测定有一定的困难，故标准中只规定了总涂层的平均厚度和局部最小厚度，对每一层漆膜的厚度的要求，生产企业应在工艺上采取措施加以控制。

耐候性能的测试在AAMA 2605中，采用太阳曝晒法，不但经济负担重，而且时间太长(10年)。为此，本标准采用模拟阳光性能优越、能加速的氙灯人工加速老化试验的方法进行检验。

与结构胶、密封胶的相容性是涉及安全的问题，应引起供需双方的高度重视。供方应提供有关相容性的资料供需方参考，需方使用本标准规定的产品时，在选用结构胶和密封胶时，应考虑其相容性，必要时应做相容性试验。

本标准由中国有色金属工业标准计量质量研究所提出。

本标准由中国有色金属工业标准计量质量研究所归口。

本标准由中国有色金属工业华南产品质量监督检验中心、西南铝加工厂起草。

本标准主要起草人：陈世昌、张中兴、张学惠、毛素华、周富文、陆海庆。

本标准为首次制定。

中华人民共和国有色金属行业标准

YS/T 429.2—2000

铝幕墙板 氟碳喷漆铝单板

1 范围

本标准规定了喷涂氟碳(聚偏二氟乙烯)漆的幕墙用铝及铝合金单层成形板(以下简称铝单板)的要求、试验方法、检验规则及标志、包装、运输、贮存及合同内容。

本标准适用于表面经氟碳漆喷涂处理的铝幕墙用铝单板。

表面经氟碳喷涂的天棚板、天花板及其他工业用喷涂板,也可参照采用本标准。

2 引用标准

下列标准所包含的条文,通过在本标准中引用而构成为本标准的条文。本标准出版时,所示版本均为有效。所有标准都会被修订,使用本标准的各方应探讨使用下列标准最新版本的可能性。

GB/T 228—1987 金属拉伸试验法
GB/T 1732—1993 漆膜耐冲击性测定法
GB/T 1740—1979(1989) 漆膜耐湿热测定法
GB/T 1766—1995 色漆和清漆 涂层老化的评级方法
GB/T 1865—1997 色漆和清漆 人工气候老化和人工辐射暴露(滤过的氙弧辐射)
GB/T 3194—1998 铝及铝合金板、带材的尺寸允许偏差
GB/T 3199—1996 铝及铝合金加工产品 包装、标志、运输、贮存
GB/T 4957—1985 非磁性金属基体上非导电覆盖层厚度测量 涡流方法
GB/T 5237.5—2000 铝合金建筑型材 第5部分 氟碳漆喷涂型材
GB/T 6461—1986 金属覆盖层 对底材为阴极的覆盖层 腐蚀试验后的电镀试样的评级
GB/T 6739—1996 涂膜硬度铅笔测定法
GB/T 9286—1998 色漆和清漆 漆膜的划格试验
GB/T 9754—1988 色漆和清漆 不含金属颜料的色漆 漆膜之20°、60°和85°镜面光泽的测定
GB/T 10125—1997 人造气氛腐蚀试验 盐雾试验
GB/T 11186—1989 涂膜颜色的测量方法
GB/T 14952.3—1994 铝及铝合金阳极氧化 着色阳极氧化膜色差和外观质量检验方法 目视观察法
GB/T 16865—1997 变形铝、镁及其合金加工制品拉伸试验用试样
YS/T 429.1—2000 铝幕墙板 板基

3 定义

本标准采用下列定义。

3.1 涂层 film

涂层指喷涂在板材表面经固化(干燥)的氟碳漆薄膜,亦可称漆膜,其聚偏二氟乙烯含量应大于或等于70%(树脂重量比)。

3.2 装饰面 exposed surfaces

国家有色金属工业局 2000-10-25 批准 2001-03-01 实施

装饰面指安装好的铝板幕墙，在外面看得见的表面，即曝晒面。

4 要求

4.1 产品分类

铝单板的牌号、供应状态、涂层种类应符合表1的规定。

表 1

牌号	供应状态	涂层	种类
1060、1050、1100、8A06	H44	二涂 底漆加面漆	三涂 底漆、面漆加清漆
3003、5005	O、H44		
3004、5052	O		
注：H24 状态的铝单板用基材，表面经喷漆固化处理后，状态为 H44			

4.2 标记

4.2.1 标记方法

产品的标记按产品名称、牌号、供应状态、涂层的光泽和颜色代号、涂层的种类、产品规格及本标准号的顺序标记。

涂层的光泽值以 60°光泽值为准，代号为 G××。

涂层颜色代号 Y××××由供方自编，订货时由供需双方确认。

产品的规格以板基厚度×铝单板的宽度×长度表示。

4.2.2 标记示例

牌号为 3003，状态为 H44，板基厚度 3.0mm，铝单板的宽度为 600mm，长度为 1800mm，表面漆膜为灰色(代号:7035)，光泽值为 40 的三涂铝单板，其标记为：

铝单板 3003-H44 G40 Y7035　三涂 3.0×600×1800　YS/T 429.2—2000

4.3 板基质量

铝单板用板基质量应符合 YS/T 429.1 相应牌号的规定。

4.4 力学性能

铝单板的力学性能应参照 YS/T 429.1 中表 5，由供需双方协商确定。

注：铝单板用板基，表面经喷漆固化处理后，σ_b、$\sigma_{p0.2}$值会略有降低。

4.5 尺寸偏差

铝单板的尺寸偏差，应符合供需双方商定的产品图样的规定。产品图样中未做规定时，尺寸偏差应符合表 2 的要求。

表 2

项目	尺寸范围	允许偏差
长度、宽度/mm	≤2000	±1.0
	>2000	±1.5
折边高度/mm	—	±0.5
对角线差/mm	铝单板长度≤2000	±2.0
	铝单板长度>2000	±3.0
折边角度/(°)	—	≤1

续表 2

项目	尺寸范围	允许偏差
板面平直度/(mm/m)	—	≤1.5

注：

1．以上规定适用于外形为矩形或正方形的铝单板，外形为其他形状时，部分要求可参照执行。

2．当铝单板有曲面时，其曲面与供需双方商定的标准模板间的最大间隙应小于或等于 2mm

4.6 喷涂前的预处理

基材喷涂前，其表面应进行预处理，以提高涂层与基体的附着力。化学转化膜应有一定的厚度。当采用铬化处理时，铬化转化膜的厚度应控制在 200～1300mg/m^2 范围内(用重量法测定)。

4.7 外观质量

铝单板装饰面上的漆膜应平滑、均匀、色泽基本一致。不得有流痕、皱纹、气泡及其他影响使用的缺陷。

4.8 涂层

4.8.1 色差

涂层的颜色应与供需双方商定的标准色板基本一致。

4.8.2 光泽

涂层的 60°光泽值应与合同所规定的光泽值基本一致，其允许的偏差应不大于 5 个光泽单位。

4.8.3 厚度

装饰面上涂层的干膜厚度应符合表 3 的规定。

表 3

涂层种类	平均厚度	最小局部厚度
二涂	≥30μm	≥25μm
三涂	≥40μm	≥35μm

如非装饰面需喷涂时，应在合同中注明，其涂层的厚度一般不作要求，但不能漏喷露底。合同不注明的，按不喷涂供货。

4.8.4 硬度

涂层的铅笔划痕硬度应大于或等于 1H。

4.8.5 附着力

涂层的干式、湿式、沸水附着力均应达到 0 级。

4.8.6 耐冲击性

涂层正面经冲击试验后，不应有裂纹及脱落现象，但在凹陷处的周边允许有细小的皱纹。

4.8.7 耐硝酸腐蚀性能

经硝酸试验后，涂层的变色色差 ΔE^*_{ab}应小于或等于 5.0。

4.8.8 耐溶剂性能

经丁酮试验，来回擦洗 100 次后涂层应不露底。

4.8.9 耐洗涤性能

经洗涤剂浸泡试验后，涂层表面应无明显变化，用胶带法撕剥时不能有漆膜脱落的现象。

4.8.10 耐盐雾腐蚀性能

在带有交叉划痕的试板上，经 1000h 乙酸盐雾试验后，其涂层表面不应产生腐蚀斑点。在交叉划线处产生的腐蚀流应在离划线的两侧各 2mm 以内,用胶带法撕剥时,在离划线 2mm 以远部分,不应有漆膜脱落的现象。

当采用铜加速乙酸盐雾试验时,经 120h 试验后其保护等级应大于或等于 9.5 级。

4.8.11 人工加速耐候性

涂层经氙灯照射人工加速老化试验 2000h 后,按 GB/T 1766 进行评定,其表面不应产生粉化现象(0 级),失光率应小于或等于 30%(2 级),变色色差 ΔE_{ab}^*应小于或等于 3.0(1 级)。

涂层的人工加速耐候性经供需双方商定,也可以采用其他的试验方法进行试验,生产企业采用荧光紫外灯照射人工加速老化试验时,应注意相互间的对比关系。

4.8.12 耐湿热性

涂层经 1500h 湿热试验,其变化应小于或等于 1 级。

4.8.13 耐磨性

经落砂试验后,其磨耗系数应大于或等于 1.6L/μm。

5 试验方法

铝单板涂层测试试验,应在涂层固化干燥后至少 24h 后进行。

5.1 力学性能试验方法

力学性能试验按 GB/T 228 的规定进行。其试样可在铝单板上直接切取。也可用该批铝单板的板基制作试板,使试板与铝单板的板基同时经同一烤漆生产线喷漆固化处理,然后在试板上切取试样。试样应符合 GB/T 16865 的规定。

5.2 尺寸测量方法

尺寸的测量按双方商定的图样参照 GB/T 3194 进行,折边角度采用精度不大于 0.5°的量具测量。

5.3 外观检查方法

铝单板的外观检查,采用目视法,不使用放大器。

5.4 色差检查方法

涂层色差采用目视与标准色板对比的方法,按 GB/T 14952.3 的规定进行检查。

5.5 光泽值的测定方法

采用光泽仪,按 GB/T 9754 的规定进行。

5.6 涂层厚度的测量方法

涂层厚度的测量采用涡流测厚仪,参照 GB/T 4957 的规定进行。

涂层的平均厚度是指每块铝单板的装饰面上不少于 5 处的涂层局部厚度值的平均值。

涂层的局部厚度是指在一处重复测量至少 3 次的测量值的平均值。

5.7 涂层干膜硬度的试验方法

涂层干膜硬度的测定采用铅笔划痕法按 GB/T 6739 中 B 法的规定进行。试验结果按漆膜擦伤评定。

5.8 涂层附着力试验方法

5.8.1 涂层干式附着力的测定

按 GB/T 9286 中胶带(撕剥)法的规定进行,划格的间距为 1mm。

5.8.2 涂层湿式附着力试验方法

将划好格的试样放进 38℃ ± 1℃ 的去离子水中浸泡 24h,取出后擦干,然后按本标准 5.8.1 的规定进行胶带撕拉试验,并在 5min 以内完成。

5.8.3　涂层沸水附着力的试验方法

先将划好格的试样放入温度高于或等于 95℃的去离子水中煮沸 20min,取出后用滤纸吸干,然后按本标准 5.8.1 的规定进行胶带撕拉试验,并在 5min 内完成。

5.9　耐冲击试验方法

试验参照 GB/T 1732 的规定进行,采用直径为 16mm 的冲头,根据试样的厚度和锤重选择适当的高度让重锤自由落下,冲头正对涂层冲击试样,形成深度为 2.5mm±0.3mm 的凹坑,然后目视检查。

5.10　耐硝酸性试验方法

将 100mL 浓度为(68±1)%分析纯硝酸倒入一个 200mL 的大口瓶中,把试板盖在瓶口,漆膜朝下,保持 30min 后,冲洗干净并擦干,放置 1h 后按 GB/T 11186 的规定测量颜色变化。

5.11　耐溶剂性能试验方法

用一柔性擦头裹 4 层医用砂布,吸饱丁酮后立即在试样涂层表面同一地方以 1000g±100g 的压力来回擦洗 100 次,目测擦洗处是否有露底现象。擦洗行程约 100mm,频率约为 100 次/min,擦头与试样接触面积约为 $2cm^2$。

5.12　耐洗涤性试验方法

将试样浸入用去离子水按重量比 3%配制的洗涤剂液中,在 38℃±1℃下浸泡 72h。取出样品冲洗干净并擦干,用 GB/T 9286 采用的胶带沿样品长度方向贴在样品上,排除其中的气泡,然后以垂直试样表面的方向快速揭去胶带,目视检查试样表面。

洗涤剂成分见表 4。

表 4

药剂名称	重量配比/%	药剂名称	重量配比/%
焦磷酸四钠	45	水合硅酸钠	8
无水硫酸钠	23	无水碳酸钠	2
十二烷基苯磺酸钠	22		

5.13　耐盐雾腐蚀性能试验方法

在 150mm×70mm 的试样上,沿对角线方向划 2 条深至金属基体的交叉线,交叉线的端点距试样的相对的顶点约为 10mm。然后按 GB/T 10125 的规定进行 1000h 乙酸盐雾试验。试验后取出试样先检查其表面的腐蚀情况,然后用水冲洗交叉线处,用滤纸吸去水分,并用冷风吹干,最后在交叉线处贴上胶带排除贴合面内的气泡以垂直于试板方向向上迅速撕去胶带,检查涂层表面离划线 2mm 以外的表面上有无漆膜被剥离的现象。

当采用 CASS 试验时,试样尺寸为 150mm×70mm,试验按 GB/T 10125 的规定进行。试验结果按 GB/T 6461 评定,试验后产生的缺陷面积与相应的保护等级的划分见表 5。

表 5

缺陷面积	保护等级	缺陷面积	保护等级
无	10	>0.05%~0.07%	9.3
≤0.02%	9.8	>0.07%~0.10%	9
>0.02%~0.05%	9.5	>0.10%~0.25%	8

5.14　人工加速耐候性试验方法

人工加速耐候性试验用的试样尺寸为150mm×70mm。试验按GB/T 1865中方法1(人工气候老化)的规定进行试验。试验后按GB/T 1766的规定进行评级。

5.15 耐湿热性试验方法

耐湿热性试验按GB/T 1740的规定进行。

5.16 耐磨性试验方法

耐磨性试验按GB/T 5237.5附录A的规定进行。

6 检验规则

6.1 检查和验收

6.1.1 铝单板由供方技术监督部门进行检查验收,保证产品质量符合本标准要求,并填写质量证明书。

6.1.2 需方可对收到的产品按本标准的规定进行检查验收,如检验结果与本标准或合同的规定不符时,可按本标准的有关规定向供方提出,供需双方协商解决。

6.2 组批

铝单板应成批提交验收,每批由同一牌号、状态、规格、同一表面处理方式的铝单板组成,批量不限。

6.3 检验项目

每批铝单板应进行力学性能、尺寸偏差、外观质量、涂层厚度、颜色、光泽、硬度、附着力、耐冲击性、耐硝酸性和耐溶剂性的试验。

耐洗涤性、耐盐雾腐蚀性能、耐候性、耐湿热性、耐磨性采用定期检验方式(每年至少1次),一般不检测,但供方必须保证产品可达到相应质量要求。如用户要求做其中的检测试验,应在合同中注明。

6.4 取样

6.4.1 力学性能每批取2个试样。

6.4.2 涂层的颜色和外观质量应逐块(件)检查。

6.4.3 铝单板的尺寸和涂层的厚度取样按表6进行。表6列出了不同的批量相应的样本数和不合格品数上限。

表6 件

批量范围	随机取样数	不合格品数上限	批量范围	随机取样数	不合格品数上限
1~10	全部	0	301~500	20	2
11~200	10	1	501~800	30	3
201~300	15	1	800以上	40	4

6.4.4 涂层的其他性能按表7的规定进行取样。表7列出了不同批量范围的样本数和允许的不合格品数上限。

表7 件

批量范围	随机取样数	不合格品数上限	批量范围	随机取样数	不合格品数上限
≤50	2	0	501~35000	5	1
51~500	3	0			

6.5　检验结果的判定

6.5.1　力学性能试验结果有不合格的项目时，应从该批中另取 4 个试样进行复验，复验结果仍有不合格试样时，判全批不合格。

6.5.2　铝单板的外观质量和色差不合格时为单件不合格。

6.5.3　其他项目不合格时，为整批不合格。

7　标志、包装、运输、贮存

7.1　标志

7.1.1　在检验合格的铝单板上至少应有如下标志的标签或合格证：

a. 供方名称和地址；

b. 供方技术监督部门的检印；

c. 牌号和供应状态；

d. 规格；

e. 涂层的颜色(或代号)、光泽和涂层的种类；

f. 生产日期或批号；

g. 本标准编号。

7.1.2　包装箱标志应符合 GB/T 3199 的规定。

7.2　包装、运输、贮存

7.2.1　每块(件)铝单板的装饰面上要贴上塑料薄膜加以保护；

7.2.2　铝单板之间用泡沫、废纸等材料加以隔开，以防止运输时互相碰撞；

7.2.3　运输时不能重压、碰撞，应注意防曝晒、雨淋；

7.2.4　产品应贮存在通风、干燥，周围无腐蚀性气氛的仓库内；

7.2.5　产品应平放，不能堆码过高。

7.3　质量证明书

每批铝单板产品应附有产品质量证明书，注明：

a. 供方名称；

b. 产品名称和规格；

c. 牌号和供应状态；

d. 批号；

e. 重量或件数；

f. 各项分析、测试的结果和检验印证；

g. 本标准编号；

h. 出厂或包装日期。

8　定货单(或合同)内容

订购本标准所列产品的订货单(或合同)应包括下列内容：

a. 产品名称；

b. 牌号、供应状态；

c. 规格或图样；

d. 力学性能要求；

e. 涂层的种类；

f. 涂层的光泽值与颜色；

g. 面积及件数；

h. 本标准编号；

i. 其他要求。

前　言

本标准参照日本 JIS H4160:1994《铝及铝合金箔》标准和根据生产厂家长期工艺实践及用户需求制定。

本标准对铝箔长度、表面浸润性及箔材的延伸率等指标做了较严格的规定,以确保用户的生产需要。

本标准的附录 A 是标准的附录。

本标准由中国有色金属工业标准计量质量研究所提出。

本标准由中国有色金属工业标准计量质量研究所负责归口。

本标准由西南铝加工厂、华北铝业有限公司、福建瑞闽铝板带有限公司共同起草。

本标准主要起草人:陆海庆、王淑芬、陈健林、蔡辉、苏元如。

本标准为首次发布。

中华人民共和国有色金属行业标准

YS/T 430—2000

电 缆 用 铝 箔

Aluminium foil for cable

1 范围

本标准规定了电缆用铝箔的要求、试验方法、检验规则、标志、包装、运输、贮存及合同内容。

本标准适用于电缆用箔材。

2 引用标准

下列标准所包含的条文,通过在本标准中引用而构成为本标准的条文。本标准出版时,所示版本均为有效。所有标准都会被修订,使用本标准的各方应探讨使用下列标准最新版本的可能性。

GB/T 228—1987 金属拉伸试验法

GB/T 3190—1996 变形铝及铝合金化学成分

GB/T 3199—1996 铝及铝合金加工产品 包装、标志、运输、贮存

GB/T 6987.1～6987.21—1986 铝及铝合金化学分析方法

GB/T 6987.22～6987.23—1987 铝及铝合金化学分析方法

GB/T 6987.24—1988 铝及铝合金化学分析方法

GB/T 6608—1999 铝箔厚度的测定 称量法

GB/T 16865—1997 变形铝、镁及其合金加工制品拉伸试验用试样

GB/T 17432—1998 变形铝及铝合金化学成分分析取样方法

3 要求

3.1 产品分类

3.1.1 产品牌号、状态、规格应符合表1的规定

表1

牌 号	状 态	规格/mm	
		厚 度	宽 度
8011	O	0.150～0.200	200～1200
1145、1235、1060、1050A、1035、1200、1100		0.100～0.200	
注:需要其他合金、状态、规格的箔材时,供需双方协商,并在合同中注明			

3.1.2 铝箔应缠绕在金属管芯上,管芯的规格为:

内径(mm):75、120、150、200。

需要其他规格的管芯时,供需双方另行协商,并在合同中注明。

3.2 标记示例

用1060牌号制造的、O状态、厚度为0.200mm、宽度为400mm、长度为2100m的铝箔标记为:

铝箔:1060-O 0.20×400×2100 YS/T 430—2000

国家有色金属工业局 2000-10-25 批准 2001-03-01 实施

3.3 化学成分

铝箔的化学成分应符合 GB/T 3190 的规定。

3.4 尺寸允许偏差

3.4.1 铝箔厚度允许偏差应符合表 2 的规定。

表 2

mm

厚　度	厚度允许偏差	厚　度	厚度允许偏差
0.100	±0.008	>0.150～0.200	±0.015
>0.100～0.150	±0.010		

3.4.2 箔材宽度允许偏差为：±1mm。

3.4.3 箔材长度允许偏差为：$^{+50}_{0}$ m。

3.4.4 管芯内径偏差为 $^{+2}_{0}$ mm。管芯长度应等于或大于箔卷宽，但单边最大不得超过箔宽 3mm。管芯端部不允许有变形。

3.4.5 铝箔应卷紧，端面应平整，错层不大于 2mm，塔形不大于 5mm，允许有轻微的毛边。

3.5 力学性能

铝箔室温纵向力学性能应符合表 3 的规定。

表 3

牌　号	状　态	厚　度/mm	抗拉强度 σ_b/MPa	伸长率(50mm 定标距)δ/%
1145、1235、1060、1050A、1035、1200、1100	O	0.100～0.150	60～95	≥15
		0.150～0.200	70～100	≥20
8011	O	>0.150～0.200	80～110	≥23

3.6 外观质量

3.6.1 铝箔表面应洁净、平整。不允许有夹渣、腐蚀斑痕、孔洞、粗糙油斑。

3.6.2 铝箔表面允许有分散轻微的波浪、横波和印痕、擦划伤等缺陷。

3.6.3 铝箔卷不允许有接头。

3.7 表面浸润性

表面浸润性检查(残余轧制油检查)刷水试验达 B 级及以上。

3.8 黏附性

铝箔卷在整个长度上易于展开。展开时不允许有明显的黏结和撕裂。

4 试验方法

4.1 化学成分仲裁分析方法

铝箔的化学成分仲裁分析方法按 GB/T 6987 的规定进行。

4.2 力学性能检验方法

铝箔的室温力学性能试验方法参照 GB/T 228 进行。

4.3 尺寸测量方法

4.3.1 宽度用精度为 0.5mm 的钢直尺或卷尺测量。

4.3.2 厚度用精度为 0.001mm 的千分尺或光学测厚仪进行测量，仲裁时按 GB/T 6608 的规定进行。

4.3.3 长度用机台长度计数器检测,成品复验时采用计算法,以最大负偏差厚度计算最小重量,以最大正偏差厚度计算最大重量,该卷实测重量若在最小重量和最大重量之间即为合格。

4.3.4 管芯尺寸用相应精度的量具测量。

4.4 铝箔表面浸润性试验方法

铝箔表面浸润性试验按附录A进行。

4.5 外观质量和黏附性

外观质量和黏附性用肉眼目测。

5 检验规则

5.1 检查和验收

5.1.1 铝箔由供方技术监督部门检查和验收,并保证产品质量符合本标准要求。

5.1.2 需方应对收到的产品按本标准的规定进行检验,如检验结果与本标准(或订货合同)的规定不符时,应按GB/T 3199的有关规定向供方提出,供需双方协商解决。

5.2 组批

铝箔应成批提交验收,每批应由同一合金、同一状态和规格组成。

5.3 检验项目

每批铝箔均应进行化学成分、外观质量和黏附性、尺寸偏差、室温力学性能及表面浸润性的检验。

5.4 取样

铝箔的取样应符合表4的规定。

表4

检验项目	取样规定	要求的章条号	检验的章条号
化学成分	符合GB/T 17432的规定	3.3	4.1
力学性能	每批按卷数取2%,但不少于2卷,每卷取2个试样,其他要求符合GB/T 16865的规定	3.5	4.2
外形尺寸偏差	逐卷检测	3.4	4.3
外观质量、黏附性	逐卷检测	3.6	4.5
表面浸润性	每批(炉)任取2卷,在卷外圈表面任意部位检测	3.7	4.4

5.5 检验结果的判定

5.5.1 化学成分不合格时判整批不合格;尺寸偏差、外观质量、黏附性或表面浸润性不合格,判单卷不合格。

5.5.2 拉伸试验有一个试样的试验结果不合格时,从该卷中另取双倍数量的试样进行重复试验,重复试验结果如仍有不合格时,则该卷判废,其余逐卷检验,合格者交货。

6 标志、包装、运输、贮存

6.1 标志

6.1.1 每个包装箱上应有明显的运输箱牌(或标签),箱牌上注明:

a. 运输号;

b. 到站;

c. 收货单位名称或代号;

d. 产品名称;
e. 合金牌号及状态代号;
f. 规格;
g. 批号;
h. 重量;
i. 包装件数;
j. 产品标准编号;
k. 包装日期。

6.1.2 每个铝箔卷上应贴有标签,标签上注明:
a. 供方名称;
b. 合金牌号及状态代号;
c. 规格;
d. 批号;
e. 重量;
f. 产品标准编号;
g. 检验印记;
h. 生产日期。

6.2 包装、运输、贮存

箔材的包装、运输、贮存应符合 GB/T 3199 标准的规定。

6.3 质量证明书

每批铝箔应附有符合本标准要求的质量证明书,其上注明:
a. 供方名称;
b. 产品名称;
c. 合金牌号;
d. 供应状态;
e. 批号;
f. 规格;
g. 重量;
h. 质量监督部门印记;
i. 力学性能及检验结果;
j. 本标准编号;
k. 包装日期。

7 合同内容

订购本标准所列材料的合同应包括下列内容:
a. 材料名称;
b. 合金牌号;
c. 材料状态;
d. 材料规格;
e. 重量(或卷数);
f. 本标准编号;

g. 供货长度；

h. 管芯材质及规格；

i. 特殊要求。

附 录 A
（标准的附录）
铝箔表面刷水试验方法

A1 试液制备

蒸馏水和酒精按一定比例混合一起，装入试瓶中备用，配制比例应符合表 A1 的规定。

表 A1

级 别	蒸馏水/%	酒 精/%	评价标准
A	100	0	优
B	90	10	良
C	80	20	可
D	70	30	差

A2 试验方法

用毛刷或棉球蘸取备好的试液刷拭适当面积的铝箔表面，将铝箔倾斜 30°～45°（与垂直方向），试液在铝箔表面呈连续流线状，且润湿面积不收缩时，则表明被检铝箔刷水试验达到该试液对应级别。

A3 试验条件

在常温条件下进行试验。

A4 评价标准

铝箔刷水试验评价标准参见表 A1 规定，良好的铝箔表面除油程度应达到 B 级及以上。

前　　言

本标准适用于卷材辊涂涂层线生产的,供建筑、家用电器、饮料罐盖、瓶盖、交通运输等行业用的彩色涂层铝板、带。

本标准中基材的各项技术指标均参照并达到了美国 ASTM B209:1996 标准。板、带材涂膜性能主要参照英国 BS EN1396:1997,并根据用途的不同而要求不同,基本上分为建筑、家用电器和饮料罐盖两大类。

为保证铝塑复合板的质量,铝塑复合板用涂层板、带材,其辊涂处理前的铝带质量应执行 YS/T 432—2000《铝塑复合板用铝带》的具体规定。此外还应注意:户外涂层铝面板必须为氟碳板(因为涂层面上的金属粉容易脱落),金属粉氟碳必须涂有清漆。

由于金属粉聚酯涂料含金属粉,其结构比较疏松,耐碱性较差,故本标准不要求对其做耐碱性试验。

本标准由中国有色金属工业标准计量质量研究所提出。

本标准由中国有色金属工业标准计量质量研究所归口。

本标准由西南铝加工厂、华南产品质量监督检验中心起草。

本标准主要起草人:张德铭、张学惠、肖双乾、陆海庆、陈昌云、周富文、王松、朱泽明、张中兴。

本标准为首次发布。

中华人民共和国有色金属行业标准

YS/T 431—2000

铝及铝合金彩色涂层板、带材

Aluminum and aluminum alloys
—Coil coated sheet and strip

1 范围

本标准规定了彩色涂层铝及铝合金板、带材的要求、试验方法、检验规则、标志、包装、运输、贮存及合同内容。

本标准适用于卷材辊涂涂层线生产的,供建筑、家用电器、饮料罐盖、瓶盖、交通运输等行业用的彩色涂层铝及铝合金板、带材(以下简称板材和带材)。

2 引用标准

下列标准所包含的条文,通过在本标准中引用而构成为本标准的条文。本标准出版时,所示版本均为有效。所有标准都会被修订,使用本标准的各方应探讨使用下列标准最新版本的可能性。

GB/T 228—1987 金属拉伸试验法
GB/T 1720—1979(1989) 漆膜附着力测定法
GB/T 1732—1993 漆膜耐冲击性测定法
GB/T 1740—1979(1989) 漆膜耐湿热测定法
GB/T 1766—1995 色漆和清漆 涂层老化的评级方法
GB/T 1771—1991 色漆和清漆 耐中性盐雾性能的测定
GB/T 3190—1996 变形铝及铝合金化学成分
GB/T 3194—1998 铝及铝合金板、带材的尺寸允许偏差
GB/T 3199—1996 铝及铝合金加工产品 包装、标志、运输、贮存
GB/T 4957—1985 非磁性金属基体上非导电覆盖层厚度测量 涡流方法
GB/T 6739—1996 涂膜硬度铅笔测定法
GB/T 6987.1~6987.21—1986 铝及铝合金化学分析方法
GB/T 6987.22~6987.23—1987 铝及铝合金化学分析方法
GB/T 6987.24—1988 铝及铝合金化学分析方法
GB/T 9266—1988 建筑涂料 涂层耐洗刷性的测定
GB/T 9286—1988 色漆和清漆 漆膜的划格试验
GB/T 9754—1988 色漆和清漆 不含金属颜料的色漆 漆膜元 20°、60°和 85°镜面光泽的测定
GB/T 9780—1988 建筑涂料涂层耐沾污性试验方法
GB/T 11942—1989 彩色建筑材料色度测量方法
GB/T 16259—1996 彩色建筑材料人工气候加速颜色老化试验方法
GB/T 16865—1997 变形铝、镁及其合金加工制品拉伸试验用试样
GB/T 17432—1998 变形铝及铝合金化学成分分析取样方法
GB/T 17748—1999 铝塑复合板

国家有色金属工业局 2000-10-25 批准　　2001-03-01 实施

YS/T 432—2000 铝塑复合板用铝带

3 要求

3.1 产品分类

3.1.1 产品的牌号、状态、规格应符合表1的规定。

表 1

<table>
<tr><th rowspan="2">牌　　号</th><th rowspan="2">基材状态</th><th rowspan="2">基材厚度
/mm</th><th colspan="2">板材/mm</th><th colspan="2">带材/mm</th><th rowspan="2">预定用途</th></tr>
<tr><th>宽　　度</th><th>长　　度</th><th>宽　　度</th><th>套筒内径</th></tr>
<tr><td>1050、1100、3003、5052、
5050、5005、8011</td><td>H12
H22
H14
H24
H16
H26
H18</td><td rowspan="2">0.20～1.60</td><td rowspan="2">500～1560</td><td rowspan="2">500～4000</td><td rowspan="2">50～1560</td><td rowspan="2">200
300
350
405
510
600</td><td>建筑及家
用电器、
交通运输</td></tr>
<tr><td>3004、3104、5182、
5042、5082</td><td>H18、H19</td><td>饮料罐盖
及瓶盖</td></tr>
</table>

注：

1. 基材状态和基材厚度指板、带材涂层前的状态和厚度。
2. 需要其他合金、规格或状态的材料，可双方协商。

3.1.2 涂层的分类及代号应符合表2的规定。

表 2

产　品　分　类	代　　号
按用途分	
户 外 用	JW
户 内 用	JN
家用电器	JD
饮料罐盖及瓶盖	YL
交通运输	TR
按涂料种类分	
聚　　酯	JZ
丙 烯 酸	AR
塑料溶胶	ST
有机溶胶	YJ
氟碳涂料	FC
印刷涂料	YT

注：

1. 需方如果未指定涂料种类时，由供方推荐，或供需双方协商。
2. 交通工具等其他用途的产品，视其使用需要选择类别，或由供需双方协商并确定代号。
3. 建议用户根据色标进行订货。

3.2 标记示例

基材为1050-H18,厚度为0.8mm,宽度为1000mm,涂料种类为氟碳的户外用涂层铝带,标记为:

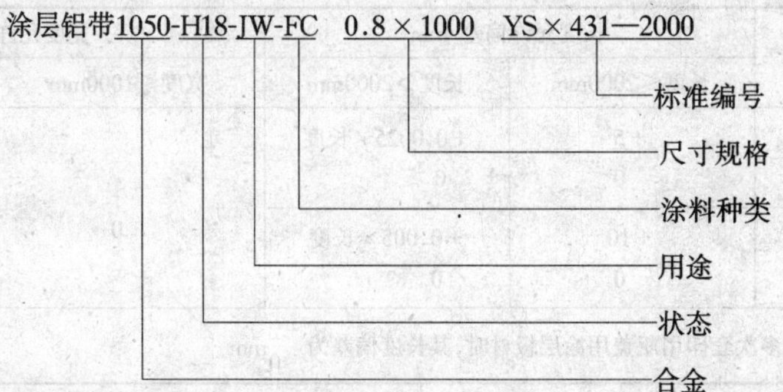

3.3 基材的化学成分

3104、5042合金的化学成分应符合表3的规定,其他基材的化学成分应符合GB/T 3190的规定。

表3

牌号	化学成分/%,不大于												
	Si	Fe	Cu	Mn	Mg	Cr	Zn	Ti	V	Ga	其他		Al
											单个	合计	
3104	0.6	0.8	0.05~0.25	0.8~1.4	0.8~1.4	—	0.25	0.10	0.05	0.05	0.05	0.15	余量
5042	0.20	0.35	0.15	0.2~0.50	3.0~4.0	0.10	0.25	0.10	—	—	0.05	0.15	

注:用于食品包装用的涂层铝板、带材的基材的化学成分中砷、镉、铅的含量各不大于0.01%

3.4 尺寸偏差

3.4.1 3003、3004、3104、5042、5182和8011等瓶盖、饮料罐盖用料的基材厚度允许偏差为±0.01mm;铝塑复合板用铝基材(表面不含涂层)的厚度允许偏差应符合YS/T 431—2000表1的规定;其他基材厚度允许偏差应符合表4的规定。

表4 mm

厚度	规定的宽度		
	≤1000	>1000 1500	>1500
	厚度允许偏差		
0.2~0.25	±0.025	±0.04	—
>0.25~0.40	±0.03	±0.05	—
>0.40~0.63	±0.04	±0.06	±0.08
>0.63~0.80	±0.045	±0.07	±0.09
>0.80~1.00	±0.05	±0.08	±0.10
>1.00~1.20	±0.06	±0.09	±0.12
>1.20~1.60	±0.08	±0.10	±0.14

3.4.2 涂层板长度和宽度允许偏差应符合表5的规定。

3.4.3 涂层板的两对角线长度差不大于3mm。合同中注明用做多次套印用瓶盖用涂层板材时,其对角线差不大于1mm。

3.4.4 涂层板、带材的不平度:当波距不大于500mm时,波高不超过4mm;当波距大于500mm时,波高不超过 6mm。

表 5

牌号	长度允许偏差/mm		宽度允许偏差/mm	
	长度≤2000mm	长度>2000mm	宽度≤1000mm	宽度>1000mm
3004,3104,5042,5182,8011	$^{+5}_{0}$	$^{+0.0025×长度}_{0}$	$^{+1}_{0}$	$^{+3}_{0}$
其他	$^{+10}_{0}$	$^{+0.005×长度}_{0}$		

注：合同中注明用做多次套印用瓶盖用涂层板材时，其长度偏差为 $^{+2}_{0}$mm

3.4.5 涂层带材应卷紧，卷材串层不大于 2mm，塔形不大于 5mm。

3.5 力学性能

基材室温力学性能应符合表 6 的规定。

表 6

牌号	状态	厚度/mm	抗拉强度 σ_b/MPa	规定非比例伸长应力 $\sigma_{p0.2}$/MPa	伸长率(50mm 定标距) δ/%
			不小于		
1050	H18	0.2~0.5	125	—	1
		>0.5~0.8			2
		>0.8~1.3			3
		>1.3~1.6			4
	H16 H26	0.2~0.5	120~145	—	1
		>0.5~0.8		—	2
		>0.8~1.3		85	3
		>1.3~1.6		85	4
	H14 H24	0.2~0.3	95~125	—	1
		>0.3~0.5		—	2
		>0.5~0.8		75	3
		>0.8~1.3		75	4
		>1.3~1.6		75	5
	H12 H22	0.2~0.3	80~120	—	2
		>0.3~0.5		—	3
		>0.5~0.8		—	4
		>0.8~1.3		65	6
		>1.3~1.6		65	8
1100	H18	0.2~0.3	155	—	1
		>0.3~0.5			2
		>0.5~0.8			3
		>0.8~1.3			3
		>1.3~1.6			4
	H16 H26	0.2~0.5	130~165	—	1
		>0.5~0.8		—	2
		>0.8~1.3		120	3
		>1.3~1.6		120	4

续表 6

牌　号	状　态	厚　度/mm	抗拉强度 σ_b /MPa	规定非比例伸长应力 $\sigma_{p0.2}$/MPa	伸长率(50mm定标距) δ/%
			不　小　于		
1100	H14 H24	0.2～0.3	120～145	—	1
		>0.3～0.5		—	2
		>0.5～0.8		95	3
		>0.8～1.3		95	4
		>1.3～1.6		95	5
	H12 H22	0.2～0.3	95～125	—	2
		>0.3～0.5		—	3
		>0.5～0.8		75	4
		>0.8～1.3		75	6
		>1.3～1.6		75	8
3003	H18	0.2～0.5	185	165	1
		>0.5～0.8			2
		>0.8～1.3			3
		>1.3～1.6			4
	H16 H26	0.2～0.3	165～205	145	1
		>0.3～0.5			2
		>0.5～0.8			3
		>0.8～1.3			3
		>1.3～1.6			4
	H14 H24	0.2～0.3	140～180	—	1
		>0.3～0.5		—	2
		>0.5～0.8		—	3
		>0.8～1.3		120	4
		>1.3～1.6		120	5
	H12 H22	0.2～0.3	120～155	—	2
		>0.3～0.5		—	3
		>0.5～0.8		—	4
		>0.8～1.3		85	5
		>1.3～1.6		85	6
3004	H18	0.2～1.6	260	215	2
	H19	0.2～1.6	275	255	2
5052	H18	0.2～0.8	275	—	3
		>0.8～1.6		225	4
	H16 H26	0.2～0.8	255～305	—	3
		>0.8～1.6		205	4
	H14 H24	0.2～0.3	235～285	—	3
		>0.3～0.5		—	4
		>0.5～0.8		175	4
		>0.8～1.3		175	6
		>1.3～1.6		175	7
	H12 H22	0.2～0.3	215～265	—	3
		>0.3～0.5		—	4
		>0.5～0.8		—	5
		>0.8～1.3		155	5
		>1.3～1.6		155	7

续表 6

牌号	状态	厚度 /mm	抗拉强度 σ_b /MPa	规定非比例伸长应力 $\sigma_{p0.2}$/MPa	伸长率(50mm 定标距) δ/%
			不小于		
5005	H18	0.2～0.8 >0.8～1.3 >1.3～1.6	175	—	1 2 3
	H16 H26	0.2～0.8 >0.8～1.3 >1.3～1.6	155～195	— 125 125	1 2 3
	H14 H24	0.2～0.8 >0.8～1.3 >1.3～1.6	135～175	— 110 110	1 2 3
	H12 H22	0.2～0.8 >0.8～1.3 >1.3～1.6	120～155	— 85 85	3 4 6
5050	H18	0.2～1.6	200	—	1
	H16 H26	0.2～0.4 >0.4～0.6 >0.6～1.6	185～230	150	2 2 3
	H14 H24	0.2～0.4 >0.4～0.6 >0.6～1.6	170～215	140	3 3 4
	H12 H22	0.2～0.4 >0.4～0.6 >0.6～1.6	150～195	110	4 4 5
5182	H18	0.2～1.6	330	285	5
	H19	0.2～1.6	340	295	5
5082	H19	0.2～1.6	350	310	5
8011	H18	0.2～0.4 >0.4～0.6 >0.6～1.6	160	—	1 2 3
	H16 H26	0.2～0.4 >0.4～0.6 >0.6～1.6	145～180	—	2 2 4
	H14 H24	0.2～0.4 >0.4～0.6 >0.6～1.6	125～160	—	2 3 5
	H12 H22	0.2～0.4 >0.4～0.6 >0.6～1.6	105～140	—	3 4 6

注：3104、5042 性能附实测结果交货

3.6 工艺性能

用做瓶盖的涂层板、带材基材的制耳率不大于 3%（供方工艺保证）。

3.7 涂膜性能

3.7.1 建筑、家用电器、交通运输等行业用彩色涂层板、带的涂膜性能。

建筑、家用电器、交通运输等行业用彩色涂层板、带的涂膜性能应符合表 7 的规定。

表 7

检测项目		涂料种类		
		氟碳[1]		聚酯类及其他涂料
		无清漆	有清漆[2]	
涂膜厚度/μm		≥22	≥30	≥18
光泽度偏差		光泽值≥80 单位，允许偏差为 ±10 单位		
		光泽值≥20～80 单位，允许偏差为 ±7 单位		
		光泽值＜20 单位，允许偏差为 ±5 单位		
铅笔硬度		≥1H		
耐磨耗性/(L/μm)		≥5		—
涂膜柔韧性/T		≤2T		≤3T
耐冲击性		50kg·cm 不脱漆、无裂痕		
附着力/级		不次于 1 级		
耐沸水性		无变化		
耐化学稳定性	耐酸性	无变化		
	耐碱性	无变化[3]		
	耐油性	无变化		
	耐溶剂性	≥70 次不露底		≥50 次不露底
	耐洗刷性	≥10000 次无变化		
	耐沾污性	≤15%		—
人工老化	色差	$\Delta E \leqslant 3.0$		—
	耐粉化，级	0		—
	失光等级	不差于 2 级		—
耐盐雾性		不次于 2 级		—

1) 户外面板必须为氟碳板。

2) 金属粉氟碳必须涂有清漆。

3) 金属粉聚酯涂料不做耐碱性试验。

3.7.2 饮料罐盖及瓶盖用涂层板、带的涂膜性能。

3.7.2.1 饮料罐盖及瓶盖用涂层板、带的涂膜性能应符合表 8 的规定。

表 8

用途		涂膜厚度/μm	耐溶剂性	灭菌实验	耐硫性	耐酸性	划格附着力
罐盖	盖外	2.7～5.5	≥50 次不露底	见注 1	—	—	1 级
	盖内	≥10.0	—	见注 1	见注 2	见注 3	1 级
瓶盖		3.0～10.0	≥50 次不露底	见注 1	—	—	1 级

续表 8

用　途	涂膜厚度/μm	耐溶剂性	灭菌实验	耐硫性	耐酸性	划格附着力
注： 1. 经121℃，30min蒸馏后，内涂膜无泛白、剥离、脱落、外涂膜无明显失光、剥离、脱离。 2. 经121℃，30min硫蚀后，内涂膜无泛白、剥离、脱落。 3. 经121℃，30min酸蚀后，内涂膜无泛白、剥离、脱落。						

3.7.2.2　罐盖料表面涂蜡应均匀，涂蜡量为 $118mg/m^2 \pm 43mg/m^2$（供方工艺保证）。

3.8　外观质量

3.8.1　饮料罐盖（瓶盖除外）用涂层板材、带材的表面质量

3.8.1.1　涂层板、带材的两面不允许有漏涂。

3.8.1.2　接触饮料面不允许有擦划伤等破坏涂膜的缺陷，不接触饮料面允许有轻微擦划伤。

3.8.1.3　涂层板、带材的两面允许有轻微的亮条、色差、印痕等缺陷。

3.8.1.4　带材每卷允许有两处接头，接头处不允许有松层和错动，接头只能搭接，并在端面做上标记。

3.8.2　非饮料罐盖（含瓶盖）用涂层板、带材的表面质量

3.8.2.1　涂层板材装饰面（在铝塑复合板中指面板的涂层面）不允许有气泡、划伤、漏涂、色差、过烧、花斑、辊印、周期性印痕等缺陷，允许有个别轻微的，在自然光条件下距板面1.5m处目测不明显的各种缺陷存在。非装饰面（在铝塑复合板中指背板的涂层面）不允许有漏涂，严重色差、划伤及面积较大的严重的缺陷。

注：对于上、下两层由涂层板材组成，中间层用其他材料组成的复合板，安装时紧贴或靠近墙体的一层涂层板材称为背板；另外一层涂层板称为面板。

3.8.2.2　用做铝塑复合板的涂层板、带材，复合面（接触中间层的一面）在合同中注明时应进行表面铬化处理，处理后不允许有化工原料的异物、大面积粘伤。

3.8.2.3　涂层带材表面允许有漏涂、色差、印痕等缺陷，但缺陷处数，每处长度以及有缺陷的总长度应符合表9的要求。

表 9

卷　重/t	缺　陷　要　求		
	漏涂、色差、印痕单独或同时存在		
	允许处数	每处长度/m	总长度/m
≤2	≤3	≤20	≤50
>2	≤5	≤20	≤100
注：缺陷总长度不得超过卷材总长度的5%			

3.8.2.4　厚度≤0.5mm的涂层带材，每卷允许有一处接头，接头处不允许有松层和错动，接头只能搭接，并在端面做上标记，且每批有接头卷数不超过总卷数的10%。

4　试验方法

4.1　基材化学成分仲裁分析方法

基材化学成分仲裁分析方法按GB/T 6987规定的方法进行。

4.2　基材室温力学性能试验方法

基材室温力学性能试验方法按 GB/T 228 规定的方法进行。

4.3 板、带尺寸测量方法

板、带的尺寸测量方法按 GB/T 3194 的规定进行。

4.4 涂膜厚度

涂膜厚度是指涂层的总厚度,其测量按 GB/T 4957 的规定进行。试验结果的最小值应满足表 7 的要求。

4.5 光泽度偏差

光泽度偏差的测量按 GB/T 9754 的规定进行。计算全部测试值之极限值误差。

4.6 铅笔硬度

铅笔硬度的测量按 GB/T 6739 的规定中的 B 方法进行。

4.7 涂膜柔韧性

4.7.1 方法概述

把涂层铝板绕自身裹卷进行 180°弯曲,借助低倍放大镜(5~10 倍),检查涂层有无出现开裂或脱落等破坏现象,当弯曲后涂膜不再出现破坏时结束。

4.7.2 试验方法

试样尺寸为 25mm × 350mm,试验时,在试样长度方向端头 13~20mm 处用带有光滑的钳口套的虎钳夹夹住,绕自身弯曲(涂膜向外)超过 90°以后,重新用虎钳夹使两平面重合(即共弯曲 180°),称为 0T。用目视检查涂膜无开裂或脱落时为合格,如有开裂或脱落,应继续上述过程绕试样自身弯曲 180°,此时称为 1T,再继续时称 2T、3T 等。直到涂膜无开裂或脱落时止。T 弯过程如图 1 所示。

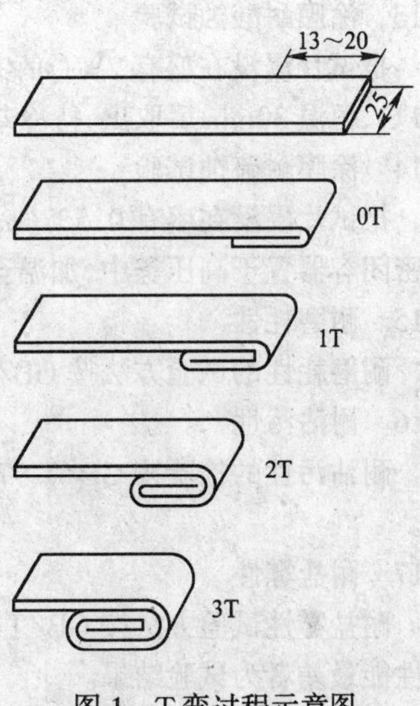

图 1 T 弯过程示意图

4.8 附着力

附着力测量按 GB/T 9286 的规定进行,仲裁按 GB/T 1720 的规定进行。取 3 块试样中的最低附着力作为试验结果。

4.9 耐冲击

耐冲击的测量试验方法按 GB/T 1732 的规定进行,冲头直径 16cm,从 50cm 高度自由落下冲击试样正面。

4.10 耐化学稳定性

4.10.1 耐酸性、耐碱性、耐油性

将内径 50mm、高 50mm 的玻璃管的一端用不被化学试剂侵蚀的密封材料粘接在试样涂层面的中心部位,使之接触密封良好。将化学试剂倒入管内,使液面高度为 20mm ± 2mm,用玻璃片将管盖严,静置到规定时间后取下试样,洗净擦干,目视检验试验处有无起泡、变色、剥落等异常现象。户外面板化学试剂为 5% $HCl(V/V)$、5% $NaOH(m/m)$、20 号机油,静置 48h;户内面板化学试剂为 2% $HCl(V/V)$、2% $NaOH(m/m)$、20 号机油,静置 24h。以 3 块试样中性能最差者为试验结果。

4.10.2 耐溶剂性

试验溶剂采用丁酮。用一柔性擦头裹 4 层医用纱布,吸饱溶剂后,用手指端部(不能用指甲)立即在待测试样表面以 1000g ± 100g 左右的力在同一地方来回擦洗,然后边擦边观察,出现漏底时为耐溶剂性次数。擦洗行程 100mm,频率为 100 次/min。试验过程中应使纱布保持浸润。允许采用半自动化和自动化测试仪器进行耐溶剂性检查。

4.11 耐洗刷性

耐洗刷性的检验按 GB/T 9266 规定进行。

4.12 人工老化

耐人工老化试验按 GB/T 16259 的规定进行。老化时间为 2000h，累积总辐射能不小于 6000MJ/m^2。黑板温度为 55℃±3℃，相对湿度为 65%±5%。

按 GB/T 11942 测量老化前后涂层的色差，涂层其他老化性能的评定按 GB/T 1766 的规定进行。分别取 3 块试样色差及失光率的平均值为试验结果，取 2 位有效数字；涂层其他老化性能的等级以 3 块试样中性能最差者为试验结果。

4.13 涂膜耐酸蚀试验

把试片浸没在盛有 2%（*m/m*）柠檬酸溶液的密闭容器内，并将密闭容器置于高压釜中，加温至 121℃，恒温 30min 后取出，待冷却后目测检查。

4.14 涂膜耐硫蚀试验

把试片浸没在盛有 0.5%（*m/m*）硫化钠溶液（用乳酸将 pH 值调至 5.5～6.0）的密闭容器内，并将密闭容器置于高压釜中，加温至 121℃，恒温 30min 后取出，待冷却后目测检查。

4.15 耐磨耗性

耐磨耗性的试验方法按 GB/T 17748 的规定进行。

4.16 耐沾污性

耐沾污性的检验按 GB/T 9780 的规定进行，共 5 次循环，取 3 块试样沾污率的平均值为试验结果。

4.17 耐盐雾性

耐盐雾性试验方法按 GB/T 1771 的规定进行，按 GB/T 1740 的评级方法进行评级。以 3 块试样中性能最差者为试验结果。

4.18 耐沸水性

将试样放在盛有蒸馏水的容器内，互不接触，试验过程中应保持水面高出试样 50mm，加热蒸馏水至 99℃±1℃并恒温 2h，然后停止加热，让试样在原蒸馏水中自然冷却，取出擦干试样，观察涂层有无起泡、斑点、剥落、开裂、变色等破坏现象。若没有，再进行附着力的检测，其结果应符合表 7 的规定。以 3 个试样性能最差者为试验结果。

4.19 外观质量

涂层板带材的外观质量用肉眼目测。

5 检验项目

5.1 检查和验收

5.1.1 产品由供方技术监督部门检查验收，保证产品质量符合本标准的要求，并填写质量证明书。

5.1.2 需方应对收到的产品按技术标准的规定进行复验，如复验结果与本标准（或订货合同）的规定不相符时，应按 GB/T 3199 的有关规定向供方提出，供需双方协商解决。

5.2 组批

涂层板、带应成批提交验收，每批应由同一合金、状态，同一涂层种类、颜色和同一规格的板或带材组成。每批的重量不限。每批带材允许有 10% 的小卷数交货，小卷径重量不小于要求重量的 70%。

5.3 检查项目

5.3.1 每批材料应进行尺寸偏差、基材室温力学性能、外观质量、划格附着力、耐溶剂性的检验。

5.3.2 建筑、家用电器、交通运输用涂层板、带材还应进行涂膜厚度、光泽度、铅笔硬度、涂膜柔韧性、耐冲击性、耐沾污性、耐沸水性的检验。

5.3.3 饮料罐盖用材料应进行涂膜厚度、水中蒸馏灭菌、耐酸蚀及耐硫蚀试验项目的检验；瓶盖用材料应进行涂膜厚度、水中蒸馏灭菌试验项目的检验。

5.3.4 以下项目为定期检查项目，试验周期若需方未规定，由供方选定：

a. 耐溶剂性除外的耐化学稳定性所包含的项目；

b. 人工老化的所有项目；

c. 耐磨耗性；

d. 耐盐雾性。

5.4 取样

涂层板、带材的取样应符合表10的规定。

表10

<table>
<tr><th colspan="2">检验项目</th><th>取样规定</th><th>要求的章条号</th><th>检验的章条号</th></tr>
<tr><td colspan="2">基材化学成分</td><td>符合GB/T 17432的规定</td><td>3.3</td><td>4.1</td></tr>
<tr><td colspan="2">基材力学性能</td><td>每批(炉)按2%(卷数)，但不少于1卷取样进行拉伸试验，每卷取2个试样。其他要求符合GB/T 16865的规定</td><td>3.5</td><td>4.2</td></tr>
<tr><td colspan="2">尺寸偏差</td><td>逐卷检测</td><td>3.4</td><td>4.3</td></tr>
<tr><td rowspan="16">膜性能</td><td>涂膜厚度</td><td rowspan="3">每批任取2卷，每卷在带材任意部位截取3个试样。试样尺寸为300mm×100mm</td><td rowspan="16">3.7</td><td>4.4</td></tr>
<tr><td>光泽测定</td><td>4.5</td></tr>
<tr><td>涂层铅笔硬度</td><td>4.6</td></tr>
<tr><td>涂膜柔韧性</td><td>每批任取2卷，每卷在带材任意部位截取3个试样。试样尺寸为25mm×350mm</td><td>4.7</td></tr>
<tr><td>附着力</td><td rowspan="12">每批任取2卷，每卷在带材任意部位截取3个试样。试样尺寸为300mm×100mm</td><td>4.8</td></tr>
<tr><td>耐冲击</td><td>4.9</td></tr>
<tr><td>耐酸、碱、油性</td><td>4.10.1</td></tr>
<tr><td>耐溶剂性</td><td>4.10.2</td></tr>
<tr><td>耐洗刷性</td><td>4.11</td></tr>
<tr><td>人工加速耐候性</td><td>4.12</td></tr>
<tr><td>涂膜耐酸蚀</td><td>4.13</td></tr>
<tr><td>涂膜耐硫蚀</td><td>4.14</td></tr>
<tr><td>耐磨耗性</td><td>4.15</td></tr>
<tr><td>耐沾污性</td><td>4.16</td></tr>
<tr><td>耐盐雾性</td><td>4.17</td></tr>
<tr><td>耐沸水性</td><td>4.18</td></tr>
<tr><td colspan="2">外观质量</td><td>逐卷检测</td><td>3.8</td><td>4.19</td></tr>
<tr><td colspan="5">注：做涂膜性能检查时，以板材交货的涂层产品，其检验在切片前的卷上进行</td></tr>
</table>

5.5 检验结果判定

5.5.1 化学成分不合格时，判整批不合格；外观质量、外形尺寸允许偏差不合格时，为单件不合格。

5.5.2 力学性能有一个样检测不合格时,则在该不合格的板、带上重取双倍数量的试样进行重复试验,如仍有一个试样的试验结果不合格时,则该卷报废,其余逐卷进行试验,合格者交货。

5.5.3 涂膜性能有一个试样不合格时,为整批不合格,但允许供方进行重复试验。

6 计重方式

板、带材均采用检斤计重。

7 标志、包装、运输、贮存

7.1 标志

板带材包装标志应符合 GB/T 3199 的规定,在验收合格的板、带材上贴有如下印记的标签:

a. 供方技术部门的印记;

b. 基材牌号、状态;

c. 规格;

d. 批号;

e. 序号;

f. 重量。

7.2 包装、运输和贮存

7.2.1 板、带材的包装方法应符合 GB/T 3199 的规定。带材应带衬筒包装。也可由供方制定或供需双方商定的包装方法进行包装。

7.2.2 运输、贮存应符合 GB/T 3199 的规定。

7.3 质量证明书

每批板、带应附有符合本标准要求的质量证明书。其上注明:

a. 供方名称;

b. 基材牌号;

c. 基材状态;

d. 规格;

e. 批号;

f. 卷号和箱号;

g. 重量,卷数或片数;

h. 性能试验和检验结果;

i. 本标准编号;

j. 供方技术监督部门印记;

k. 包装日期。

8 合同内容

本标准所列材料的合同应包括下列内容。

a. 材料名称;

b. 牌号;

c. 用途;

d. 涂料种类;

e. 颜色;

f. 材料规格；

g. 重量(或卷/片数)；

h. 本标准编号；

i. 特殊要求。

前　言

铝塑复合板以其质量轻、装饰性强等特点,在国内建筑行业得到广泛的应用。作为铝塑复合板的铝基材(不含表面涂层的),在国内尚无相应标准。为提高产品质量,规范国内市场,特制定本标准。

本标准的技术指标是根据国内生产实际情况,参照美国 ASTM B209:1996《铝及铝合金薄板和厚板》确定的。

本标准为与 GB/T 17748—1999《铝塑复合板》配套,带材最小厚度定为 0.20mm,与国家标准规定的最小厚度一致,以保证铝塑复合板的质量。

用卷材辊涂涂层线生产的铝塑复合板用涂层铝带应执行 YS/T 431—2000《铝及铝合金彩色涂层板、带材》。

本标准由中国有色金属工业标准计量质量研究所提出。

本标准由中国有色金属工业标准计量质量研究所归口。

本标准由福建瑞闽铝板带有限公司、西南铝加工厂起草。

本标准主要起草人:苏元如、黄瑞银、陆海庆、朱明志、杨仕英、李响。

本标准为首次发布。

中华人民共和国有色金属行业标准

YS/T 432—2000

铝塑复合板用铝带

Aluminium strip for aluminium-plastic composite panel

1 范围

本标准规定了铝塑复合板用铝基材的要求、试验方法、检验规则、包装、标志、运输、贮存及合同内容。

本标准适用于铝塑复合板用铝及铝合金带材,带材表面未经涂漆等表面处理。

2 引用标准

下列标准所包含的条文,通过在本标准中引用而构成为本标准的条文。本标准出版时,所示版本均为有效。所有标准都会被修订,使用本标准的各方应探讨使用下列标准最新版本的可能性。

GB/T 228—1987 金属拉伸试验法

GB/T 3190—1996 变形铝及铝合金化学成分

GB/T 3194—1998 铝及铝合金板、带材的尺寸允许偏差

GB/T 3199—1996 铝及铝合金加工产品 包装、标志、运输、贮存

GB/T 6987.1~6987.21—1986 铝及铝合金化学分析方法

GB/T 6987.22~6987.23—1987 铝及铝合金化学分析方法

GB/T 6987.24—1988 铝及铝合金化学分析方法

GB/T 16865—1997 变形铝、镁及其合金加工制品拉伸试验用试样

GB/T 17432—1998 变形铝及铝合金化学成分分析取样方法

3 要求

3.1 产品分类

产品的牌号、状态、规格应符合表1的规定。

表 1

牌号	状态	规格/mm		套筒内径/mm
		厚度	宽度	
1100	H18	0.20~1.00	1000~1580	400 500
3003	H16、H14 H26、H24	0.20~1.00	1000~1580	

注:

1. 需要其他牌号、状态、规格时,由供需双方另行协商,并在合同中注明。
2. 套筒的材质一般为纸芯,材质及规格有特殊要求时应在合同中注明。

3.2 标记示例

用1100制造的,H18状态,厚度为0.50mm,宽度为1250mm的带材标记为:

国家有色金属工业局 2000-10-25 批准 2001-03-01 实施

带 1100-H18 0.50×1250 YS/T 432—2000

3.3 化学成分

产品的化学成分应符合 GB/T 3190 的规定。若有特殊要求,应由供需双方协商决定,并在合同中注明。

3.4 尺寸允许偏差

3.4.1 厚度允许偏差应符合表 2 的规定。

表 2

mm

厚度	厚度允许偏差	厚度	厚度允许偏差
0.20～0.30	±0.015	>0.50～1.00	±0.025
>0.30～0.50	±0.020		

注:

1. 要求偏差仅为"+"或"-"时,其值为上表数值的 2 倍。
2. 对厚度及厚度偏差有特殊要求时,由供需双方协商决定,并在合同中注明。

3.4.2 宽度允许偏差:±1.5mm。

3.4.3 套筒长度应不小于带材宽度,但不大于 10mm/边。

3.4.4 带材任意 2m 的侧边弯曲不大于 3mm。

3.4.5 带材自由展开放在平台上,带材与平面之间的间隙不大于 3mm,每米波浪数不多于 3 个。

3.4.6 带材端面串层不大于 2mm,塔形不大于 5mm(头、尾 5 圈除外)。

3.5 力学性能

产品的室温力学性能应符合表 3 的规定。

表 3

牌号	状态	厚度/mm	抗拉强度 σ_b/MPa	规定非比例伸长应力 $\sigma_{p0.2}$/MPa	伸长率(50mm 定标距) δ/%
1100	H18	0.20～0.30	≥155	—	≥1
		>0.30～0.50			≥2
		>0.50～1.00			≥3
3003	H14 H24	0.20～0.30	140～180	≥120	≥1
		>0.30～0.50			≥2
		>0.50～1.00			≥3
	H16 H26	0.20～0.30	165～205	≥145	≥1
		>0.30～0.50			≥2
		>0.50～1.00			≥3

注:

1. 对室温力学性能有特殊要求时,供需双方协商决定,并在合同中注明。
2. 规定非比例伸长应力($\sigma_{p0.2}$)由供方工艺保证,一般不做检验,需方有要求时,应在合同中注明。

3.6 外观质量

3.6.1 带材表面应加工良好,质地均匀、平整、光洁。表面不允许有裂纹、贯通气孔、压漏、压折、折痕、腐蚀、压坑、松树枝状花纹、金属及非金属压入。

3.6.2 带材表面不允许有明显横纹、黑条、明暗条纹、明显油污、严重的擦划伤、周期性印痕等影响使用的缺陷。

3.6.3 带材应卷紧、卷齐，无裂边、毛刺、磕碰伤。

3.6.4 带材不允许有燕窝、塌卷。

3.6.5 带材不允许有接头。

4 试验方法

4.1 化学成分分析方法

带材的化学成分仲裁分析方法按照 GB/T 6987 的规定进行。试样制取方法符合 GB/T 17432 的规定。

4.2 室温力学性能试验方法

带材的室温力学性能试验方法按照 GB/T 228 的规定进行。试样制取方法符合 GB/T 16865 的规定。

4.3 外观质量检查方法

带材的外观质量用目测法检查，不使用放大镜。

4.4 尺寸及尺寸偏差测量方法

带材尺寸偏差测量方法按 GB/T 3194 的规定进行。

5 检验规则

5.1 检查和验收

5.1.1 带材由供方技术监督部门进行检查和验收，保证其质量符合本标准要求，并填写质量证明书。

5.1.2 需方应对收到产品按本标准的规定进行检查和验收，如检验结果与本标准(或订货合同)的规定不符时，应按 GB/T 3199 的有关规定向供方提出，由供需双方协商解决。

5.2 组批

带材应成批提交验收，每批应由同一牌号、状态、规格的产品组成，批重不限。

5.3 检验项目

每批带材应进行尺寸偏差、化学成分、力学性能、外观质量的检查。

5.4 取样

带材取样位置和取样数量应符合表 4 的规定。

表 4

检验项目	取样位置	取样数量/个	要求章条号	检验的章条
化学成分	符合 GB/T 17432	符合 GB/T 17432	3.3	4.1
力学性能	符合 GB/T 16865	每批取卷数的 2%，但不少于 2 个卷。每卷取 2 个试样	3.5	4.2
尺寸偏差	任意部位	逐卷	3.4	4.4
外观质量	任意部位	逐卷	3.6	4.3

5.5 检验结果的判定

5.5.1 化学成分不合格时，整批(炉次)判为不合格；尺寸偏差或外观质量不合格时，判该卷不合格。

5.5.2 力学性能试验不合格时，应从该试样所在的卷材上重取双倍数量的试样进行重复试验。如仍有一个试样不合格时,则该卷判废。其余逐卷试验,合格者交货,不合格者判废。

6 计重方式

带材按实际重量检斤计重,每批允许不大于10%的卷材小卷径供货,小卷的重量不小于合同要求重量的80%。

7 包装、标志、运输、贮存

7.1 在检验合格的卷材上应有牢固的标签,其上注明:

a. 供方技术监督部门检印;
b. 合金牌号;
c. 供货状态;
d. 供货规格;
e. 批卷号;
f. 卷重;
g. 包装日期。

7.2 带材的包装、运输、贮存应符合 GB/T 3199 的规定。

7.3 每批卷材应附有符合本标准的质量证明书,其上注明:

a. 供方名称;
b. 产品名称;
c. 合金牌号;
d. 供货状态;
e. 供货规格;
f. 批号;
g. 净重和件数;
h. 合同要求的各项分析检验结果和技术监督部门检印;
i. 本标准编号;
j. 包装日期。

8 合同内容

本标准所列材料的合同(或订货单)内应包括下列内容:

a. 材料名称;
b. 牌号;
c. 状态;
d. 规格;
e. 重量(或卷数)、单卷重量(或卷外径);
f. 本标准编号;
g. 特殊要求。

前　　言

本标准适用于铝塑复合管用铝及铝合金冷轧带材。本标准参照美国 ASTM B209:1996《铝及铝合金薄板和厚板》和英国 BS 4300/16:1984《一般工程用变形铝及铝合金的技术条件 8011 型板和带材》制定。

本标准在尺寸偏差和力学性能等主要指标方面均达到美国 ASTM B209 和英国 BS4300/16 的要求。其中尺寸偏差比一般用途的带材加严很多。

本标准的附录 A 是标准的附录。

本标准由中国有色金属工业标准计量质量研究所提出。

本标准由中国有色金属工业标准计量质量研究所负责归口。

本标准由西南铝加工厂、华北铝业有限公司起草。

本标准主要起草人:张洪选、陆海庆、王必逵、雷东、王淑芬、熊桂华。

本标准为首次发布。

中华人民共和国有色金属行业标准

YS/T 434—2000

铝塑复合管用铝及铝合金带材

1 范围

本标准规定了铝塑复合管用铝及铝合金带材的要求、试验方法、检验规则、标志、包装、运输、贮存及合同内容。

本标准适用于铝塑复合管用铝及铝合金带材。

2 引用标准

下列标准所包含的条文,通过在本标准中引用而构成为本标准的条文。本标准出版时,所示版本均为有效。所有标准都会被修订,使用本标准的各方应探讨使用下列标准最新版本的可能性。

GB/T 228—1987 金属拉伸试验法

GB/T 3190—1996 变形铝及铝合金化学成分

GB/T 3199—1996 铝及铝合金加工产品 包装、标志、运输、贮存

GB/T 6987.1~6987.21—1986 铝及铝合金化学分析方法

GB/T 6987.22~6987.23—1987 铝及铝合金化学分析方法

GB/T 6987.24—1988 铝及铝合金化学分析方法

GB/T 16865—1997 变形铝、镁及其合金加工制品拉伸试验用试样

GB/T 17432—1998 变形铝及铝合金化学成分分析取样方法

3 要求

3.1 产品分类

3.1.1 产品的牌号、状态、规格应符合表1的规定。

表1

牌号	状态	规格/mm			
		厚度	宽度	管芯内径	卷材外径
1050	O	0.20~1.50	30~250	75	500~1400
1060				150	
1145				200	
1200				205	
1235				350	
1100	O、H22			400	
8011					
注:需要其他合金、状态和规格时,供需双方协商,并在合同中注明					

3.1.2 带材管芯为铝管芯,需要其他材质的管芯时供需双方另行协商并在合同中注明。

国家有色金属工业局 2000-10-25 批准　　2001-03-01 实施

3.2 标记示例

用8011牌号铝合金制造的O状态,厚度为0.30mm,宽度为55mm的带材标记为:

带:8011-O 0.30×55 YS/T 434—2000

3.3 化学成分

带材的化学成分应符合GB/T 3190的规定。

3.4 尺寸允许偏差

3.4.1 带材的厚度允许偏差应符合表2的规定。

表2

mm

厚　度	允许偏差	厚　度	允许偏差
0.20~0.40	±0.01	>0.80~1.50	±0.06
>0.40~0.80	±0.04		
注:对厚度偏差要求单向偏差时,其值为上表数值的2倍			

3.4.2 带材宽度允许偏差:宽度小于或等于100mm时,允许偏差为±0.3mm;宽度大于100mm时,允许偏差为±0.5mm。对宽度偏差要求仅为单向偏差时,其值为上述数值的2倍。

3.4.3 对宽度和厚度偏差有特殊要求时应在合同中注明。

3.4.4 带材每米波浪数不超过3个,每个波高不超过3mm。

3.4.5 带材边部应剪切整齐,无裂边和毛刺,错层不大于3mm,塔形不大于5mm。管芯应等于或大于铝带宽度,但任一端不得凹入铝带。

3.5 力学性能

带材的室温力学性能一般不检测规定非比例伸长应力,需要检测规定非比例伸长应力时,应在合同中注明。带材的室温力学性能应符合表3的规定。

表3

牌　号	状　态	厚　度 /mm	抗拉强度 σ_b /MPa	规定非比例伸长应力 $\sigma_{p0.2}$/MPa	伸长率(50mm定标距) δ/%
				不小于	
1100	O	0.20~0.32	75~105	15	15
		>0.32~0.63			18
		>0.63~1.50		25	20
	H22	0.20~1.50	105~140	—	20
1200 1235	O	0.20~1.50	70~100	25	22
1060	O	0.20~1.50	70~110	15	22
1050	O	0.20~0.32	75~105	15	15
		>0.32~0.63			18
		>0.63~1.50		25	20
1145	O	0.20~1.50	70~100	20	22
8011	O	0.20~1.50	100~120	60	20
	H22	0.20~1.50	105~140	—	20

3.6 外观质量

3.6.1 带材表面(内三圈不计)应加工良好并应平整、光洁,不允许有裂纹、腐蚀、穿通气孔、压漏、压折、折痕、辊印、油污、油痕及较严重的擦划伤、金属及非金属压入、粘伤、印痕、松树枝状花纹等缺陷。

3.6.2 带材应卷紧,不允许有松层;每卷不允许有接头。

3.7 表面浸润性

厚度为0.20~0.30mm的带材,当用户有要求并在合同中注明时,对于"O"状态带材表面进行浸润性检查(残余轧制油检查)刷水试验结果达A级,非"O"状态带材表面浸润性检查(残余轧制油检查)刷水试验结果达B级。

4 试验方法

4.1 化学成分仲裁分析方法

带材的化学成分仲裁分析方法按GB/T 6987的规定进行。

4.2 力学性能检验方法

带材的室温力学性能试验方法按GB/T 228的规定进行。

4.3 尺寸测量方法

厚度在距离边缘不小于10mm处,用能保证精度的量具测量,其余用能保证测量精度的量具测量。

4.4 外观质量检测方法

带材外观质量用目测法。

4.5 浸润性检验方法

浸润性检验按附录A进行。

5 检验规则

5.1 检查和接收

5.1.1 带材由供方技术监督部门进行检查和验收,并保证产品质量符合本标准要求。

5.1.2 需方应对收到的产品按本标准的规定进行检验,如检验结果与本标准(或订货合同)的规定不符时,应按GB/T 3199的有关规定向供方提出,供需双方协商解决。

5.2 组批

带材应成批提交验收,每批应由同一合金、同一状态和规格组成。每批的重量和卷数不限。

5.3 检验项目

每批带材均应进行化学成分、外观质量、尺寸偏差、室温力学性能的检验。当用户有要求时,还应进行表面浸润性检验。

5.4 取样

带材的取样应符合表4的规定。

表4

检验项目	取样规定	要求的章条号	检验的章条号
化学成分	符合GB/T 17432的规定	3.3	4.1
力学性能	每批(炉)按1%(卷数)取样,但不少于2卷。每卷取2个试样,其他要求符合GB/T 16865的规定	3.5	4.2

续表 4

检验项目	取样规定	要求的章条号	检验的章条号
尺寸偏差	逐卷检测	3.4	4.3
表面浸润性	每批(炉)任取两卷,在带材外圈表面任意部位检测	3.7	4.5
外观质量	逐卷检测	3.6	4.4

5.5 检验结果的判定

5.5.1 化学成分不合格时,判整批不合格,尺寸偏差及外观质量、表面浸润性不合格时判单卷不合格。

5.5.2 拉伸试验有一个试样的试验结果不合格时,从该不合格卷中另取双倍数量的试样进行重复试验,重复试验结果如仍有不合格时,则该卷判废,允许供方逐卷取样进行检验,合格者交货。

6 计重

带材按实际重量检斤计重。

7 标志、包装、运输、贮存

7.1 标志

7.1.1 每个包装箱上应有明显的运输箱牌(或标签),箱牌上注明:

a. 运输号;
b. 到站;
c. 收货单位名称或代号;
d. 产品名称;
e. 牌号及状态代号;
f. 规格;
g. 批号;
h. 重量;
i. 包装件数;
j. 本产品标准编号;
k. 包装日期。

7.1.2 每个卷上应贴有标签,标签上注明:

a. 供方名称;
b. 牌号及状态代号;
c. 规格;
d. 批、卷号;
e. 重量;
f. 本产品标准编号;
g. 检验印记;
h. 生产日期。

7.2 包装、运输、贮存

带材的包装、运输、贮存应符合 GB/T 3199 的规定。

7.3 质量证明书

每批带材应附有符合本标准要求的质量证明书,其上注明:

a. 供方名称;

b. 产品名称;

c. 牌号;

d. 供应状态;

e. 批号;

f. 规格;

g. 重量;

h. 技术监督部门印记;

i. 力学性能及检验结果;

j. 刷水试验结果(合同中注明时);

k. 本产品技术标准编号;

l. 包装日期。

8 合同内容

本标准所列材料的合同应包括下列内容:

a. 材料名称;

b. 牌号;

c. 供应状态;

d. 材料规格;

e. 重量(或卷数);

f. 本标准编号;

g. 特殊要求(如,是否检查浸润性)。

附 录 A
(标准的附录)
带材表面刷水试验方法

A1 试液制备

用蒸馏水和酒精按一定比例混合一起,装入试瓶中备用,配制比例应符合表 A1 的规定。

表 A1

级 别	蒸馏水/%	酒 精/%	级 别	蒸馏水/%	酒 精/%
A	100	0	B	90	10

A2 试验方法

用毛刷或棉球蘸取备好的试液刷拭适当面积的带材表面,将带材倾斜 30°～45°(与垂直方向),试液在带材表面呈连续流线状,且润湿面积不收缩时,则表明被检带材刷水试验达到该试液对应级别。

前　　言

本标准适用于易拉罐罐体用铝合金带材。

本标准在尺寸偏差和外观质量上做出了较严格的规定。

本标准对力学性能和工艺性能的规定基本满足国内市场的要求。

本标准由中国有色金属工业标准计量质量研究所提出。

本标准由中国有色金属工业标准计量质量研究所负责归口。

本标准由西南铝加工厂起草。

本标准主要起草人:游江海、陆海庆、陈昌云。

本标准为首次发布。

中华人民共和国有色金属行业标准

YS/T 435—2000

易拉罐罐体用铝合金带材

1 范围

本标准规定了易拉罐罐体用铝合金带材的要求、试验方法、检验规则、标志、包装、运输、贮存及合同内容。

本标准适用于易拉罐罐体用铝合金带材。

2 引用标准

下列标准所包含的条文,通过在本标准中引用而构成为本标准的条文。本标准出版时,所示版本均为有效。所有标准都会被修订,使用本标准的各方应探讨使用下列标准最新版本的可能性。

GB/T 228—1987 金属拉伸试验法

GB/T 3190—1996 变形铝及铝合金化学成分

GB/T 3199—1996 铝及铝合金加工产品 包装、标志、运输、贮存

GB/T 5125—1985 有色金属冲杯试验方法

GB/T 6987.1～6987.21—1986 铝及铝合金化学分析方法

GB/T 6987.22～6987.23—1987 铝及铝合金化学分析方法

GB/T 6987.24—1988 铝及铝合金化学分析方法

GB/T 16865—1997 变形铝、镁及其合金加工制品拉伸试验用试样

GB/T 17432—1998 变形铝及铝合金化学成分分析取样方法

3 要求

3.1 产品分类

产品牌号、状态、规格应符合表1的规定。

表 1

合金牌号	状 态	厚 度/mm	宽 度/mm	内 径/mm
3004 3104	H19	0.28～0.35	400～1660	200 300 350 405 505 605

3.2 标记示例

用3104合金制造的、H19状态,厚度为0.30mm,宽度为1242mm的带材标记为:

带:3104-H19 0.30×1242 YS/T 435—2000

3.3 化学成分

3004合金的化学成分应符合GB/T 3190的规定。3104合金化学成分应符合表2的规定。

国家有色金属工业局 2000-10-25 批准 2001-03-01 实施

表 2

合金牌号	化学成分/%											
	Si	Fe	Cu	Mn	Mg	Cr	Zn	Ti	V	Ca	其他		Al
											单个	合计	
3104	≤0.6	≤0.8	0.05~0.25	0.8~1.4	0.8~1.3	—	≤0.25	≤0.10	≤0.05	≤0.05	≤0.05	≤0.15	余量

注：

1. 铅、砷、镉的含量各不大于0.01%。
2. "%"为重量百分比。

3.4 尺寸允许偏差

3.4.1 带材厚度允许偏差为±0.005mm。

3.4.2 带材宽度允许偏差应符合表3的规定。

表 3 mm

带材厚度	宽度≤500	宽度>500
0.28~0.35	+1 0	+2 0

3.4.3 带材的侧边弯曲，每米长度上不大于1mm。

3.4.4 带材与平面之间隙不大于6mm，每米波浪不超过3个，不允许有波距在200mm以内的成串密集波浪。

3.4.5 带材应卷紧，头、尾应剪切整齐，错层不大于2mm，塔形不大于5mm。

3.4.6 带材表面粗糙度用横向的轮廓算术平均偏差 R_a 衡量，$R_a=0.38\sim0.64\mu m$（由供方工艺保证）。

3.5 力学性能及工艺性能

带材的室温力学性能及工艺性能应符合表4的规定。

表 4

合金牌号	状态	厚度/mm	抗拉强度 σ_b/MPa	规定非比例伸长应力 $\sigma_{p0.2}$/MPa	伸长率(50mm定标距) δ/%	制耳率/%
			不小于			不大于
3004	H19	0.280~0.350	275	255	2	4
3104			290	270		

3.6 外观质量

3.6.1 带材表面应加工良好，平整光洁；表面不允许有腐蚀、裂纹、夹渣、压折、起皮以及较严重的松树枝状花纹、擦划伤、粘伤、黑条、油斑等影响使用的缺陷存在。

3.6.2 带材不允许有接头。

3.6.3 带材边部应剪切整齐，无裂边；边部无明显毛刺。

3.7 其他

带材表面应均匀涂有用户指定或认可的预涂油；预涂油涂敷量为150～200mg/mm^2(供方工艺保证)。对预涂油型号和涂敷量有特殊要求时，供需双方另行协商。

4 试验方法

4.1 化学成分仲裁分析方法

带材的化学成分仲裁分析方法按照GB/T 6987的规定进行。

4.2 力学性能检验方法

带材的室温力学性能试验方法按GB/T 228的规定进行。

4.3 尺寸测量方法

厚度在距离边缘不小于3mm处及端头中部，用精度为0.001mm的量具测量，其余尺寸用能保证精度的量具测量。

4.4 制耳率试验方法

带材制耳率检验方法按GB/T 5125的规定进行。

4.5 外观质量的检查

带材外观质量应随机用目视法检查。

5 检验规则

5.1 检查和验收

5.1.1 带材由供方技术监督部门进行检查和验收，并保证产品质量符合本标准要求。

5.1.2 需方应对收到的产品按本标准的规定进行检验，如检验结果与本标准(或订货合同)的规定不符时，应按GB/T 3199的有关规定向供方提出，供需双方协商解决。

5.2 组批

带材应成批提交验收，每批应由同一合金、同一状态和规格组成。每批的重量和卷数不限。

5.3 检验项目

每批带材均应进行化学成分、尺寸偏差、外观质量、室温力学性能、工艺性能的检验。

5.4 取样

产品取样应符合表5的规定。

表5

检验项目	取样规定	要求的章条号	检验的章条号
化学成分	符合GB/T 17432的规定	3.3	4.1
力学性能	每批取一卷，每卷头、尾各取一个试样。其他要求符合GB/T 16865的规定	3.5	4.2
工艺性能	每批取一卷，每卷头、尾各取一个试样	3.5	4.4
尺寸偏差	逐卷检查	3.4	4.3
外观质量	逐卷检查	3.6	4.5

5.5 检验结果的判定

5.5.1 化学成分不合格则判该批(炉次)带材不合格。

5.5.2 力学性能、工艺性能有一个试样的试验结果不合格时，从该卷中另取双倍数量的试样进行重复试验,重复试验结果如仍有不合格时,则该卷判废。供方可对不合格试样所代表的卷材区间逐卷进行检验,不合格者判废。

5.5.3 尺寸偏差及外观质量不合格为单卷不合格。

6 计重

带材按实际重量检斤计重。当用户有要求并在合同中注明时,供方应提供每卷实际长度。

7 标志、包装、运输、贮存

7.1 标志

每个卷上应贴有标签,标签上注明:

a. 供方名称;

b. 合金牌号及状态代号;

c. 规格;

d. 批号;

e. 重量(毛重、净重);

f. 产品标准编号;

g. 检验印记;

h. 生产日期。

7.2 包装、运输、贮存

带材的包装、运输、贮存应符合 GB/T 3199 标准的规定。

7.3 质量证明书

每批带材应附有符合本标准要求的质量证明书,其上注明:

a. 供方名称;

b. 产品名称;

c. 合金牌号;

d. 供应状态;

e. 批号;

f. 规格;

g. 重量(毛重、净重);

h. 长度(合同中注明时);

i. 技术监督部门印记;

j. 力学性能及工艺性能试验结果;

k. 预涂油型号及涂敷量;

l. 本标准编号;

m. 包装日期。

8 合同内容

订购本标准所列材料的合同应包括下列内容:

a. 材料名称;

b. 合金牌号;

c. 材料状态;

d. 材料规格；
e. 重量(或卷数)；
f. 本标准编号；
g. 特殊要求。

前　言

本标准是参照 ASTM B221M:1996《铝及铝合金挤压棒材、线材、管材和型材》、ASTM B317:1996《电气用铝合金挤压棒材、管材和型材》、DIN1770:1987《铝合金挤压扁棒》和 JIS H4040:1988《铝及铝合金棒材》,并根据我国的实际情况编制的。

本标准中的扁棒是指横截面为不含正方形的所有矩形截面的挤压棒材,其截面为正方形的挤压棒材应符合 GB/T 3191—1998《铝及铝合金挤压棒材》的规定。

本标准的电阻率试验方法参照 GB/T 3195—1997《导电用铝线》编制。

本标准的附录 A 为标准的附录。

本标准的附录 B 为提示的附录。

本标准由中国有色金属工业标准计量质量研究所提出。

本标准由中国有色金属工业标准计量质量研究所归口。

本标准主要起草单位:西南铝加工厂。

本标准参加起草单位:东北轻合金有限责任公司、西北铝加工厂。

本标准主要起草人:李瑞山、陈庆、朱鸣峰、王国军、戴维臣。

本标准为首次发布。

中华人民共和国有色金属行业标准

YS/T 439—2001

铝及铝合金挤压扁棒

1 范围

本标准规定了铝及铝合金挤压扁棒(亦称挤压带材、铝排)的要求、试验方法、检验规则和标志、包装、运输、贮存及合同内容等。

本标准适用于各工业部门需要的横截面为矩形(不含正方形)的棒材。

2 引用标准

下列标准所包含的条文,通过在本标准中引用而构成为本标准的条文。本标准出版时,所示版本均为有效。所有标准都会被修订,使用本标准的各方应探讨使用下列标准最新版本的可能性。

GB/T 228—1987 金属拉伸试验法

GB/T 3190—1996 变形铝及铝合金化学成分

GB/T 3199—1996 铝及铝合金加工产品 包装、标志、运输、贮存

GB/T 3246.1—2000 变形铝及铝合金制品显微组织检验方法

GB/T 3246.2—2000 变形铝及铝合金制品低倍组织检验方法

GB/T 6987—1986 铝及铝合金化学分析方法

GB/T 7999—1987 铝及铝合金光电光谱分析方法

GB/T 16865—1997 变形铝、镁及其合金加工制品拉伸试验用试样

GB/T 17432—1998 变形铝及铝合金化学成分分析取样方法

3 要求

3.1 产品分类

3.1.1 牌号及状态

扁棒的合金牌号及供应状态应符合表 1 的规定。

3.1.2 标记示例

用 2A12 合金制造的、T4 状态、厚度为 20mm、宽度为 300mm、定尺长度为 6000mm 的扁棒,标记为:

棒 2A12-T4 20×300×6000 YS/T 439—2001

表 1 扁棒的合金牌号及供应状态

合金牌号	供应状态
1070A、1070、1060、1050A、1050、1035、1100、1200	H112
2A11、2A12	H112、T4
2017、2024	T4
2A50、2A70、2A80、2A90、2A14	H112、T6
3A21、3003	H112

中国有色金属工业协会 2001-02-12 批准 2001-05-01 实施

续表 1

合 金 牌 号	供 应 状 态
5052、5A02、5A03、5A05、5A06、5A12	H112
6101	T6
6A02、6061、6063	H112、T6
7A04、7A09、7075	H112、T6
8A06	H112
注：若需要其他合金或状态的扁棒时，可双方协商	

3.2 化学成分

扁棒的化学成分应符合 GB/T 3190 的规定。

3.3 尺寸及外形

3.3.1 截面尺寸及允许偏差

3.3.1.1 扁棒的横截面尺寸及允许偏差应符合普通级规定，有要求时可双方协商选择高精级，并在订单或合同中注明。对于含镁量平均值不小于 3.0% 的高镁合金扁棒，其普通级的偏差数值为表 2 中对应数值的 2 倍，高精级的偏差数值为表 3 中对应数值的 2 倍。对于其他合金扁棒，其普通级应符合表 2 的规定，高精级应符合表 3 的规定。

表 2 扁棒的普通级横截面尺寸及允许偏差 mm

宽度及偏差		下列各栏厚度范围内的厚度偏差，±							
范 围	偏差，±	2～6	>6～10	>10～18	>18～30	>30～50	>50～80	>80～120	>120～150
10～18	0.35	0.25	0.30	0.35	—	—	—	—	—
>18～30	0.40	0.25	0.30	0.40	0.40	—	—	—	—
>30～50	0.50	0.25	0.30	0.40	0.50	0.50	—	—	—
>50～80	0.70	0.30	0.35	0.45	0.60	0.70	0.70	—	—
>80～120	1.00	0.35	0.40	0.50	0.60	0.70	0.80	1.00	—
>120～180	1.30	0.40	0.45	0.55	0.70	0.80	1.00	1.10	1.30
>180～240	1.60	—	0.50	0.60	0.70	0.90	1.10	1.30	1.50
>240～300	2.00	—	0.50	0.65	0.80	0.90	1.20	1.40	1.60
>300～400	2.50	—	—	0.70	0.90	1.00	1.20	1.60	1.80
>400～500	3.00	—	—	—	—	1.10	1.30	1.80	2.00
>500～600	3.50	—	—	—	—	1.20	1.40	1.80	—

表 3 扁棒的高精级横截面尺寸及允许偏差 mm

宽度及偏差		下列各栏厚度范围内的厚度偏差，±							
范 围	偏差，±	2～6	>6～10	>10～18	>18～30	>30～50	>50～80	>80～120	>120～150
10～18	0.25	0.20	0.25	0.25	—	—	—	—	—
>18～30	0.30	0.20	0.25	0.30	0.30	—	—	—	—
>30～50	0.40	0.20	0.25	0.30	0.35	0.40	—	—	—

续表 3

宽度及偏差		下列各栏厚度范围内的厚度偏差,±							
>50~80	0.60	0.25	0.30	0.35	0.40	0.50	0.60	—	—
>80~120	0.80	0.30	0.35	0.40	0.45	0.60	0.70	0.80	—
>120~180	1.00	0.35	0.40	0.45	0.50	0.60	0.70	0.90	1.00
>180~240	1.40	—	0.45	0.45	0.50	0.70	0.80	1.00	1.20
>240~300	1.70	—	0.45	0.50	0.60	0.70	0.80	1.10	1.30
>300~400	2.00	—	—	0.60	0.70	0.80	0.90	1.20	1.40
>400~500	2.50	—	—	—	—	0.90	1.00	1.30	1.70
>500~600	3.00	—	—	—	—	0.90	1.00	1.40	—

3.3.1.2 挤压扁棒的圆角半径应符合表 4 的规定,有特殊要求时可双方协商,并在订单或合同中注明。

表 4 扁棒的圆角半径 mm

厚 度	圆角半径,不大于	厚 度	圆角半径,不大于
≤30	2	>80~150	10
>30~80	5		

3.3.2 长度偏差

定尺和倍尺的扁棒,其长度允许偏差为+20mm,不定尺扁棒的供应长度为1000~6000mm。

3.3.3 切斜度

扁棒两端应切齐,对定尺扁棒两端的切斜度应符合表 5 的规定。

表 5 扁棒的切斜度

厚 度/mm	切斜度/(°)	厚 度/mm	切斜度/(°)
≤20	≤5	>50	≤3
>20~50	≤4		

3.3.4 平面间隙

扁棒的平面间隙应符合表 6 普通级的规定。有要求时可双方协商采用表 6 的高精级,并在订单或合同中注明。扁棒的平面间隙是指沿扁棒的宽度方向测得的扁棒与平台之间的最大间隙值。

表 6 扁棒的平面间隙 mm

扁棒的宽度 B	扁棒的平面间隙	
	普 通 级	高 精 级
≤25	≤0.20	≤0.20
>25~120	≤0.8%×B	≤0.4%×B
>120~600	≤0.70%×B	

3.3.5 扭拧度

扁棒的扭拧度应符合表 7 普通级的规定。有要求时可双方协商采用表 7 的高精级。

表 7　扁棒的扭拧度

扁棒的厚度/mm	扁棒的扭拧度要求			
	普通级		高精级	
	每米长度上	全长 L 米上	每米长度上	全长 L 米上
≤38	≤8°	≤8°×L	≤3°	≤3°×L,最大 7°
>38~100	≤7°	≤7°×L	≤1.5°	≤1.5°×L,最大 5°
>100~150	≤5°	≤5°×L	≤1°	≤1°×L,最大 3°

3.3.6　弯曲度

3.3.6.1　扁棒的纵向弯曲度应符合表 8 普通级的规定(但不包括扁棒的局部波浪度)。有要求时可双方协商采用表 8 的高精级。扁棒的纵向弯曲度,是指将扁棒的宽面置于平台上,沿纵向(长度方向)测得的扁棒与平台间的间隙值。

表 8　扁棒的纵向弯曲度　mm

尺寸范围		弯曲度要求　不大于			
扁棒的宽度	扁棒的厚度	普通级		高精级	
		每 300mm 上	全长 L 米上	每 300mm 上	全长 L 米上
≤80	2~80	1	2×L	0.3	1×L
>80~120	2~50	1	2×L	0.3	1.5×L
	>50~120	1.5	3×L	0.3	2×L
>120~180	2~50	1.5	3×L	0.5	2×L
	>50~150	2	4×L	0.7	3×L
>180~350	6~50	2	4×L	0.7	3.5×L
	>50~150	4	6×L	1.0	4×L
>350~600	>6~150	4	6×L	1.0	4×L
注：高精级扁棒在全长上的任意 3m 长度上,其纵向弯曲应不大于 6mm					

3.3.6.2　扁棒允许有个别的轻微波浪存在,波浪度的幅度不得超过 1mm,每处的连续长度不得超过 100mm,对长度不大于 3m 的扁棒,每根不超过 1 处,对长度大于 3m 的扁棒每根不多于 2 处。

3.3.6.3　高精级扁棒在任意 3m 长度上的侧向弯曲(刀弯)应不大于 3mm。

3.4　力学性能

扁棒的室温纵向力学性能应符合表 9 的规定。

表 9　扁棒的力学性能

合金	供应状态	试样状态	厚度/mm	截面积/cm²	抗拉强度 σ_b/MPa	规定非比例伸长应力 $\sigma_{p0.2}$/MPa	伸长率 δ_5/%
					不小于		
1070A 1070	H112	H112	≤120	≤200	55	15	—
1060	H112	H112	≤120	≤200	60	15	22

续表 9

合　金	供应状态	试样状态	厚　度 /mm	截面积 /cm²	抗拉强度 σ_b/MPa	规定非比例伸长应力 $\sigma_{p0.2}$/MPa	伸长率 δ_5/%
					不小于		
1050A 1050	H112	H112	≤120	≤200	65	20	—
1035	H112	H112	≤120	≤200	70	20	—
1100 1200	H112	H112	≤120	≤200	75	20	—
2A11	H112、T4	T4	≤120	≤170	370	215	12
2A12	H112、T4	T4	≤120	≤170	390	255	12
2A50	H112、T6	T6	≤120	≤170	355	—	12
2A70 2A80 2A90	H112、T6	T6	≤120	≤170	355	—	8
2A14	H112、T6	T6	≤120	≤170	430	—	8
2017	T4	T4	≤120	≤200	345	215	12
2024	T4	T4	≤6	≤12	390	295	12
			>6～19	≤76	410	305	12
			>19～38	≤130	450	315	10
3A21	H112	H112	≤120	≤170	≤165	—	20
3003	H112	H112	≤120	≤170	90	30	22
5052	H112	H112	≤120	≤170	175	70	—
5A02	H112	H112	≤120	≤170	≤225	—	10
5A03	H112	H112	≤120	≤170	175	80	13
5A05	H112	H112	≤120	≤170	265	120	15
5A06	H112	H112	≤120	≤170	315	155	15
5A12	H112	H112	≤120	≤170	370	185	15
6A02	H112、T6	T6	≤120	≤170	295	—	12
6061	H112、T6	T6	≤120	≤170	260	240	9
6063	H112、T6	T6	≤25	≤100	205	170	9
6101	T6	T6	≤12.5	≤38	200	172	—
7A04 7A09	H112、T6	T6	≤22	≤100	490	370	7
			>22～120	≤200	530	400	6
7075	H112、T6	T6	≤6.3	≤12	540	485	6
			>6.3～12.5	≤30	560	505	6
			>12.5～50	≤130	560	495	6
8A06	H112	H112	≤150	≤200	70	—	10

注：尺寸超出表中规定的范围时，其力学性能附实测结果或双方协商

3.5 低倍组织

3.5.1 扁棒低倍试片上不允许有裂纹、缩尾存在。

3.5.2 成层深度不允许超过扁棒厚度的负偏差。当用户有特殊要求时,应双方协商并在合同中注明。

3.5.3 对于航空、航天及军用扁棒有粗晶环要求时应在合同中注明"要求粗晶环"字样,其粗晶环应符合表10的规定。对粗晶环有更严要求时,可双方协商并在合同中注明。

表10 航空、航天及军用扁棒的粗晶环要求

合 金 牌 号	粗晶环要求
2A11、2A12、2A14、2A50、2A80、2A90、2017、2024、6A02、7A04、7A09、7075	粗晶环深度不大于8mm
2A70	1) 晶粒度不大于GB/T 3246.2中四级; 2) 宽度不大于160mm时,粗晶环深度不大于5mm; 宽度大于160mm时,粗晶环深度不大于8mm

3.6 高倍组织

扁棒的显微组织不允许有过烧。

3.7 表面质量

3.7.1 扁棒的表面不允许有裂纹、气泡、腐蚀斑点存在。

3.7.2 扁棒表面允许有深度不超过厚度负偏差的碰伤、划伤、压坑等缺陷,出现起皮时可以通过修刮除去,但应保证扁棒的最小厚度。

3.8 电阻率

当对表11中的合金扁棒,要求电阻率时,应在合同中注明:"测量电阻率"字样。其电阻率应符合表11的规定。

表11 扁棒的电阻率

合 金 牌 号	电阻率 $\rho_{20℃}$/(Ω·mm²/m)
6101	≤0.0313
1100、1200、8A06	≤0.0300
1070A、1070、1060、1050A、1035	≤0.0295

3.9 弯曲性能

对直径不大于12.5mm的导电用6101合金扁棒,当要求弯曲性能时,应双方协商并在合同中注明"要求弯曲性能"字样。导电用6101合金扁棒的弯曲性能,应能够在室温下绕半径等于厚度N倍(厚度≤10mm,$N=2$;厚度>10~12.5mm,$N=2.5$)的弯心作90°的平面弯曲,而无肉眼可见的裂纹或断裂。但表面变粗(桔皮现象)不能认为是有害的缺陷。

4 试验方法

4.1 化学成分分析方法

扁棒的化学成分分析取样按GB/T 17432规定,化学成分分析方法可采用GB/T 6987或GB/T 7999,仲裁分析方法应符合GB/T 6987的规定。

4.2 尺寸及外形的测量

扁棒的横截面尺寸应用精度不低于0.02mm的量具进行测量,其他外形尺寸可用直尺、米尺、卷尺、塞尺等测量。

4.3　力学性能试验方法

扁棒的力学性能试样在横截面上的取样位置及试样要求应符合 GB/T 16865 的规定。其室温力学性能的试验方法应符合 GB/T 228 的规定。

4.4　低倍组织试验方法

扁棒的低倍组织试验方法应符合 GB/T 3246.2 的规定。

4.5　高倍组织试验方法

扁棒的高倍组织试验方法应符合 GB/T 3246.1 规定。

4.6　表面质量的检验

棒材的表面质量用目视检查,当缺陷深度难以确定时,可以打磨后测量。

4.7　电阻率测量方法

电阻率测量方法应符合附录 A 的规定。

4.8　弯曲性能试验方法

6101 合金弯曲性能的试样为整断面试样,试样的最小长度为 305mm。试验方法由生产厂家确定。

5　检验规则

5.1　检查和验收

5.1.1　扁棒应由供方技术监督部门进行检查和验收,并保证产品质量符合本标准规定,并填写质量证明书。

5.1.2　需方应对收到的产品按本标准的规定进行复验,复验结果与本标准(或合同)的规定不一致时,应按 GB/T 3199 的规定及时向供方提出,由供需双方协商解决。如需仲裁,仲裁取样在需方,由供需双方共同进行。

5.2　组批

扁棒应成批提交验收,每批由同一合金牌号、状态和规格组成,批量由供方确定。

5.3　检验项目

5.3.1　每批扁棒均应检验化学成分、尺寸及外形、力学性能和表面质量。

5.3.2　2×××、5×××、6×××和 7×××系的合金扁棒应检验低倍组织。

5.3.3　T4、T6 状态的扁棒应检查显微组织。

5.3.4　当对表 11 规定的合金扁棒要求电阻率时,应测量电阻率。

5.3.5　对要求弯曲性能的导电用 6101 合金扁棒,应检验弯曲性能。

5.4　取样

扁棒各检验项目的取样位置和取样数量应符合表 12 和表 13 的规定。取样时,每根扁棒上取一个试样。

表 12　扁棒的取样位置及数量

检验项目	取样位置	取样数量
化学成分	铸造时(或棒材上)取样	每熔次(或每批)1 个
尺寸及外形	—	按表 13 规定
力学性能	挤压前端切取	按表 13 规定

续表 12

检 验 项 目	取 样 位 置	取 样 数 量
低倍组织	挤压尾端切取	按表 13 规定
高倍组织	—	每批(或每热处理炉)2 个
表面质量	—	逐 根
电 阻 率	挤压前端切取	每熔次(或每批)2 个
弯曲性能	挤压前端切取	每 3000kg 取 1 个

注：T4、T6 状态扁棒的力学性能和高倍组织，生产厂按热处理炉取样，仲裁时按批取样

表 13 扁棒尺寸及外形、力学性能、低倍组织的取样数量

每批或每炉数量/根	取样数量/个	每批或每炉数量/根	取样数量/个
≤50	2	>150～280	8
>50～90	3	>280～500	13
>90～150	5	>500～1200	20

5.5 检验结果的判定及处理

5.5.1 化学成分不合格时，判批不合格。

5.5.2 尺寸及外形不合格时，判该根不合格。允许逐根检验，合格者交货。

5.5.3 力学性能试验结果有试样不合格时，允许从该批(或热处理炉)扁棒中按第一次取样数量的双倍数量取样复验，复验结果仍有试样不合格时，判该批不合格。供方可逐根检查，合格者交货(含第一次检验合格者)，不合格者判废。

5.5.4 低倍组织不合格时，判该批不合格。对因缩尾、粗晶环、成层不合格的扁棒，允许切去一段复验直至合格时为止，而该批的其他扁棒均应按上述缺陷分布的最大长度切尾或逐根检查，合格者交货。

5.5.5 高倍组织不合格时，判批(或炉)不合格。

5.5.6 表面质量不合格时，判该根不合格。允许切除一段重新检验，直至合格时为止。

5.5.7 电阻率测试试验有试样不合格时，允许从该批(或热处理炉)扁棒中按第 次取样数量的双倍数量取样复验，复验结果如仍有试样不合格，判该批不合格。但可由供方逐根检查，合格者交货(含第一次检验合格者)，不合格者判废。

5.5.8 6101 合金的弯曲性能不合格时，允许从该批(或热处理炉)扁棒中按第一次取样数量的双倍数量取样复验，复验结果如仍有试样不合格时判该批不合格，或由供方逐根检查，合格者交货(含第一次检验合格者)，不合格者判废。

6 包装、标志、运输、贮存

6.1 标志

在验收合格的扁棒上，应打上如下印记(宽度不大于 30mm 的扁棒可挂有如下印记的标牌)：

a. 供方技术监督部门的检印；

b. 合金牌号；

c. 供应状态；

d. 产品批号。

6.2　包装、运输和贮存

扁棒不涂油裸体包装。当制品长度不大于3m时捆2处，长度大于3～6m时捆扎3处，长度大于6m时捆扎4处，捆扎处应均匀分布在制品长度上。用户对包装有其他特殊要求时应在合同中注明。其他按GB/T 3199规定。

6.3　质量证明书

每批扁棒应由供方技术监督部门提供符合本标准规定的质量证明书，注明：

a. 供方名称、产品名称；

b. 合金牌号、供应状态及规格；

c. 数量或重量；

d. 批号；

e. 力学性能试验结果；

f. 本标准编号；

g. 包装日期。

7　合同内容

订购本标准所列产品的合同(或订货单)内应注明下列内容：

a. 产品名称；

b. 合金牌号；

c. 供应状态；

d. 规格；

e. 重量；

f. 本标准编号；

g. 横截面尺寸允许偏差的级别(未注明时按普通级)；

h. 平面间隙的要求级别(未注明时按普通级)；

i. 扭拧度的要求级别(未注明时按普通级)；

j. 弯曲度的要求级别(未注明时按普通级)；

k. 航空、航天及军用扁棒要求粗晶环时应注明“要求粗晶环”字样(未注明时不检验)；

l. 对表11中的合金要求电阻率时，应注明“测量电阻率”字样(未注明时不检验)；

m. 对导电用6101合金要求弯曲性能时，应注明“要求弯曲性能”字样(未注明时不检验)；

n. 增加标准以外内容时，需注明的协商项目及协商结果(如下所示)：

——需要表1以外合金或状态的扁棒；

——尺寸超出表2或表3规定范围的扁棒横截面尺寸允许偏差(未注明时不检验)；

——厚度超出表4规定范围的扁棒圆角半径(未注明时不检验)；

——尺寸超出表6规定范围的扁棒平面间隙(未注明时不检验)；

——尺寸超出表7规定范围的扁棒扭拧度(未注明时不检验)；

——尺寸超出表8规定范围的扁棒纵向弯曲度(未注明时不检验)；

——合金、状态及尺寸超出表9规定范围的扁棒力学性能(未注明时附实测结果)；

——粗晶环要求严于表10规定；

——其他需要协商的项目及结果。

附　录　A
(标准的附录)
电阻率试验方法

A1　扁棒电阻率试样长度为250mm、宽度为150mm、厚度为10mm,其电阻率采用准确度达10%的双电桥方法进行测量。

A2　电阻率按下式换算:

$$\rho_{20℃}=\rho_t[1+0.004(20-t)]$$

式中　$\rho_{20℃}$——扁棒在20℃的电阻;

ρ_t——扁棒在t℃时的电阻;

t——扁棒的温度。

A3　测量扁棒电阻率的温度不应超出10～30℃范围。

附　录　B
(提示的附录)
新旧牌号及状态对照

B1　新旧牌号对照表如表B1所示。

表 B1

新牌号	2A11	2A12	2A50	2A70	2A80	2A90	2A14	3A21	5A02
旧牌号	LY11	LY12	LD5	LD7	LD8	LD9	LD10	LF21	LF2
新牌号	5A03	5A05	5A06	5A12	6A02	7A04	7A09	8A06	—
旧牌号	LF3	LF5	LF6	LF12	LD2	LC4	LC9	L6	—

B2　新旧状态对照表如表B2所示。

表 B2

旧状态代号	R	CZ	CS
新状态代号	H112	T4	T6

二、重金属标准

中华人民共和国有色金属行业标准

YS/T 22—1992

锑 酸 钠

1 主题内容与适用范围

本标准规定了锑酸钠(亦称焦锑酸钠)的技术要求、试验方法、检验规则及包装、标志、运输和贮存。

本标准适用于氧化锑或锑精矿为原料生产的锑酸钠。该产品主要用做显像管玻璃、光学玻璃及其他玻璃的澄清剂。也可用于搪瓷、陶瓷和阻燃剂等工业。

分子式:$NaSb(OH)_6$

分子量:246.78(按 1985 年国际原子量)

2 引用标准

GB 191 包装储运图示标志

GB 1715 颜料筛余物测定法

GB 6284 化工产品中水分含量测定的通用方法 重量法

SJ/T 10087.8 锑酸钠的化学分析方法

3 技术要求

3.1 锑酸钠化学成分应符合表 1 规定。

表 1

指标项目		品级：一 级	品级：二 级
化学成分/%	总锑(以 Sb_2O_3 计)	57.6～59.2	57.6～59.2
	五氧化二锑(Sb_2O_5)	64.1～65.5	63.5～65.5
	氧化钠(Na_2O)	12～13	12～13.5
	三价锑(Sb^{+3})不大于	0.1	0.3
	三氧化二铁(Fe_2O_3)不大于	0.005	0.05
	氧化铜(CuO)不大于	0.001	0.005
	三氧化二铬(Cr_2O_3)不大于	0.001	0.005

3.2 产品外观为白色结晶粉末。

3.3 产品粒度要求在 150μm 以下,其粒度组成为:75～150μm 的不小于 95%。

3.4 产品中附着水不大于 0.3%。

3.5 如用户有特殊要求,由供需双方协商解决。

中国有色金属工业总公司 1992-03-19 批准 1993-03-01 实施

4 试验方法

4.1 总锑(以 Sb_2O_3 计)、氧化钠、三氧化二铁、氧化铜、三氧化二铬含量的测定按 SJ/T 10087.8 的规定进行。

4.2 三价锑含量的测定按附录 A 的规定进行。

4.3 五氧化二锑含量由总锑含量减去三价锑(杂质)含量获得。

4.4 粒度的测定按 GB 1715 的规定进行。

4.5 附着水的测定按 GB 6284 的规定进行。

5 检验规则

5.1 检查和验收

5.1.1 锑酸钠应由供方技术监督部门进行检验,保证产品质量符合本标准要求,并填写质量证明书。

5.1.2 需方可对收到的产品进行检验。如检验结果不符合本标准要求时,应在收到产品之日起三个月内向供方提出,由供需双方协商解决。如需仲裁时,在需方由供需双方共同取样。

5.2 组批

产品应成批提交验收。每批应由同一级别的产品组成。每批产品的重量不超过 15t。

5.3 取样规则

从每批产品中随机抽取 5% 的包装袋数,用采样管从袋子的上端沿纵向插入包装袋深度的 3/4 处取样,每袋中取样量不少于 40g。将取出的样品混匀,用四分法缩分至 500g。混匀后的样品分装于两个干燥洁净的磨口瓶中。一瓶用于检验,一瓶保存六个月备查。

5.4 重复试验

检验结果如有一项指标不符合本标准要求,则在该批产品中对不符合本标准规定的项目取双倍试样复验。如复验后仍不符合本标准规定时,则该批产品为不合格。

6 标志、包装、运输、贮存和质量证明书

6.1 包装袋上应涂刷牢固标志。内容包括:

a. 供方名称;

b. 产品名称;

c. 品级;

d. 商标;

e. 批号;

f. 净重;

g. 本标准编号;

h. GB 191 中规定的“防湿”标志。

6.2 锑酸钠应使用三层袋包装。外层用塑料编织袋,中层用玻璃纤维乳胶袋,内层用薄膜塑料袋。每袋净重 25kg。经供需双方协商亦可改变包装。

6.3 锑酸钠应按批号堆放及运输,不得混号,严防潮湿。

6.4 锑酸钠出厂应附质量证明书,其上注明:

a. 供方名称;

b. 产品名称;

c. 商标;

d. 品级;

e. 批号;

f. 净重;

g. 分析结果及技术监督部门印记;

h. 本标准编号;

i. 生产日期。

附 录 A

锑酸钠化学分析方法

碘滴定法测定三价锑

(参考件)

A1 主题内容和适应范围

本方法规定了锑酸钠中三价锑含量的测定方法。

本方法适用于锑酸钠中三价锑含量的测定。测定范围:0.01%~1%。

A2 方法提要

试料用一定量的酒石酸溶解,在有碳酸氢钠存在下,用碘标准滴定溶液滴定试液中的三价锑,以消耗碘标准滴定溶液的量计算三价锑的含量。试料中的三价砷定量地干扰三价锑的测定。如果试料中含砷,应从计算结果中减去。200mg 亚硝酸根、100mg 硝酸根、7mg 二价铜对三价锑的测定不干扰。三价铁含量超过 0.5mg,干扰三价锑的测定。

A3 试剂与仪器

A3.1 碳酸氢钠

A3.2 酒石酸溶液(100g/L)。

A3.3 氢氧化钠溶液(230g/L)。

A3.4 淀粉溶液(10g/L)。

A3.5 砷标准溶液(1mg/mL):称取 0.5000g 三氧化二砷(基准试剂),置于 250mL 烧杯中,加 20mL 氢氧化钠溶液(100g/L),溶解至清亮。加入 50mL 水,5mL 硫酸(1+1),冷却至室温,移入 500mL 容量瓶中,加水稀释至刻度,混匀。

A3.6 碘标准滴定溶液[$c(1/2I_2)=0.01$mol/L]

A3.6.1 配制:称取 1.27g 碘和 40g 碘化钾置于 250mL 烧杯中,加 100mL 水溶解,移入 1000mL 容量瓶中,用水稀释至刻度,混匀。移入棕色玻璃瓶中,避光保存。

A3.6.2 标定:取三份 70mL 碳酸氢钠溶液(40g/L)置于 500mL 锥形瓶中,加入 3mL 淀粉溶液(A3.4),用碘标准滴定溶液(A3.6)滴定至浅蓝色(不记录读数)。移取 10.00mL 砷标准溶液(A3.5),保持溶液在 15~45℃之间,用碘标准滴定溶液(A3.6)滴定至浅蓝色,即为终点。平行标定所消耗的碘标准滴定溶液(A3.6)体积的极差值应不超过 0.20mL,取其平均值。

按下式计算碘标准滴定溶液(A3.6)的实际浓度:

$$c=\frac{m}{V\times 0.04946} \qquad \text{(A1)}$$

式中 c——碘标准滴定溶液(A3.6)的实际浓度,mol/L;

m——三氧化二砷的质量,g;

V——标定中消耗碘标准滴定溶液(A3.6)的体积,mL;

0.04946——与1.00mL碘标准滴定溶液[$c(1/2I_2)=1.000$mol/L]相当的三氧化二砷的质量,g。

A4 分析步骤

A4.1 试料

称取试料1g,精确至0.0001g。

A4.2 空白试验

随同试料做空白试验。

A4.3 测定

A4.3.1 将试样(A4.1)置于500mL锥形瓶中,加少量水润湿,加入100mL酒石酸溶液(A3.2),置电炉上加热,在保持溶液微沸的温度下,溶解20min,取下冷却。

A4.3.2 加入20mL氢氧化钠溶液(A3.3),冷却。

A4.3.3 加入碳酸氢钠(A3.1)中和剩余的酒石酸并过量约4g,加入淀粉溶液(A3.4),保持溶液在15~45℃之间,用碘标准滴定溶液(A3.6)滴定至浅蓝色,即为终点。

A5 分析结果的计算与表述

按下式计算三价锑的百分含量:

$$Sb^{+3}(\%)=\frac{(V-V_0)\times c\times 0.06088}{m}\times 100 \qquad \text{(A2)}$$

式中 c——碘标准滴定溶液(A3.6)的实际浓度,mol/L;

V——滴定试液时消耗碘标准滴定溶液(A3.6)的体积,mL;

V_0——滴定空白溶液时消耗碘标准滴定溶液(A3.6)的体积,mL;

m——试料的质量,g;

0.06088——与1.00mL碘标准滴定溶液[$c(1/2I_2)=1.000$mol/L]相当的锑的质量,g。

所得结果应表示至小数点后两位。

A6 精密度

相对标准偏差小于10%。

附加说明:

本标准由中国有色金属工业总公司标准计量研究所提出。

本标准由锡矿山矿务局负责起草,株洲化工研究所参加起草。

本标准主要起草人:梁立平、周维陶、张明媛。

中华人民共和国有色金属行业标准

YS/T 29—1992

电容器专用黄铜带

代替 GB 2534—1981

1 主题内容与适用范围

本标准规定了电容器专用黄铜带的分类、技术要求、试验方法、检验规则及包装、标志、运输和贮存。

本标准适用于制造可变电容器用黄铜带。

2 引用标准

GB 228 金属拉伸试验方法

GB 4156 金属杯突试验方法

GB 5122 黄铜化学分析方法

GB 5232 加工黄铜 化学成分和产品形状

GB 6397 金属拉伸试验试样

GB 8888 重有色金属加工产品包装、标志、运输和贮存

3 产品分类

3.1 牌号、状态、规格

产品的牌号、状态和规格应符合表 1 的规定。

表 1

牌 号	状 态	厚 度	宽 度	长 度
		mm		
H62	半硬(Y_2)、硬(Y)	0.10～0.53	100～130	≥20000
		>0.53～1.00		≥10000

3.2 外形尺寸允许偏差

3.2.1 带材的尺寸允许偏差应符合表 2 的规定。

表 2

mm

厚 度	厚度允许偏差	宽度允许偏差
0.10～0.24	±0.005	-0.6
>0.24～0.38	±0.007	
>0.38～0.53	±0.01	
>0.53～0.82	±0.015	
>0.82～1.00	±0.02	

注：① 需方要求厚度偏差仅为“+”或“-”时，其值应为表中数值的 2 倍。

② 经双方协议，可供应其他规格和允许偏差的带材。

③ 带材许可交付重量不大于批重的 15%、长度不小于 4m 的短带。

中国有色金属工业总公司 1992-03-09 批准　　1993-01-01 实施

3.2.2 带材应平直,但允许有轻微的波浪。带材的侧边弯曲度每米不大于 4mm。

3.3 标记示例

用 H62 制造的、硬态、厚度为 0.25mm、宽度为 100mm 的带材,标记为:

带 H62Y 0.25×100 YS/T 29—1992

4 技术要求

4.1 化学成分

化学成分应符合 GB 5232 的规定。

4.2 力学性能

当需方有要求并在合同中注明时,供方可对厚度不小于 0.5mm 的带材做拉伸试验,其结果应符合表 3 的规定。

表 3

状态	抗拉强度 σ_b/(N/mm^2)	伸长率 δ_{10}/%
	不小于	
半硬(Y_2)	372	20
硬(Y)	412	10

4.3 工艺性能

带材的杯突试验(冲头半径为 10mm)结果应符合表 4 的规定。

表 4

状态	带材厚度/mm				
	0.1~0.19	>0.19~0.29	>0.29~0.40	>0.40~0.60	>0.60~1.00
	杯突深度/mm				
半硬(Y_2)	4~6.5	5~7.5	7~9.5	8~9.5	8~10
硬(Y)	2~5	3~6	5~7	6~8	6~8

4.4 表面质量

4.4.1 带材表面应光滑、清洁。不应有分层、裂纹、起皮、气泡、起刺、压折、夹杂和绿锈。

4.4.2 允许有轻微的、局部的、不使带材厚度超出允许偏差的划伤、斑点、凹坑、压入物和辊印等缺陷。

4.5 其他

带材两边应切齐,无毛刺、裂边和卷边。

5 试验方法

5.1 带材化学成分的仲裁分析方法按 GB 5122 的规定进行。

5.2 带材的拉伸试验方法按 GB 228 的规定进行。

5.3 带材的杯突试验方法按 GB 4156 的规定进行。

5.4 带材尺寸应用相应精度的量具进行测量,厚度在距端部不小于 100mm 和边部不小于 5mm 处测量,测量范围以外的厚度超差不作报废依据。

5.5 应用目视检查带材外观。

6 检验规则

6.1 检查和验收

6.1.1 带材应由供方技术监督部门验收,并保证产品质量符合本标准要求。

6.1.2 需方对收到的产品应按本标准规定进行复验,如复验结果与本标准的规定不符时,应在收到产品之日起3个月内向供方提出,由供需双方协商解决。

6.2 组批

带材应成批提交验收,每批应由同一状态和规格组成,每批重量不大于2000kg。

6.3 检验项目

每批带材应进行化学成分、工艺性能、外形尺寸及表面质量的检验。

6.4 取样位置和取样数量

6.4.1 供方在熔铸过程中,每炉取1个试样进行化学成分的检验,需方在每批带材中任取1个试样进行化学成分的检验。

6.4.2 拉伸试验应由每批中任取2卷带材,每卷沿轧制方向任取1个试样。试样应符合GB 6397表10中P 04的规定。

6.4.3 杯突试验由每批中任取2卷带材,每卷取1个试样。

6.4.4 带材应逐卷进行外形尺寸和表面质量的检验。

6.5 重复试验

各项试验即使有1个试样的试验结果不合格,也应从该批中再取双倍试样进行该不合格项目的复验,复验结果仍有一个试样不合格,则整批报废或逐卷检验,合格者单独编批验收。

7 包装、标志、运输和贮存

带材的包装、标志、运输和贮存按GB 8888的规定进行。

附加说明:

本标准由中国有色金属工业总公司标准计量研究所提出。
本标准由上海铜带厂负责起草。

各项试验即使有1个试样的试验结果不合格,也应从该批中再取双倍试样进行该不合格项目的复验,复验结果仍有1个试样不合格,则整批报废或逐卷检验,合格者单独编批验收。

7 包装、标志、运输和贮存

带材的包装、标志、运输和贮存按GB 8888的规定进行。

附加说明:

本标准由中国有色金属工业总公司标准计量研究所提出。

本标准由上海沪江铜厂负责起草。

本标准主要起草人:张国强、崔日梅、李国钦。

中华人民共和国有色金属行业标准

YS/T 31—1992

氯化汞触媒

1 主题内容与适用范围

本标准规定了氯化汞触媒的技术要求、试验方法、检验规则及标志、包装、运输和贮存。

本标准适用于以氯化汞为活性组分,媒质颗粒活性炭为载体生产的氯化汞触媒。氯化汞触媒是合成氯乙烯的催化剂。

2 技术要求

2.1 氯化汞含量为10.5%～12.5%。

2.2 水分含量应小于0.3%。

2.3 粒度应符合下表的规定:

粒　　度/mm	指　　标/%	粒　　度/mm	指　　标/%
>6.50	<5	<2.75	<5
2.75～6.50	>92	<1.50	<2

2.4 颗粒试样经一定的机械磨损、碰撞和筛分后,筛上部分的试样质量占试样总质量的百分数(机械强度)应大于90%。

2.5 松装密度为540～640g/L。

2.6 外观为黑色圆柱形颗粒状。

3 试验方法

3.1 氯化汞含量的测定按附录A(补充件)进行。

3.2 水分含量的测定按附录B(补充件)进行。

3.3 料度的测定按附录C(补充件)进行。

3.4 机械强度的测定按附录D(补充件)进行。

3.5 松装密度的测定按附录E(补充件)进行。

3.6 外观用目视检测。

4 检验规则

4.1 检查和验收

4.1.1 产品应由供方技术监督部门进行检验,保证产品质量符合本标准要求,并填写质量证明书。

4.1.2 需方应对收到的产品按本标准的规定进行检验,如检验结果与本标准的规定不符时,应在收到产品之日起一个月内向供方提出,由供需双方协商解决。如需仲裁,仲裁取样在需方共同进行,其中水分含量测定以供方保存的试样测定结果为准。

中国有色金属工业总公司 1992-03-09 批准　　1993-01-01 实施

4.2 组批

产品应成批提交检验,每批重量不应超过6t。

4.3 取样方法

每批产品取样件数应不少于该批产品的10%,最少应不少于15件。用取样探针从包装袋口上方垂直插入料层的3/4处取样,每件取样应不少于100g。将取得的试样混合均匀,缩分至不少于1000g,再分成两等份,迅速装入两只干燥洁净的玻璃瓶中,密封。

4.4 检验结果判定

当仲裁分析结果与本标准规定不符时,该批产品即为不合格品,按批退货。

5 标志、包装、运输、贮存

5.1 标志

包装上应涂刷牢固标志,内容包括:

a. 产品名称;

b. 供方名称;

c. 批号;

d. 净重;

e. 本标准编号;

f. 出厂日期;

g. 具有“防潮”、“有毒”标志及“小心轻放”等字样。

5.2 包装

5.2.1 软包装:外层为塑料编织袋,内用双层塑料薄膜袋密封。每袋净重25kg。

5.2.2 硬包装:内用双层塑料薄膜袋密封,外用铁桶或塑料桶,加盖密封。每件重量由供需双方商定。

5.3 运输

产品装卸、运输过程中应轻搬轻放,不得摔碰和踩踏;应加篷遮盖防雨防晒;不得与食品混合装运。

5.4 贮存

产品应贮存于干燥阴凉、通风的库房内,防雨防潮,远离火源;产品应整齐堆放,不得踩踏。堆码高度不得超过六层。

5.5 质量证明书

每批产品应附有质量证明书,注明:

a. 供方名称;

b. 产品名称;

c. 产品批号;

d. 净重和件数;

e. 分析检验结果和技术监督部门印记;

f. 本标准编号;

g. 出厂日期。

附 录 A
氯化汞含量的测定
（补充件）

A1 主题内容与适用范围

本标准规定了氯化汞触媒中氯化汞含量的测定方法。

本标准适用于氯化汞触媒中氯化汞含量的测定。测定范围:5％～20％。

A2 引用标准

GB 1.4　标准化工作导则　化学分析方法标准编写规定

GB 1467　冶金产品化学分析方法标准的总则及一般规定

A3 方法提要

试料用碳酸钠进行热分解,冷凝析出的金属汞加硝酸溶解,汞蒸气用硝酸-高锰酸钾溶液吸收,过量的高锰酸钾用硫酸亚铁铵还原,以硝酸铁作指示剂,硫氰酸钾标准滴定溶液滴定至溶液呈浅橙黄色为终点。

A4 试剂

A4.1　无水碳酸钠:研磨至 0.1mm,于 270～300℃烘干 1h,装入瓶中,备用。

A4.2　硝酸(ρ1.42g/mL)。

A4.3　硝酸(1+20)。

A4.4　高锰酸钾(3g/L)。

A4.5　硫酸亚铁铵溶液(50g/L):称取 5g 硫酸亚铁铵[$(NH_4)_2SO_4 \cdot FeSO_4 \cdot 9H_2O$]溶于 100mL 硫酸(1+20)中。

A4.6　汞基准溶液(2mg/mL)

称取约 1g 金属汞(99.999％),精确至 0.0002g,置于 100mL 烧杯中,加入 25mL 硝酸(4.2),待汞溶解后,于沸水浴上加热 10min,驱赶氮的氧化物,取下冷却,移入 500mL 容量瓶中,以水稀释至刻度,混匀。

A4.7　硫氰酸钾标准滴定溶液[C(KCNS)=0.025mol/L]

A4.7.1　配制:称取 2.5g 硫氰酸钾,置于 1000mL 容量瓶中,以水溶液并稀释至刻度,混匀。

A4.7.2　标定:移取三份 25.00mL 汞基准溶液,分别置于 250mL 锥形瓶中,加入 20mL 硝酸(4.3)、20mL 高锰酸钾溶液、5mL 硝酸(4.2),于沸水浴上煮沸 10min,取下冷却。滴加硫酸亚铁铵溶液至高锰酸钾溶液红色消失,并过量 5 滴。加 1mL 硝酸铁指示剂,以水稀释至约 100mL,用硫氰酸钾标准滴定溶液滴定至溶液呈浅橙黄色为终点。

随同标定做空白试验。

按下式计算硫氰酸钾标准滴定溶液的实际浓度:

$$C=\frac{m}{(V_1-V_0)\times 0.1003} \tag{A1}$$

式中　C——硫氰酸钾标准滴定溶液的实际浓度,mol/L;

m——标定中移取的汞基准溶液中汞的质量,g;

V_1——滴定汞基准溶液所消耗的硫氰酸钾标准滴定溶液的体积,mL;

V_0——标定中滴定空白溶液所消耗硫氰酸钾标准滴定溶液的体积,mL;

0.1003——与1.00mL硫氰酸钾标准滴定溶液[C(KCNS)=1.000mol/L]相当的汞的质量,g。

取3份标定结果的平均值为硫氰酸钾标准滴定溶液的实际浓度。平行标定所消耗的硫氰酸钾标准滴定溶液体积的极差应不超过0.10mL。

A4.8 硝酸铁指示剂(300g/L):称取30g硝酸铁溶于100mL硝酸(1+1)中。

A5 装置

试料分解装置如下图所示。

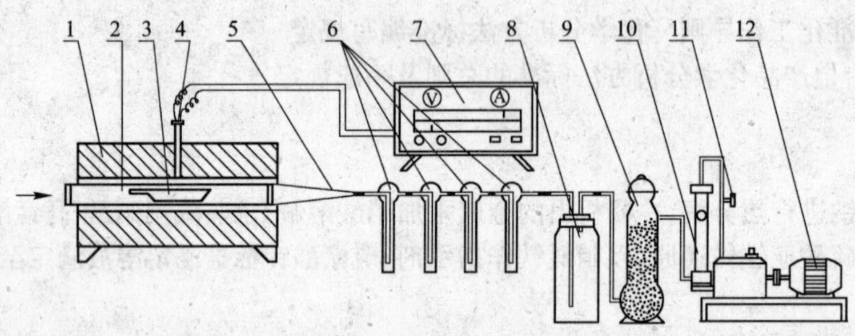

试料分解装置示意图

1—管式电炉;2—石英蒸馏管;3—瓷舟;4—热电偶;5—石英导气管;6—吸收管;7—温度控制器;8—缓冲瓶;9—净化瓶(内装活性炭);10—气体流量计;11—气体流量调节阀;12—真空泵

A6 样品

A6.1 实验室样品

实验室样品的采取按4.3条的规定进行。

A6.2 试样

试样粒度应小于0.147mm,并密封保存。

A7 分析步骤

A7.1 试料

称取约0.5g试样精确至0.0002g。

独立地进行两次测定,取其平均值。

A7.2 空白试验

随同试料做空白试验。

A7.3 测定

A7.3.1 将试料(A7.1)置于瓷舟中,加约1g无水碳酸钠混匀,再用2g覆盖其表面。

A7.3.2 串联四只吸收管,各装入5mL硝酸(A4.3)和5mL高锰酸钾溶液。

A7.3.3 将石英蒸馏管插入管式电炉炉膛中,排气口一端不得伸出炉膛。

A7.3.4 将石英导气管一端与石英蒸馏管磨口联接,另一端与吸收装置联接。

A7.3.5 启动真空泵,检查装置是否漏气,控制空气流量为1L/min。

A7.3.6 接通电源,待炉温升至700℃时,将瓷舟送入炉膛中部高温处,恒温30min。

A7.3.7 关闭电源，继续抽气 10min，小心取下导气管(须防止管内汞流失)。

A7.3.8 用 5mL 硝酸(A4.2)洗涤导气管壁，使汞全部溶解，洗液并入 250mL 锥形瓶中，然后于沸水浴上煮沸约 10min，取下冷却。

A7.3.9 用 5mL 硫酸亚铁铵溶液洗涤吸收管和导气管，再用水洗涤 3 次，洗液并入锥形瓶中，若溶液呈红色，则继续滴加硫酸亚铁铵溶液至红色消失，并过量 5 滴。

A7.3.10 加 1mL 硝酸铁指示剂，以水稀释溶液体积至约 100mL，用硫氰酸钾标准滴定溶液滴定至溶液呈浅橙黄色为终点。

A8 分析结果的表述

按下式计算氯化汞的百分含量：

$$X = \frac{C(V_2 - V_3) \times 0.1357}{m} \times 100 \tag{A2}$$

式中 X——氯化汞的百分含量，%；

C——硫氰酸钾标准滴定溶液的实际浓度，mol/L；

V_2——滴定试料溶液所消耗硫氰酸钾标准滴定溶液的体积，mL；

V_3——测定中滴定空白溶液所消耗硫氰酸钾标准滴定溶液的体积，mL；

m——扣出水分后的试料的质量，g；

0.1357——与 1.00mL 硫氰酸钾标准滴定溶液 $\left[C\left(\frac{1}{2}HgCl_2\right)=1.000mol/L\right]$ 相当的氯化汞的质量，g。

所得结果应表示至二位小数。

A9 允许差

实验室之间分析结果的差值应不大于下表所列允许差。

%

氯化汞含量	允许差	氯化汞含量	允许差
5.00～10.00	0.20	>15.00～20.00	0.40
>10.00～15.00	0.30		

附 录 B
水分含量的测定
(补充件)

B1 主题内容与适用范围

本标准规定了氯化汞触媒中水分含量的测定方法。

本标准适用于氯化汞触媒中水分含量的测定。测定范围：0.1%～5%。

B2 引用标准

GB 1.4 标准化工作导则 化学分析方法标准编写规定

GB 1467　冶金产品化学分析方法标准的总则及一般规定

B3　方法提要

利用苯与水互不相溶的性质，将试料与苯加热共沸，经回流后，水被分离，记录其体积，计算含量。

B4　试剂

苯(用无水氯化钙脱水)。

B5　仪器

B5.1　水分测定器：如右图所示。

B5.2　工业天平：最大称量 200g；感量 0.2g。

B6　分析步骤

B6.1　试料

称取 100g 试样，精确到 0.2g。

独立地进行两次测定，取其平均值。

B6.2　测定

将试料(6.1)置于 500mL 烧瓶中，加约 200mL 苯(以试料淹没为宜)，连接水分测定器，先通冷却管的冷却水，在水浴上加热煮沸，使冷凝液以每秒 2～5 滴速度从冷却管末端滴下，当接受管中水分在 30min 内水位不再增加时，停止加热，冷却后用 20mL 苯淋洗冷凝管壁，使附着于管壁的水珠全部洗入接受管中，静止 10min 至苯层完全透明，记录接受管中水分所占体积。

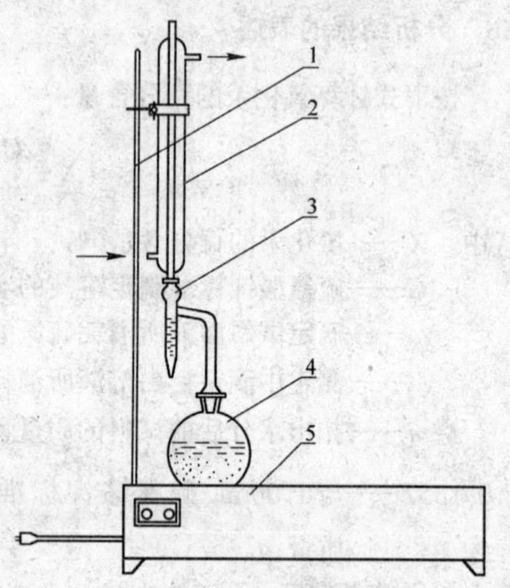

水分测定器示意图

1—铁架；2—冷却管；3—接受管(10mL)；4—蒸馏瓶(500mL)；5—水浴锅

B7　分析结果的表述

按下式计算水分的百分含量

$$X_1 = \frac{V \cdot \rho}{m} \times 100$$

式中　X_1——水分的百分含量；

V——接受管中水分所占体积，cm^3；

m——试料的质量，g；

ρ——水的密度[见附录 F(补充件)]，g/cm^3。

所得结果应表示至二位小数。

B8　允许差

实验室之间分析结果的差值应不大于下表所列允许差：

%

水分含量	允许差	水分含量	允许差
0.10～0.50	0.05	>1.00～5.00	0.15
>0.50～1.00	0.10		

附　录　C
粒度的测定
（补充件）

C1　方法提要

在粒度测定仪上用分样筛将一定数量的试样进行筛分，以保留在各筛层上的氯化汞触媒的质量分别占各筛分试样的质量和的百分数表示试样的粒度分布。

C2　仪器

C2.1　粒度测定仪（见下图）：转速 150±2r/min，偏心距 20±1mm。

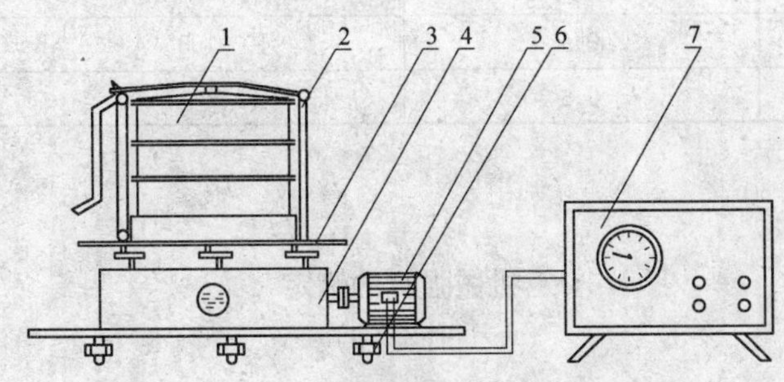

粒度测定仪

1—筛子；2—筛架；3—筛底；4—变速箱；5—电动机；
6—水平调节螺钉；7—时间继电器

C2.2　时间继电器：精度±1s/min。

C2.3　圆孔分样筛：直径 200mm，高 50mm，孔直径分别为 6.50±0.20mm、2.75±0.08mm 和 1.50±0.03mm 的筛子各一个。孔呈三角形排列，每相邻两孔之间的中心距离分别为 13mm、5mm 和 2.8mm。

C2.4　毛刷。

C2.5　天平：感量 0.1g。

C2.6　格槽式分样器。

C3　测定步骤

C3.1　将 6.50、2.75、1.50mm 的筛子各一个和筛底依上下顺序叠装、安放在粒度测定仪的筛架上。

C3.2　将试样通过格槽式分样器，以获取 100±5g 的试样两个，称取每一个试样，精确至 0.1g，独立地进行两次测定，取其平均值。

C3.3　将试样移入顶筛，盖上筛盖，扣紧筛子，启动粒度测定仪，筛分 180±3s。

C3.4　松开卡板，拿出筛盖，依次轻轻取下各筛层，并将各层中的试样用瓷盘分别收集。卡在筛孔上的试样可轻轻震拍筛框及用毛刷刷下，也作该层筛上物，分别称取各筛层和筛底的试样重，精确至 0.1g。

C4　测定结果的表述

按下式计算试样的粒度分布：

$$S_i = \frac{m_i}{m} \times 100$$

式中 S_i——第 i 段的粒度百分数;

m_i——第 i 层筛上的试样质量,g;

m——各筛分的试样质量和,g。

所得结果应表示至一位小数。

C5 允许差

C5.1 各筛分的试样质量和与试样总质量之差值不得超过 1.0g,否则应重新称样测定。

C5.2 实验室之间测定结果的差值应不大于下表所列允许差。

g

各筛分试样重	允 许 差	各筛分试样重	允 许 差
<2	0.5	10~100	2.0
2~10	0.8		

附 录 D
机械强度的测定
（补充件）

D1 方法提要

试样在强度测定仪内经受一定的机械磨损、碰撞,骨架和表面受到一定破坏,用孔径为 1.50mm 的分样筛筛分,以保持在筛上部分的试样质量占试样总质量的百分数作为氯化汞触媒的机械强度。

D2 仪器

D2.1 强度测定仪(见下图):钢筒转速 50±2r/min;钢筒内径 80mm,有效长度 120mm,壁厚 3mm,在内壁有对称分布的纵筋两条,筋高 10mm,宽 4mm,长 120mm。每个钢筒内放置直径为 14.3±0.2mm 的钢球(轴承滚珠)5 个。

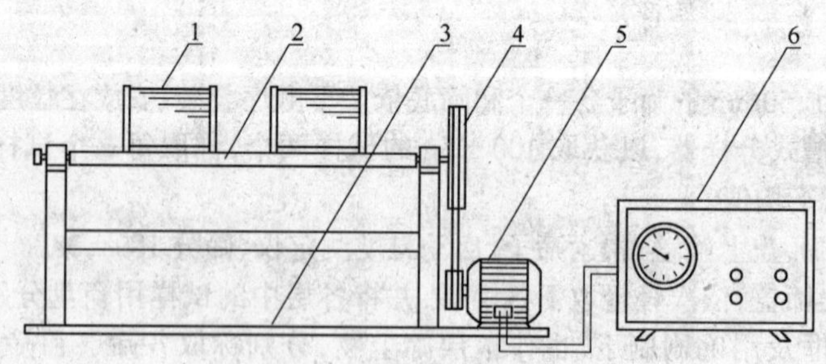

强度测定仪

1—钢筒;2—滚轴;3—底座;4—皮带轮;5—电动机;6—时间继电器

D2.2 时间继电器:精度±1s/min。

D2.3 粒度测定仪(见 C2.1)。

D2.4 圆孔分样筛:直径 200mm,高 50mm,孔直径为 1.50±0.03mm 的筛子一个。孔呈三角形排列,每相邻两孔之间的中心距离为 2.8mm。

D2.5 天平:感量 0.1g。

D2.6 量筒:50mL,200mL 各一个。

D3 测定步骤

D3.1 量取约 150mL 水分含量符合产品技术要求的试样,在粒度测定仪上经 1.5mm 圆孔分样筛,筛分 180±3s,除去粉尘。

D3.2 用量筒量取 50mL 经过筛去粉尘的试样两份,分别称重,准确至 0.1g,独立进行两次测定,取其平均值。

D3.3 将称取的试样装入强度测定仪的钢筒内,旋转筒盖,水平放置在强度测定仪两滚轴间,启动运转 300±2s。

D3.4 取下钢筒,开盖,用钳子夹出钢球。将试样移至粒度测定仪上,仍用 1.50mm 圆孔分样筛筛分,筛分时间 180±3s。

D3.5 收集保存在筛层上的试样并称重,准确至 0.1g。

D4 测定结果的表述

按下式计算试样的强度:

$$F=\frac{m_2}{m_1}\times 100$$

式中 F——试样的机械强度百分数;

m_1——球磨前试样的总质量,g;

m_2——球磨后保存筛层上的试样质量,g。

所得结果表示至一位小数。

D5 允许差

实验室之间测定结果的差值应不人于 2%。

附 录 E
松装密度的测定
(补充件)

E1 方法提要

试样由金属振动器经漏斗连续、均匀、自由地落入量筒至一定容积。单位体积的试样质量表示氯化汞触媒的松装密度。

E2 仪器

E2.1 松装密度测定仪(见图 E1):由贮料漏斗(见图 E2)、加料漏斗(见图 E3)、金属振动器(见图

E4)、及容积100mL的量筒组成。

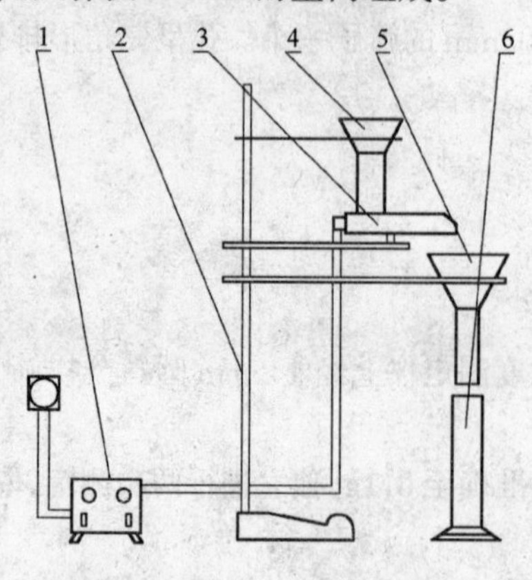

图E1　松装密度测定仪

1—振动源；2—铁架；3—金属振动器；4—贮料漏斗；5—加料漏斗；6—量筒

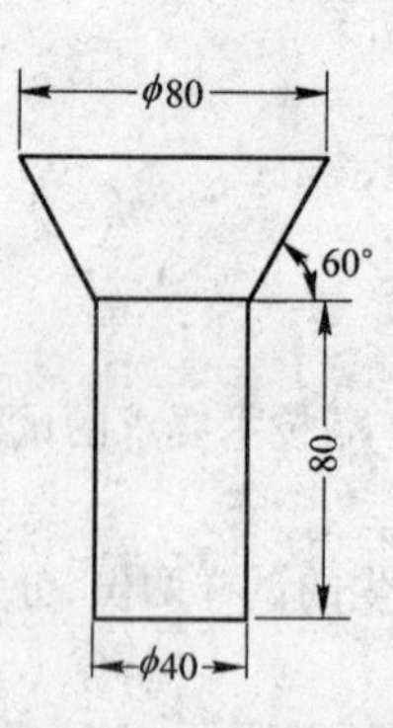

图E2　贮料漏斗

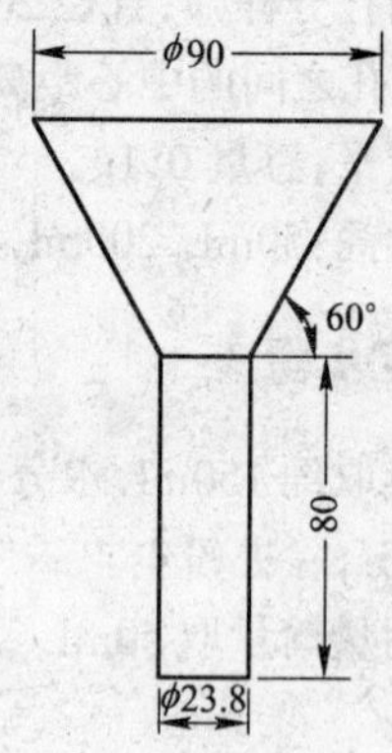

图E3　加料漏斗

E2.2　秒表。

E2.3　天平：感量0.1g。

E2.4　刮片：条状聚氯乙烯薄片。

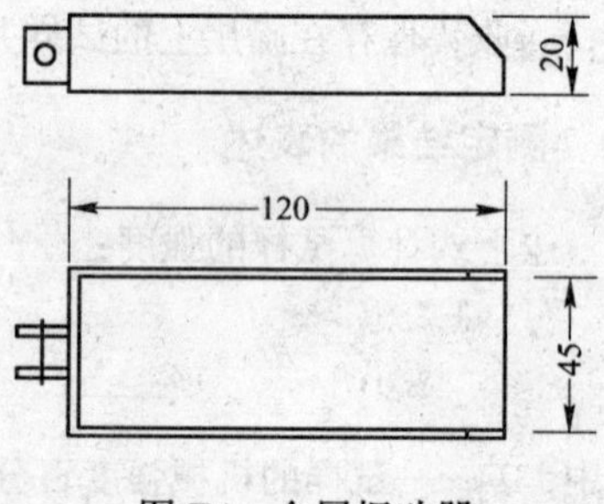

图E4　金属振动器

E3　测定步骤

E3.1　将待测试样装入贮料漏斗，试样不得过早流入量筒，否则应将试样重新倒回贮料漏斗。

E3.2　调整振动器的倾斜角度或贮料漏斗的高度，使其试样以每秒钟0.75～1.0mL的速度由振动器经加料漏斗连续、均匀、自由地落入容积为100mL的量筒内，装满后用刮片轻轻刮平。

E3.3　将量筒中的试样称重，精确至0.1g，按上述操作步骤独立地进行两次测定，取其平均值。

E4　测定结果的表述

$$\rho=\frac{m(1-A)}{100}\times 1000$$

式中　m——充填100mL容积的试样质量，g；

A——试样的水分百分含量；

ρ——试样的松装密度，g/L。

E5　允许差

实验室之间测定结果的差值应不大于4%。

附　录　F
不同温度下水的密度
（补充件）

温度/℃	密度/(g/cm³)	温度/℃	密度/(g/cm³)	温度/℃	密度/(g/cm³)
4	1.0000	15	0.99793	26	0.99593
5	0.99850	16	0.99780	27	0.99569
6	0.99851	17	0.99765	28	0.99544
7	0.99850	18	0.99751	29	0.99518
8	0.99848	19	0.99734	30	0.99491
9	0.99844	20	0.99718	31	0.99464
10	0.99839	21	0.99700	32	0.99434
11	0.99832	22	0.99680	33	0.99400
12	0.99823	23	0.99660	34	0.99375
13	0.99814	24	0.99638	35	0.99345
14	0.99804	25	0.99617	36	0.99312

附加说明：

本标准由中国有色金属工业总公司标准计量研究所提出。

本标准由新晃汞矿、湖南有色金属研究所负责起草。

本标准主要起草人：李积能、蒲尊殿、邓志雄、佘鹏生、罗碧芳、朱运琴。

中华人民共和国有色金属行业标准

YS/T 44—1992

高 纯 锡

1 主题内容与适用范围

本标准规定了高纯锡的产品分类、技术要求、试验方法、检验规则和标志、包装、运输、贮存。

本标准适用于以1号精锡为原料，经电解等而制得纯度不小于99.999%的锡；以Sn-05锡为原料，经直拉单晶提纯等而制得纯度不小于99.9999%的锡。

产品供制备高纯合金、半导体化合物、超导材料和焊料等。

2 引用标准

YS/T 36.1～36.3 高纯锡化学分析方法

3 产品分类

3.1 高纯锡分为Sn-05和Sn-06两个牌号。

4 技术要求

4.1 各牌号的化学成分应符合下表规定：

牌号			Sn-05	Sn-06
化学成分	Sn/%不小于		99.999	99.9999
	杂质含量/ppm(10^{-6})不大于	Ag	0.5	0.01
		Al	0.3	0.05
		Ca	0.5	0.05
		Cu	0.5	0.05
		Fe	0.5	0.05
		Mg	0.5	0.05
		Ni	0.5	0.05
		Zn	0.5	0.05
		Sb	0.5	—
		Bi	0.5	—
		As	1.0	—
		Pb	0.5	—
		Au	0.1	0.01
		Co	0.1	0.01
		In	0.2	—

中国有色金属工业总公司 1992-03-19 批准　　　　1993-03-01 实施

4.2　高纯锡为锭状或粒状，呈银白色，表面清洁、平整，无氧化渣、毛刺和缩孔。
4.3　产品以锭状或粒状供货。
4.4　产品用于含锡合金时，其他合金元素提供实测数据。
4.5　需方如有特殊要求，供需双方另行商定。

5　试验方法

5.1　产品外观用目视检查。
5.2　Sn-05 产品化学成分的分析方法按 YS/T 36.1～36.3 进行。

Sn-06 产品化学成分的分析按供方现行方法进行；仲裁分析按供需双方认可的方法进行。

6　检验规则

6.1　产品由供方技术监督部门进行检验，保证产品符合本标准规定，并填写质量证明书。
6.2　需方可对收到的产品进行检验，如检验结果与本标准不符时，在收到产品之日起 3 个月内向供方提出，双方协商解决。
6.3　产品应成批提交验收。每批由同一生产方法、同一牌号和同一规格的产品组成。
6.4　仲裁取样方法按如下规定进行：

从每批锭状或粒状产品中任取 1～3 锭或瓶，将所选取的试样熔化后，用玻璃棒搅成细粒，任取 5～10g。

6.5　分析检验结果不合格时，则加倍取样对不合格项目进行复验。如仍有一个结果不合格时，则该批产品为不合格。

7　标志、包装、运输、贮存

7.1　锭状产品用涤纶薄膜包裹，塑料袋封装，每袋净重不超过 5kg。粒状产品用瓶装，每瓶净重不超过 3kg。然后装入箱中，箱内用泡沫塑料等软物塞紧。
7.2　产品应附有标签，注明：牌号、批号和净重。每箱外注明：供、需方名称和产品名称，并有“防潮”、“轻放”字样或标志。
7.3　产品应存放于清洁、干燥和无酸碱气氛之处。产品在需方贮存不宜超过一年。
7.4　产品在运输过程中应防潮，不得剧烈碰撞。
7.5　启封及使用产品时应注意环境卫生，不允许用手直接拿取，避免引入杂质。
7.6　每批产品应附有质量证明书，注明：

a. 供方名称；
b. 产品名称；
c. 产品牌号、批号、净重和件数；
d. 名项分析检验结果及检验部门印记；
e. 本标准编号；
f. 出厂日期。

附加说明：

本标准由中国有色金属工业总公司标准计量研究所提出。
本标准由峨眉半导体材料厂负责起草。
本标准主要起草人：李家彦、修鸿祥、郭富敏。

中华人民共和国有色金属行业标准

YS/T 66—1993

冶炼烟气制工业硫酸

1 主题内容与适用范围

本标准规定了冶炼烟气制工业硫酸的产品分类、技术要求、试验方法、检验规则及包装、标志、运输和贮存等。

本标准适用于由冶炼烟气生产的工业硫酸。

2 引用标准

GB 190 危险货物包装标志

GB 1250 极限数值的表示方法和判定方法

GB 6680 液体化工产品采样通则

GB 8170 数值修约规则

GB 11198.1 工业硫酸 硫酸含量的测定和发烟硫酸中游离三氧化硫含量的计算 滴定法

GB 11198.2 工业硫酸 灰分的测定 重量法

GB 11198.3 工业硫酸 铁含量的测定 邻菲啰啉分光光度法

GB 11198.4 工业硫酸 铁含量的测定 原子吸收分光光度法

GB 11198.5 工业硫酸 砷含量的测定 二乙基二硫代氨基甲酸银光度法

GB 11198.6 工业硫酸 砷含量的测定 古蔡法

GB 11198.7 工业硫酸 铅含量的测定 双硫腙光度法

GB 11198.8 工业硫酸 铅含量的测定 原子吸收分光光度法

GB 11198.9 工业硫酸 汞含量的测定 双硫腙光度法

GB 11198.10 工业硫酸 汞含量的测定 无火焰原子吸收分光光度法

GB 11198.12 工业硫酸 二氧化硫含量的测定 碘量法

GB 11198.13 工业硫酸 氯含量的测定 电位滴定法

GB 11198.14 工业硫酸 透明度的测定

GB 11198.15 工业硫酸 色度的测定

3 产品分类

冶炼烟气制工业硫酸分为三类:浓硫酸、发烟硫酸和稀硫酸。

4 技术要求

4.1 冶炼烟气制工业硫酸的化学成分及外观应符合表1规定。

中国有色金属工业总公司 1993-03-17 批准 1994-04-01 实施

表 1

项目 \ 指标 \ 分类	浓硫酸				发烟硫酸			稀硫酸
	特种硫酸	优等品	一等品	合格品	优等品	一等品	合格品	
硫酸(H_2SO_4)/% ≥	92.5 或 98.0	92.5 或 98.0	92.5 或 98.0	92.5 或 98.0	—	—	—	75.0
游离三氧化硫(SO_3)/% ≥	—	—	—	—	22.0	21.0	20.0	—
灰分/% ≤	0.02	0.03	0.04	0.10	0.02	0.03	0.10	—
铁(Fe)/% ≤	0.005	0.010	0.015	—	0.010	0.010	0.030	—
砷(As)/% ≤	0.00008	0.0001	0.005	—	0.00008	0.0001	—	—
铅(Pb)/% ≤	0.001	0.01	—	—	0.001	0.01	—	—
汞(Hg)/% ≤	0.0005	—	—	—	—	—	—	—
二氧化硫(SO_2)/% ≤	0.01	—	—	—	—	—	—	—
氯(Cl)/% ≤	0.0001	—	—	—	—	—	—	—
透明度/mm ≥	160	50	—	—	—	—	—	—
色度/mL ≤	1.0	2.0	—	—	—	—	—	—

4.2　用户对浓硫酸优等品的氯含量及一等品的透明度和色度有要求时，由供需双方协商议定。

5　试验方法

冶炼烟气制工业硫酸的化学成分分析及外观检验按照 GB 11198.1～11198.15 的规定进行。

6　检验规则

6.1　冶炼烟气制工业硫酸应由供方质量监督检验部门检验，保证产品质量符合本标准的规定，并填写质量证明书。

6.2　需方有权按照本标准的规定对产品进行验收。如检验结果与本标准规定不符时，应在收到产品之日起 5 日内向供方提出，由供需双方协商解决。如需仲裁，仲裁取样应由供需双方在原包装中共同进行。

6.3　产品出厂检验，以每一贮罐的硫酸为一批。

6.4　冶炼烟气制酸的取样方法，按 GB 6680 中 2.2 条的规定进行。

所取硫酸样品量不得少于 500mL，摇匀后，装入清洁、干燥具磨口塞的玻璃瓶中，瓶上贴标签，注明：生产厂名称、产品名称、批号、类别、等级和取样日期。

6.5　检验结果即使有 1 项指标不符合本标准要求，也应重新自贮罐中取两个试样进行复验，复验结果只要有 1 个试样不符合本标准规定，则整批产品为不合格品。

6.6　检验结果数值修约按 GB 8170 中第 3 章的规定进行。检验结果判断按 GB 1250 中修约值比较法处理。

7　包装、标志、运输、贮存及安全要求

7.1　冶炼烟气制工业硫酸应装于专用的槽车(船)内运输，也可装入瓷坛或其他耐酸容器内运输。酸

坛应置于木箱内,坛周围衬草、刨花或细炉渣等物,坛盖用耐酸材料密封。

7.2 装运硫酸的槽车(船)外部,应喷涂 GB 190 中规定的腐蚀性物品标志;用其他容器包装,包装外部应粘贴此标志。

7.3 每批出厂硫酸都应附有质量证明书,注明:

a. 生产厂名称;

b. 产品名称、商标、类别和等级;

c. 批号;

d. 净重或件数;

e. 分析检验结果和质量监督检验部门印记;

f. 本标准编号;

g. 产品出厂日期。

7.4 硫酸属危险性和腐蚀性物品。装卸时,操作人员应穿戴防护用品,工作现场应备有应急水源;运输、贮存时应避免与有机物、金属粉末等接触,禁止在敞开的容器附近抽烟和动用明火。

附加说明:

本标准由中国有色金属工业总公司提出。

本标准由葫芦岛锌厂负责起草。

本标准主要起草人:陈志均、孟庆芬、刘克珊。

中华人民共和国有色金属行业标准

YS 68—1993

砷

代替 GB 3495—1983

1 主题内容与适用范围

本标准规定了三氧化二砷(As_2O_3)经还原蒸馏制得的砷的技术要求、试验方法、检验规则、标志、包装、运输、贮存及安全。

本标准适用于生产合金和半导体等行业用的砷。

2 引用标准

GB 4373.1～4373.4 砷化学分析方法

3 技术要求

3.1 砷的化学成分应符合表1的规定。

表 1

牌 号	化 学 成 分 /%				
	As 不小于	杂质 不大于			
		Sb	Bi	S	杂质总和
As 99	99.0	0.4	0.1	0.3	1.0

注：砷含量为化学分析结果。

3.2 砷应呈银灰色金属结晶状。

3.3 砷不应带有外来夹杂物。

4 试验方法和检验规则

4.1 复验和仲裁分析的取样、制样

4.1.1 复验和仲裁按批随机取样，取样桶数按表2规定进行。

表 2

每 批 桶 数	取 样 桶 数
1～2	全 数
3～8	2
9～25	3
26～100	5
101～500	8
501～1000	13

4.1.2 取样时，先将每桶按块状(≥10mm)和粒状(＜10mm)分别称重，然后按块状与粒状的实际重

中国有色金属工业总公司 1993-08-16 批准 1994-09-01 实施

量比选取250g样品,再将该批所取的样品合并,送交制样。

4.1.3 将取来的样品迅速捣细,直至全部通过0.84mm筛。然后将样品混匀,并用四分法缩分至120g,再用0.42mm筛筛分,将筛上筛下试样分别混匀,各分成3等份,分装于6个干燥洁净的磨口瓶中,盖紧瓶口,用石蜡密封。在瓶上注明生产厂名称、产品名称、批号和取样日期,供需双方各保存一份(筛上筛下试样各一瓶为一份)做复验用,另一份做仲裁用。

4.2 仲裁分析方法

仲裁分析方法按GB 4373.1~4373.4的规定进行。

4.3 检查与验收

4.3.1 产品由供方质量检验部门检验,保证产品符合本标准的规定,并填写质量证明书。

4.3.2 需方可对收到的产品进行质量验收。当验收结果与本标准规定不符时,应在收到产品之日起一个月内向供方提出,由供需双方协商解决。如需仲裁,仲裁机构由双方协商选定。仲裁结果为最终结果。

5 标志、包装、运输、贮存

5.1 包装桶外表应刷有"有毒品"、"小心轻放"标志,并标明生产厂名称、产品名称、商标、净重。

5.2 产品用内衬塑料袋的铁皮桶包装,净重50kg。

5.3 砷应贮存于干燥场所,严防潮湿,不得与酸碱等化学物品接触。贮存期为1年。

5.4 每批产品应附有质量证明书,注明:

a. 生产厂名称;

b. 产品名称;

c. 批号、批重和件数;

d. 各项分析检验结果和检验部门印记;

e. 本标准编号;

f. 出厂日期。

6 安全

砷易氧化,其氧化物为剧毒品。在检验、使用、贮存、包装及运输时,应按有毒品规定处理。

附加说明:

本标准由中国有色金属工业总公司标准计量研究所提出。

本标准由水口山矿务局负责起草。

本标准起草人:伍中一、王振岭、黄杰。

自本标准实施之日起,原中华人民共和国国家标准GB 3495—1983《砷》作废。

中华人民共和国有色金属行业标准

YS/T 70—1993

粗　铜

代替 YB 740—1982

1　主题内容与适用范围

本标准规定了粗铜的产品分类、技术要求、试验方法、检验规则及标志、包装、运输和贮存。

本标准适用于转炉及其他方法所生产的粗铜，供精炼用。

本标准的有关条款也适用于阳极铜。

2　引用标准

GB 5120　粗铜化学分析方法

3　产品分类

粗铜按化学成分分为3个牌号：Cu99.30C、Cu99.00C、Cu97.50C。

4　技术要求

4.1　化学成分

4.1.1　粗铜的化学成分应符合下表的规定。

粗铜化学成分　　%

品　级	牌　号	Cu不小于	杂质含量　不大于			
			As	Sb	Bi	Pb
一号	Cu99.30C	99.30	0.06	0.05	0.01	0.08
二号	Cu99.00C	99.00	0.12	0.10	0.02	0.12
三号	Cu97.50C	97.50	0.34	0.29	0.07	0.40

4.1.2　粗铜中金、银含量不做规定，但需按批进行分析，报出分析结果。如有特殊情况，供需双方可协商解决。

4.2　表面质量

4.2.1　粗铜锭的边缘及表面不得有易脱落的飞边、毛刺等。

4.2.2　表面和断面不得有炉渣和夹杂物。

4.2.3　浇铸面铜峰高度不大于100mm。

4.3　每个粗铜锭重量为500～800kg。锭的长度不大于800mm，宽度不大于500mm。如合同中注明时，也可供应其他规格的铜锭。

5　试验方法

5.1　化学成分的仲裁分析方法按GB 5120的规定进行。

5.2　表面质量用目视检查。

中国有色金属工业总公司 1993-12-22 批准　　1994-10-01 实施

6 检验规则

6.1 检查和验收

6.1.1 粗铜应由供方技术监督部门进行检验,保证产品质量符合本标准的规定,并填写质量证明书。

6.1.2 需方对收到的产品及小样按本标准的规定进行检验。如检验结果与所附的质量证明书不符时,应在收到小样之日起两个月内向供方提出,由供需双方协商解决。如需仲裁,仲裁取样在需方由供需双方共同进行,样品交由双方共同认可的单位分析,以仲裁分析结果为准。

6.2 组批

粗铜应成批提交检验,每批由同一炉次且形状大致相同的产品组成。

6.3 检验项目

每批粗铜锭应进行化学成分及表面质量的检验。

6.4 化学成分仲裁取样、制样。

6.4.1 仲裁取样

6.4.1.1 每批粗铜随机抽取粗铜锭,小于30t时,取样锭数不少于3锭;大于30t时,取样锭数不少于5锭。

6.4.1.2 用直径14～18mm钻头钻取样锭。钻样时,清除全部外来物,沿样锭两条长对角线的四等分点处钻穿5孔。当铜锭厚度大不能一次钻穿时,可在锭的正反面相对应的点上各钻样锭厚度的二分之一,两孔可以不是同心圆。

6.4.1.3 钻样时,为避免钻屑氧化,要保持钻头锋利,并可使用酒精冷却,钻头转速应以钻屑不氧化为宜。

6.4.1.4 钻样时,应防止钻屑飞溅损失。收集钻屑时,应防止钻屑以外的氧化皮等杂物落入钻屑内。

6.4.2 样品制备

6.4.2.1 按以下方法制备成4份样品,供方、需方、仲裁、备用各一份。

6.4.2.2 铜分析样品的制备

将收集的全部钻屑用磁铁除去混入的铁屑,再用0.44mm标准筛筛分,筛上、筛下样品分别称重、缩分,各取出四分之一,取出的筛上、筛下样品分别按四分法缩分成4份,随即分别用铝箔袋封存。

6.4.2.3 金、银分析样品的制备

将6.4.2.2条中剩余的筛上、筛下样品合并,加工破碎全全部通过2mm标准筛,用磁铁除去混入的铁屑,再用0.44mm标准筛筛分,筛上、筛下分别称重、缩分成4份,装袋封存。

6.5 日常取样、制样方法按附录A进行。

6.6 检验结果的判定

6.6.1 化学成分分析结果不符合4.1条规定时,按批重定牌号或退货。

6.6.2 表面质量不符合4.2条规定时,按块处理。

7 标志、包装、运输和贮存

7.1 标志

7.1.1 粗铜锭上应有生产厂的产品标志。

7.1.2 每块粗铜锭上应用鲜明颜色标明批号(炉号)。粗铜锭出厂时,应附有小样。

7.2 包装、运输和贮存

7.2.1 粗铜锭可不包装,如需包装,由供需双方商定。

7.2.2 粗铜锭在运输、贮存过程中引起的损坏、少件等,应由责任单位负责。

7.3 质量证明书

每批粗铜应附有质量证明书,注明:

a. 供方名称;

b. 产品名称和牌号;

c. 批号;

d. 净重和件数;

e. 分析检验结果和技术监督部门印记;

f. 本标准编号;

g. 出厂日期;

h. 需方名称。

附 录 A
粗铜日常取样制样方法
（参考件）

A1 每批粗铜应按每炉(包)浇铸过程的前、中、后期将粗铜熔体铸成小样。每次取一联,每联小样分成2块,打上标记,供需双方各取一块供分析用。

A2 小样尺寸不小于120mm×50mm×30mm。

A3 用直径8～10mm钻头钻取小样。钻样前清除小样表面污物,沿小样底面对角线的四等分点处钻穿三孔。

A4 钻样时,为避免钻屑氧化,要保持钻头锋利,可使用酒精冷却,钻头转速应以钻屑不氧化为宜。

A5 钻样时,应防止钻屑飞溅损失。收集钻屑时,应防止钻屑以外的氧化皮等杂物落入钻屑内。

A6 收集全部钻屑,用磁铁除去混入的铁屑,再用0.44mm标准筛筛分,筛上、筛下样品分别称重、缩分,各取出四分之一,分别装入铝箔袋封存,用于测定铜含量。

A7 将A6条中剩余的筛上、筛下样品合并,加工破碎至全部通过2mm标准筛,用磁铁除去混入的铁屑,再用0.44mm标准筛筛分,筛上、筛下样品分别称重、装袋、用于测定金、银含量。

附加说明:

本标准由中国有色金属工业总公司标准计量研究所提出。

本标准由大冶有色金属公司负责起草。

本标准主要起草人:向启发、赵晓湛。

中华人民共和国有色金属行业标准

YS/T 71—1993

粗　　铅

代替 YB 738—1982

1　主题内容与适应范围

本标准规定了粗铅的分类、技术要求、试验方法、检验规则及标志、包装、运输和贮存。

本标准适用于鼓风炉或其他冶金炉熔炼所生产的粗铅，供进一步精炼用。

2　引用标准

GB 5119　粗铅化学分析方法

3　产品分类

粗铅产品按化学成分分为 3 个牌号：Pb98.0C、Pb96.0C、Pb94.0C。

4　技术要求

4.1　粗铅化学成分应符合表 1 的规定。

表 1

%

品　级	牌　号	铅含量　不小于	杂质含量　不大于	
			锑	砷
一　号	Pb98.0C	98.0	0.8	0.6
二　号	Pb96.0C	96.0	0.9	0.7
三　号	Pb94.0C	94.0	1.0	0.9

4.2　粗铅中的金、银为有价伴生金属，应按批测定，报出分析结果。

4.3　粗铅锭为长、方梯形锭，分小锭和大锭两种规格，小锭两端应有突出的耳部，锭重：30～50kg；大锭应附有完整可靠的吊环，锭重不超过 2.0t。

4.4　经供需双方协商，可供应其他形状、重量和化学成分的粗铅锭。

4.5　粗铅锭的表面应平整，不得有炉渣、冰铜和飞边、毛刺。锭内不得有夹层、包心和其他杂物。

5　试验方法

5.1　粗铅的化学成分仲裁分析按 GB 5119 的规定进行。

5.2　粗铅锭的表面或断面凭肉眼或适当的工具进行检验。

6　检验规则

6.1　检查和验收

6.1.1　粗铅锭应由供方技术监督部门进行检验。保证产品质量符合本标准的规定。并填写产品质量证明书。

6.1.2　需方应对收到的产品按本标准进行检验，若有异议，应在收到产品之日起一个月内向供方提出。

中国有色金属工业总公司 1993-12-22 批准　　　　1994-10-01 实施

如需仲裁,交由双方共同认定的单位进行。

6.2 组批

粗铅锭应成批提交检验。每批应由同类炉料生产的,形状大致相同的粗铅锭组成。每批重量不超过 60t。

6.3 检验项目

每批粗铅锭应进行化学成分及表面质量的检验。

6.4 取样和制样

6.4.1 仲裁取样

6.4.1.1 小锭粗铅仲裁取样

从该批粗铅锭中每 80 锭取一锭为样锭,每 5 个样锭为一组(小批量取样不少于 5 个样锭)先正向竖直排列,在其表面画一对角线,从左到右,均在短边上取点,第一锭在四分之三处,第二锭在三分之二处,第三锭在二分之一处,第四锭在三分之一处,第五锭在四分之一处,各作长边的平行线与对角线的交点,即为钻孔点。然后,5 个样锭反向放置,用同样方法定点钻孔。在样锭表面及底面钻孔时,要清除沾污物。钻孔深度两面均为二分之一样锭厚度。钻头直径为 8～10mm。钻取时,不用任何润滑剂,只能用酒精洗冷钻头,钻速以铅屑不氧化为宜。

小锭粗铅仲裁取样示意图如图 1:

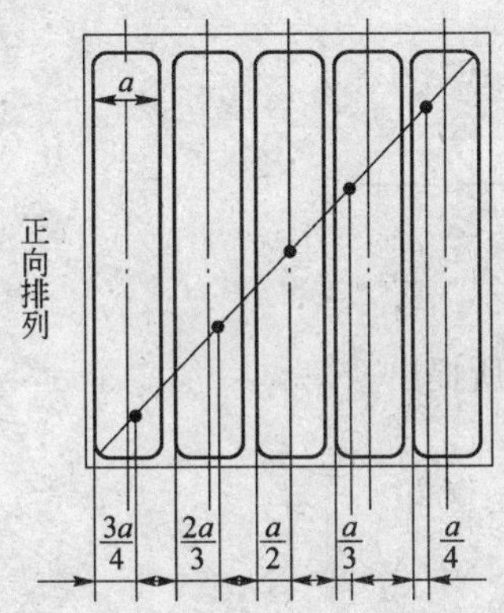

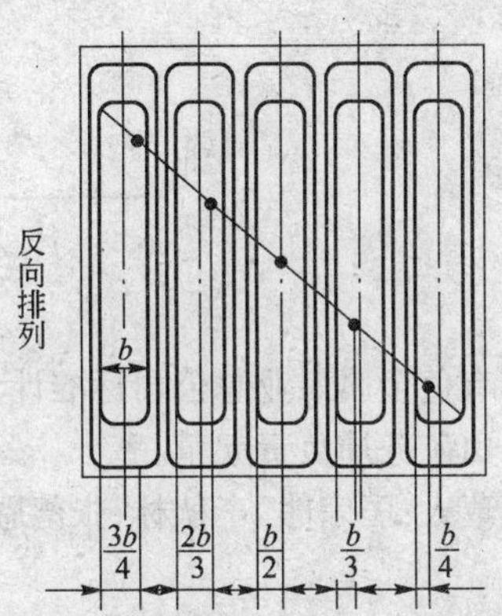

图 1 取样示意图

6.4.1.2 大锭粗铅仲裁取样

每批粗铅随机抽取 5 块产品锭为样锭,每块样锭两对角(圆体样锭两垂直直径)上的四等分点为钻孔点,每锭共五个钻孔点,正反面各钻锭厚的二分之一深度,钻样时不去表皮,只需清除样锭表面的沾污物,不用任何润滑剂,只能用酒精洗冷钻头,钻速以铅屑不氧化为宜,并防止样屑散失。

6.4.2 试样制备

将钻取的样屑剪碎至 4mm 以下,用磁铁除去加工时带入的铁屑,然后过 0.44mm(40 目)筛,筛上筛下物分别称重后均为 3 等份,取筛上筛下物各一份组成一个试样,一个用于仲裁分析,其余供需双方各存一个。

6.5 检验结果判定

6.5.1 化学成分仲裁分析结果若与 4.1 条不符时,按批重定牌号或退货。

6.5.2 表面质量不合格,按块处理。

7 标志、包装、运输和贮存

7.1 标志

7.1.1 商品粗铅锭应有生产厂的产品标志。

7.1.2 每块粗铅锭上应用不易脱落的红色油漆在粗铅锭的表面上做出标记。其标记方法为，大锭：品号-批号-重量；小锭：品号-批号。

7.2 包装、运输和贮存

7.2.1 粗铅锭可不包装。如需包装，由供需双方商定。

7.2.2 粗铅锭在运输、贮存过程中引起的损坏、少件等应由责任单位负责。

7.3 质量证明书

每批粗铅锭应附有质量证明书，注明：

a. 供方名称；

b. 产品名称和牌号；

c. 批号；

d. 净重和件数；

e. 分析检验结果和技术监督部门印记；

f. 本标准编号；

g. 出厂日期；

h. 需方名称。

附加说明：

本标准由中国有色金属工业总公司标准计量研究所提出。

本标准由水口山矿务局负责起草。

本标准主要起草人：匡宗熊、李秋林、张德恩。

中华人民共和国有色金属行业标准

YS 72—1994

镉　　锭

代替 GB 914—1984

1　主题内容与适用范围

本标准规定了镉锭的分类、技术要求、试验方法、检验规则及标志、包装、运输和贮存。

本标准适用于精制、电解法生产的镉锭。

2　引用标准

GB 1250　极限数值的表示方法和判定方法

GB 8170　数值修约规则

YS/T 74.1～74.10　镉化学分析方法

3　产品分类

按化学成分，镉锭分为 3 个牌号：Cd99.995、Cd99.99、Cd99.96。

4　技术要求

4.1　化学成分

4.1.1　镉锭的化学成分应符合表 1 的规定。

表 1

牌　号	化学成分/%									
	Cd ≥	杂质，≤								
		Pb	Zn	Fe	Cu	Tl	As	Sb	Sn	总和
Cd99.995	99.995	0.002	0.001	0.001	0.0005	0.0015	0.0015	0.0002	0.0002	0.0050
Cd99.99	99.99	0.004	0.002	0.002	0.001	0.002	0.002	0.0015	0.002	0.010
Cd99.96	99.96	0.020	0.005	0.003	0.01	0.003	0.002	0.002	0.002	0.040

4.1.2　镉含量为 100% 减去所测杂质含量的总和。

4.1.3　需方如对镉锭中的银、镍或其他元素含量有要求，由供需双方协商议定。

4.2　物理要求

4.2.1　镉锭呈银白色，表面应洁净，不得有熔渣及外来夹杂物。

4.2.2　镉锭单重 5～8kg，其形状为长方梯形，两端厚度尺寸差不大于 5mm。需方要求其他形状、规格、重量的镉锭，由供需双方商定。

5　试验方法

5.1　镉锭的化学分析方法按 YS/T 74.1～74.10 的规定进行。

5.2　镉锭的表面质量用目测法进行检验。

中国有色金属工业总公司 1994-01-27 批准　　　　1994-08-01 实施

6 检验规则

6.1 检查和验收

6.1.1 镉锭应由供方技术监督部门进行检验,保证产品质量符合本标准的规定,并填写质量证明书。

6.1.2 需方应对收到的产品按本标准的规定进行检验。如检验结果与本标准的规定不符时,应在收到产品之日起 60 天内向供方提出,由供需双方协商解决。如需仲裁,仲裁取样在需方共同进行。

6.2 组批

镉锭应成批提交检验,每批由同一熔炼号的镉锭组成,每批重量不得大于 5000kg。

6.3 取样和制样

6.3.1 仲裁取样,取批锭数的 5%,但不得少于 5 锭。

6.3.2 将所取样锭每 5 锭分成一组,最后一组不足 5 锭时补足 5 锭。

6.3.3 将每组样锭按锭面一反一正排列成矩形(即一、三、五块样锭锭面朝下,二、四块样锭锭面朝上)。每块样锭表面画出与长边平行的两条直线,将锭面分成三等份。在每组所形成的矩形上画一对角线,对角线与各等分线的交点是取样的钻样点(如图 1 所示)。

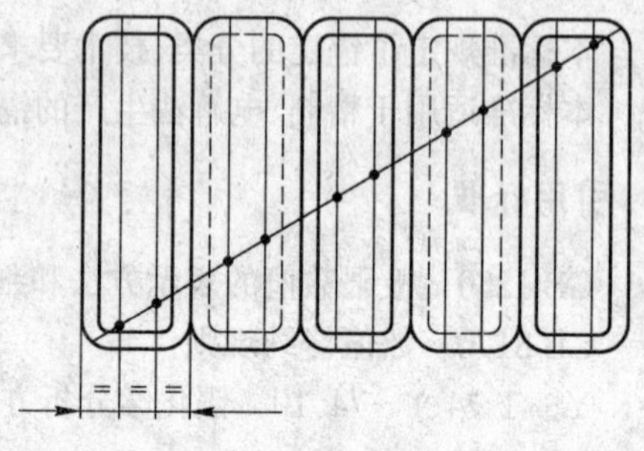

图 1

6.3.4 取样应选用直径 10～15mm 的钻头,钻头应清洁,不准涂润滑剂。钻孔时,其上下表面的钻屑应弃掉,深度不得小于锭厚的二分之一。钻孔速度以钻屑不氧化为宜。

6.3.5 将所得钻屑剪碎至 4mm 以下,用磁铁除净铁质,混合均匀。用四分法缩分至 200g,分成 4 等份,加封后两份用于仲裁分析,其余双方各存一份。

6.3.6 供方可在镉锭铸造过程中,取具有代表性的液体试样。

6.4 检验结果判定

6.4.1 化学成分仲裁分析结果与本标准不符时,应按仲裁结果重新判定该批产品的牌号或办理退货;物理表面质量与本标准不符时,按锭作废。

6.4.2 检验结果数值修约按 GB 8170 中第 3 章的规定进行;检验结果判断按 GB 1250 中修约值比较法处理。

7 标志、包装、运输和贮存

7.1 每块镉锭应浇铸或打印生产厂商标、批号。

7.2 镉锭包装箱箱面应标明产品名称、牌号、净重、批号、生产厂名称和生产日期。

7.3 每块镉锭应用防潮纸或塑料袋包装后装入木箱。木箱应用铁皮或其他材料进行紧固,每箱净重 30～50kg。需方对包装有其他要求,可由供需双方商定。

7.4 每批镉锭出厂时,应附有质量证明书,注明:

a. 供方名称;

b. 产品名称和牌号;

c. 批号;

d. 净重和件数;

e. 分析检验结果和技术监督部门印记;

f. 本标准编号;

g. 出厂日期。

附加说明：

本标准由中国有色金属工业总公司标准计量研究所提出。
本标准由葫芦岛锌厂起草。
本标准主要起草人:陈志钧、李军。
自本标准实施之日起,GB 914—1984《镉锭》调整为本行业标准。

中华人民共和国有色金属行业标准

YS/T 73—1994

副 产 品 氧 化 锌

代替 YB 810—1977

1 主题内容与适用范围

本标准规定了氧化锌的产品分类、技术要求、试验方法、检验规则及标志、包装、运输、贮存等。

本标准适用于含锌的合金和冶炼渣料经综合回收所得的氧化锌。

2 产品分类及技术要求

2.1 按产品化学成分(干量检定),氧化锌品级规定如下:

品　级	ZnO/%　不小于	品　级	ZnO/%　不小于
1	95	6	70
2	90	7	65
3	85	8	60
4	80	9	55
5	75	10	45

注:如需方对杂质有特殊要求,由供需双方商定。

2.2 产品呈灰白色粉状。

2.3 产品中不得有肉眼可见的外来夹杂物。

3 试验方法

产品化学成分分析按附录 A 或附录 B 规定的方法进行。

4 检验规则

4.1 检查和验收

4.1.1 产品由供方技术检验部门检验,保证产品质量符合本标准的规定,并填写质量证明书。

4.1.2 需方可对收到的产品进行验收。若检验结果与本标准规定不符时,应在收到产品之日起一个月内向供方提出,由供需双方协商解决。如需仲裁,仲裁取样在需方共同进行,仲裁结果为最终结果。

4.2 组批

产品应成批提交验收,每批由一天生产的同一品级的产品组成。

4.3 取样方法和取样数量

4.3.1 每批氧化锌按袋数的十分之一取样(最低不少于 3 袋),并以探针从袋角斜插入至底部抽取试样,试样量不少于 200g。

中国有色金属工业总公司 1994-01-27 批准　　1994-08-01 实施

4.3.2 将取得的试样经制备后以四分法缩减至重量不少于 50g，均匀分成两份，一份化验，一份保留。

5 标志、包装、运输和贮存

5.1 每袋产品应有明显标志，注明：

a. 供方名称；
b. 产品名称；
c. 品级；
d. 批号；
e. 净重；
f. 生产日期。

5.2 产品用内衬塑料袋的编织袋包装，每袋净重 20～50kg，也可按用户要求包装。

5.3 产品运输及贮存时，必须与易燃、易爆及腐蚀性化学物品隔离。贮存场所应干燥，以免受潮。

5.4 每批出厂产品应附有质量证明书，注明：

a. 供方名称；
b. 产品名称；
c. 产品批号、品级和净重；
d. 分析检验结果和检验部门印记；
e. 本标准编号；
f. 出厂日期。

附 录 A
氧化锌含量的测定 亚铁氰化钾滴定法
（补充件）

A1 方法提要

试料以硫酸溶解，控制一定体积，加热煮沸，用硫代硫酸钠、焦磷酸钠掩蔽少量铜、铁，以二苯胺磺酸钠为指示剂，用亚铁氰化钾标准滴定溶液滴定至紫蓝色突然消失，并呈现黄绿色为终点。测定范围：≥45%。

A2 试剂

A2.1 硫酸溶液[$c(H_2SO_4)$=3mol/L]。

A2.2 硫代硫酸钠溶液(200g/L)。

A2.3 过氧化氢(ρ1.4g/mL)。

A2.4 焦磷酸钠。

A2.5 二苯胺磺酸钠溶液(10g/L)：用硫酸(ρ1.84g/mL)配制。

A2.6 亚铁氰化钾标准滴定溶液($c[K_4Fe(CN)_6 \cdot 3H_2O]$=0.05mol/L)。

A2.6.1 配制：称取 21g 亚铁氰化钾[$K_4Fe(CN)_6 \cdot 3H_2O$]和 0.3g 铁氰化钾[$K_3Fe(CN)_6$]置于 500mL 烧杯中，用热蒸馏水溶解后移入 1L 棕色容量瓶中，并以水稀释至刻度，混匀，放置一周后过滤，混匀。

A2.6.2 标定：称取约 0.5g(精确至 0.0001g)预先于 800℃灼烧 2h 后于干燥器中冷却至室温的氧化

锌基准试剂 3 份，分别置于 3 个 400mL 烧杯中，盖上表皿，以下按 A3.2 与分析试样同时进行标定。

A2.6.3　随同标定做空白试验。

A2.6.4　亚铁氰化钾标准滴定溶液的实际浓度（$c[K_4Fe(CN)_6 \cdot 3H_2O]$）按（A1）式计算。

$$c[K_4Fe(CN)_6 \cdot 3H_2O] = \frac{m_1}{(V_1 - V_0) \times 0.04069} \tag{A1}$$

式中　$c[K_4Fe(CN)_6 \cdot 3H_2O]$——亚铁氰化钾标准滴定溶液（A2.6）浓度，mol/L；

m_1——所称取氧化锌基准试剂的质量，g；

V_1——滴定基准溶液所消耗的亚铁氰化钾标准滴定溶液（A2.6）体积，mL；

V_0——滴定空白溶液所消耗的亚铁氰化钾标准滴定溶液（A2.6）体积，mL；

0.04069——与 1.00mL 亚铁氰化钾标准滴定溶液（$c[K_4Fe(CN)_6 \cdot 3H_2O] = 1.000$mol/L）相当的氧化锌质量，g/mol。

取 3 份标定结果的平均值为亚铁氰化钾标准滴定溶液的实际浓度。平行标定所消耗的亚铁氰化钾标准滴定溶液体积的极差不应超过 0.1mL。

A3　分析步骤

A3.1　称取试料 0.3g（称准至 0.0001g）（m）于 250mL 烧杯中，盖上表皿。

A3.2　用水润湿试料，加 25mL 硫酸溶液（A2.1），加热溶解，稍冷后加水至约 100mL，加热至沸，取下，边搅拌边加入 5mL 硫代硫酸钠溶液（A2.2）至沉淀凝聚，上清液澄清后过滤，用热水洗涤数次，弃去沉淀，向滤液中加入 3mL 过氧化氢（A2.3），加热煮沸，并蒸发体积至约 10mL，取下，趁热加入3～4g 焦磷酸钠（A2.4）及 3 滴二苯胺磺酸钠溶液（A2.5），用亚铁氰化钾标准滴定溶液（A2.6）滴定至紫蓝色突然消失，并呈现黄绿色，再继续保持 20s 不变色为终点，记下所消耗亚铁氰化钾标准滴定溶液的体积（V）。

A4　分析结果的计算

氧化锌的百分含量（X）按（A2）式计算：

$$X(\%) = \frac{V \cdot c[K_4Fe(CN)_6 \cdot 3H_2O] \times 0.04069}{m} \times 100 \tag{A2}$$

式中　V——滴定所消耗的亚铁氰化钾标准滴定溶液的体积，mL；

$c[K_4Fe(CN)_6 \cdot 3H_2O]$——亚铁氰化钾标准滴定溶液的实际浓度，mol/L；

m——试料质量，g。

A5　允许差

实验室之间测定结果之差应不大于 0.5%。

附　录　B
氧化锌含量的测定　EDTA 滴定法
（补充件）

B1　方法提要

试料以硝酸溶解，加入硫酸钾使铅呈硫酸铅钾复盐沉淀分离，在氧化剂存在下于氨性溶液中沉淀铁、锰等元素,加硫脲掩蔽铜,氟化物消除少量铁、铝等元素的干扰,以六次甲基四胺为缓冲液,二甲酚橙为指示剂,用EDTA标准滴定溶液滴定锌镉合量,减去其中镉量,即得锌量。测定范围:≥45%。

B2 试剂

B2.1 硝酸(ρ1.42g/mL)。

B2.2 盐酸(1+1)。

B2.3 氨水(ρ0.9g/mL)。

B2.4 氨水(1+1)。

B2.5 洗涤液:称取25g氯化铵(B2.14)溶于水中,加25mL氨水(B2.3),加水至500mL,混匀。

B2.6 硫脲饱和溶液。

B2.7 缓冲溶液(pH5.5):称取100g六次甲基四胺溶于水中,加20mL盐酸(ρ1.19g/mL),用水稀释至500mL,混匀。

B2.8 二甲酚橙溶液(2g/L)。

B2.9 甲基橙溶液(1g/L)。

B2.10 锌基准溶液:称取2.4102g金属锌(纯度为99.9%以上)于250mL烧杯中,加20mL盐酸(B2.2)溶解,冷却,移入200mL容量瓶中,用水稀释至刻度,混匀。此溶液1mL含15mg氧化锌。

B2.11 EDTA标准滴定溶液[c(EDTA)0.05mol/L]。

B2.11.1 配制

称取20g乙二胺四乙酸二钠($C_{10}H_{14}N_2O_8Na_2 \cdot 2H_2O$)溶于水中,移入1L容量瓶中,用水稀释至刻度,摇匀。贮于塑料瓶中。

B2.11.2 标定

移取10mL锌基准溶液(B2.10)3份分别置于三个300mL烧杯中,用水稀释体积至约150mL,加1滴甲基橙溶液(B2.9),用氨水(B2.4)和盐酸(B2.2)调至溶液刚好显黄色,加20mL缓冲溶液(B2.7)、2~3滴二甲酚橙溶液(B2.8),用EDTA标准滴定溶液(B2.11)滴定至溶液由紫红色变为亮黄色即为终点。记下所消耗EDTA标准滴定溶液(B2.11)体积。

B2.11.3 随同标定做空白试验。

B2.11.4 EDTA标准滴定溶液(B2.11)的实际浓度[c(EDTA)]按(B1)式计算。

$$c(\mathrm{EDTA})=\frac{m_1}{(V_1-V_0)\times 0.08138} \tag{B1}$$

式中 c(EDTA)——EDTA标准滴定溶液(B2.11)的实际浓度,mol/L;

m_1——与移取锌基准溶液(B2.10)相当的氧化锌质量,g;

V_1——滴定锌基准溶液所消耗的EDTA标准滴定溶液(B2.11)的体积,mL;

V_0——滴定空白溶液所消耗的EDTA标准滴定溶液(B2.11)的体积,mL;

0.08138——与1.00mLEDTA标准滴定溶液[c(EDTA)=1.000mol/L]相当的氧化锌质量,g/mol。

取3份标定结果的平均值为EDTA标准滴定溶液的实际浓度。平行滴定所消耗的EDTA标准滴定溶液体积的极差不应超过0.1mL。

B2.12 抗坏血酸。

B2.13 硫酸钾。

B2.14 氯化铵。

B2.15　过硫酸铵。

B2.16　氟化铵。

B3　分析步骤

B3.1　试料量

称取0.3000g(锌含量高时称取0.2000g)试料(m)。

B3.2　测定

将试料置于300mL烧杯中,加10mL硝酸(B2.1),盖上表皿,低温溶解试样完全,并蒸至体积3～4mL,取下,加3g硫酸钾(B2.13)、70mL热水,煮沸3min,取下稍冷,再加25mL水,5g氯化铵(B2.14),在搅拌下用氨水(B2.3)中和至氢氧化物沉淀完全,再过量10mL,加0.5g过硫酸铵(B2.15),煮沸1～2min,趁热用快速定量滤纸过滤于500mL三角烧杯中,用热洗涤液(B2.5)洗涤烧杯3次,洗涤沉淀5～6次,摇匀滤液,加热煮沸并浓缩溶液体积至150mL左右取下放冷。用盐酸(B2.2)酸化溶液,加约0.2g氟化铵(B2.16)、少许抗坏血酸(B2.12)、3mL硫脲饱和溶液(B2.6),每加一种试剂均须混匀。加1滴甲基橙溶液(B2.9),用盐酸(B2.2)和氨水(B2.4)调至溶液刚好显黄色,加20mL缓冲溶液(B2.7),2～3滴二甲酚橙溶液(B2.8),用EDTA标准滴定溶液(B2.11)滴定至溶液由紫红色变为亮黄色即为终点。记下所消耗EDTA标准滴定溶液(B2.11)体积(V)。

B4　分析结果的计算

氧化锌的百分含量(X)按(B2)式计算:

$$X(\%)=\frac{V\cdot c(\mathrm{EDTA})\times 0.08138}{m}\times 100-\mathrm{Cd}(\%)\times 0.7240 \qquad (B2)$$

式中　V——滴定所消耗的EDTA标准滴定溶液(B2.11)的体积,mL;

c(EDTA)——EDTA标准滴定溶液(B2.11)的实际浓度,mol/L;

m——试料质量,g;

0.7240——镉量换算成氧化锌量的系数;

Cd(%)——镉的百分含量,由原子吸收光谱法测定。

B5　允许差

实验室之间测定结果之差应不大于0.5%。

附加说明:

本标准由中国有色金属工业总公司标准计量研究所提出。

本标准由上海冶炼厂负责起草。

中华人民共和国有色金属行业标准

YS/T 76—1994

铅黄铜拉花棒

代替 YB 1561—1977

1 主题内容与适用范围

本标准规定了铅黄铜拉花棒的分类、技术要求、试验方法、检验规则及标志、包装、运输、贮存。

本标准适用于铅黄铜拉花棒。

2 引用标准

GB 228 金属拉伸试验方法

GB/T 5122 黄铜化学分析方法

GB 5232 加工黄铜 化学成分和产品形状

GB 6397 金属拉伸试验试样

GB 8888 重有色金属加工产品的包装、标志、运输和贮存

GB/T 10567 黄铜线、棒材残余应力氨熏检验方法

YB 732 铜、镍及其合金管材和棒材断口检验方法

3 产品分类

3.1 牌号、状态、规格

3.1.1 产品的牌号、状态和规格应符合表1的规定。

表 1

牌号	状态	直径/mm
HPb59-1	半硬(Y_2)	3～32

3.1.2 棒材的不定尺长度为1～5m。棒材的定尺或倍尺(在合同中注明)应在不定尺长度范围内。

3.1.3 棒材直径不大于8mm的可成盘供应,其长度不小于4m。

3.1.4 经供需双方协议,可供应其他牌号和规格的棒材。

3.2 标记示例

用HPb 59-1合金制造的、半硬状态、直径为10mm的拉花棒标记为:

拉花棒 HPb 59-1Y_2,ϕ10 YS/T 76—1994

4 技术要求

4.1 化学成分

棒材的化学成分应符合GB 5232的规定。

4.2 尺寸允许偏差

4.2.1 棒材的尺寸及允许偏差应符合图1和表2的规定。

中国有色金属工业总公司 1994-04-07 批准　　1995-04-01 实施

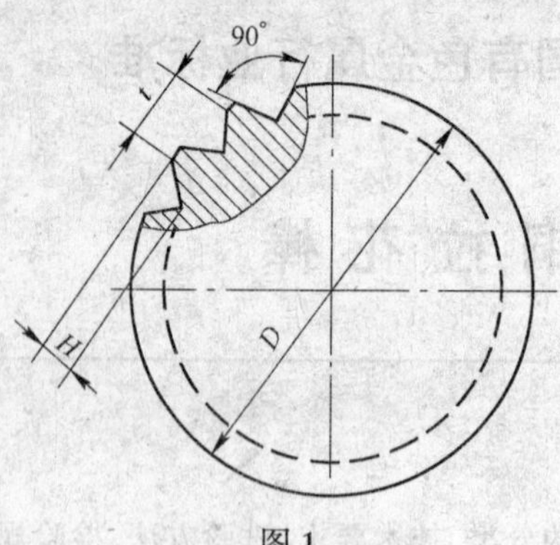

图 1

表 2

直径 D/mm		齿　数	节距 t/mm	齿高 H/mm		截面积 F/mm²	理论重量/(kg/m)(密度 8.5)
公称尺寸	允许偏差			公称尺寸	允许偏差		
3	0 −0.12	17	0.55	0.22	±0.06	6.07	0.05
3.2		18	0.56	0.22		6.97	0.06
3.5		19	0.58	0.23		8.40	0.07
4		20	0.63	0.25		11.04	0.09
4.5		21	0.67	0.27		14.05	0.12
5	0 0.16	22	0.71	0.28	±0.08	17.50	0.15
5.5		23	0.75	0.30		21.24	0.18
6		24	0.78	0.31		25.43	0.22
6.5	0 −0.20	25	0.82	0.33	±0.10	29.90	0.25
7		26	0.84	0.34		34.84	0.30
7.5		27	0.87	0.35		40.15	0.34
8		28	0.90	0.36		45.84	0.39
8.5		29	0.92	0.37		51.92	0.44
9		30	0.94	0.38		58.36	0.50
9.5		31	0.96	0.38		65.33	0.55
10		32	0.98	0.39		72.53	0.62
10.5	0 −0.24	33	1.00	0.40	±0.12	80.12	0.68
11		34	1.02	0.41		88.08	0.75
11.5		35	1.03	0.41		96.59	0.82
12		36	1.05	0.42		105.32	0.89
12.5		37	1.06	0.42		114.61	0.97
13		38	1.08	0.43		124.10	1.05
14		40	1.10	0.44		144.41	1.23
15		42	1.12	0.45		166.27	1.41
16		44	1.14	0.46		189.67	1.61
17		46	1.16	0.46		214.86	1.83
18		48	1.18	0.47		241.35	2.05

续表 2

直径 D/mm		齿数	节距 t /mm	齿高 H/mm		截面积 F/ mm^2	理论重量/ (kg/m) (密度 8.5)
公称尺寸	允许偏差			公称尺寸	允许偏差		
19	0 −0.28	50	1.19	0.48	±0.14	269.38	2.29
20		52	1.20	0.48		299.26	2.54
21		54	1.22	0.49		330.39	2.81
22		56	1.23	0.49		363.39	3.09
23		58	1.24	0.50		397.61	3.38
24		60	1.26	0.50		433.74	3.69
25		62	1.26	0.50		471.44	4.01
26		64	1.27	0.51		510.31	4.34
27		66	1.29	0.52		550.71	4.68
28		68	1.29	0.52		593.09	5.04
29		70	1.30	0.52		637.05	5.41
30		72	1.30	0.52		682.57	5.80
32	0 −0.34	76	1.32	0.53	±0.17	777.83	6.61

4.2.2 棒材的不圆度应不大于直径允许偏差之半。

4.2.3 棒材的定尺或倍尺长度允许偏差为 +20mm，倍尺长度应加入锯切分段时的锯切量，每一段锯切量为 5mm。

4.2.4 棒材的弯曲度应符合表 3 的规定。

表 3

mm

直径	3~18	>18
每米弯曲度 不大于	20	15

4.3 力学性能

棒材的纵向室温拉伸试验结果应符合表 4 的规定。

表 4

牌号	状态	抗拉强度 σ_b/ (N/mm^2)(MPa)	伸长率 δ_{10}/ %
		不小于	
HPb59-1	半硬(Y_2)	390	10

4.4 残余应力

棒材应进行消除残余应力的工艺处理。

4.5 断口

棒材断口应致密、无缩尾，不允许有超出 YB 732 中规定的气孔、分层和夹杂等缺陷。

4.6 表面质量

4.6.1 棒材的表面应齿廓均匀、清晰，不允许有倒齿、掉齿、针孔、裂纹、起皮、夹杂和绿锈等缺陷。

允许有轻微的、局部的、不使棒材尺寸超出允许偏差的环状痕迹、划伤、凹坑、压入物、斑点等缺陷。轻微的细划纹、氧化色和局部的水迹不作报废依据。

4.6.2 棒材端部应锯切平整,允许有轻微的毛刺。直径不大于 20mm 的棒材,端部允许有冲剪痕迹。

5 试验方法

5.1 棒材的化学成分仲裁分析方法按 GB 5122 的规定进行。

5.2 棒材的拉伸试验方法按 GB 228 的规定进行。

5.3 棒材的残余应力试验仲裁时按 GB 10567 的规定进行。

5.4 棒材的断口检验方法按 YB 732 的规定进行。

5.5 棒材的外形尺寸测量用相应精度的测量工具进行。

5.6 棒材的表面质量应用目视检验。

6 检验规则

6.1 检查和验收

6.1.1 棒材应由供方技术监督部门进行检验,保证产品质量符合本标准的规定,并填写质量证明书。

6.1.2 需方对收到的产品应按本标准的规定进行检验,如检验结果与本标准的规定不符时,应在收到产品之日起 3 个月内向供方提出,由供需双方协商解决。

6.2 组批

棒材应成批提交检验,每批应由同一牌号、状态和规格组成,每批重量应不超过 2000kg。

6.3 检验项目

6.3.1 每批棒材应进行化学成分、外形尺寸、力学性能、断口及表面质量的检验。

6.3.2 棒材的残余应力试验供方可不做,但必须保证消除残余应力。

6.3.3 棒材的齿形和齿高尺寸不做检验,但供方必须保证符合本标准要求。

6.4 取样位置和取样数量

6.4.1 供方在熔铸过程中每炉取 1 个试样,需方在每批棒材中任取 1 个试样进行化学成分的检验。

6.4.2 拉伸试验应由每批棒材中任取 2 根,每根取 1 个试样。拉伸试验试样应符合 GB 6397 的规定。不车制试样的截面积按下列近似公式计算:

$$F = \frac{\pi}{4}(D - H)^2$$

式中 F——截面积,mm^2;

D——直径,mm;

H——齿高,mm。

6.4.3 残余应力试验应由每批棒材中任取 2 根,每根取 1 个试样。

6.4.4 断口检验应由每批棒材中任取 2 根,靠尾部进行。

6.4.5 每批棒材应逐根进行外形尺寸和表面质量的检验。

6.5 重复试验

各项试验即使有 1 个试样的试验结果不合格时,也应从该批中再取双倍试样进行该不合格项目的复验,复验结果仍有 1 个不合格,则整批不合格或逐根检验,合格者单独编批验收。

7 标志、包装、运输、贮存

棒材的标志、包装、运输、贮存按 GB 8888 的规定进行。

附加说明：

本标准由中国有色金属工业总公司提出。

本标准由上海第一铜棒厂负责起草。

本标准主要起草人：陆初茵、许教煌。

中华人民共和国有色金属行业标准

YS/T 77—1994

铅 黄 铜 针 座 棒

代替 GB 4428—1984

1 主题内容与适用范围

本标准规定了铅黄铜针座棒的分类、技术要求、试验方法、检验规则及标志、包装、运输、贮存。

本标准适用于铅黄铜针座棒。

2 引用标准

GB 228 金属拉伸试验方法

GB/T 5122 黄铜化学分析方法

GB 5232 加工黄铜 化学成分和产品形状

GB 6397 金属拉伸试验试样

GB 8888 重有色金属加工产品的包装、标志、运输和贮存

GB/T 10567 黄铜线、棒材残余应力氨熏检验方法

YB 732 铜镍及其合金管材和棒材断口检验方法

3 产品分类

3.1 牌号、状态、规格

3.1.1 产品的牌号、状态、规格、断面积及理论重量应符合表 1 的规定。

表 1

序号	牌号	状态	规格/mm	断面积/mm^2	理论重量/(kg/m)(密度 8.5)
1	HPb59-1	半硬(Y_2)	5×7.4	26.9	0.23
2			6×6	34.4	0.29
3			6×6.8	37.7	0.32
4			6×7.8	41.7	0.35
5			6.5×8.5	53.6	0.45
6			9×9	80.0	0.68
7			9×12	96.9	0.82

3.1.2 棒材的不定尺长度为 1.5～5m。棒材的定尺或倍尺(在合同中注明)应在不定尺长度范围内。

3.1.3 经供需双方协议,可供应其他牌号和规格的棒材。

3.2 标记示例

用 HPb 59-1 合金制造的、半硬状态、规格为 6×6mm 的针座棒标记为:

针座棒 HPb 59-1Y_2 6×6 YS/T 77—1994

4 技术要求

4.1 化学成分

中国有色金属工业总公司 1994-04-07 批准 1995-04-01 实施

棒材的化学成分应符合 GB 5232 的规定。

4.2 尺寸允许偏差

4.2.1 棒材尺寸及允许偏差应符合下图的规定。

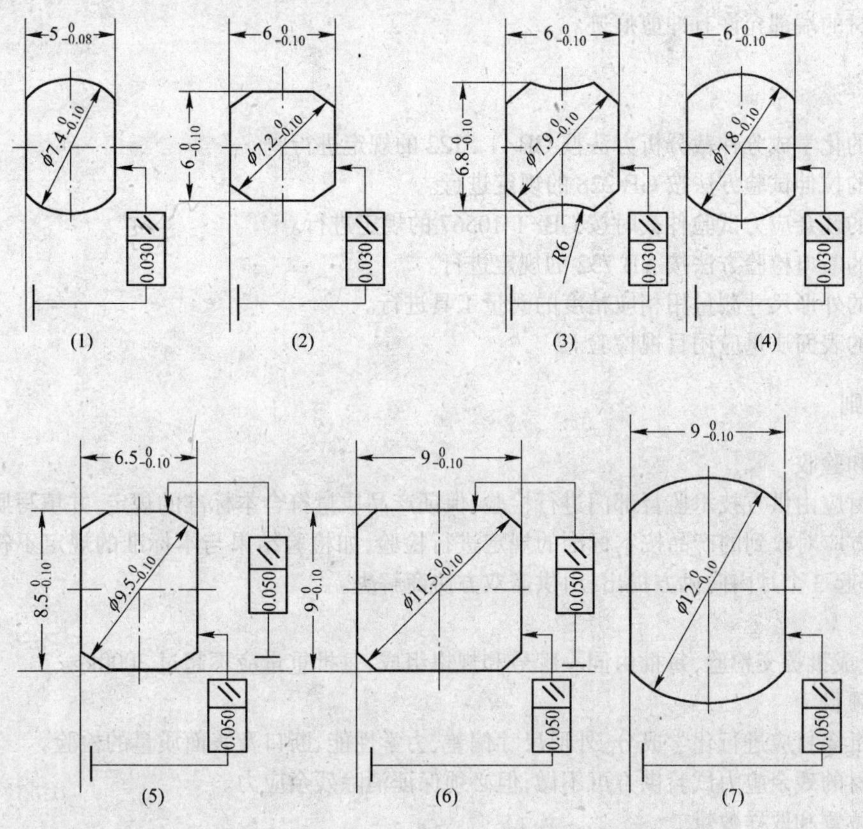

注:尺寸 ϕ7.4、ϕ7.2、ϕ7.8、ϕ7.9、ϕ9.5、ϕ11.5 及 ϕ12 的不圆度不超过 0.03mm。

4.2.2 棒材的定尺或倍尺长度允许偏差为 +20mm,倍尺长度应加入锯切分段时的锯切量,每一段锯切量为 5mm。

4.2.3 棒材的弯曲度每米不大于 10mm,全长总弯曲度不大于每米允许弯曲度与总长度(m)的乘积。

4.2.4 棒材的扭拧度每米不大于 18°,全长总扭拧度不大于每米允许扭拧度与总长度(m)的乘积。

4.3 力学性能

棒材的纵向室温拉伸试验结果应符合表 2 的规定。

表 2

牌 号	状 态	抗拉强度 σ_b/(N/mm²)(MPa)	伸长率 δ_{10}/%
HPb 59-1	半硬(Y_2)	≥410	12~28

4.4 残余应力

棒材应进行消除残余应力的工艺处理。

4.5 断口

棒材断口应致密、无缩尾,不允许有超出 YB 732 中规定的气孔、分层和夹杂等缺陷。

4.6　表面质量

4.6.1　棒材表面应光滑、清洁,不允许有针孔、裂纹、气泡、起皮、环状痕迹、夹杂和绿锈等缺陷。

允许有轻微的、局部的、不使棒材尺寸超出允许偏差的划伤、凹坑、压入物、斑点等缺陷。

4.6.2　棒材的端部允许有冲剪痕迹。

5　试验方法

5.1　棒材的化学成分仲裁分析方法按 GB/T 5122 的规定进行。

5.2　棒材的拉伸试验方法按 GB 228 的规定进行。

5.3　棒材的残余应力试验仲裁时按 GB/T 10567 的规定进行。

5.4　棒材的断口检验方法按 YB 732 的规定进行。

5.5　棒材的外形尺寸测量用相应精度的测量工具进行。

5.6　棒材的表面质量应用目视检验。

6　检验规则

6.1　检查和验收

6.1.1　棒材应由供方技术监督部门进行检验,保证产品质量符合本标准的规定,并填写质量证明书。

6.1.2　需方应对收到的产品按本标准的规定进行检验,如检验结果与本标准的规定不符时,应在收到产品之日起 3 个月内向供方提出,由供需双方协商解决。

6.2　组批

棒材应成批提交检验,每批由同一牌号和规格组成,每批重量应不超过 3000kg。

6.3　检验项目

6.3.1　每批棒材应进行化学成分、外形尺寸偏差、力学性能、断口及表面质量的检验。

6.3.2　棒材的残余应力试验供方可不做,但必须保证消除残余应力。

6.4　取样位置和取样数量

6.4.1　供方在熔铸过程中每炉取 1 个试样,需方在每批棒材中任取 1 个试样进行化学成分的检验。

6.4.2　拉伸试验应由每批棒材中任取 2 根,每根取 1 个试样。拉伸试验试样应符合 GB 6397 的规定。

6.4.3　残余应力试验应由每批棒材中任取 2 根,每根取 1 个试样。

6.4.4　断口检验应由每批棒材中任取 2 根,靠尾部进行。

6.4.5　每批棒材应逐根进行外形尺寸和表面质量的检验。

6.5　重复试验

各项试验即使有 1 个试样的试验结果不合格时,也应从该批中再取双倍试样进行该不合格项目的复验。复验结果仍有 1 个不合格,则整批不合格或逐根检验,合格者单独编批验收。

7　标志、包装、运输、贮存

棒材的标志、包装、运输、贮存应按 GB 8888 的规定进行。

附加说明:

本标准由中国有色金属工业总公司提出。

本标准由上海第一铜棒厂负责起草。

本标准主要起草人:许教煌。

前　言

本标准是参照原苏联标准 ГОСТ 19347—1984《硫酸铜技术条件》和根据冶炼行业的特点制定的。由于冶炼行业生产的硫酸铜是从铜电解溶液中回收的，其成分波动较大，含酸量高，故在本标准中将产品分为三个品级，并确定了三个相应的技术指标。为了满足用户的特殊要求，在标准中还制定出第4.3条。

在硫酸铜的测定中为使反应进行完全，加入了硫氰酸盐。游离酸的测定采用静态下测定 pH 值进行换算的方法，克服了酸碱滴定法终点不明显的缺点。

本标准包括以下内容：

第1章：范围

第2章：引用标准

第3章：产品分类

第4章：要求

第5章：试验方法

第6章：检验规则

第7章：包装、标志、运输、贮存和质量证明书

本标准中附录A、附录B、附录C是标准的附录。

本标准由中国有色金属工业总公司标准计量研究所提出。

本标准由上海冶炼厂负责起草。

本标准主要起草人：曾云华、俞文莲、金振龙、仲菊芬、芦如琼。

中华人民共和国有色金属行业标准

YS/T 94—1996

硫酸铜(冶炼副产品)

1 范围

本标准规定了硫酸铜的产品分类、技术要求、试验方法、检验规则、包装、标志、运输和贮存。

本标准适用于用铜电解溶液及其他铜料生产的结晶硫酸铜。

分子式:$CuSO_4 \cdot 5H_2O$。

相对分子质量:249.68(1989 年国际相对原子质量)。

2 引用标准

下列标准所包含的条文,通过在本标准中引用而构成为本标准的条文。在标准出版时,所示版本均为有效。所有标准都会被修订,使用本标准的各方应探讨使用下列标准最新版本的可能性。

GB 1467—1978 冶金产品化学分析方法标准的总则及一般规定

GB 8170—1987 数字修约规则

3 产品分类

按化学成分硫酸铜分为零级、一级和二级。

4 要求

4.1 外观

产品为蓝色或蓝绿色晶体,无可见的外来夹杂物。

4.2 硫酸铜产品的各项技术指标应符合表1规定。

表 1 硫酸铜技术指标

%(m/m)

指标名称 \ 品级	零级	一级	二级
硫酸铜($CuSO_4 \cdot 5H_2O$)含量 不小于	98.0	96.0	93.0
水不溶物含量 不大于	0.1	0.2	0.3
游离酸含量 不大于	0.1	0.2	0.3

4.3 如用户对产品中砷、铅等杂质含量有特殊要求,供需双方可协商确定。

5 试验方法

5.1 物理外观的检验

硫酸铜的外观用目测法检验。

5.2 硫酸铜的仲裁化学分析方法按附录 A、附录 B、附录 C(标准的附录)规定的方法进行。

中国有色金属工业总公司 1996-04-01 批准 1997-05-01 实施

6 检验规则

6.1 组批

产品以每班产量为一批,批量不大于5t。

6.2 仲裁取样方法

6.2.1 抽样袋数应不小于每批总袋数的5%,小批量时不得少于5袋,批量不足5袋时应全数抽样。

6.2.2 用样扦从袋口的一侧斜插至袋底抽取样品。

6.2.3 所取得的样品(自然结晶产品需碾碎)必须充分混匀,用四分法缩分至试样量不少于300g,盛于清洁干燥的磨口瓶内送化验分析。

6.3 检查和验收

6.3.1 产品由生产厂技术监督部门进行检验,保证产品质量符合本标准,出厂的产品应填写质量证明书。

6.3.2 用户有权对收到的产品进行核验,若核验结果不符合本标准时,用户在收到产品之日起,一个月内向供方提出,供需双方协商解决。如需仲裁,仲裁取样在需方由供需双方共同进行,仲裁分析结果为最终分析结果。

7 包装、标志、运输、贮存和质量证明书

7.1 包装、标志

7.1.1 产品用内衬塑料的编织袋包装。每袋净重25kg或50kg。

7.1.2 袋上应有明显标志、注明:

a. 生产厂名称;
b. 产品名称;
c. 品级;
d. 批号;
e. 净重;
f. 生产日期;
g. 本标准编号。

7.2 运输和贮存

贮运时严防潮湿和日晒,不得与食物、种子、饲料混放。

7.3 质量证明书

出厂产品应附有质量证明书,其内容包括:

a. 生产厂名称和厂址;
b. 产品名称;
c. 品级;
d. 批号;
e. 净重;
f. 出厂日期;
g. 分析检验结果和检验部门印记;
h. 本标准编号。

附 录 A

（标准的附录）

硫酸铜量的测定

A1 方法提要

试料用热水溶解。三价砷、锑用饱和溴水氧化，在微酸性条件下，以氟化氢铵掩蔽铁。加入适量的碘化钾与二价铜作用，定量地析出碘，以淀粉为指示剂，用硫代硫酸钠标准溶液滴定析出的碘，为保证反应完全，在临近终点时加入硫氰酸盐，以消耗硫代硫酸钠标准溶液的体积计算硫酸铜的含量。

A2 试剂

A2.1 碘化钾。

A2.2 硫酸（$\rho=1.84$g/mL）。

A2.3 冰乙酸（$\rho=1.0$g/mL）。

A2.4 溴水饱和溶液。

A2.5 氢氧化铵（$\rho=0.90$g/mL）。

A2.6 氟化氢铵饱和溶液。

A2.7 硫氰酸钠溶液，100g/L。

A2.8 乙酸铅溶液，(40g/L)用少量冰乙酸酸化。

A2.9 淀粉溶液，5g/L。

A2.10 硫代硫酸钠标准滴定溶液（约0.1mol/L）

A2.10.1 配制：称取25.0g硫代硫酸钠（$Na_2S_2O_3\cdot 5H_2O$），置于400mL烧杯中，加入0.1g无水碳酸钠，用经煮沸冷却后的蒸馏水溶解，移入1000mL容量瓶中，以水稀释至刻度，混匀。数日后标定。

A2.10.2 标定：称取0.3000g已知品位的金属铜（≥99.95%）3份，分别置于500mL锥形烧杯中，加入5～10mL硝酸（7mol/L），盖上表皿，待剧烈反应停止后置于低温处加热溶解完全，加入2～3mL饱和溴水溶液（A2.4），继续于低温处加热蒸至体积为1～2mL，取下，稍冷，以水洗涤表皿及杯壁，加水至约50mL，冷却。以下按A3.3.3条进行。

按公式（A1）计算硫代硫酸钠标准滴定溶液的实际浓度。

$$c=\frac{e\cdot m_1}{V_3\times 0.06355} \qquad \text{(A1)}$$

式中 c——硫代硫酸钠标准滴定溶液的实际浓度，mol/L；

e——金属铜品位，%；

m_1——称取金属铜的质量，g；

V_3——滴定所消耗的硫代硫酸钠标准滴定溶液的体积，mL；

0.06355——与1.00mL硫代硫酸钠标准滴定溶液[$c(Na_2S_2O_3\cdot 5H_2O=1.000$mol/L)]相当的以克表示铜的质量。

标定后，3份溶液浓度的极差值不大于2×10^{-4}mol/L时，取其算术平均值，否则应重新标定。

A3 分析步骤

A3.1 试料

称取12.00g试样，精确至0.01g。

A3.2 测量次数

独立进行两次测定，取其平均值。

A3.3 测定

A3.3.1 将试料置于400mL烧杯中，加入200mL热水，搅拌溶解完全，加入3～4滴硫酸(A2.2)，冷却。将溶液移入500mL容量瓶中，以水稀释至刻度，混匀。

A3.3.2 移取50.0mL试液于500mL锥形烧杯中，加入2～3mL溴水饱和溶液(A2.4)，加热并蒸至体积为5～10mL，取下，稍冷，用水清洗杯壁并稀释至体积约50mL。

A3.3.3 用氢氧化铵(A2.5)中和至氢氧化铜沉淀恰出现，沿杯壁加入2～3mL冰乙酸(A2.3)、2～3mL氟化氢铵饱和溶液(A2.6)，混匀。加入3g碘化钾(A2.1)，混匀，立即用硫代硫酸钠标准滴定溶液(A2.10)滴定，当溶液呈淡黄色时加入5mL淀粉溶液(A2.9)，继续滴定至溶液呈淡紫色，沿杯壁加入10mL硫氰酸钠溶液(A2.7)，混匀，继续滴定至溶液呈淡紫色，加入1～2滴乙酸铅溶液(A2.8)，继续滴定至溶液呈淡黄色即为终点。

A4 分析结果的计算

按公式(A2)计算硫酸铜的百分含量，%(m/m)。

$$CuSO_4\cdot 5H_2O=\frac{c\cdot V_0\cdot V_2\times 0.2497\times 10^{-3}}{m_0\cdot V_1}\times 100 \qquad (A2)$$

式中 V_0——试液总体积，mL；

V_1——分取试液体积，mL；

V_2——滴定试样所消耗的硫代硫酸钠标准溶液的体积，mL；

c——硫代硫酸钠标准滴定溶液的实际浓度，mol/L；

0.2497——与1.000mL硫代硫酸钠标准滴定溶液；

[$c(Na_2S_2O_3\cdot 5H_2O=1.000mol/L)$]相当的以克表示的硫酸铜($CuSO_4\cdot 5H_2O$)的质量；

m_0——试料量，g。

A5 允许差

实验室之间分析结果的差值不应大于0.6%。

附 录 B
(标准的附录)
水不溶物量的测定

B1 方法提要

用热水溶解试料，加入少量硫酸，防止铜盐水解，以重量法测定其水不溶物量。

B2 试剂及器皿

B2.1 硫酸($\rho=1.84g/mL$)。

B2.2 3号玻璃砂芯坩埚30mL。

B2.3　烘箱。

B3　分析步骤

B3.1　试料

称取10.00g试样,精确到0.01g。

B3.2　测量次数

独立进行两次测定,取其平均值。

B3.3　测定

B3.3.1　将试料置于400mL烧杯中,加入200mL沸水、3～4滴硫酸(B2.1),搅拌溶解完全,于已恒重的3号玻璃砂芯坩埚(B2.2)抽滤,以热水洗涤滤渣5～6次。

B3.3.2　将滤渣连同坩埚一起置于105～110℃的烘箱中烘2h后,称量至恒重(两次称重重量差不大于0.0003g)。

B4　分析结果的计算

按公式(B1)计算水不溶物的百分含量,%(m/m)。

$$水不溶物=\frac{m_1-m_2}{m_0}\times 100 \qquad (B1)$$

式中　m_1——坩埚与滤渣的质量,g;

m_2——坩埚质量,g;

m_0——试料量,g。

附　录　C
（标准的附录）
游离硫酸量的测定

C1　方法提要

以精密pH计测定硫酸铜水溶液的pH值,以pH值计算游离硫酸的含量。

C2　试剂及仪器

C2.1　酒石酸氢钾饱和溶液

C2.2　邻苯二甲酸氢钾溶液0.05mol/L。

C2.3　草酸三氢钾溶液0.05mol/L。

C2.4　精密pH计精度0.01。

C2.5　231型玻璃电极。

C2.6　232型饱和甘汞电极。

C3　分析步骤

C3.1　试料

称取2.000g试样,精确至0.001g。

C3.2　测量次数

独立进行两次测定，取其平均值。

C3.3　测定

C3.3.1　将试料置于250mL烧杯中，加入80mL沸水，搅拌溶解完全，冷却。移入100mL容量瓶中，以水稀释至刻度，混匀。

C3.3.2　将精密pH计(C2.4)开机稳定20min，并检查饱和甘汞电极(C2.6)是否饱和，是否有气泡。调正pH计零点及温度旋钮，待仪器工作正常后用酒石酸氢钾饱和溶液(C2.1)及邻苯二甲酸氢钾(C2.2)或草酸三氢钾溶液(C2.3)调整pH计(C2.4)斜率和定位，稳定后取出电极，用蒸馏水冲洗电极并用滤纸吸干水滴，然后测定溶液pH值。

C3.3.3　测定完毕应再用标准溶液核实pH计(C2.4)是否真正稳定，否则重新操作。

C4　分析结果的计算

按公式(C1)、(C2)计算游离硫酸的百分含量，%(m/m)。

$$[H^+]=10^{-[pH]} \tag{C1}$$

$$游离硫酸=\frac{[H^+]\cdot V\times 49\times 10^{-3}}{m}\times 100 \tag{C2}$$

式中　$[H^+]$——根据溶液pH值求得的氢离子浓度，mol/L；

V——试液总体积，mL；

49——与1.00mol$[H^+]$相当的以克表示的硫酸的质量；

m——试料量，g。

前　言

本标准是参考德国国家标准和原苏联标准 ГОСТ1973—1973，首次制定的行业标准。

制定本标准的原则是：既要符合国情，又要满足国内外贸易的需要；既要内容选择合理，技术参数的确定又要有充分的科学依据，同时还要考虑产品出口的要求。

本标准编写的格式和表述，遵循了 GB/T 1.1—1993《标准化工作导则　第一单元：标准的起草与表述规则，第一部分：标准编写的基本规定》的有关规定。

本标准的附录均为提示的附录。

本标准由中国有色金属工业总公司标准计量研究所提出。

本标准由中国有色金属工业总公司标准计量研究所归口。

本标准由江西铜业公司负责起草。

本标准主要起草单位：江西铜业公司。

本标准主要起草人：李保娣、黄宏伟、熊建平、刘希林、汪益群。

中华人民共和国有色金属行业标准

YS/T 99—1997

三 氧 化 二 砷

Arsenic trioxide

1 范围

本标准规定了三氧化二砷的技术条件、试验方法、检验规则及标志、包装、运输、贮存。

本标准适用于湿法、火法工艺生产的三氧化二砷，该产品主要用于防腐剂、农药、玻璃工业以及陶瓷、染织、颜料、医药、制革、焰火等。

分子式：As_2O_3。相对分子质量：197.84（按1983年国际原子量）。

2 引用标准

下列标准所包含的条文，通过在本标准中引用而构成为本标准的条文。本标准出版时，所示版本均为有效。所有标准都会被修订，使用本标准的各方应探讨使用下列标准最新版本的可能性。

GB 1605—1979 商品农药采样方法

GB 8170—1987 数值修约规则

3 订货单内容

本标准所列产品的订货单内应包括下列内容：

3.1 产品名称。

3.2 牌号。

3.3 数量。

3.4 标准编号、年代号。

3.5 其他。

4 要求

4.1 产品分类

三氧化二砷按化学成分分为三个牌号：As_2O_3-1、As_2O_3-2、As_2O_3-3。

4.2 化学成分

三氧化二砷的化学成分应符合表1的规定。

中国有色金属工业总公司 1997-05-15 批准

1998-05-01 实施

表 1

牌号			As_2O_3-1	As_2O_3-2	As_2O_3-3
化学成分/%	As_2O_3 不小于		99.5	98.0	95.0
化学成分/%	杂质 不大于	Cu	0.005	—	—
化学成分/%	杂质 不大于	Zn	0.001	—	—
化学成分/%	杂质 不大于	Fe	0.002	—	—
化学成分/%	杂质 不大于	Pb	0.001	—	—
化学成分/%	杂质 不大于	Bi	0.001	—	—
化学成分/%	杂质 不大于	总和	0.5	2.0	5.0

4.3 物理性能

4.3.1 水分

一级品含量不大于 0.3%；二、三级品不大于 0.5%。

4.3.2 外观

三氧化二砷为白色或灰白色的粉末或颗粒。

4.3.3 粒度

一级品为 250μm 标准筛通过率不小于 98%；二、三级品为 420μm 标准筛通过率不小于 98%。

5 试验方法

5.1 三氧化二砷化学成分的测定，可按附录 A 和附录 B(提示的附录)的规定进行。仲裁分析方法由供需双方商定。

5.2 三氧化二砷水分的测定由供需双方商定。

6 检验规则

6.1 检查和验收

6.1.1 三氧化二砷应由供方技术监督部门进行检验，保证产品质量符合本标准的规定，并填写质量证明书。

6.1.2 需方应对收到的产品进行检验，如检验结果与本标准的规定(或质量证明书所载牌号)不符时，应在收到产品之日起 3 个月内向供方提出，由供需双方协商解决。如需仲裁，仲裁取样在需方共同进行。

6.2 组批

三氧化二砷应成批提交检验，每批应由同一投料同一生产周期生产的产品组成。

6.3 检验项目

每批三氧化二砷应进行化学成分的检验，需方要求时，可进行水分、粒度的测定。

6.4 取样和制样

取样方法按 GB 1605 的规定进行。

制样方法：将所取样品按四分法缩分得试样 100g，然后装入闭光、干燥、密闭容器中，保存备用。

6.5 检验结果判定

6.5.1 化学成分仲裁分析结果与本标准不符时，按批判为不合格。

6.5.2 水分、粒度测定结果与本标准不符时,供需双方商定。

7 标志、包装、运输、储存

7.1 标志

7.1.1 本产品在包装桶外应标明“剧毒品”字样和剧毒“☠”标记。

7.1.2 每桶包装应注明:

a. 供方名称;

b. 产品名称和牌号;

c. 批号。

7.2 包装、运输、贮存

7.2.1 三氧化二砷装于内衬不易脱落有防腐涂料或有塑料包装的密封铁桶中,每桶净重可为25kg、50kg、100kg、200kg、250kg。有特殊要求时,供需双方商定。

7.2.2 本产品按剧毒品的有关规定包装、运输和贮存。

7.3 质量证明书

每批产品应附有质量证明书,并注明:

a. 供方名称;

b. 产品名称和牌号;

c. 批号;

d. 净重和件数;

e. 分析检验结果和技术监督部门印记;

f. 本标准编号;

g. 出厂日期。

附 录 A

(提示的附录)

三氧化二砷中主含量的测定

A1 范围

本附录规定了三氧化二砷中主含量的测定方法。

本附录适用于三氧化二砷主含量的测定。测定范围:94.00%~99.70%。

A2 引用标准

下列标准包括的条文,通过在本标准中引用而构成本标准的条文。在标准出版时,所示版本均为有效。所有标准都会被修订,使用本标准的各方应探讨使用下列标准最新版本的可能性。

GB 1.4 标准化工作导则 化学分析方法标准编写规定

GB 1467 冶金产品化学分析方法标准的总则及一般规定

A3 方法原理

在氢氧化钠微碱性溶液中,以淀粉为指示剂,碘标准滴定溶液滴定As(Ⅲ)至As(Ⅴ)。

$$I_3^- + AsO_3^{3-} + 2OH^- = AsO_4^{3-} + H_2O + 3I^-$$

A4 试剂

A4.1 碘化钾。

A4.2 氢氧化钠溶液(100g/L)。

A4.3 碳酸氢钠饱和溶液。

A4.4 硫酸(1+9)。

A4.5 硫酸(0.5mol/L)。

A4.6 酚酞乙醇溶液(10g/L)。

A4.7 淀粉溶液(5g/L)。

A4.8 碘标准滴定溶液[$c(I_2)=0.062$mol/L]。

A4.8.1 配制:称取16g碘片(I_2),置于400mL烧杯中,与50g碘化钾混合,加300mL水溶解,过滤于1000mL容量瓶中,用水稀释至刻度摇匀。放置两周后标定。

A4.8.2 标定:称取0.3g(精确至0.0001g)三氧化二砷(优级纯,含As_2O_3不小于99.8%)三份。以下按A6.2.1～A6.2.3条与试料测定同时进行。

按公式(A1)计算碘标准滴定溶液的实际浓度:

$$c=\frac{m\cdot W}{V_1\times 0.0989} \qquad (A1)$$

式中 m——三氧化二砷的质量,g;

W——三氧化二砷基准物质中三氧化二砷的含量,%;

V_1——标定时滴定三氧化二砷溶液消耗碘标准滴定溶液的体积,mL;

0.0989——与1.00mL碘标准滴定溶液[$c(I_2)=1.00$mol/L]相当的三氧化二砷的质量,g。

平行标定3份测定值的相对误差不大于0.2%时,取其平均值,否则重新标定。

碘标准滴定溶液的实际浓度[$c(I_2)$]应介于0.062mol/L～0.063mol/L之间,否则调整后再重新标定。

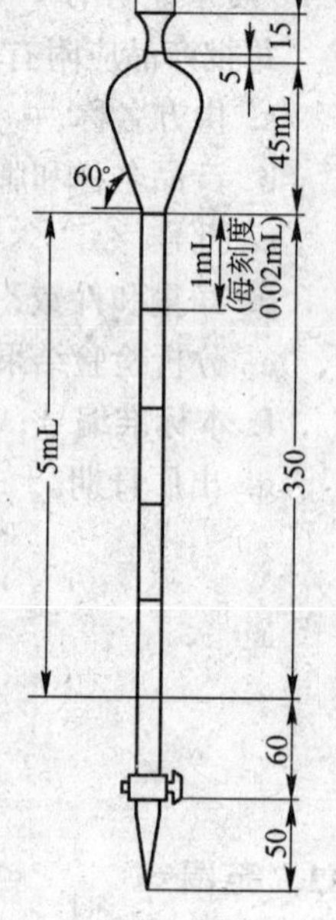

图A1 滴定管示意图

A5 仪器

滴定管(50mL),见图A1。

A6 分析步骤

A6.1 试料

按表A1称取试样,精确至0.0001g。

表A1

三氧化二砷含量/%	试料量/g	三氧化二砷含量/%	试料量/g
94.00～97.00	0.305	>97.00～99.70	0.300

独立地进行两次测定,取其平均值。

A6.2 测定

A6.2.1 将试料(A6.1)置于500mL三角烧杯中,加入5mL氢氧化钠溶液,低温加热溶解至清亮,用水吹洗杯壁,冷却至室温。

A6.2.2 滴加2滴酚酞乙醇溶液,先用硫酸(A4.4)中和至溶液呈淡红色,再用硫酸(A4.5)中和至红色消失。

A6.2.3 加入20mL碳酸氢钠饱和溶液、2mL淀粉溶液,混匀。用碘标准滴定溶液滴定至淡蓝色即为终点。

A7 分析结果的表述

按公式(A2)计算三氧化二砷的百分含量:

$$As_2O_3(\%)=\frac{c\cdot V_2\times 0.0989}{m_0}\times 100 \qquad (A2)$$

式中 c——碘标准滴定溶液的实际浓度,mol/L;

V_2——测定时滴定试料溶液消耗碘标准滴定溶液的体积,mL;

m_0——试料的质量,g;

0.0989——与1.00mL碘标准滴定溶液[$c(I_2)=1.00$mol/L]相当的三氧化二砷的质量,g。

所得结果表示至二位小数。

A8 允许差

实验室间分析结果的差值应不大于表A2所列允许差。

表 A2 %

三氧化二砷含量	允 许 差	三氧化二砷含量	允 许 差
94.00~98.00	0.50	>98.00~99.70	0.30

附 录 B
(提示的附录)
三氧化二砷中铜、铅、锌、铁、铋量的测定

B1 范围

本附录规定了三氧化二砷中铜、铅、锌、铁、铋量的测定方法。

本附录适用于三氧化二砷中铜、铅、锌、铁、铋量的测定。测定范围:各元素均为0.0005%~0.01%。

B2 引用标准

下列标准包括的条文,通过在本标准中引用而构成本标准的条文。在标准出版时,所示版本均为有效。所有标准都会被修订,使用本标准的各方应探讨使用下列标准最新版本的可能性。

GB 1.4 标准化工作导则 化学分析方法标准编写规定

GB 1467 冶金产品化学分析方法标准的总则及一般规定

GB 7728 冶金产品化学分析 火焰原子吸收光谱法通则

B3 方法提要

试料以盐酸和硝酸溶解，在酸性介质中，用 ICP-AES 法同时直接测定三氧化二砷中的铜、铅、锌、铁、铋元素的含量。砷对被测元素不产生背景及谱线干扰。

B4 试剂和材料

B4.1 试剂

B4.1.1 盐酸(1+1)。

B4.1.2 硝酸(1+1)。

B4.1.3 铜、铅、锌、铁、铋标准贮存溶液：分别称取 1.0000g 铜，0.5000g 铅，0.5000g 锌，0.5000g 铁，0.5000g 铋(均为优级纯)，置于 400mL 烧杯中，盖上表面皿，分数次加入 50mL 硝酸(B4.1.2)低温溶解完全，冷却至室温。移入 500mL 容量瓶中，用水稀释至刻度，混匀。此溶液 1mL 分别含 2mg 铜和 1mg 铅、锌、铁、铋。

B4.1.4 铜铅锌铁铋混合标准溶液：移取 10mL 铜、铅、锌、铁、铋标准贮存溶液(B4.1.3)于 100mL 容量瓶中，加入 10mL 硝酸(B4.1.2)，用水稀释至刻度，混匀。此溶液 1mL 分别含 200μg 铜和 100μg 铅、锌、铁、铋。

B4.1.5 铜铅锌铁铋混合标准溶液：移取 10mL 铜铅锌铁铋混合标准溶液(B4.1.4)于 100mL 容量瓶中，加入 10mL 硝酸(B4.1.2)，用水稀释至刻度，混匀。此溶液 1mL 分别含 20μg 铜和 10μg 铅、锌、铁、铋。

B4.1.6 铜铅锌铁铋标准级差溶液：分别移取 0、1.00、2.00、3.00、4.00、5.00mL 铜铅锌铁铋混合标准溶液(B4.1.5)于六个 100mL 容量瓶中，加入 15mL 盐酸(B4.1.1)、5mL 硝酸(B4.1.2)，用水稀释至刻度，混匀。标准级差溶液中铜铅锌铁铋的浓度列于表 B1。

表 B1

级差序号	1	2	3	4	5	6
Cu/(μg/mL)	0	0.2	0.4	0.6	0.8	1.0
Pb、Zn、Fe、Bi/(μg/mL)	0	0.1	0.2	0.3	0.4	0.5

B4.2 材料

高纯氩气(纯度大于 99.99%)。

B5 仪器与设备

B5.1 电感耦合等离子体-原子发射光谱仪(ICP-AES)：刻痕不少于 1440 条/mm 的 1m 凹面光栅；倒数线色散率不大于 0.33nm/mm；二级光谱波长范围 173.0～383.5nm；入射狭缝宽度 50μm；出射狭缝宽度 50μm～88μm。

B5.1.1 ICP 光源工作参数：RF 发生器频率 40.68MHz，额定功率 1.5kW，功率漂移≤1%。

B5.1.2 观察高度：感应线圈上方 12mm。

B5.1.3 气流量：冷却气 10L/min；等离子气 1.0L/min；载气 5L/min。

B5.1.4 溶液提升量：2mL/min。

B5.1.5 测量时间参数：积分次数 5 次，积分时间 3s，等待时间 15s。

B5.1.6 分析线波长：Cu324.75nm；Pb220.35nm；Zn206.20nm；Fe259.94nm；Bi306.77nm。

B5.2 试液传输装置:三管同心石英炬管,载气负压自动进样,玻璃同心气动雾化器,旋流雾室。

B5.3 读出装置:由计算机控制的信号检测与数据处理系统组成。

B6 分析步骤

B6.1 试料

称取试样 1g,精确至 0.0001g。

独立地进行两次测定,取其平均值。

B6.2 空白试验

随同试料做空白试验。

B6.3 试料溶解

B6.3.1 将试料(B6.1)置于 150mL 烧杯中,盖上表面皿,用水润湿,加入 20mL 盐酸(B4.1.1)、5mL 硝酸(B4.1.2)低温溶解完全,冷却至室温。

B6.3.2 将试料溶液(B6.3.1)移入 100mL 容量瓶中,用水稀释至刻度,混匀。

B6.4 拟合工作曲线

B6.4.1 在计算机内建立标准级差文件。

B6.4.2 在计算机内建立测定格式文件。

B6.4.3 在测定条件(B6.5.1)下,由气动雾化器吸入标准级差溶液(B4.1.6),由计算机采集标准级差各级的强度值。

B6.4.4 由计算机对标准级差的浓度值与强度值进行拟合,建立工作曲线文件。

B6.5 测定

B6.5.1 测定条件,B5.1~B5.3 和标准级差文件(B6.4.1)、测定格式文件(B6.4.2)。

B6.5.2 在测定条件(B6.5.1)下,由气动雾化器吸入标准级差溶液(B4.1.6)中的零浓度溶液和其他任一非零浓度溶液,对工作曲线文件(B6.4.4)进行修正。

B6.5.3 在测定条件(B6.5.1)下,由气动雾化器吸入空白溶液(B6.2),测量其强度值,作为空白值。

B6.5.4 在测定条件(B6.5.1)下,由气动雾化器吸入试料溶液(B6.3.2),测量其强度值,由计算机直接计算出其中的各被测元素的浓度,由打印机输出测定值。

B7 分析结果的表述

按下式(B1)计算铜、铅、锌、铁、铋的含量(X)

$$X(\%)=\frac{(c_1-c_0)\cdot V_0\times10^{-6}}{m_0}\times100 \tag{B1}$$

式中 c_1——试料溶液中被测元素的浓度,μg/mL;

c_0——空白溶液中被测元素的浓度,μg/mL;

V_0——试料溶液的体积,mL;

m_0——试料的质量,g。

所得结果表示至三位小数;若含量小于 0.01%时,表示至四位小数。

B8 允许差

实验室间分析结果的差值应不大于表 B2 所列允许差。

表 B2 %

铜、铅、锌、铁、铋含量	允许差
0.00050～0.0010	0.00020
>0.0010～0.0050	0.0005
>0.0050～0.010	0.0010

前　　言

本标准非等效采用原苏联标准 ГОСТ 17614—1980《工业碲技术条件》，结合我国碲产品生产实际情况，对原行业标准 YS/T 222—1994《碲》进行修订而成的。

本标准与原苏联标准 ГОСТ 17614—1980《工业碲技术条件》比较，牌号 Te-1、Te-2 产品所分析的杂质元素个数比原苏联标准多铋、砷、镁 3 个元素，相应杂质元素含量有 5 个元素，即铜、铝、铁、钠、硫含量比其低，其余杂质元素含量大都与其相当，所含杂质元素总量比其相应牌号所含的杂质元素总量低。

本标准与原行业标准 YS/T 222—1994《碲》比较，除钠、砷个别杂质元素含量未变化外，其余相应杂质元素含量和杂质总量都有明显降低。本标准水平较原行业标准水平有提高。

本标准从生效之日起，同时代替原行业标准 YS/T 222—1994。

本标准由中国有色金属工业总公司标准计量研究所提出。

本标准由沈阳冶炼厂负责起草。

本标准主要起草人：闫国平、李晓丽、吕德海。

中华人民共和国有色金属行业标准

YS/T 222—1996

碲　　锭

代替 YS/T 222—1994

Tellurium ingots

1 范围

本标准规定了碲锭的技术要求、试验方法、检验规则以及包装、标志、运输和贮存。

本标准适用于由有色金属冶炼过程中所得含碲的阳极泥、烟灰及其他物料，经湿法冶金处理生产的碲锭。

2 引用标准

下列标准所包含的条文，通过在本标准中引用而构成为本标准的条文。本标准出版时，所示版本均为有效。所有标准都会被修订，使用本标准的各方应探讨使用下列标准最新版本的可能性。

GB 1250—1989　极限数值的表示方法和判定方法

GB 8170—1987　数字修约规则

YS/T 227.1～227.11—1994　碲化学分析方法

3 技术要求

3.1 牌号

根据产品化学成分的不同，产品分为 Te-1、Te-2、Te-3 三个牌号。

3.2 化学成分

产品的化学成分应符合表 1 的规定。

表 1　　%

牌号	化学成分												
	Te 含量	杂质含量，不大于											
	不小于	Cu	Pb	Al	Bi	Fe	Na	Si	S	Se	As	Mg	杂质总和
Te-1	99.99	0.001	0.002	0.0009	0.0009	0.0009	0.003	0.001	0.001	0.002	0.0005	0.0009	0.01
Te-2	99.9	0.003	0.004	0.003	0.002	0.004	0.006	0.002	0.005	0.02	0.001	0.002	0.1
Te-3	99	—	—	—	—	—	—	—	—	—	—	—	1.0

3.3 外观质量

3.3.1　碲锭为银灰色。

3.3.2　碲锭表面应洁净，无肉眼可见的夹杂物。

3.4 外形

碲锭以长方梯形供货，锭重 1～5kg。

中国有色金属工业总公司 1996-02-02 批准　　1996-12-01 实施

3.5　其他

需方如有特殊要求,由供需双方另行商定。

4　试验方法

4.1　碲的化学成分仲裁分析按 YS/T 227.1～227.11 的规定进行。

4.2　碲的外观质量用肉眼检查。

5　检验规则

5.1　检查和验收

5.1.1　产品应由供方技术监督部门进行检验,保证产品质量符合本标准的规定,并填写质量证明书。

5.1.2　需方可对收到的产品按本标准的规定进行检验,如检验结果与本标准的规定不符时,应在收到产品之日起一个月内向供方提出,由供需双方协商解决。如需仲裁,仲裁取样在需方共同进行。

5.2　组批

产品应成批提交验收。每熔铸一锅为一批。

5.3　检验项目

每批产品应对其化学成分、外观质量进行检验。

5.4　仲裁取样

5.4.1　取样:从该批产品中随机抽取 20%的碲锭,但不少于 2 块。用 10～15mm 的钻头,在碲锭表面对角线的中点及距两端点各四分之一处钻取,钻取深度不小于锭厚的三分之二,并去掉表层。

5.4.2　制样:将取得的试样用不锈钢乳钵研碎,缩分至不少于 100g,再用玛瑙乳钵继续研磨至粒度不大于 0.25mm。分 3 袋,每袋不少于 30g。

5.5　检验结果的判定

5.5.1　碲含量的判定:Te-1、Te-2 牌号碲含量为 100%减去产品中实测杂质总量的余量:Te-3 牌号的含量为产品直接分析测定值。

5.5.2　杂质含量的判定:检验结果数值修约按 GB 8170 中第 3 章规定进行;经修约后的数值与标准规定的极限数值进行比较,按 GB 1250 中 5.2.2 条判定实测杂质含量是否符合本标准要求。

5.5.3　产品的判定:每批产品检验后,凡不符合 3.2 条规定时,应视该批产品为不合格,凡不符合 3.3 条规定的产品,应视该锭为不合格品。

5.5.4　仲裁时,仲裁检验结果为该批产品最终判定。

6　包装、标志、运输和贮存

6.1　包装

碲锭用防湿包装纸包好,置于木箱或铁桶内,用碎纸等塞紧。每箱只准装同一牌号的碲锭,每箱净重不大于 25kg。

6.2　标志

木箱或铁桶上应标出:供方名称、产品名称、批号、净重及块数、生产日期,并有“防震”、“轻放”字样或标志。

6.3　运输

包装箱在运输过程中,要仔细操作,摆放整齐,避免其受到碰撞,且应注意防潮保护。

6.4　贮存

碲锭应贮存于干燥、凉爽、无腐蚀性气体的环境中。

6.5 质量证明书

每批产品应附有质量证明书，注明：

a. 供方名称和商标；

b. 产品名称；

c. 牌号、批号；

d. 净重及件数；

e. 分析检验结果及技术监督部门印记；

f. 本标准编号；

g. 出厂日期。

前　　言

本标准非等效采用原苏联标准 ГОСТ 10298—1979《工业纯硒技术条件》,结合我国硒产品生产实际情况,对原行业标准 YS/T 223—1994《硒》进行修订而成的。

本标准与原苏联标准 ГОСТ 10298—1979 同类产品比较,原苏联标准中产品分析 7 个杂质元素,本标准中产品分析 10 个杂质元素,比其多分析锑、镍、碳 3 个杂质元素;所列分析的杂质元素中,硒的杂质含量大都与其相同或比其含量低;硒的主品位比其主品位高。

本标准与原行业标准 YS/T 223—1994《硒》比较,其杂质元素含量和杂质总量都有明显降低。本标准水平比原行业标准水平有显著提高。

本标准从生效之日起,同时代替原行业标准 YS/T 223—1994。

本标准由中国有色金属工业总公司标准计量研究所提出。

本标准由沈阳冶炼厂负责起草。

本标准主要起草人:李晓丽、闫国平、吕德海。

中华人民共和国有色金属行业标准

YS/T 223—1996

硒

代替 YS/T 223—1994

Selenium

1 范围

本标准规定了硒的技术要求、试验方法、检验规则以及包装、标志、运输和贮存。

本标准适用于由铜、铅等生产过程中综合回收的硒原料经进一步分离提纯而制得的硒。

2 引用标准

下列标准所包含的条文,通过在本标准中引用而构成为本标准的条文。本标准出版时,所示版本均为有效。所有标准都会被修订,使用本标准的各方应探讨使用下列标准最新版本的可能性。

GB 1250—1989 极限数值的表示方法和判定方法

GB 8170—1987 数字修约规则

YS/T 226—1994 硒化学分析方法

3 技术要求

3.1 牌号

根据产品化学成分的不同,产品分为 Se-1、Se-2 和 Se-3 3 个牌号。

3.2 化学成分

产品的化学成分应符合表 1 的规定。

中国有色金属工业总公司 1996-02-02 批准　　1996-12-01 实施

表 1

牌号	化学成分 /%									
	Se含量不小于	杂质含量,不大于								
		Cu	Hg	As	Sb	Te	Fe	Pb	Sn	Ni
Se-1	99.992	0.0003	0.0005	0.0005	0.0005	0.0009	0.0009	0.0005	0.0005	0.0005
Se-2	99.9	0.001	0.001	0.003	0.001	0.007	0.001	0.002	—	0.002
Se-3	99	—	—	—	—	—	—	—	—	—

牌号	化学成分 /%									
	Se含量不小于	杂质含量,不大于								
		Bi	Mg	Al	Si	B	S	Cl	C	总和
Se-1	99.992	0.0009	0.0009	0.0009	0.0009	0.0005	0.001	0.001	—	0.008
Se-2	99.9	—	—	—	—	—	0.005	—	0.002	0.1
Se-3	99	—	—	—	—	—	—	—	—	1.0

注:Se为硒粉供货时,硫不得大于0.005%。

3.3 产品外形

3.3.1 产品可以锭、粒、粉状供货。

3.3.2 硒粉粒度应不大于0.25mm,粉不得有结块。

3.3.3 硒粒直径为3～5mm。

3.3.4 硒锭为长方体,其重量为2～5kg。

3.4 外观质量

3.4.1 硒为黑色或深灰色(红硒与灰硒为硒的结晶变体,主成分不变)。

3.4.2 硒不应有外来夹杂物。

3.5 其他

用户如有特殊要求,由供需双方另行商定。

4 试验方法

4.1 硒的化学成分仲裁分析按YS/T 226的规定进行。

4.2 硒粉粒度用0.25mm筛网检验,硒粉100%通过筛网为合格。

4.3 硒的外观用肉眼检查。

5 检验规则

5.1 检查和验收

5.1.1 产品应由供方技术监督部门进行检验,保证产品质量符合本标准的规定,并填写质量证明书。

5.1.2 需方可对收到的产品按本标准的规定进行检验,若检验结果与本标准的规定不符时,应在收到产品之日起一个月内向供方提出,由供需双方协商解决。如需仲裁,仲裁取样应在需方共同进行。

5.2 组批

硒产品应成批提交验收。硒锭与硒粒每熔铸一锅为一批,硒粉每还原一次为一批。

5.3 检验项目

每批产品应对其化学成分、外观质量进行检验。

5.4 仲裁取制样

5.4.1 取样:硒锭应从该批中抽取一箱,按锭的前后顺序取4块,表面与底面一正一反排列成长方形,画长方形对角线,正反面纵向的中心线与对角线的交点为取样点,如图1。在取样点部位敲碎硒块取样,取样量不少于400g。

硒粉和硒粒按每批量的1%~3%取样,用不锈钢探钎插入袋或桶中,其插入深度应大于袋或桶深度的三分之二。取样点为过圆心垂直于直径交叉取1点;再在离袋或桶边缘为直径的六分之一处取4点,共取5点,如图2。取样量不少于400g。

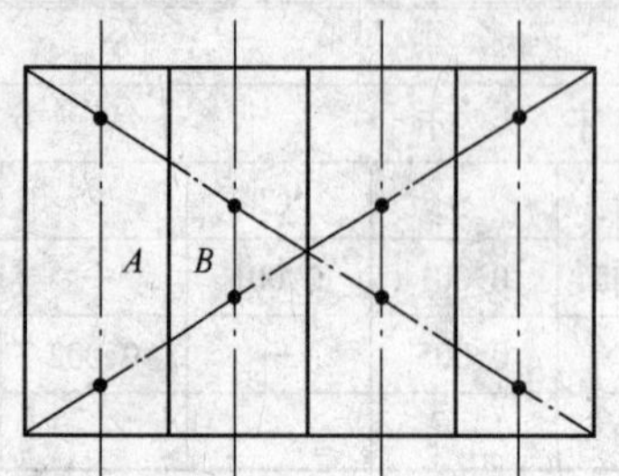

图1 硒锭取样点示意图
A—表面;B—底面

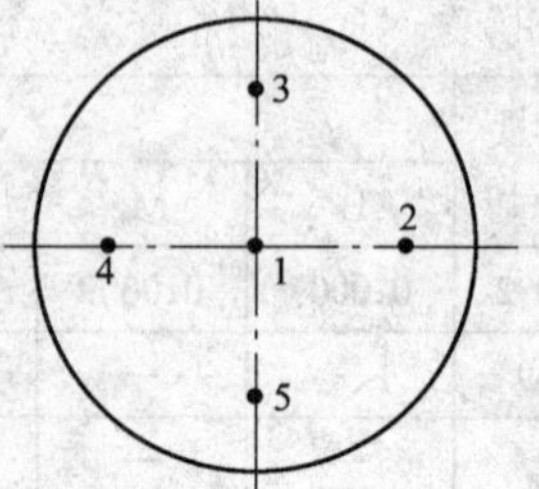

图2 硒粉与硒粒取样点示意图

5.4.2 制样:将抽取的试样混匀,使用清洁的玛瑙乳钵研磨至粒度为2mm,用四分法缩分至100g,继续研磨至粒度不大于0.25mm,分3袋,每袋不少于30g。

5.5 检验结果的判定

5.5.1 硒含量的判定:牌号为Se-1、Se-2的硒含量以100%减去产品中实测杂质含量总量的余量;牌号为Se-3硒的含量为产品直接分析测定值。

5.5.2 杂质含量的判定:检验结果数值修约按GB 8170中第3章规定进行;修约后的数值与标准规定极限数值进行比较,按GB 1250中5.5.5条规定判定实测杂质是否符合本标准要求。

5.5.3 产品的判定:每批产品检验后,凡不符合3.2条规定时,应视该批产品为不合格;凡不符合3.3条规定的产品,视该件产品为不合格。

5.5.4 仲裁时,仲裁检验结果为该批产品最终判定。

6 包装、标志、运输和贮存

6.1 包装

硒锭用聚乙烯塑料袋包装密封,置于纸盒中,用碎纸将密封塑料袋塞紧,再置于木箱中,用泡沫塑料或碎纸将纸盒塞紧。每箱净重不大于30kg。

硒粉与硒粒用密封铁桶包装或用内衬塑料袋、外套尼龙编织袋密封包装,置于木箱中,用碎纸或泡沫塑料塞紧。每箱或每桶净重应不大于30kg。

6.2 标志

木箱或铁桶外应标出:供方名称、产品名称、牌号、批号、净重及出厂日期。

6.3 运输

包装箱在运输过程中,要仔细操作,摆放整齐,避免其受到碰撞,且应注意防潮保护。

6.4 贮存

硒应贮存于干燥、凉爽、无腐蚀性气体的环境中。

6.5 质量证明书

每批硒应附产品质量证明书,并注明:

a. 供方名称;

b. 产品名称;

c. 产品牌号;

d. 产品批号;

e. 产品净重及件数;

f. 分析检验结果及技术监督部门印记;

g. 本标准编号;

h. 出厂日期。

中华人民共和国有色金属行业标准

YS/T 225—1994

照相制版用微晶锌板

代替 GB 1977—1988

Microcrystalline zinc plate for zincography

本标准适用于无粉腐蚀照相制版用微晶锌板。

1 品种

1.1 分类

根据工作表面的加工方法不同,分为非磨光板、磨光板和抛光板三种。非工作面分为有保护涂层和无保护涂层两种。

1.2 尺寸和允许偏差

1.2.1 板材的尺寸及允许偏差应符合表1的规定。

表 1

mm

<table>
<tr><th>厚 度</th><th>厚度允许偏差</th><th>同板差</th><th>宽度</th><th>宽度允许偏差</th><th>长 度</th><th>长度允许偏差</th></tr>
<tr><td>0.8</td><td>±0.03</td><td rowspan="3">0.05</td><td rowspan="3">381～510</td><td rowspan="3">+3</td><td>600～1200</td><td rowspan="3">+5</td></tr>
<tr><td>1.0
1.2</td><td>±0.04</td><td>550～1200</td></tr>
<tr><td>1.5
1.6</td><td>±0.05</td><td>600～1200</td></tr>
</table>

注:经双方协议,可供应其他规格及尺寸允许偏差的板材。

1.2.2 板材的不平度不超过2mm/m。边部切斜不得使长度和宽度超出其允许偏差。

1.3 标记示例

用牌号为 XI2 制成的,厚0.8mm、宽400mm、长1000mm的微晶锌板,标记为:

XI2 0.8×400×1000 GB 1977—1988

2 技术要求

2.1 化学成分

XI2 微晶锌板化学成分应符合表2的规定。

2.2 力学性能

板材布氏硬度HB大于50。

中国有色金属工业总公司 1988-02-12 批准

1989-02-01 实施

表 2

牌　号	主 成 分 /%			杂质含量/%,不大于					
	Zn	Al	Mg	Pb	Fe	Cd	Cu	Sn	总　和
XI2	余　量	0.02～0.10	0.05～0.15	0.005	0.006	0.005	0.001	0.001	0.013

2.3　工艺性能

2.3.1　无保护涂层和有保护涂层板材非工作表面不允许存在影响使用性能的缺陷。

2.3.2　板材非工作表面保护层在热稳定性试验时不改变原来性质,但允许涂层色彩变化。

2.3.3　腐蚀形成的印刷单元的剖面应有与基面成 40°～80°角的正常光滑腐蚀侧面。腐蚀速度应大于 0.05mm/min。溶锌量应大于 40g/L。

2.4　表面质量

2.4.1　非磨光板、磨光板和抛光板表面应光滑、无压折、夹杂物、腐蚀痕迹等。

2.4.2　板材表面允许存在不使厚度超出允许偏差的划伤、凹坑等缺陷。

2.4.3　板材边部应无毛刺、裂边。

3　试验方法

3.1　化学分析方法

化学成分的仲裁分析方法按 GB 473—1976《锌化学分析方法》的规定进行。

3.2　金属硬度试验方法

金属布氏硬度的测试按 GB 231—1984《金属布氏硬度试验方法》的规定进行。

3.3　热稳定性试验方法

在确定保护涂层的热稳定性时,板材应在电炉内加热到 250±5℃,保温 15min,确定保护涂层有无脱落。

3.4　保护涂层强度试验方法

确定保护涂层的强度时,应把工作表面弯曲成半径为 20mm 的半圆弧,检查裂纹。用半径 5mm 的铅棒刮保护层,检查表面保护层有无脱落。

3.5　保护涂层化学稳定性试验方法

3.5.1　抗硝酸作用稳定性是于室温下在 17% 的硝酸溶液中浸 30min,确定试样保护层有无脱落。

3.5.2　抗氢氧化钠作用的稳定性是在温度不超过 20℃ 的 2% 氢氧化钠溶液中浸 5min,确定试样的保护层有无脱落。

3.6　板材不平度检测方法

将板材放置在一标准平台上,用直尺测量板材同标准平台间最大间隙,作为该项检验数据。

3.7　厚度测量方法

用千分卡尺,在边部不小于 10mm 的地方测量板厚,测点不少于 4 个点。非工作表面有保护涂层时,基板与保护涂层应为一整体进行测量。长度与宽度用直尺测量。

3.8　表面质量检验方法

目视检验板材表面质量,不使用放大仪器。

3.9　腐蚀性试验方法

腐蚀性能试验按双方议定方法进行。

4 检验规则

4.1 验收

锌板由生产厂技术监督部门验收,保证产品质量符合本标准要求。

需方对收到的产品应进行复验,当复验结果与本标准规定不符时,应在收到产品之日起30天内向供方提出,由供需双方协商解决。

4.2 组批

同一批板材应由同一规格和同一表面加工方式的产品组成。

4.3 取样数量

尺寸偏差、不平度、切斜等检验按每批张数的10%进行抽样,但不得少于5张。检验次品率不大于5%为合格,否则为不合格。

化学成分按炉次取样化验。

4.4 重复试验

各项试验如有一个试样的试验不合格,都得再从该批中取双倍试样进行该不合格项目的复验。如果仍有一个复验结果不合格时,则整批报废或逐张检验,合格者单独编批验收。

5 标志、包装、运输和贮存

5.1 标志、包装和运输

锌板用木箱包装,内衬防潮纸,每箱净重100kg(供需双方协议,可改变包装方法)。其标志、运输和质量证明书按GB 8888—1988《重有色金属加工产品的包装、标志、运输和贮存》的规定进行。

5.2 贮存

锌板不得放置在有酸气等腐蚀性环境中,在贮存库中应保持干燥和通风,产品存放期为一年。

附加说明:

本标准由广州锌片厂负责起草。

本标准主要起草人:李宁远、林智良。

中华人民共和国有色金属行业标准

YS/T 247—1994

镉 棒

代替 GB 4434—1984

Cadmium round bars

本标准适用于各工业部门用的圆形镉棒。

1 品种

1.1 牌号、状态、规格

产品的合金牌号、供应状态和规格应符合表1的规定。

表1

合 金 牌 号	供 应 状 态	规 格 /mm
Cd1、Cd2、Cd3	拉 制	14～40
	挤 制(R)	40～70

1.2 外形尺寸及允许偏差

1.2.1 棒材直径及允许偏差应符合表2的规定。

表2 mm

公 称 直 径		14～18	>18～30	>30～40	>40～50	>50～70
允许偏差	拉 制	-0.24	-0.28	-0.34	—	—
	挤 制	—	—	—	±0.50	±0.60

1.2.2 棒材长度及允许偏差规定如下:

1.2.2.1 棒材不定尺长度

直径14～40mm,供应长度1～4m;

直径大于40～50mm,供应长度0.5～3m;

直径大于50～70mm,供应长度0.5～2m。

1.2.2.2 定尺或倍尺长度

定尺或倍尺长度(在合同中议定)应在不定尺长度范围内,长度允许偏差为+20mm。倍尺长度应加入锯切分段时的锯切量,每一锯切量为5mm。

1.2.3 棒材端部应锯切平整。

1.3 标记示例

用Cd1制造的直径为40mm的拉制棒标记为:

棒 Cd1 拉 ϕ40 GB 4434—1984

国家标准局1984-05-29发布 1985-05-01实施

2 技术要求

2.1 棒材的化学成分应符合 GB 914—1984《镉锭》中 Cd1、Cd2 和 Cd3 的规定(比重 8.65)。

2.2 棒材应无缩尾。

2.3 表面质量规定如下:

2.3.1 棒材表面应光滑、清洁。不应有裂纹、起皮、划沟、凹坑和夹杂等缺陷。

2.3.2 棒材允许有局部的,不使棒材直径超出其允许偏差的划伤、斑点、凹坑和压入物等缺陷。

3 试验方法

3.1 棒材的化学成分仲裁分析方法按 GB 2129~2136—1980《金属镉中杂质含量的测定》的规定进行。

3.2 棒材应使用游标卡尺、千分尺和钢卷尺等测量工具进行尺寸测量。

4 检验规则

4.1 棒材应由供方技术监督部门验收,并保证产品质量符合本标准的要求。

4.2 棒材应成批提交验收,每批应由同一牌号金属、状态和规格组成。每批重量不大于 1000kg。

4.3 每批棒材应逐根进行外形尺寸和表面质量的检查。

4.4 化学成分分析应由每批中取 2 根棒,每根取一个试样进行分析。

4.5 化学成分分析不合格时,应从该批中取双倍试样进行复验。复验结果仍有一个试样不合格时,则整批报废。

5 标志、包装、运输、贮存

棒材的标志、包装、运输和贮存应符合 YB 730—1970《重有色金属加工产品包装、标志、运输和保管一般方法》的规定。

附加说明:

本标准由中国有色金属工业总公司提出。

本标准由沈阳有色金属加工厂负责起草。

本标准主要起草人:谭忠诚、范锡书。

自本标准实施之日起,原冶金工业部部标准 YB 723—1970《镉棒》作废。

前　　言

本标准是对 YS/T 255—1994《钴》(原 GB 6517—1986)的修订。

与原标准相比做了如下修改:

1) 以牌号代替原标准中的品号、代号;

2) 增设了 Co9980 牌号;

3) 增加了由电解法制取的钴可按规则或不规则钴片供应的规定。

本标准自实施之日起,同时代替 YS/T 255—1994。

本标准由中国有色金属工业标准计量质量研究所提出。

本标准由中国有色金属工业标准计量质量研究所归口。

本标准起草单位:金川有色金属公司。

本标准主要起草人:刘东准。

本标准委托全国有色金属标准化技术委员会负责解释。

中华人民共和国有色金属行业标准

YS/T 255—2000
代替 YS/T 255—1994

钴

Cobalt

1 范围

本标准规定了钴的要求、试验方法、检验规则、包装标志和质量证明书。

本标准适用于电解法和火法精炼制取的金属钴。多用于重熔(溶)制造合金、钴盐及其他用途。

2 引用标准

下列标准所包含的条文,通过在本标准中引用而构成为本标准的条文。本标准出版时,所示版本均为有效。所有标准都会被修订,使用本标准的各方应探讨使用下列标准最新版本的可能性。

GB/T 8648—1988 钴化学分析方法

3 订货单(或合同)内容

3.1 产品名称;

3.2 牌号;

3.3 形状、尺寸、杂质含量等特殊要求;

3.4 数量;

3.5 标准编号;

3.6 其他。

4 要求

4.1 产品分类

钴产品分为:Co9998、Co9980、Co9965、Co9925、Co9830 五个牌号。

4.2 化学成分

各牌号钴的化学成分应符合表 1 规定。

4.3 表面质量

4.3.1 Co9998、Co9980、Co9965 牌号钴为电解钴板、Co9925 牌号为电解钴板或钴锭、Co9830 牌号为钴锭。

4.3.2 电解钴板应清除吊耳,表面洁净,无海绵状物,夹层内无存液及夹杂物。钴锭表面不得有渣及外来杂物。

4.3.3 电解钴板边部厚度不小于 2mm,钴锭锭重应不超过 25kg。

4.3.4 电解钴板边部不得有树枝状结粒及直径大于 2mm 的气孔。

4.3.5 电解钴板面及边缘不得有高于 5mm 结粒,板面上高于 2mm 的密集结粒区总面积,不得超过钴板单面面积 10%。

注:25mm×25mm 电解钴板有 5 个气孔或结粒称为密集气孔区或密集结粒区。

国家有色金属工业局 2000-03-29 批准 2000-10-01 实施

表1　钴的化学成分　%

牌号			Co9998	Co9980	Co9965	Co9925	Co9830
化学成分	Co不小于		99.98	99.8	99.65	99.25	98.30
	杂质含量不大于	C	0.004	0.005	0.009	0.03	0.1
		S	0.001	0.002	0.003	0.004	0.01
		Mn	0.001	0.005	0.01	0.07	0.1
		Fe	0.003	0.006	0.05	0.2	0.5
		Ni	0.005	0.1	0.2	0.3	0.5
		Cu	0.001	0.003	0.02	0.03	0.08
		As	0.0003	0.0005	0.001	0.002	0.005
		Pb	0.0003	0.0004	0.001	0.002	—
		Zn	0.001	0.002	0.002	0.005	—
		Si	0.001	0.003	—	—	—
		Cd	0.0002	0.0003	0.001	0.001	—
		Mg	0.001	0.002	—	—	—
		P	0.001	0.001	0.001	—	—
		Al	0.001	0.002	—	—	—
		Sn	0.0003	0.0003	0.003	—	—
		Sb	0.0002	0.0003	0.0005	—	—
		Bi	0.0002	0.0003	0.0003	—	—
		杂质总量	0.02	0.20	0.35	0.75	1.70

4.4　其他要求

4.4.1　需方如对电解钴、钴锭化学成分、物理规格有特殊要求，可由供需双方协商。

4.4.2　电解钴板以整块供应，但供需双方协商、并在合同中注明，也可以规则或不规则块状供货。

5　试验方法

5.1　化学成分的仲裁分析按 GB/T 8648 规定的方法进行。

5.2　表面质量用目视检测。

6　检验规则

6.1　组批

产品应成批提交检验；电解钴板、钴锭分别以同一循环系统、生产周期或同一炉号熔炼产品为一批。

6.2　检查与验收

6.2.1　供方技术监督部门对产品进行检验，保证产品符合本标准规定，并填写质量证明书。

6.2.2　需方应对收到的产品进行检验。如检验结果与质量证明书所载牌号的规定不符，可在收到产品 30 日内向供方提出，由供需双方协商解决，如需仲裁，仲裁取样在需方，由供需双方共同进行。

6.3　取样与制样

6.3.1　供仲裁取样的电解钴板为批块数的 5%，但不应少于 3 块，钴锭按批锭数的 1% 取样，不应少于3锭。

6.3.2 电解钴板的取样

6.3.2.1 在四边距电解钴板边缘30mm的矩形中，以棋盘行列均布36点。

6.3.2.2 以5～20mm的硬质合金钻头在清除表面污染后的钴板上按6.3.2.1布点钻取试样，钻孔深度应不小于钴板厚度的1/3。

6.3.3 钴锭的取样

6.3.3.1 将垂直浇铸的钴锭样品均分为3组，分别在锭中心、锭高1/4及3/4处钻取试样，水平浇铸钴锭按6.3.2.1、6.3.2.2规定钻取试样。

6.3.4 钻取试验过程不得使用润滑剂，转速以试样不被氧化为宜。

6.3.5 从每块钴板(锭)钻屑中提取质量相等的钻屑，混匀缩分至200g，均分为4份，分别供仲裁分析、备用、供需双方保存。

6.4 检验结果判定

6.4.1 化学成分的仲裁分析结果与本标准4.2规定不符时，该批产品为不合格品。

6.4.2 表面质量检验结果与本标准4.3规定不符时，该块(锭)产品为不合格。

7 包装、标志和质量证明书

7.1 电解钴板以木箱或致密织物袋捆扎包装；钴锭及块状电解钴以木箱或铁箱包装。

7.2 每件产品应注明

a. 供方名称；

b. 产品名称和牌号；

7.3 每批产品须附有质量证明书、注明：

a. 供方名称；

b. 产品名称和牌号；

c. 批号；

d. 批重；

e. 分析检验结果和技术监督部门印记；

f. 本标准编号；

g. 生产日期。

前　言

本标准是对 YS/T 256—1994《氧化钴》(原 GB 6518—1986)进行的修订。

在修订中:

(1) 简化了氧化钴牌号的表示方法;

(2) 增加了 T 类产品的牌号;

(3) 对产品杂质含量做了加严处理,并增加了可将 T 类产品细化至 45μm 供应用户的规定;

(4) 对氧化钴松装密度的测试方法做了新的规定。

本标准自实施之日起,同时代替 YS/T 256—1994。

本标准中附录 A、附录 B、附录 C、附录 D、附录 E、附录 F、附录 G 均为标准的附录。

本标准由中国有色金属工业标准计量质量研究所提出。

本标准由中国有色金属工业标准计量质量研究所归口。

本标准由金川有色金属公司起草。

本标准主要起草人:刘东准。

中华人民共和国有色金属行业标准

YS/T 256—2000
代替 YS/T 256—1994

氧　化　钴

Cobalt oxide

1　范围

本标准规定了氧化钴的要求、试验方法、检验规则、包装和质量证明书。

本标准适用于供生产硬质合金,磁性材料,玻璃与搪、陶瓷颜、釉料及其他用途的氧化钴。

2　订货单(或合同)内容

2.1　产品名称;

2.2　牌号;

2.3　粒度、杂质含量等特殊要求;

2.4　数量;

2.5　标准编号;

2.6　其他。

3　要求

3.1　产品分类

氧化钴类别、牌号按表1规定划分。

表 1

类　　别	牌　　号	主　要　用　途
Y	Y0	用于制造硬质合金,磁性材料
	Y1	
	Y2	
T	T0	用于制造玻璃与搪、陶瓷颜、釉料
	T1	
	T2	

3.2　化学成分

氧化钴的化学成分应符合表2的规定。

3.3　物理性能

3.3.1　Y类氧化钴松装密度应不大于 0.6g/cm^3。

3.3.2　Y类氧化钴粒度应小于 250μm(通过60目标准筛网),T类氧化钴粒度应小于 150μm(通过100目标准筛网)。

3.4　表面质量

氧化钴为灰黑色粉末,应保持干燥洁净,无夹杂物。

国家有色金属工业局 2000-10-25 批准　　　　2001-03-01 实施

表 2 氧化钴的化学成分 %

牌号			Y0	Y1	Y2	T0	T1	T2
化学成分	Co不小于		70.0	70.0	70.0	74.0	72.0	70.0
	杂质含量不大于	Ni	0.05	0.1	0.1	0.2	0.3	0.3
		Fe	0.01	0.04	0.05	0.2	0.3	0.4
		Ca	0.008	0.01	0.018	—	—	—
		Mn	0.008	0.01	0.015	0.04	0.05	0.05
		Na	0.004	0.008	0.015	—	—	—
		Cu	0.008	0.01	0.05	0.04	0.1	0.2
		Mg	0.01	0.02	0.03	—	—	—
		Zn	0.005	0.005	0.01	0.01	0.05	0.10
		Si	0.01	0.02	0.03	—	—	—
		Pb	0.002	0.005	0.005	0.005	0.005	0.006
		Cd	—	—	—	0.003	0.005	0.006
		As	0.005	0.01	0.01	0.003	0.005	0.005
		S	0.01	0.01	0.05	—	—	—

3.5 其他要求

3.5.1 需方如对氧化钴化学成分有特殊要求,可由供需双方协商。

3.5.2 经供需双方协商并在合同中注明,T类氧化钴也可细化至45μm目供应用户。

3.6 安全防护

氧化钴刺激呼吸道黏膜,进行接触氧化钴作业时,应注意防护。

4 试验方法

4.1 化学成分的仲裁分析按附录A、附录B、附录C、附录D、附录E、附录F的规定进行。

4.2 松装密度的测定按附录G的规定进行。

5 检验规则

5.1 检查与验收

5.1.1 供方技术监督部门负责对产品进行检验,保证产品符合本标准规定,并填写质量证明书。

5.1.2 需方应对收到的产品进行检验,如检验结果与质量证明书所载不符,可在收到产品之日起30日内向供方提出,由供需双方协商解决;如需仲裁,仲裁取样在需方,由供需双方共同进行。

5.2 组批

产品应成批提交检验,每批应由同一生产周期产出的氧化钴组成,批量不大于0.5t。

5.3 取样与制样

5.3.1 仲裁取样件数应为本批产品件数100%。

5.3.2 用探针取样器在每件产品中采取等量样品。每件取样应不少于100g。

5.3.3 将样品混匀、缩分至200g,均分为4份,分别供仲裁分析、备用及供需双方保存。

5.4 检验结果判定

5.4.1 化学成分分析仲裁结果与本标准不符时,该批产品为不合格。

5.4.2 物理性能与本标准不符时,该批产品为不合格。

5.4.3 表面质量与本标准不符时,该件产品为不合格。

6 包装、标志和质量证明书

6.1 氧化钴以双层塑料袋扎口封装后,置入铁桶中紧固桶盖密封,或以其他防潮、坚固、并便于装卸、贮运的方式包装。

6.2 每件产品应注明:

a. 供方名称、地址;

b. 产品名称和牌号;

c. 批号;

d. 净重。

6.3 每批产品须附质量证明书,注明:

a. 供方名称;

b. 产品名称和牌号;

c. 批号;

d. 批重;

e. 分析检验结果和技术监督部门印记;

f. 本标准编号;

g. 包装日期。

附 录 A

(标准的附录)

亚硝酸钴钾重量法测定钴量

A1 范围

本方法规定了氧化钴中钴量的测定方法。

本方法适用于氧化钴中钴量的测定。测定范围:65%~75%。

A2 方法提要

在含有酒石酸的稀乙酸溶液中,钴[Ⅱ]被亚硝酸钾氧化成钴[Ⅲ],并形成不溶于乙酸的亚硝酸钴钾沉淀。过滤,烘干,称量。

A3 试剂和仪器

A3.1 盐酸(ρ1.19);优级纯。

A3.2 硝酸(ρ1.42),优级纯。

A3.3 硫酸(ρ1.84),优级纯。

A3.4 酒石酸。

A3.5 丙酮。

A3.6 冰乙酸(ρ1.05)。

A3.7 氢氧化钾(100g/L)。

A3.8 亚硝酸钾(500g/L):称取亚硝酸钾 500g 溶于 400mL 水中,并过滤于 1L 容量瓶中,用水稀释至刻度,摇匀。

A3.9 亚硝酸钾洗涤液(30g/L):称取亚硝酸钾 30g,溶于 800mL 水中,加入 8mL 冰乙酸(A3.6),再用水稀释至 1L,摇匀。必要时过滤。

A3.10 乙醇洗涤液(80%)。

A3.11 4 号玻璃过滤坩埚。

A4 分析步骤

A4.1 测定数量

称取两份试样进行测定,其结果在规定误差范围内取其平均值。否则需要重新测定。

A4.2 试料

称取 0.5000g 试样。

A4.3 测定

A4.3.1 将试料(A4.2)置于 400mL 烧杯中,用少量水润湿,加入 40mL 盐酸(A3.1),加入 10mL 硝酸(A3.2),低温分解试料,待试料完全分解并浓缩至体积约 3mL,加入 5mL 硫酸(A3.3),加热至冒尽三氧化硫,取下,冷却。用少量水淋洗表面皿及杯壁,加水 60mL,搅拌,加热至煮沸,取下,冷却,加入约 2g 酒石酸(A3.4),搅匀。

A4.3.2 用氢氧化钾溶液(A3.7)中和至少量氢氧化物沉淀,并用冰乙酸(A3.6)中和至氢氧化物沉淀恰好溶解并过量 8mL,加热近沸,取下,在不断搅拌下慢慢加入 70mL 亚硝酸钾溶液(A3.8),充分搅拌后,在水浴上保温 0.5h,取下,冷却,放置 4h 以上。

A4.3.3 用已称至恒量的玻璃坩埚(A3.11),减压,过滤。用亚硝酸钾洗涤液(A3.9)洗涤 5 次,用乙醇洗涤液(A3.10)洗涤 15 次,最后用丙酮(A3.5)洗涤 1 次。

A4.3.4 将坩埚连同沉淀移入预先升至 150℃ 烘箱中烘 1.5h,取出,置于干燥器中冷却至室温后,称至恒量。

A5 分析结果的表述

按式(A1)计算钴的百分含量:

$$Co(\%)-\frac{(m_2-m_1)\times 0.1303}{m_0}\times 100 \qquad (A1)$$

式中 m_1——玻璃过滤坩埚的质量,g;

m_2——玻璃过滤坩埚与亚硝酸钴钾的质量,g;

m_0——试料量,g;

0.1303——亚硝酸钴钾换算成钴的换算因数。

A6 允许差

分析结果的差值应不大于表 A1 所列允许差。

表 A1 %

钴 量	允 许 差
>70	0.5

附 录 B

(标准的附录)

原子吸收分光光度法测定钠量

B1 范围

本方法规定了氧化钴中钠量的测定方法。

本方法适用于氧化钴中钠量的测定。测定范围:0.001%~0.02%。

B2 方法提要

在盐酸介质中,以氯化铯作抑制剂,用原子吸收分光光度直接火焰吸收法测定钠量。

B3 试剂

B3.1 盐酸(ρ1.19),优级纯。

B3.2 氯化铯溶液(2g/L):用光谱纯氯化铯配制。

B3.3 去离子水。

B3.4 钠标准储存溶液:将氯化钠置于110℃的烘箱内烘干2h,取出置于干燥器中冷却至室温后称取0.2542g,置于150mL石英烧杯中,用去离子水溶解后移入1L容量瓶中并用去离子水稀释至刻度,摇匀。此标准储存溶液1mL含0.1mg钠。再移入塑料瓶中储存。

B3.5 钠标准溶液:移取5.0mL钠标准溶液置于100mL容量瓶中,用去离子水稀释至刻度,摇匀。此溶液1mL含5μg钠。再移入塑料瓶中储存。

B4 仪器

B4.1 原子吸收分光光度计。

B4.2 钠空心阴极灯。

B4.2.1 工作波长

钠工作波长:589nm。

B5 分析步骤

B5.1 测定数量

称取两份试样进行测定,测定结果在规定误差范围内取其平均值。否则需重新测定。

B5.2 试料

按表B1称取试样:

表 B1

钠含量/%	试料量/g	钠含量/%	试料量/g
<0.005	2.000	>0.01	0.500
0.005~0.01	1.000		

B5.3 空白试验

随同试料做空白试验。

B5.4 测定

B5.4.1 将试料(B5.2)置于150mL石英烧杯中,加入30mL盐酸(B3.1)低温溶解并蒸至近干,稍冷,用去离子水(B3.3)淋洗石英表面皿及杯壁,加热煮沸。

B5.4.2 将上述溶液移入50mL容量瓶中,用去离子水(B3.3)稀释至刻度,摇匀。

B5.4.3 分别移取上述溶液5.0mL置于一组50mL容量瓶中,各加4.0mL氯化铯溶液(B3.2),分别加入0、1.0、2.0、3.0mL钠标准溶液(B3.5),用去离子水(B3.3)稀释至刻度,摇匀。

B5.4.4 用钠空心阴极灯,工作波长589nm,用原子吸收分光光度计直接火焰吸收法测量吸光度。以吸光度为纵坐标,钠量为横坐标绘制工作曲线。用该工作曲线外推,查得钠量。

B6 分析结果的表述

按式(B1)计算钠的百分含量:

$$\mathrm{Na}(\%)=\frac{m_2-m_1}{m_0\times\frac{5}{50}}\times 100 \qquad \text{(B1)}$$

式中 m_2——试样含钠量,g;

m_1——空白含钠量,g;

m_0——试料量,g。

B7 允许差

两份试样平行测定结果的有效性按式(B2)判定:

$$x_1-x_2<2.5S_r\cdot\overline{x} \qquad \text{(B2)}$$

式中 S_r——单次测定的相对标准偏差,其值为0.10;

x_1、x_2——两个平行测定结果;

$\overline{x}$——两个平行测定结果的算术平均值。

附 录 C
(标准的附录)
示波极谱法测定硫量

C1 范围

本方法规定了氧化钴中硫量的测定方法。

本方法适用于氧化钴中硫量的测定。测定范围:0.005%~0.1%。

C2 方法提要

以氢碘酸-盐酸-次磷酸为还原剂兼作试料溶剂。在蒸馏瓶中加热至沸使试料溶解,并使硫以硫化氢形式还原、逸出。硫经重叠还原以保证还原完全。硫化氢在氮气流的载带下吸收于1mol/L氢氧化钠,0.2mol/L盐酸羟胺,0.005%聚乙烯醇的吸收液。在示波极谱上,于-0.5~1.0V区间记录硫离子的阴极波峰电流值。

试样中共存0.1mg的铁、锰、镉、钙、硅等均不干扰测定。

C3 试剂

整个分析过程中用水均为三次离子交换水，并经石英容器蒸馏提纯。

C3.1 盐酸（ρ1.19）。

C3.2 氢碘酸（经蒸馏提纯处理）：500mL氢碘酸加入2%次磷酸钠，放入蒸馏器中，蒸馏速度控制为150～200mL/h，弃去前段馏分，当沸点达125℃时，收集中段馏分，此时蒸出酸浓度约为7mol/L。

C3.3 次磷酸（含量大于50%）。

C3.4 还原剂：300mL提纯后的氢碘酸、200mL盐酸、150mL次磷酸混匀于还原剂提纯装置加热并控制温度，使还原剂保持微沸，通氮下回馏5～8h，检查合格后使用，检查方法（C5）进行。还原剂配制后2周内有效。

C3.5 吸收液：由1mol/L氢氧化钠、0.2mol/L盐酸羟胺、0.005%聚乙烯醇溶液组成。

C3.6 硫标准溶液：准确称取0.5435g硫酸钾（预先在105℃干燥1h），加水溶于1L容量瓶中稀释至刻度摇匀，待用。此溶液为1mL含0.100mg硫。

C3.7 纯氮（纯度≥99.9%）。

C3.8 洗气液

C3.8.1 高锰酸钾（20g/L）-氯化钡（50g/L）溶液。

C3.8.2 氢氧化钠溶液（200g/L）。

C3.9 10、25、50mL刻度比色管。

C4 仪器和设备

C4.1 线性单扫描示波极谱仪。附三电极系统：滴汞工作电极；双液接饱和甘汞电极（参比电极）；铂辅助电极。

C4.2 重叠还原装置（图C1）。

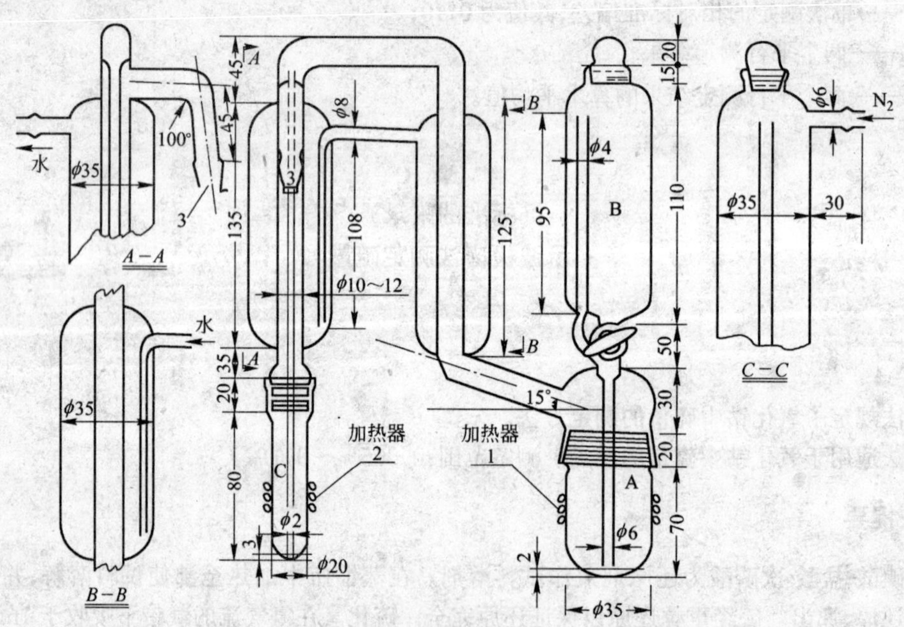

图C1

A—主还原瓶；B—贮液瓶；C—二次还原瓶；1—600W螺状石英管加热器，由2kW调压器控制温度；2—300W螺状玻璃加热器，由2kW调压器控制温度；3—出口，接一聚乙烯毛细管，长约40cm，直径2～4mm，出气口处直径1～1.5mm

C4.3 洗气系统,装配顺序如图 C2。

C4.4 还原剂提纯装置(图 C3)。

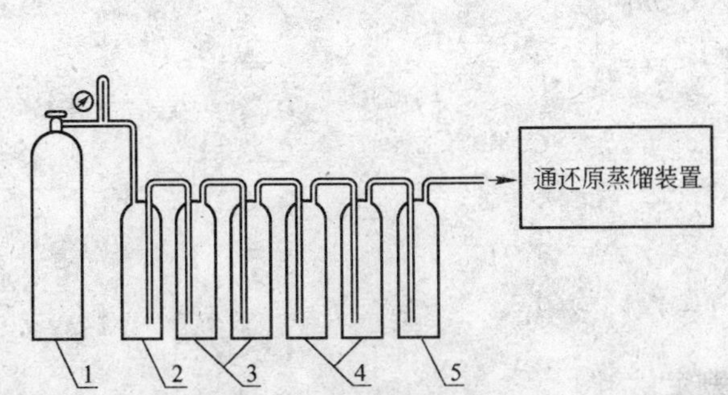

图 C2

1—氮气瓶;2—空瓶;3—高锰酸钾-氯化钡洗涤液(C3.8.1);4—氢氧化钠溶液(C3.8.2);5—空瓶

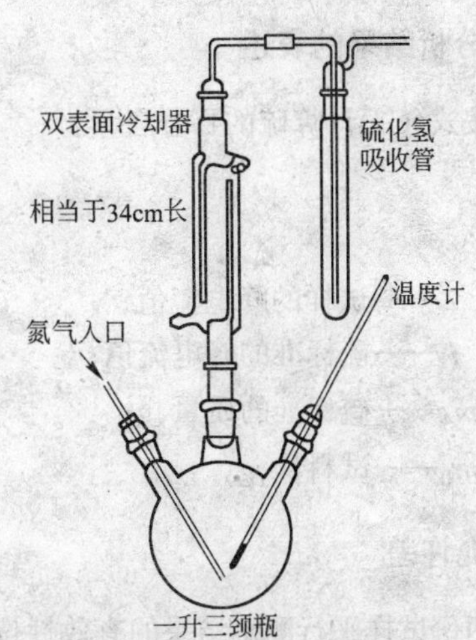

图 C3 还原剂提纯装置

C5 分析步骤

C5.1 测定数量

称取两份试样进行测定,测定结果在规定误差范围内取其平均值。否则需重新测定。

C5.2 试料

按表 C1 称取试样:

表 C1

试样含硫 /%	称样量 /g	吸收液体积/mL
0.005～0.05	0.500	25.0
>0.05～0.10	0.100	50.0

C5.3 测定

C5.3.1 称取 0.100～0.500g 试料于主还原瓶中(图 C1 中 A),将还原剂(C3.4)30mL 和 5～8mL 分别加入贮液瓶(图 C1 中 B)和二次还原瓶(图 C1 中 C)中。打开并调整氮气阀门,控制氮流速为大约 50mL/min,接好吸收管,管内注入定量吸收液。

C5.3.2 启动二次还原加热器,控制温度,使还原剂保证微沸。

C5.3.3 将还原剂从贮液瓶(图 C1 中 B)放入主还原瓶(图 C1 中 A),启动主还原加热器(图 C1 中 1),迅速升温,保证还原剂在 5min 之内沸腾,注意随时调整温度,防止溶样反应激烈而引起的瀑沸。待溶样完毕,使瓶内还原剂保持微沸。

C5.3.4 试料溶毕 15min 后停止加热,再过 5min,趁热短时间停止通氮 2～3s,利用冷缩原理,吸收液自吸入到毛细管 1cm 左右的高度后继续通氮,反复 2～3 次后,取下吸收管,极谱测定。

C5.3.5 倒取部分吸收液于 10mL 的电解池中,选用适当的电流倍率(以峰电流值大于满刻度荧光屏的一半为宜),于 -0.50～ -1.0V 区间进行测定,插入电极 1min 后记录阴极波峰电流值。

C5.3.6 标准测定,准确量取两份同量的与试料中硫量相近的硫标准溶液(C3.6),以下按 C5.3.1~C5.3.5 进行。两份标准液极差不得超过 4%,取其平均值作为标准溶液的峰值。

C6 分析结果的表述

按式(C1)计算硫的百分含量:

$$S(\%)=\frac{i_s \cdot m_1}{i_t \cdot m_0}\times 100 \tag{C1}$$

式中 i_s——试样的峰电流值;

i_t——硫标准的峰电流值;

m_1——硫标准的质量,g;

m_0——试料量,g。

C7 允许差

两份试样平行测定结果的有效性按式(C2)判定:

$$x_1 - x_2 < 2.5 S_r \cdot \overline{x} \tag{C2}$$

式中 S_r——单次测定的相对标准偏差(见表 C2);

x_1、x_2——两个平行测定结果;

$\overline{x}$——两个平行测定结果的算术平均值。

表 C2

试样含硫范围/%	0.005~0.02	0.02~0.1
S_r 值	0.04	0.02

附 录 D
(标准的附录)
二乙基二硫代氨基甲酸银分光光度法测定砷量

D1 范围

本方法规定了氧化钴中砷量的测定方法。

本方法适用于氧化钴中砷量的测定。测定范围:0.0001%~0.005%。

D2 方法提要

在酸性溶液中,用金属锌还原使砷化氢逸出,用 DDTC-Ag 三氯甲烷溶液吸收,反应后生成红色的胶状银,于分光光度计波长 510nm 处测量吸光度。

D3 试剂

D3.1 硝酸(ρ1.42)。

D3.2 盐酸(ρ1.19)。

D3.3 无砷锌粒：直径约1～3mm，用盐酸(1+1)和水冲洗表面，干燥后使用。

D3.4 碘化钾溶液(300g/L)。

D3.5 二氯化锡溶液(200g/L)：称取二氯化锡20g，用20mL盐酸溶解后用水稀释至100mL。

D3.6 乙酸铅脱脂棉：称取11.8g结晶乙酸铅溶于100mL水中，加二滴乙酸，摇匀。将脱脂棉浸入此液中2h，取出在室温下晾干后备用。

D3.7 二乙基二硫代氨基甲酸银(DDTC-Ag)三氯甲烷溶液(2.5g/L)：称取250mgDDTC-Ag置于250mL棕色瓶中，加入97mL三氯甲烷及3mL三乙醇胺，充分振荡，放置过夜使其溶解完全，用脱脂棉过滤于另一棕色瓶中。

D3.8 砷标准贮存溶液：称取0.1320g预先在100～150℃烘1h并置于干燥器中冷至室温的三氧化二砷基准试剂，置于100mL烧杯中，加入5mL3%氢氧化钠溶液，微热溶解，加入20mL硫酸(1+50)，冷后移入1L容量瓶中，以水稀释至刻度，摇匀。此溶液1mL含100μg砷。

D3.9 砷标准溶液：移取10.0mL砷标准贮存溶液置于200mL容量瓶中，用水稀释至刻度，摇匀。此溶液1mL含5μg砷。

D4 仪器

D4.1 分光光度计。

D4.2 砷化氢发生装置见图D1。

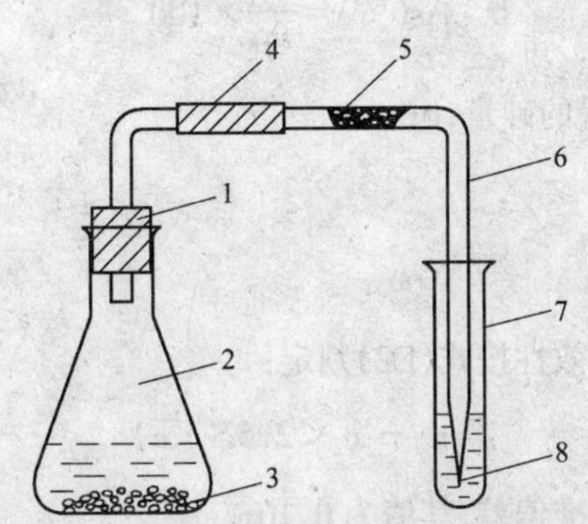

图D1 砷化氢发生装置

1—橡皮塞；2—100mL三角烧瓶；3—无砷锌粒；4—橡皮管；5—乙酸棉花；6 ϕ8mm玻璃弯管；7—5mL比色管；8—出口直径(1mm)

D5 分析步骤

D5.1 测定数量

称取两份试样进行测定，其结果在规定误差范围内取其平均值。否则需重新测定。

D5.2 试料

按表D1称取试样。

表D1

砷含量/%	试样量/g	砷含量/%	试样量/g
0.0001～0.0015	0.500	>0.0015～0.005	0.200

D5.3 空白试验：随同试料做空白试验。

D5.4 测定

D5.4.1 将试料(D5.2)置于200mL烧杯中,加入少量水润湿,加入30mL盐酸(D3.2),10mL硝酸(D3.1)加热使试料溶解完全并蒸发至体积约1mL,冷却。

D5.4.2 加入10mL盐酸(D3.2),摇匀后移入锥形瓶中并用约20mL水洗表皿及杯壁。然后往锥形瓶中加入3mL碘化钾溶液(D3.4),3mL二氯化锡溶液(D3.5),3～4g无砷锌粒(D3.3),立即塞紧瓶塞,使发生的砷化氢经洗滤球导入盛有4mLDDTC-Ag三氯甲烷溶液(D3.7)的吸收瓶中,在室温下反应40min。取下导管,用少量三氯甲烷洗涤导管,洗液并入吸收液中,并用三氯甲烷稀释至10mL,摇匀。

D5.4.3 将部分溶液(D5.4.2)移入1cm吸收皿中,在分光光度计波长510nm处测量吸光度。从工作曲线上查出相应的砷量。

D5.4.4 工作曲线的绘制

移取0、1.0、1.5、2.0、2.5、3.0mL砷标准溶液(D3.9)分别置于一组锥形瓶中,加入10mL盐酸(D3.2),20mL水,以下按D5.4.2、D5.4.3进行。以砷量为横坐标,吸光度为纵坐标,绘制工作曲线。

D6 分析结果的表述

按式(D1)计算砷的百分含量:

$$\mathrm{As}(\%)=\frac{m_1}{m_0}\times 100 \qquad \text{(D1)}$$

式中 m_1——自工作曲线上查得的砷量,g;

m_0——试料量,g。

D7 允许差

两份试样平行测定结果的有效性按式(D2)判定:

$$x_1-x_2<2.5S_r\cdot\overline{x} \qquad \text{(D2)}$$

式中 S_r——单次测定的相对标准偏差,其值为0.10;

x_1、x_2——两次平行测定结果;

$\overline{x}$——两个平行测定结果的算术平均值。

附 录 E

(标准的附录)

原子吸收分光光度法测定镉量

E1 范围

本方法规定了氧化钴中镉量的测定方法。

本方法适用于氧化钴中镉量的测定。测定范围:0.003%～0.006%。

E2 方法提要

在硝酸介质中,采用直接火焰原子吸收分光光度法测定镉量。

E3　试剂

E3.1　盐酸(ρ1.19)。

E3.2　硝酸(ρ1.42)。

E3.3　硝酸(1+19)。

E3.4　镉标准储存溶液,称取0.5000g金属铜(99.9%以上)置于200mL烧杯中,加入约20mL硝酸(1+2),低温分解完全。冷却后移入1L容量瓶中并用水稀释至刻度,摇匀。此溶液1mL含0.5mg镉。

E3.5　镉标准溶液:移取10.0mL镉标准储存溶液置于1L容量瓶中,加入50mL硝酸(1+19),用水稀释至刻度,摇匀。此溶液1mL含5μg镉。

E4　仪器

E4.1　原子吸收分光光度计。

E4.2　镉空心阴极灯。

E4.3　比色管:25mL。

E4.4　工作波长

镉工作波长:228.8nm。

E5　分析步骤

E5.1　测定数量

称取两份试样进行测定,测定结果在规定误差范围内取其平均值。否则需重新测定。

E5.2　试料

称取试样0.500g。

E5.3　测定

E5.3.1　将试料(E5.2)置于200mL烧杯中,加入20mL盐酸(E3.1)、5mL硝酸(E3.2),低温分解样品至完全并蒸至湿盐状,加入10mL硝酸(E3.3),加热溶解盐类,冷却。

E5.3.2　将上述溶液用少量水移入比色管(E4.3)中并用硝酸(E3.3)移释至刻度,摇匀。

E5.3.3　用镉空心阴极灯(E4.2)在228.8nm工作波长下,用原子吸收分光光度计直接火焰原子吸收法测量吸光度,从工作曲线上查出相应的镉量。

E5.3.4　基体溶液的配制与标准曲线的绘制

E5.3.4.1　称取4份氧化钴(含镉<0.0001%),每份0.500g,分别置于200mL烧杯中,各加入20mL盐酸(E3.1)、5mL硝酸(E3.2)低温分解样品并蒸至湿盐状,加入10mL硝酸(E3.3),加热分解盐类,冷却。

E5.3.4.2　将上述溶液用少量水移入一组比色管中并分别加入0、1.0、2.0、3.0mL镉标准溶液(E3.5),用硝酸(E3.3)稀释至刻度,摇匀。

E5.3.4.3　用镉空心阴极灯在228.8nm工作波长下,用原子吸收分光光度计直接火焰吸收法测量吸光度。以吸光度为纵坐标,镉量为横坐标绘制工作曲线。

E6　分析结果的表述

按式(E1)计算镉的百分含量:

$$Cd(\%)=\frac{m_1}{m_0}\times 100 \tag{E1}$$

式中 m_1——试样中含镉量,g;

m_0——试料量,g。

E7 允许差

两份试样平行测定结果的有效性按式(E2)判定:

$$x_1 - x_2 < 2.5 S_r \cdot \overline{x} \tag{E2}$$

式中 S_r——单次测定的相对标准偏差,其值为0.10;

x_1、x_2——两个平行测定结果;

$\overline{x}$——两个平行测定结果的算术平均值。

附 录 F

(标准的附录)

发射光谱法测定锌、镍、铁、铜、铅、镁、锰、钙及硅

F1 范围

本方法规定了氧化钴中下列杂质元素的测定方法。

本方法适用于测定氧化钴中下列含量范围的杂质元素:

元素名称	含量/%
Zn	0.001~0.02
Ni	0.005~0.50
Fe	0.005~0.50
Cu	0.005~0.20
Pb	0.001~0.01
Mg	0.001~0.20
Mn	0.001~0.20
Ca	0.006~0.02
Si	0.001~0.05

F2 方法提要

以碳酸钡为缓冲剂,用直流电弧激发光谱,三标准试样法测定杂质。

F3 试剂和材料

F3.1 碳酸钡:光谱纯。

F3.2 显影液和定影液:按光谱感光板说明书配制。

F3.3 光谱感光板:灵敏度12±8(紫外Ⅰ型)或灵敏度20±5(紫外Ⅱ型)。

F3.4 石墨电极:直径6mm,光谱纯。试样电极车制成直径4mm、深4mm的孔穴,对电极车制成顶端直径3~4mm的截锥体。

F3.5 氧化钴光谱分析标准物质。

F4 仪器和设备

F4.1 光栅摄谱仪。

F4.2 直流电源及高频引弧装置。

F4.3 测微光度计。

F4.4 光谱电极车床。

F5 分析步骤

F5.1 称取两份试样(每份 2.0g)分别和 1.0g 碳酸钡(F3.1)置于玛瑙研钵中研磨 10min,混匀。

F5.2 粉状氧化钴标准物质按 F5.1 处理。

F5.3 将试样(F5.1)及标准物质(F5.2)按同等压力嵌入试样电极孔穴中。

F5.4 将试样电极作为阳极,对电极作为阴极,按表 F1 条件摄谱。

表 F1

放电形式	仪 器 条 件	电学参数	曝光时间	感光板
直流电弧	缝宽 0.005～0.008mm 三透镜照明系统三阶梯	电压 230V	无预燃曝光	紫外Ⅰ型或
阳极激发	光谱减光器中间光阑 3.2mm 电极距 3mm	电流 6A	40～50s	紫外Ⅱ型

注:试样及标准物质(标准物质不得少于 4 点)在同一块感光板上摄谱。每一份试样及每一点标准物质分别摄 3 条谱图。

F5.5 感光板的处理:按光谱感光板说明书进行。

F5.6 用测微光度计在试样及标准物质的光谱图中测量分析线及内标线的换值黑度。

使用的分析线、内标线及测定的含量范围见表 F2。

表 F2

分析元素	分析线/10^{-1}nm	内标线(钴)/10^{-1}nm	测定范围/%
Zn	3345.0	3344.2	0.001～0.02
Ni	3002.5 3003.6	2975.4 7975.4	0.005～0.05 0.01～0.50
Cu	2492.2	2561.2	0.005～0.20
Fe	2719.0 3067.2	2787.0 2975.4	0.005～0.05 0.01～0.50
Pb	2833.1	2787.0	0.001～0.01
Mg	2802.7 2779.8	2787.0 2787.0	0.001～0.01 0.01～0.20
Mn	2794.8 2949.2	2787.0 2975.4	0.001～0.02 0.01～0.20
Ca	3179.3	2975.4	0.006～0.02
Si	2516.1 2881.6	2561.2 2787.0	0.001～0.01 0.01～0.05

F5.7 依据测量的换值黑度计算分析线对的换值黑度差 ΔP，并按 3 份平行光谱图测定求出平均值 $\Delta \overline{P}$。

用标准物质的换值黑度差 $\Delta \overline{P}$ 与相应的含量对数 $\log c$ 绘制分析曲线，以试样的换值黑度差 $\Delta \overline{P}$ 从相应元素的分析曲线上查出含量对数，求出含量。

以两份试样平行测定的算术平均值作为测定结果。

F6 允许差

两份试样平行测定结果的有效性按式(F1)判定：

$$x_1 - x_2 < 2.5 S_r \cdot \overline{x} \tag{F1}$$

式中 S_r——单次测定的相对标准偏差(见表 F3)；

x_1、x_2——两个平行测定结果；

$\overline{x}$——两个平行测定结果的算术平均值。

表 F3

分析元素	下列含量范围(%)的 S_r 值			
	0.001～0.005	0.005～0.01	0.01～0.1	0.1～0.5
锌	0.15	0.10	0.10	—
镍	—	0.15	0.10	0.10
铁	—	0.15	0.10	0.10
铜	—	0.15	0.10	0.10
铅	0.15	0.10	—	—
镁	0.15	0.15	0.10	0.10
锰	0.15	0.10	0.10	0.10
钙	—	0.15	0.10	—
硅	0.15	0.15	0.10	—

附 录 G
(标准的附录)
松装密度的测定

G1 定义、单位与符号

G1.1 定义

松装密度：在规定条件下，自由装填容器所得的粉末密度。

G1.2 单位与符号

量 的 名 称	符 号	单 位 名 称	单 位 符 号
松 装 密 度	P	克每立方厘米	g/cm^3
质 量	m	克	g
体 积	V	立方厘米	cm^3

G2 方法提要

将受检样品放入与产品要求相应网目的筛网上,在外力作用下,试样均匀落入已知体积的量杯中将量杯充满,呈松散状态,然后称量杯中试样质量,计算松装密度。

G3 操作

G3.1 将试样均匀加入筛网上,用毛刷轻轻刷动,使试样通过筛网均匀落入量杯中,直到杯口有试样溢出为止。

G3.2 用直尺沿杯口将试样刮平,并应避免摇晃、振动量杯,以免振实或带出试样。

G3.3 轻轻振打杯壁,使试样下沉,并清洁量杯外壁。

G3.4 称量量杯中试样质量。

G4 测定结果表述

按式(G1)计算松装密度

$$P = mV \tag{G1}$$

式中 P——试样松装密度,g/cm³;

m——试样质量,g;

V——量杯体积,cm³。

前 言

本标准非等效采用原苏联国家标准 ГОСТ 10297—1975(1990)《铟》,结合我国铟生产的实际情况,对有色金属行业标准 YS/T 257—1994《铟》修订而成的。

我国曾于 1986 年 7 月制定了国家标准 GB/T 6607—1986《铟》。1994 年 8 月,根据国家对标准清理整顿的精神,将国家标准 GB/T 6607—1986《铟》调整为有色金属行业标准 YS/T 257—1994《铟》。本标准在原行业标准 YS/T 257—1994 的基础上,做了较大修改。

为适应铟生产技术的发展和满足国内外用户的需要,根据优先采用国际通行的品种和规格的要求,本标准等效采用了 ГОСТ 10297—1975(1990)中铟的 ИН2 牌号,增加了一个"In99.97"的产品牌号,并增加了铟的锭重 1000g 和 200g 两种产品规格。本标准规定的仲裁抽样方法、标志、包装、运输、贮存等内容,参照 ГОСТ 10297—1975(1990),做了切合实际的修改、补充和完善。

本标准自实施之日起,代替 YS/T 257—1994。

本标准由中国有色金属工业标准计量质量研究所提出。

本标准由中国有色金属工业标准计量质量研究所归口。

本标准由株洲冶炼厂负责起草。

本标准主要起草人:李敦华、肖金娥、王平如、钟鸣、刘菲菲。

本标准于 1986 年 7 月首次发布。

中华人民共和国有色金属行业标准

YS/T 257—1998

铟

代替 YS/T 257—1994

Indium

1 范围

本标准规定了铟的要求、试验方法、检验规则及标志、包装、运输、贮存。

本标准适用于从锌、铅、铜、锡等冶炼及其他生产过程中综合回收提炼的金属铟。

2 引用标准

下列标准所包含的条文,通过在本标准中引用而构成为本标准的条文。本标准出版时,所示版本均为有效。所有标准都会被修订,使用本标准的各方应探讨使用下列标准最新版本的可能性。

GB/T 1250—1989 极限数值的表示方法和判定方法

GB/T 8170—1987 数值修约规则

YS/T 276—1994 铟化学分析方法

3 订货单内容

本标准所列材料的订货单内应包括下列内容:

a. 产品名称;

b. 产品牌号;

c. 锭形、锭重、化学成分及表面质量的特殊要求;

d. 产品数量;

e. 本标准编号;

f. 其他需要协商或增加的标准以外要求的内容。

4 要求

4.1 产品分类

铟按化学成分分为 3 个牌号:In99.993、In99.97、In99.9。

4.2 化学成分

4.2.1 铟的化学成分应符合表 1 的规定。

国家有色金属工业局 1998-11-03 批准　　1999-05-01 实施

表 1

牌　号	化学成分 /%				
	In 不小于	杂质含量 不大于			
		Cu	Pb	Zn	Cd
In99.993	99.993	0.0005	0.001	0.0015	0.0015
In99.97	99.97	0.001	0.005	0.003	0.004
In99.9	99.9	0.001	0.02	—	0.02

牌　号	化学成分 /%					
	杂质含量 不大于					
	Fe	Tl	Sn	As	Al	杂质总和
In99.993	0.0008	0.001	0.0015	0.0005	0.0007	0.007
In99.97	0.001	0.001	0.002	0.001	0.001	0.03
In99.9	0.01	0.01	0.02	—	—	0.1

4.2.2　铟的含量为100%减去表1中所列杂质总和的余量。

4.2.3　铟的杂质末位后数值的修约，按GB/T 8170中的有关规定进行，修约后数值的判定，按GB/T 1250的有关规定进行。

4.3　表面质量

铟的表面应平整，有光泽，不得有熔渣、夹杂和其他附着物。

4.4　铟锭要求

铟锭应呈长方形或长方梯形，锭重分别为2000g±100g、1000g±100g、500g±50g、和200g±20g 4种。

4.5　其他

需方如对铟的化学成分和表面质量等有其他要求，由供需双方商定。

5　试验方法

5.1　铟的化学成分仲裁分析方法按YS/T 276的规定进行。

5.2　铟的重量用称量法检验。

5.3　铟的表面质量用目测检验。

6　检验规则

6.1　检查与验收

6.1.1　铟应由供方技术监督部门进行检验，保证产品质量符合本标准的规定，并填写质量证明书。

6.1.2　需方可对收到的产品按本标准的规定进行检验，如检验结果与本标准的规定不符时，应在收到产品之日起30天内向供方提出，由供需双方协商解决。如需仲裁，仲裁取样在需方共同进行。

6.2　组批

铟应成批提交检验。每批应由同一牌号、同一熔炼号、同一锭形及规格的产品组成。批重不予规定。

6.3　检验项目

每批铟应进行铟的化学成分、表面质量和铟锭重量的检验。

6.4 取样和制样

6.4.1 化学成分的仲裁取样和制样：

6.4.1.1 仲裁抽样数按铟锭规格分为：锭重2000g和1000g的按总锭数的10%抽样，但不少于2锭；锭重500g的按总锭数的8%抽样；但不少于8锭；锭重200g的按总锭数的6%抽样，但不少于15锭。不足以上规定锭数的，应全数抽样。

6.4.1.2 用不锈钢刀从每块样锭的4条长棱上均匀刨取样屑(表皮上的样屑应弃去)，每锭上刨取的试样量应不少于锭重的1%。

6.4.1.3 将每批样锭上的刨屑用不锈钢剪刀剪碎至不大于2mm，混匀后缩减至不少于40g，用于仲裁分析。

6.4.2 生产样的取样和制样：

6.4.2.1 供方用于化学分析的铟试样可以从浇铸时的液态金属中采取。取样频次为：于每批铟分别浇铸至1/6、1/2、5/6时均匀取样。

6.4.2.2 取样时用不锈钢勺子于浇铸口每次接取30～40g样液，倒于准备好的干净滤纸上，迅速将滤纸一端慢慢抬起，使其形成一定的斜度，让铟液缓缓地沿滤纸的斜面流动而凝成均匀的薄片，然后用不锈钢剪刀将其剪碎至不大于2mm的小片；或用玻璃吸管每次吸取30～40g样液，置于盛有少量甘油的洁净器皿中，加热熔化后，用玻璃棒不停地搅拌，直至凝固成小于2mm的圆形颗粒。

6.4.2.3 将每批铟所取3次试样集中，混合均匀后缩分成2份，每份重量不少于30g。取一份进行化学分析，另一份装入磨口瓶(聚乙烯袋)中妥善保存一年，用于备查。

6.5 检验结果判定

6.5.1 铟的化学成分分析结果与本标准的规定不符时，按批判废。

6.5.2 铟的表面质量和锭重的检验结果与本标准的规定不符时，按锭判废。

6.5.3 铟的化学成分仲裁分析结果为最终结果。

7 标志、包装、运输、贮存

7.1 标志

7.1.1 每块铟锭上应浇铸或打印上生产厂商标、批号和年号(批号和年号可一起组合)。

7.1.2 每件铟包装箱内应放置标签，其上注明：

a. 产品名称和商标；

b. 牌号；

c. 批号；

d. 净重；

e. 检验日期；

f. 检验员工号；

g. 生产厂名称和厂址。

7.1.3 铟应成箱包装，包装箱上应注明：

a. 产品名称；

b. 牌号；

c. 批号、箱号；

d. 毛重、净重；

e. 商标；

f. 生产日期；

g. 生产厂名称和厂址。

7.1.4 出口铟包装箱内标签和包装箱上的标识内容,按外贸部门的有关规定和外商的要求进行。

7.2 包装

7.2.1 铟锭应装入聚乙烯薄膜袋中烫缝封口。每个聚乙烯薄膜袋中只允许装一个锭。

7.2.2 将包装封口的铟锭和标签置于包装箱中。包装箱为双层,内层为聚苯烯白色泡沫箱,外层为木箱。箱内空隙应用软物塞紧,木箱两端用包装带包扎钉牢。

7.2.3 包装箱根据铟锭规格,净重分别为 20kg ± 2kg 和 10kg ± 1kg 两种。

7.2.4 不同牌号、不同锭形及规格的铟锭不得混合包装。

7.2.5 包装、启封和使用产品时,应注意环境卫生,不得用手直接拿取铟锭,以免污染产品。

7.3 运输和贮存

7.3.1 铟可编组成集装箱运输,箱毛重应不超过 1t。

7.3.2 铟应采用带篷的运输工具运输,防止雨淋。

7.3.3 装运铟的运输工具及贮存铟的库房,应保持清洁、干燥、无腐蚀性物质和其他污染物。

7.3.4 铟包装件在运输、装卸过程中,应采用适合的方式,防止包装件碰撞或跌落。

7.3.5 铟在露天堆放时,应用篷布遮盖,并于最下层箱的底部放置高度不小于 100mm 的垫条,以防受潮。

7.3.6 铟包装件可码堆存放,堆码高度不得超过 5 层。

7.4 其他

需方如对铟的标志、包装、运输和贮存有特殊要求时,由供需双方商定。

7.5 质量证明书

每批铟应附有质量证明书,注明:

a. 供方名称和商标;

b. 产品名称和牌号;

c. 批号;

d. 净重和件数;

e. 分析检验结果和技术监督部门印记;

f. 本标准编号;

g. 出厂日期。

中华人民共和国有色金属行业标准

YS/T 260—1994

铜铍中间合金锭

代替 GB 6897—1986

Copper-beryllium master alloy ingot

本标准适用于用 Cu-1、Cu-2 号铜和工业氧化铍经碳热还原法所生产的铜铍中间合金锭。铜铍中间合金锭主要用于生产铍青铜材。

1 技术要求

1.1 铜铍中间合金锭表面应光洁,允许有轻微冷隔、瘤疤,不得有外来夹杂物。

1.2 根据铍含量的不同,产品划分为两个牌号,各牌号的化学成分应符合下表的规定:

%

产品牌号	化学成分					
	主成分		杂质含量 不大于			
	Cu	Be	Fe	Si	Al	Pb
CuBe-1 CuBe-2	余量	4.1~3.8 <3.8~3.5	0.13	0.13	0.11	0.002

注:铅含量由供方生产工艺保证,可不做分析。

1.3 铜铍中间合金锭的重量分为 5±0.5kg 和 10±1kg 两种。10kg 的锭留两个凹槽。每条合金锭应有明显的炉号或批号。

1.4 需方如有特殊要求时,供需双方协商解决。

2 试验方法

化学成分仲裁分析方法按 YB 854—1975《铜铍中间合金化学分析方法》进行。

3 检验规则

3.1 每批产品由同一炉次和同一牌号的产品组成。

3.2 产品由供方检验部门进行检验,保证产品符合本标准的规定,并填写质量证明书。

3.3 需方可对收到的产品进行检验。如检验结果与本标准规定不符时,在收到产品之日起 6 个月内向供方提出,供需双方协商解决。

3.4 如需仲裁时,仲裁取样按如下规定进行:

3.4.1 每批抽取 10%的铜铍中间合金锭,但不得少于 4 个锭,用直径 8~10mm 的钻头钻取试样。

3.4.2 每条合金锭共钻孔 4 个,正反面各两个,交叉等分排列。取样孔的深度为锭厚的 1/3。

3.4.3 钻取的试样用磁力吸铁器彻底除去钻孔时机械带进的铁屑,将试样混合均匀,用四分法缩分至分析所需的量。

国家标准局 1986-09-15 发布　　1987-09-01 实施

3.5　各项分析检验中，如有一项结果不合格时，则取双倍试样进行该不合格项目的复验。如仍有一个结果不合格时，则整批产品为不合格。

4　标志、包装、运输、贮存

4.1　产品置于木箱内，箱外用打包铁皮加固。

4.2　每个木箱外应注明：供方名称、产品名称、牌号、净重和毛重、箱数，并有“轻放”字样或标志。

4.3　每批产品应附有质量证明书，注明：

a. 供方名称；

b. 产品名称；

c. 净重、毛重和箱数；

d. 产品炉号或批号、牌号；

e. 产品各项分析检验结果及检验部门印记；

f. 本标准编号；

g. 检验日期；

h. 出厂日期。

附加说明：

本标准由中国有色金属工业总公司提出。

本标准由水口山矿务局第六冶炼厂负责起草。

本标准主要起草人：廖锡吟。

自本标准实施之日起，原冶金工业部部标准 YB 853—1975《铜铍中间合金》作废。

中华人民共和国有色金属行业标准

YS/T 265—1994

高　纯　铅

代替 GB 8004—1987

High purity lead

本标准适用于以一号铅锭为原料，经高氯酸铅溶液（或硅氟酸铅溶液）电解精炼而制得的99.999％高纯铅；以99.999％的高纯铅为原料经电解精炼而制得99.9999％的高纯铅。这些产品供做化合物半导体、制冷元件、红外光电转换器件、高效温差元件以及焊料等用。

1　技术要求

1.1　高纯铅划分两个牌号，其化学成分按下表规定：

牌　　号	化学成分												
	Pb含量/％不小于	杂质含量/10^{-6}不大于											
		As	Fe	Cu	Bi	Sn	Sb	Ag	Mg	Al	Cd	Zn	Ni
Pb-05	99.999	0.5	0.5	0.8	1.0	0.5	0.5	0.5	0.5	0.5	0.5	1.0	0.5
Pb-06	99.9999	0.2	0.05	0.05	0.1	0.05	—	0.05	0.1	0.1	—	—	—

1.2　用于制造合金的高纯铅，杂质元素作为合金组分者，经供需双方协商，其杂质含量提供实测数据。

1.3　高纯铅呈银灰色。

产品表面应平整，无毛刺、污物、缩孔、夹层和裂纹。

1.4　产品以长方形锭状供货，锭重为1±0.1kg。

1.5　需方如有特殊要求时，供需双方协商解决。

2　试验方法和检验规则

2.1　产品应成批提交验收。每批由同一熔次和同一规格的产品组成。

2.2　产品应由供方技术监督部门进行检验，保证产品质量符合本标准要求，并填写产品质量证明书。

2.3　需方可对收到的产品进行质量检验，如检验结果与本标准规定不符时，在收到产品之日起3个月内向供方提出，由供需双方协商解决。如需仲裁，仲裁取样在需方共同进行。

2.4　取样方法按如下规定：

2.4.1　供方可从铸锭时的液态金属中采取试样进行化学成分分析。

用钛等不沾污试样的材料制成的勺子在浇铸开始、中间和将结束时采取试样。

2.4.2　仲裁取样从同批产品中任取1～2个锭，用钛等不沾污试样的材料制成的小刀从锭的4条长棱上和锭的底部刮下刨屑的方法采取试样。

采取刨屑的部分要仔细清理，用刀刮去表层。

中国有色金属工业总公司 1987-01-27 批准　　　　1988-03-01 实施

把所有锭上采取的刨屑试样切成不大于2mm的小块,混合均匀,用四分法缩分至重量不小于50g。

2.5 Pb-05产品化学成分的分析方法按国标GB 2593.1~2593.3—1981《高纯铅分析方法》进行,其中的锌和镉按附录A《高纯铅中锌和镉的分析方法》进行。

Pb-06产品化学成分的分析按供方现行方法进行。仲裁分析按供需双方认可的方法进行。

2.6 分析检验结果不合格时,则加倍取样对不合格项目进行复验。如仍有一个结果不合格时,则该批产品为不合格。

3 标志、包装、运输、贮存

3.1 Pb-05产品用透明聚酯薄膜包裹后,用塑料袋封装;Pb-06产品用玻璃管等进行真空封装。将塑料袋或玻璃管置于木箱内,用碎纸或泡沫塑料等软物塞紧。

3.2 每箱内应附有标签,注明:供方名称、产品名称、牌号、净重及包装日期。

箱上应注明:供方名称、产品名称、批号、净重和出厂日期,并有"防潮"、"轻放"字样或标志。

3.3 产品应存放于清洁、干燥和无酸、碱气氛之处。

3.4 产品在运输过程中应防潮,不得剧烈碰撞。

3.5 启封及使用产品时应注意环境卫生,不允许用手直接拿取。切割或熔化高纯铅时所使用的工具、容器等应充分洗净,避免引进杂质。

3.6 每批产品应附有质量证明书,注明:

a. 供方名称;

b. 产品名称;

c. 牌号、批号、净重和箱数;

d. 各项分析检验结果及检验部门印记;

e. 本标准编号;

f. 出厂日期。

附 录 A
高纯铅中锌和镉的分析方法
(补充件)

本标准适用于GB 8004—1987《高纯铅》中锌和镉的测定。测定范围:$2\times10^{-5}\%\sim1.5\times10^{-4}\%$。

本标准遵守GB 1467—1978《冶金产品化学分析方法标准的总则和一般规定》。

本标准中所用试剂均为特纯试剂:水均为二次离子交换水。

A.1 方法提要

试样用硝酸溶解后,加入一定量硫酸,在80~90℃下,使铅生成硫酸铅沉淀与杂质元素分离,滤液蒸干后,长波以铟、短波以铂作内标,钠作载体,用交流断续电弧激发进行光谱测定。

A.2 试剂

A.2.1 硝酸(1+3)。

A.2.2 硫酸(1+1)。

A.2.3 硫酸(1+9)。

A.2.4 盐酸(2+3)。

A.2.5 盐酸(1+9)。

A.2.6 锌标准溶液:称取1.0000g金属锌(纯度为99.999%)置于100mL烧杯中,加入10mL王水,低温溶解后,取下冷却,移入1000mL容量瓶中,加入200mL盐酸(ρ1.19g/mL),用水稀释至刻度,混匀。此溶液1mL含1.00mg锌。

A.2.7 镉标准溶液:称取1.0000g金属镉(纯度为99.999%)置于100mL烧杯中,加入10mL王水,低温溶解后,取下冷却,移入1000mL容量瓶中,加入200mL盐酸(ρ1.19g/mL),用水稀释至刻度,混匀。此溶液1mL含1.00mg镉。

A.2.8 铟标准溶液:称取1.0000g金属铟(纯度为99.999%)置于100mL烧杯中,加入20mL盐酸(ρ1.19g/mL),低温溶解后,取下冷却,移入1000mL容量瓶中,加入180mL盐酸(ρ1.19g/mL),用水稀释至刻度,混匀,此溶液1mL含1.00mg铟。

A.2.9 铂标准溶液:称取1.0000g金属铂(纯度为99.999%)置于100mL烧杯中,加入10mL王水,低温溶解后,继续加热蒸发至小体积,取下冷却至室温,移入1000mL容量瓶中,加入200mL盐酸(ρ1.19g/mL),用水稀释至刻度,混匀。此溶液1mL含1.00mg铂。

A.2.10 钠标准溶液:称取12.7105g氯化钠置于1000mL容量瓶中,用水溶解,并稀释至刻度,混匀。此溶液1mL含5.00mg钠。

A.2.11 标准级差溶液的配制:吸取一定量的各杂质元素的标准溶液,采用逐步稀释法,配成7个级差溶液,每0.1mL溶液含0.8μg铂、0.3μg铟、20μg钠及200μg铅;含锌、镉分别各为0.05、0.1、0.2、0.4、0.8、1.6、3.2μg的盐酸(A.2.4)溶液。

A.2.12 试样内标溶液:分别取一定量A.2.9、A.2.10、A.2.8的标准溶液,配成每0.1mL含0.8μg铂、20μg钠及0.3μg铟的盐酸(A.2.4)溶液。

A.2.13 空白内标溶液:分别取一定量上述标准溶液,配成每0.1mL含0.8μg铂、0.2μg钠、0.3μg铟及200mg铅的盐酸(A.2.4)溶液。

A.2.14 聚苯乙烯-苯溶液(1.5%)。

A.3 仪器与材料

A.3.1 中型摄谱仪:波长范围2000~4000Å,倒数线色散率为3.9~31.5Å/mm。

A.3.2 交流断续电弧发生器。

A.3.3 测微光度计。

A.3.4 电极:石墨电极(光谱纯):直径6mm,长25mm,平头电极,使用前用一滴聚苯乙烯-苯溶液(A.2.14)封闭。

A.3.5 感光板:紫外Ⅱ型感光板。

A.4 分析步骤

A.4.1 测定数量

称取3份试样进行测定,取其平均值。

A.4.2 试样量

每份称取5.00g试样。

A.4.3 空白试验

随同试样做3份空白试验。

A.4.4 测定

A.4.4.1 将试样(A.4.2)置于100mL烧杯中,加入20mL硝酸(A.2.1),盖上表面皿,低温加热溶解,待试样完全溶解后，取下，用水稀释至40mL；放在水浴上，待水浴温度升至80～90℃时，在搅拌下滴加6mL硫酸(A.2.2)至沉淀完全后，继续在80～90℃水浴上放置15～20min，取下冷却，静止1.5h，用双层定量滤纸进行过滤[滤纸先用盐酸(A.2.3)溶液洗涤3～5次，用水洗至中性，再用硫酸(A.2.3)溶液洗涤1次]，滤液用50mL容量瓶收集，用硫酸(A.2.3)溶液洗涤沉淀，并稀释至刻度，混匀。移取10mL滤液置于一个15mL石英坩埚中，在防尘罩中加热蒸发(温度为180℃左右)至硫酸烟冒尽。取下冷却，用1mL水洗涤坩埚壁，蒸干。取下冷却，加入2滴盐酸(A.2.4)，微热溶解盐类，加入0.1mL内标溶液(A.2.12)[试剂空白要加空白内标溶液(A.2.13)]。在预先用聚苯乙烯-苯溶液(A.2.14)封闭好的一对平头电极上，在红外灯下烤干，再用2滴盐酸(A.2.4)洗涤坩埚，将此洗涤溶液滴在电极上烤干，备用。

标准级差：分别吸取0.1mL标准级差溶液滴在预先用聚苯乙烯-苯溶液(A.2.14)封闭好的一对平头电极上，在红外灯下烤干，与试样摄于同一块感光板上，以备测光。

A.4.4.2 光谱测定条件

摄谱仪：中型石英摄谱仪，三透镜照明系统，狭缝10μm，中间光阑高5mm，光圈1:15，波长为2000～4000Å，倒线色散率为3.9～31.5Å/mm。

光源：交流电弧发生器，交流断续电弧，燃弧脉冲频率240次/min，每次燃弧时间1/10s，电流为7A。无预燃，曝光41s，极距3mm。

电极：上下电极均为平头电极。

感光板处理：显影液，定影液按感光板说明书配制。在20℃显影4min，定影至通透，再放置10～20min，取出，用水冲洗10min，晾干。

光度测量与计算：用测微光度计P标尺测量分析线对的黑度值。采用三标准试样法，以ΔP-lg$C$绘制工作曲线，由工作曲线查出被测元素含量。

分析线对见表A1

表 A1

分析线/Å	内标线/Å	分析线/Å	内标线/Å
Zn3345.02	In3039.36	Cd2288.01	Pt2659.45

A.5 分析结果的计算

按下式计算试样中各种杂质元素的百分比含量：

$$Me(\%)=\frac{(m_2-m_1)\times10^{-4}}{m_0}\times100$$

式中 m_2——自工作曲线上查得的试样中杂质元素量，μg；

m_1——自工作曲线上查得的空白中杂质元素量，μg；

m_0——称样量，g。

A.6 允许差

试验室之间分析结果的差值应不大于表A2所列的允许差。

表 A2

测定元素	测定范围	允许差
Cd Zn	$5\times10^{-5}\%\sim1.5\times10^{-4}\%$	$4\times10^{-5}\%$

附加说明:

本标准由峨眉半导体材料厂负责起草。

本标准主要起草人:李家彦、刘守琴。

自本标准实施之日起,原冶金工业部部颁标准 YB 1712—1978《高纯铅》作废。

中华人民共和国有色金属行业标准

YS/T 266—1994

航 空 散 热 管

代替 GB 8008—1987

Exhalent tube for aircraft radiator

本标准适用于航空工业部门制造散热器用的散热管。

1 品种

1.1 牌号、状态

管材的合金牌号、制造方法和供应状态应符合表 1 的规定。

表 1

合 金 牌 号	制 造 方 法	供 应 状 态
H96	拉 制	硬(Y)

注：经供需双方协商可供应其他牌号的管材。

1.2 管材的外形尺寸及允许偏差

1.2.1 圆形管材(见图 1)的尺寸及允许偏差应符合表 2 的规定。

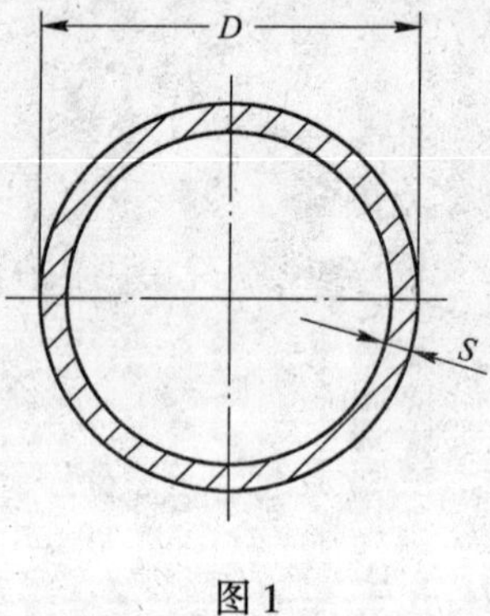

图 1

中国有色金属工业总公司 1987-04-22 批准

1988-05-01 实施

表 2

mm

外径D		壁厚S		理论重量
公称尺寸	允许偏差	公称尺寸	允许偏差	g/m
2	±0.03	0.11	+0.02	5.777
4	±0.10	0.11	+0.02	11.891
4	±0.10	0.15	±0.02	15.631
4	±0.10	0.20	±0.02	21.120
5	±0.10	0.15	±0.02	20.216
5	±0.10	0.20	±0.02	26.677

1.2.2 梯形管材(见图 2)的尺寸及允许偏差应符合表 3 的规定。

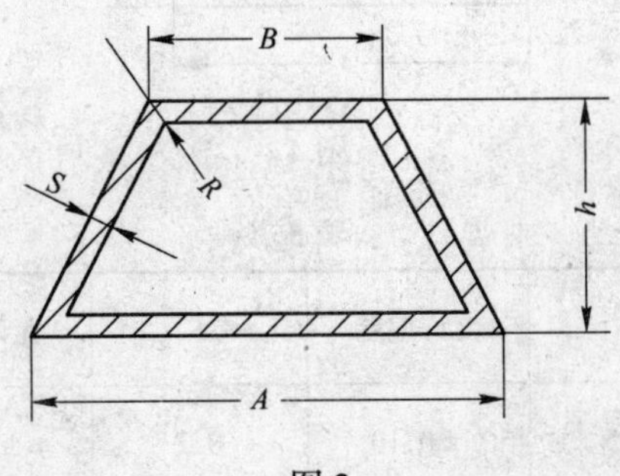

图 2

表 3

mm

A	允许偏差	B	h	允许偏差	S	允许偏差	R	理论重量 g/m
4.90	+0.10 −0.25	2.89	2.5	±0.10	0.2	±0.02	0.5	21.798
6.04	+0.10 −0.25	3.46	3.0	±0.10	0.2	±0.02	0.5	26.833
7.20	+0.10 −0.25	4.04	3.5	±0.10	0.2	±0.02	0.5	31.939

1.2.3 五边形管材(见图 3)的尺寸及允许偏差应符合表 4 的规定。

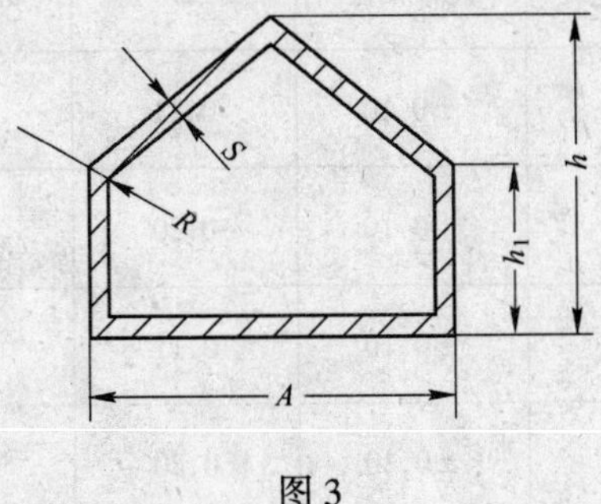

图 3

表 4

mm

A	允许偏差	h	允许偏差	h_1	允许偏差	S	允许偏差	R	理论重量 g/m
3.72	+0.10 −0.25	3.70	±0.10	2.70	±0.10	0.2	±0.02	0.5	20.541

1.2.4 三角形管材(见图 4)的尺寸及允许偏差应符合表 5 的规定。

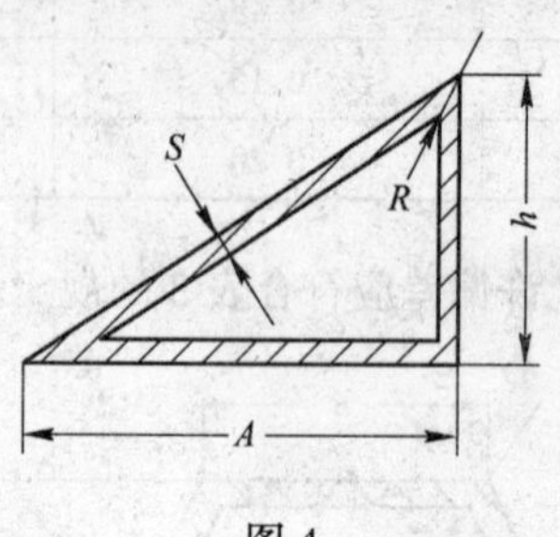

图 4

表 5

mm

A	允许偏差	h	允许偏差	S	允许偏差	R	理论重量 g/m
4.25	+0.10 −0.25	2.65	±0.10	0.2	±0.02	0.5	18.842

1.2.5 矩形管(见图 5)的尺寸及允许偏差应符合表 6 的规定。

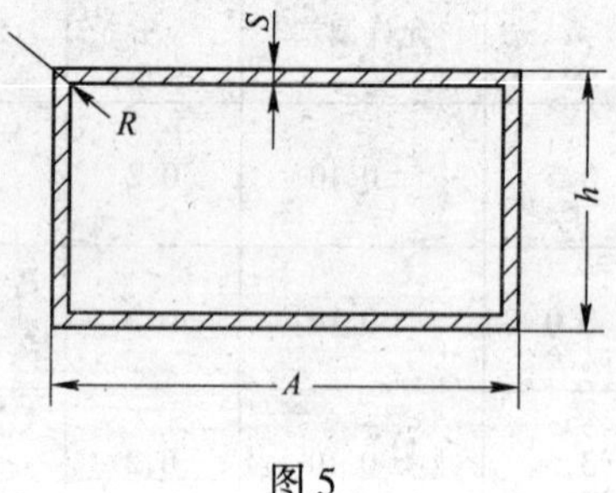

图 5

表 6

mm

A	允许偏差	h	允许偏差	S	允许偏差	R	理论重量 g/m
3.5	+0.10 −0.25	1.8	±0.10	0.11	+0.02	0.5	9.902
3.5	+0.10 −0.25	1.8	±0.10	0.20	±0.02	0.5	17.346
4.0	+0.10 −0.25	2.0	±0.10	0.11	+0.02	0.5	11.254
4.0	+0.10 −0.25	2.0	±0.10	0.20	±0.02	0.5	19.824

1.2.6 经供需双方协议,可供应其他形状、规格和允许偏差的管材。

1.2.7 管材供应长度及允许偏差。

管材供应长度及允许偏差应符合表7的规定。

表7 mm

形状	规格	长度及允许偏差
圆形	2×0.11	$337_{0}^{+0.5}$
	4×0.11	517_{-1}^{+2} $258.5_{-0.5}^{+2.5}$
	4×0.15	517_{-1}^{+2} $258.5_{-0.5}^{+2.5}$
	4×0.20	617_{-1}^{+2} $308.5_{-0.5}^{+2.5}$
	5×0.15 5×0.20	517_{-1}^{+2} $258.5_{-0.5}^{+2.5}$
梯形管,三角形管,矩形管,正方形管		580±1 290±1

注:经供需双方协议,可供应其他长度和允许偏差的管材。

1.2.8 管材端部应锯切平整、无毛刺。锯口切斜不得超出管材长度允许偏差。

1.2.9 管材的弯曲度应符合表8的规定。

表8 mm

管材长度	≤300	301~500	501~700
弯曲度,不大于	0.5	1.0	1.5

1.3 标记示例

a. 用H96制造的、外径为5mm、壁厚为0.2mm、定尺长度为517mm的圆形硬管标记为:

管 H96 Yϕ5×0.2×517 GB 8008—1987

b. 用H96制造的、底边长 A 为7.2mm、上边 B 长度为4.04mm、高 h 为3.5mm、定尺长度为290mm的梯形硬管标记为:

管 H96 Y 梯形 7.2×4.04×3.5×290 GB 8008—1987

2 技术要求

2.1 化学成分

管材的化学成分应符合GB 5232—1985《加工黄铜 化学成分和产品形状》中H96的规定。

2.2 力学性能

管材纵向室温力学性能应符合表9规定。

表9

壁厚 mm	状态	抗拉强度 σ_b/ MPa(kgf/mm²)	伸长率 δ_{10}/ %
		不小于	
0.11,0.15	Y	441(45)	—
0.2	Y	382(39)	—

2.3 表面质量

管材内外表面应光滑、清洁,不应有裂纹、针孔、起皮、气泡、夹杂和绿锈。

许可有轻微的、局部的、不使管材外径和壁厚超出允许偏差之半的划伤、凹坑、斑点和压入物等缺陷。

轻微的、局部的水迹和暗色,不作报废依据。

2.4 气密性试验

管材应进行气密性试验。按表10的规定通气后管材不应漏气、破裂。

表 10

管材壁厚/mm	气体压力/MPa(kgf/cm^2)	持续时间/s	管材壁厚/mm	气体压力/MPa(kgf/cm^2)	持续时间/s
0.11、0.15	1.47(15)	30～60	0.20	1.96(20)	30～60

注:供方可不进行此项试验,但必须保证。

3 试验方法

3.1 管材化学成分的仲裁分析按GB 5122—1985《黄铜化学分析方法》的规定进行。

3.2 管材拉力试验按GB 228—1976《金属拉力试验法》的规定进行。

3.3 管材的气密性试验按GB 241—1982《金属管液压试验方法》的规定进行。

3.4 管材的外形尺寸用千分尺、卡尺、钢板尺和钢卷尺进行测量。

4 检验规则

4.1 检查和验收

4.1.1 管材应由供方技术监督部门验收,并保证产品质量符合本标准的要求。

4.1.2 需方对收到的产品应进行检验,如检验结果与本标准规定不符时,应在收到产品之日起3个月内向供方提出,由供需双方协商解决。

4.2 组批

每批管材应由同一牌号、同一规格组成。每批重量不大于500kg。

4.3 每批管材应进行尺寸检查,每50kg管材中检查不得少于20根。

4.4 每批管材抽取重量的1%用肉眼进行内外表面检查,重量不足100kg时,最少抽取20根进行检查。内表面检查方法是:剖开50～100mm长的管材,观察内壁。

4.5 弯曲度测定。每批管材任取5根进行检查。将管子置于平台上用直尺靠量,测量管材与直尺之间的最大距离。

4.6 拉力试验由每批任取2根,每根取一个试样。

4.7 各项试验即使有一个试样的试验结果不合格时,也应从该批中再取双倍试样进行该不合格项目的复验,复验结果仍有一个试样不合格,则整批报废或逐根进行检验,合格者单独编批验收。

5 包装、标志、运输和贮存

包装、标志、运输和贮存按YB 730—1970《重有色金属加工产品包装、标志、运输和保管一般方法》的规定进行。

附加说明:

本标准由西北铜加工厂负责起草。

本标准主要起草人:肖丛英。

中华人民共和国有色金属行业标准

YS/T 267—1994

拉 杆 天 线 套 管

代替 GB 8009—1987

Tube for telescopic antenna

本标准适用于无线电通讯拉杆天线专用套管。

1 品种

1.1 牌号、状态、规格

管材的合金牌号、制造方法、供应状态和规格应符合表 1 的规定。

表 1

合金牌号	制造方法	供应状态	规格/mm	
			外径	壁厚
H62	拉制	Y	2.8,3,3.2,3.6,4,4.4,5,5.2,6,6.2,7,8,9,10,11,12,13	0.25 0.20

1.2 管材的外形尺寸及允许偏差

1.2.1 管材的外径和壁厚及其允许偏差应符合表 2 的规定。

表 2

mm

外径		壁厚及壁厚允许偏差	管材每米理论重量/g	
公称尺寸	允许偏差		壁厚 0.25	壁厚 0.20
2.8	-0.01～-0.045	0.25-0.04 0.20-0.03	16.9	13.8
3	-0.01～-0.045		18.2	14.8
3.2	-0.01～-0.045		19.5	15.9
3.6	-0.01～-0.045		22.2	18.0
4	-0.01～-0.045		24.8	20.1
4.4	-0.01～-0.045		27.5	22.2

中国有色金属工业总公司 1987-04-22 批准　　1988-05-01 实施

续表 2

外径		壁厚及壁厚允许偏差	管材每米理论重量/g	
公称尺寸	允许偏差		壁厚 0.25	壁厚 0.20
5	-0.01~-0.045	0.25-0.04 0.20-0.03	31.4	25.4
5.2	-0.01~-0.045		33.4	26.5
6	-0.01~-0.045		38.1	30.7
6.2	-0.01~-0.045		39.4	31.8
7	-0.015~-0.055		44.7	36.0
8	-0.015~-0.055		51.3	41.3
9	-0.015~-0.055		57.9	46.6
10	-0.015~-0.055		64.5	51.9
11	-0.015~-0.055		71.1	57.2
12	-0.02~-0.08		77.8	62.5
13	-0.02~-0.08		84.4	67.8

注：经供需双方协商，可供应其他规格和允许偏差的管材。

1.2.2　管材的供应长度及允许偏差

不定尺长度为 0.6~2m。

定尺长度应在合同中议定。

长度小于或等于 500mm，其长度允许偏差为 +1.5mm；

长度大于 500mm，其长度允许偏差为 +2mm。

1.2.3　管材端部应锯切平整，无毛刺。锯口切斜不得超出管材长度允许偏差。

1.2.4　管材弯曲度每米不大于 3mm。

1.2.5　管材的不圆度和壁厚不均不应超出外径和壁厚允许偏差。

1.3　标记示例

用 H62 制造的，外径为 3mm，壁厚为 0.25mm 的硬态圆管标记为：

管 H62 Yϕ3×0.25　GB 8009—1987

2　技术要求

2.1　化学成分

管材的化学成分应符合 GB 5232—1985《加工黄铜　化学成分和产品形状》中 H62 的规定。

2.2　力学性能

管材拉力试验结果应符合表 3 的规定。

表 3

牌　　号	状　　态	抗拉强度 σ_b/MPa(kgf/mm^2)	伸长率 δ_{10}/%
		不　小	于
H62	Y	392(40)	10

2.3　表面质量

管材内外表面应光滑、清洁,不应有裂纹、针孔、起皮、气泡、粗拉道、夹杂物和绿锈。

许可有轻微的、局部的、不使管材外径和壁厚超出允许偏差之半的划伤、凹坑、压入物、斑点和细拉痕等缺陷。

管材表面允许有轻微的、局部的水迹和暗色。

3　试验方法

3.1　管材化学成分的仲裁分析按 GB 5122—1985《黄铜化学分析方法》的规定进行。

3.2　管材拉力试验按 GB 228—1976《金属拉力试验法》的规定进行。

3.3　管材外形尺寸用千分尺、卡尺、钢板尺和钢卷尺进行测量。

4　检验规则

4.1　检查和验收

4.1.1　管材应由供方技术监督部门验收,并保证产品质量符合本标准的要求。

4.1.2　需方对收到的产品应进行检验,如果检验结果与本标准规定不符时,应在收到产品之日起 3 个月内向供方提出,由供需双方协商解决。

4.2　组批

每批管材应由同一牌号、同一规格组成。每批重量不大于 500kg。

4.3　每批管材应进行尺寸检查,每 50kg 管材中检查不得少于 20 根。

4.4　每批管材抽取重量的 1%用肉眼进行内外表面检查,重量不足 100kg 时,最少抽取 10 根进行检查。内表面检查方法是:剖开 50～100mm 的管材,观察内壁。

4.5　弯曲度测定。每批管材任取 5 根进行检查。将管材置于平台上用 1m 直尺靠量,测定管材与直尺之间的最大距离。

4.6　拉力试验由每批任取 2 根,每根取一个试样。

4.7　各项试验即使有一个试样试验结果不合格时,也应从该批中再取双倍试样进行该不合格项目的复验,复验结果仍有一个试样不合格,则整批报废或逐根进行检验,合格者单独编批验收。

5　包装、标志、运输和贮存

包装、标志、运输和贮存按 YB 730—1970《重有色金属加工产品包装、标志、运输和保管一般方法》的规定进行。

附加说明:

本标准由西北铜加工厂负责起草。

本标准主要起草人:肖丛英。

中华人民共和国有色金属行业标准

YS/T 277—1994

氧 化 亚 镍

代替 GB 8633—1988

Nickel monoxide

本标准适用于以碳酸镍和其他镍料,经化学处理及高温煅烧所制得的氧化亚镍。主要用于搪瓷及陶瓷涂料、玻璃颜料等。

分子式:NiO

分子量:74.71(按1983年国际原子量)

1 技术要求

1.1 化学成分:氧化亚镍应符合下列要求:

<table>
<tr><th rowspan="2">品　级</th><th rowspan="2">Ni/%
不小于</th><th colspan="7">杂质含量/%　不大于</th></tr>
<tr><th>Co</th><th>Cu</th><th>Fe</th><th>Zn</th><th>S</th><th>Ca、Mg、Na
总和</th><th>盐酸不溶物</th></tr>
<tr><td rowspan="2">一级品</td><td rowspan="2">76.0</td><td rowspan="2">0.30</td><td rowspan="2">0.10</td><td rowspan="2">0.15</td><td rowspan="2">0.10</td><td>0.01</td><td rowspan="2">1.30</td><td rowspan="2">0.30</td></tr>
<tr><td>0.05</td></tr>
<tr><td>二级品</td><td>75.0</td><td>0.50</td><td>0.20</td><td>0.20</td><td>0.20</td><td>0.15</td><td>1.50</td><td>0.40</td></tr>
</table>

注:需方对产品中硫的含量要求应在合同中注明。

1.2 物理外观:氧化亚镍为绿色粉末。同一批产品的色泽需保持一致,不得有其他外来夹杂物。

1.3 粒度要求:0.154mm 筛余物不大于1%。

1.4 如用户有特殊要求,供需双方可另行协商解决。

2 试验方法

2.1 产品的化学成分分析按附录A进行。

2.2 产品中0.154mm 筛上物的测定按附录B进行。

3 检验规则

3.1 产品由供方质量检验部门进行检验,保证产品符合本标准要求。

3.2 氧化亚镍以同一天产出的产品为一批。

3.3 每批产品用不锈钢质(或塑料)取样管逐桶(箱)在成品袋的三个角及中间,由面到底采取试样,取样管应垂直插入成品袋四分之三处,所取试样重量不少于500g。

3.4 所取试样应充分混匀,将试样以四分法缩分至100g左右,分成两份,分别装入清洁干燥的磨口玻璃瓶中,瓶外标明产品名称、批号及取样日期,样品一份送化验分析,一份由检验部门保存3个月以备查验。

3.5 产品检验结果不合格时,可由该批产品中取双倍样对不合格项目进行复验,若复验结果不合格,则该批产品为不合格品。

3.6 需方对产品质量有异议时,可在收到产品之日起15天内向供方提出,由供需双方协商解决。

中国有色金属工业总公司 1988-01-11 批准　　　　1989-01-01 实施

4 包装、标志、运输、贮存和质量证明书

4.1 包装

产品用内衬塑料袋的铁桶(或木箱)包装,每桶(箱)产品净重 30kg。如用户有特殊要求时,供需双方可另行协商解决。

4.2 标志

产品外包装应有明显标志,注明:

a. 供方名称;

b. 产品名称;

c. 品级;

d. 批号;

e. 净重。

4.3 运输和贮存

4.3.1 氧化亚镍应堆放于通风干燥处,运输和贮存时应防止受潮结块。

4.3.2 运输过程中,出现产品变质和受损现象时,由涉及部门负责。

4.4 质量证明书

每批产品应附有质量证明书,注明:

a. 供方名称;

b. 产品名称;

c. 品级;

d. 批号;

e. 净重;

f. 分析测试结果及检验部门印记;

g. 本标准编号;

h. 出厂日期。

附 录 A

氧化亚镍化学成分分析方法

(补充件)

A.1 氧化亚镍中镍量的测定

A.1.1 方法提要

在氢氧化铵-氯化铵的微氨性溶液中,镍与丁二酮肟生成红色沉淀。将沉淀在 110℃烘干、称重。

A.1.2 试剂

A.1.2.1 硝酸溶液(1+1)。

A.1.2.2 盐酸溶液(1+1)。

A.1.2.3 酒石酸溶液(40%)。

A.1.2.4 氯化铵溶液(40%)。

A.1.2.5 乙醇溶液(1+4)。

A.1.2.6 氨水(1+1)。

A.1.2.7 丁二酮肟乙醇溶液(1%)。

A.1.3 分析步骤

A.1.3.1 称取试样1.0000g于250mL烧杯中,加80mL盐酸(A.1.2.2),2mL硝酸(A.1.2.1),加热至溶解完全,取下冷却,移入100mL容量瓶中,用水稀释至刻度,摇匀。

A.1.3.2 吸取试液10mL于500mL三角烧杯中,加水250mL,加入10mL氯化铵溶液(A.1.2.4),加入10mL酒石酸溶液(A.1.2.3),加热煮沸,取下,用水洗涤表皿和杯壁,用氨水(A.1.2.6)调节至pH等于5左右,在不断搅拌下(溶液温度控制在80℃左右),缓缓加入50mL丁二酮肟乙醇溶液(A.1.2.7),滴加氨水(A.1.2.6)至pH为8~9,使丁二酮肟镍沉淀完全,再过量1~2mL,在70~80℃处保温30min,将沉淀用已恒重的G3玻璃坩埚抽滤,用乙醇溶液(A.1.2.5)洗涤沉淀全部移入玻璃坩埚内,并洗涤3~4次,将带沉淀的坩埚于110℃烘箱内烘1h,置于干燥器中冷却称至恒重。

A.1.4 镍的百分含量按式A1计算:

$$\mathrm{Ni}(\%)=\frac{(m_1-m_2)\times 0.2031}{m\times 10/100}\times 100 \tag{A1}$$

式中 m_1——玻璃坩埚与沉淀质量,g;

m_2——玻璃坩埚质量,g;

0.2031——丁二酮肟镍换算成镍的系数;

m——试样质量,g。

平行测定两结果之差不大于0.50%。

A.2 氧化亚镍中钴量的测定

A.2.1 方法提要

亚硝基红盐在乙酸介质中同钴作用生成可溶性的红色络合物,借此进行比色测定。

A.2.2 试剂

A.2.2.1 硝酸溶液(1+1)。

A.2.2.2 乙酸钠溶液(30%)。

A.2.2.3 亚硝基红盐溶液(0.5%)。

A.2.2.4 钴标准溶液(甲)

称取纯钴(99.9%以上)1.0000g于250mL烧杯中,加入硝酸(A.2.2.1)20mL,在低温处加热使其完全溶解,加水至40mL左右,加热煮沸赶尽氧化氮,取下,冷却后移入1 000mL容量瓶中,用水稀释至刻度,摇匀。此溶液1mL含1mg钴。

A.2.2.5 钴标准溶液(乙)

吸取钴标准溶液(甲)10.00mL于1000mL容量瓶中,用水稀释至刻度,摇匀。此溶液每毫升含0.01mg钴。

A.2.3 仪器

分光光度计。

A.2.4 分析步骤

A.2.4.1 吸取测镍的溶液2mL于250mL烧杯中,加水至20mL左右,加10mL乙酸钠溶液(A.2.2.2)、20mL亚硝基红盐溶液(A.2.2.3)。

A.2.4.2 煮沸2min,取下,冷却后加入10mL硝酸(A.2.2.1)煮沸2min,取下,冷却后移入100mL容量瓶中稀释至刻度,摇匀。以试剂空白作比较液,用3cm比色皿在波长550nm处测其吸光度。

A.2.4.3 标准曲线绘制

于一组 250mL 烧杯中，分别用微量滴定管依次加入钴标准溶液(乙)0、2.00、4.00、6.00、8.00、10.00mL，加水至 20mL，加 10mL 乙酸钠(A.2.2.2)，20mL 亚硝基红盐(A.2.2.3)。以下按 A.2.4.2 进行。以试剂空白作比较液，用 3cm 比色皿，在波长 550nm 处测其吸光度，以吸光度为纵坐标，钴的浓度为横坐标绘制曲线。

A.2.5　钴的百分含量按式 A2 计算：

$$\mathrm{Co}(\%)=\frac{c}{m\times 1000}\times 100 \tag{A2}$$

式中　c——由试样测得的吸光度自标准曲线查得的钴量，mg；

m——分取试样量，g。

平行测定两结果之差不大于 0.04%。

A.3　氧化亚镍中盐酸不溶物量的测定

A.3.1　方法提要

试样用盐酸(1+1)溶解，将不溶之物抽滤于 G3 玻璃坩埚中并在 110℃烘干，称重。

A.3.2　试剂

盐酸溶液(1+1)。

A.3.3　分析步骤

A.3.3.1　称取试样 2.000g 于 250mL 带冷凝器三角烧杯中，加入 50mL 盐酸溶液(A.3.2)低温加热至沸，并保持微沸状态 2h，加水稀释至 100mL。

A.3.3.2　用已恒重的 G3 玻璃坩埚抽滤，用热水洗净不溶残渣，将带残渣的坩埚于 105～110℃烘箱内烘 1h，置于干燥器中冷却，称至恒重。

A.3.4　盐酸不溶物的百分含量按式 A3 计算：

$$盐酸不溶物(\%)=\frac{m_1-m_2}{m}\times 100 \tag{A3}$$

式中　m_1——玻璃坩埚与残渣量，g；

m_2——玻璃坩埚质量，g；

m——称取试样量，g。

平行测定两结果之差不大于 0.04%。

A.4　氧化亚镍中铜、铁、锌、钙、镁、钠量的测定　原子吸收分光光度法

A.4.1　方法提要

试样用盐酸加数滴硝酸溶解。在稀释后的试液中加入锶盐。于原子吸收分光光度计波长 324.7(铜)、248.3(铁)、213.9(锌)、422.6(钙)、285.2(镁)nm 处，分别测定各吸光度。

在稀释后的试液中加入钾盐。于原子吸收分光光度计波长 589.0nm 处测定钠的吸光度。

A.4.2　试剂

A.4.2.1　盐酸(比重 1.19)。

A.4.2.2　盐酸(1+1)。

A.4.2.3　硝酸(比重 1.42)。

A.4.2.4　硝酸(1+1)。

A.4.2.5　氯化锶溶液 10%($SrCl_2\cdot 6H_2O$)。

A.4.2.6　氯化钾溶液 1%(不含钠光谱纯)。

A.4.2.7 铜标准贮存溶液

称取1.0000g纯铜(99.9%以上)置于250mL烧杯中,加入30mL硝酸(A.4.2.4),盖上表皿,置于电热板上低温加热到完全溶解,煮沸驱除氮的氧化物,取下,用水洗涤杯壁及表皿,冷到室温,移入1000mL容量瓶中,以水稀释到刻度,混匀。此溶液1mL含1.0mg铜。

A.4.2.8 铜标准溶液

移取10.00mL铜标准贮存溶液(A.4.2.7)于200mL容量瓶中,以水稀释到刻度,混匀。此溶液1mL含50μg铜。

A.4.2.9 铁标准贮存溶液

称取1.0000g纯铁(99.9%以上)置于250mL烧杯中,加入30mL盐酸(A.4.2.1),盖上表皿,置于电热板上低温加热到完全溶解,加入5mL硝酸(A.4.2.3),微沸,取下,用水洗涤杯壁及表皿,冷到室温,移入1000mL容量瓶中,以水稀释到刻度,混匀。此溶液1mL含1.0mg铁。

A.4.2.10 铁标准溶液

移取10.00mL铁标准贮存溶液(A.4.2.9)于200mL容量瓶中,以水稀释到刻度,混匀。此溶液1mL含50μg铁。

A.4.2.11 锌标准贮存溶液

称取1.0000g纯锌(99.9%以上)置于250mL烧杯中,加入30mL盐酸(A.4.2.2),盖上表皿,置于电热板上低温加热到完全溶解,取下,用水洗涤杯壁及表皿,冷到室温,移入1000mL容量瓶中,以水稀释到刻度,混匀。此溶液1mL含1.0mg锌。

A.4.2.12 锌标准溶液

移取10.00mL锌标准贮存溶液(A.4.2.11)于200mL容量瓶中,以水稀释到刻度,混匀。此溶液1mL含50μg锌。

A.4.2.13 钙标准贮存溶液

称取2.5000g经110℃烘干后的优级纯碳酸钙($CaCO_3$)于250mL烧杯中,加入20mL盐酸(A.4.2.2),置于电热板上低温加热到完全溶解,驱尽二氧化碳,取下,用水洗涤杯壁及表皿,冷到室温,移入1000mL容量瓶中,以水稀释到刻度,混匀。此溶液1mL含1.0mg钙。

A.4.2.14 钙标准溶液

移取10.00mL钙标准贮存溶液(A.4.2.13)于200mL容量瓶中,以水稀释到刻度,混匀。此溶液1mL含50μg钙。

A.4.2.15 镁标准贮存溶液

称取1.0000g纯镁(99.9%以上)于250mL烧杯中,加入50mL水,分次加入20mL盐酸(A.4.2.2),盖上表皿,置于电热板上低温加热到完全溶解,加入1mL硝酸(A.4.2.4),煮沸,取下,用水洗涤杯壁及表皿,冷到室温,移入1000mL容量瓶中,以水稀释到刻度,混匀。此溶液1mL含1.0mg镁。

A.4.2.16 镁标准溶液

移取10.00mL镁标准贮存溶液(A.4.2.15)于200mL容量瓶中,以水稀释到刻度,混匀。此溶液1mL含50μg镁。

A.4.2.17 钠标准贮存溶液

称取2.5420g经110℃烘干后的优级纯氯化钠(NaCl)于250mL烧杯中,加入100mL水,盖上表皿,置于电热板上低温加热到完全溶解,取下,用水洗涤杯壁及表皿,冷到室温,移入1000mL容量瓶中,以水稀释到刻度,混匀。此溶液1mL含1.0mg钠。

A.4.2.18 钠标准溶液

移取10.00mL钠标准贮存溶液(A.4.2.17)于200mL容量瓶中,以水稀释到刻度,混匀。此溶液1mL含50μg钠。

A.4.3 仪器

A.4.3.1 原子吸收分光光度计,备有铜、铁、锌、钙、镁、钠各元素的空心阴极灯。

A.4.3.2 原子吸收分光光度计的工作条件参数见表A1。

表A1 3200型原子吸收分光光度计工作条件参数

工作参数 条件 / 元素	波长/nm	灯电流/mA	燃烧器高度/mm	单色器通带/Å	空气流量/(L/min)	乙炔流量/(L/min)
铜	324.7	8	6	4	4.5	0.8
铁	248.3	10	8	2	4.5	1.0
锌	213.9	8	8	4	4.5	0.8
钙	422.6	8	8	4	4.5	1.0
镁	285.2	8	6	4	4.5	0.8
钠	589.0	5	6	2	4.5	0.8

A.4.4 分析步骤

A.4.4.1 测定

A.4.4.1.1 称取0.500g试样置于100mL烧杯中,加入10mL盐酸(A.4.2.1),盖上表皿,置于电热板上低温加热,视试样溶解情况,滴加5~10滴硝酸(A.4.2.3)使试样完全溶解,继续加热并蒸发至2~3mL,取下,用水洗涤杯壁及表皿,冷到室温,移入100mL容量瓶中,以水稀释到刻度,混匀。

A.4.4.1.2 从溶液(A.4.4.1.1)中,移取10.00mL置于100mL(测铁置于50mL)容量瓶中,加入0.5mL氯化锶溶液(A.4.2.5)[测钠加入1mL氯化钾溶液(A.4.2.6)],以水稀释到刻度,混匀。

A.4.4.1.3 于原子吸收分光光度计分别于波长324.7(铜)248.3(铁)、213.9(锌)、422.6(钙)、285.2(镁)、589.0(钠)nm处,使用空气-乙炔火焰,以水调零。分别测定各溶液的吸光度。

A.4.4.1.4 从工作曲线上查出相应的铜、铁、锌、钙、镁、钠量。

A.4.4.2 工作曲线的绘制

A.4.4.2.1 移取0、1.00、2.00、3.00、4.00、5.00mL铜标准溶液(A.4.2.8)及锌标准溶液(A.4.2.12),分别置于两组100mL容量瓶中,加入0.5mL氯化锶溶液(A.4.2.5),以水稀释到刻度,混匀。以下按A.4.4.1.3进行。以铜浓度、锌浓度为横坐标,吸光度(减去零浓度溶液的吸光度)为纵坐标,分别绘制铜、锌的工作曲线。

A.4.4.2.2 移取0、1.00、2.00、3.00、4.00、5.00mL铁标准溶液(A.4.2.10)置于一组50mL容量瓶中,加入0.2~0.3mL氯化锶溶液(A.4.2.5),以水稀释到刻度,混匀。以下按A.4.4.1.3进行,以铁浓度为横坐标,吸光度(减去零浓度溶液的吸光度)为纵坐标,绘制铁的工作曲线。

A.4.4.2.3 移取0、1.00、2.00、3.00、4.00、5.00mL钙标准溶液(A.4.2.14)及镁标准溶液(A.4.2.16)分别置于两组100mL容量瓶中,以下同A.4.4.2.1,并分别绘制钙及镁的工作曲线。

A.4.4.2.4 移取0、1.00、2.00、3.00、4.00、5.00mL钠标准溶液(A.4.2.18)置于一组100mL容量瓶中,加入1mL氯化钾溶液(A.4.2.6),以水稀释到刻度,混匀。以下按A.4.4.1.3进行,并绘制钠的工作曲线。

若钙、镁、钠之含量超过0.5%时,则可以从溶液(A.4.4.1.1)中移取5.00mL置于100mL容量瓶中,加入0.5mL氯化锶(测钠加1mL氯化钾),以水稀释到刻度,分别测定各吸光度。

A.4.5 分析结果的计算

按式A4计算元素含量:

$$元素(\%)=\frac{c\times V}{m\times 10^4}\times 100 \quad (A4)$$

式中 c——自工作曲线上查得的试样溶液的元素浓度,μg/mL;

V——被测溶液体积,mL;

m——分取试样量,g。

铜,平行测定两结果之差不大于0.03%。

铁,平行测定两结果之差不大于0.03%。

锌,平行测定两结果之差不大于0.03%。

钙、镁、钠三元素平行测定之差总和不大于0.2%。

A.5 氧化亚镍中硫量测定

A.5.1 方法提要

试样在1300~1350℃氧气流中燃烧将硫转化成二氧化硫气体被微酸性淀粉溶液吸收,并作为指示剂,用碘酸钾标准溶液滴定至浅蓝色保持不褪色为终点。以消耗碘酸钾标准溶液的体积计算硫量。

A.5.2 试剂

A.5.2.1 碘酸钾标准贮存溶液(0.0008M):

称取0.178g碘酸钾(KIO_3)溶于水中,移入1000mL容量瓶中,以水稀释至刻度,混匀。

A.5.2.2 碘酸钾标准溶液:

移取20.00mL碘酸钾标准贮存溶液(A.5.2.1)于200mL容量瓶中,加入1g碘化钾,以水稀释至刻度,混匀。

A.5.2.3 淀粉溶液(1%):

称取10g淀粉,以少量水调成糊状,加入500mL沸水并搅拌均匀,加热煮沸2min,取下放冷,以水稀释至1000mL,加入5~6滴盐酸(比重1.19),混匀,放置至溶液澄清。

A.5.2.4 淀粉吸收液(0.025%):

移取25mL淀粉(A.5.2.3)的澄清液加入15mL盐酸(比重1.19),以水稀释至1000mL,混匀。

标定:

称取适量的已知硫含量的镍标样或铜标样(硫量为0.0x%)三份,分别平铺于瓷舟(A.5.3.9)中,以下按A.5.5.2.2~A.5.5.2.5进行。

按式A5计算碘酸钾标准溶液的滴定度:

$$T=\frac{m}{V} \quad (A5)$$

式中 T——碘酸钾标准溶液对硫的滴定度,g/mL;

m——称取的标样中的硫量,g;

V——标样所消耗碘酸钾标准溶液的体积,mL。

取3次标定结果的平均值,3次标定结果滴定度的极差值不得大于0.000 0005g/mL。

A.5.3 仪器

A.5.3.1 燃烧-容量法测定硫装置:见图A1。

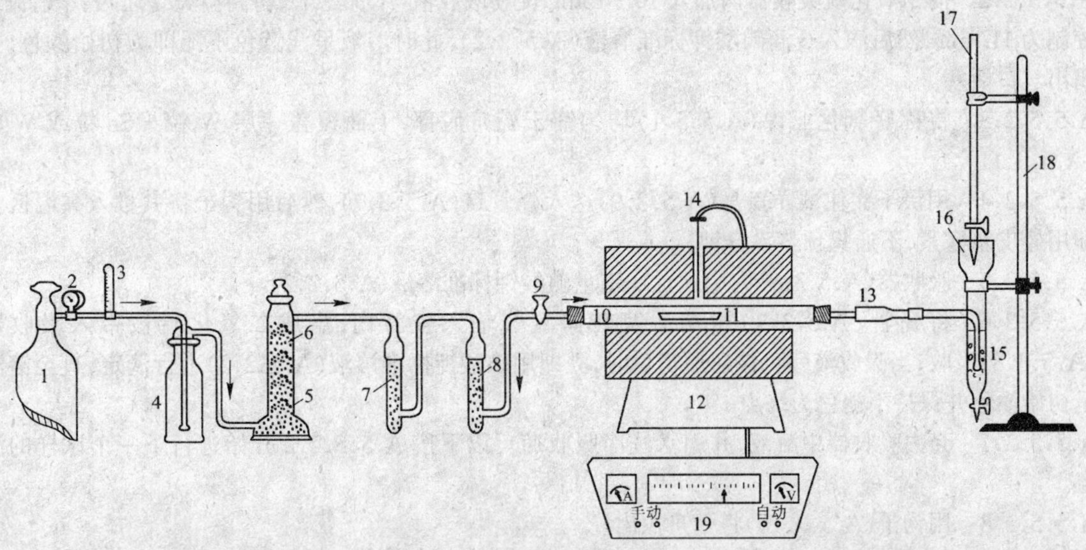

图 A1　定硫装置示意图

1—氧气钢瓶;2—压力表;3—氧气流量计;4—浓硫酸洗气瓶;5—硅胶;6—变色分子筛;7—无水高氯酸镁;8—钠石棉;9—三通活塞;10—瓷管;11—瓷舟;12—硅碳棒管状炉;13—除尘器;14—铂铑热电偶;15—淀粉吸收液;16—定硫吸收器;17—滴定管;18—滴定架;19—温度控制器

A.5.3.2　管式电炉:最高温度 1350℃,常用 1300℃。

A.5.3.3　可控硅温度控制器:0～1600℃。

A.5.3.4　氧气瓶:备有氧气流量表。

A.5.3.5　洗气瓶:内盛 100～150mL 硫酸(比重 1.84)。

A.5.3.6　净化系统:分别盛装变色硅胶、分子筛、无水高氯酸镁、钠石棉。

A.5.3.7　瓷管(无釉,外径 25mm,内径 20mm,长 600mm):使用前各部分必须在 1300℃的氧气流中灼烧。

A.5.3.8　二氧化硫吸收器:见图 A2。

A.5.3.9　瓷舟(无釉,长 97mm):使用前必须在 1300℃氧气流中灼烧 3min,贮于干燥器中备用。

A.5.3.10　镍铬合金钩。

A.5.3.11　助熔剂:W 粒 + Sn 粒或 W 粒。

A.5.4　试样

试样应为干燥均匀粉状。

A.5.5　分析步骤

A.5.5.1　试样量:称取 0.300g 试样。

A.5.5.2　测定

A.5.5.2.1　接通管式炉的电源,将可控硅电压调整器按钮置于“手动”位置,分 2 次或 3 次逐渐加大电压,随后将电压调整器按钮置于“自动”位置,使炉温逐渐升至 1300℃。

检查系统是否漏气。将出气口活塞关闭,向系统通入氧气,此时观察氧气流量表上浮标注下至零,即表示系统正常。

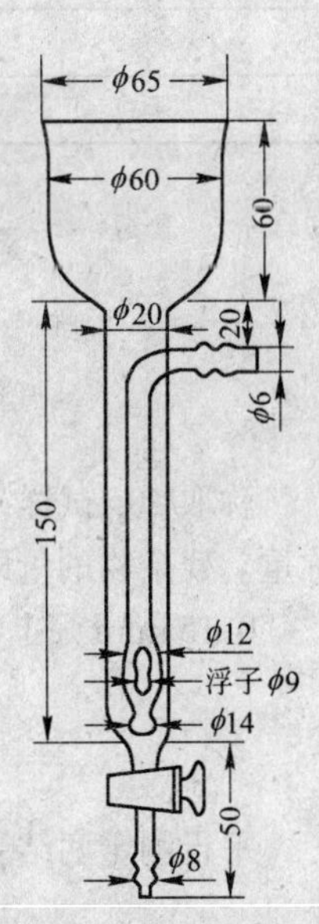

图 A2

A.5.5.2.2 向二氧化硫吸收器内加入10～15mL淀粉吸收液(A.5.2.4),将高温炉管通入氧气,流量控制为1L/min,然后滴入3滴碘酸钾标准溶液(A.5.2.2),此时溶液呈浅蓝色不褪即为初始颜色,关闭出气口活塞。

A.5.5.2.3 将称好氧化亚镍(A.5.5.1)均匀铺于瓷舟底部,上面覆盖一层W粒+Sn粒或W粒(A.5.3.11)。

A.5.5.2.4 用镊子夹住试样瓷舟(A.5.3.9)送入瓷管口(A.5.3.7),然后用钩子将其推入高温区立即用橡皮塞塞紧,不通氧预热1分钟。

A.5.5.2.5 吸收器(A.5.3.8)内应预置一定量碘酸钾标准溶液(A.5.2.2)。

A.5.5.2.6 将瓷管(A.5.3.7)两端活塞转向氧气输入瓷管内,生成二氧化硫被带入吸收器(A.5.3.8)吸收,当吸收液颜色被还原褪色时,立即用碘酸钾标准溶液(A.5.2.2)进行滴定,直至溶液呈初始颜色并保持不褪色为终点。

A.5.5.2.7 弃去吸收器中溶液,并用水洗净吸收瓶。以下按A.5.5.2.2开始进行下一个试样的测定。

A.5.5.2.8 用钩子(A.5.3.10)将瓷舟拉出。

A.5.6 硫的百分含量按式A6计算:

$$S(\%)=\frac{T\times V}{m_0}\times 100 \tag{A6}$$

式中 T——碘酸钾标准溶液对硫的滴定度,g/mL;

V——试样所消耗碘酸钾标准溶液的体积,mL;

m_0——试样量,g。

平行测定两结果之差不大于表A2所列允许差。

表A2 %

硫 量	允 许 差
0.008～0.02	0.003
>0.02～0.06	0.004
>0.06～0.2	0.02

附 录 B
氧化亚镍中0.154mm筛上物的测定
(补充件)

称取20g试样,于0.154mm筛子里,用流水冲洗,并用软毛刷刷至流水清澈为止,将剩余物烘干、称重。残余物的量即为不通过0.154mm筛子的量。

0.154mm筛上物的计算按式B1:

$$\text{筛上物}(\%)=\frac{\text{剩余物量(g)}}{\text{样品量(g)}}\times 100 \tag{B1}$$

平行测定两结果之差不大于0.1%。

附加说明：

本标准由上海冶炼厂负责起草。

本标准主要起草人:俞文莲、黄宗耀、孔宝成、杨家康、张杏元、陈雪芳。

中华人民共和国有色金属行业标准

YS/T 283—1994

铜 中 间 合 金 锭

代替 GB 8736—1988

Copper master alloy ingots

本标准适用于配制合金及作脱氧剂用的铜中间合金锭。

1 技术要求

1.1 合金锭的牌号和化学成分应符合表中规定。

1.2 合金锭的形状、规格应符合图1或图2规定。脆性合金锭不规定形状、规格。

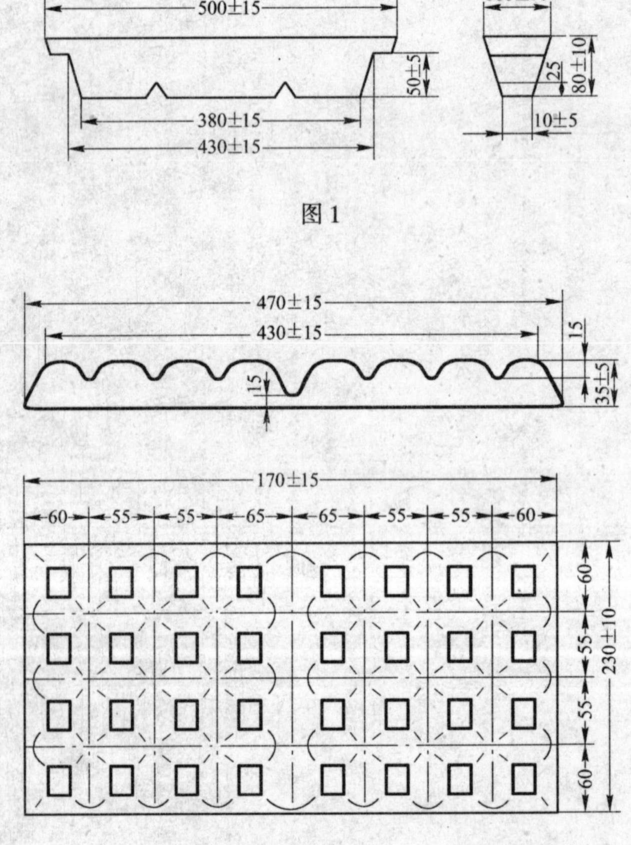

图1

图2

1.3 合金锭的表面不得有熔渣和夹杂物。但允许有氧化膜和皱皮。

1.4 合金锭的断口组织不得有熔渣和明显的偏析。

中国有色金属工业总公司 1988-02-04 批准 1989-02-01 实施

铜中间合金锭化学成分表

序号	牌号	化学成分/%																		物理性能	
		主要成分									杂质,不大于										
		硅	锰	镍	铁	锑	铍	磷	镁	铜	硅	锰	镍	铁	锑	磷	铅	锌	铝	熔化温度/℃	特性
1	CuSi16	13.5～16.5	—	—	—	—	—	—	—	余量	—	—	—	0.50	—	—	—	0.10	0.25	800	脆
2	CuMn28	—	25.0～30.0	—	—	—	—	—	—	余量	—	—	—	1.0	0.1	0.1	—	—	—	870	韧
3	CuMn22	—	20.0～25.0	—	—	—	—	—	—	余量	—	—	—	1.0	0.1	0.1	—	—	—	850～900	韧
4	CuNi15	—	—	14.0～18.0	—	—	—	—	—	余量	—	—	—	0.5	—	—	—	0.3	—	1050～1200	韧
5	CuFe10	—	—	—	9.0～11.0	—	—	—	—	余量	—	0.10	0.10	—	—	—	—	—	—	1300～1400	韧
6	CuFe5	—	—	—	4.0～6.0	—	—	—	—	余量	—	0.10	0.10	—	—	—	—	—	—	1200～1300	韧
7	CuSb50	—	—	—	—	49.0～51.0	—	—	—	余量	—	—	—	0.2	—	0.1	0.1	—	—	680	脆
8	CuBe4	—	—	—	—	—	3.8～4.3	—	—	余量	0.18	—	—	0.15	—	—	—	—	0.13	1100～1200	韧
9	CuP14	—	—	—	—	—	—	13.0～15.0	—	余量	—	—	—	0.15	—	—	—	—	—	900～1020	脆
10	CuP12	—	—	—	—	—	—	11.0～13.0	—	余量	—	—	—	0.15	—	—	—	—	—	900～1020	脆
11	CuP10	—	—	—	—	—	—	9.0～11.0	—	余量	—	—	—	0.15	—	—	—	—	—	900～1020	脆
12	CuP8	—	—	—	—	—	—	8.0～9.0	—	余量	—	—	—	0.15	—	—	—	—	—	900～1020	脆
13	CuMg20	—	—	—	—	—	—	—	17.0～23.0	余量	—	—	—	0.15	—	—	—	—	—	1000～1100	脆
14	CuMg10	—	—	—	—	—	—	—	9.0～11.0	余量	—	—	—	0.15	—	—	—	—	—	750～800	脆

注：作为脱氧剂用的 CuP14、CuP12、CuP10、CuP8，其杂质 Fe 的含量可允许不大于 0.3%。

1.5 需方对合金锭的化学成分、形状和规格有特殊要求时，由供需双方另行商定。

2 试验方法

2.1 合金锭化学成分的仲裁分析方法由供需双方商定。

2.2 合金锭化学成分可以只分析主要成分，杂质定期分析，但必须保证符合本标准要求。

2.3 合金锭的表面质量用肉眼进行检查。

2.4 合金锭的断口组织检验，可以从每批或每炉合金锭中任取一锭，由底部锯至锭厚的1/2处打断，用肉眼进行检查。脆性合金锭可直接检查。

3 检验规则

3.1 检查和验收

3.1.1 合金锭由供方技术监督部门进行检验，保证产品质量符合本标准要求，并填写质量证明书。

3.1.2 需方可对收到的产品进行检验。如检验结果不符合本标准规定时，应在收到产品之日起的3个月内向供方提出，由供需双方协商解决。如需仲裁时，由供需双方在需方共同取样。

3.1.3 合金锭的表面质量不符合本标准第1.3条规定时，则该锭为不合格。

3.2 组批

产品应成批提交验收，每批应由同一炉号的产品组成。经供需双方商定，每批也可以由多炉组成。

3.3 取样规则

仲裁分析用试样是从该批合金锭中任取一锭，在其上表面沿对角线钻孔三处取得，一点居中，另两点分别在距端点100mm处，钻孔深度为锭厚的2/3。

3.4 重复试验

化学成分和断口组织检验结果不符合本标准规定时，则在该批产品中对不符合本标准规定的项目取双倍试样复验，复验后若仍有一个结果不符合本标准规定时，则该批产品为不合格。

4 标志、包装、运输、贮存和质量证明书

4.1 每块合金锭上应标注牌号、炉号。

4.2 脆性合金锭在包装物外表面标注牌号、炉号。

4.3 脆性合金锭用木箱或桶包装，每箱或每桶的重量不超过50kg，其他散装供货。

4.4 合金锭应按牌号堆放及运输，不得混号。严防雨水潮湿。

4.5 合金锭出厂应附质量证明书，其上注明：

a. 供方名称或代号；

b. 产品名称、牌号及注册商标；

c. 化学成分分析结果及技术监督部门印记；

d. 批或炉号；

e. 每批或炉重量及件数；

f. 本标准编号；

g. 产品出厂日期。

附加说明:

本标准由南京铁合金厂负责起草。
本标准主要起草人:李如增。
自本标准实施之日起,原冶金工业部部标准 YB 786—1975《铜中间合金锭》作废。

中华人民共和国有色金属行业标准

YS/T 289—1994

铝锡 20 铜-钢双金属板

代替 GB 8896—1988

Al Sn 20 Cu alloy and steel backing bimetal plate

本标准适用于中等负荷、中等速度的汽油机、柴油机及内燃机车的轴瓦用双金属板。

1 品种

1.1 复合层

a. 第一层(基层):钢板;

b. 第二层(过渡层):纯铝;

c. 第三层(耐磨层):铝锡 20 铜合金;

d. 第四层(外表层):纯铝。

注:第二层、第三层、第四层总称铝合金层。

1.2 尺寸及允许偏差

1.2.1 板材的尺寸及允许偏差应符合表 1 的规定。

表 1

mm

总 厚 度		>2.0~2.4	>2.4~3.0	>3.0~3.9	>3.9~6.0	>6.0~8.9	>8.9~11.0
铝合金厚度,不大于		0.8	0.9	1.0	1.1	1.2	1.3
总厚度允许偏差		$^{+0.17}_{0}$	$^{+0.17}_{0}$	$^{+0.18}_{0}$	$^{+0.18}_{0}$	$^{+0.20}_{0}$	$^{+0.25}_{0}$
钢背厚度允许偏差	普通级	±0.10	$^{+0.13}_{-0.10}$	$^{+0.20}_{-0.10}$	$^{+0.25}_{-0.10}$	±0.20	$^{+0.25}_{-0.20}$
	较高级	$^{+0.10}_{-0.07}$	±0.10	$^{+0.16}_{-0.10}$	$^{+0.20}_{-0.13}$	$^{+0.20}_{-0.16}$	±0.20
宽 度		25~130					
宽度允许偏差		$^{+2}_{0}$				$^{+3}_{0}$	
长 度		70~400					
长度允许偏差,不大于		13					

注:① 经供需双方商议可供应其他规格及允许偏差的板材。

② 板材长度可按需方名义尺寸倍尺供料。

1.2.2 板材边部应切直,剪切后的板材边部应无裂缝、卷边,但允许有轻微的毛刺。

中国有色金属工业总公司 1988-02-12 批准　　1989-02-01 实施

2 技术要求

2.1 化学成分

2.1.1 基层和耐磨层的化学成分应符合下列规定。

2.1.1.1 钢板应为 08Al、08F、08、10 钢或工业纯铁。08Al、08F、08、10 钢的化学成分应符合 GB 699—1988《优质碳素结构钢技术条件》的规定(其中 08Al 钢允许硅:不大于 0.07%、铝:0.02%～0.10%)。工业纯铁的化学成分应符合 YB 200—1975《电工用纯铁》的规定。

2.1.1.2 铝锡 20 铜合金的化学成分应符合表 2 的规定。

表 2

合金牌号	主要成分/%			杂质含量/%,不大于				
	Al	Sn	Cu	Fe	Si	Mn	Fe+Si+Mn	其他杂质总和
Al Sn20 Cu	余量	17.5～22.5	0.7～1.3	0.7	0.7	0.1	1.02	0.5

2.2 工艺性能

2.2.1 板材以热处理状态供货。硬度值应符合表 3 的规定。

表 3

材　料	布氏硬度,HB	
	普 通 级	较 高 级
铝锡 20 铜合金	25～35	30～40
钢　背	160～220	160～200

2.2.2 板材应黏结牢固,不得分层。可用剥离法或弯曲法测试其黏结牢度。当用剥离法测试时,剥离长度应符合表 4 的规定。

表 4 mm

铝合金厚度	剥离长度,不大于	
	普 通 级	较 高 级
≥0.5～1.0	8	5
>1.0～1.5	15	12

2.3 表面质量

2.3.1 未加工的钢背表面上大面积的粗糙度应符合表 5 的规定,但允许有轻微的不影响使用的表面缺陷。

表 5 μm

表面粗糙度 R_a,不大于	
普 通 级	较 高 级
1.0	0.63

2.3.2 外表层不允许有其他压入物,但允许有气泡存在。耐磨层不允许有气泡夹杂等缺陷。

3 试验方法

3.1 化学分析方法

试样先去掉表面层约 0.1mm。然后再刮削耐磨层,但刮削深度最大不得超过铝合金厚度的 60%。取刮削下来的合金做化学分析,其中铜、铁、锰元素按 GB 6987—1986《铝及铝合金化学分析方法》规定,其他元素按供需双方协议规定。

3.2 硬度试验方法

试样先去掉表面层约 0.1mm,然后测量耐磨层硬度。每片测量三点(任两点间距离大于 20mm),以这三点硬度的算术平均值为该片硬度值。其测试条件按表 6 规定。

表 6

材 料	材料厚度/mm	测 试 条 件	测试温度/℃
铝锡 20 铜合金	0.4～1.0	HB1/5/30	18～24
	>1.0	HB2.5/31.25/30	
钢 背		HB1/30/10	

3.3 黏结牢度试验方法

3.3.1 剥离法

将一把宽约 13mm、成 60°角的凿子,按试样的轧制方向放置,并使其与铝合金层表面约成 45°,且距边不小于 8mm。用铁锤敲击凿子直到凿子刃口凿至铝合金与钢背界面。继续敲击凿子,使其刃口沿铝合金和钢背界面移动,则合金隆起。最后,用铁钳夹住隆起的铝合金,使之剥离。

3.3.2 弯曲试验方法

将板材顺轧制方向剪成 15mm 宽的试样。先把试样一次弯曲成 180°(弯曲半径与总厚度相等),再复弯回。试验时,铝合金与钢背分别作为内层各弯一片,允许试样断裂,但钢背与铝合金不得分层。

3.4 粗糙度测量方法

用粗糙度仪测量试样的钢背粗糙度。

3.5 厚度测量方法

3.5.1 试样的总厚度用千分尺测量。

3.5.2 试样的钢背厚度用超声波测厚仪测量,或把试样置于碱液中把铝合金腐蚀掉后,用千分尺测量,每片至少测量三点(任两点间距离大于 20mm)。

3.6 长度、宽度测量方法

试样的长度、宽度用卷尺测量。

3.7 外观检查

用肉眼检查试样的外观质量。

4 检验规则

4.1 检查和验收

板材应由供方技术监督部门检查,保证产品质量符合本标准要求。

需方收到供方产品应及时验收入库,若有质量异议时,应自收到产品之日起 3 个月内向供方提出,由供需双方协商解决。

4.2 组批

每批板材应由同一牌号、规格及制造方法所组成。

4.3 取样的位置和数量

4.3.1 每批中任取一片试样做化学成分分析。

4.3.2 硬度和黏结牢度的试样应在每批中任取。每项试验必须取两片试样。允许在同一片试样上做上述两项试验。

4.3.3 测试粗糙度、总厚度、钢背厚度的试样应在每批中任取。每项试验必须取三片试样。允许在同一片试样上做上述3项试验。

4.3.4 宽度、长度及外观质量应逐片检查。

4.4 重复试验

4.4.1 若化学成分不合格时,则取双倍试样重复试验不合格元素。若仍有一片不合格,则整批报废。

注:若有争议时,请双方认可的单位进行仲裁。

4.4.2 若总厚度、钢背厚度、粗糙度、硬度和黏结牢度中任一项不合格时,应对该项取双倍试样复验。若复验结果仍有一片不合格时,则整批报废。

4.4.3 若对黏结牢度的试验结果有争议时,以剥离法为仲裁依据。

5 标志、包装、运输和贮存

5.1 标志

5.1.1 每箱板材应有标签,其上注明:

a. 供方名称;

b. 产品名称、规格;

c. 批号;

d. 数量;

e. 出厂日期。

注:箱上应标明“轻放、防潮”字样。

5.1.2 每箱板材应附有质量证明书,其上注明:

a. 产品名称、规格;

b. 批号;

c. 检验员;

d. 供方名称;

e. 出厂日期。

5.1.3 每批板材应附有质量证明书,其上注明:

a. 供方名称;

b. 产品名称、品种;

c. 批号;

d. 主要技术指标检验结果及技术监督部门的印记;

e. 件数;

f. 产品净重;

g. 本标准编号;

h. 出厂日期。

5.2 包装

5.2.1 板材应涂油脂后用防潮纸包紧,装入木箱。

注：经供需双方商议可用其他方式包装。

5.2.2 板材以实际净重交货，每箱毛重不大于70kg。

注：为便于需方以片为计量单位，保持各种机型恒定的单位片重(kg/片)，经供需双方商议可按理论计算重量交货。

5.3 运输和贮存

5.3.1 运输和保管时应防止碰伤、受潮和化学腐蚀。

5.3.2 板材在干燥和无腐蚀性气氛的室内仓库正常整箱保管下，供方保证自出厂日起6个月内不发生锈蚀。

附加说明：

本标准由上海东风有色合金厂负责起草。

本标准主要起草人：丁迪华。

前　言

本标准是对 ZB H62 002—1985《热镀锌合金》行业标准进行修订，取消了 RZnAl0.15 牌号，新增加了 RZnAl0.42 牌号和 RZnAl5RE 牌号，RZnAl5RE 牌号的化学成分等同于 ASTMB 750—1988《热镀 Zn5%Al—RE 合金锭》。该标准中试样的采取和制备参照 ISO 3752《锌合金锭—化学分析试样的采取和制备》，标准的附录 A 参照 ASTME1277—1991 标准中 ICP—AES 法，标准的编写格式和编写方法是依据 GB/T 1.1—1993 标准。这样更有利于提高热镀用锌合金锭的标准水平。

修订 ZB H62 002—1985 时，除仍保留实践证明适合我国热镀用锌合金锭的生产和使用的那些内容外，另增加了三章。第一章，范围；第二章，引用标准；第三章，产品分类。并将“试验方法和检验规则”一章分成“试验方法”和“检验规则”独立章，各章的条号及内容有较大改变。

本标准自实施之日起，同时代替 ZB H62 002—1985。

本标准的附录 A、附录 B、附录 C 都是标准的附录。

本标准由中国有色金属工业总公司标准计量研究所提出。

本标准起草单位：株洲冶炼厂、韶关冶炼厂。

本标准主要起草人：王平如、余国珍、施惠婧、李亮、邓良平、张铁岩、钟声扬。

中华人民共和国有色金属行业标准

YS/T 310—1995

热镀用锌合金锭

代替 ZB H62002—1985

Zinc alloy for hot dip galvanizing

---

1 范围

本标准规定了热镀用锌合金锭的技术要求、试验方法、检验规则、标志、包装、运输及贮存。

本标准适用于钢材热镀用锌合金锭。

2 引用标准

GB 470 锌锭

GB 1250 极限数值的表示方法和判定方法

GB 8170 数字修约规则

GB/T 12689.1 锌及锌合金化学分析方法 EDTA 滴定法测定铝量

GB/T 12689.2 锌及锌合金化学分析方法 二乙基二硫代氨基甲酸铅分光光度法测定铜量

GB/T 12689.3 锌及锌合金化学分析方法 磺基水杨酸分光光度法测定铁量

GB/T 12689.6 锌及锌合金化学分析方法 苯芴酮-溴化十六烷基三甲胺分光光度法测定锡量

GB/T 12689.10 锌及锌合金化学分析方法 火焰原子吸收光谱法测定铅量

GB/T 12689.12 锌及锌合金化学分析方法 火焰原子吸收光谱法测定镉量

GB/T 12689.13 锌及锌合金化学分析方法 电热原子吸收光谱法测定铅量

3 产品分类

按组成合金的主要成分，热镀用锌合金锭产品分为两类。一类为 RZnAl0.36、RZnAl0.42 两个牌号；另一类为 RZnAl5RE 牌号。

4 技术要求

4.1 热镀用锌合金锭的牌号、代号及化学成分应符合表 1 的规定。

表 1 %

牌号	代号	主要成分				杂质含量，不大于								
		Zn	Al	Pb	La+Ce	Fe	Cd	Sn	Cu	Pb	Si	其他杂质元素		杂质总和
												单个	总和	
RZnAl 0.36	R36	余量	0.34~0.38	0.06~0.09	—	0.006	0.01	0.01	0.01	—	—	—	—	0.04
RZnAl 0.42	R42	余量	0.40~0.44											
RZnAl 5RE	RE5	余量	4.7~6.2	—	0.03~0.10	0.075	0.005	0.002	—	0.005	0.015	0.02	0.04	—

4.2 物理规格

4.2.1 热镀用锌合金锭按形状、规格分为大锭和小锭。大锭呈短"T"字形，重量分为 1600kg±200kg

中国有色金属工业总公司 1995-04-06 批准 1995-12-01 实施

和 1000kg±200kg 两种；小锭呈长方梯形，锭底铸有两条凹槽，重量为 20～25kg。

4.2.2 热镀用锌合金锭表面不得有熔渣和外来夹杂物。

4.2.3 热镀用锌合金锭不得有明显裂缝。

4.3 需方如对热镀用锌合金锭的化学成分和物理规格有其他要求时，由供需双方商定。

5 试验方法

5.1 RZnAl0.36、RZnAl0.42 2 个牌号的分析方法按 GB/T 12689.1、GB/T 12689.2、GB/T 12689.3、GB/T 12689.6、GB/T 12689.10、GB/T 12689.12、GB/T 12689.13 的规定进行。

5.2 RZnAl5RE 牌号的分析方法按本标准附录 A、附录 B、附录 C 的规定进行。

5.3 热镀用锌合金锭的重量用称量法检查。

5.4 热镀用锌合金锭的外观用肉眼检查。

6 检验规则

6.1 组批

同一熔炼号的热镀用锌合金锭为一检验批，批重不超过 60t。

6.2 检查与验收

6.2.1 产品应由供方技术监督部门进行检验，保证产品质量符合本标准的规定，并填写质量证明书。

6.2.2 需方对收到的产品应按本标准的规定进行检验，如检验结果与本标准不符时，应在收到产品之日起 60 天内向供方提出，由供需双方协商解决。如需仲裁，仲裁取样由供需双方共同进行。其供方的质量责任，按《中华人民共和国产品质量法》的有关规定执行。

6.3 取制样方法

6.3.1 取样数量

热镀用锌合金锭的取样锭数，大锭为从该批锭的每 10 个锭中任取一个锭，但总锭数不得少于 2 个；小锭为从该批锭的每 50 个锭中任取一个锭，但总锭数不得少于 6 个。

6.3.2 取样方法

6.3.2.1 热镀用锌合金锭大锭布点方法

在每一锭正反两表面各画两条对角线，在对角线上均匀布 5 点，一点在两对角线交点处，其余 4 点各在顶角与对角线交点之间的二分之一处(见图 1)

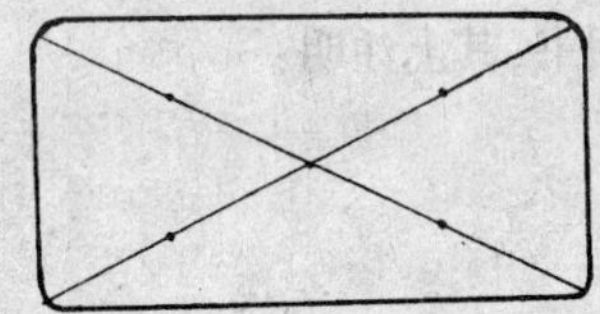

图 1 热镀用锌合金锭大锭布点位置示意图

6.3.2.2 热镀用锌合金锭小锭布点方法

将样锭按每 6 锭一组分组，不足 6 锭时补足 6 锭。样锭按长边相靠对齐摆放，第一锭浇铸面向上，第二锭浇铸面向下，依次交替排列成矩形，在此矩形上画出任一对角线。再在每锭表面画出三条平行于样锭长边的等分线。每锭上等分线与对角线的交点是布点位置(见图 2)。

6.3.2.3 试样钻取方法

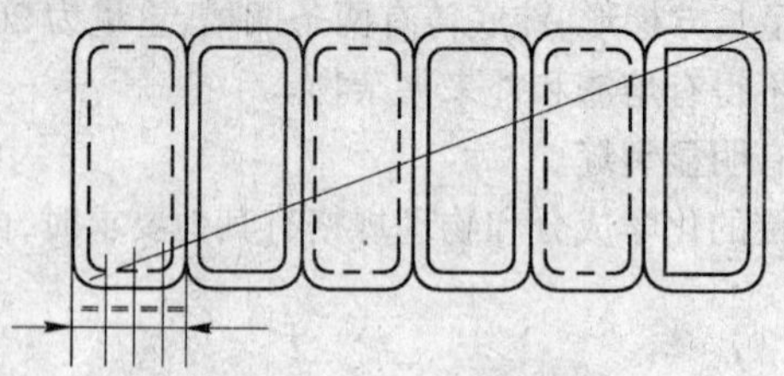

图 2 热镀用锌合金锭小锭布点位置示意图

取样钻头直径为 10～15mm。钻孔时，应先去掉表皮钻屑，不得使用润滑剂。钻孔速度以钻屑不氧化为宜。钻孔深度不小于锭厚的二分之一。

6.3.3 试样制备方法

将所得钻屑剪碎至 2mm 以下，混匀，用四分法缩分至 1000g，用磁铁除净加工时带入的铁质，分成 4 等份，分别加封，2 份用于分析，其余由供需双方各存一份。

6.4 检验结果的判定

6.4.1 化学成分检验结果的数字修约，按 GB 8170 中第 3 章的规定进行，修约后数值的判定按 GB 1250 中 5.2.2 规定进行。

6.4.2 热镀用锌合金锭的化学成分与本标准 4.1 不符时，按批作废。

6.4.3 热镀用锌合金锭的物理规格与本标准 4.2 不符时，按锭作废。

7 标志、包装、运输、贮存和质量证明书

7.1 标志

7.1.1 热镀用锌合金锭大锭的同一端面应有不易脱落、且清晰的商标、代号、批号和锭重等标志。

7.1.2 热镀用锌合金锭小锭上应有不易脱落、清晰的商标、代号、批号等标志。每捆上应有代号、捆重等标志。

7.2 包装

7.2.1 热镀用锌合金锭大锭不包装。

7.2.2 热镀用锌合金锭小锭用镀锌钢带捆扎包装，捆重为 1000kg±100kg。

7.3 运输、贮存和质量说明书

7.3.1 热镀用锌合金锭禁止用带酸、碱、盐等腐蚀性物质的运输工具装运。

7.3.2 热镀用锌合金锭应贮存在干燥、通风、无腐蚀性物品的仓库里。

7.3.3 每批热镀用锌合金锭出厂时，应附质量说明书，其上注明：

a. 供方名称；

b. 商标；

c. 产品名称；

d. 牌号；

e. 批号；

f. 净重和件数；

g. 分析检验结果及技术监督部门印记；

h. 本标准编号；

i. 生产日期。

附 录 A

电感耦合等离子发射光谱法测定 RZnAl5RE 合金中的镧、铈、铝、铁、铅、镉量

(补充件)

A1 范围

本方法规定了 RZnAl5RE 合金中镧、铈、铝、铁、铅、镉含量的测定方法。

本方法适用于 RZnAl5RE 合金中镧、铈、铝、铁、铅、镉含量的测定。测定范围见表 A1。

表 A1 %

元 素	测定范围	元 素	测定范围
La	0.010～0.20	Fe	0.010～0.20
Ce	0.010～0.20	Pb	0.001～0.020
Al	3.00～8.00	Cd	0.001～0.020

A2 方法提要

试料用盐酸溶解,在稀盐酸介质中直接以氩等离子光源激发,进行光谱测定。

A3 试剂和材料

A3.1 盐酸(ρ1.19g/mL)。

A3.2 氩气(≥99.99%)。

A3.3 盐酸(1+1)。

A3.4 锌溶液:称取 50.0000g 金属锌(≥99.99%)置于 500mL 烧杯中,加 150mL 水,加 150mL 盐酸(A3.1),加热缓慢溶解,溶解至少量时,加 5mL 硝酸(ρ1.42g/mL)使之溶解完全,取下,冷却,移入 500mL 容量瓶中,用水稀释至刻度,混匀。

A3.5 铝标准溶液:称取 10.0000g 金属铝(≥99.99%)置于 500mL 烧杯中,加 30mL 水、30g 氢氧化钠,待其溶解后,用盐酸(A3.3)中和至生成白色沉淀,再过量 100mL 盐酸(A3.3),小心搅拌,加热溶解。取下,冷却,移入 1000mL 容量瓶,用水稀释至刻度,混匀。此溶液 1mL 含 10mg 铝。

A3.6 镧标准贮存溶液:称取 2.3326g 三氧化二镧(≥99.99%,预先于 1000℃灼烧 1h,在干燥器中冷却,待用)置于 250mL 烧杯中,加 100mL 盐酸(A3.3),低温加热溶解,取下,冷却,移入 1000mL 容量瓶中,加 250mL 盐酸(A3.3),用水稀释至刻度,混匀。此溶液 1mL 含 2mg 镧。

A3.7 铈标准贮存溶液:称取 2.4568g 二氧化铈(≥99.99%,预先于 1000℃灼烧 1h,在干燥器中冷却,待用)置于 250mL 烧杯中,加 50mL 硝酸(1+1),加适量过氧化氢(30%),低温加热溶解,取下,冷却,移入 1000mL 容量瓶中,加 250mL 盐酸(A3.1),用水稀释至刻度,混匀。此溶液 1mL 含 2mg 铈。

A3.8 铁标准贮存溶液:称取 2.000g 金属铁(≥99.99%)置于 250mL 烧杯中,加 100mL 盐酸(A3.3),加热溶解,取下,冷却,移入 1000mL 容量瓶中,加 250mL 盐酸(A3.1),用水稀释至刻度,混匀。此溶液 1mL 含 2mg 铁。

A3.9 铅标准贮存溶液:称取 0.2000g 金属铅(≥99.99%)置于 100mL 烧杯中,加 20mL 硝酸(1+1),

低温加热溶解,取下,冷却,移入1000mL容量瓶中,加250mL盐酸(A3.1),用水稀释至刻度,混匀。此溶液1mL含0.2mg铅。

A3.10 镉标准贮存溶液:称取0.2000g金属镉(≥99.99%)置于100mL烧杯中,加20mL硝酸(1+1),加5mL盐酸(A3.1),低温加热溶解,取下,冷却,移入1000mL容量瓶中,加250mL盐酸(A3.1),用水稀释至刻度,混匀。此溶液1mL含0.2mg镉。

A3.11 镧、铈、铁、铅、镉混合标准溶液:分别移取20.00mL镧、铈、铁、铅、镉、标准贮存液(A3.6~A3.10)于200mL容量瓶中,加40mL盐酸(A3.1),用水稀释至刻度,混匀。此溶液1mL含镧、铈、铁各200μg,含铅、镉各20μg。

A4 仪器

A4.1 装有电感耦合等离子光源的原子发射光谱仪。

A4.2 光源:等离子光源,功率1.6kW。

A5 分析步骤

A5.1 试料

称取2.0000g试样,精确至0.0001g。独立进行两次测定,取其平均值。

A5.2 测定

A5.2.1 将试料置于100mL烧杯中,加入40mL盐酸(A3.3),低温加热溶解,取下,冷却,移入200mL容量瓶中,用水稀释至刻度,混匀。

A5.2.2 将锌溶液(A3.4)、铝标准溶液(A3.5)及镧、铈、铁、铅、镉混合标准溶液(A3.11)按表A2浓度分别加入6个200mL容量瓶中,各加20mL盐酸(A3.3),用水稀释至刻度,混匀,制得系列标准溶液。

表 A2

元素 \ 浓度/(μg/mL) \ 编号	1	2	3	4	5	6
La	1	3	5	10	20	0
Ce	1	3	5	10	20	0
Fe	1	3	5	10	20	0
Al	300	500	600	700	800	0
Pb	0.1	0.3	0.5	1	2	0
Cd	0.1	0.3	0.5	1	2	0
Zn	9500	9500	9500	9500	9500	10000

A5.2.3 测定条件

等离子光源:入射功率1.0kW,反射功率小于0.005kW;

氩气流量:冷却气10L/min,载气1.2L/min;

观察高度:线圈上方17mm;

分析线及线性范围见表A3。

表 A3

分析线/nm	线性范围/%	分析线/nm	线性范围/%	分析线/nm	线性范围/%
Al394.403	3.00～8.00	La398.862	0.01～0.20	Pb405.782	0.001～0.020
Fe259.940	0.01～0.20	Ce413.380	0.01～0.20	Cd228.802	0.001～0.020

A5.2.4 将表 A2 中所列的系列标准溶液的浓度输入计算机，并同时依次测定标准溶液(A5.2.2)，在分析试液前做好工作曲线，将曲线系数储存于计算机中待用。测定试液(A5.2.1)时，同时测定表 A2 中序号为 6 和 5 两标准溶液分别作为高低标准。最后由计算机计算试液的浓度。

A6 分析结果的计算与表述

按式(A1)计算元素的百分含量：

$$元素(\%)=\frac{cV\times 10^{-6}}{m}\times 100 \qquad (A1)$$

式中 c——试液的浓度，μg/mL；

V——试液总体积，mL；

m——试料的质量，g。

A7 允许差

实验室间分析结果的差值应不大于表 A4 所列允许差。

表 A4 %

元素	含量范围	允许差
La、Ce、Fe	0.010～0.050	0.004
	>0.050～0.100	0.015
	>0.10～0.20	0.020
Pb、Cd	0.0010～0.0050	0.0003
	>0.005～0.010	0.001
	>0.010～0.020	0.002
Al	3.00～6.00	0.20
	>6.00～8.00	0.30

附 录 B
苯芴酮-溴代十六烷基三甲胺分光光度法测定 RZnAl5RE 合金中的锡量
(补充件)

B1 范围

本方法规定了 RZnAl5RE 合金中锡量的测定方法。

本方法适用于 RZnAl5RE 合金中锡量的测定。测定范围：0.0001%～0.002%。

B2 方法提要

试料用酒石酸、硝酸溶解。在0.6~0.8mol/L硝酸介质中,锡与苯芴酮在阳离子表面活性剂溴代十六烷基三甲胺存在下,形成有色的三元络合物,于分光光度计波长510nm处,测量其吸光度。

在测定条件下,铝(4.7%~6.2%)、镧+铈(0.03%~0.10%)、铁(≤0.075%)、硅(≤0.015%)、铅(≤0.005%)、镉(≤0.005%)不干扰测定;钼(>2μg)、锗(>0.5μg)、锑(50μg)有干扰。本合金中钼、锗、锑的含量甚微,不干扰测定。

B3 试剂

B3.1 氨水(ρ0.90g/mL)。

B3.2 硝酸(1+1),优级纯。

B3.3 硝酸(1+2),优级纯。

B3.4 硝酸(1+4),优级纯。

B3.5 草酸溶液(0.05mol/L)。

B3.6 抗坏血酸溶液(50g/L),过滤澄清,用时现配。

B3.7 尿素溶液(50g/L)。

B3.8 酒石酸溶液(200g/L),过滤澄清。

B3.9 α-二硝基苯酚溶液(1g/L):称取0.10gα-二硝基苯酚置于250mL烧杯中,先用少许无水乙醇溶解完全,加水至100mL,混匀。

B3.10 溴代十六烷基三甲胺(CTAB)溶液(6g/L):称取6.0gCTAB置于250mL烧杯中,加入100mL水,微热溶解,冷却,加入100mL无水乙醇,移入1000mL容量瓶中,用水稀释至刻度,混匀。

B3.11 苯芴酮乙醇溶液(0.3g/L):称取0.15g苯芴酮于200mL烧杯中。加入5mL硫酸(1+3)、50mL无水乙醇,搅拌溶解,先将部分溶液滤入500mL容量瓶中,未溶解部分继续加入无水乙醇,搅拌至溶解完全,再滤入同一容量瓶中,用无水乙醇定容,混匀(避光保存)。

B3.12 锡标准贮存溶液:称取0.1000g金属锡(≥99.99%)于200mL烧杯中,加入10mL硫酸(ρ1.84g/mL),盖上表皿,加热溶解,取下,冷却,加50mL硫酸(1+1)、10mL酒石酸溶液(B3.8),移入1000mL容量瓶中,用水稀释至刻度,混匀,此溶液1mL含100μg锡。

B3.13 锡标准溶液:移取10.00mL锡标准贮存溶液(B3.12)于500mL容量瓶中,加入10mL硝酸(B3.2)、5mL酒石酸溶液(B3.8),用水稀释至刻度,混匀。此溶液1mL含2μg锡。

B4 仪器

721型分光光度计。

B5 分析步骤

B5.1 试料

按表B1称取试样,精确至0.0001g。独立进行两次测定,取其平均值。

表 B1

锡含量/%	试料/g	试液总体积/mL	移取试液体积/mL
0.0001~0.0005	2.0000	—	全　量
>0.0005~0.0010	1.0000	—	全　量

续表 B1

锡含量/%	试料/g	试液总体积/mL	移取试液体积/mL
>0.0010~0.0020	2.0000	50	10.00

B5.2 空白试验

随同试料做空白试验。

B5.3 测定

B5.3.1 将试料(B5.1)置于150mL烧杯中,加入2mL酒石酸溶液(B3.8)、15~25mL硝酸(B3.3),待剧烈反应后,低温加热至试料完全溶解。煮沸,驱除氮的氧化物并蒸发至8~10mL。

B5.3.2 以少许水洗表皿及杯壁,加入5mL尿素溶液(B3.7),煮沸蒸发至8~10mL,冷却。

B5.3.3 高含量试料按表B1将试液移入50mL容量瓶中,用水稀释至刻度,混匀。按表B1移取全量试液或部分试液于50mL容量瓶中,用水稀释至近25mL,加入3~4滴α-二硝基苯酚溶液(B3.9)。

B5.3.4 用氨水(B3.1)和硝酸(B3.4)调节溶液至刚变为黄色,依次加入5.0mL硝酸(B3.2)、3mL酒石酸溶液(B3.8)、1mL抗坏血酸(B3.6)、1mL草酸溶液(B3.5)和5.0mL溴代十六烷基三甲胺溶液(B3.10),每加一种试剂均需混匀。

B5.3.5 准确加入4.0mL苯芴酮乙醇溶液(B3.11),用水稀释至刻度,混匀。放置20min。

B5.3.6 将部分溶液移入3cm吸收皿中,以随同试料的空白溶液为参比,于分光光度计波长510nm处,测量其吸光度,从工作曲线上查出相应的锡量。

B5.4 工作曲线的绘制

B5.4.1 分别移取0、1.00、2.00、3.00、4.00、5.00mL锡标准溶液(B3.13)于一组50mL容量瓶中,用水稀释至近25mL,滴加3~4滴α-二硝基苯酚溶液(B3.9)。以下按B5.3.4~B5.3.5操作。

B5.4.2 将部分溶液移入3cm吸收皿中,以试剂空白为参比,于分光光度计波长510nm处测其吸光度,以锡量为横坐标,吸光度为纵坐标,绘制工作曲线。

B6 分析结果的计算与表述

按式(B1)计算锡的百分含量:

$$\mathrm{Sn}(\%)=\frac{m_1 V_0\times 10^{-6}}{m_0 V_1}\times 100 \qquad \text{(B1)}$$

式中 m_1——自工作曲线上查得的锡量,μg;

V_0——试液总体积,mL;

V_1——分取试液体积,mL;

m_0——试料的质量,g。

B7 允许差

实验室之间分析结果的差值应不大于表B2所列允许差。

表 B2 %

锡 含 量	允 许 差	锡 含 量	允 许 差
0.00010~0.00030	0.00006	>0.0010~0.0020	0.0003
>0.0003~0.0010	0.0002		

附 录 C
硅钼蓝分光光度法测定 RZnAl5RE 合金中的硅量
（补充件）

C1 范围

本方法规定了 RZnAl5RE 牌号合金中硅量的测定方法。

本方法适用于 RZnAl5RE 牌号合金中硅量的测定。测定范围：0.01%～0.02%。

C2 方法提要

试料用硝酸和氢氟酸溶解，在稀硫酸溶液中，硅与钼酸铵形成硅钼蓝，于分光光度计波长 680nm 处测量其吸光度。

在测定条件下：在 50mL 测定体积中，15mg 铝无干扰，镧在 120μg 以下，铈在 500μg 以下不产生干扰。

C3 试剂

C3.1 硫酸（4mol/L），优级纯。

C3.2 硝酸（1+2），优级纯。

C3.3 氢氟酸（40%），优级纯。

C3.4 钼酸铵溶液（50g/L），优级纯。

C3.5 硼酸饱和溶液，优级纯。

C3.6 氢氧化钠溶液（100g/L），优级纯。

C3.7 抗坏血酸溶液（50g/L），用时现配。

C3.8 锌溶液（10g/L）：称取 10.0000g 金属锌（≥99.99%）置于 500mL 烧杯中，加入 40mL 硝酸（C3.2），低温加热溶解，煮沸，驱除氮的氧化物，取下，冷却，移入 1000mL 容量瓶中，用水稀释至刻度，混匀。

C3.9 硅标准贮存溶液：称取 0.1071g 二氧化硅（≥99.99%）与 3g 碳酸钠在铂金坩埚中熔融，用水浸出熔融物，冷却，移入 1000mL 容量瓶中，用水稀释至刻度，混匀。此溶液 1mL 含 50μg 硅。

C3.10 硅标准溶液：移取 10.00mL 硅标准贮存溶液（C3.9）置于 100mL 容量瓶中，用水稀释至刻度，混匀，此溶液 1mL 含 5μg 硅。

C4 仪器

721 型分光光度计。

C5 分析步骤

C5.1 试料

称取 1.0000g 试样，精确至 0.0001g。独立进行两次测定，取其平均值。

C5.2 空白试验

随同试料做空白试验。

C5.3 测定

C5.3.1 将试料(C5.1)置于250mL聚乙烯塑料杯中,加12mL硝酸(C3.2),在水浴中加热溶解,取下,滴加10滴氢氟酸(C3.3),加入10mL饱和硼酸溶液(C3.5)及50mL水,将溶液移入100mL容量瓶中,用水稀释至刻度,混匀。取两份10.00mL溶液分别放入两个50mL容量瓶中,用水稀释一个容量瓶至刻度,混匀,待用(比较液)。向另一个容量瓶加水至约35mL。

C5.3.2 用氢氧化钠溶液(C3.6)调节溶液酸度为pH1~2(用精密试纸测定),加入1mL钼酸铵溶液(C3.4),混匀,放置10min,加入2mL硫酸(C3.1)、1mL抗坏血酸溶液(C3.7),用水稀释至刻度,混匀,放置20min。

C5.3.3 将部分溶液移入2cm吸收皿中,以比较液为参比,于分光光度计波长680nm处测量其吸光度。减去随同试料的空白溶液的吸光度,从工作曲线上查出相应的硅量。

C5.4 工作曲线的绘制

C5.4.1 分别移取0、1.00、2.00、3.00、4.00、5.00mL硅标准溶液(C3.10)于6个50mL容量瓶中,依次加入10.00mL锌溶液(C3.8),加水至35mL,以下按C5.3.2进行。

C5.4.2 将部分溶液移入2cm吸收皿中,以标准系列中零浓度溶液为参比,于分光光度计波长680nm处测量其吸光度,以硅量为横坐标,吸光度为纵坐标,绘制工作曲线。

C6 分析结果的计算与表述

按式(C1)计算硅的百分含量:

$$\mathrm{Si}(\%)=\frac{m_1 V_0\times 10^{-6}}{m_0 V_1}\times 100 \qquad \text{(C1)}$$

式中 m_1——自工作曲线上查得的硅量,μg;

V_0——试液的总体积,mL;

V_1——分取试液体积,mL;

m_0——试料的质量,g。

C7 允许差

实验室之间分析结果的差值应不大于0.003%。

中华人民共和国有色金属行业标准

YS/T 317—1994

高冰镍分类及技术条件

代替 YB 74—1963

一、定义及用途

1．高冰镍是炼镍工艺过程中的中间产品，系铜镍硫化物并含有少量其他金属的复杂混合物。本标准适用于由转炉（或反射炉）吹炼所得的高冰镍用做生产电解镍的原料。

二、分类及技术条件

2．高冰镍按化学成分分为下列品号

品　号	镍/%　不少于	铁/%　不大于
一号高冰镍	50	4
二号高冰镍	45	4
三号高冰镍	40	5

3．高冰镍应浇铸成锭，其形状为扁平状，每块重量应不超过 50kg。

4．高冰镍铸锭不得有夹层，表面应尽可能平整，不得有明显的夹渣层及外来夹杂物质。

5．同一炉产出的高冰镍组成一批，生产厂（矿）的技术检查科须逐批进行验收。生产厂（矿）必须保证高冰镍的质量符合本标准的要求。

三、验收规则

6．生产厂（矿）技术检查科根据表面检查及化验分析结果进行验收，不符合本标准者，不予验收。

7．生产厂（矿）技术检查科必须对高冰镍逐块作表面检查，并按下述方法进行取样，以供化验分析用。

按每炉浇锭的前、中、后三个时期分别取样，在每一炉的铸锭中（即每一批）取做试样的铸锭不少于 3 块，即前期一块，中期一块和后期一块。将该 3 块高冰镍全部在破碎机中混合破碎，将混合破碎的试样全部通过 60 目筛，然后用四分法缩分至重量为 100g，再将此 100g 试样分成两份，一份作生产厂化验分析用；另一份作用户核对分析结果用，其保留期限为半年。

注：用做试样的 3 块高冰镍铸锭亦可用 5～10mm 的合金钻头在每块铸锭的四角和中心各钻孔一个，钻孔深度即为铸锭的厚度。钻屑全部在破碎机中混合破碎。

8．高冰镍化学分析方法按部颁标准分析方法进行。

9．用户对高冰镍的化验分析结果与生产厂（矿）的分析误差在 1%以内时，以生产厂（矿）分析结果为准；误差大于 1%时应双方共同进行核对分析。核对分析后仍不能取得一致意见时，提交共同协议的仲裁单位进行分析，以仲裁单位分析结果为准。

镍冶炼技术会议提出　冶金工业部批准 1963 年 1 月 6 日　　实施日期 1963 年 2 月 1 日

10．生产厂(矿)在用户对产品质量提出异议后20天以内(从接到通知的时间算起)，派人到用户单位共同检验产品质量和共同取样送交仲裁分析。

用做仲裁分析的铸锭取样数量应为生产厂(矿)铸锭取样数量的一倍，即每批取样数量不少于6块铸锭。

仲裁分析和用户核校分析的取样方法和本标准第7条的规定相同。

四、标志及包装

11．高冰镍以铸锭状态交货，可不进行包装。在每一块高冰镍上必须注明炉号及品号。

12．送交用户的高冰镍须附由生产厂(矿)技术检查科填发的质量证明书，其中注明：

a．高冰镍的品号；

b．批号(即炉号)；

c．批重；

d．化学分析结果；

e．生产日期；

f．技术检查科负责人及化验人员姓名。

前　言

本标准是对 YS/T 318—1994《铜精矿技术条件》进行的修订。YS/T 318—1994 是在 1994 年标准清理整顿时,将原冶金工业部标准 YB 112—1982《铜精矿技术条件》重新编号后发布的,其技术内容和标准文本均未改动。本标准编写的格式和表述,遵循 GB/T 1.1—1993《标准化工作导则第 1 单元:标准的起草与表述规则第 1 部分:标准编写的基本规定》的有关规定。

本标准修订时充分考虑了我国矿山资源现状、技术水平和冶炼厂的需求。同时,为适应社会主义市场经济的需要,参考进口铜精矿指标,对主要内容做了修改,其中铜精矿的品级由原来的 15 个品级、主品位 12%～30%,修订为本标准的 4 个品级、主品位为 13%～30%;化学成分做了相应的调整;为满足用户的需求,在杂质部分中增加了对 Bi 元素的控制;原 Pb、Zn 分开变为 Pb + Zn 和量进行限定。

自本标准实施之日起,代替 YS/T 318—1994。

本标准由中国有色金属工业总公司标准计量研究所提出。

本标准由中国有色金属工业总公司标准计量研究所归口。

本标准由大冶有色金属公司负责起草。

本标准起草单位:大冶有色金属公司。

本标准主要起草人:张静芝、程习、彭德明、赵玉娟。

中华人民共和国有色金属行业标准

YS/T 318—1997

代替 YS/T 318—1994

铜　精　矿

Copper concentrate

1　范围

本标准规定了浮选铜精矿的要求、试验方法、检验规则及包装和运输。

本标准适用于浮选铜精矿,也可适用于经其他方法选矿得到的铜精矿,供炼铜用。

2　引用标准

下列标准所包含的条文,通过在本标准中引用而构成为本标准的条文。本标准出版时,所示版本均为有效。所有标准都会被修订,使用本标准的各方应探讨使用下列标准最新版本的可能性。

GB 1250—1989　极限数值的表示方法和判定方法

GB 3884.1～3884.13—1983　铜精矿化学分析方法

GB 3884.14～3884.15—1986　铜精矿化学分析方法

GB 8170—1987　数值修约规则

GB 14263—1993　散装浮选铜精矿取样、制样方法

YS/T 96—1996　散装浮选铜精矿、锌精矿中金银分析取制样方法

3　订货单(或合同)内容

本标准所列铜精矿的订货单(或合同)应包括下列内容:

3.1　产品名称。

3.2　品级。

3.3　杂质含量的特殊要求。

3.4　数量。

3.5　本标准编号。

3.6　其他。

4　要求

4.1　产品分类

铜精矿按化学成分分为一级品、二级品、三级品和四级品。

4.2　化学成分

铜精矿化学成分应符合表1的规定。

表1　铜精矿的化学成分　%

品　级	Cu	杂质含量,不大于				品　级	Cu	杂质含量,不大于			
	不小于	As	Pb+Zn	MgO	Bi		不小于	As	Pb+Zn	MgO	Bi
一级品	30	0.05	2	1	0.05	三级品	20	0.30	8	4	0.30
二级品	25	0.20	5	3	0.20	四级品	13	0.40	12	5	0.50

中国有色金属工业总公司 1997-05-15 批准　　1998-05-01 实施

4.3 铜精矿中金、银、硫为有价元素，应报分析数据。

4.4 铜精矿中水分不得大于12%；冬季应不大于8%。

4.5 铜精矿中不得混入外来夹杂物。同批精矿要求混匀。

5 试验方法

5.1 铜精矿水分含量的测定按 GB 14263 的规定进行。

5.2 铜精矿化学成分的测定按 GB 3884 的规定进行。

6 检验规则

6.1 检查和验收

铜精矿运到需方就近的车站或码头后，由需方技术监督部门负责验收。供方应确保产品质量符合本标准(或订货合同)的规定。

6.2 组批

铜精矿应成批提交检验，每批应由同一品级组成。检验批应不大于65t。

6.3 取样和制样

6.3.1 不含金银的散装铜精矿取样方法按 GB 14263 的规定进行；伴生金银的散装铜精矿取样方法按 GB 14263 和 YS/T 96 的规定进行；袋装铜精矿按10%(m/m)随机抽取样袋，采用样钎钎取份样时，应将样钎插入袋底，每袋取一钎，并将样袋中所取份样混合均匀。

6.3.2 样品的制备按 GB 14263 规定的程序和方法进行。

6.3.3 将所制样品分成3份：一份为验收分析试样；一份交供方；一份由需方保存3个月，作为仲裁样品。供方如对验收分析结果有异议，应在仲裁样保存期内提出。

6.4 检验结果的判定

6.4.1 检验结果的判定按 GB 1250 中修约值比较法的规定进行。

6.4.2 检验结果保留2位小数；数字的修约按 GB 8170—1987 中第3章的规定进行。

6.4.3 当供需双方对检验结果有争议时，由供需双方协商解决；如需仲裁，以仲裁结果为最终判定依据。

6.4.4 同一车内，发现精矿颜色明显不一致或掺杂等不符合铜精矿技术条件规定的，则判废。

7 包装和运输

7.1 铜精矿为散装，也可袋装，每袋重量应基本一致。

7.2 铜精矿用火车(船)或汽车运输，装车后，应将精矿表面扒平。

7.3 每批精矿发运时，应附有质量预报单。注明：

a. 供方名称；

b. 精矿名称；

c. 品级；

d. 重量；

e. 车号；

f. 发货日期；

g. 本标准编号。

前　　言

本标准是对 YS/T 319—1994《铅精矿技术条件》进行修订。YS/T 319—1994 是在 1994 年标准清理整顿时，将原冶金工业部标准 YB 113—82《铅精矿技术条件》重新编号后发布的，其技术内容和标准文本均未改动。本标准编写的格式和表述，遵循 GB/T 1.1—1993《标准化工作导则第 1 单元：标准的起草与表述规则第 1 部分：标准编写的基本规定》的有关规定。

本标准修订时充分考虑了我国矿山资源现状、技术水平和冶炼厂的需求。同时，为适应社会主义市场经济的需要，参考进出口铅精矿指标，对主要内容做了修改，其中，铅精矿的品级由原来的 7 个品级、主品位 40%～70%，修订为本标准的 4 个品级、主品位为 45%～70%；化学成分做了相应的调整。

本标准从实施之日起同时代替 YS/T 319—1994。

本标准由中国有色金属工业总公司标准计量研究所提出。

本标准由中国有色金属工业总公司标准计量研究所归口。

本标准由湖南黄沙坪铅锌矿负责起草。

本标准起草单位：湖南黄沙坪铅锌矿。

本标准主要起草人：姚席权、韩振中。

中华人民共和国有色金属行业标准

YS/T 319—1997

铅 精 矿

代替 YS/T 319—1994

Lead concentrate

1 范围

本标准规定了铅精矿的要求、技术条件、试验方法、检验规则及包装和运输。

本标准适用于硫化矿类型矿石经浮选所得的铅精矿，也可用于其他类型的铅精矿，供炼铅用。

2 引用标准

下列标准所包含的条文，通过在本标准中引用而构成为本标准的条文。本标准出版时，所示版本均为有效。所有标准都会被修订，使用本标准的各方应探讨使用下列标准最新版本的可能性。

GB 1250—1989 极限数值的表示方法和判定方法

GB 8152—1987 铅精矿化学分析方法

GB 8170—1987 数值修约规则

GB 14262—1993 散装浮选铅精矿取样、制样方法

YS/T 996—1996 散装浮选铜精矿、铅精矿中金银分析取制样方法

3 订货单(或合同)内容

本标准所列铅精矿的订货单(或合同)应包括下列内容：

3.1 产品名称。

3.2 品级。

3.3 杂质含量的特殊要求。

3.4 数量。

3.5 本标准编号。

3.6 其他。

4 要求

4.1 产品分类

铅精矿按化学成分分为一级品、二级品、三级品和四级品。

4.2 化学成分

铅精矿化学成分应符合表1的规定。

表1 铅精矿化学成分

%

品 级	Pb	杂质含量，不大于					品 级	Pb	杂质含量，不大于				
	不小于	Cu	Zn	As	MgO	Al_2O_3		不小于	Cu	Zn	As	MgO	Al_2O_3
一级品	70	1.2	4	0.2	1.0	2.0	三级品	55	2.0	6	0.4	1.5	3.0
二级品	65	1.5	5	0.3	1.5	2.5	四级品	45	2.5	7	0.6	2.0	4.0

中国有色金属工业总公司 1997-05-15 批准 1998-05-01 实施

4.3 铅精矿中的金、银为有价元素,应报出分析结果。
4.4 其他类型的铅精矿的杂质要求,由供需双方商定。
4.5 铅精矿中的水分应不大于12%,冬季应不大于8%。
4.6 铅精矿的粒度应小于150μm。
4.7 铅精矿中不应混入外来夹杂物,同批铅精矿应混匀,主品位差应不大于5%。

5 试验方法

5.1 铅精矿水分含量的测定按GB 14262的规定进行。
5.2 铅精矿化学成分的测定按GB 8152的规定进行。
5.3 铅精矿的粒度测定用孔径为150μm的标准筛进行筛分。

6 检验规则

6.1 检验和验收

铅精矿运到需方就近的车站或码头后,由需方技术监督部门验收。供方应确保产品质量符合本标准(或订货合同)的规定。

6.2 组批

铅精矿应成批提交检验,每批由同一品级组成,检验批应不大于65t。

6.3 取样和制样

6.3.1 不含金银的散装铅精矿取样方法按GB 14262的规定执行;伴生金银的散装铅精矿取样方法按GB 14262和YS/T 96的规定执行;袋装铅精矿按10%(m/m)随机抽取样袋,采用样钎钎取份样时,应将样钎插入袋底,每袋取一钎,并将从样袋中所取份样混合均匀。

6.3.2 样品的制备按GB 14262或YS/T 96规定的程序和方法进行。

6.3.3 将所制样品分成3份:一份为验收分析试样,一份交供方,一份由需方保存3个月,作为仲裁样品。供方如对验收分析结果有异议,可在仲裁样保存期内提出。

6.4 检验结果的判定

6.4.1 检验结果的判定按GB 1250中修约值比较法的规定进行。

6.4.2 检验结果保留2位小数,数字修约按GB 8170—1987第3章的规定进行。

6.4.3 当供需双方对检验结果有争议时,由供需双方协商解决,如需仲裁,以仲裁结果作为最终判定依据。

7 包装和运输

7.1 铅精矿为散装,也可袋装,每袋重量应基本一致。
7.2 铅精矿用火车、船或汽车运输时,在装车后应将精矿表面扒平。
7.3 每批铅精矿发运时应附质量预报单,注明:

a. 供方名称;
b. 精矿名称;
c. 品级;
d. 重量;
e. 车号;
f. 发货日期;
g. 本标准编号。

前　　言

本标准是对 YS/T 320—1994《锌精矿技术条件》的修订。YS/T 320—1994 是在 1994 年标准清理整顿时，将原冶金工业部标准 YB 114—1982《锌精矿技术条件》重新编号后发布的，其技术内容和标准文本均未改动。本标准编写的格式和表述，遵循 GB/T 1.1—1993《标准化工作导则第 1 单元：标准的起草与表述规则第 1 部分：标准编写的基本规定》的有关规定。

本标准修订时充分考虑了我国矿山资源现状、技术水平和冶炼厂的需求。同时，为适应社会主义市场经济的需要，参考进出口锌精矿指标，对主要内容做了修改，其中，锌精矿的品级由原来的 9 个品级、主品位 40%～59%，修订为本标准的 4 个品级、主品位为 40%～55%；化学成分做了相应的调整。

自本标准实施之日起，代替 YS/T 320—1994。

本标准由中国有色金属工业总公司标准计量研究所提出。

本标准由中国有色金属工业总公司标准计量研究所归口。

本标准由葫芦岛锌厂负责起草。

本标准起草单位：葫芦岛锌厂。

本标准主要起草人：陈志钧、付跃生、张铭君、李国文、沈燕荣、冷希学。

中华人民共和国有色金属行业标准

YS/T 320—1997

锌 精 矿

代替 YS/T 320—1994

Zinc concentrate

1 范围

本标准规定了锌精矿的要求、试验方法、检验规则及包装和运输。

本标准适用于硫化型锌矿经浮选而制得的锌精矿，也可适用其他方法选得的锌精矿，供炼锌用。

2 引用标准

下列标准所包含的条文，通过在本标准中引用而构成为本标准的条文。本标准出版时，所示版本均为有效。所有标准都会被修订，使用本标准的各方应探讨使用下列标准最新版本的可行性。

GB 1250—1989 极限数值的表示方法和判定方法

GB 8151.1～8151.11—1987 锌精矿化学分析方法

GB 8151.12—1989 锌精矿化学分析方法

GB 8170—1987 数值修约规则

GB 14261—1993 散装浮选锌精矿取样、制样方法

3 订货单(或合同)内容

本标准所列锌精矿的订货单(或合同)应包括下列内容：

3.1 产品名称。

3.2 品级。

3.3 杂质含量的特殊要求。

3.4 数量。

3.5 本标准编号。

3.6 其他。

4 要求

4.1 产品分类

锌精矿按化学成分分为一级品、二级品、三级品和四级品。

4.2 化学成分

锌精矿的化学成分应符合表 1 的规定。

表 1 锌精矿的化学成分 %

品级	Zn	杂质含量，不大于					品级	Zn	杂质含量，不大于				
	不小于	Cu	Pb	Fe	As	SiO_2		不小于	Cu	Pb	Fe	As	SiO_2
一级品	55	0.8	1.0	6	0.2	4.0	三级品	45	1.0	2.0	12	0.5	5.5
二级品	50	1.0	1.5	8	0.4	5.0	四级品	40	1.5	2.5	14	0.5	6.0

中国有色金属工业总公司 1997-05-15 批准 1998-05-01 实施

4.3 锌精矿中的银、硫为有价元素,应报出数据。

4.4 锌精矿中的镉、氟的含量应分别不大于0.3%,锑的含量应不大于0.03%,锡的含量应不大于0.1%,镍和锗的含量要求,由供需双方商定。

4.5 四级品铁闪锌矿含铁允许不大于18%。

4.6 锌精矿中的水分应不大于12%;冬季应不大于8%。

4.7 锌精矿的粒度应小于150μm。

4.8 锌精矿中不应混入外来夹杂物。同批锌精矿应混匀,主品位差应不大于5%。

5 试验方法

5.1 锌精矿水分含量的测定按GB 14261的规定进行。

5.2 锌精矿化学成分的测定按GB 8151.1～GB 8151.12的规定进行。

5.3 锌精矿的粒度测定,用孔径为150μm的标准筛进行筛分。

6 检验规则

6.1 检查和验收

锌精矿运到需方就近的车站或码头,由需方技术监督部门负责验收。供方应确保产品质量符合本标准(或订货合同)的规定。

6.2 组批

锌精矿应成批提交检验,每批应由同一品级组成,检验批应不大于65t。

6.3 取样和制样

6.3.1 散装锌精矿的取样方法按GB 14261的规定执行;袋装锌精矿按10%(m/m)随机抽取样袋,采用样钎钎取份样时,应将样钎插入袋底,每袋取一钎,并将从样袋中所取份样混合均匀。

6.3.2 样品的制备按GB 14261规定的程序和方法进行。

6.3.3 将所制样品分成3份:一份为验收分析试样,一份交供方,一份由需方保存3个月,作为仲裁样品。供方如对验收分析结果有异议,可在仲裁样保存期内提出。

6.4 检验结果的判定

6.4.1 检验结果的判定按GB 1250中修约值比较法的规定进行。

6.4.2 检验结果保留2位小数,数字修约按GB 8170中第3章的规定进行。

6.4.3 当供需双方对检验结果有争议时,由供需双方协商解决;如需仲裁,以仲裁结果为最终判定依据。

7 包装、运输及其他

7.1 锌精矿为散装,也可袋装,每袋重量应基本一致。

7.2 锌精矿用火车(船)或汽车运输,装车后,应将精矿表面扒平。

7.3 每批精矿发运时,应附质量预报单,注明:

a. 供方名称;

b. 精矿名称;

c. 品级;

d. 重量;

e. 车号;

f. 发货日期;

g. 本标准编号。

中华人民共和国有色金属行业标准

YS/T 321—1994

铋精矿技术条件

代替 YB 498—1982

本标准适用于各种天然铋矿和钨、锡、铜、钼、铋等共生矿经选矿富集的铋精矿或由含铋原料经化学富集的氯氧铋精矿,供提取金属铋、制造合金及铋化合物用。

1 技术要求

1.1 铋精矿按化学成分分为8个品级,以干矿品位计算,应符合下表规定:

品级	铋/% 不小于	杂质/% 不大于		
		As	SiO_2	WO_3
一级品	60	0.5 1.0*	2	3
二级品	50	1.0	3	3
三级品	40	1.0	4	3
四级品	35	1.5	4	3
五级品	30	1.5	5	3
六级品	25	2.0	8	3
七级品	20	3.0	9	4
八级品	15	不限	10	4

注:① * 系指氯氧铋中砷的含量。

② 供方应报出硫、铁分析数据,但不作为考核依据。

③ 铋精矿中的银、铅、碲为有价元素,供方应报出分析数据。

1.2 铋精矿粒度不大于5mm,氯氧铋和用化学方法得到的铋产物不得与自然铋精矿掺混。

1.3 铋精矿中不得有外来夹杂物。

1.4 铋精矿水分含量不大于4%,氯氧铋精矿水分含量和粒度可由供需双方协商规定。

2 试验方法和检验规则

2.1 铋精矿化学成分分析方法按GB 3258.1~3258.12—1982《铋精矿化学分析方法》进行。

2.2 自每批袋装的铋精矿中抽取10%作样袋,然后均匀从每袋采取试样混合为平均试样。平均试样重量应不少于20kg。

2.3 将所得平均试样用四分法缩分至5kg以上,破碎后使全部通过20目筛,用四分法缩分至1.25kg以上,继续破碎,使全部通过60目筛,再用四分法缩分至150g以上。

2.4 将所得的150g以上试样研细至全部通过200目筛,分成两份,一份送供方进行分析,一份随发运批次送需方验核。

2.5 如需方验核结果与质量证明书不符时,可进行仲裁分析。

2.6 仲裁取样和化学分析方法分别按本标准2.1至2.3条规则进行。

2.7 产品由供方技术监督部门检验,在生产企业仓库交货。

2.8 同一品级混匀的铋精矿组成一批。

中华人民共和国冶金工业部 1982-10-18 发布 **1983-06-01 实施**

3 包装、标志和质量证明书

3.1 铋精矿需用双层新袋包装，内层为聚氯乙烯布，外层为麻布，袋口封严。

3.2 铋精矿每袋净重为25～35kg。

3.3 铋精矿包装袋上以不易脱掉的颜色及标签标明：

a. 供方名称；

b. 精矿名称；

c. 品级；

d. 批号。

注：对铋精矿的包装如有特殊要求可由供需双方另行议定。

3.4 每批运往需方的铋精矿应附有质量证明书，注明：

a. 供方名称；

b. 精矿名称；

c. 品级；

d. 批号；

e. 化学成分；

f. 水分含量；

g. 包装件数；

h. 净重；

i. 交货日期；

j. 本标准编号。

附加说明：

本标准由冶金工业部标准化研究所提出。

本标准由赣州精选厂负责起草。

本标准主要起草人：江衍镇。

本标准于1965年7月20日首次发布。

中华人民共和国有色金属行业标准

YS/T 323—1994

铍青铜条材和带材

代替 YB 552—1975

本标准适用于仪表、电器制造等工业部门用的铍青铜条材和带材。

一、品种

1. 条材和带材的尺寸及允许偏差应符合下列规定：

(1) 条材和带材的厚度允许偏差按表1规定。

表1

mm

<table>
<tr><th rowspan="3">厚　度</th><th colspan="3">厚度允许偏差</th></tr>
<tr><th>条　材</th><th colspan="2">带　材</th></tr>
<tr><th>普通精度</th><th>普通精度</th><th>较高精度</th></tr>
<tr><td>0.05～0.09</td><td>—</td><td>-0.015</td><td>-0.01</td></tr>
<tr><td>0.10～0.14</td><td>-0.02</td><td>-0.02</td><td>-0.015</td></tr>
<tr><td>0.15～0.22</td><td>-0.03</td><td rowspan="2">-0.03</td><td rowspan="2">-0.02</td></tr>
<tr><td>0.25～0.30</td><td>-0.04</td></tr>
<tr><td>0.31～0.35</td><td>-0.04</td><td rowspan="2">-0.04</td><td rowspan="2">-0.03</td></tr>
<tr><td>0.40～0.45</td><td>-0.05</td></tr>
<tr><td>0.50～0.55</td><td rowspan="2">-0.06</td><td>-0.05</td><td>-0.04</td></tr>
<tr><td>0.60～0.65</td><td rowspan="2">-0.06</td><td rowspan="2">-0.05</td></tr>
<tr><td>0.70～0.80</td><td>-0.07</td></tr>
<tr><td>0.85～1.0</td><td>-0.08</td><td>-0.07</td><td>-0.06</td></tr>
<tr><td>1.1～1.2</td><td>-0.09</td><td rowspan="9">—</td><td rowspan="9">—</td></tr>
<tr><td>1.3～2.0</td><td>0.10</td></tr>
<tr><td>2.2～3.0</td><td>-0.12</td></tr>
<tr><td>3.2～3.5</td><td>-0.15</td></tr>
<tr><td>4.0</td><td>-0.18</td></tr>
<tr><td>4.5～5.0</td><td>-0.20</td></tr>
<tr><td>5.5</td><td>-0.24</td></tr>
<tr><td>6.0</td><td>-0.25</td></tr>
</table>

注：① 经双方协议可供应其他厚度规格及允许偏差的条材和带材。

② 厚度的偏差精度须在合同中注明，否则以普通精度供应。

中华人民共和国冶金工业部　发布　　1976年7月1日　实施

上海有色金属压延厂　提出　　上海有色金属压延厂　起草

(2) 条材和带材宽度允许偏差按表 2 规定。

表 2 mm

宽　度	条材厚度					带　材
	0.1～0.49	0.5～1.5	1.6～3.0	3.1～5.0	5.1～6.0	
	宽度允许偏差					
30～100	-3	-1	-2	-2	-5	-1
>100～200	-3	-2	-2	-3	-5	-1
>200～300	—	-2	-3	-3	-5	—

注：经双方协议可供应其他宽度的条材和带材。

(3) 条材长度及允许偏差按表 3 规定。

表 3 mm

材料状态	厚　度	长　度	长度允许偏差
软(淬火的)	0.1～6.0	200～600	+5
硬(淬火后冷轧的)	0.1～1.5	200～600	+5
	1.6～6.0	400～1500	+10

注：① 条材长度应大于宽度。

② 定尺或倍尺长度的条材，应在合同中注明，否则以不定尺供应。

(4) 带材的供应长度按表 4 规定。

表 4 mm

材料状态	厚　度	最小长度
软(淬火的)	0.05～1.0	≥1000
硬(淬火后冷轧的)	0.05～1.0	≥1500

注：每批允许交付重量不超过 15%、长度不小于 0.5 米的短带。

2. 条材和带材供应状态分为：

(1) 淬火的：软(C)；

(2) 淬火后冷轧的：硬(CY)。

注：有特殊要求时，经双方协议并在合同中注明可供应半硬、特硬状态的带材，性能由供需双方协商。

二、技术条件

3. 化学成分应符合 YB 147—1971 中 QBe2、QBe1.9、QBe1.7 的规定。

4. 条材和带材的表面应光洁，不应有裂缝、起皮、起泡、针孔、夹杂、起刺、压入物、压折和锈蚀。

许可有轻微的、局部的不使条材和带材厚度超出允许偏差的表面划伤、擦伤、斑点、凹坑、压入物和辊印等缺陷。

轻微的发红、发暗、氧化色和轻微的局部的水迹等不作报废依据。

5. 硬状态的条材和带材应平直，许可有轻微的波浪。软状态的条材和带材允许有由于淬火所引起的不平整。条材和带材的侧边弯曲度，每米不应大于 4mm。

注：对软状态的条材和带材有平整度要求时，应在合同中注明，其性能由供需双方协商确定。

6. 条材和带材的边应切齐,不应有毛刺、裂边和卷边。

7. 条材和带材的机械性能试验结果应符合表5规定。

表 5

合金牌号	材 料 状 态	抗拉强度 $\sigma_b/(kg/mm^2)$ 不小于	伸长率 $\delta/\%$ $l_0=11.3\sqrt{F_0}$ 不小于	维氏硬度 HV/ (kg/mm^2)
QBe2	软(淬火的)	40~60	30	≤130
QBe1.9				≤120
QBe2	硬(淬火后冷轧的)	65	2.5	≥170
QBe1.9				≥160
QBe1.7		60		≥150
QBe2	软 时 效	115	2	≥320
QBe1.9				≥350
QBe2	硬 时 效	120	1.5	≥360
QBe1.9				≥370
QBe1.7		110	2.0	≥340

注: ① 厚度≤0.25mm的条、带材,抗拉强度、伸长率以及软态条、带材的硬度不作规定。

② 条材和带材的维氏硬度试验,建议按表6选用负荷。

表 6

试验负荷/kg	软态允许厚度/mm	硬态允许厚度/mm	时效状态允许厚度/mm
1	0.3~0.5	0.15~0.25	0.15~0.25
3	0.5~0.7	0.25~0.35	0.25~0.30
5	0.7~1	0.35~0.50	0.30~0.45
10	1.0~1.5	0.50~0.90	0.45~0.70
30	≥1.5	≥0.90	≥0.70

表6中,与1kg、3kg负荷相应的各种规格条、带材允许用显微硬度计测定硬度值。软带的硬度值(包括QBe2和QBe1.9)不应大于$125kg/mm^2$。其他状态的硬度值按表5规定。

条材和带材显微硬度试验,建议按表7选用负荷。

表 7

状 态	厚度/mm	试验负荷/g
软	0.25~0.30	100
	>0.30	200
硬	0.10~0.15	100
	>0.15	200
时 效	≥0.10	200

8. 时效处理制度按表8规定。

表 8

牌　　号	加热温度/℃	保温时间/h	冷却方式
QBe2	320±10	2	空　冷
QBe1.9 QBe1.7	320±10	2.5	空　冷

9. 厚度 0.1～0.25mm 的带材，杯突试验结果应符合表 9 规定。

表 9

mm

牌　　号	材料状态	冲头半径	带材厚度	
			0.1～0.15	0.16～0.25
			杯突深度	
QBe2 QBe1.9	软(淬火的)	10	≥6	≥7
QBe2 QBe1.9 QBe1.7	硬(淬火后冷轧的)	10	≥2.5	≥3

注：供方可不进行试验，但必须保证。

10. 厚度 0.2～1.5mm 的硬态条材和带材，应沿垂直于轧制方向做常温弯曲试验，在弯芯半径等于条材或带材厚度时，弯曲 90°不得有裂纹。

注：供方可不进行试验，但必须保证。

11. 厚度小于 0.3mm 的条、带材，晶粒度不超出 0.015～0.045mm；厚度等于和大于 0.3～1.5mm 的条、带材，晶粒度不超出 0.015～0.055mm；其他厚度的晶粒度由供需双方协议。

注：晶粒度测定，检验条、带材纵断面。供方可不报实测数据。硬状态供方可不做检查。

12. 条材和带材纵断面不应有长条状或长链条状的 β 相存在。

注：从条材和带材的纵断面检查 β 相。供方可不进行，但必须保证。

13. 条、带材的断口应洁净、致密，不得有孔穴、分层和外来夹杂物。在条、带材 100mm 宽度断口上，分层长度之和不大于 2mm 时，不作为报废依据。

注：若有特殊要求，并在合同中注明，可供应厚度等于和小于 0.3mm 断口无分层的带材。

三、验收规则和试验方法

14. 条材和带材由供方技术检验部门验收，保证产品质量符合本标准要求。

15. 每批条材和带材应由同一牌号、规格和状态所组成。批重不应超过 500kg。

16. 每张条材和每卷带材应测量厚度和用肉眼进行外观检查。条材和带材的厚度在距端部不小于 100mm，距边部不小于 10mm 处测量，测量范围以外的厚度超差，不作报废依据。

17. 拉力试验从每批条、带材中取 3 个试样进行。杯突试验、弯曲试验、维氏硬度试验和金相检验，各从每批条、带材中取两个试样进行。

18. QBe2 的化学分析方法按 YB 600—1965 的规定进行。QBe1.9 和 QBe1.7 的化学分析方法由供需双方协议。

19. 厚度等于或大于 0.5mm 的条材和带材，拉力试验按 GB 228—1963 规定进行；厚度小于 0.5mm 者按 YB 796—1971 规定进行。

20. 维氏硬度试验,按 YB 53—1964 规定进行。

21. 杯突试验,按 YB 38—1964 规定进行。

22. 弯曲试验,按 GB 232—1963 规定进行。

23. 条材和带材的断口,用肉眼进行检查,检查时允许使用 5 倍放大镜。

有特殊要求者,0.5mm 以下的条、带材,允许需方用金相方法检查分层和夹杂。

24. 硬态条、带材,可在离解氨气炉中于 780±10℃进行淬火检验,不得有起泡。厚度小于 1.0mm 时,保温 6～8min;厚度等于或大于 1.0mm 时,保温 15min。

25. 各项试验即使有一个试样的试验结果不合格,也应从该批中再取双倍试样进行该不合格项目的复验。复验结果仍有一个试样不合格时,则整批报废或逐张、逐卷检验,合格者单独编批验收。

26. 需方收到产品之日起,应于半年内进行验收。复验结果不符合本标准要求时,应及时通知供方协商处理。

四、包装、标志、运输和保管

27. 包装、标志、运输和保管按 YB 730—1970 规定进行。

带卷内径不应小于 100mm。

标记举例:

用 QBe2 制成的、厚度为 0.1mm、宽度为 100mm 的软带,标记为:

带 QBe2 C 0.1×100 YB 552—1975

中华人民共和国有色金属行业标准

YS/T 334—1995

铍 青 铜 棒

代替 YS/T 334—1994

Copper-beryllium alloy rod

1 主题内容与适用范围

本标准规定了铍青铜棒的产品分类、技术要求、试验方法、检验规则、标志、包装、运输、贮存。

本标准适用于航天、航空、电子行业等部门使用的铍青铜棒。

2 引用标准

GB 228 金属拉伸试验方法

GB/T 230 金属洛氏硬度试验方法

GB 231 金属布氏硬度试验方法

GB 6397 金属拉伸试验试样

GB 8888 重有色金属加工产品包装、标志、运输和贮存

YS/T 328 铍青铜化学分析方法

YS/T 336 铜、镍及其合金管材和棒材断口检验方法

3 产品分类

3.1 牌号、制造方法、状态和规格

3.1.1 产品的牌号、制造方法、状态和规格应符合表 1 的规定。

表 1

牌号	制造方法	供货状态	直径/mm	长度/mm
QBe2	拉制	软态(M)	5~10	1500~4000
			>10~15	1000~4000
QBe1.9		半硬态(Y_2)	>15~20	1000~4000
		硬态(Y)	>20~30	500~3000
QBe1.9-0.1			>30~40	500~3000
QBe1.7		软时效态(TF00) 硬时效态(TH04)	5~40	300~2000
QBe0.6-2.5	挤制	挤制(R)	20~30	500~3000
			>30~50	500~3000
QBe0.4-1.8			>50~80	500~2500
QBe0.3-1.5			>80~120	500~2500
	锻造	锻造(D)	≥35~100	>300

中国有色金属工业总公司 1995-01-16 批准 1995-10-01 实施

注：TF00——固溶热处理＋沉淀热处理；

TH04——固溶热处理＋冷加工＋沉淀热处理。

3.1.2 定尺或倍尺长度在不定尺长度范围内，订货时，应在合同中注明，否则按不定尺长度供货。

3.1.3 经双方协商，可供其他规格的棒材。

3.2 标记示例

a. 用 QBe2 合金制造的、硬状态、较高级、直径为 10mm 的拉棒标记为：

拉棒 QBe2 Y 较高 ϕ10 YS/T 334—1995

b. 用 QBe2 合金制造的、锻造的、普通级、直径为 40mm 的锻棒标记为：

锻棒 QBe2 D 普通 ϕ40 YS/T 334—1995

4 技术要求

4.1 化学成分

产品的化学成分应符合表 2 的规定。

表 2

牌 号	主成分/%							杂质含量/%，不大于					
	Be	Ni	Co	Ti	Mg	Ag	Cu	Al	Fe	Pb	Si	Co	杂质总和
QBe2	1.80～2.1	0.2～0.5	—	—	—	—	余量	0.15	0.15	0.005	0.15	—	0.5
QBe1.9	1.85～2.1	0.2～0.4	—	0.10～0.25	—	—	余量	0.15	0.15	0.005	0.15	—	0.5
QBe1.9-0.1	1.85～2.1	0.2～0.4	—	0.10～0.25	0.07～0.13	—	余量	0.15	0.15	0.005	0.15	—	0.5
QBe1.7	1.6～1.85	0.2～0.4	—	0.10～0.25	—	—	余量	0.15	0.15	0.005	0.15	—	0.5
QBe0.6-2.5	0.40～0.70	—	2.40～2.70	—	—	—	余量	0.20	0.10	—	0.20	—	—
QBe0.4-1.8	0.20～0.60	1.40～2.20	—	—	—	—	余量	0.20	0.10	—	0.20	0.30	—
QBe0.3-1.5	0.25～0.50	—	1.40～1.70	—	—	0.90～1.10	余量	0.20	0.10	—	0.20	—	—

注：QBe2、QBe1.9、QBe1.9-0.1 和 QBe1.7 四个牌号的化学成分和 GB 5233—1985 相同。

4.2 尺寸允许偏差

4.2.1 棒材直径允许偏差

4.2.1.1 拉棒的直径允许偏差应符合表 3 的规定。

表 3 mm

直 径		5～10	>10～15	>15～20	>20～30	>30～40
直径允许偏差	较高级	−0.08	−0.10	−0.12	−0.14	−0.17
	普通级	−0.16	−0.20	−0.24	−0.28	−0.34

4.2.1.2 挤制及锻造棒的直径允许偏差应符合表 4 的规定。

表 4

mm

直　径		20～30	>30～50	>50～80	>80～120
直径允许偏差	高　级	-0.84	-1.0	—	—
	较高级	-1.3	-1.6	-1.9	-2.2
	普通级	—	—	-2.5	-3.2

4.2.1.3　棒材的直径偏差等级须在合同中注明，否则按普通级供货。

4.2.1.4　经双方协商，可供其他允许偏差的棒材。

4.2.2　棒材的定尺或倍尺长度的允许偏差为+20mm。倍尺长度应加入锯切分段时的锯切量，每一锯切量为5mm。

4.2.3　棒材的弯曲度应符合表5的规定。

表 5

制造方法	棒材直径/mm			
	5～20	>20～40	>40～80	>80～120
	每米弯曲度/mm　不大于			
拉　制	5	4	—	—
挤　制	—	6	10	13

注：棒材总弯曲度应不超过每米允许弯曲度与总长度(m)的乘积。

4.2.4　棒材的不圆度应不超过直径允许偏差。

4.2.5　棒材的缩尾部分应切除，端部应锯切平整，直径不大于20mm的棒材，端部允许有冲剪痕迹。

4.3　力学性能

4.3.1　棒材的力学性能应符合表6的规定。

表 6

合金牌号	材料状态	直径/mm	抗拉强度 σ_b/MPa，不小于	伸长率 δ_5/%，不小于	硬度，不小于	
					HRB	HB
QBe2	M	5～40	400	30	—	100
	R	20～120	400	20	—	—
QBe1.9	D	35～100	500～660	8	78	—
QBe1.9-0.1 QBe1.7	Y_2	5～40	500～660	8	78	—
	Y	5～10	660～900	2	—	150
		>10～25	620～860	2		
		>25	590～830	2		
QBe0.6-2.5 QBe0.4-1.0	M	5～40	240	20	≤50	—
QBe0.3-1.5	Y		450	2	60	—

4.3.2　棒材时效热处理后，力学性能应符合表7的规定。

4.3.3　直径小于16mm的棒材不做硬度试验。

4.3.4　硬度试验须在合同中注明，方予进行。

表 7

<table>
<tr><th rowspan="2">合金牌号</th><th rowspan="2">材料状态</th><th rowspan="2">直径/mm</th><th rowspan="2">抗拉强度 σ_b/MPa</th><th rowspan="2">伸长率 δ_5/%,不小于</th><th colspan="2">洛氏硬度</th><th rowspan="2">时效工艺</th></tr>
<tr><th>HRC</th><th>HRB</th></tr>
<tr><td>QBe2</td><td>TF00</td><td>5~40</td><td>1000~1380</td><td>2</td><td>30~40</td><td>—</td><td>320±5℃×3h</td></tr>
<tr><td rowspan="3">QBe1.9
QBe1.9-0.1
QBe1.7</td><td rowspan="3">TH04</td><td>5~10</td><td>1200~1500</td><td>1</td><td>35~45</td><td>—</td><td>320±5℃×2h</td></tr>
<tr><td>>10~25</td><td>1150~1450</td><td>1</td><td>35~44</td><td>—</td><td>320±5℃×3h</td></tr>
<tr><td>>25</td><td>1100~1400</td><td>1</td><td>34~44</td><td>—</td><td>320±5℃×3h</td></tr>
<tr><td rowspan="2">QBe0.6-2.5
QBe0.4-1.8
QBe0.3-1.5</td><td>TF00</td><td rowspan="2">5~40</td><td>690~895</td><td>6</td><td>—</td><td>92~100</td><td>480±5℃×3h</td></tr>
<tr><td>TH04</td><td>760~965</td><td>3</td><td>—</td><td>95~102</td><td>480±5℃×2h</td></tr>
</table>

4.4 内部质量

棒材内部应致密、无缩尾、气孔、分层和夹杂。

4.5 表面质量

4.5.1 棒材表面应光滑、清洁、不应有裂缝、针孔、起皮、气泡、环状痕迹和夹杂物等缺陷。

4.5.2 允许有轻微的、局部的、不使直径超出其允许偏差的划伤、凹坑和压入物等缺陷。

4.5.3 轻微的校直痕迹、细划纹、氧化色、发暗和轻微的局部的水迹不作报废依据。

5 试验方法

5.1 棒材的化学成分分析方法按 YS/T 328 进行。

5.2 棒材的尺寸用相应精度的测量工具测量。

5.3 棒材的力学性能检验方法

5.3.1 棒材的室温拉伸试验方法按 GB 228 进行。拉伸试验试样按 GB 6397 的规定选取 R3~R7 号试样。

5.3.2 棒材的洛氏硬度和布氏硬度试验方法按 GB 230 和 GB 231 进行。

5.4 内部质量检验方法

棒材内部质量检验按 YS/T 336 进行。

5.5 棒材的表面质量用目视进行检查。

6 检验规则

6.1 检查和验收

6.1.1 棒材应由供方技术监督部门检验,保证产品质量符合本标准规定,并填写质量证明书。

6.1.2 需方应对收到的产品按本标准的规定进行检验,如检验结果与本标准的规定不符时,应在收到产品之日起 3 个月内向供方提出,由供需双方协商解决。

6.2 组批

棒材应成批提交验收,每批应由同一牌号、炉号、状态、规格和制造方法的棒材组成。每批重量应不超过 500kg。

6.3 检验项目

6.3.1 每批棒材应进行化学成分、外形尺寸、内部质量和表面质量的检验。

6.3.2 对表 6、表 7 中有力学性能要求的棒材,每批应进行力学性能的检验。

6.4 取样位置和取样数量

6.4.1 化学成分的取样,供方每炉取一个试样,需方在每批棒材中任取一个试样。

6.4.2 每批棒材应逐根进行外形尺寸测量和表面质量检验。

6.4.3 拉伸试验应由每批棒材中任取2根,每根棒材任取一个试样。

拉伸试样应根据棒材试样坯料与直径5、8、10和15mm相邻近的程度,按下列规定车制成直径为5、8、10或15mm。

a. 直径不大于10mm,不车制;

b. 直径大于10～24mm,以棒材横断面中心为圆心进行车制;

c. 直径大于24～40mm,在半圆内车制;

d. 直径大于40mm,在两个互相垂直的半径所构成的扇形面积内进行车制。

6.4.4 硬度试样同6.4.3条取样。硬度试验应在棒材纵向剖面的中线上进行,剖面大小以满足试验要求为宜。

6.4.5 棒材断口检验应由每批棒材中任取两根,在棒材的一端做断口检验。

6.5 重复试验

各项试验即使有一个试样的试验结果不合格,也应从该批中再取双倍试样进行该不合格项目的复验,复验结果仍有一个试样不合格,则整批报废或逐根检验,合格者单独编批验收。

7 标志、包装、运输、贮存和质量证明书

棒材的标志、包装、运输、贮存和质量证明书按GB 8888的规定进行。

附加说明:

本标准由中国有色金属工业总公司标准计量研究所提出。

本标准由宁夏有色金属冶炼厂负责起草。

本标准主要起草人:张静芳、赵树贵、林云。

本标准参照采用ASTM B196M—1990和ASTM B441—1985《铍铜合金棒和条》。

中华人民共和国有色金属行业标准

YS/T 337—1994

硫　精　矿

代替 YB 733—1986

本标准适用于经浮选所得的硫精矿产品,供制造硫酸和提炼硫磺用。

1 技术要求

1.1 按化学成分硫精矿分为7个品级,以干矿品位计算应符合下表规定。

品　级	化学成分/%			
	S	杂质不大于		
	不小于	As	F	Pb+Zn
特级品	43	0.05	0.05	1.00
一级品	40	0.15	0.10	1.50
二级品	37	0.20	0.15	2.00
三级品	34	0.80	0.30	2.50
四级品	31	1.50	0.40	—
五级品	28	1.50	0.50	—
六级品	25	2.00	1.00	—

注:① 表中"—"表示含量不规定。

② 用户对产品如有特殊要求,由双方议定。

③ 四级至六级品供方应报出铅、锌分析数据供参考。

1.2 精矿粒度不大于2mm。

1.3 精矿中水分含量不得大于12%。

1.4 精矿中不得混入外来杂物。

2 试验方法和检验规则

2.1 硫精矿化学成分按GB 2462～2468—1981《硫铁矿和硫精矿化学分析方法》测定。

2.2 硫精矿在矿山交货。每批产品为一检验单位。

2.3 硫精矿取样和试样制备方法按GB 2460—1981《硫铁矿和硫精矿分析试样的采取及制备方法》进行。

2.4 产品质量由供方技术监督部门检验。

2.5 需方对硫精矿产品质量有异议时,应在试样保存期内提出,按复验结果重新判定品级。如需仲裁,其有关事宜由双方议定。

3 包装、标志和质量证明书

3.1 硫精矿为散装运输。少量也可包装。每车应装同一品级精矿。

3.2 产品堆放场地应干净。不同品级的应分开堆放。

中国有色金属工业总公司 1986-02-26 发布　　　　1987-03-01 实施

3.3 运往需方的每批产品应附质量证明书,注明:

a. 供方名称;

b. 需方名称;

c. 产品名称及品级;

d. 批号;

e. 批重;

f. 理化指标检验结果;

g. 发货日期;

h. 本标准编号。

附加说明:

本标准由中国有色金属工业总公司标准计量研究所提出。

本标准由白银有色金属公司负责起草。

本标准主要起草人:张一德、罗振华、毛善裘。

中华人民共和国冶金工业部部标准

YS/T 339—1994

锡精矿技术条件

代替 YB 736—1982

本标准适用于经选矿所得锡精矿，供炼锡用。

1 技术要求

1.1 按化学成分锡精矿分为两个类别，各 8 个品级，以干矿品位计算，应符合以下规定。

类别	品级	锡/% 不小于	杂质/%，不大于					
			S	As	Bi	Zn	Sb	Fe
一类	一级品	65	0.4	0.3	0.10	0.4	0.2	5
	二级品	60	0.5	0.4	0.10	0.5	0.3	7
	三级品	55	0.6	0.5	0.15	0.6	0.4	9
	四级品	50	0.8	0.6	0.15	0.7	0.4	12
	五级品	45	1.0	0.7	0.20	0.8	0.5	15
	六级品	40	1.2	0.8	0.20	0.9	0.6	16
	七级品	35	1.5	1.0	0.30	1.0	0.7	17
	八级品	30	1.5	1.0	0.30	1.0	0.8	18
二类	一级品	65	1.0	0.4	0.4	0.8	0.4	5
	二级品	60	1.5	0.5	0.5	0.9	0.5	7
	三级品	55	2.0	1.0	0.6	1.0	0.6	9
	四级品	50	2.5	1.5	0.8	1.2	0.7	12
	五级品	45	3.0	2.0	1.0	1.4	0.8	15
	六级品	40	3.5	2.5	1.2	1.6	0.9	16
	七级品	35	4.0	3.5	1.4	1.8	1.0	17
	八级品	30	5.0	4.0	1.5	2.0	1.2	18

注：① 一类是直接入炉锡精矿产品；二类是冶炼前需经加工处理的锡精矿产品。

② 锡精矿中铅、钨为有价元素，应报出分析数据。

③ 自产自用锡精矿产品，可自定企业标准执行。

1.2 精矿产品中水分不得大于 12%，电炉熔炼用精矿水分不得大于 5%。特殊情况，由供需双方议定。

1.3 精矿中不得混入外来夹杂物。

2 试验方法和检验规则

2.1 精矿的化学分析方法按 GB 1819～1833—1979《锡精矿分析方法》进行。

2.2 散装精矿按平面均匀布点取样，袋装精矿按不小于 25% 比例抽取样袋。取样时，采取器应直插底部。

中华人民共和国冶金工业部 1982-10-18 发布　　1983-06-01 实施

2.3 将采来试样放入带盖容器中,并在8h内测定水分。

2.4 将所取试样制成3份,一份送化验,一份送供方,一份由需方保存3个月备查。

2.5 精矿运至需方指定地点后,由需方技术监督部门检验。

2.6 供方如有异议,应在试样保存期内提出。

3 包装、标志、运输

3.1 锡精矿为散装运输,亦可袋装运输。

3.2 同一品级精矿为一批,其批量由供需双方议定。

3.3 每批精矿发运时,应按车(批)插牌标志,注明:

a. 供方名称;

b. 精矿名称;

c. 品级;

d. 数量;

e. 发货日期;

f. 本标准编号。

附加说明:

本标准由冶金工业部标准化研究所提出。

本标准由云南锡业公司负责起草。

本标准主要起草人:梁忠民。

本标准于1970年首次发布。

中华人民共和国有色金属行业标准

YS/T 340—1994

镍精矿技术条件

代替 YB 742—1982

本标准适用于硫化铜镍矿石经选矿所得镍精矿,供炼镍用。

1 技术要求

1.1 按化学成分镍精矿分为11个品级,以干矿品位计算,应符合下表规定。

品级	镍/% 不小于	杂质/% 不大于
		MgO
特	8	6
一	7.5	6
二	7	6
三	6.5	7.5
四	6	9
五	5.5	10.5
六	5	12
七	4.5	13.5
八	4	15
九	3.5	17.5
十	3	20

1.2 镍精矿中钴、铂为有价元素,应报出分析数据。

1.3 精矿中水分不大于12%。

1.4 精矿中不得混入外来夹杂物。

2 试验方法和检验规则

2.1 精矿化学分析方法按 YB 743—1970《镍精矿分析方法》进行。

2.2 火车装运,每车按平面18个点采取试样。汽车装运,每车按5个点采取试样。

2.3 将采取试样装入带盖容器中,并在8h内测定水分。

2.4 将所取试样制成3份,一份送化验,一份送供方,一份由需方保存3个月备查。

2.5 供方如有异议,应在试样保存期内提出。

2.6 精矿运到需方最近车站或码头后,由需方技术监督部门验收。

3 包装、标志、运输

3.1 精矿装车为散装,但少量也可包装。同一品级精矿为一批。

3.2 每批精矿发运时,应按车插牌标志,注明:

a. 供方名称;

中华人民共和国冶金工业部 1982-10-18 发布　　　　1983-06-01 实施

b. 精矿名称;

c. 品级;

d. 数量;

e. 发货日期;

f. 本标准编号。

附加说明:

本标准由冶金工业部标准化研究所提出。

本标准由金川有色金属公司负责起草。

本标准主要起草人:曲辄。

本标准于1970年7月首次发布。

中华人民共和国有色金属行业标准

YS/T 342—1994

镍 锍 精 矿

代替 YB 744—1986

本标准适用于镍冶炼工艺过程中的转炉产品——高冰镍，经浮选所得镍锍精矿，供提取金属镍用。

1 技术要求

1.1 镍锍精矿按化学成分分为3个品级，以干矿品位计算，应符合下表规定。

%

品 级	Ni，不小于	杂 质
		Cu，不大于
一 级 品	65	3.0
二 级 品	63	4.0
三 级 品	62	5.0

1.2 镍锍精矿中不得有外来夹杂物。

2 试验方法和检验规则

2.1 精矿化学成分按 YB 745—1970《镍锍精矿分析方法》进行。

2.2 精矿由供方技术监督部门验收。

2.3 精矿按10%的比例取样，即每隔9袋抽取1袋作样袋。用探针取试样。

2.4 将所取试样制成两份，一份送化验，一份保存备查。

3 包装、标志和质量证明书

3.1 精矿用玻璃丝编织袋或其他编织袋包装。同一批号的精矿由同一品级的精矿组成。

3.2 每袋重量为20～30kg。

3.3 精矿包装袋上应标明：

a. 供方名称；

b. 精矿名称；

c. 品级；

d. 批号。

3.4 运往需方的精矿应附质量证明书，注明：

a. 供方名称；

b. 精矿名称；

c. 品级；

d. 批号；

e. 化学成分；

中国有色金属工业总公司 1986-04-14 发布　　　　1988-01-01 实施

f. 包装件数；

g. 净重；

h. 交货日期；

i. 本标准编号。

附加说明：

本标准由冶金工业部情报标准研究总所提出。

本标准由吉林镍业公司负责起草。

本标准主要起草人：朴东鹤、贾占军。

中华人民共和国有色金属行业标准

YS/T 344—1994

硃砂技术条件

代替 YB 748—1970

本标准适用于经选矿所得的硃砂，供医药、工业原料及其他特殊用。

一、技术条件

1．硃砂按化学成分，分为3个等级，均以绝对干品位计算，应符合以下规定：

等级	硫化汞/%，不小于	杂质/%，不大于
		硒
特	98	0.10
1	97	0.20
2	96	0.40

注：① 特级硃砂粒度规定5mm以上。如用户对粒度有特殊要求，可与生产厂协商解决。

② 各级硃砂除硒以外的杂质，如用户有特殊要求，可与生产厂协商议定。

2．硃砂表面应保持清洁，不得混入外来夹杂物。

二、验收规则

3．硃砂应由供方检验部门验收，保证质量符合本标准的要求。

4．供方每月产出硃砂作为一批。每批不少于10kg。

5．用固体取样法，按等级分别取样。每一等级的硃砂试样分为两份，每份约重125g，分别装入玻璃瓶中，加盖并贴上标签。一份做检验，一份由检验部门存查。

6．分析方法按 YB 749—1970 规定进行。

三、包装与标志

7．硃砂按等级分别装入垫有防水物(纸、布、塑料)的坚固木箱中，并用铁皮钉封。

8．每箱净重为10～50kg。

9．箱面上标记：出厂日期、毛重、净重、批号、厂标志。

10．每批硃砂，均须有质量证明书，内注明：

(1) 出品厂名称或代号；

(2) 硃砂等级；

(3) 检验结果；

(4) 检验日期；

(5) 出厂日期。

中华人民共和国冶金工业部颁布 1971年1月1日实施

中华人民共和国有色金属行业标准

YS/T 385—1994

锑精矿技术条件

代替 YB 2419—1982

本标准适用于经选矿所得的锑精矿,供锑品生产用。

1 技术要求

1.1 按矿石类型和化学成分,锑精矿分为硫化矿、混合矿和氧化矿 3 大类,前两大类又分为粉精矿和块精矿两种。以干矿品位计算,应符合以下规定。

1.1.1 硫化锑精矿(硫化锑中的含锑量与精矿中总含锑量之比大于 85%)见表 1。

表 1

类别	品级	锑/%,不小于	杂质/%,不大于	
			As	Pb
粉精矿	一级品	55	0.6	0.15
	二级品	45	0.6	0.15
	三级品	35	0.4	0.15
	四级品	30	0.4	0.15
块精矿	一级品	60	0.6	0.15
	二级品	50	0.6	0.15
	三级品	40	0.4	0.15
	四级品	30	0.4	0.15
	五级品	20	0.2	0.10
	六级品	10	0.2	0.10

1.1.2 混合锑精矿(硫化锑中的含锑量与精矿中总含锑量之比在 15%~85%范围内)见表 2。

表 2

类别	品级	锑/%,不小于	杂质/%,不大于	
			As	Pb
粉精矿	一级品	55	0.6	0.15
	二级品	45	0.6	0.15
	三级品	35	0.4	0.15
	四级品	30	0.4	0.15
块精矿	一级品	60	0.6	0.15
	二级品	50	0.6	0.15
	三级品	40	0.4	0.15
	四级品	30	0.4	0.15
	五级品	20	0.2	0.10
	六级品	10	0.2	0.10

中华人民共和国冶金工业部 1982-10-18 发布 1983-06-01 实施

1.1.3 氧化锑精矿(硫化锑中的含锑量与精矿中总含锑量之比小于15%)见表3。

表 3

类 别	品 级	锑/%,不小于	杂质/%,不大于	
			As	Pb
块精矿	一 级	60	0.6	0.2
	二 级	50	0.6	0.2
	三 级	40	0.4	0.15

注:① 锑精矿中含金量达到工业品位时,应报出分析数据。
② 自产自用锑精矿另定企业标准执行。

1.2 粉精矿水分应不大于10%,块精矿水分应不大于0.5%。

1.3 浮选粉精矿细度通过200目筛应不小于60%。手选块精矿粒度控制在+25~-150mm范围内。其他选矿方法提供的符合上述品级规定的精矿细度暂不做规定。

1.4 精矿内不能含有目力可辨的夹杂物。

2 试验方法和检验规则

2.1 散装精矿按方格法布点取样,矿堆高度不得大于1m。对袋装块精矿,应每隔若干袋取一袋作为"原始试样"。块精矿取样的最小量按下列公式计算:

$$Q = Kd^2$$

式中 Q——试样的最小可靠重量,kg;

K——经验系数,选定为0.1;

d——试样中最大颗粒的直径,mm。

对袋装粉精矿每5袋取1袋(不足5袋的尾数亦取1袋)作为"原始试样",用金属取样管插到袋底取样,每袋取样量不小于50g作为"中间试样",再按规程制取"送验试样"。

2.2 在计量时,按规定取样,测定水分。

2.3 将所取试样制备成3份,一份送化验室,一份送供方,一份由需方保存3个月备查。

2.4 精矿运至需方指定的地点后,由需方技术监督部门验收。

2.5 如有质量异议,应在试样保存期内提出,用双方协商确定的化验方法做复查分析。

3 包装、标志、运输

3.1 三级至六级块精矿散装运输,粉精矿和一级、二级块精矿散装或袋装运输,由供需双方协商决定。包装材料可选用麻袋或塑料袋,每袋净重25kg或50kg。

3.2 每批精矿发运时,应按车插牌标志,并附质量证明书,注明:

a. 产地名称;

b. 精矿名称;

c. 品级;

d. 数量;

e. 发货日期;

f. 本标准编号。

附加说明：

本标准由冶金工业部标准化研究所提出。
本标准由锡矿山矿务局负责起草。
本标准主要起草人：肖永福。

中华人民共和国有色金属行业标准

YS/T 406—1994

电真空器件用镍钨锆合金带材和棒材

代替 YB 1718—1980

1. 范围

1.1 本标准适用于真空熔炼或粉末冶金制得的镍钨锆合金锭经压力加工成带材或棒材，供要求长寿命的电真空器件作阴极基金属材料。

2. 尺寸及其允许偏差

2.1 带材的尺寸及其允许偏差应符合表1规定：

表 1

mm

厚 度	允许偏差	宽 度	长 度
0.05～0.10	−0.01	60～120	＞3000
0.11～0.15	−0.02	60～120	＞3000
0.16～0.39	−0.03	60～120	＞2500
0.40～0.59	−0.04	60～120	＞2500
0.60～1.00	−0.08	60～120	＞1500

2.2 棒材的尺寸及其允许偏差应符合表2规定：

表 2

mm

直 径	允许偏差	长 度	直径间隔
3.5～5.5	+0.2	500～1000	+0.5
6.0～8.0	+0.3	500～1000	+1.0

2.3 经供需双方协议，可供应其他规格和允许偏差的带材和棒材。

3. 状态

3.1 产品一般以硬态(Y)供货。经供需双方协商，可供应软态(M)。

4. 化学成分

4.1 镍钨锆合金的牌号和化学成分应符合表3规定：

表 3

产品牌号			NiW2-0.1	NiW2-0.14	FNiW2-0.1	FNiW2-0.18
化学成分 /%	主成分	Ni	余 量	余 量	余 量	余 量
		W	2.0～3.0	2.0～3.0	2.0～3.0	2.0～3.0
		Zr	0.09～0.12	0.13～0.15	0.09～0.12	0.15～0.20

中华人民共和国冶金工业部批准

续表 3

产品牌号			NiW2-0.1	NiW2-0.14	FNiW2-0.1	FNiW2-0.18
化学成分/%	杂质含量,不大于	Fe	0.008	0.008	0.008	0.008
		Si	0.005	0.005	0.005	0.005
		Al	0.005	0.005	0.005	0.005
		Mn	0.005	0.005	0.005	0.005
		Cu	0.005	0.005	0.005	0.005
		C	0.005	0.005	0.005	0.005
		O_2	0.005	0.005	0.005	0.005
		S	0.003	0.003	0.003	0.003
		P	0.002	0.002	0.002	0.002

注：需方如有特殊要求,供需双方协商议定。

5. 外观

5.1 带材表面应光亮、清洁,无裂纹、起皮、分层、气泡及严重的划伤。边缘无毛刺和裂口。

5.2 棒材表面无凹坑、裂纹和夹杂。不直度不得大于 2%。

6. 验收规则

6.1 产品由供方检验部门进行检验,保证产品符合本标准要求,并填写质量证明书。

6.2 产品应成批验收,每批产品由同一牌号、炉号、规格和状态组成。

6.3 需方可对收到的产品进行检验,如检验结果与本标准规定不符时,自收到产品之日起 3 个月之内向供方提出,双方协商解决。

7. 检验

7.1 每个产品外表面质量用肉眼检查。

7.2 每个产品进行尺寸测量。带材厚度不小于 0.1mm 的用 0.01 千分尺测量;厚度小于 0.1mm 的用 0.001 精度千分尺测量。

7.3 棒材不直度用方格坐标纸检查。

7.4 化学成分仲裁取样从每批产品中任取一卷(或根),采取一个试样。

7.5 化学成分分析按如下方法进行:钨和锆用化学法;碳和硫用燃烧法;氧用真空熔融法;其他用光谱法。

8. 判废

8.1 产品外观检查和尺寸测量不合格时,单个判废。

8.2 化学成分分析结果不合格时,从该批产品中间取双倍试样进行该项复验,若其中仍有一个结果不合格时,则该批产品判废。

9. 包装、标志、运输和保管

9.1 包装、标志、运输和保管按 YB 730—1970 规定。

标记举例:

用 NiW2-0.1 制造的厚度为 0.1mm 宽度为 120mm 的硬带材标记为：

带 NiW2-0.1Y0.1×120YB 1718—1980；

用 NiW2-0.1 制造的直径为 ϕ5 的棒材标记为：

棒 NiW2-0.1Y5 YB 1718—1980。

本标准由中华人民共和国冶金工业部发布。

本标准由冶金工业部标准化研究所提出。

本标准由冶金工业部钢铁研究总院起草。

本标准于 1980 年 12 月 31 日批准发布。

本标准委托冶金工业部标准化研究所负责解释。

本标准于 1980 年 9 月起草，1980 年 9 月于北京审定通过。

前　　言

为了确保高铅锑锭产品质量,满足用户需求,以适应市场经济发展的需要,特制定本标准。

高铅锑锭是铅锑矿生产的铅锑合金。主要用于生产蓄电池合金、印刷合金及多种轴承合金。

本标准附录A、附录B、附录C均属提示的附录,分别为高铅锑锭中锑、铅、砷含量的测定方法。

本标准由中国有色金属工业标准计量质量研究所提出。

本标准由中国有色金属工业标准计量质量研究所归口。

本标准由柳州华锡集团有限责任公司负责起草。

本标准主要起草人:杨荟仙、韦元基、韦荣华、陆振益。

中华人民共和国有色金属行业标准

YS/T 415—1999

高　铅　锑　锭

1　范围

本标准规定了高铅锑锭的产品要求、试验方法、检验规则及标志、包装、运输和贮存。

本标准适用于以铅锑矿为原料生产的高铅锑锭。

2　引用标准

下列标准所包含的条文,通过在本标准中引用而构成为本标准的条文。本标准出版时,所示版本均为有效。所有标准都会被修订,使用本标准的各方应探讨使用下列标准最新版本的可能性。

GB/T 3253.2—1982　锑化学分析方法　邻二氮杂菲光度法测定铁量

GB/T 3253.4—1982　锑化学分析方法　原子吸收分光光度法测定铜量

GB/T 3253.6—1982　锑化学分析方法　燃烧碘量法测定硫量

GB/T 4103.8—1983　铅基合金化学分析方法　硫脲光度法测定铋量

GB/T 4103.12—1983　铅基合金化学分析方法　原子吸收分光光度法测定锌量

GB/T 8170—1987　数值修约规则

3　订货合同内容

本标准所列产品订货合同应包括下列内容:

a. 产品名称;

b. 牌号;

c. 对杂质含量的特殊要求;

d. 数量;

e. 标准编号、年代号;

f. 其他。

4　要求

4.1　产品特性

具有金属光泽的固体,密度约 7.3g/cm³,熔点 580℃。

4.2　产品分类

高铅锑锭按化学成分分为两个牌号:SbPb90-6、SbPb88-6。

4.3　化学成分

高铅锑的化学成分应符合表 1 的规定。

4.4　高铅锑锭表面应无飞边,无明显凹陷,无气泡,无夹渣。

4.5　杂质含量的末位数字按 GB/T 8170 进行修约。

国家有色金属工业局 1999-11-17 批准　　2000-06-01 实施

表1　高铅锑锭化学成分

牌　　号	化学成分/%							
	主成分　不小于		杂质　不大于					
	Sb	Pb	As	Cu	S	Bi	Fe	Zn
SbPb90-6	90.00	6.00	0.80	0.08	0.07	0.10	0.05	0.01
SbPb88-6	88.00	6.00	3.00	0.10	0.08	0.18	0.06	0.01

5　试验方法

5.1　高铅锑锭铁含量的测定,按 GB/T 3253.2 的规定进行。

5.2　高铅锑锭铜含量的测定,按 GB/T 3253.4 的规定进行。

5.3　高铅锑锭硫含量的测定,按 GB/T 3253.6 的规定进行。

5.4　高铅锑锭铋含量的测定,按 GB/T 4103.8 的规定进行。

5.5　高铅锑锭锌含量的测定,按 GB/T 4103.12 的规定进行。

5.6　高铅锑锭锑含量的测定,按附录 A 的规定进行。

5.7　高铅锑锭铅含量的测定,按附录 B 的规定进行。

5.8　高铅锑锭砷含量的测定,按附录 C 的规定进行。

6　检验规则

6.1　检查和验收

6.1.1　高铅锑锭由供方质量技术监督部门进行检验,保证产品质量符合本标准规定,并出具质量证明书。

6.1.2　需方应对所收到的产品按本标准的规定进行检验。如检验结果与本标准的规定不符时,应在收到产品之日起 1 个月内向供方提出,由供需双方协商解决。如需仲裁,取样在需方,由双方共同进行。

6.2　组批

高铅锑锭应成批提交检验,每批应由同一牌号、同一炉号的产品组成。

6.3　检验项目

每批产品应按本标准所规定的化学成分进行检验。

6.4　取样制样

6.4.1　批产品中每 10 锭抽取 1 锭按斜线法(或品字形法)分别在其正反面各钻三个孔,孔深要达到厚度的 1/2。

6.4.2　所得的样品全部磨粉,用圆锥四分法缩分到 400g 左右,再进一步研磨至全部通过 0.074μm 筛,从其中分取 100g 送检验,其余装入样袋保存。

6.5　仲裁取样

批产品中每 10 锭取 2 根锭作为仲裁样锭。

6.6　结果判定

化学成分仲裁分析结果与本标准规定不符时,则重定牌号或退货。

7　包装、标志、运输和贮存

7.1　包装

高铅锑锭采用木箱包装,每箱 1t,也可按用户要求进行包装。

7.2 标志

包装箱上应有明显牢固的标志,内容包括:产品名称、生产厂名、型号、批号、生产日期、毛净重。

7.3 运输和贮存

产品在贮存和运输过程中应防止包装破损。

7.4 质量证明书

每批高铅锑锭应附质量证明书,注明:

a. 供方名称;

b. 产品名称和牌号;

c. 批号;

d. 净重、件数;

e. 分析检验结果和质量技术监督部门印记;

f. 本标准编号;

g. 出厂日期。

附 录 A

(提示的附录)

硫酸铈滴定法测定锑量

A1 范围

本标准规定了高铅锑锭中锑含量的测定方法。

本标准适用于高铅锑锭中锑含量的测定。测定范围:80.00%~95.00%。

A2 方法提要

试料用硫酸溶解,在盐酸介质中,以甲基橙为指示剂,用硫酸铈标准滴定溶液进行滴定。

A3 试剂

A3.1 硫酸($\rho=1.84g/mL$)。

A3.2 盐酸(1+1)。

A3.3 甲基橙溶液(1g/L)。

A3.4 硫酸铈标准滴定溶液。

A3.4.1 配制

称取 20g 硫酸铈[$Ce(SO_4)_2 \cdot 4H_2O$]置于 1000mL 烧杯中,加水 100mL,在不断搅拌下慢慢加入 100mL 硫酸(A3.1),冷却,补加 600mL 水,搅拌使硫酸铈溶解完全,冷却至室温,移入 1000mL 容量瓶中,用水稀释至刻度,混匀。

A3.4.2 标定

称取 0.1500g 纯锑(>99.99%)于 300mL 锥形瓶中,用少量水润湿。以下按 A4.3.2~A4.3.3 条进行。

按式(A1)计算硫酸铈标准滴定溶液的实际浓度:

$$c=\frac{m_1}{M\cdot V_1}\times 1000 \qquad \text{(A1)}$$

式中　c——硫酸铈标准滴定溶液的实际浓度,mol/L;

m_1——称取纯锑的质量,g;

M——金属锑的摩尔质量,60.875g/mol;

V_1——标定中消耗硫酸铈标准滴定溶液的体积,mL。

A4　分析步骤

A4.1　试料

称取 0.15g 试样,精确至 0.0001g。

独立地进行二次测定,取其平均值。

A4.2　空白试验

随同试料做空白试验。

A4.3　测定

A4.3.1　将试料(A4.1)置于 300mL 锥形瓶中,用少量水润湿,加入 15mL 硫酸,盖上表面皿,置于电热板上加热,使溶解完全,取下冷却。

A4.3.2　加入 60mL 水,煮沸 1~2min,取下冷却。

A4.3.3　加入 30mL 盐酸,加热至 80~90℃,加 1~2 滴甲基橙溶液,在不断摇动下,用硫酸铈标准滴定溶液缓缓进行滴定。临近终点,再将溶液加热至 80~90℃,继续滴定至红色恰好褪去为终点。

A5　分析结果的表述

按式(A2)计算锑的百分含量:

$$\text{Sb}(\%)=\frac{c\cdot(V_2-V_0)\cdot M}{m_0}\times 100 \qquad \text{(A2)}$$

式中　c——硫酸铈标准滴定溶液的实际浓度,mol/L;

V_2——测定中滴定试料溶液所消耗硫酸铈标准滴定溶液的体积,mL;

V_0——测定中滴定空白试验溶液所消耗硫酸铈标准滴定溶液的体积,mL;

M——金属锑的摩尔质量,60.875g/mol;

m_0——试料的质量,g。

所得结果表示至二位小数。

A6　允许差

实验室间分析结果的差值应不大于表 A1 所列的允许差。

表 A1　　　　%

锑含量	允许差
80.00~85.00	0.30
>85.00~88.00	0.35
>88.00~95.00	0.40

附 录 B

（提示的附录）

Na_2EDTA 滴定法测定铅量

B1 范围

本标准规定了高铅锑锭中铅含量的测定方法。

本标准适用于高铅锑锭中铅含量的测定。测定范围：5.00%～14.00%。

B2 方法提要

试料经硫酸分解，以氢溴酸-盐酸赶除锑、砷，然后沉淀铅，使铅与其他杂质元素分离。用乙酸-乙酸钠缓冲溶液溶解硫酸铅，以二甲酚橙为指示剂，用 Na_2EDTA 标准滴定溶液进行滴定。

B3 试剂

B3.1 硫酸钾。

B3.2 抗坏血酸。

B3.3 无水乙醇。

B3.4 硫酸（$\rho=1.84g/mL$）。

B3.5 硝酸（1+3）。

B3.6 氢溴酸-盐酸混合液：3 个单位体积的氢溴酸与一个单位体积的盐酸混合。

B3.7 硫酸-硫酸钾洗涤液：在 100mL 洗液中含硫酸（B3.4）2mL，硫酸钾（B3.1）0.50g。

B3.8 乙酸-乙酸钠缓冲溶液：称取 200g 结晶乙酸钠，用水溶解后，加入 10mL 冰乙酸，用水稀释至 1000mL，混匀。检查溶液 pH 值应为 5.5～6。

B3.9 二甲酚橙溶液（1g/L）。

B3.10 铅标准溶液：称取 2.0000g 纯铅（>99.99%）置于 300mL 烧杯中，加入 30mL 硝酸（B3.5），盖上表皿，微热溶解完全，驱除氮的氧化物，取下冷却，移入 1000mL 容量瓶中，用水稀释至刻度，混匀。此溶液 1mL 含 0.0020g 铅。

B3.11 乙二铵四乙酸二钠（Na_2EDTA）标准滴定溶液（约 0.0096mol/L）

B3.11.1 配制

称取 3.60g 乙二铵四乙酸二钠（Na_2EDTA）（$C_{10}H_{14}N_2O_8Na_2\cdot 2H_2O$）于 300mL 烧杯中，加 200mL 水溶解，微热溶解完全，取下冷却，移入 1000mL 容量瓶中，用水稀释至刻度，混匀。

B3.11.2 标定

移取 3 份 25.00mL 铅标准溶液（B3.10），分别置于 250mL 三角烧杯中，于低温蒸发至体积约为 3mL，取下冷却。加入 20mL 硫酸，加热至冒白烟，取下冷却。以下按 B4.3.2～B4.3.8 条进行。

按式（B1）计算 Na_2EDTA 标准滴定溶液的实际浓度：

$$c=\frac{m_1}{M\cdot V_1}\times 1000 \tag{B1}$$

式中 c——Na_2EDTA 标准滴定溶液的实际浓度，mol/L；

m_1——吸取铅标准溶液中金属铅的质量，g；

V_1——标定时消耗 Na_2FDTA 标准滴定溶液的体积,mL;

M——金属铅的摩尔质量,207.2g/mol。

B4 分析步骤

B4.1 试料

称取 0.40~0.80g 试样(试样量应控制铅量在 50mg 左右),精确至 0.0001g。

独立地进行二次测定,取其平均值。

B4.2 空白试验

随同试料做空白试验。

B4.3 测定

B4.3.1 将试料(B4.1)置于 250mL 三角烧杯中,以少量水润湿。加入 20mL 硫酸,0.5g 硫酸钾,加热溶解完全,取下冷却。

B4.3.2 加入 5mL 氢溴酸-盐酸混合液,加热至冒浓厚白烟,取下冷却。再重复加氢溴酸-盐酸混合液蒸发两次(每次用 5mL),最后一次蒸发,要保证硫酸剩余量约为 10mL,取下冷却。

B4.3.3 用洗瓶吹洗杯壁(用水量约为 10mL),摇动一下,再加入 90mL 沸水。

B4.3.4 加入 5mL 无水乙醇,稍加摇动,置于流水中冷却 1h 以上。

B4.3.5 用慢速滤纸进行过滤。烧杯及漏斗用硫酸-硫酸钾洗涤液进行洗涤。烧杯洗两次,漏斗洗 5 次,再用水洗一次。

B4.3.6 把沉淀连同滤纸放入原烧杯中,加入 35mL 乙酸-乙酸钠缓冲溶液,煮沸 1~2min,取下冷却。

B4.3.7 加水 50mL,加少许抗坏血酸,摇动片刻。

B4.3.8 加入 1~2 滴二甲酚橙溶液,用 Na_2EDTA 标准溶液进行滴定。溶液由红色变为稳定的亮黄色即为终点。

B5 分析结果的表述

按式(B2)计算铅的百分含量:

$$Pb(\%)=\frac{c\cdot(V_2-V_0)\cdot M}{m_0}\times 100 \tag{B2}$$

式中 c——Na_2EDTA 标准滴定溶液的实际浓度,mol/L;

V_2——测定中滴定试料溶液所消耗 Na_2EDTA 标准滴定溶液的体积,mL;

V_0——测定中滴定空白试验溶液所消耗 Na_2EDTA 标准滴定溶液的体积,mL;

M——金属铅的摩尔质量,207.2g/mol;

m_0——试料的质量,g。

所得结果表示至二位小数。

B6 允许差

实验室间分析结果的差值应不大于表 B1 所列的允许差。

表 B1 %

锑含量	允许差	锑含量	允许差	锑含量	允许差
5.00~7.00	0.20	>7.00~10.00	0.25	>10.00~14.00	0.30

附 录 C

（提示的附录）

苯萃取-溴酸钾滴定法测定砷量

C1 范围

本标准规定了高铅锑锭中砷含量的测定方法。

本标准适用于高铅锑锭中砷含量的测定。测定范围:0.50%～5.00%。

C2 方法提要

试料以硫酸分解,在9mol/L盐酸介质中,以苯萃取三价砷,用水反萃取。然后于盐酸介质中,以甲基橙为指示剂,用溴酸钾标准滴定溶液进行滴定。

C3 试剂

C3.1 苯。

C3.2 硫酸($\rho=1.84$g/mL)。

C3.3 盐酸($\rho=1.19$g/mL)。

C3.4 盐酸(1+1)。

C3.5 盐酸(3+1)。

C3.6 甲基橙溶液(1g/L)。

C3.7 溴酸钾标准滴定溶液(0.01334mol/L)。

C3.7.1 基准溴酸钾的储存和前处理

刚开封的溴酸钾可直接称量配制标准滴定溶液。开封后的溴酸钾需放于干燥器中保存,且在使用之前先在烘箱中于105℃烘干1h,取出,置于干燥器中冷却0.5h后方可称量。

C3.7.2 配制

称取0.7429g溴酸钾于500mL烧杯中,加水200mL,加热至溶解完全,取下冷却至室温。移入2000mL容量瓶中,用水稀释至刻度,混匀。

C4 分析步骤

C4.1 试料

称取0.30g试样,精确至0.0001g。

独立地进行二次测定,取其平均值。

C4.2 空白试验

随同试料做空白试验。

C4.3 测定

C4.3.1 将试料(C4.1)置于250mL高型烧杯中,以少量水润湿。

C4.3.2 加入20mL硫酸,0.5g硫酸钾,加热溶解完全,取下冷却。加5mL水,混匀,冷却至室温。

C4.3.3 加40mL盐酸(C3.3),混匀,移入125mL分液漏斗中,加入60mL苯,分两次洗涤烧杯,并入分液漏斗中,振荡1min,静置分层。将水相移入另一个预先盛有20mL苯的分液漏斗中,振荡1min,静置分层,弃去水相。

C4.3.4　将有机相并入第一个分液漏斗中,用 5mL 盐酸(C3.5)滴洗分液漏斗的颈口和磨口瓶盖,振荡 0.5min,静置分层,弃去水相。如此反复洗涤三次,静置 2～3min,尽可能将水相分离干净。

C4.3.5　于分液漏斗中加入 30mL 水,振荡 1min,静置分层,水相收集于 250mL 锥形瓶中。再往分液漏斗中加 20mL 水,振荡 0.5min,静置分层,水相合并于锥形瓶中。

C4.3.6　将锥形瓶置于电炉上加热煮沸 1～2min,取下冷却。加入 30mL 盐酸(C3.3),加热至 80～90℃,加入 1 滴甲基橙溶液,在不断摇动下,以溴酸钾标准滴定溶液缓慢地进行滴定。临近终点时,再将溶液加热至 80～90℃,补加 1 滴甲基橙溶液,继续滴定至红色恰好褪色为终点。

C5　分析结果的计算

按式(C1)计算砷的百分含量:

$$As(\%)=\frac{c\cdot(V_1-V_0)\cdot M}{m_0}\times 100 \qquad (C1)$$

式中　c——溴酸钾标准滴定溶液的实际浓度,mol/L;

V_1——测定中滴定试料溶液所消耗溴酸钾标准滴定溶液的体积,mL;

V_0——测定中滴定空白试验溶液所消耗溴酸钾标准滴定溶液的体积,mL;

M——金属砷的摩尔质量,37.46g/mol;

m_0——试料的质量,g。

所得结果表示至二位小数。

C6　允许差

实验室间分析结果的差值应不大于表 C1 所列的允许差。

表 C1　　%

砷含量	允许差	砷含量	允许差
0.50～0.65	0.04	>1.00～2.50	0.10
>0.65～0.85	0.06	>2.50～5.00	0.20
>0.85～1.00	0.08		

前　言

为满足银精矿的生产和贸易，首次制定了银精矿标准。

本标准制定时充分考虑了我国银矿资源和冶炼的特点，即单一银矿少，伴生银矿多；银精矿目前尚无专门的冶炼工艺流程，而是与其他有色金属精矿搭配混合，在冶炼其他有色金属产品时回收银。为此，标准中规定了银精矿含量大于3000g/t，并依据不同有色金属产品的冶炼工艺流程确定了杂质及其限量。

本标准编写的格式和表述遵循GB/T 1.1—1993《标准化工作导则　第一单元：标准的起草与表述规则　第一部分：标准编写的基本规定》的有关规定。

本标准由中国有色金属工业标准计量质量研究所提出。

本标准由中国有色金属工业标准计量质量研究所归口。

本标准由白银有色金属公司、株洲冶炼厂负责起草。

本标准主要起草人：张光复、李敦华、孔祥圣、郑建安。

中华人民共和国有色金属行业标准

银　精　矿

YS/T 433—2001

Silver concentrate

1　范围

本标准规定了银精矿的要求、试验方法、检验规则及包装和运输。

本标准适用于浮选银精矿，供炼银用。

2　引用标准

下列标准所包含的条文，通过在本标准中引用而构成为本标准的条文。本标准出版时，所示版本均为有效。所有标准都会被修改，使用本标准的各方应探讨使用下列标准最新版本的可能性。

GB/T 1250—1989　极限数值的表示方法和判定方法

GB/T 8170—1987　数值修约规则

GB/T 14263—1993　散装浮选铜精矿取样、制样方法

YS/T 96—1996　散装浮选铜精矿、铅精矿中金、银分析取制样方法

YS/T 445.1～445.9—2001　银精矿化学分析方法

3　要求

3.1　化学成分

3.1.1　银精矿的化学成分应符合表1的规定。

表1

名　称	流　　程	Ag/(g/t) 大于	杂质元素/%　不大于							
			Cu	Pb+Zn	Zn	As	Bi	MgO	SiO_2	Al_2O_3
银精矿	铜冶炼流程	3000	—	8	—	0.4	0.5	5	—	—
	铅冶炼流程		1.5	—	7	0.4	—	2	—	4
	铅锌混合冶炼流程		2.5	—	—	0.4	—	—	4.5	—

3.1.2　除表1的规定外，有价元素、其他杂质元素的确定及限量由供需双方商定。

3.2　银精矿水分应不大于12%，冬季应不大于8%。

3.3　银精矿不得混入外来杂物，同批精矿必须混匀。

4　试验方法

4.1　银精矿水分含量的测定按GB/T 14263中的规定进行。

4.2　银精矿化学成分测定按YS/T 445.1～445.9中的规定进行。

中国有色金属工业协会 2001-02-12 批准　　2001-05-01 实施

5 检验规则

5.1 检查和验收

银精矿运输到需方就近车站或码头后,由需方技术监督部门负责验收。供方必须确保产品质量符合本标准(或订货合同)的规定。

5.2 组批

银精矿应成批提交检验,每批应由同一品质组成。检验批不大于60t。

5.3 取样和制样

5.3.1 散装银精矿取样方法按照YS/T 96实施,袋装银精矿按10%(m/m)以上随机抽取样袋,采用样钎钎取份样,钎样时插入袋底,每袋取一钎,并将样袋中所取份样混合均匀。

5.3.2 样品的制备按GB/T 14263规定的程序和方法进行。

5.3.3 将所制样品分成3份:一份为验收分析试样;一份交供方;一份由需方保存3个月,作为仲裁样品。供方如对验收分析结果有异议,应在仲裁样保存期内提出。

5.4 检验结果的判定

5.4.1 检验结果的判定按GB/T 1250中修约值比较法的规定进行。

5.4.2 检验结果保留2位小数;数字的修约按GB/T 8170—1987中第3章的规定进行。

5.4.3 当供需双方对检验结果有争议时,由供需双方协商解决;如需仲裁,以仲裁结果为最终判定依据。

5.4.4 同一车内,发现精矿颜色明显不一致或掺杂等不符合银精矿标准规定时判废。

6 包装和运输

6.1 银精矿为散装也可袋装。袋装时每袋重量应基本一致。

6.2 银精矿用火车(船)或汽车运输,装车后应将精矿表面扒平。

6.3 每批精矿发运时,应附有质量保证预报单。注明:

a. 供方名称;

b. 精矿名称;

c. 品质;

d. 重量;

e. 车号;

f. 发货日期;

g. 本标准编号(或合同号)。

7 订单(或合同)内容

本标准所列银精矿的订单(或合同)应包括下列内容:

7.1 产品名称。

7.2 含量。

7.3 杂质含量的特殊要求。

7.4 数量。

7.5 本标准编号。

7.6 其他。

前 言

本标准是首次制定。本标准的尺寸及偏差参照了日本神户、住友、日立等公司内螺纹铜管的技术要求，其他技术要求参照了日本 JIS H 3300：1997 的相应规定，并结合了我国内螺纹铜管的实际情况。编写规则符合 GB/T 1.1—1993 的规定。

本标准的附录 A、附录 B 是标准的附录。

本标准由中国有色金属工业标准计量质量研究所提出。

本标准由中国有色金属工业标准计量质量研究所归口。

本标准由河南金龙精密铜管股份有限公司负责起草。

本标准起草单位：河南金龙精密铜管股份有限公司、高新张铜金属材料有限公司。

本标准主要起草人：李长杰、郭照相、张金利、杨光耀、王向东、李耀群、刘滨。

中华人民共和国有色金属行业标准

YS/T 440—2001

内 螺 纹 铜 管

Inner grooved copper tube

1 范围

本标准规定了内螺纹铜管的技术要求、试验方法、检验规则与包装、标志、运输和贮存。

本标准适用于空调与制冷用内螺纹铜管。

2 引用标准

下列标准所包含的条文,通过在本标准中引用而构成为本标准的条文。本标准出版时,所示版本均为有效。所有标准都会被修订,使用本标准的各方应探讨使用下列标准最新版本的可能性。

GB/T 228—1987 金属拉伸试验法

GB/T 242—1997 金属管 扩口试验方法

GB/T 5121—1996 铜及铜合金化学分析方法

GB/T 5248—1998 铜及铜合金无缝管涡流探伤方法

GB/T 6397—1986 金属拉伸试验试样

GB/T 8888—1988 重有色金属加工产品的包装、标志、运输和贮存

YS/T 347—1994 单相铜合金晶粒度测定方法

3 定义

本标准采用下列定义。

3.1 内螺纹铜管 inner grooved copper tube

外表面光滑,内表面具有一定数量、一定规则螺纹的铜管。

3.2 名义壁厚 nominal wall thickness

内螺纹铜管按每米克重理论值计算出相应公称外径的无缝光面铜管的壁厚值。

4 要求

4.1 产品分类

4.1.1 管材的牌号、状态和供货形状应符合表1的规定。

表1 产品的牌号、状态和供货形状

牌 号	状 态	供货形状
TP2	轻软(M2)	直 管
		盘 管

4.1.2 标记示例

标记方法为外径、底壁厚、齿高加螺旋角标法:

中国有色金属工业协会 2001-02-12 发布 2001-05-01 实施

示例1：外径为9.52mm、底壁厚为0.30mm、齿高为0.20mm、螺旋角为18°的内螺纹铜盘管标记为：

内螺纹盘管　TP2 M2　ϕ9.52×0.30+0.20—18°　YS/T 440—2001

示例2：外径为7.00mm、底壁厚为0.27mm、齿高为0.15mm、螺旋角为18°、长度为3000mm的内螺纹铜直管标注为：

内螺纹直管　TP2 M2　ϕ7.00×0.27+0.15—18°×3000　YS/T 440—2001

4.2　化学成分

管材的化学成分应符合表2的规定。

表2　管材的化学成分

牌　号	主成分/%		杂质成分/%　不大于									
TP2	Cu	P	S	Bi	Sb	As	Fe	Ni	Pb	Sn	Zn	O
	≥99.90	0.015~0.040	0.005	0.001	0.002	0.002	0.005	0.005	0.005	0.005	0.005	0.01

4.3　外形尺寸及允许偏差

内螺纹铜管的齿型图示见图1。

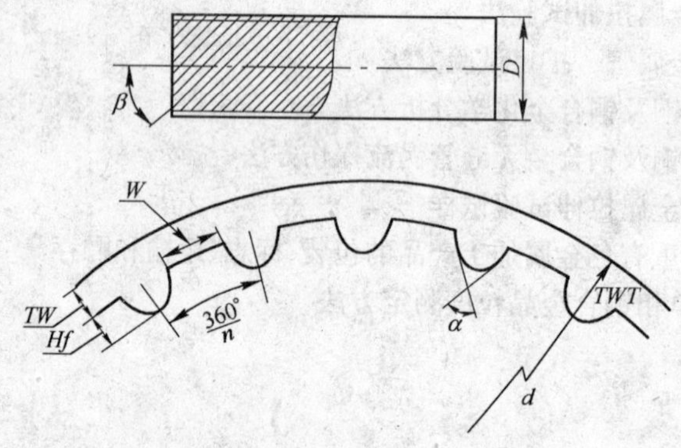

图1　内螺纹铜管齿型示意图

D—外径；d—内径；TW—底壁厚；Hf—齿高；TWT—总壁厚；
W—槽底宽；α—齿顶角；β—螺旋角

4.3.1　尺寸及允许偏差应符合表3的规定。表4为本标准推荐的规格。

表3　尺寸及允许偏差

名　称	尺　寸	允许偏差
平均外径 D/mm	6≤D<9	±0.04
	9≤D≤13	±0.05
内径 d/mm	—	±0.03
名义壁厚 T/mm	0.30~0.45	—
不圆度/mm	—	不大于名义外径的3%
底壁厚 TW/mm	0.25~0.35	±0.03
齿高 Hf/mm	0.15~0.25	±0.02
齿顶角 α/(°)	30~60	±5
螺旋角 β/(°)	7~30	±2

续表 3

名　　称	尺　　寸	允许偏差
槽底宽 W/mm	0.10～0.20	±0.03
	0.20～0.30	±0.04
螺纹数 n	50～75	0
每米克重/g	—	±3

注：1. 表中内径 $d=D-(TW+Hf)\times2$；

2. 每米克重理论值由供需双方认可；

3. 如有特殊要求由供需双方协商确定。

表 4　推荐规格的名义尺寸

序号	规　　格/mm	外径 D/mm	内径 d/mm	底壁厚 TW/mm	齿高 Hf/mm	槽底宽 W/mm	总壁厚 TWT/mm	齿顶角 α/(°)	螺旋角 β/(°)	螺纹数 n
1	ϕ7.00×0.27+0.15—18°	7.00	6.16	0.27	0.15	0.14	0.42	53	18	60
2	ϕ9.52×0.28+0.15—18°	9.52	8.66	0.28	0.15	0.27	0.43			
3	ϕ9.52×0.30+0.20—18°	9.52	8.52	0.30	0.20	0.24	0.50			

4.3.2　直管的不定尺长度为 400～10000mm，管材的定尺或倍尺长度应在不定尺范围内，倍尺长度应加入锯切量，每一锯切量为 5mm，直管定尺允许偏差应符合表 5 的规定。

表 5　直管定尺允许偏差　　mm

长　　度	允许偏差	长　　度	允许偏差
400～600	+2 0	＞1800～4000	+6 0
＞600～1800	+3 0	＞4000～10000	+10 0

4.3.3　管材端部应锯切平整，允许有轻微的毛刺，直管切斜不大于 2mm。

4.4　室温力学性能

抗拉强度 σ_b：215～270MPa

伸长率：δ_5≥43%。

4.5　平均晶粒度

0.015～0.035mm

4.6　扩口性能

采用 60°的冲锥，扩口率为 30%，扩口后试样不应产生肉眼可见的裂纹或裂口。

4.7　无损探伤

4.7.1　直管应在探伤设备信号装置上不发出报警信号。盘管的报警信号允许次数由供需双方商定；报警信号深色标记长度不小于 300mm。

4.7.2　涡流探伤检测时，标准样管人工缺陷为通孔，其孔径应符合表 6 的规定。

表 6　标准样管人工缺陷孔径　　mm

管　外　径	钻孔直径	管　外　径	钻孔直径
6.00～9.00	0.3	＞9.00～13.00	0.4

4.8 清洁度

内螺纹铜管内表面残留物应不大于0.038g/m^2。

4.9 盘卷的外形尺寸

内螺纹铜盘管供货应为层绕盘管。

卷内径(名义):610mm,560mm;

卷外径:<1070mm;

卷宽:200～400mm。

4.10 表面质量

内螺纹铜管表面应清洁、光亮,不应有影响使用的有害缺陷。轻微的表面加工环痕不作报废依据。

5 试验方法

5.1 管材的化学成分仲裁分析方法按GB/T 5121规定进行。

5.2 管材的拉伸试验按GB/T 228规定进行,其拉伸试样按GB/T 6397中S1试样规定进行。

5.3 管材的扩口试验按GB/T 242规定进行。

5.4 管材的尺寸用相应精度的测量工具进行测量,内表面螺纹尺寸及偏差的测量方法按附录A(标准的附录)规定进行。

5.5 管材的晶粒度检验按YS/T 347规定进行。

5.6 管材的涡流探伤检验按GB/T 5248规定进行。

5.7 管材的清洁度试验按附录B(标准的附录)规定进行。

5.8 管材用肉眼检验外表面质量。

6 检验规则

6.1 检查与验收

6.1.1 管材应由供方技术监督部门验收,并保证产品质量符合本标准的要求。

6.1.2 需方对收到的产品应进行检验,当检验结果与本标准规定不符合时,应在收到产品之日起3个月内向供方提出,由供需双方协商解决。

6.2 组批

管材应成批提交验收,每一批应由同一牌号、状态、规格和加工方法组成,每批重量不大于10000kg。

6.3 检验项目

6.3.1 每批管材应进行化学成分、外形尺寸及允许偏差、力学性能、扩口试验、晶粒度、清洁度的检验。

6.3.2 管材应逐根进行涡流探伤及外表面质量检查。

6.4 取样数量

6.4.1 化学成分的检验每批取一个试样进行检验。

6.4.2 其他项目每批取两个试样进行检验。

6.5 重复试验

在外形尺寸及允许偏差、力学性能、扩口试验、晶粒度、清洁度的检验中,只要有一个试样的试验结果不合格时,也应从原抽样样品中再取双倍试样进行不合格项目的重复试验,重复试验结果作为判定依据。

6.6 检验结果判定

各项检验试验结果符合本标准要求时判为合格。

6.6.1　化学成分分析、晶粒度检验、清洁度试验不合格时，则按批判不合格。其中清洁度试验不合格时，允许返修后重新交验。

6.6.2　拉伸试验、扩口试验、尺寸偏差检验不合格时，则按批判不合格，允许本批逐盘进行检验，合格者单独组批。

6.6.3　涡流探伤及外表面质量检验不合格时，按件判不合格。

7　标志、包装、运输、贮存

7.1　标志

7.1.1　在检验合格的管材标签上应标注如下标志。

a. 供方技术监督部门的检印；

b. 合金牌号；

c. 规格；

d. 供应状态；

e. 批号；

f. 缺陷数；

g. 净重；

h. 执行标准；

i. 生产日期。

7.1.2　管材的包装箱标志应符合 GB/T 8888 的规定。

7.2　包装

7.2.1　盘管应固定在两法兰之间，外围防护材料，层叠置于托盘上并固定后方可供货。

7.2.2　直管包装应符合 GB/T 8888 的规定。

7.3　运输、贮存

管材的运输、贮存应符合 GB/T 8888 的规定。

7.4　质量证明书

每批管材应附有质量证明书，其上注明：

a. 供方名称；

b. 产品名称；

c. 合金牌号；

d. 规格和供货形状；

e. 供应状态；

f. 批号；

g. 净重和件数；

h. 各项分析检验结果和技术监督部门印记；

i. 本标准编号；

j. 包装日期。

8　订货单内容

本标准所列材料的订货单内应包括以下内容：

a. 材料名称；

b. 合金牌号;

c. 材料状态;

d. 尺寸(名义尺寸);

e. 供货形状:

f. 尺寸允许偏差(有特殊要求时);

g. 重量;

h. 交货方式;

i. 本标准编号;

j. 其他。

附 录 A

(标准的附录)

内螺纹铜管螺纹参数测量方法

A1 测量工具

显微镜,直尺,量角器,剖面放映仪等。

A2 取样与制样

A2.1 需要检测螺纹参数的内螺纹管应为硬态,即在螺纹成型后未退火前,所取样品没有大的变形。

A2.2 对于无法得到硬态样品管时,可取软态没有大的变形的样品管。

A2.3 当同一批样品管,其不同状态下的螺纹参数测量数据不一致时,以硬态为准。

A2.4 取未变形的铜管一段(长度大于100mm)锯下30mm一段的铜管样,得到锯切面,在砂纸上磨制锯切面,磨制经400号、900号两道砂纸,磨制结束后,再用小毛刷清扫试样上的异物及管子内的小毛刺和卷边等,最后用酒精清洗、吹干。

A3 显微镜测量方法

A3.1 测量齿高、底壁厚、齿顶角

试样置于显微镜载物平台上,打开光源,初步调节 X、Y 方向旋钮,观察目镜,使得至少有一个较完整的齿处于视场内,任选一个齿进行测量。

a) 在目镜中测量齿高和底壁厚

观测目镜,调节 X、Y 旋钮、旋转载物台及目镜,使齿顶与刻度线重叠并保证管的外壁与刻度线垂直,然后读出齿高和底壁厚数据。

b) 在毛玻璃上测量点高、底壁厚、齿顶角

将齿形打到毛玻璃上,齿高及底壁厚的测量方法同a);用透明纸从玻璃上描下齿形,用量角器测出齿顶角。

c) 在相纸上测量点高、底壁厚、齿顶角

为齿形拍出相片,烘干,然后用直尺在相纸上量出齿高、底壁厚,用量角器量出齿顶角。

A3.2 测齿条数

将试样置于显微镜下,放大10～40倍,直接数出其齿条数。

A3.3 测量螺旋角

将管材纵向剖开,展平,找出纵向基准线,用量角仪读出螺旋角。

A3.4 测量方法选择

由于测量工具及方法不同,凸筋参数测量结果与精确度各不相同,可根据不同要求选择不同的测量方法:

目镜中测量:仅需要测量齿高和底壁厚时,应采用本方法;

毛玻璃上测量:当需要快速测量齿顶角时,应采用本方法;

相片上测量:须精确测量齿高、底壁厚和齿顶角时采用本方法。

A3.5 数据修约

A3.5.1 测量齿高、底壁厚

a) 在目镜中测量精确到 0.004mm;

b) 在毛玻璃上测量精确到 0.005mm;

c) 在相纸上测量精确到 0.005mm。

A3.5.2 测量齿顶角精确到 1°。

A4 剖面放映仪测齿高、底壁厚、槽底宽和螺旋角方法

A4.1 测齿高、底壁厚和槽底宽

A4.1.1 将制备好的样品固定在剖面放映仪的载物台平面玻璃上,打开放映仪上底部的光源,让光线通过载物台平面玻璃底面反射至管材上。

A4.1.2 调节仪器上的 X、Y 轴,使得至少有一个较完整的齿处于剖面仪的光屏上,调节 X、Y 轴,使 X 轴线与齿底部的投影相切,Y 轴线与齿边缘相切,将 X、Y 轴的读数调整为 0,向上平行移动 X 轴线与齿顶相切,读出 X 轴的显示数即为齿高数值。

A4.1.3 将 X 轴复位,移动 Y 轴线,使之与相邻的齿边缘相切,读出 Y 轴显示值即为槽底宽数值。

A4.1.4 将 Y 轴线复位,向下移动 X 轴线与管材的外壁相切,读出 X 轴的显示值即为底壁厚数值。

A4.2 测螺旋角

A4.2.1 将内螺纹铜管样品沿轴向剖开压平待用。

A4.2.2 将制备好的样品固定在剖面放映仪的载物台平面玻璃上,打开放映仪上底部的光源,让光线通过载物台平面玻璃底面反射至管材上。

A4.2.3 调节仪器上 X、Y 轴,使齿形呈清晰状,调节 X、Y 轴线,使 Y 轴线与管端面相垂直,将显示仪器上的角度显示屏的任一条线调至与 X 轴重合,角度显示器读数调为 0,逆时针方向旋转该直线与 X 轴线重合,读出角度值,用 180°减去所读角度值,即为内螺纹铜管的螺旋角。

附 录 B
(标准的附录)
铜管清洁度试验方法

B1 试样

管子试样长度不小于 1.5m。

B2 试验步骤

将待测定管材按规定长度截取。将一定量的四氯化碳或其他相同性质的溶剂注入试验铜管内,

充分振荡,以便彻底清洗内表面。20min 后,将溶剂倒入一个充分洗净烘干并已称量重量为 G_1 的烧杯中。将烧杯置于温度为 100～120℃ 的控温热板上,使溶剂蒸发干为止。再将烧杯放入 100～110℃ 的烘箱中烘 30min。取出烧杯,放入干燥器中冷却 1h,然后称出重量 G_2。随同试样做空白试验,并测定空白值 G_0。

铜管单位内表面积上残留物重量 Q——清洁度按公式(B1)计算:

$$Q=\frac{G-G_0}{S\times L} \tag{B1}$$

式中 Q——铜管清洁度,g/m^2;

G——铜管残留物的重量,g;

G_1——空烧杯的重量,g;

G_2——清洗管子的溶剂蒸发后烧杯的重量,g;

G_0——空白值,g;

S——铜管单位长度内表面积,m^2/m;

L——试样长度,m。

铜管残留物的重量 G 按公式(B2)进行计算:

$$G=G_2-G_1 \tag{B2}$$

内螺纹铜管单位长度内表面积按公式(B3)进行计算:

$$S=(W+2\times Hf/\cos(\alpha/2))\times n/\cos\beta \tag{B3}$$

式中 W——槽底宽,m;

Hf——齿高,m;

α——齿顶角,(°);

β——螺旋角,(°);

n——螺纹数。

本算法将齿型看做近似三角形计算,误差≤5%。

B3 溶剂用量

每 1.5m 长度内螺纹铜管的溶剂用量应符合表 B1 规定。

表 B1

管子内径 d/mm	注入溶剂量/mL	管子内径 d/mm	注入溶剂量/mL	管子内径 d/mm	注入溶剂量/mL
$5\leqslant d<8$	30	$8\leqslant d<10$	50	$10\leqslant d<13$	80

三、贵金属标准

中华人民共和国有色金属行业标准

YS/T 81—1994

高纯海绵铂

代替 YB 1704—1978

1 主题内容与适用范围

本标准规定了高纯海绵铂的产品分类、技术要求、试验方法、检验规则和标志、包装、运输、贮存。

本标准适用于由矿石原料及各类贵金属废料经分离提纯后制得的高纯海绵铂。供化学工业、电气仪表、精密合金及测温材料等使用。

2 引用标准

GB 1419 海绵铂

YB 928 高纯铂中杂质元素的发射光谱分析

3 产品分类

根据高纯海绵铂中杂质含量的不同，产品分为两类，其牌号分别表示为：HPt-050 和 HPt-045。

4 技术要求

4.1 产品牌号及化学成分应符合下表规定：

产品牌号	化学成分/%													
	铂含量不小于	杂质含量不大于												杂质总量不大于
		Pd	Rh	Ir	Au	Ag	Cu	Fe	Ni	Al	Pb	Mg	Si	
HPt-050	99.999	0.0003	0.0001	0.0003	0.0001	0.0001	0.0001	0.0001	0.0001	0.0003	0.0001	0.0002	0.0008	0.001
HPt-045	99.995	0.0015	0.0015	0.0015	0.0015	0.0008	0.0008	0.0008	0.0008	0.001	0.0015	0.0008	0.002	0.005

注：铂含量为百分之百减去表中所列杂质元素实测总量的余量。

4.2 产品为灰色海绵状金属。

4.3 产品应纯净，无钠盐。

5 试验方法

产品中硅、镁杂质元素分析按 GB 1419 中附录 A 的规定进行，其他杂质元素的分析按 YB 928 的规定进行。

6 检验规则

6.1 每批产品应由供方质量监督部门进行检验，保证产品符合本标准规定，并填写产品质量证明书。

6.2 需方可对收到的产品按本标准的规定进行检验，如检验结果与本标准规定不符时，可在收到产品之日起 3 个月内向供方提出，由供需双方协商解决。如需仲裁，仲裁取样应在需方共同进行。

中国有色金属工业总公司 1994-05-11 批准 **1995-05-01 实施**

6.3　仲裁分析在双方认可的实验室进行。

6.4　仲裁取样按下列规定进行：即从产品中均匀地抽取每份500mg试样3份，进行仲裁分析。

6.5　3个试样的分析检验结果中，若有一项不合格，则应从该批产品中取双倍试样对该不合格项目进行复验。若该项结果仍不合格，则该批产品为不合格。

7　标志、包装、运输、贮存

7.1　产品装入附有塑料密封盖的白色塑料瓶中，瓶上贴有标签，注明：产品名称、牌号、批号、毛重、净重、供方名称、生产日期，并在瓶盖处加贴封口条，外加安全包装。

7.2　每批产品应附产品质量证明书，注明：

a. 供方名称；

b. 产品名称；

c. 产品牌号、批号、净重、件数；

d. 各项分析检验结果及技术监督部门印记；

e. 本标准编号；

f. 检验日期；

g. 生产日期。

7.3　产品在运输过程中应注意防潮及防止污染。

7.4　产品需贮存于干燥、清洁、安全之处。

附加说明：

本标准由中国有色金属工业总公司标准计量研究所提出。

本标准由昆明贵金属研究所负责起草。

本标准主要起草人：熊大伟。

中华人民共和国有色金属行业标准

YS/T 82—1994

光谱分析用铂基体

代替 YB 1706—1978

1 主题内容与适用范围

本标准规定了光谱分析用铂基体的产品分类、技术要求、试验方法、检验规则和标志、包装、运输、贮存。

本标准适用于光谱分析法鉴定纯度为99.9%～99.999%的铂所使用的铂基体。

2 引用标准

GB 1419 海绵铂

YB 928 纯铂中杂质元素的发射光谱分析

3 产品分类

根据铂基体中杂质含量的不同,产品分为两类,其牌号分别表示为:PtJ-050和PtJ-045。

4 技术要求

4.1 产品牌号及化学成分应符合下表规定:

产品牌号	化学成分/%													
	铂含量不小于	杂质含量不大于												杂质总量不大于
		Pd	Rh	Ir	Au	Ag	Cu	Fe	Ni	Al	Pb	Si	Mg	
PtJ-050	99.999	0.00001	0.00004	0.0003	0.00002	0.00001	0.00001	0.00004	0.00005	0.00004	0.0001	0.0005	0.00005	0.001
PtJ-045	99.995	0.0003	0.0005	0.001	0.0003	0.0001	0.0001	0.0005	0.0005	0.0005	0.0005	0.001	0.0001	0.005

4.2 产品为灰色海绵状金属。需方如对产品有特殊要求,供需双方可另行商定。

4.3 产品应纯净,无钠盐。

5 试验方法

产品中硅、镁杂质元素分析按GB 1419中附录A的规定进行,其他杂质元素的分析按YB 928的规定,用光谱增量法进行。

6 检验规则

6.1 每批产品应由供方质量监督部门进行检验,保证产品符合本标准规定,并填写产品质量证明书。

6.2 需方可对收到的产品按本标准的规定进行检验,如检验结果与本标准规定不符时,可在收到产品之日起3个月内向供方提出,由供需双方协商解决。如需仲裁,仲裁取样应在需方共同进行。

6.3 仲裁分析在双方认可的实验室进行。

中国有色金属工业总公司 1994-05-11 批准 1995-05-01 实施

6.4 仲裁取样按下列规定进行:即从产品中均匀地抽取每份500mg试样3份,进行仲裁分析。

6.5 3个试样的分析检验结果中,若有一项不合格,则应从该批产品中取双倍试样对该不合格的项目进行复验。若该项结果仍不合格,则该批产品为不合格。

7 标志、包装、运输、贮存

7.1 产品装入附有塑料密封盖的白色塑料瓶中,瓶上贴有标签,注明:产品名称、牌号、批号、毛重、净重、供方名称、生产日期,并在瓶盖处加贴封口条,外加安全包装。

7.2 每批产品应附产品质量证明书,注明:

a. 供方名称;

b. 产品名称;

c. 产品牌号、批号、净重、件数;

d. 各项分析检验结果及技术监督部门印记;

e. 本标准编号;

f. 检验日期;

g. 生产日期。

7.3 产品在运输过程中应注意防潮及防止污染。

7.4 产品需贮存于干燥、清洁、安全之处。

附加说明:

本标准由中国有色金属工业总公司标准计量研究所提出。

本标准由昆明贵金属研究所负责起草。

本标准主要起草人:熊大伟。

中华人民共和国有色金属行业标准

YS/T 83—1994

光谱分析用钯基体

代替 YB 1707—1978

1 主题内容与适用范围

本标准规定了光谱分析用钯基体的产品分类、技术要求、试验方法、检验规则和标志、包装、运输、贮存。

本标准适用于光谱分析法鉴定纯度为99.9%～99.999%的钯所使用的钯基体。

2 引用标准

GB 1420 海绵钯

YB 925 纯钯中杂质元素的发射光谱分析

3 产品分类

根据钯基体中杂质含量的不同,产品分为两类,其牌号分别表示为:PdJ-050 和 PdJ-045。

4 技术要求

4.1 产品牌号及化学成分应符合下表规定:

产品牌号	化学成分/%													
	钯含量不小于	杂质含量不大于												杂质总量不大于
		Pt	Rh	Ir	Au	Ag	Cu	Fe	Ni	Al	Pb	Mg	Si	
PdJ-050	99.999	0.0001	0.0001	0.0002	0.00005	0.00005	0.00001	0.0001	0.00003	0.0001	0.00005	0.0001	0.0001	0.001
PdJ-045	99.995	0.0005	0.0005	0.001	0.0003	0.0001	0.0001	0.0002	0.0003	0.0003	0.0003	0.0002	0.0005	0.005

4.2 产品为灰色海绵状金属。如需方对产品形态有特殊要求,供需双方可另行商定。

4.3 产品应纯净,无钠盐及氧化色。

5 试验方法

产品中镁、硅杂质元素分析按 GB 1420 中附录 A 的规定进行,其他杂质元素的分析按 YB 925 的规定,用光谱增量法进行。

6 检验规则

6.1 每批产品应由供方质量监督部门进行检验,保证产品符合本标准规定,并填写产品质量证明书。

6.2 需方可对收到的产品按本标准的规定进行检验,如检验结果与本标准规定不符时,可在收到产品之日起 3 个月内向供方提出,由供需双方协商解决。如需仲裁,仲裁取样应在需方共同进行。

6.3 仲裁分析在双方认可的实验室进行。

中国有色金属工业总公司 1994-05-11 批准　　1995-05-01 实施

6.4 仲裁取样按下列规定进行:即从产品中均匀地取出每份 500mg 试样 3 份,进行仲裁分析。

6.5 3 个试样的分析检验结果中,若有一个项目不合格,则应从该批产品中取双倍试样对该不合格项目进行复验。若该项结果仍不合格,则该批产品为不合格。

7 标志、包装、运输、贮存

7.1 产品装入附有塑料密封盖的白色塑料瓶中,瓶上贴有标签,注明:产品名称、牌号、批号、毛重、净重、供方名称、生产日期,并在瓶盖处加贴封口条,外加安全包装。

7.2 每批产品应附产品质量证明书,注明:

a. 供方名称;

b. 产品名称;

c. 产品牌号、批号、净重、件数;

d. 各项分析检验结果及技术监督部门印记;

e. 本标准编号;

f. 检验日期;

g. 生产日期。

7.3 产品在运输过程中应注意防潮及防止污染。

7.4 产品需贮存于干燥、清洁、安全之处。

附加说明:

本标准由中国有色金属工业总公司标准计量研究所提出。

本标准由昆明贵金属研究所负责起草。

本标准主要起草人:孙传仕。

中华人民共和国有色金属行业标准

YS/T 84—1994

光谱分析用铱基体

代替 YB 1708—1978

1 主题内容与适用范围

本标准规定了光谱分析用铱基体的技术要求、试验方法、检验规则和标志、包装、运输、贮存。

本标准适用于光谱分析法鉴定纯度为99.9%～99.99%的铱所使用的铱基体。

2 引用标准

GB 1422 铱粉

YB 927 纯铱中杂质元素的发射光谱分析

3 技术要求

3.1 产品牌号及化学成分应符合下表规定:

产品牌号	化学成分/%																
	铱含量不小于	杂质含量不大于															杂质总量不大于
		Pt	Pd	Ru	Rh	Au	Ag	Cu	Fe	Ni	Al	Pb	Sn	Mn	Mg	Si	
Ir-J-045	99.995	0.0005	0.0001	0.001	0.0002	0.0001	0.0001	0.0001	0.0005	0.0003	0.0005	0.0003	0.0005	0.0001	0.0001	0.0005	0.005

3.2 产品为氯铱酸铵。如需方对产品形态有特殊要求,供需双方另行商定。

3.3 产品应纯净,无钠盐。

4 试验方法

产品中钌、锰、镁、硅杂质元素分析按 GB 1422 中附录 A 的规定进行,其他杂质元素的分析按 YB 927 的规定,用光谱增量法进行。

5 检验规则

5.1 每批产品应由供方质量监督部门进行检验,保证产品符合本标准规定,并填写产品质量证明书。

5.2 需方可对收到的产品按本标准规定进行检验,如检验结果与本标准规定不符时,可在收到产品之日起 3 个月内向供方提出,由供需双方协商解决。如需仲裁,仲裁取样应在需方共同进行。

5.3 仲裁分析在双方认可的实验室进行。

5.4 仲裁取样按下列规定进行:即从产品中均匀地取出每份 500mg 试样 3 份,进行仲裁分析。

5.5 3 个试样的分析检验结果中,若有一个项目不合格,则应从该批产品中取双倍试样对该不合格项目进行复验。若该项目结果仍不合格,则该批产品为不合格。

6 标志、包装、运输、贮存

6.1 产品装入附有塑料密封盖的白色塑料瓶中,瓶中贴有标签,注明:产品名称、牌号、批号、毛重、净

中国有色金属工业总公司 1994-05-11 批准　　1995-05-01 实施

重、供方名称、生产日期,并在瓶盖处加贴封口条,外加安全包装。

6.2 每批产品应附产品质量证明书,注明:

a. 供方名称;

b. 产品名称;

c. 产品牌号、批号、净重、件数;

d. 各项分析检验结果及技术监督部门印记;

e. 本标准编号;

f. 检验日期;

g. 生产日期。

6.3 产品在运输过程中应注意防潮及防止污染。

6.4 产品需贮存于干燥、清洁、安全之处。

附加说明:

本标准由中国有色金属工业总公司标准计量研究所提出。

本标准由昆明贵金属研究所负责起草。

本标准主要起草人:孙传仕。

中华人民共和国有色金属行业标准

YS/T 85—1994

光谱分析用铑基体

代替 YB 1709—1978

1 主题内容与适用范围

本标准规定了光谱分析用铑基体的技术要求、试验方法、检验规则和标志、包装、运输、贮存。

本标准适用于光谱分析法鉴定纯度为99.9%~99.99%的铑所使用的铑基体。

2 引用标准

GB 1421 铑粉

3 技术要求

3.1 产品牌号及化学成分应符合下表规定。

产品牌号	化学成分/%							
	铑含量 不小于	杂质含量 不大于						
		Pt	Pd	Ir	Au	Ag	Cu	Fe
RhJ-050	99.999	0.00002	0.00002	0.0001	0.00005	0.00005	0.00005	0.0001

产品牌号	化学成分/%							
	杂质含量 不大于							杂质总量 不大于
	Ni	Al	Pb	Sn	Mg	Ru	Si	
RhJ-050	0.00005	0.0001	0.00005	0.00005	0.00005	0.0001	0.0001	0.001

3.2 产品为氯铑酸铵。需方对产品如有特殊要求时,供需双方可另行商定。

4 试验方法

产品的化学成分分析按GB 1421中的附录A的规定,用光谱增量法进行。

中国有色金属工业总公司 1994-05-11 批准　　1995-05-01 实施

5　检验规则

5.1　每批产品应由供方质量监督部门进行检验，保证产品符合本标准规定，并填写产品质量证明书。

5.2　需方可对收到的产品按本标准规定进行检验，如检验结果与本标准规定不符时，可在收到产品之日起3个月内向供方提出，由供需双方协商解决。如需仲裁，仲裁取样应在需方共同进行。

5.3　仲裁分析在双方认可的实验室进行。

5.4　仲裁取样按下列规定进行：即从产品中均匀地抽取每份500mg试样3份，进行仲裁分析。

5.5　3个试样的分析检验结果中，若有一个项目不合格，则应从该批产品中取双倍试样对该不合格项目进行复验。若该项目结果仍不合格，则该批产品为不合格。

6　标志、包装、运输、贮存

6.1　产品装入附有塑料密封盖的白色塑料瓶中，瓶上贴有标签，注明：产品名称、牌号、批号、毛重、净重、供方名称、生产日期。并在瓶盖处加封口条，外加安全包装。

6.2　每批产品应附产品质量证明书，注明：

a. 供方名称；

b. 产品名称；

c. 产品牌号、批号、净重、件数；

d. 各项分析检验结果及技术监督部门印记；

e. 本标准编号；

f. 检验日期；

g. 生产日期。

6.3　产品在运输过程中应注意防潮及防止污染。

6.4　产品应贮存于干燥、清洁、安全之处。

附加说明：

本标准由中国有色金属工业总公司标准计量研究所提出。

本标准由昆明贵金属研究所负责起草。

本标准主要起草人：杨正芬、冼长云、余从周。

前　　言

本标准参照国外相应的有关标准,结合我国的膏状软钎料使用情况而制定的。膏状软钎料的分类与国际标准 ISO 9454-1 中的《软钎焊剂分类》一致。焊粉形状和粒度分布测定以及焊膏的润湿性试验分别见附录 A(标准的附录)和附录 B(标准的附录)。

与本标准配套的标准有:GB 3131《锡铅焊料》。

本标准由中国有色金属工业总公司标准计量研究所提出并归口。

本标准由中国有色金属工业总公司昆明贵金属研究所负责起草。

本标准主要起草人:李志平。

中华人民共和国有色金属行业标准

YS/T 93—1996

膏状软钎料规范

1 范围

本标准规定了膏状软钎料(简称焊膏)的产品分类、技术要求、试验方法、检验规则以及标志、包装、运输、贮存。

本标准适用于熔化温度低于427℃的膏状软钎料。

2 引用标准

下列标准所包含的条文,通过在本标准中引用而构成为本标准的条文。本标准出版时,所示版本均为有效。所有标准都会被修订,使用本标准的各方应探讨使用下列标准最新版本的可能性。

GB 3131—1988 锡铅焊料

GB 10574.1～1057.14—1989 锡铅焊料化学分析方法

3 定义

本标准采用下列定义。

3.1 焊膏 paste solder

由软钎焊粉末和膏状钎焊剂调制而成的均匀混合物。

3.2 活性剂 acticator

为改善焊接效果的钎焊剂组分之一。

3.3 润湿性 wetting

熔融的钎料在基体(母材)表面的扩展程度。

4 产品分类

4.1 分类

4.1.1 焊粉的颗粒形状分为球形(S)及不定形,即异形(I)两种。

焊粉颗粒的最大直径与最小直径之比为1.2左右的粉末颗粒占90%以上的为球形(S),其他粉末为不定形(I)。

4.1.2 焊粉粒度分类应符合表1的规定。

表1 焊粉粒度分类

分类	粒度范围 颗粒直径/μm
1a	150～75
1b	150～20
2a	75～45
2b	75～20

中国有色金属工业总公司 1996-04-01 批准　　1997-05-01 实施

续表 1

分类	粒度范围
	颗粒直径/μm
3	45～20
4	38～20
5	25～15

4.1.3 表 1 以外的焊粉粒度由供需双方商定。

4.1.4 钎焊剂

钎焊剂分类应符合表 2 的规定。

表 2 钎焊剂分类及代码

钎焊剂类型	主组分及其代码	活性剂成分及其代码	形态
1 树脂类	1—松香(松脂) 2—非松香(树脂)	1—未加活性剂 2—加入卤化物活性剂 3—加入非卤化物活性剂	A—液态 B—固态 C—膏状
2 有机物类	1—水溶性 2—非水溶性		
3 无机物类	1—盐类	1—加入氯化铵 2—未加氯化铵	
	2—酸类	1—磷酸 2—其他酸	
	3—碱类	1—胺及(或)氨类	

注：其他活性剂也可存在。

4.1.5 焊膏根据焊粉的合金种类、焊粉形状与尺寸以及钎焊剂的类型进行分类。详见表 3。

表 3 焊膏的种类

软钎料				钎焊剂		
合金系	合金种类	焊粉		类型	主剂	活性成分
		形状	尺寸			
Sn-Pb	Sn95Pb5, Sn65Pb35, Sn63Pb37, Sn60Pb40, Sn55Pb45, Sn50Pb50	S I	1a 1b 2a 2b 3 4 5	1 2 3	1 2 3	1 2 3
Pb-Sn	Pb55Sn45, Pb60Sn40, Pb65Sn35 Pb70Sn30, Pb80Sn20, Pb90Sn10 Pb95Sn5, Pb98Sn2					
Sn-Pb-Sb	Sn60Pb39.2Sb0.8 Sn40Pb58.25Sb1.75					
Sn-Pb-Ag	Sn62Pb36Ag2					
Pb-Sn-Zn	Pb57Sn38Zn4.5Sb0.5					
Pb-Ag-Sn	Pb97.5Ag1.5Sn1					
Pb-Sn-Ag	Pb93.5Sn5Ag1.5					

4.2 牌号表示方法

焊膏牌号表示由代号“P”加上焊粉合金种类、钎焊剂类型、焊粉含量(质量百分数)及焊粉的粒度组合而成。

示例：

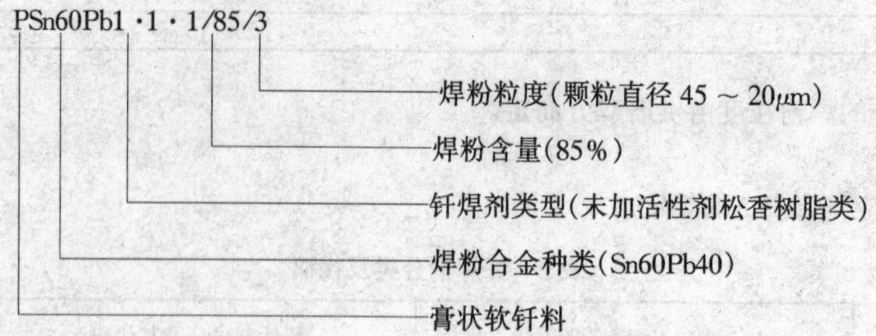

5 要求

5.1 软钎焊粉末

5.1.1 焊粉合金成分应符合 GB 3131 规定。

5.1.2 焊粉应混合均匀,表面有光泽且无小粒子附着。

5.2 焊膏外观及稳定性

焊膏中焊粉应均匀悬浮在助焊剂介质中,焊膏应无分层,无胶状或结块现象。

5.3 焊膏中钎焊粉比例

焊膏中软钎焊粉的质量百分数为 80%～92%。

5.4 焊膏润湿程度

焊膏润湿程度分为四级,详见表 4。

表4 焊膏润湿程度

级别	Ⅰ级	Ⅱ级	Ⅲ级	Ⅳ级
润湿面积	$S_2>S_1$	$S_2=S_1$	S_2 为 S_1 的大部分	形成焊球不润湿

注：S_1 为焊膏熔化前的涂敷面积,S_2 为焊膏熔化后的扩展面积。

6 试验方法

6.1 焊粉的化学成分分析按 GB 10574.1～10574.14 进行。

6.2 焊膏外观及稳定性试验:在容器中配 100g 焊膏,进行充分搅拌,再将焊膏转移到另一个类似容器中进行搅拌,应避免进入空气,不使焊膏发热,直至其呈均匀状态。平整焊膏表面,盖上容器,在 22.5℃±5.5℃的水浴中保持 24h,目测检验焊膏外观及其稳定性。

6.3 软钎料的质量百分数测定:从均匀混合的焊膏中准确称取试样 20g±0.01g(m_1),置于清洁坩埚中,加热至钎料完全熔化,仔细搅拌熔化的钎料至无任何残留钎剂为止。使钎料冷却凝固,取出凝固的钎料,用水清洗,再用乙醇等充分清洗残余助焊剂。在常温干燥后准确称量熔化凝固后的钎料重量(m_2)。

根据下式计算软钎料的质量百分数,%(m/m):

$$H=m_2/m_1\times 100$$

式中 H——软钎料的质量百分数,%(m/m);

m_2——固化、清洁后的钎料质量,g;

m_1——焊膏试样的原始质量,g。

6.4 焊粉形状及粒度分布测定按附录A进行。

6.5 焊膏润湿性试验按附录B进行或供需双方商定。

7 检验规则

7.1 检查和验收

7.1.1 产品由供方技术监督部门进行检验,保证产品质量符合本标准规定,并填写产品质量证明书。

7.1.2 需方可对收到的产品进行检验。若检验结果与本标准的规定不符时,应在收到产品之日起3个月内向供方提出,由供需双方协商解决。

7.2 组批

产品应成批提交验收,每批由同一牌号的产品组成。每批重为1～10kg。

7.3 检验项目

7.3.1 每批产品应检验的项目有:

a. 焊粉合金种类;

b. 助焊剂类型;

c. 焊粉含量;

d. 焊粉粒度。

7.4 仲裁抽样

仲裁抽样在需方由供需双方共同进行,每批产品随机抽取3个试样。

7.5 检验结果判定

抽样检验的3个试样中,若有1个不合格,则该批产品仍为合格。

8 标志、包装、运输、贮存

8.1 产品应装入洁净的塑料或玻璃密封容器内,然后将容器装入包装箱内。每个容器装焊膏不小于500g。应防止容器损坏,以免沾污产品,并按最佳方法对产品提供良好保护。

8.2 包装箱外应标有“小心轻放”、“防潮”字样或标志,注明:

a. 需方名称;

b. 产品名称、牌号;

c. 产品件数、净重;

d. 供方名称。

8.3 每批产品应附有质量证明书,注明:

a. 供方名称;

b. 产品名称、牌号、规格;

c. 产品批号;

d. 产品毛重、净重;

e. 各项检验结果及检验部门印记;

f. 本标准编号;

g. 出厂日期。

8.4 产品在运输过程中应轻装轻卸,勿压勿挤,并采取防震措施。

8.5 产品应贮存在洁净、干燥环境中。

附 录 A
（标准的附录）
焊粉形状及粒度分布的测试方法

A1 范围

本方法规定了焊粉形状、表面状态及粒度分布的测试方法。

本方法适用于焊膏中焊粉的形状及粒度分布的测定。

A2 试剂

A2.1 异丙醇，分析纯。

A2.2 丙酮。

A2.3 松香溶液。

A3 仪器及设备

A3.1 扫描电子显微镜。

A3.2 金相显微镜（100 倍）及照相摄景装置。

A3.3 目镜，最小分度 10μm。

A3.4 振动筛分器。

A4 测定程序

A4.1 焊粉形状及表面状态的测定

A4.1.1 试样制备：在 4g 松香溶液中加入 1g 均匀的焊膏，搅拌后取一小滴置于两块玻璃片之间夹紧，待用。

A4.1.2 在扫描电子显微镜和金相显微镜下观察试样的粉末形状和表面状态。

A4.2 焊粉粒度分布的测定

A4.2.1 树脂基处理：在一个不定期搅拌的烧杯中用 150mL 异丙醇浸煮含 105g 焊粉的焊膏（加热温度 50℃±5℃）至钎料沉淀，助焊剂溶解。倾出上清液，再加入异丙醇反复清洗 5 次，倾出上清液；在沉淀的焊粉中再加入丙酮洗涤，使粉末沉淀，倾出上清液，在 110℃ 干燥，直至粉末恒量。

A4.2.2 水溶基处理：在烧杯中用 150mL 水浸煮 105g 焊膏至粉末分散，使粉末沉淀，倾出上清液。反复洗涤 5 次，在 110℃ 干燥，直至粉末恒量。

A4.2.3 准确称取 100g 干焊粉末，放入标准筛中振动 2min，求出粒度的质量百分数；或者把干焊粉末在 100 倍显微镜下照相，测量其粒度分布，绘出粒度分布曲线。

A4.2.4 焊粉粒度分布的测定方法除了用振动筛分法外，还可用沉降吸收法、激光衍射法和激光扫描法。

附 录 B
（标准的附录）
润湿性试验方法

B1 范围

本方法规定了焊膏润湿性试验方法。

本方法适用于在一定条件下测定焊膏中钎焊料在熔融状态下在平滑的基板上扩展的程度。

B2 试剂与材料

B2.1 异丙醇

B2.2 试验板，50mm×50mm×0.5mm的铜板、黄铜板。

B2.3 金属模板，厚度0.2mm，板上有ϕ6.5mm的4个小孔，孔的中心距为10mm。

B2.4 钎焊浴，在100mm×100mm×75mm的焊锡锅中，放入熔融的Sn60Pb40钎料，温度为235℃±2℃。

B2.5 干燥器。

B2.6 刮板。

B2.7 砂纸，600号。

B3 试验程序

B3.1 分别用铜板和黄铜板各做一次试验。

B3.2 试验步骤为：

B3.2.1 将焊膏放置至室温，用异丙醇和砂纸清洁试验板表面。把金属模板盖在试验板上，用调料勺将搅拌均匀的焊膏涂在金属模板上，使孔完全填满焊膏（S_1），移去金属模板。

B3.2.2 在150℃的干燥器中干燥试验板1min，用刮刀清理钎焊浴表面，将涂有焊膏的试验板放置在钎焊浴表面加热。

B3.2.3 焊料熔化后，保持5s，从钎焊浴中水平将试验板提起，保持水平位置直至钎焊凝固（面积为S_2）。

B3.2.4 将熔化前的焊膏涂敷面积S_1和熔后扩展面积S_2进行比较。

中华人民共和国有色金属行业标准

YS/T 208—1994

氢气净化用钯合金箔材

代替 GBn 190—1983

Palladium alloy foils for purifying hydrogen

本标准适用于超纯氢气净化器用钯合金箔材。

1 品种

1.1 产品的牌号、状态、尺寸及允许偏差应符合表1的规定。

表1

mm

牌号	状态	尺寸及其允许偏差			
		厚度	厚度允许偏差	宽度	宽度允许偏差
PdAg23-3-0.3 PdAg 25-5	退火(M)	0.06	±0.005	50~180	+2 -0
		0.08	+0.007 -0.005		
		0.10	+0.010 -0.005		

1.2 箔材长度以不定尺、定尺或倍尺供货。箔材不定尺最小长度应大于宽度的5倍,小于5倍时以宽度的倍尺供货。箔材长度允许偏差为 $^{+10}_{-0}$ mm。倍尺供货时,每一倍尺须增加2mm剪切余量。

1.3 箔材边部应剪切整齐,无毛刺、裂边、卷边。

1.4 标记示例

用PdAg23-3-0.3制造的、退火状态、厚度为0.08mm、宽度为150mm、长度为750mm的箔材标记为:

箔 PdAg23-3-0.3 M 0.08×150×750mm GBn 190—1983

2 技术要求

2.1 化学成分

箔材的化学成分应符合表2的规定。

表2

牌号	主要成分 /%			
	Pd	Ag	Au	Ni
PdAg23-3-0.3	基	23±1.0	3±0.5	0.3±0.05
PdAg25-5	基	25±0.5	5±0.5	—

国家标准局 1983-02-21 发布 1983-12-01 实施

2.2 原料要求

原料化学成分的纯度：钯的纯度应在99.9%以上；金、银、镍的纯度应在99.95%以上。

2.3 力学性能

退火状态箔材的室温纵向力学性能应符合表3的规定。

表3

牌　号	状　态	抗拉强度 σ_b/(kgf/mm²)	伸长率 δ/%	维氏硬度 HV/(kgf/mm²)（负荷100g 15s）
PdAg 23-3-0.3	退火(M)	≥40	≥10	≥100
PdAg 25-5	退火(M)	≥36	≥15	—

注：① 用户要求并在合同中注明时，可提供 σ_b≥38kgf/mm²、δ≥15%、HV≥90kgf/mm² 的箔材。

② 用户要求并在合同中注明时，可提供杯突值的实测数据。

2.4 物理性能

2.4.1 在温度为450℃，原氢侧压力与纯氢侧压力差为6kgf/cm² 时，箔材透氢率应符合表4的规定。

表4

牌　号	箔材厚度/mm	透氢速率，J/(L/cm²·h)
PdAg23-3-0.3	0.06	≥1.2
	0.08	≥0.9
	0.10	≥0.7
PdAg25-5	0.08	≥0.8

2.4.2 其他厚度的箔材透氢速率由供需双方协议。

2.5 表面质量

2.5.1 箔材表面应光洁、平整，光洁度应不低于 ▽7，不应有裂纹、折叠、起皮、黏结、针孔和其他压入物等缺陷，必要时，可用10倍放大镜检查。

2.5.2 以片状供货的箔材不应有肉眼可见的压坑；成卷供货的箔材，压坑间距应大于宽度的5倍。

3 试验方法

3.1 化学成分仲裁分析方法

箔材的化学成分可按原铸锭的化学成分报出。化学成分的仲裁分析按 YB 946(Pd-7)—1978《钯银金镍合金化学分析方法》进行。

3.2 室温力学性能检验方法

箔材的室温拉力试验按 YB 796—1971《有色金属及其合金薄板、带拉力试验法》进行。其中试样标距按 $l_0=4b$（即4倍宽度）执行。

3.3 硬度试验方法

维氏硬度试验按 YB 934—1978《贵金属及其合金维氏硬度试验法》进行。

3.4 透氢速率测定方法

箔材透氢速率的测定应参照附录A《透氢速率的测定方法》进行。

4 检验规则

4.1 箔材应由供方技术监督部门进行验收,保证产品符合本标准要求,并填写产品质量证明书。

4.2 需方可对收到的产品进行复验,如复验结果与本标准规定不符时,应在收到产品之日起6个月内向供方提出,由供需双方协商解决。

4.3 箔材应成批提交验收。每批产品应由同一牌号、同一规格和同一退火炉次的箔材组成。

4.4 每批箔材均应进行外形尺寸偏差、室温力学性能、物理性能和表面质量的检验。

4.5 取样位置及取样数量

4.5.1 化学成分的取样

化学成分的取样,在每个铸锭头、尾各取一个试样。

4.5.2 室温力学性能的取样

a. 拉伸试验每批取3个试样;

b. 硬度试验每批取1个试样。

4.5.3 物理性能的取样

箔材的透氢速率试验每批取1个试样。

4.6 重复试验

上述各项检验如有一项试验结果不合格,则从该批中再取双倍数量的试样,进行该不合格项目的重复试验。如重复试验结果仍有一项不合格,则该批产品报废,但供方可逐卷(片)进行检验,合格者重新组批交货。

5 标志、包装、运输、贮存

5.1 箔材可成卷或以片状供货。

5.2 成卷供货的箔材应紧实地缠在外径40~80mm的圆筒上,卷外用软物包扎,以防箔材松脱,再装入塑料袋中密封。每卷净重不超过15kg,并不得多于8段;卷重小于3kg者,不得多于3段,超过者应以宽度的倍尺供货。

5.3 以片状供货的箔材,片与片之间用软物隔开包好,再装入塑料袋中,密封后装入盒中。每盒净重不超过5kg。

5.4 包装好的产品应装箱发运。箱内各件产品之间以及产品与箱壁之间应以软质填充物填满、填实。每箱净重不超过30kg。

5.5 每卷(盒)产品应附标签,其上注明:产品名称、合金牌号、规格、状态、批号、重量、包装日期。

5.6 每批产品应附产品质量证明书,其上注明:

a. 供方名称;

b. 产品名称;

c. 合金牌号;

d. 规格、状态、批号;

e. 批重和箱(卷、盒)数;

f. 各项分析检验结果及检验部门印记;

g. 本标准编号;

h. 生产日期。

5.7 产品在运输过程中应防止撞击损伤。在贮存时应严防潮湿和有害气体的侵蚀。

附 录 A

透氢速率的测定方法

（补充件）

A.1 定义

钯合金箔材的透氢速率指一定厚度的箔材，在一定的温度和氢气压差的条件下，单位时间、单位面积上透过的氢气数量。

A.2 装置与测试

透氢速率的测定装置包括微型钯膜试验装置和纯氢流量测定装置（见图A1、图A2）。

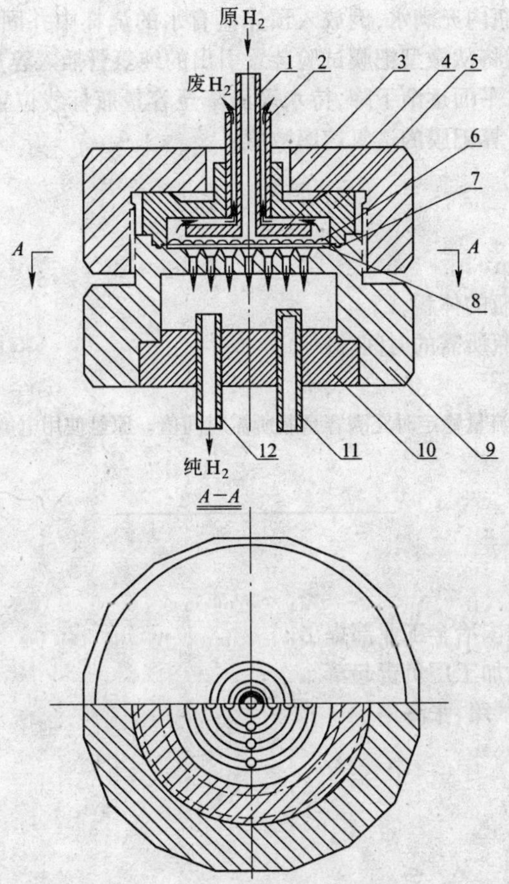

图A1 微型钯膜试验装置

1—原 H_2 入口管；2—废 H_2 出口管；3—压盖螺母；
4—隔板；5—压盖；6—钯合金膜；7—银垫圈；
8—镍过滤片；9—滤板；10—盖；11—热偶插入管；
12—纯 H_2 出口管

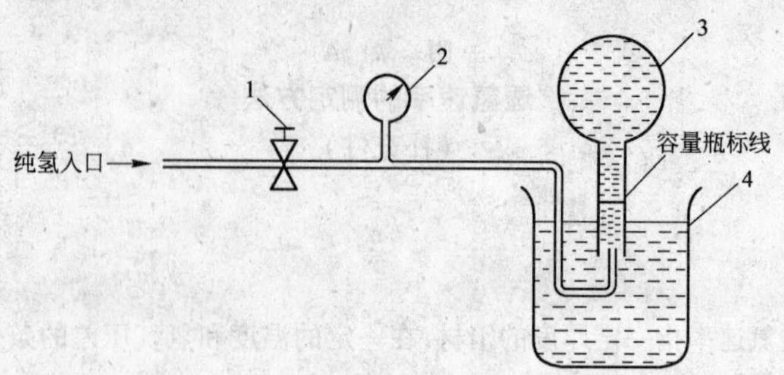

图 A2 纯氢流量测定装置示意图

1—纯氢入口阀门;2—压力表;3—定量容量瓶;4—烧杯

所取试样为直径 60mm 的箔材圆片。试验时,温度用 DWK-702 型精密温度控制装置进行自动控制,氢气压力差用压力表控制给定。透过钯膜的纯氢用容量瓶排水取气法测定,装置如图 2 所示。

测量时,先将定量容量瓶内充满水,倒放入预先盛有水的烧杯中并固定好,操作时应注意不让任何气体进入容量瓶中。然后将从微型钯膜试验装置引出的纯氢管插入容量瓶中。立即用秒表开始计时,充入纯氢后,容量瓶中水平面逐渐下降,待水平面降至容量瓶标线位置时,停止计时,根据纯氢排出容量瓶的时间。用下式计算钯膜的透氢速率数值:

$$J=\frac{V}{S\cdot t}\times 3600$$

式中 J——透氢速率,$L/cm^2\cdot h$;

V——纯氢充满容量瓶的体积,L;

t^*——纯氢充满容量瓶所需的时间,s;

S——钯膜的面积,cm^2。

* 在测量时需测量氢气流量稳定时充满容量瓶所需时间值。原氢使用电解钢瓶氢,废氢流量控制在纯氢流量的 20% 以下。

附加说明:

本标准由中华人民共和国冶金工业部提出。

本标准由宝鸡有色金属加工厂负责起草。

本标准主要起草人:李景臻、张海琍

中华人民共和国有色金属行业标准

YS/T 210—1994

柴油机排气净化球型铂催化剂

代替 GBn 191—1983

Pelleted catalyst of platinum for diesel engine exhaust gases purification

本标准适用于柴油机尾气净化用的球型陶质载铂催化剂。

1 品种

1.1 本产品系陶质载铂小球。

1.2 产品按其含铂量不同,分为下列牌号:

产品牌号	铂含量/%
QPt1	0.1±0.01
QPt2	0.2±0.02
QPt3	0.3±0.03

2 技术要求

2.1 产品表观颜色为灰色。

2.2 小球颗粒度为 $\phi 5\pm 1$mm。

2.3 产品承受的正压强度大于或等于 20kgf/颗。

2.4 载体比表面积为 7～12m^2/g。

2.5 堆比重为 1.0±0.05kg/L。

2.6 人工配气评价催化活性:

对一氧化碳净化 50%时的起始温度不大于 180℃。

对一氧化碳净化 90%时的温度不大于 270℃。

3 试验方法

3.1 铂含量的测定按双方商定的方法进行。

3.2 正压强度的测定:每批产品混匀后称取 1kg 试样,用四分法缩分至 10～20 粒,从中取 10 粒,用拉力试验机测定压碎强度(下夹头移动速度为 10mm/min)。

3.3 堆比重的测定:用蹾实的催化剂,其重量与容积之比作为试样的堆积比重。其方法是将每批产品混匀后称取 1kg 试样,用四分法缩分至 150～200g,用工业天平称取干燥的 100mL 空量筒的重量,然后将试样倒入至 100mL 处,再进行称量。在垫有胶皮垫的桌面上,使其倾斜 45°角,反复蹾实至体积不变为止,记下容积毫升数,用下式进行计算:

$$堆积比重(kg/L)=\frac{G\times 1000}{V\times 1000}$$

式中 G——装入样品的重量,g;

V——蹾实后样品的体积,mL。

国家标准局 1983-02-21 发布　　　　1983-12-01 实施

3.4 载体比表面积的测定按 GB 1777—1979《超细钯粉》的附录,即流动吸附色谱法测定贵金属粉末比表面积和平均颗粒尺寸(操作规程)进行。

3.5 人工配气实验条件:

仪器:CO 红外线气体分析仪(型号 QGS-04);

人工配气 CO 含量:0.1%~0.15%;

催化剂装量:15mL;

催化剂床层厚度:4cm;

气体流速:24000L/h。

4 检验规则

4.1 成品催化剂应由供方技术监督部门验收,保证产品质量符合本标准要求,并填写产品质量证明书。

4.2 需方可对收到的产品进行质量检验,如检验结果与本标准规定不符,可在收到产品之日起 3 个月内向供方提出,由供需双方协商解决。

5 标志、包装、运输、贮存

5.1 催化剂用塑料袋包装,严密封口,每袋净重 1kg。袋上附标签,注明:供方名称、产品名称、牌号、批号、净重、生产日期。

5.2 每批产品应附产品质量证明书,其中注明:

a. 供方名称;

b. 产品名称;

c. 产品牌号;

d. 批号、净重、袋数;

e. 各项分析检验结果及检验部门印记;

f. 本标准编号;

g. 检验日期。

5.3 每批产品附催化剂使用守则及再生方法说明一份,需方应严格遵守。

5.4 产品应存放于干燥、防潮的场所。

附加说明:

本标准由中华人民共和国冶金工业部提出。

本标准由冶金工业部贵金属研究所负责起草。

本标准主要起草人:王韵敏、陶月梅。

前　　言

贵金属器皿制品广泛应用于化学、化工、冶金、建材、电子行业，使用要求特殊，产品价格也较昂贵。目前我国还没有制定出贵金属器皿制品的标准。

本行业标准主要根据贵金属的特点和使用要求，结合我国的实际情况而制定的。

本标准由中国有色金属工业总公司标准计量研究所提出。

本标准由昆明贵金属研究所负责起草。

本标准主要起草人：赛兴鹏、邓世隆、康利民、谭长琦。

本标准于1998年5月首次发布。

本标准自1998年12月起实施。

中华人民共和国有色金属行业标准

贵金属器皿制品

YS/T 408—1998

Utensils finished products of precious metals

1 范围

本标准规定了贵金属及其合金器皿制品的产品分类、技术要求、试验方法、检验规则及标志、包装、运输、贮存。

本标准适用于化学、化工、冶金、建材、光纤通讯、电子等部门用的贵金属器皿制品。

2 引用标准

下列标准所包含的条文,通过在本标准中引用而构成为本标准的条文。在标准出版时,所示版本均为有效。所有的标准都会被修订,使用本标准的各方应探讨使用下列标准最新版本的可能性。

GB/T 15072.1～15072.20—1994 贵金属及其合金化学分析方法

GB/T 15077—1994 贵金属及其合金材料几何尺寸测量方法

YS/T 201—1994 贵金属及其合金板、带材

3 订货单内容

本标准所列产品的订货单内应包括下列内容:

3.1 器皿制品名称。

3.2 器皿制品品种、牌号、规格、图号。

3.3 数量(含质量)。

3.4 包装及运输方式。

3.5 本标准编号、年代号。

3.6 其他。

4 要求

4.1 产品分类

4.1.1 贵金属器皿制品分为坩埚、皿、烧杯、舟、铲、电极等。

4.1.2 器皿制品材质的牌号应符合 YS/T 201 的规定。

4.1.3 器皿制品的序号按坩埚、皿、烧杯、舟、铲和电极依次为 01、02、03、04、05 和 06。同一品种中,再按规格顺序排列为 0101、0102、……等。

4.2 技术要求

4.2.1 贵金属及其合金化学成分应符合 YS/T 201 的规定。

4.2.2 贵金属器皿制品的内外表面应光洁、圆滑、平整,不得有裂纹、凹坑、疵点等缺陷,表面允许有经抛光加工残留的轻微条纹。表面粗糙度 R_a 应不大于 0.8μm。

中国有色金属工业总公司 1998-05-06 批准　　　　1998-12-01 实施

4.2.3 贵金属器皿制品口及边部应整齐,无毛刺、裂边。

4.2.4 铂电极网丝不得有断头,裂开。网孔偏差为±60 孔/cm^2。

4.2.5 需方若有特殊要求,由供需双方商定。

4.3 规格

4.3.1 坩埚

4.3.1.1 坩埚形状见图1。

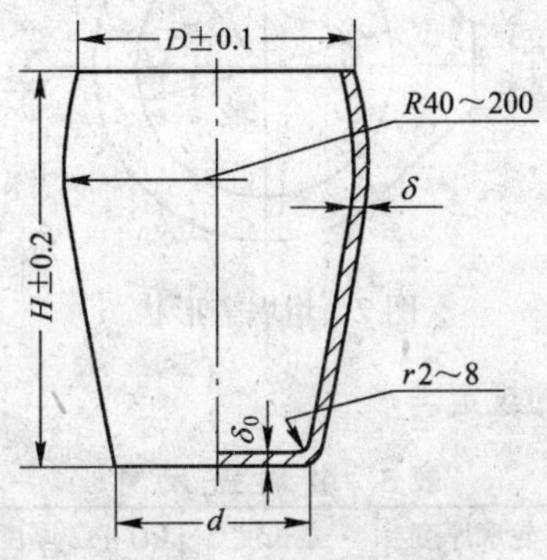

图1 坩埚形状

4.3.1.2 坩埚尺寸应符合表1的规定。

表1 坩 埚 尺 寸

坩埚序号	坩埚容积 /mL	坩埚口外径 D/mm	坩埚底直径 d/mm	坩埚高度 H/mm	坩埚壁厚度/mm			
					Pt1 Pt2 PtRh7 PtIr5 Au1 Au2		Ag1 Ag2	
					δ	δ_0	δ	δ_0
0101	9	24	16	26	0.17	0.27	0.38	0.54
0102	15	28	19	33	0.21	0.30	0.41	0.60
0103	25	32	21	40	0.26	0.37	0.57	0.74
0104	30	34	23	42	0.28	0.40	0.60	0.80
0105	40	38	26	45	0.31	0.45	0.66	0.88
0106	50	42	28	48	0.31	0.45	0.68	0.90
0107	70	46	32	54	0.38	0.52	0.76	1.04
0108	90	50	33	60	0.52	0.60	1.04	1.20
0109	310	72	50	100	0.78	1.00	1.56	2.00

4.3.1.3 坩埚重量应符合表2的规定。

表2 坩 埚 重 量 g

序 号		0101	0102	0103	0104	0105	0106	0107	0108	0109
牌号	Pt1 Pt2	8.0	13.0	24.0	25.0	36.0	47.0	66.0	95.0	365.0
	PtRh7	7.6	12.4	22.9	23.8	34.3	44.7	62.8	90.5	348.0
	PtIr5	8.0	13.0	24.0	25.2	36.0	47.0	66.0	95.0	366.0
	Au1 Au2	7.3	12.0	21.6	22.6	32.4	42.3	59.4	85.6	328.7
	Ag1 Ag2	8.6	14.0	25.0	28.8	39.0	49.6	63.1	96.9	364.5

4.3.1.4　坩埚盖形状见图 2。

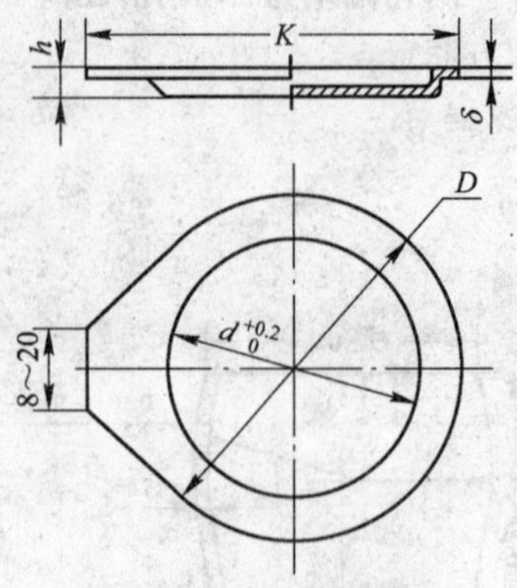

图 2　坩埚盖形状

4.3.1.5　坩埚盖尺寸应符合表 3 的规定。

表 3　坩埚盖尺寸　　　　mm

序　号	外圆直径 D	内圆直径 d	轮廓厚度 h	盖长度 K	Pt1 Pt2 厚度 δ	Ag1 Ag2 厚度 δ	Au1 Au2 厚度 δ
0111	30	25	2.0	33	0.15	0.25	0.25
0112	35	29	2.5	39	0.15	0.25	0.25
0113	39	33	2.5	44	0.15	0.25	0.25
0114	41	35	2.5	46	0.15	0.25	0.25
0115	45	39	2.5	51	0.15	0.25	0.25
0116	50	43	3.0	57	0.15	0.25	0.25
0117	54	47	3.0	62	0.20	0.30	0.30
0118	58	51	4.0	67	0.20	0.30	0.30
0119	80	73	4.0	93	0.25	0.50	0.50

表 1 与表 3 按序号顺序对应配对使用。

4.3.1.6　坩埚盖重量应符合表 4 的规定。

表 4　坩埚盖的重量　　　　g

	序　号	0111	0112	0113	0114	0115	0116	0117	0118	0119
牌号	Pt1 Pt2	2.5	3.5	4.7	4.9	5.9	7.6	11.7	14.0	32.1
	Ag1 Ag2	2.1	2.9	3.8	4.1	4.9	6.2	8.6	10.3	31.4
	Au1 Au2	3.9	5.3	7.0	7.6	9.0	11.4	15.8	18.9	57.8

4.3.2　皿

4.3.2.1　平底皿形状见图 3。

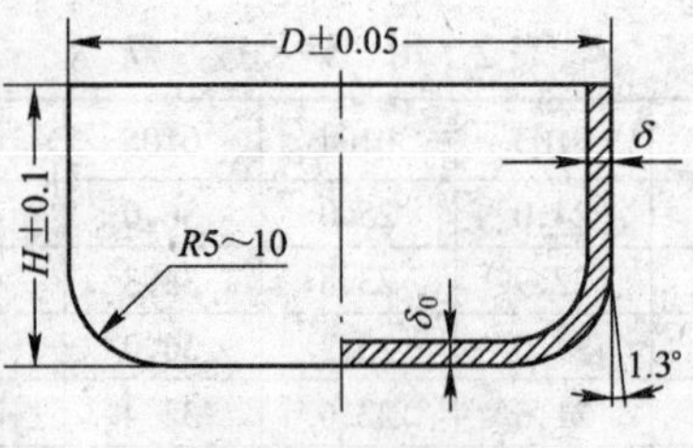

图 3　平底皿形状

4.3.2.2 平底皿参数应符合表5的规定。

表5 平底皿参数

序号	容积/mL	皿直径 D/mm	皿高 H/mm	Pt1 Pt2			Ag1 Ag2		
				皿壁厚 δ/mm	皿底厚 δ_0/mm	重量/g	皿壁厚 δ/mm	皿底厚 δ_0/mm	重量/g
0201	34	52	20	0.18	0.24	19.0	0.36	0.48	19.0
0202	65	63	25	0.19	0.26	32.0	0.40	0.56	31.0
0203	115	75	31	0.21	0.28	51.0	0.41	0.56	47.0
0204	200	90	35	0.21	0.30	72.0	0.45	0.62	72.0
0205	280	100	41	0.22	0.30	88.0	0.48	0.65	90.0
0206	400	115	45	0.24	0.34	135.0	0.48	0.70	133.0
0207	550	127	51	0.25	0.36	165.0	0.48	0.72	162.0

4.3.2.3 锥形皿形状见图4。

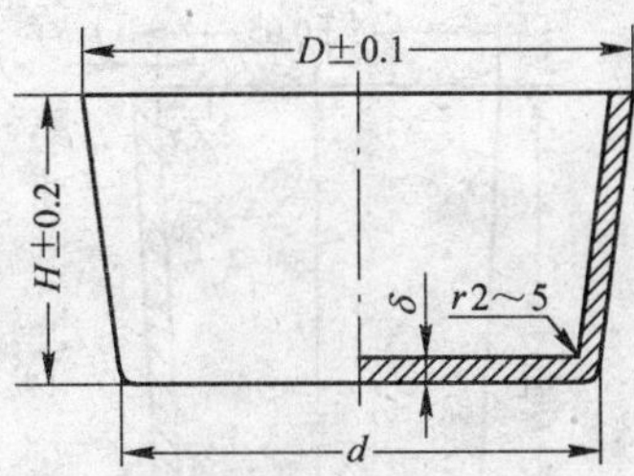

图4 锥形皿形状

4.3.2.4 锥形皿尺寸等参数应符合表6的规定。

表6 锥形皿参数

序 号	容积/mL	直径 D/mm	底径 d/mm	皿高 H/mm	Pt1 Pt2		Ag1 Ag2	
					壁厚 δ/mm	重量/g	壁厚 δ/mm	重量/g
0211	25	50	46	14	0.25	23.0	0.5	22.0
0212	50	70	64	15	0.25	34.0	0.5	34.0
0213	70	78	72	16	0.5	69.4	1.0	70.0

4.3.3 烧杯

4.3.3.1 圆形烧杯形状见图5。

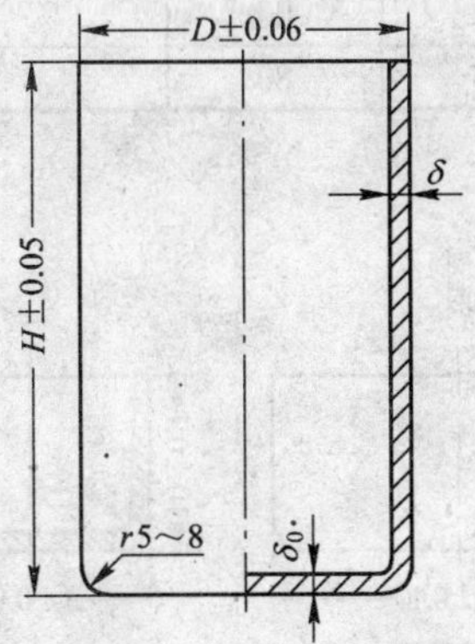

图5 圆形烧杯形状

4.3.3.2 圆筒形烧杯尺寸等参数应符合表7的规定。

表7 圆形烧杯参数

序号	容积/mL	烧杯直径 D/mm	烧杯高度 H/mm	Pt1 Pt2			Ag1 Ag2		
				壁厚 δ/mm	底壁厚 δ_0/mm	重量/g	壁厚 δ/mm	底壁厚 δ_0/mm	重量/g
0301	100	40	80	0.28	0.33	68.0	0.77	0.90	92.0
0302	150	45	96	0.33	0.40	110.0	0.77	0.90	125.0
0303	240	55	106	0.40	0.43	175.0	0.77	0.90	175.0
0304	480	75	113	0.44	0.48	285.0	0.83	1.00	285.0
0305	950	100	125	0.55	0.60	560.0	0.83	1.00	425.0

4.3.3.3 锥形烧杯形状见图6。

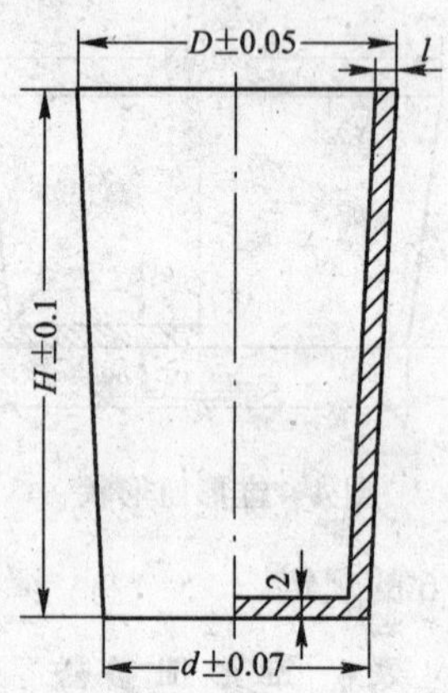

图6 锥形烧杯图形

4.3.3.4 锥形烧杯尺寸参数应符合表8的规定。

表8 锥形烧杯参数

序号	容积/mL	直径 D/mm	底直径 d/mm	高度 H/mm	Pt1 Pt2	Ag1 Ag2
					重量/g	重量/g
0311	20	32	25	40	135	65
0312	45	40	30	60	235	115
0313	48	90	35	80	365	180

4.3.4 舟

4.3.4.1 铂舟的形状见图7。

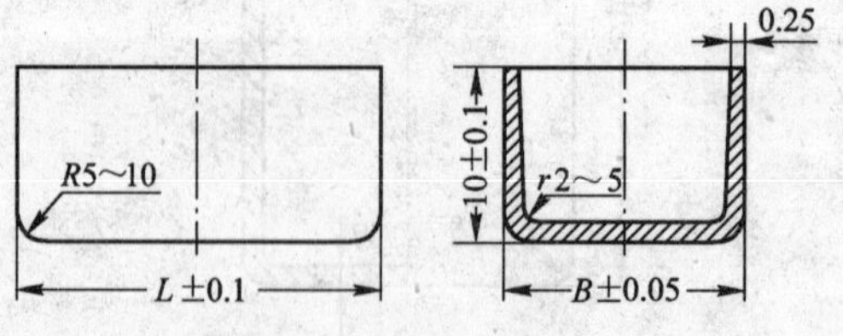

图7 铂舟形状图

4.3.4.2 铂舟尺寸等参数应符合表9的规定。

表9　铂　舟　参　数

序　　号		0401	0402	0403	0404	0405	0406	0407	0408
长度 L	mm	40	40	50	50	60	60	70	70
宽度 B		8	10	8	10	8	10	8	10
重量/g		5.6	6.0	6.7	7.2	8.4	9.0	9.4	10.0

4.3.5　铲

4.3.5.1　铂铲形状及尺寸见图 8a～图 8d。

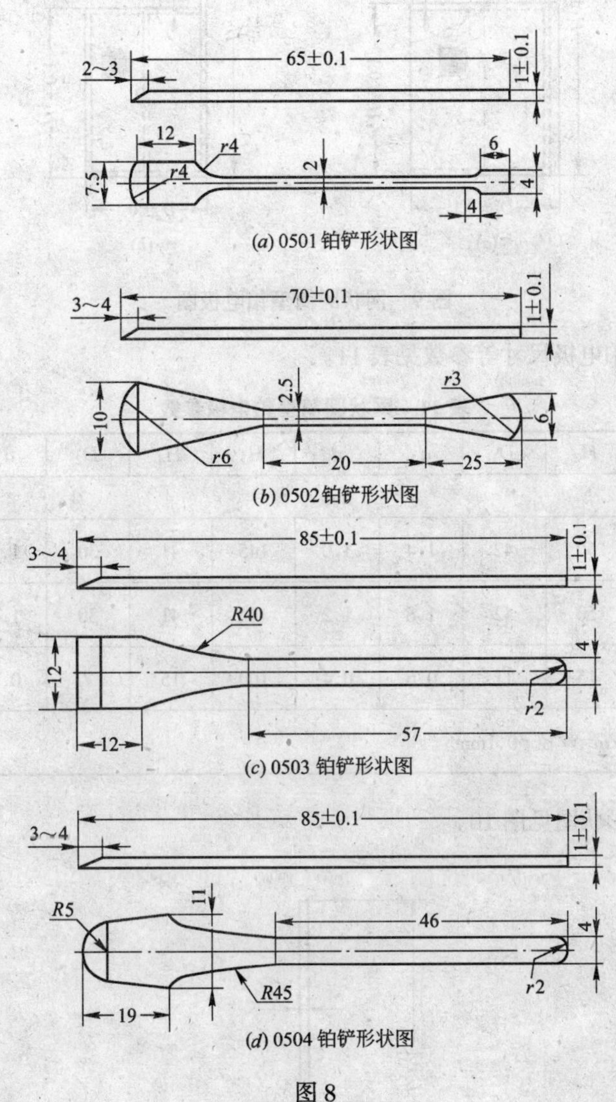

图 8

4.3.5.2　铂铲的重量见表 10。

表10　铂　铲　重　量　　g

序　　号	0501	0502	0503	0504
质　　量	4.4	7.6	9.8	10.5

4.3.6 电极

4.3.6.1 网状圆筒型铂电极形状见图9。

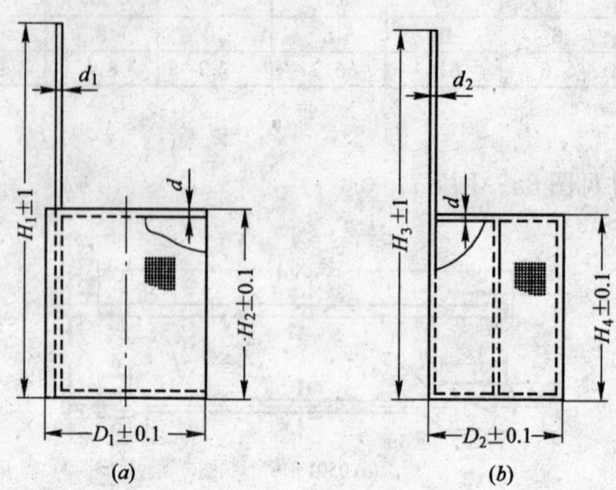

图9 网状圆筒型铂电极图

4.3.6.2 网状圆筒型铂电极尺寸等参数见表11。

表11 网状圆筒型铂电极参数

序　号	H_1	H_2	D_1	d_1	d	H_3	H_4	D_2	d_2	重量/g
	mm									
0601	105	50	42	1.4	1.0	145	41	30	1.2	33.0
0602	105	50	42	1.8	1.2	145	41	30	1.5	42.0
0603	100	15	12	0.6	0.4	100	15	7	0.6	2.4

注：铂网孔数1024孔/cm^2,丝径$\phi0.1$mm。

4.3.6.3 方片状铂极形状图见图10。

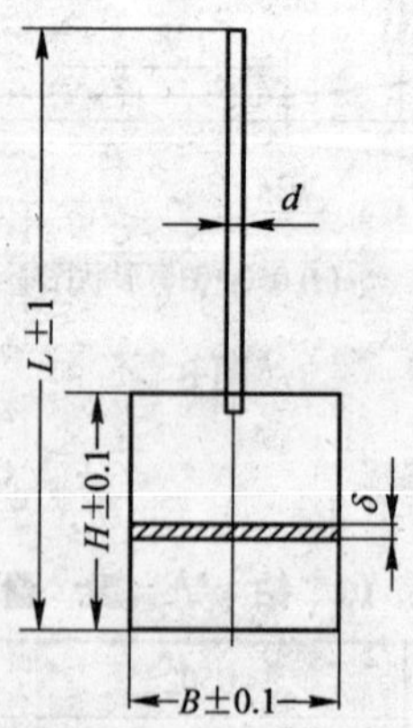

图10 方片状铂电极形状图

4.3.6.4 方片状铂电极尺寸等参数见表12。

表12 方片状铂电极参数

序 号		0601	0602	0603	0604	0605	0606
B	mm	5	10	15	20	25	30
H		10	10	25	15	20	50
δ		0.6	1.0	1.0	2.0	1.5	1.0
d		1.0	1.0	2.0	3.5	3.0	2.0
L		30	85	100	162	135	200
重量/g		1.0	3.4	13.8	43.8	34.0	42.4

5 试验方法

5.1 贵金属化学成分分析按 GB/T 15072.1～15072.20 规定进行。

5.2 尺寸检测按 GB/T 15077 的规定进行。

5.3 表面粗糙度用干涉显微镜检测。

5.4 表面质量用目视检查，若发现异常，用10倍放大镜检查。

5.5 铂电极网面孔数用10倍放大镜检查。

6 检验规则

6.1 检查和验收

6.1.1 产品应由供方技术监督部门进行检验，保证产品质量符合本标准规定，并填写产品质量证明书。

6.1.2 需方可对收到的产品进行检验。若检验结果与本标准规定不符时，应在收到产品之日起3个月内向供方提出，由供需双方协商解决。

6.2 组批

产品应成批提交验收。每批应由同一品种、炉号和规格的产品组成。

6.3 检验项目

每批产品应进行化学成分、几何尺寸、外观、表面粗糙度和称重检验。

6.4 取样

6.4.1 每炉取样进行化学成分分析。

6.4.2 每批产品的外观和几何尺寸测量，10件以内逐件进行检查，10件以上抽取50%进行检查。

6.4.3 每件产品都进行称重测量。

6.4.4 每批产品取2件进行表面粗糙度测量。

6.5 检验结果的处理

6.5.1 化学成分分析如有不合格，则对该不合格项目重新取样进行复验，若再不合格则整炉判废；其他各项检验如有不合格，则逐件检验，合格者重新组批。

7 包装、标志、运输、贮存

7.1 器皿器件逐一用软白纸包装，单件或数件成组装入包装盒或包装箱内。

7.2 每件包装盒或包装箱应附有“小心轻放”及“防腐、防潮”字样或标志，注明：

a. 需方名称；
b. 产品名称、牌号、批号；
c. 产品规格、数量；
d. 产品件数、净重；
e. 供方名称。

7.3 每批产品应附有产品质量证明书，注明：

a. 供方名称；
b. 产品名称和牌号；
c. 产品规格；
d. 产品净重；
e. 各项分析检验结果及检验部门印记；
f. 本标准编号；
g. 出厂日期。

7.4 产品在运输过程中应轻装轻卸，勿挤压，防止碰伤、擦伤。

7.5 产品应保存在干燥、无腐蚀性气氛的环境中。

前　言

对于氢气净化用钯合金管材,我国尚未制定相应的行业标准。为了满足氢气净化行业生产与使用的需要,特制定本标准。

本标准总结了我国氢气净化用钯合金管材多年科研与生产的成果,在积累大量数据的基础上,根据使用要求而制定。本标准包括目前国际、国内最新使用的具有更高透氢速率的 PdY_8 合金。

本标准的附录 A、附录 B 均为标准的附录。

本标准由贵金属标准化技术委员会提出。

本标准由中国有色金属工业局标准计量质量研究所归口。

本标准由西北有色金属研究院负责起草。

本标准主要起草人:李银娥、李明利、李士江、王廷询。

本标准于 1999 年 11 月 17 日首次发布。

中华人民共和国有色金属行业标准

YS/T 416—1999

氢气净化用钯合金管材

Palladium alloy pipes for purifying hydrogen

1 范围

本标准规定了氢气净化用钯合金管材的要求、试验方法、检验规则及标志、包装、运输、贮存。

本标准适用于氢气净化用钯合金管材。

2 引用标准

下列标准所包含的条文，通过在本标准中引用而构成为本标准的条文。本标准出版时，所示版本均为有效。所有标准都会被修订，使用本标准的各方应探讨使用下列标准最新版本的可能性。

GB/T 15072—1994 贵金属及其合金化学分析方法

GB/T 15077—1994 贵金属及其合金材料几何尺寸测量方法

YS/T 369—1994 贵金属及其合金维氏硬度试验方法

3 订货合同内容

本标准所列产品订货合同应包括下列内容：

a. 材料名称；

b. 合金牌号；

c. 材料状态；

d. 外径、壁厚、长度；

e. 外径、壁厚的允许偏差；

f. 每种规格的总重量；

g. 本标准编号。

4 要求

4.1 化学成分

管材的化学成分应符合表1中相应合金牌号的规定。

表1

合金牌号	主要成分 /%					杂质总量/%
	Pd	Ag	Au	Ni	Y(at%)	不大于
$PdAg_{20}$	余量	20±0.5	—	—	—	0.3
$PdAg_{25}$	余量	25±1.0	—	—	—	0.3
$PdAgAu_{25-5}$	余量	25±1.0	5±0.5	—	—	0.4
$PdAgAuNi_{23-3-0.3}$	余量	23±1.0	3±0.5	0.3±0.05	—	0.4
PdY_8	余量	—	—	—	8±0.5	0.3

注：供货时不提供杂质总含量数据

国家有色金属工业局 1999-11-17 批准 2000-06-01 实施

4.2 原料要求

原料纯度：钯、银、金、镍的纯度应高于99.95%；钇的纯度应高于99.9%。

4.3 尺寸及尺寸允许偏差

4.3.1 管材的外径、壁厚及其允许偏差应符合表2的规定。经双方协商，可供应其他规格及允许偏差的管材。

表2 mm

外　径	外径允许偏差	壁　厚	壁厚允许偏差
1.0～2.0	-0.02	0.05～0.15	+0.010 -0.005
2.0～3.5	-0.03		

4.3.2 管材不定尺长度为100～800mm，定尺长度允许偏差为+3mm。定尺长度应加入截断时的锯切量，每一锯切量为3mm。

4.3.3 管材弯曲度不大于8mm/m。

4.4 力学性能

加工状态管材的维氏硬度值应符合表3的规定。

表3

牌　号	加工状态	维氏硬度 HV/MPa(负荷100g,15s) ≥
$PdAg_{20}$	Y	1100
$PdAg_{25}$		1100
$PdAgAu_{25-5}$		—
$PdAgAuNi_{23-3-0.3}$		1800
PdY_8		1800

4.5 工艺性能

管材在0.8MPa气压下水检不漏气。

4.6 供应状态一般为硬态，特殊使用时为半硬态。

4.7 透氢性能

净化氢气纯度大于99.9999%，在温度为450℃，原氢侧压力与纯氢侧压力差为0.16MPa时，管材透氢速率如表4所示。供货时不提供净化氢气纯度及透氢速率数据。

表4

牌　号	管材规格/mm	透氢速率 $J/[cm^3/(cm^2\cdot s)]$ ≥
$PdAg_{20}$	$\phi3\times0.08\times220$	0.9
$PdAg_{25}$	$\phi3\times0.08\times220$	0.9
$PdAgAu_{25-5}$	$\phi2\times0.08\times220$	0.6
$PdAgAuNi_{23-3-0.3}$	$\phi2\times0.08\times220$	0.8
PdY_8	$\phi2\times0.08\times450$	1.6

4.8 表面质量

4.8.1 管材的内外表面应光滑清洁，不允许有起皮、针孔、气泡、裂纹等。

4.8.2 管材表面允许有局部的不超出管材壁厚允许偏差的凹坑及修理痕迹等缺陷，允许有轻微的氧化色。

4.8.3 管材的表面粗糙度 R_a 不大于 6.3μm。

4.9 其他要求

经双方协商可供具有特殊性能和尺寸的钯合金管材。

5 试验方法

5.1 化学成分的仲裁分析方法

管材化学成分的仲裁分析方法按 GB/T 15072 的规定进行。

5.2 力学性能检验方法

管材的维氏硬度检验方法按 YS/T 369 的规定进行。

5.3 工艺性能检验方法

管材的打压检漏试验参照附录 A 进行。

5.4 尺寸测量方法

5.4.1 管材的几何尺寸测量方法按 GB/T 15077 的规定进行。

5.4.2 管材的凸起部分向上,放在平台上,用直尺或塞尺测量其弯曲度。

5.5 表面质量检验方法

管材的表面粗糙度用双管显微镜进行测量。

5.6 透氢速率测量方法

管材透氢速率的测量参照附录 B 进行。

6 检验规则

6.1 检查和验收

6.1.1 每批管材应由供方技术监督部门进行检验,保证产品质量符合本标准(或订货合同)的规定,并填写质量证明书。

6.1.2 需方应对收到的产品按本标准的规定进行检验,如检验结果与本标准(或订货合同)的规定不符时,应在收到产品之日起 3 个月内向供方提出,由供需双方协商解决。如需仲裁,仲裁取样在需方,由双方共同进行。

6.2 组批

管材应成批提交验收,每批应由同一牌号、炉号、状态和规格的产品组成。每批重量应不超过 30kg。

6.3 检验项目

每批管材应进行化学成分、外形尺寸偏差、显微维氏硬度、表面质量、弯曲度和检漏的检验。

6.4 取样位置和取样数量

6.4.1 化学成分取样位置和取样数量

每炉要在铸锭中部取样进行化学成分分析,数量不超过 0.5g。

6.4.2 每批管材抽取总根数的 5%,但不少于两根,进行外形尺寸偏差、显微维氏硬度和表面粗糙度的检验。

6.4.3 管材弯曲度和表面质量及检漏应逐根检验。

6.5 重复试验和检验结果的判定

化学成分分析如有不合格,允许重新取样进行复验,再不合格则整炉判废。其他各项检验如有不合格,允许取双倍试样对不合格项目进行复验,如仍有一个试样不合格,则该根管材判废。对未检验的管材应逐根进行检验,合格者重新组批验收。

7 包装、标志、运输和贮存

7.1 标志

7.1.1 在检验合格的管材上应打印如下标志：

a. 供方技术监督部门的检印；

b. 合金牌号；

c. 供应状态；

d. 批号(熔炼炉号)。

7.1.2 管材的包装箱应注明如下标志：

a. 到站；

b. 收货单位；

c. 合同号、箱号、顺序号；

d. 货物名称及总件数；

e. 发货单位及发运站名。

7.2 包装、运输、贮存

7.2.1 包装

管材应用软纸逐根包装。同一炉号(批号)、规格和状态的管材扎成一捆，用塑料薄膜包扎，装入木箱，并用软质填料填固。

7.2.2 运输和贮存

7.2.2.1 产品在运输过程中，应防止碰伤、擦伤和压伤。

7.2.2.2 产品应保存在干燥、无腐蚀性气氛的场所。

7.3 质量证明书

每批管材应附有产品质量证明书，注明：

a. 供方名称；

b. 产品名称；

c. 合金牌号；

d. 规格；

e. 供应状态；

f. 批号(熔炼炉号)；

g. 净重和件数；

h. 各项分析检验结果和技术监督部门检印；

i. 出厂日期；

j. 本标准编号。

附 录 A

(标准的附录)

管材的打压检漏检验方法

A1 范围

本方法规定了管材打压检漏的设备、材料、取样、检验方法和检验结果的判定等。

本方法适用于氢气净化用钯合金管材的打压检漏试验。

A2　方法提要

使管材承受一定压力的气体，在水中观察有无漏气现象。

A3　试验设备及材料

A3.1　空气压缩机：额定工作压力不小于 1.2MPa。
A3.2　水槽：尺寸为 1500mm×300mm×200mm 的金属或塑料槽。
A3.3　耐压橡胶管：根据管材外径不同，选择不同的内孔尺寸、耐压值应大于 1.5MPa 的橡胶管。
A3.4　钯合金管：长度不大于 600mm，直径不大于 4mm。
A3.5　金属洗洁精或汽油。

A4　取样及试样制备

A4.1　取加工态的所有成品管材作为测试样品。
A4.2　按合同(订货单)要求，将所取样品机械切割至定尺，用金相砂纸磨光切口，并用清洁剂清洗干净。

A5　检验方法

A5.1　用橡胶堵头封闭管材一端，另一端用耐压橡胶管与空气压缩机相连接，放入槽中水下 10cm 处。
A5.2　将空气压缩机压力调至 0.8MPa。
A5.3　轻轻开启空气压缩机与耐压橡胶管之间的阀门，缓慢升至所定压力。
A5.4　仔细观察检验管材在水中是否有冒水泡现象，并保压 1min。

A6　检验结果的判定

保压 1min 后水槽无冒水泡现象，则该检验管合格，否则不合格。

附　录　B
（标准的附录）
透氢速率的测量方法

B1　范围

本方法规定了测量钯合金管材透氢速率的设备、仪器、试样制备和测量方法。
本方法适用于 ϕ1.5mm～3mm×300mm 管材的透氢速率测量。

B2　方法提要

当材料的成分和规格(几何尺寸)确定以后，在一定工作条件下(压差、温度等)，测量该材料单位面积、单位时间所能透过的氢气量。

B3　试验设备、仪器及材料

B3.1　透氢速率测量装置

透氢速率测量装置示意图如图 B1 所示。

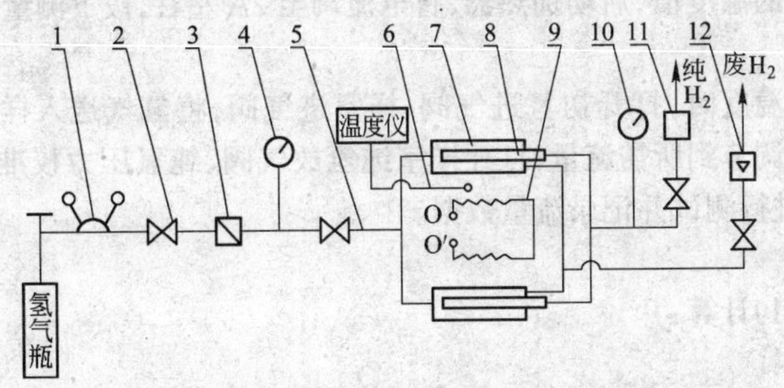

图 B1 透氢速率测试仪装置示意图

1—分压表;2—调节阀;3—过滤器;4—初氢精密压力表;

5—氢气管路;6—热偶计;7—扩散室;8—钯合金管;9—加热器;

10—纯氢压力表;11—纯氢质量流量计;12—废氢流量计

B3.2 试验设备及仪器

B3.2.1 电源:~3×380V。

B3.2.2 真空泵:电机功率为 250W,极限真空为 6×10^{-2}Pa。

B3.2.3 温度控制仪:带有自动控制系统,使用温度应可达 600℃,温差不应大于 ±2℃。

B3.2.4 初氢压力表:精确度不低于 0.4 级的精密压力表。

B3.2.5 纯氢压力表:精确度不低于 2.5 级的压力表。

B3.2.6 质量流量控制仪:精确度应达 1.0 级(如型号为 D07-2/ZM)。

B3.2.7 氢源:电解氢。

B3.3 材料

B3.3.1 钯合金管:直径 1.5~3.0mm,长度不大于 300mm,加工状态。

B3.3.2 氢气管路:ϕ3.0mm 的不锈钢管。

B3.3.3 汽油及其他清洗器具。

B4 取样及试样制备

B4.1 取样

取检漏合格的管材作为试验样品。

B4.2 试样处理

用汽油清洗试样后,用清水冲洗干净,再烘干。

B5 测量步骤

B5.1 测量准备

B5.1.1 安装待测钯合金管

用镍丝做堵头,封闭管材一端,以 AgPd28-2 合金做钎料,在氩气保护下高频钎焊,检漏。

B5.1.2 连接电源与测试仪。

B5.1.3 将各阀门均置于关闭状态。

B5.2 抽真空

启动机械泵,打开真空泵阀,抽空管路气体;打开样室进气阀,抽空初氢室;打开连通阀、样室纯氢阀,抽空纯氢室;关闭纯氢阀、连通阀、样室进气阀、真空泵阀,关闭真空泵。

B5.3 加热

设定好温度控制器的温度值,启动加热器,将电流调至2A左右,按下测量阀。

B5.4 测试

待加热炉达到设定温度时,打开初氢进气阀、样室进气阀,将氢气送入样室;打开样室初氢放气阀、废气调节阀,将废气调节到所需流量;打开样室纯氢放气阀、纯氢压力校准阀和质量流量计,观察流量,待稳定5min后,进行测试并记录流量数据。

B5.5 透氢速率计算

透氢速率按公式(B1)计算:

$$J=\frac{Q}{\pi DL} \tag{B1}$$

式中 J——透氢速率,$cm^3/(cm^2\cdot s)$;

Q——纯氢流量,cm^3/s;

D——管材外径,cm;

L——管材长度,cm。

B6 试验报告

透氢速率测试报告应包括下列内容:

a. 合金牌号;

b. 批号(熔炼炉号);

c. 规格、状态;

d. 测试结果;

e. 测量日期;

f. 测量人员、审核人。

四、半导体材料标准

中华人民共和国有色金属行业标准

YS 43—1992

高 纯 砷

1 主题内容与适用范围

本标准规定了高纯砷的产品分类、技术要求、试验方法、检验规则和标志、包装、运输、贮存。

本标准适用于工业砷为原料，经升华、氯化、精馏和还原等而制得纯度不小于99.999%和99.9999%的砷。

产品供制备Ⅲ-Ⅴ族化合物半导体和高纯合金，用做硅、锗单晶的掺杂剂等。

2 引用标准

YS/T 34 高纯砷化学分析方法

3 产品分类

3.1 高纯砷分为As-05和As-06两个牌号。

4 技术要求

4.1 各牌号的化学成分应符合下表规定：

牌号			As-05	As-06
化学成分	As/% 不小于		99.999	99.9999
	杂质含量 ppm(10^{-6}) 不大于	Ag	0.1	0.01
		Al	0.5	0.05
		Ca	0.5	0.10
		Cu	0.5	0.01
		Fe	0.5	0.05
		Mg	0.2	0.05
		Ni	0.1	0.01
		Pb	0.5	0.03
		Zn	0.5	0.10
		Se	1.0	0.05
		Cr	0.5	0.05
		Sb	0.5	0.10
		S	1.0	0.10

4.2 高纯砷为块状或棒状结晶，呈灰白色，表面无黑色膜。

中国有色金属工业总公司 1992-03-19 批准 1993-03-01 实施

4.3 产品以块状或棒状供货。
4.4 需方如有特殊要求,供需双方另行商定。

5 试验方法

5.1 产品外观用目视检查。
5.2 As-05 产品化学成分的分析方法按 YS/T 34 进行。

As-06 产品化学成分的分析按供方现行方法进行;仲裁分析按供需双方认可的方法进行。

6 检验规则

6.1 产品由供方技术监督部门进行检验,保证产品符合本标准规定,并填写质量证明书。
6.2 需方可对收到的产品进行检验,如检验结果与本标准规定不符时,在收到产品之日起 3 个月内向供方提出,双方协商解决。
6.3 产品应成批提交验收。每批由同一生产方法、同一牌号和同一规格的产品组成。
6.4 仲裁取样方法按如下规定进行:

从每批产品中任取 1～3 管,每管中任取 5～10g,所取试样在玛瑙乳钵中研磨;杂质硫的分析试样在不锈钢钵中研磨,混匀。

6.5 分析检验结果不合格时,则加倍取样对不合格项目进行复验。如果仍有一个结果不合格时,则该批产品为不合格。

7 标志、包装、运输、贮存

7.1 产品用玻璃管真空包装。每管净重 25～100g(或按需方要求),再用泡沫塑料包好,装入结实的箱中,箱内用泡沫塑料等软物塞紧。
7.2 每管应附有标签,注明:牌号、批号和净重。每箱外注明:供、需方名称和产品名称,并有“防潮”、“轻放”和“有毒”字样或标志。
7.3 产品应存放于清洁、干燥和无酸碱气氛之处。产品在需方贮存期不宜超过半年。
7.4 产品在运输过程中应防潮,不得剧烈碰撞。
7.5 启封及使用产品时应注意环境卫生,不允许用手直接拿取,避免引入杂质。
7.6 每批产品应附有质量证明书,注明:

a. 供方名称;
b. 产品名称;
c. 产品牌号、批号、净重和箱数;
d. 各项分析检验结果及检验部门印记;
e. 本标准编号;
f. 出厂日期。

附加说明:

本标准由中国有色金属工业总公司标准计量研究所提出。
本标准由峨眉半导体材料厂负责起草。
本标准主要起草人:李家彦、修鸿祥、郭富敏。

中华人民共和国有色金属行业标准

YS/T 300—1994

锗 富 集 物

代替 ZB H 31003—1987

Germanium collection

本标准适用于从含锗的铅锌矿、铁矿石、煤灰及其他有色冶炼的中间物料中提取获得的锗富集物，供生产四氯化锗、二氧化锗和金属锗用。

1 技术要求

1.1 锗富集物按化学成分分为 9 个品级，应符合下表规定。

<table>
<tr><th rowspan="2">品 级</th><th rowspan="2">代 号</th><th rowspan="2">Ge/%不小于</th><th colspan="3">杂质/%不大于</th></tr>
<tr><th>As</th><th>S*</th><th>SiO_2</th></tr>
<tr><td>特一级</td><td>JGe—01</td><td>67.0</td><td>0.8</td><td>0.5</td><td>0.5</td></tr>
<tr><td>特二级</td><td>JGe—02</td><td>65.0</td><td>0.8</td><td>1.0</td><td>1.0</td></tr>
<tr><td>一 级</td><td>JGe—1</td><td>50.0</td><td rowspan="4">1.0</td><td rowspan="3">2.0</td><td rowspan="3">5.0</td></tr>
<tr><td>二 级</td><td>JGe—2</td><td>40.0</td></tr>
<tr><td>三 级</td><td>JGe—3</td><td>30.0</td></tr>
<tr><td>四 级</td><td>JGe—4</td><td>20.0</td><td rowspan="2">3.0</td><td rowspan="2">8.0</td></tr>
<tr><td>五 级</td><td>JGe—5</td><td>15.0</td><td rowspan="3">1.5</td></tr>
<tr><td>六 级</td><td>JGe—6</td><td>10.0</td><td rowspan="2">4.0</td><td rowspan="2">10.0</td></tr>
<tr><td>七 级</td><td>JGe—7</td><td>5.0</td></tr>
</table>

* 不包括硫酸根的硫。

1.2 特一、特二级产品为白色颗粒，其他为灰色或灰黄色颗粒。要求同一级产品的颜色应均匀一致，呈自然松散颗粒，全部通过 0.25mm 筛孔。

1.3 锗富集物中不得混入外来夹杂物。

1.4 锗富集物中如含放射性物质，应符合 GBJ 8—1974《有关放射性防护规定》。

2 试验方法和检验规则

2.1 锗富集物的取样和制样：逐袋(桶)取样。用不锈钢采样探针在锗富集物表面半径的 1/2 处，垂直插入袋(桶)深超过 3/4 处。每袋(桶)取出等量试样。混匀后，用四分法缩分至 100g。特一、特二级试样缩分至 60g。将试样分成三份分别装入 3 个清洁、干燥的磨口瓶或塑料袋中密封。一份送需方分析、一份送供方化验，一份由供方留存 3 个月备查。

2.2 锗富集物化学成分的分析，按本标准附录进行。

2.3 产品应由供方质量检验部门验收。保证产品质量符合本标准要求，并填写产品质量证明书。

2.4 锗富集物同一品级为一批，批重为含锗量不超过 100kg。

中国有色金属工业总公司 1987-01-26 发布　　1988-02-01 实施

2.5 需方应对收到的产品进行验收,如有异议,应在收到产品之日起两个月内向供方提出,由供需双方协商解决。如需仲裁,仲裁取样、制样和分析方法按本标准 2.1,2.2 进行,仲裁分析结果为最终结果。

3 标志、包装、运输、贮存

3.1 特一、特二级产品的包装,内用双层塑料袋,外用铁桶或木箱包装。每包净重为 8kg 和 12kg 两种。一级至七级品的包装,用内衬塑料袋的编织袋包装,每包净重为 10kg、30kg、50kg 三种。

3.2 包装上应注明生产厂名称、产品名称、商标、品级、净重、毛重、批号、出厂日期和“防潮”标志。

3.3 产品不得同酸、碱混装,混贮。贮运皆应防潮。

3.4 每批产品应附质量证明书、注明:

a. 供方名称;

b. 产品名称;

c. 品级(或代号);

d. 批号、净重、锗金属量、件数;

e. 各项分析试验结果及检验部门印记;

f. 本标准编号;

g. 出厂日期。

附 录 A
锗富集物化学分析方法
碘酸钾容量法测定锗量
(补充件)

本方法适用于锗富集物中锗量的测定。

本方法遵守 GB 1467—1978《冶金产品化学分析方法标准的总则及一般规定》。

A.1 方法提要

试样以氢氧化钠熔融,用磷酸及高锰酸钾抑制砷、锑、锡等的蒸馏逸出,在 3M 磷酸及 4.5M 盐酸中,以次亚磷酸钠还原四价锗为二价,以淀粉为指示剂,用碘酸钾标准溶液滴定。

A.2 试剂

A.2.1 氢氧化钠。

A.2.2 次亚磷酸钠。

A.2.3 高锰酸钾。

A.2.4 盐酸(比重 1.19)。

A.2.5 盐酸(1+2)。

A.2.6 硫酸(2+1)。

A.2.7 磷酸(3+1)。

A.2.8 碳酸氢钠溶液(饱和)。

A.2.9 淀粉溶液(1%)。

A.2.10 碘酸钾标准溶液:称取 1.0000g 纯碘酸钾置于 400mL 烧杯中,加 1g 碳酸钠,40g 碘化钾,

200mL 水搅拌至溶解完全,移入 1000mL 容量瓶中,用水稀释至刻度,混匀,放置 24h,备用。

标定方法:称取 0.1000g 纯二氧化锗(99.999%以上)(按分析步骤操作)。按式(A1)计算碘酸钾标准溶液对锗的滴定度:

$$T=\frac{m}{V}\times 0.6940 \tag{A1}$$

式中 T——碘酸钾标准溶液对锗的滴定度,g/mL;

m——纯二氧化锗称取量,g;

V——标定时消耗碘酸钾标准溶液体积,mL;

0.6940——二氧化锗换算为锗的系数。

滴定度的允许绝对误差为 0.000010g/mL,同时标定 3～5 份,其极差不超过允许误差时,进行算术平均确定滴定度。

A.3 试样

A.3.1 样品必须通过 0.12mm 筛孔,并于 105℃烘干 2h。

A.3.2 试样量

按表 A1 称取试样。

表 A1

锗含量/%	称样量/g	锗含量/%	称样量/g
>30	0.1	>10～20	0.2
>20～30	0.2	<5～10	0.5

A.4 分析步骤

A.4.1 按表 1 称取试样量于镍坩埚中[预先加入 3～4g 氢氧化钠(A.2.1)于马弗炉中 650℃熔好冷凝]。加入 3～4g 氢氧化钠覆盖试样,置于马弗炉中经 700℃熔融 20min,取出冷却。

A.4.2 将坩埚放于 250mL 烧杯中,加入少量热水加热浸取,用水洗净坩埚,取出。滴加硫酸(A.2.6),小心中和至酸性(以酚酞指示)。

A.4.3 移至 300mL 三角烧瓶中,低温加热使体积为 60mL 左右,加入 10mL 磷酸(A.2.7),0.1g 高锰酸钾(A.2.3)摇匀,冷却。加入 50mL 盐酸(A.2.4)摇匀。

A.4.4 取 500mL 三角烧瓶,加入 40mL 磷酸(A.2.7),10mL 盐酸(A.2.5),7～10g 次亚磷酸钠(A.2.2)。

A.4.5 接好冷凝装置(冷凝液出口)插入(A.4.4)500mL 三角烧瓶中,加热蒸馏,以 3mL/min 速度蒸至黄色褪去(残留 20mL 左右停止蒸馏),取下,用 10mL 盐酸(A.2.5)洗两次蒸馏液管。

A.4.6 取出三角烧瓶(摇匀),盖上盖氏漏斗,往漏斗中加入饱和碳酸氢钠溶液(A.2.8),加热至沸,保持 15min 取下,冷却至 10～20℃。揭去盖氏漏斗,立即加入 5mL 淀粉溶液(A.2.9),用碘酸钾标准溶液(A.2.10)滴定至蓝色 30s 不褪为终点。

A.5 分析结果计算

按式(A2)计算锗的百分含量:

$$Ge(\%)=\frac{T\times V}{m}\times 100 \tag{A2}$$

式中 T——碘酸钾标准溶液对锗的滴定度,g/mL;
V——滴定时消耗碘酸钾标准溶液体积,mL;
m——试样量,g。

A.6 允许差

实验室之间分析结果的差值应不大于表 A2 所列允许差。

表 A2

锗 量	允许差/%	锗 量	允许差/%
5.00~20.00	0.35	>20.00	0.50

附 录 B

锗富集物化学分析方法 碘酸钾容量法测定锗

(补充件)

本方法适用于锗富集物中特一级锗量的测定。

本方法遵守 GB 1467—1978《冶金产品化学分析方法标准的总则及一般规定》。

B.1 方法提要

试样以氢氧化钠溶解,在 4M 磷酸溶液中,以次亚磷酸钠还原四价锗为二价,以淀粉为指示剂,用碘酸钾标准溶液滴定。砷、锑、铜、硫 1mg 不干扰,锡定量干扰。

B.2 试剂

B.2.1 氢氧化钠。

B.2.2 次亚磷酸钠。

B.2.3 磷酸(比重 1.68)。

B.2.4 碳酸氢钠溶液(饱和)。

B.2.5 淀粉溶液(1%)。

B.2.6 碘酸钾标准溶液:称取 1.9660g 纯碘酸钾于 400mL 烧杯中,加入 1g 碳酸钠,40g 碘化钾,再加 200mL 水,搅拌溶解完全,移入 1000mL 容量瓶中,用水稀释至刻度,混匀,放置 24h,备用。

标定:称取 0.1g(准确到 0.0001g)纯二氧化锗(99.99%以上),置于 300mL 三角瓶中,加 10mL 水,摇匀。加 1g 氢氧化钠(B.2.1),加热溶解完全,取下,加入 80mL 水、35mL 磷酸(B.2.3)、7g 次亚磷酸钠(B.2.2)摇匀溶解,盖上盖氏漏斗,往漏斗中加入饱和碳酸钠溶液(B.2.4),加热至沸,保持微沸 20min,取下,流水冷却至室温,揭开盖氏漏斗,立即加入 5mL 淀粉溶液(B.2.5),用碘酸钾标准溶液(B.2.6)滴定至蓝色 30s 不褪为终点。

按式(B1)计算碘酸钾标准溶液对锗的滴定度:

$$T=\frac{m}{V}\times 0.69405 \tag{B1}$$

式中 T——碘酸钾标准溶液对锗的滴定度,g/mL;
m——纯二氧化锗称取量,g;

V——标定时消耗碘酸钾标准溶液体积,mL;
0.69405——二氧化锗换算为锗的系数。

滴定度的允许绝对误差为0.000010g/mL,同时标定3～5份,其极差不超过允许误差时,进行算术平均确定滴定度。

B.3 分析步骤

称取0.1g(准确到0.0001g)试样,置于300mL三角瓶中(以下按B.2.6碘酸钾标准溶液标定方法步骤进行)。

B.4 分析结果计算

按式(B2)计算锗的百分含量:

$$Ge(\%)=\frac{T\times V}{m}\times 100 \tag{B2}$$

式中 T——碘酸钾标准溶液对锗的滴定度,g/mL;
V——滴定时消耗碘酸钾标准溶液体积,mL;
m——试样量,g。

B.5 允许差

实验室之间分析结果的差值应不大于下表所列允许差。

锗　　量	允许差/%
≥67	0.40

注:所取分析样品中,砷、铜大于2mg,硫大于1mg,锡大于0.1mg,或杂质不明情况下,需按附录A分析步骤进行。

附　录　C
锗富集物化学分析方法
碘量法测定砷量
(补充件)

本方法适用于锗富集物中砷量的测定。

本方法遵守GB 1467—1978《冶金产品化学分析方法标准的总则及一般规定》。

C.1 方法提要

试样以硝酸、硫酸溶解,溴水氧化硫,在盐酸介质中以次亚磷酸钠还原为单体砷过滤分离,在碳酸氢钠存在下,用碘标准溶液溶解并氧化为5价砷,过量的碘标准溶液用亚砷酸钠滴定,以消耗碘标准溶液的体积计算砷量。

C.2 试剂

C.2.1 硝酸(比重1.42)。

C.2.2 硫酸(比重1.84)。

C.2.3 硫酸(1+2)。

C.2.4　溴水(饱和溶液)。

C.2.5　盐酸(比重 1.19)。

C.2.6　盐酸(1+2)。

C.2.7　氢氧化钠(20%)。

C.2.8　碘化钾。

C.2.9　碳酸氢钠。

C.2.10　次亚磷酸钠。

C.2.11　淀粉溶液(0.5%)。

C.2.12　酚酞指示剂(0.5%)。

C.2.13　硫酸铜溶液(5%)。

C.2.14　亚砷酸钠标准溶液:称取 1.3203g 三氧化二砷(纯度不小于 99.99%经 105℃烘干 2h),溶于 20mL 氢氧化钠(C.2.7)中,加水 100mL,加 2 滴酚酞指示剂(C.2.12)用硫酸(C.2.3)中和至褪色,加 5g 碳酸氢钠,移入 1000mL 容量瓶中,用水稀释至刻度,摇匀。此溶液 1mL 含砷 0.0010g。

C.2.15　碘标准溶液:称取 5.08g 碘于磨口瓶中,加入 40g 碘化钾(C.2.8),加入 20～30mL 水,摇荡使其溶解完全,移入 1000mL 容量瓶中,用水稀释至刻度,摇匀。

标定:取 20.00mL 亚砷酸钠标准溶液(C.2.13)于 300mL 三角烧瓶中,加水 30mL,加盐酸(C.2.5)50mL〔以下按(C.3.3)进行〕。

按式(C1)计算碘酸钾标准溶液对砷的滴定度:

$$T=\frac{0.0010\times 20}{V_1-V_2} \tag{C1}$$

式中　V_1——滴定时消耗碘标准溶液之总体积,mL;

V_2——滴定 10.00mL 亚砷酸钠消耗碘标准溶液的体积,mL。

C.3　分析步骤

C.3.1　称取样品 1.000g,于 300mL 烧杯中,加入 20mL 硝酸(C.2.1),5mL 溴水(C.2.4),加热溶解,加入 10mL 硫酸(C.2.2),加热至冒浓烟,取下放冷,用水吹洗杯壁,再加热冒烟至 3mL 左右,取下放冷,加水 30mL,加入 40mL 盐酸(C.2.5),低温加热溶解可溶性盐类(温度不超过 80℃),过滤,用盐酸(C.2.6)洗 3～4 次,滤液用 300mL 三角瓶盛接。

C.3.2　特 1、特 2 级(含 GeO_2 大于 95%)样品,称取 1.000g 于 300mL 三角烧瓶中,加入 20mL 氢氧化钠(C.2.7),加热溶解,加入 2 滴酚酞指示剂(C.2.12),用硫酸(C.2.3)中和至褪色,加入 50mL 盐酸(C.2.5)。

C.3.3　于试液(C.3.1)(C.3.2)及亚砷酸钠标准标定溶液中,分别加入 2mL 硫酸铜(C.2.13),控制体积 100mL,加于 7g 次亚磷酸钠,(C.2.10),加热至近沸,保持 1h,用致密滤纸过滤,用盐酸(C.2.6)洗 4 次,水洗 3 次。

C.3.4　沉淀连同滤纸移入原三角烧瓶中,加少量水,用玻璃棒搅烂滤纸,加入 2g 碳酸氢钠(C.2.9),用碘标准溶液(C.2.15)滴定至砷溶解(出现碘的黄色)。过量 2mL,盖上表皿,于暗处放置 5min,准确加入 10.00mL 亚砷酸钠标准液(C.2.14),5mL 淀粉(C.2.11)继续用碘标准溶液(C.2.15)滴定至蓝色不变为终点。

C.3.5　取 300mL 三角烧瓶,加水 10mL,准确加入 10mL 亚砷酸钠标准溶液(C.2.14),加入 5mL 淀粉溶液(C.2.15),用碘标准溶液滴定至蓝色不变。

C.4 分析结果的计算

按式(C2)计算砷的百分含量:

$$\mathrm{As}(\%)=\frac{T(V_1-V_2)}{m}\times 100 \qquad (C2)$$

式中 T——碘标准溶液对砷的滴定度,g/mL;

V_1——滴定时消耗碘标准溶液的总体积,mL;

V_2——滴定 10.00mL 亚砷酸钠消耗碘标准液的体积,mL

m——试样量,g。

C.5 允许差

实验室之间分析结果的差值应不大于下表所列允许差。

含　量	允许差/%	含　量	允许差/%
≤1.00	0.10	>1.00	0.20

附　录　D
锗富集物化学分析方法
硫酸钡重量法测定硫*
（补充件）

本方法适用于锗富集物中硫量的测定。

本方法遵守 GB 1467—1978《冶金产品化学分析方法标准的总则及一般规定》。

D.1 方法提要

试样以氯酸钾,硝酸分解,生成硫酸盐,用氨水和碳酸铵将铁铝等沉淀分离,在盐酸溶液中与氯化钡生成硫酸钡沉淀,过滤,灰化,称其质量,为总硫量。于另一等同试样中,经盐酸处理,挥发除去可溶性硫化物生成的硫化氢,试样中硫酸根用氯化钠浸出,以氢氧化铵、碳酸铵,分离铁、铅、单体硫、硫离子等杂质后再以氯化钡沉淀测定硫酸根。从总硫中减去硫酸根中硫量,为测定硫量。

D.2 试剂

D.2.1 硝酸(比重 1.42)。

D.2.2 盐酸(比重 1.19)。

D.2.3 盐酸(1+1)。

D.2.4 盐酸(5+95)。

D.2.5 氨水(比重 1.09)。

D.2.6 氯酸钾。

D.2.7 碳酸铵。

---

* 锗富集物技术条件中规定,不包括硫酸根的硫量。

D.2.8　氯化钡(10%)。

D.2.9　甲基橙指示剂(0.5%)。

D.2.10　氯化钠(20%)。

D.2.11　三氯化铁:称取10g三氯化铁,加盐酸(D.2.2)10mL,移入1000mL容量瓶中,用水稀释至刻度,摇匀。

D.3　试样

分析试样必须通过0.075mm筛孔。

D.4　分析步骤

D.4.1　总硫测定

D.4.1.1　称取1.0000g试样(D.3)于300mL烧杯中,加5g氯酸钾(D.2.6)及少量水,摇荡使呈泥状,加30mL硝酸(D.2.1),覆盖表皿,在室温置2h分解,加热蒸至近干,移入低温处蒸干,加20mL盐酸(D.2.2),加热溶解并蒸至近干,重复加10mL盐酸(D.2.2)蒸至近干,移于低温处蒸干,加10mL盐酸(D.2.3),加热溶解可溶性盐类,取下〔如试样中含铁小于10mg,应加入2mL三氯化铁(D.2.11)〕。

D.4.1.2　试液(D.4.1.1)(D.4.2)加水至体积约100mL,加热至近沸,取下,在搅拌下用氨水(D.2.5)中和至氢氧化铁沉淀,过量5mL,加碳酸铵1g,加热煮沸,待沉淀凝聚,用快速滤纸过滤,用热水洗7～8次,滤液用400mL烧杯盛接。

D.4.1.3　滤液(D.4.1.2)加入4滴甲基橙指示剂(D.2.9),用盐酸(D.2.3)中和并过量8mL,煮沸10min(无小气泡发生),稀释体积至250mL,在搅拌下慢慢加入10mL氯化钡溶液(D.2.8),加热煮沸5min,在近沸保温1h,用致密滤纸过滤,用热水洗7～8次。

D.4.1.4　沉淀连同滤纸移入30mL瓷坩埚中,于电炉上灰化滤纸,置于马弗炉750～800℃加热30min,取出,置于干燥器中冷却,称其质量。

D.4.2　硫酸根测定

称取试样(D.3)1.0000g于300mL烧杯中,吹少量水分散试样,加入40mL盐酸(D.2.3)加热溶解,蒸至近干,加10mL盐酸(D.2.2)重复蒸至近干,加10mL盐酸(D.2.4),加热,搅拌起杯底附着物,加入30mL氯化钠(D.2.10)加热至沸,保持15min取下〔以下按(D.4.1.2)进行〕。

D.5　分析结果的计算

按下式计算硫*的百分含量:

$$S^*(\%)=\left(\frac{m_1-m_2}{m}\right)\times 0.1374\times 100$$

式中　m_1——测定总硫称取的硫酸钡质量,g;

m_2——测定硫酸根称取的硫酸钡质量,g;

m——测定总硫及硫酸根所称取的相等的试样量,g;

0.1374——硫酸钡对硫的换算系数。

D.6　允许差

实验室之间分析结果的差值应不大于下表所列允许差

* 锗富集物技术条件中规定,不包括硫酸根的硫量。

硫量*	允许差/%	硫量*	允许差/%
>0.5～1.0	0.15	>2.00～4.00	0.30
>1.00～2.00	0.20		

* 锗富集物技术条件中规定,不包括硫酸根的硫量。

附　录　E
锗富集物化学分析方法
重量法测定二氧化硅量
（补充件）

本方法适用于锗富集物中二氧化硅量的测定。

本方法遵守 GB 1467—1978《冶金产品化学分析方法标准的总则及一般规定》。

E.1　方法提要

试样以氢氧化钠,过氧化钠熔融,用水浸取,加盐酸脱水成硅酸析出,挥发除去锗,加动物胶凝聚沉淀,过滤分离硅酸,灰化,灼烧,称其质量。

E.2　试剂

E.2.1　氢氧化钠。

E.2.2　过氧化钠。

E.2.3　动物胶溶液(1%),用时现配。

E.2.4　盐酸(比重 1.19)。

E.2.5　盐酸(1+3)。

E.2.6　盐酸(5+95)。

E.3　分析步骤

E.3.1　试样量

按表 E1 称取试样。

表 E1

二氧化硅量/%	试样量/g	加入氢氧化钠量(E.2.1)/g	二氧化硅量/%	试样量/g	加入氢氧化钠量(E.2.1)/g
≤1.00	2.0000	6	>8.00～10.00	0.5000	4
>1.00～8.00	1.0000	4			

E.3.2　空白试验

随同试样做空白试验。

E.3.3　测定

E.3.3.1　将试样(E.3.1)置于镍坩埚中[预先按表 E1 加入氢氧化钠(E.2.1)于马弗炉中 650℃熔好冷凝]。加入 1g 过氧化钠(E.2.2)覆盖试样,置于马弗炉经 700℃熔融 20min,取出冷却。

E.3.3.2　将坩埚放入 300mL 烧杯中,加入少量热水加热浸取,用水洗净坩埚,取出。

E.3.3.3　小心加入 60mL 盐酸(E.2.4)加热蒸至 10mL 左右,用玻璃棒搅成粒状,低温蒸干,再分别加入 20mL、10mL、10mL 盐酸(E.2.4)重复蒸干 3 次,取下。

E.3.3.4 加入 20mL 盐酸(E.2.4),搅拌,用 20mL 水吹洗杯壁,加热至 60~70℃,加入 5mL 动物胶(E.2.3)搅拌 5min,加入沸水 60~70mL,近沸保温 5min。

E.3.3.5 趁热用致密滤纸通过,用热盐酸(E.2.5)洗烧杯及沉淀 3~4 次,用橡皮头擦洗烧杯,用热盐酸(E.2.6)洗 3~4 次,再用热水洗沉淀 5~6 次。

E.3.3.6 将沉淀连同滤纸移入 30mL 瓷坩埚,置于马弗炉中低温灰化,然后升温至 950℃,灼烧 1h。取出稍冷,移入干燥皿中,冷至室温*,扫出,称其质量。

E.4 分析结果计算

按下式计算二氧化硅的百分含量

$$SiO_2(\%)=\frac{m_1-m_2}{m_0}\times 100$$

式中 m_1——试样中二氧化硅质量,g;

m_2——空白试样中二氧化硅质量,g;

m_0——试样量,g。

E.5 允许差

实验室之间分析结果的差值应不大于表 E2 所列允许差。

表 E2

二氧化硅量/%	允许差/%	二氧化硅量/%	允许差/%
≤1.00	0.10	>5.00~8.00	0.30
>1.00~5.00	0.20	>8.00~10.00	0.40

注:灼烧后二氧化硅应呈白色粉状。如颜色不正常,可移至恒重铂坩埚中,加氢氟酸,硫酸挥发处理后,灼烧、称其质量,减量为二氧化硅量。

附加说明:

本标准由中国有色金属工业总公司提出。

本标准由韶关冶炼厂负责起草。

本标准主要起草人:李亮、李世民、孙纪奚、胡燕。

---

* 室温指 20℃左右。

五、稀有金属标准

中华人民共和国有色金属行业标准

YS/T 39—1992

氙灯钨阳极

1 主题内容与适用范围

本标准规定了氙灯钨阳极的产品分类、技术要求、试验方法、检验规则和标志、包装、运输、贮存。

本标准适用于粉末冶金方法生产的钨阳极制品。制品供作功率为2kW、3kW、4kW、5kW、6kW、7kW等高压短弧氙灯阳极。

2 引用标准

GB 2828 逐批检查计数抽样程序及抽样表(适用于连续批的检查)

GB 3850 致密烧结金属材料与硬质合金密度测定方法

GB 4324 钨化学分析方法

3 产品分类

3.1 按使用的联接方式不同,产品分为WYK和WYB两种类型。每类按规格不同分为若干型号。

3.2 型号表示方法如下:

WY 1 2 3 4

WY——用汉语拼音大写字母WY表示钨阳极。

1——用阿拉伯数字表示使用功率,单位kW。

2——用汉语拼音大写字母K表示带孔制品;B表示带把制品。

3——用两位阿拉伯数字表示制品长度,单位mm。

4——用两位阿拉伯数字表示制品外径,单位mm。

3.3 型号及尺寸

3.3.1 K型的型号及尺寸应符合图1和表1规定。

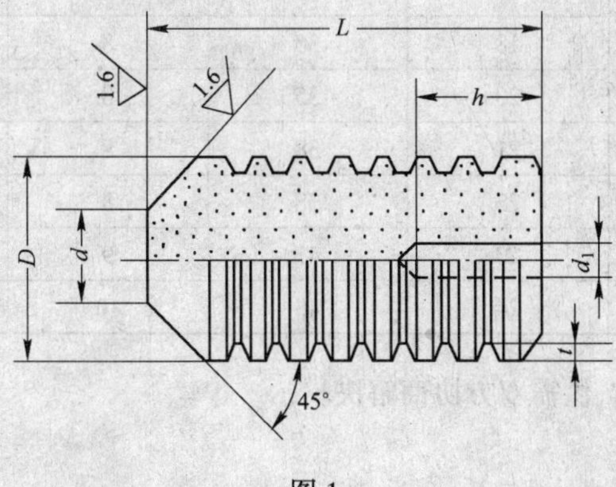

图1

中国有色金属工业总公司 1992-03-19 批准 1993-03-01 实施

表 1 mm

型　号	L	D	d	d_1	h	t
WY2K3013	30	13	5	4.5	14	1.2~2.0
WY2K3014	30	14	6	4.5	14	1.2~2.0
WY2K3015	30	15	8	4.5	14	1.2~2.0
WY3K3516	35	16	6	5	15	1.2~2.5
WY3K3517	35	17	8	5	15	1.2~2.5
WY3K3518	35	18	7	5	15	1.2~2.5
WY4K4018	40	18	8	5	18	1.2~2.5
WY4K4020	40	20	10	5	18	1.2~2.5
WY5K4021	40	21	8	6	18	1.5~3.0
WY6K4422	44	22	9	6	18	1.5~3.0
WY7K4523	45	23	9	6	18	1.5~3.0

3.3.2　B型的型号及尺寸应符合图 2 和表 2 规定。

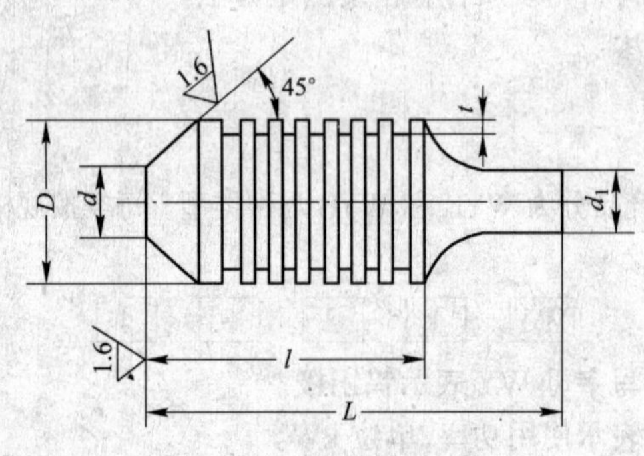

图 2

表 2 mm

型　号	L	D	l	d	d_1	t
WY2B3614	36	14	24	6	6.5	1.2~1.5
WY3B5017	50	17	30	7	7	1.2~2.0
WY4B5018	50	18	35	8	7	1.5~3.0
WY4B5020	50	20	35	8	7	1.5~3.0
WY5B5521	55	21	38	8	8	1.5~3.0
WY5B5523	55	23	38	8	8	1.5~3.0
WY6B6023	60	23	42	9	8	1.5~3.0
WY7B7024	70	24	48	10	9	1.5~3.0

3.3.3　需方如有特殊要求时,供需双方协商解决。

4　技术要求

4.1　产品的杂质元素含量应符合表 3 规定。

表 3

杂质元素	Al	As	Bi	C	Ca	Co	Cu
含量/% 不大于	0.002	0.002	0.0001	0.003	0.003	0.002	0.0005
杂质元素	Fe	Mg	Mn	Mo	Ni	O	P
含量/% 不大于	0.003	0.0015	0.001	0.008	0.002	0.002	0.001
杂质元素	Pb	Sb	Sn	Si	Ti	V	
含量/% 不大于	0.0001	0.001	0.0002	0.002	0.002	0.002	

4.2 产品的密度应不小于 18.2g/cm^3。

4.3 产品不得有分层、裂纹、沾污、氧化和吸水现象,无影响使用的缺口。

4.4 产品端面粗糙度 R_a 不大于 1.6μm。

4.5 产品尺寸的允许偏差应符合表 4 规定。

表 4

mm

类型 \ 允许偏差 \ 尺寸代号	L	D	d	d_1	l	h
K型	±1.0	±0.5	+0.5 0	+0.3 0	—	+1.0 0
B型	±1.0	0 −0.8	+0.5 0	±0.5	±1.0	—

5 试验方法

5.1 化学成分分析方法按 GB 4324 规定进行。

5.2 产品的密度测定方法按 GB 3850 规定进行。

5.3 产品的表面质量用肉眼检查。

5.4 产品的粗糙度用对比样块进行检查。

5.5 产品的尺寸采用精度为 0.02mm 的游标卡尺检查。

6 检验规则

6.1 产品由供方技术监督部门进行检验,保证产品符合本标准规定,并填写质量证明书。

6.2 需方可对收到的产品进行检验,如检验结果与本标准规定不符时,在收到产品之日起 3 个月内向供方提出,供需双方协商解决。

6.3 产品应成批提交验收。每批由同一炉和同一型号产品组成。

6.4 取样数量按如下规定:

6.4.1 产品的化学成分分析每批任取一支破碎至试样所需要求。

6.4.2 产品密度检测按 GB 2828 一般检查水平 Ⅰ 进行。

6.4.3 产品的表面质量、粗糙度和尺寸逐个检验。

6.5 产品判废规则如下:

6.5.1 产品的化学成分分析结果不合格时,则加倍取样对不合格项目进行复验。若其中仍有一个结果不合格时,则该批产品为不合格。

6.5.2 产品的密度按正常检查一次抽样方案 AQL=1.0 检验。不合格时,加严检查一次抽样方案 AQL=1.0 复验。若仍不合格时,则整批判废,或双方协商解决。

6.5.3 产品的表面质量、粗糙度和尺寸检验不合格时,单个判定。

7 标志、包装、运输、贮存

7.1 产品用纸包扎好装入塑料袋内,袋口密封后置于纸盒内,用软物填紧,再将纸盒装入木箱内。每箱净重不超过 15kg。

7.2 每盒上应注明:产品型号、批号和数量。每箱上应注明:产品型号、批号、数量和净重,并有“防潮”、“易碎”字样或标志。

7.3 产品运输时,应防止潮湿,不得剧烈碰撞。

7.4 产品应存放在干燥、通风和无酸、碱气氛之处,严防氧化。存放期不宜超过半年。

7.5 每批产品应附有质量证明书,注明:

a. 供方名称和商标;

b. 产品型号;

c. 产品批号和批重;

d. 各项分析检验结果及检验部门印记;

e. 本标准编号;

f. 检验日期。

附加说明:

本标准由中国有色金属工业总公司标准计量研究所提出。

本标准由株洲硬质合金厂负责起草。

本标准主要起草人:谢康德、余江陵。

中华人民共和国有色金属行业标准

YS/T 40—1992

高纯碘化铯

1 主题内容与适用范围

本标准规定了高纯碘化铯的产品分类、技术要求、试验方法、检验规则和标志、包装、运输、贮存。

本标准适用于以纯度为99.99%～99.999%的碳酸铯、氯化铯和优级氢碘酸为原料合成的碘化铯。产品供X-射线影像增强器、碘化铯单晶、闪烁计数器材料、红外过滤器材料或其他用。

2 产品分类

按化学成分不同,产品分为CsI-05和CsI-04两个牌号。

3 技术要求

3.1 高纯碘化铯为粉状结晶,呈白色。掺钠产品允许略显黄色。

3.2 产品不得有肉眼可见的夹杂物。

3.3 产品的化学成分应符合下表规定:

牌号			CsI-05	CsI-04
化学成分/%	CsI含量,不小于		99.999	99.99
	杂质含量不大于	Li	5×10^{-5}	5×10^{-5}
		Na	1×10^{-5}	1×10^{-4}
		K	1×10^{-4}	2×10^{-4}
		Rb	1×10^{-4}	2×10^{-3}
		Mg	2×10^{-5}	1×10^{-4}
		Ca	5×10^{-5}	5×10^{-5}
		Sr	1×10^{-4}	1×10^{-4}
		Ba	2×10^{-4}	1×10^{-3}
		Al	1×10^{-5}	1×10^{-5}
		Fe	2×10^{-5}	5×10^{-5}
		Cr	1×10^{-5}	5×10^{-5}
		Mn	5×10^{-5}	1×10^{-4}
		SO_4^{2-}	2×10^{-4}	5×10^{-4}
		P_2O_5	5×10^{-5}	5×10^{-5}
		SiO_2	2×10^{-4}	2×10^{-4}

注:CsI含量以100%减去表列阳离子杂质总量之差。

中国有色金属工业总公司 1992-03-19 批准　　1993-03-01 实施

3.4　产品可掺碘化钠或碘化铊。

4　试验方法

化学成分分析按供方现行方法进行;仲裁分析按供需双方认可的方法进行。

5　检验规则

5.1　产品由供方技术监督部门进行检验,保证产品符合本标准规定,并填写质量证明书。

5.2　需方可对收到的产品进行检验。如检验结果与本标准规定不符时,在收到产品之日起两个月内向供方提出,供需双方协商解决。

5.3　产品应成批提交验收。每批由同一混合料组成。批重不得小于10kg。

5.4　每批产品仲裁取样按如下规定:

5.4.1　10件以内任取两件;20件以内任取4件;20件以上任取8件。

5.4.2　所取样品在500～1000mL混样瓶中混合均匀,然后从中取出试样所需量。

5.5　试样目检在带盖玻璃培养皿中进行。

5.6　如分析检验结果不合格时,则加倍取样对不合格项目进行复验。如仍有一个结果不合格时,则该批产品为不合格。

6　标志、包装、运输、贮存

6.1　产品用带内外盖的聚乙烯瓶包装,瓶内充干燥氮气。每瓶净重一般为500g。瓶外用厚塑料膜焊封。外包装为木箱或瓦楞纸箱,每箱净重不大于10kg。

6.2　包装瓶上贴标签,注明:产品名称、牌号、批号、净重、包装日期、供方名称及"防潮"字样或标志。掺杂产品应注明掺杂物及其含量。外包装上注明:产品名称、牌号、批号、净重、供方名称、出厂日期、本标准编号及"防潮"字样或标志。

6.3　产品运输过程中应注意防潮和防止同氟、氯、溴等物质接触。

6.4　产品应贮存于干燥和无氟、氯、溴等物质处。

6.5　每批产品应附有质量证明书,注明:

a. 供方名称;

b. 产品名称;

c. 产品牌号;

d. 批号;

e. 净重和件数;

f. 各项分析检验结果及检验部门印记;

g. 掺杂产品的掺杂物及其含量范围;

h. 本标准编号;

i. 出厂日期。

附加说明:

本标准由中国有色金属工业总公司标准计量研究所提出。

本标准由新疆有色金属研究所负责起草。

本标准主要起草人:张焕春、王千一。

中华人民共和国有色金属行业标准

YS/T 41—1992

铍 片

1 主题内容与适用范围

本标准规定了铍片的产品分类、技术要求、试验方法、检验规则与标志、包装、运输、贮存。

本标准适用于以核纯级铍粉为原料,采用真空热压制成坯锭,再经轧制所制得的铍片。产品主要用于X射线管、探测器和低能光子源的窗口等。

2 引用标准

GB 3850 致密烧结金属材料与硬质合金密度测定方法

YB 856 金属铍珠化学分析方法

3 产品分类

3.1 产品牌号为Be1。供应状态分为硬态(Y)和软态(M)两种。合同未注明时按硬态供货。

3.2 产品按几何形状分为圆形和矩形,其规格与状态应符合表1规定。

表1

mm

品种	状态	厚度	直径	宽度	长度
			不大于		
圆形片	Y、M	0.1~0.5	50	—	—
	Y、M	>0.5~2.0	100	—	—
	Y、M	>2.0~3.0	150	—	—
矩形片	Y、M	0.1~0.5	—	80	150
	Y、M	>0.5~2.0	—	100	200
	Y、M	>2.0~3.0	—	150	300

3.3 标记示例

直径为30mm、厚度为0.1mm的软态铍片,标记为:

片 Be1 Mϕ30×0.1 YS/T 41—1992

厚度为0.1mm、宽度为30mm、长度为80mm的硬态铍片,标记为:

片 Be1 Y0.1×30×80 YS/T 41—1992

4 技术要求

4.1 铍片的铍含量不小于98%,杂质含量应符合表2规定。

中国有色金属工业总公司 1992-03-19 批准 1993-03-01 实施

表 2

杂质含量/%不大于	BeO	Be_2C	Fe	Al	Si	Mg	Mn	其他单个元素
	2.0	0.2	0.15	0.14	0.07	0.08	0.02	0.03

4.2 圆形铍片的直径允许偏差应符合表 3 规定,厚度允许偏差应符合表 4 规定。

表 3

mm

直　径	允许偏差	直　径	允许偏差
≤30	-0.2	>80~150	-0.4
>30~80	-0.3		

4.3 矩形铍片的尺寸允许偏差应符合表 4 规定。

表 4

mm

厚　度	允许偏差	宽度不大于	允许偏差	长度不大于	允许偏差
0.1~0.2	±0.02	80	±0.20	150	±0.20
>0.2~0.5	±0.03	80	±0.20	150	±0.30
>0.5~1.0	±0.05	100	±0.30	200	±0.40
>1.0~2.0	±0.10	100	±0.30	200	±0.45
>2.0~3.0	±0.15	150	±0.30	300	±0.50

4.4 产品表面应光洁、平整、无裂纹,允许有不致透气的轻微麻点。

4.5 产品的周边允许有线切割时留下的氧化膜和轻微齿痕。

4.6 产品的密度不得小于 $1.84g/cm^3$。

4.7 产品进行真空气密性检验时,厚度不小于 0.5mm 的铍片,漏气率不大于 $3\times10^{-6}Pa\cdot L/s$;厚度小于 0.5mm 的铍片,漏气率不大于 $3\times10^{-5}Pa\cdot L/s$。

4.8 需方如果有特殊要求,由供需双方另行商定。

5 试验方法

5.1 杂质元素铁、铝、硅、镁的测定按 YB 856 的规定进行;氧化铍(或氧)、碳化铍(或碳)和锰的测定按供方现行方法进行,仲裁分析按供需双方认可的方法进行。

5.2 产品尺寸用相应精度的量具进行测量。

5.3 产品的表面质量用目视检查。

5.4 产品的密度测定按 GB 3850 的规定进行。

5.5 产品的真空气密性用氦质谱检漏仪进行检测。

6 检验规则

6.1 产品由供方质量检验部门进行检验,保证产品符合本标准规定,并填写质量证明书。

6.2 需方可对收到的产品进行检验,如检验结果与本标准的规定不符时,在收到产品之日起 3 个月内向供方提出,由供需双方协商解决。

6.3 产品应成批提交验收。每批由同一原料、生产工艺、规格和状态的产品组成。

6.4　每批产品取样按如下规定：

6.4.1　产品的氧化铍(或氧)、碳化铍(或碳)从热压坯料上取样分析；铁、铝、硅、镁、锰的含量均按粉末数据报出；铍和其他单个杂质元素的含量不做分析，为保证值。

6.4.2　产品尺寸检查每批抽取片数的5%进行。

6.4.3　产品表面质量检查逐片进行。

6.4.4　密度检验按投入坯料逐个进行。

6.4.5　产品真空气密性的检验，厚度不小于0.5mm的铍片每批抽样不少于3%；厚度小于0.5mm的铍片每批抽样不少于5%。

6.5　判废按如下规定：

6.5.1　产品尺寸和真空气密性检验不合格时，则取双倍试样进行复验。如仍有一个结果不合格时，逐片检验，合格者重新组批交货。

6.5.2　产品表面质量检验不合格者单片判废。

7　标志、包装、运输、贮存

7.1　产品用酒精(或丙酮)清洗干净，干燥后，用不含氯的塑料盒包装，保证铍片之间不发生摩擦。

7.2　塑料盒用木盒包装，并放入干燥剂，其间用泡沫塑料填实。

7.3　木盒上应注明“防潮”、“轻放”字样或标志。

7.4　产品运输过程中应防潮和小心轻放。

7.5　产品应存放于干燥和无酸、碱气氛之处。

7.6　每批产品应附有质量证明书，注明：

a. 供方名称；

b. 产品名称；

c. 产品批号及合同号；

d. 产品规格及状态；

e. 产品数量；

f. 各项分析检验结果及检验部门印记；

g. 本标准编号；

h. 出厂日期。

附加说明：

本标准由中国有色金属工业总公司标准计量研究所提出。

本标准由宁夏有色金属研究所负责起草。

本标准主要起草人：张福祥、王云贵、唐先才。

中华人民共和国有色金属行业标准

YS/T 231—1994

钨精矿技术条件

代替 GB 2825—1981

Technical requirements for tungsten concentrate

本标准适用于经选矿所得钨精矿产品,供生产仲钨酸铵、三氧化钨、钨铁、硬质合金、合金钢、钨材及其它钨合金等使用。

1 品种

钨精矿按其矿石类型、冶炼方法和化学成分划分为两个类型、两种冶炼方法,共计 20 个品种。

1.1 按矿石类型:

黑钨精矿

白钨精矿

1.2 按冶炼方法:

火法冶炼用——Ⅰ类

水法冶炼用——Ⅱ、Ⅲ类

1.3 品种及其名称(简称)见表 1。

表 1

品种				品种名称	简称
类型	品级	种类			
黑钨精矿	特级品	Ⅰ类	3号	黑钨精矿特级品Ⅰ类3号	黑钨特-Ⅰ-3
			2号	黑钨精矿特级品Ⅰ类2号	黑钨特-Ⅰ-2
			1号	黑钨精矿特级品Ⅰ类1号	黑钨特-Ⅰ-1
		Ⅱ类	3号	黑钨精矿特级品Ⅱ类3号	黑钨特-Ⅱ-3
			2号	黑钨精矿特级品Ⅱ类2号	黑钨特-Ⅱ-2
			1号	黑钨精矿特级品Ⅱ类1号	黑钨特-Ⅱ-1
	一级品	Ⅰ类		黑钨精矿一级品Ⅰ类	黑钨一级Ⅰ类
		Ⅱ类		黑钨精矿一级品Ⅱ类	黑钨一级Ⅱ类
		Ⅲ类		黑钨精矿一级品Ⅲ类	黑钨一级Ⅲ类
	二级品			黑钨精矿二级品	黑钨二级

国家标准总局 1981-12-17 发布　　1982-01-01 实施

续表 1

品种				品种名称	简称
类型	品级	种类			
白钨精矿	特级品	Ⅰ类	3号	白钨精矿特级品Ⅰ类3号	白钨特-Ⅰ-3
			2号	白钨精矿特级品Ⅰ类2号	白钨特-Ⅰ-2
			1号	白钨精矿特级品Ⅰ类1号	白钨特-Ⅰ-1
		Ⅱ类	3号	白钨精矿特级品Ⅱ类3号	白钨特-Ⅱ-3
			2号	白钨精矿特级品Ⅱ类2号	白钨特-Ⅱ-2
			1号	白钨精矿特级品Ⅱ类1号	白钨特-Ⅱ-1
	一级品	Ⅰ类		白钨精矿一级品Ⅰ类	白钨一级Ⅰ类
		Ⅱ类		白钨精矿一级品Ⅱ类	白钨一级Ⅱ类
		Ⅲ类		白钨精矿一级品Ⅲ类	白钨一级Ⅲ类
	二级品			白钨精矿二级品	白钨二级

2. 技术要求

2.1 钨精矿特级品以干矿品位计算，应符合表2规定。

表 2

品种	WO_3/% 不小于	杂质/%不大于														用途举例
		S	P	As	Mo	Ca	Mn	Cu	Sn	SiO_2	Fe	Sb	Bi	Pb	Zn	
黑钨特-Ⅰ-3	70	0.2	0.02	0.06	—	3.0	—	0.04	0.08	4.0	—	0.04	0.04	0.04	—	优质钨铁
黑钨特-Ⅰ-2	70	0.4	0.03	0.08	—	4.0	—	0.05	0.10	5.0	—	0.05	0.05	0.05	—	
黑钨特-Ⅰ-1	68	0.5	0.04	0.10	—	5.0	—	0.06	0.15	7.0	—	0.10	0.10	0.10	—	
黑钨特-Ⅱ-3	70	0.4	0.03	0.05	0.010	0.3	—	0.15	0.10	3.0	—	—	—	—	—	优质钨制品。特纯、化学纯三氧化钨和仲钨酸铵，钨材，钨丝等
黑钨特-Ⅱ-2	70	0.5	0.05	0.07	0.015	0.4	—	0.20	0.15	3.0	—	—	—	—	—	
黑钨特-Ⅱ-1	68	0.6	0.10	0.10	0.020	0.5	—	0.25	0.20	3.0	—	—	—	—	—	
白钨特-Ⅰ-3	72	0.2	0.03	0.02	—	—	0.3	0.01	0.01	1.0	—	—	0.02	0.01	0.02	合金钢(直接炼钢)、优质钨铁
白钨特-Ⅰ-2	70	0.3	0.03	0.03	—	—	0.4	0.02	0.02	1.5	—	—	0.03	0.02	0.03	
白钨特-Ⅰ-1	70	0.4	0.03	0.03	—	—	0.5	0.03	0.03	2.0	—	—	0.03	0.03	0.03	
白钨特-Ⅱ-3	72	0.4	0.03	0.05	0.010	—	0.3	0.15	0.10	2.0	2.0	0.1	—	—	—	优质钨制品。特纯、化学纯三氧化钨和仲钨酸铵，钨材，钨丝等
白钨特-Ⅱ-2	70	0.5	0.05	0.07	0.015	—	0.4	0.20	0.15	3.0	2.0	0.1	—	—	—	
白钨特-Ⅱ-1	70	0.6	0.10	0.10	0.020	—	0.5	0.25	0.20	3.0	3.0	0.2	—	—	—	

注：① 表中"—"为杂质不限。

② 本标准不包括人造白钨，该产品另定标准执行。

③ 精矿中钽铌为有价元素，供方应报出分析数据。

④ 根据用户需要和资源特点，钨精矿特级品可自定企业标准执行。

⑤ 黑钨精矿特级品Ⅰ类产品中Sb、Bi、Pb杂质要求和白钨精矿特级品Ⅱ类产品中Fe、Sb杂质要求暂不作交货依据，但供方应报出分析数据。

2.2 钨精矿一级品、二级品以干矿品位计算，应符合表3规定。

表 3

品 种	WO_3/% 不小于	杂质/%不大于									用途举例
		S	P	As	Mo	Ca	Mn	Cu	Sn	SiO_2	
黑钨一级Ⅰ类	65	0.7	0.05	0.15	—	5.0	—	0.13	0.20	7.0	钨铁
黑钨一级Ⅱ类	65	0.7	0.10	0.10	0.05	3.0	—	0.25	0.20	5.0	硬质合金、触媒、钨材
黑钨一级Ⅲ类	65	0.8	P+As 0.22		0.05	1.0	—	0.35	0.40	3.8	钨材、钨丝、硬质合金、触媒
黑钨二级	65	0.8	—	0.20	—	5.0	—	—	0.40	—	
白钨一级Ⅰ类	65	0.7	0.05	0.15	—	—	1.0	0.13	0.20	7.0	钨铁、硬质合金
白钨一级Ⅱ类	65	0.7	0.10	0.10	0.05	—	1.0	0.25	0.20	5.0	钨材、钨丝、硬质合金、触媒
白钨一级Ⅲ类	65	0.8	0.05	0.20	0.05	—	1.0	0.20	0.20	5.0	钨材、钨丝、硬质合金、触媒
白钨二级	65	0.8	—	0.20	—	—	1.5	—	0.40	—	

注：① 表中“—”为杂质不限。

② 精矿中钽铌为有价元素，供方应报出分析数据。

③ 供需双方在特殊要求和互利原则上，标准中规定的个别杂质项目指标及其他要求(如铁、锑、药剂等)可协商解决。

④ 钨细泥、钨杂砂以及钨难选物料等产品按国家统一价格规定执行。

2.3 钨精矿粒度应不大于 9mm。

用户对粒度有特殊要求，可由供需双方协议。

2.4 钨精矿中水分含量应不大于 0.5%。

2.5 钨精矿中不得混入外来杂物。

3 试验方法和检验规则

3.1 钨精矿取样、制样按国家统一规定标准方法进行。

3.2 钨精矿化学分析方法按 YB 602(1～12)—1978《钨精矿化学分析方法》进行。

3.3 产品由供方技术监督部门验收。

3.4 同一品种的钨精矿分批供应。每批重量为 10～20t。

4 包装、标志和质量证明书

4.1 钨精矿用双层袋包装，袋口应封严。包装材料由供需双方协议。

4.2 每包钨精矿净重为 50kg。

4.3 精矿包装袋上应标明：

a. 生产单位标记；

b. 产品名称(精矿类型、品级、种类)；

c. 净重；

d. 批号。

4.4 运往需方的每批精矿应附质量证明书，内容包括：

a. 生产单位名称；

b. 产品名称(精矿类型、品级、种类)；

c. 净重；

d. 毛重；

e. 批号;
f. 化学成分;
g. 水分;
h. 包装件数;
i. 交货日期;
j. 本标准编号。

附加说明:

本标准由中华人民共和国冶金工业部提出。
本标准由江西有色冶金研究所负责起草。
本标准主要起草人:王豫新、盛能庆。
自本标准实施之日起,原冶金工业部标准 YB 504—1965《钨精矿分类和技术条件》作废。

中华人民共和国有色金属行业标准

YS/T 235—1994

钼精矿技术条件

代替 GB 3200—1989

Technical requirements for molybdenum concentrate

1 主题内容与适用范围

本标准规定了钼精矿的技术要求、试验方法、检验规则和包装、标志、质量证明书。

本标准适用于经浮选所得的钼精矿，供生产氧化钼、钼铁、钼盐等用。

2 引用标准

YB 735 钼精矿分析方法

3 技术要求

3.1 按化学成分不同，钼精矿分成10个牌号。以干矿品位计算应符合下表规定。

牌号	化学成分/%									
	钼不小于	杂质 不大于								
		SiO_2	As	Sn	P	Cu	Pb	CaO	WO_3	Bi
KMo53-A	53	6.5	0.01	0.01	0.01	0.15	0.15	1.50	0.05	0.05
KMo53-B	53	5.0	0.05	0.05	0.02	0.20	0.30	2.00	0.25	0.10
KMo51-A	51	8.0	0.02	0.02	0.02	0.20	0.18	1.80	0.06	0.06
KMo51-B	51	5.5	0.10	0.06	0.03	0.40	0.40	2.00	0.30	0.15
KMo49-A	49	9.0	0.03	0.03	0.03	0.22	0.20	2.20	—	—
KMo49-B	49	6.5	0.15	0.06	0.04	0.60	0.60	2.00	—	—
KMo47-A	47	11.0	0.04	0.04	0.04	0.25	0.25	2.70	—	—
KMo47-B	47	7.5	0.20	0.07	0.05	0.80	0.65	2.40	—	—
KMo45-A	45	13.0	0.05	0.05	0.05	0.28	0.30	3.00	—	—
KMo45-B	45	8.5	0.22	0.07	0.07	1.20	0.70	2.60	—	—

注：① 牌号中的“A”表示单一钼矿浮选产品；“B”表示多金属矿综合回收浮选产品。

② 钾、钠的含量，报分析数据，不作考核指标；如需方对牌号中未规定的三氧化钨和铋的含量有要求，可由供需双方商定。

③ 经供需双方协议，可调整表中个别指标。

④ 钼精矿中铼为有价元素，供方应报出分析数据，是否计价，供需双方协议。

3.2 根据用户要求，生产单位可提供钼含量大于或等于54%和钼含量小于45%的钼精矿，其杂质含量由供需双方协议。

中国有色金属工业总公司 1989-01-07 批准 1990-01-01 实施

3.3 钼精矿中油水合量不大于 6%,其中水分含量不大于 4%。

3.4 钼精矿产品细度要求 200 目标准筛通过量不小于 60%。

3.5 钼精矿中不得混入外来杂物。

4 试验方法与检验规则

4.1 钼精矿取样和制样方法,由供需双方协定。

4.2 钼精矿化学成分分析,按 YB 735 进行。

4.3 钼精矿中油水分含量的测定,按供需双方认可的方法进行。

4.4 产品由供方技术监督部门负责验收,保证产品质量符合本标准要求。

4.5 需方可对收到的产品进行复验,如复验结果与本标准规定不符时,可从收到产品之日起 3 个月内向供方提出,由供需双方协商解决。如需仲裁,仲裁取样在需方共同进行。如仲裁结果不符合发货牌号,则按仲裁结果重新确定或退货。

4.6 同一牌号的产品为一批,每批重量不超过 10t。

5 包装、标志及质量证明书

5.1 钼精矿外用编织袋,内用乳胶袋包装或依供需双方协议而定。

5.2 钼精矿应等量包装,每袋净重 50kg。

5.3 钼精矿包装袋上应标明:

a. 供方名称;

b. 产品名称;

c. 批号;

d. 净重。

5.4 运往需方的每批钼精矿应附质量证明书,其中注明:

a. 供方名称;

b. 产品名称;

c. 批号;

d. 牌号;

e. 毛重;

f. 净重;

g. 干重;

h. 化学成分;

i. 油水分含量;

j. 包装件数;

k. 交货日期;

l. 本标准编号。

附加说明:

本标准由中国有色金属工业总公司标准计量研究所提出。

本标准由杨家杖子矿务局负责起草。

本标准主要起草人:彭先逵、王玉兰、雷贵春、项瑞武、商广田、赵世安。

中华人民共和国有色金属行业标准

YS/T 236—1994

锂云母精矿技术条件

代替 GB 3201—1982

Technical requirements of lepidolite concentrate

本标准适用于经过选别富集而获得的锂云母精矿,供提取锂及其化合物和玻璃、陶瓷工业用。

1 技术要求

1.1 按化学成分(以干矿品位计)分为5级,各级精矿的化学成分应符合表1、表2的规定。

1.1.1 锂盐用:

表1

品级	主成分/%不小于	
	$Li_2O+Rb_2O+Cs_2O$	Li_2O
特级品	6	4.7
一级品	5	4.0

1.1.2 玻璃、陶瓷用:

表2

品级	主成分/%不小于			杂质/%不大于	
	$Li_2O+Rb_2O+Cs_2O$	Li_2O	K_2O+Na_2O	Fe_2O_3	Al_2O_3
一级品	5	4	8	0.4	26
二级品	4	3	7	0.5	28
三级品	3	2	6	0.6	28

1.2 精矿中不得混入外来夹杂物。

1.3 精矿中水分不得大于10%。

1.4 如需方另有要求,供需双方议定。

2 试验方法和检验规则

2.1 每批精矿采用装包插管法(塑料管)取样,并缩分至100g左右(样品加工采用不含铁质的加工研磨设备)。

2.2 取样规定:

2.2.1 同级精矿每批在10t以上者,按10%的包数取出。

2.2.2 同级精矿每批在10t以下者,按20%的包数取出。

2.2.3 散装精矿按梅花形布点取样。

2.3 化学成分分析方法,由供需双方协商解决。

国家标准局 1982-09-08 发布　　　　1983-06-01 实施

2.4 精矿应按同一品级分批供应,每批重量由供需双方议定。

2.5 产品应由供方技术监督部门验收,并保证产品符合本标准的要求。

2.6 需方收到产品后,可进行复验,如有异议,可在产品收到之日起1个月内向供方提出,由供需双方协商,按本标准进行验收。

3 包装、标志、运输

3.1 精矿采用散装或尼龙编织袋包装(包装质量由供需双方协商),每袋净重50kg,袋口封严。

3.2 精矿包装件上标明:

a. 供方名称;
b. 精矿产品名称;
c. 等级;
d. 批号。

如散装发运,可按上述内容插牌标记。

3.3 运往需方的每批精矿应附质量证明书,其中注明:

a. 精矿名称;
b. 等级;
c. 批号;
d. 化学成分;
e. 包装件数;
f. 净重;
g. 交货日期;
h. 本标准编号。

附加说明:

本标准由中华人民共和国冶金工业部提出。

本标准由江西宜春钽铌矿负责起草。

本标准主要起草人:蒋腾修、孔广建。

自本标准实施之日起,原冶金工业部部标准YB 837—1975《锂云母精矿》作废。

前　言

在清理整顿标准中,已将国家标准 GB 6894—1986《冶金用铌粉》改为推荐性行业标准 YS/T 258—1994,标准号虽变,内容没变。根据 10 年来生产和使用的发展,这次修订内容变化较大,编写格式符合 GB/T 1.1—1993 规定。

本标准 FNb-1 中钽和硅含量有所降低,水平有提高。

本标准从生效之日起,同时代替 YS/T 258—1994。

本标准由中国有色金属工业总公司标准计量研究所提出。

本标准由株洲硬质合金厂负责起草。

本标准主要起草人:王肇信、余江陵、彭源兴。

中华人民共和国有色金属行业标准

YS/T 258—1996

冶 金 用 铌 粉

代替 YS/T 258—1994

Niobium powders for metallurgy

1 主题内容与适用范围

本标准规定了冶金用铌粉的产品分类、技术要求、试验方法、检验规则和标志、包装、运输、贮存。

本标准适用于粉末冶金法制得的铌粉。产品供加工原料和生产电焊条等用。

2 引用标准

下列标准包含的条文,通过在本标准中引用而构成本标准的条文。本标准出版时,所示版本均为有效。所有标准都会被修订,使用本标准的各方应探讨使用下列标准最新版本的可能性。

GB/T 5314—1985 粉末冶金用粉末的取样方法

GB/T 15076.1~15076.15—1994 钽铌化学分析方法

3 产品分类

根据产品使用要求不同,分为 FNb-1、FNb-2 和 FNb-3 3 个牌号。

4 技术要求

4.1 产品外观呈深灰色。

4.2 产品无肉眼可见的夹杂物。

4.3 各牌号产品化学成分应符合表 1 规定。

表 1 %

元素 \ 指标 \ 牌号		FNb-1	FNb-2	FNb-3
Nb+Ta,不小于		—	—	98
杂质含量,不大于	Ta	0.20	0.50	—
	O	0.20	0.20	0.50
	H	0.005	0.005	0.01
	N	0.04	0.06	—
	C	0.05	0.05	0.08
	Fe	0.01	0.05	—

中国有色金属工业总公司 1996-02-02 批准 1996-12-01 实施

续表 1

元素 \ 指标 \ 牌号		FNb-1	FNb-2	FNb-3
Nb+Ta,不小于		—	—	98
杂质含量,不大于	Si	0.005	0.01	—
	Ni	0.005	0.005	—
	Cr	0.005	—	—
	W	0.005	0.01	—
	Mo	0.003	0.005	—
	Ti	0.003	0.005	—
	Mn	0.003	0.005	—
	Cu	0.003	0.005	—
	P	—	—	0.01
	S	—	—	0.01

4.4 FNb-1 和 FNb-2 铌粉应通过 150μm(100 目)筛孔,复检时筛上物应小于 5%;FNb-3 铌粉应通过 180μm(80 目)筛孔。

5 试验方法

5.1 产品外观用目视检查。

5.2 产品仲裁分析取样方法按 GB/T 5314 进行。

5.3 产品化学成分仲裁分析方法按 GB/T 15076 进行。

5.4 产品粒度的过筛检查按如下方法进行:

称取 100g 试样置于振动筛上,筛分 10min 后,称取筛上物重量。

6 检验规则

6.1 产品由供方质量监督部门进行检验,保证产品符合本标准规定,并填写质量证明书。

6.2 需方可对收到的产品进行检验,如检验结果与本标准规定不符时,在收到产品之日起 3 个月内向供方提出,供需双方协商解决。

6.3 每批产品应由同一混合料组成。

6.4 化学成分分析结果不合格时,则加倍取样对不合格项目进行复验。若仍有一个结果不合格时,则该批产品为不合格。

7 标志、包装、运输、贮存

7.1 产品采取双层塑料盖的塑料瓶包装,盖口密封,每瓶净重不超过 7kg。塑料瓶置于木箱内,用纸屑填紧,以防窜动,每箱净重不超过 40kg。

7.2 每瓶上应注明:产品牌号、批号、净重和出厂日期。每箱上应注明:产品名称、批号、净重,并有"防潮"、"易碎"字样或标志。

7.3 产品运输时应防止潮湿,不得剧烈碰撞。

7.4 产品应密封存放于干燥、通风和无腐蚀性气氛之处,严防氧化。存放期不宜超过一年。

7.5 每批产品应附有质量证明书,注明:

a. 供方名称;

b. 产品牌号;

c. 产品批号;

d. 各项分析检验结果及检验部门印记;

e. 本标准编号;

f. 检验日期。

前　言

在清理整顿标准中，已将国家标准 GB 6895—1986《冶金用钽粉》改为推荐性行业标准 YS/T 259—1994，标准号虽改，其内容未变。根据 10 年来生产和使用的发展，这次修订内容改动较大，编写格式符合 GB 1.1—1993 规定。

本标准增加了 FTa-01 牌号，以满足生产军用钽丝和钽箔的要求；增加了 FTaNb-3 和 FTaNb-20 两个牌号，以满足生产合金加工材的要求。FTa-1 中，氮、碳、铁、镍、钛、钨和钼含量均有降低，FTa-1 和 FTa-2 在复验时的筛上物也有降低。标准水平有较大提高。

本标准从生效之日起，同时代替 YS/T 259—1994。

本标准由中国有色金属工业总公司标准计量研究所提出。

本标准由株洲硬质合金厂负责起草。

本标准主要起草人：王肇信、余江陵、黄烈如。

中华人民共和国有色金属行业标准

YS/T 259—1996

冶金用钽粉

代替 YS/T 259—1994

Tantalum powders for metallurgy

1 主题内容与适用范围

本标准规定了冶金用钽粉的产品分类、技术要求、试验方法、检验规则和标志、包装、运输、贮存。

本标准适用于粉末冶金法制得的钽粉。产品供作熔炼和加工原料等用。

2 引用标准

下列标准包含的条文,通过在本标准中引用而构成本标准的条文。本标准出版时,所示版本均为有效。所有标准都会被修订,使用本标准的各方应探讨使用下列标准最新版本的可能性。

GB/T 1479—1984 金属粉末松装密度的测定 第1部分:漏斗法

GB/T 5314—1985 粉末冶金用粉末的取样方法

GB/T 15076.1～15076.15—1994 钽铌化学分析方法

3 产品分类

根据产品使用要求不同,分为 FTa-01、FTa-1、FTa-2、FTaNb-3 和 FTaNb-20 5 个牌号。

4 技术要求

4.1 产品外观呈深灰色。

4.2 产品无肉眼可见的夹杂物。

4.3 各牌号产品化学成分应符合表1规定。

表 1 %

元素 \ 指标 \ 牌号		FTa-01	FTa-1	FTa-2	FTaNb-3	FTaNb-20
杂质含量,不大于	Nb	0.005	0.01	0.03	2.5～3.5	17～23
	O	0.18	0.20	0.30	0.30	0.30
	H	0.003	0.005	0.01	0.01	0.01
	N	0.005	0.008	0.02	0.02	0.02
	C	0.008	0.015	0.05	0.05	0.05
	Fe	0.005	0.005	0.02	0.03	0.03

中国有色金属工业总公司 1996-02-02 批准 1996-12-01 实施

续表 1

元素	指标 牌号	FTa-01	FTa-1	FTa-2	FTaNb-3	FTaNb-20
杂质含量，不大于	Ni	0.005	0.005	0.02	0.02	0.02
	Si	0.005	0.015	0.02	0.02	0.02
	Ti	0.001	0.001	0.01	0.01	0.01
	W	0.003	0.003	0.01	0.01	0.01
	Mo	0.002	0.002	0.01	0.01	0.01
	Mn	0.001	0.001	—	—	—
	Cr	0.003	0.005	—	—	—

4.4 FTa-01 和 FTa-1 钽粉的松装密度应提供实测数据。

4.5 FTa-01 钽粉应通过 75μm(200 目)筛孔，其余牌号钽粉应通过 100μm(150 目)筛孔。复验时筛上物应小于 5%。

5 试验方法

5.1 产品外观用目视检查。

5.2 产品仲裁分析取样方法按 GB/T 5314 进行。

5.3 产品化学成分仲裁分析按 GB/T 15076 进行。

5.4 产品松装密度测定方法按 GB/T 1479 进行。

5.5 产品粒度过筛检查按如下方法进行：

称取 100g 试样置于振动筛上，筛分 10min 后称取筛上物重量。

6 检验规则

6.1 产品由供方质量监督部门进行检验，保证产品符合本标准规定，并填写质量证明书。

6.2 需方可对收到的产品进行检验，如检验结果与本标准规定不符时，在收到产品之日起 3 个月内向供方提出，供需双方协商解决。

6.3 每批产品应由同一混合料组成。

6.4 分析检验结果不合格时，则加倍取样对不合格项目进行复验。若仍有一个结果不合格时，则该批产品为不合格。

7 标志、包装、运输、贮存

7.1 产品采取双层塑料盖的塑料瓶包装，盖口密封，每瓶净重不超过 7kg。塑料瓶置于木箱内，用纸屑填紧，以防窜动，每箱净重不超过 40kg。

7.2 每瓶上应注明：产品牌号、批号、净重和出厂日期。每箱上应注明：产品名称、批号、净重，并有“防潮”、“易碎”字样或标志。

7.3 产品运输时应防止潮湿，不得剧烈碰撞。

7.4 产品应密封存放于干燥、通风和无腐蚀性气氛之处，严防氧化。存放期不宜超过 1 年。

7.5 每批产品应附有质量证明书，注明：

a. 供方名称；

b. 产品牌号；

c. 产品批号；

d. 各项分析检验结果及检验部门印记；

e. 本标准编号；

f. 检验日期。

中华人民共和国有色金属行业标准

YS/T 261—1994

锂 辉 石 精 矿

代替 GB 6898—1986

Spodumene concentrate

本标准适用于经过选别富集而获得的锂辉石精矿产品,供提取锂及其化合物等用。

1 技术要求

1.1 按化学成分、冶炼工艺要求和用途,锂辉石精矿可分为3类共9个品级,以干矿品位计算应符合下表的规定。

类别	品级	Li_2O/% 不小于	杂质/%不大于			
			Fe_2O_3	MnO	Na_2O+K_2O	P_2O_5
低铁锂辉石	一级品	7	0.15	0.10	1.5	0.5
	二级品	6.5	0.20	0.15	1.8	
	三级品	6	0.25	0.20	2.0	
陶瓷用锂辉石	一级品	7	0.50	0.20	1.5	
	二级品	6.5	0.70	0.25	1.8	
	三级品	6	0.90	0.30	2.0	
化工用锂辉石	一级品	6.5	2.50	0.30	1.8	
	二级品	6	2.80	0.40	2.0	
	三级品	5.5	3.00	0.50	3.0	

注:如需方另有要求,可双方议定。

1.2 精矿粒度规定如下:

1.2.1 低铁与陶瓷用锂辉石精矿块状产品,粒度不得大于100mm。

1.2.2 陶瓷与化工用锂辉石精矿的粉状产品,粒度小于0.074mm的不少于60%;低铁锂辉石精矿的粉状产品,粒度小于0.074mm的不少于35%。

1.3 精矿中不得混入外来夹杂物。

1.4 块状精矿水分不大于3%;粉状精矿水分不大于8%。

2 试验方法和检验规则

2.1 精矿化学成分按GB 3885.1~3885.12—1983《锂辉石、锂云母化学分析方法》进行。

2.2 同一品级精矿应分批供应,每批重量由供需双方商定。

2.3 取样与制样规定如下:

2.3.1 袋装精矿的取样与制样

同品级精矿每批10t以上,按10%袋数抽取样袋;10t以下,按20%抽取样袋。

国家标准局 1986-09-15 发布　　1987-09-01 实施

a. 块状精矿：

将所抽出的样袋全部拆开倒出，并破碎至 30mm 以下，然后缩分。每次缩分后均需再破碎，直至最后缩分 200g 左右。送化验分析用样品应全部通过 200 目。

b. 粉状精矿：

将所抽出的样袋全部拆开，采用插管法逐袋取样，最后缩分 100g 左右。送化验分析用的样品应全部通过 200 目。

2.3.2 散装精矿的取样与制样

按梅花形布点取样。最后缩分 100g。送化验分析用的样品应全部通过 200 目。

2.4 产品由供方技术监督部门验收，应保证产品质量符合本标准的要求。需方对收到的产品可进行复验，如有异议，应在收货之日起两个月内向供方提出进行复验。按复验结果重新判定品级。如需仲裁，有关事宜由双方协议。

3 包装、标志和质量证明书

3.1 块状精矿采用袋装，每袋净重 50kg，袋口封严；粉状精矿采用散装或袋装。散装精矿的具体要求由双方议定。袋装精矿每袋净重 50kg，袋口封严。

3.2 精矿包装袋上应标明：

a. 供方名称；

b. 产品名称；

c. 品级；

d. 批号。

注：如散装发运，可按上述内容填单交需方。

3.3 运往需方的每批精矿应随附质量证明书，注明：

a. 产品名称；

b. 供方名称；

c. 需方名称；

d. 品级；

e. 批号；

f. 化学成分；

g. 包装件数；

h. 净重；

i. 交货日期；

j. 本标准编号。

附加说明：

本标准由中国有色金属工业总公司提出。

本标准由新疆有色金属工业公司负责起草。

本标准主要起草人：何炯奎。

自本标准实施之日起，原冶金工业部部标准 YB 836—1975《锂辉石精矿》作废。

中华人民共和国有色金属行业标准

YS/T 262—1994

绿柱石精矿

代替 GB 6899—1986

Beryl concentrate

本标准适用于经选别富集获得的绿柱石精矿产品,供提取铍及其化合物等用。

1 技术要求

1.1 按化学成分和冶炼方法的不同,绿柱石精矿可分为两类共5个品级,以干矿品位计算,应符合下表的规定。

类　别	品　级	BeO/% 不小于	杂质/%不大于			
			Fe_2O_3	Ca	F	Li_2O
块状精矿	一级品	11	1.5	0.47	0.40	1.00
	二级品	10	2.0	0.50	0.50	1.20
粉状精矿	一级品	9	2.5	0.53	1.00	1.50
	二级品	8	3.0	0.59	1.20	1.80
	三级品	7	3.5	0.65	1.50	2.00

注:如需方另有要求,可双方议定。

1.2 精矿粒度

1.2.1 块状精矿

粒度不得大于100mm,其中90%大于10mm。

1.2.2 粉状精矿

粒度小于0.074mm的不小于65%。

1.3 精矿中不得混入外来夹杂物。

1.4 块状精矿水分不大于0.5%;粉状精矿水分不大于8%。

2 试验方法和检验规则

2.1 精矿化学成分按 YB 747—1976《铍精矿、绿柱石分析方法》进行。

2.2 同一品级精矿应分批供应。每批重量由供需双方商定。

2.3 取样与制样规定如下:

2.3.1 袋装精矿的取样与制样

同品级精矿每批10t以上,按10%袋数抽取样袋;10t以下,按20%抽取样袋。

a. 块状精矿:

将所抽出的样袋全部拆开倒出,并破碎至30mm以下,然后缩分。每次缩分后均需再破碎,直至最后缩分200g左右。送化验分析用样品应全部通过200目。

b. 粉状精矿:

国家标准局 1986-09-15 发布　　　　1987-09-01 实施

将所抽出的样袋全部拆开,采用插管法逐袋取样,最后缩分 100g 左右。送化验分析用的样品应全部通过 200 目。

2.3.2　散装精矿的取样与制样

按梅花形布点取样。最后缩分 100g。送化验分析用的样品应全部通过 200 目。

2.4　产品由供方技术监督部门验收,应保证产品质量符合本标准的要求。需方对收到的产品可进行复验,如有异议,应在收货之日起两个月内向供方提出进行复验。按复验结果重新判定品级。如需仲裁,有关事宜由双方协议。

3　包装、标志和质量证明书

3.1　块状精矿采用袋装,每袋净重 50kg,袋口封严;粉状精矿采用散装或袋装。散装精矿的具体要求由双方议定。袋装精矿每袋净重 50kg,袋口封严。

3.2　精矿包装袋上应标明:

a. 供方名称;

b. 产品名称;

c. 品级;

d. 批号。

注:如散装发运,可按上述内容填单交需方。

3.3　运往需方的每批精矿应随附质量证明书,注明:

a. 产品名称;

b. 供方名称;

c. 需方名称;

d. 品级;

e. 批号;

f. 化学成分;

g. 包装件数;

h. 净重;

i. 交货日期;

j. 本标准编号。

附加说明:

本标准由中国有色金属工业总公司提出。

本标准由新疆有色金属工业公司负责起草。

本标准主要起草人:何炯奎。

自本标准实施之日起,原冶金工业部部标准 YB 746—1975《绿柱石精矿》作废。

中华人民共和国有色金属行业标准

YS/T 263—1994

碳 化 钽 粉

代替 GB 7708—1987

Tantalum carbide powder

本标准适用于碳化氧化钽(或钽粉)制得的碳化钽粉。该碳化钽粉作生产硬质合金的添加剂用。

1 品种和规格

1.1 碳化钽粉按化学成分分为 FTaC-1、FTaC-2 和 FTaC-3 三个牌号。

1.2 各牌号碳化钽粉按费氏粒度分为 A 和 B 两级。

2 技术要求

2.1 各牌号碳化钽粉化学成分应符合表 1 规定。

表 1

牌 号		FTaC-1	FTaC-2	FTaC-3
化学成分/%	Ta(Nb)C	≥99.5	>99.0	>99.0
	Nb	≤0.30	≤1.0	≤5.0
	总 碳	≥6.20	≥6.20	≥6.25
	游离碳	≤0.10	≤0.15	≤0.20
	Fe	≤0.06	≤0.12	≤0.20
	Si	≤0.015	≤0.02	≤0.025
	Al	≤0.01	≤0.01	≤0.02
	Ti	≤0.01	≤0.02	≤0.02
	O	≤0.15	≤0.20	≤0.30
	N	≤0.025	≤0.05	≤0.05
	Na	≤0.015	≤0.02	≤0.02
	Ca	≤0.015	≤0.02	≤0.02

2.2 碳化钽粉费氏粒度应符合表 2 规定。

表 2

级 别	费氏粒度/μm	级 别	费氏粒度/μm
A	≤3.0	B	≤6.0

2.3 碳化钽粉的外观呈黄褐色,无肉眼可见的夹杂物。

中国有色金属工业总公司 1987-01-27 批准　　1988-03-01 实施

3 试验方法

3.1 碳化钽粉化学成分仲裁分析方法由供需双方商定。

3.2 碳化钽粉粒度测定方法按 GB 3249—1982《难熔金属及化合物粉末粒度的测定方法——费氏法》进行。

4 检验规则

4.1 产品由供方技术监督部门进行检验,保证产品质量符合本标准要求,并填写质量证明书。

4.2 需方可对收到的产品按本标准规定进行检验,如检验结果与质量证明书上所列牌号不符时,应在收到产品之日起 3 个月内向供方提出,由供需双方协商解决。如需仲裁时,双方在需方共同取样。

4.3 每批产品应由同一容器一次混合制成。

4.4 取样规则及数量如下。

4.4.1 每批仲裁取样数量应符合表 3 规定。

表 3

一批粉的装粉瓶数/个	取样瓶数/%	备　注	一批粉的装粉瓶数/个	取样瓶数/%	备　注
2	100		11～50	30	至少取五瓶
3～10	50	至少取二瓶			

4.4.2 用取样器在每瓶中三处取样,按四分法缩分至试样所需的数量。

4.5 化学成分或费氏粒度检验结果不合格时,则加倍取样复验。若该项结果仍有一个不合格时,则该批产品为不合格。

5 包装、标志、运输和贮存

5.1 产品采用有双层塑料盖的塑料瓶包装,盖口密封。塑料瓶置于木箱内,用纸屑等填紧,以防窜动。每箱净重不得超过 30kg。

5.2 每瓶上应注明产品牌号、批号、净重和出厂日期。每箱上应注明产品名称、批号、净重。并有“防潮”、“易碎”字样或标志。

5.3 产品运输时应防止潮湿,不得剧烈振动。

5.4 产品应密封存放在干燥、通风和无酸碱气氛之处,严防氧化。产品贮存时间不宜超过一年。

5.5 每批产品应附有质量证明书。其中注明:

a. 供方名称;

b. 产品牌号;

c. 产品批号、件数;

d. 各项分析检验结果及检验部门印记;

e. 本标准编号;

f. 检验日期。

附加说明:

本标准由九江有色金属冶炼厂负责起草。

本标准主要起草人:肖顺熔、杨培林。

中华人民共和国有色金属行业标准

YS/T 298—1994

高 钛 渣

代替 ZB H 31001—1987

High-Titanium slag

本标准适用于以钛铁矿为原料，采用电炉熔炼生产的供氯化法生产四氯化钛用的高钛渣。

1 技术要求

1.1 化学成分应符合下表规定。

品 级	化学成分/%			
	TiO_2	TFe	CaO+MgO	MnO_2
	不 小 于	不 大 于		
一 级 品	94.0	3.0	1.0	4.5
二 级 品	92.0	4.0	1.5	4.5
三 级 品	80.0	5.0	11.0	4.5

注：三级品适用于攀枝花地区钛矿生产的高钛渣。

1.2 产品为黑灰色粉状物。

1.3 产品中不得混入外来杂物。

1.4 产品呈粉状交货，粒度在 0.425mm 到 0.075mm 之间的总量不少于 75%。

1.5 需方对产品有特殊要求，供需双方可另行商定。

2 试验方法和验收规则

2.1 分析方法按 GB 4102.1～4102.12—1983《高钛渣、金红石化学分析方法》进行。

2.2 产品按批交货，批量不大于 10t。

2.3 产品取样：按批每 30 袋随机取一次样，每次取样量大体相等，全部混匀后，用四分法缩分至 100g 以上，再分成两等份，一份供化验分析用，一份做保留样存查。

2.4 产品由供方质量检验部门负责检验，保证产品质量符合本标准要求，并填写产品质量证明书。

2.5 需方复验后，如有异议，可在到货后 3 个月内提出，由双方商议解决。如需仲裁，可委托双方认可的单位进行，并在需方共同取样。

3 包装、标志和质量证明书

3.1 产品采用双层包装，内层为乳胶袋，外层为麻袋。

3.2 每袋产品净重不超过 50kg，袋口封严，贮运不得受潮。

3.3 产品包装件上应注明：

a. 产品名称；

b. 批号；

c. 净重；

中国有色金属工业总公司 1987-01-26 发布 1988-02-01 实施

d. 供方名称。

3.4　每批产品附质量证明书,内注明:

a. 产品名称;

b. 批号;

c. 品级;

d. 化学成分;

e. 粒度;

f. 净重;

g. 供方名称;

h. 出厂日期;

i. 本标准编号。

附加说明:

本标准由中国有色金属工业总公司标准计量研究所提出。

本标准由锦州铁合金厂负责起草。

本标准主要起草人:黄树杰、刘银海。

本标准首次发布于1979年1月。

中华人民共和国有色金属行业标准

YS/T 299—1994

人造金红石

代替 ZB H 31002—1987

Artificial rutile

本标准适用于以钛铁矿做原料,采用电炉熔炼-氧化焙烧法生产,供做电焊条涂料用的人造金红石产品。其他方法生产的人造金红石参照本标准执行。

1 技术要求

1.1 化学成分应符合下表规定。

品级	化学成分/%			
	TiO_2	P	S	C
	不小于	不大于		
特级品	90.0	0.03	0.03	0.04
一级品	87.0	0.04	0.04	0.05
二级品	85.0	0.04	0.05	0.06

1.2 产品为褐色粉状物。

1.3 产品中不得混入外来杂物。

1.4 产品应全部通过 0.425mm 筛孔,0.09mm 筛下不大于 30%。

1.5 需方对产品有特殊要求,供需双方可另行商定。

2 试验方法和验收规则

2.1 分析方法按 GB 4102.1～4102.12—1983《高钛渣、金红石化学分析方法》进行。

2.2 产品按批交货,批量不少于 30t。

2.3 产品取样:按批每 30 袋随机取一次样,每次取样量大体相等,全部混合均匀后,用四分法缩分至 100g 以上,再分成两等份,一份供化验分析用,一份做保留样存查。

2.4 产品由供方质量检验部门负责检验,保证产品质量符合本标准要求,并填写产品质量证明书。

2.5 需方复验后,如有异议可在到货后 3 个月内提出,由双方商议解决。如需仲裁,可委托双方认可的单位进行,并在需方共同取样。

3 包装、标志和质量证明书

3.1 产品采用双层包装,内层为乳胶袋,外层为麻袋。

3.2 每袋产品净重 25kg 或 50kg,袋口封严,贮运不得受潮。

3.3 产品包装件上应注明:

a. 产品名称;

b. 批号;

c. 净重;

中国有色金属工业总公司 1987-01-26 发布 **1988-02-01 实施**

d. 供方名称。

3.4 每批产品附质量证明书,内注明:

a. 产品名称;

b. 批号;

c. 品级;

d. 化学成分;

e. 粒度;

f. 净重;

g. 供方名称;

h. 出厂日期;

i. 本标准编号。

附加说明:

本标准由中国有色金属工业总公司标准计量研究所提出。

本标准由锦州铁合金厂负责起草。

本标准主要起草人:黄树杰、刘银海。

本标准首次发布于1979年1月。

中华人民共和国有色金属行业标准

YS/T 322—1994

冶金用二氧化钛技术条件

代替 YB 523—1982

本标准适用于制作各种类型含钛耐高温合金以及对钛纯度要求较高的其他制品用的二氧化钛。

1 技术要求

1.1 二氧化钛按其化学成分划分为下列两个等级：

等级	牌号	化学成分/%										
		TiO_2含量不小于	杂质含量，不大于									
			Cu	Pb	Sn	As	Sb	Bi	SO_3	P_2O_5	Fe_2O_3	SiO_2	C
一级	$YTiO_2$-1	99.5	0.02	0.001	0.001	0.001	0.001	0.001	0.05	0.05	0.1	0.25	0.05
二级	$YTiO_2$-2	99	0.02	0.0015	0.0015	0.001	0.001	0.001	0.05	0.05	0.1	0.35	0.1

1.2 二氧化钛的烧减量不大于0.5%。

1.3 二氧化钛的粒度，超过0.09mm(160目筛)部分不大于0.5%。

1.4 二氧化钛不允许含有外来杂质及凝块。

2 试验方法和检验规则

2.1 二氧化钛分析检验方法按供方惯用的方法进行。

2.2 产品应由供方技术监督部门进行验收，保证产品符合本标准要求，并填写产品质量证明书。

2.3 每批产品应由同一牌号的二氧化钛组成。批重应不超过3t，经双方协议，可酌情增减。

2.4 需方可对收到的产品进行质量检验，如检验结果与本标准规定不符，可在收到产品之日起6个月内向供方提出，由供需双方协商解决。如需仲裁，应在需方由供需双方共同取样。

2.5 取样方法：从每批交货总袋数中任意抽取10%，如一批少于40袋者，则抽取20%。拆袋后用探管从中心插至底部，取等量的试样混合，其总量应不少于1kg。将试样混匀，用四分法缩分至500g左右，装入洁净干燥的带磨口塞的广口瓶内。经检验后余下的密封保存备查(保存6个月)。如检验结果与本标准规定不符，应在该批中再抽两倍数量的袋取样，对该不合格项目进行复验。如复验结果仍不合格，则该批产品为不合格。

3 标志、包装、运输、贮存

3.1 产品应以塑料编织袋或双层牛皮纸袋内衬一层塑料薄膜袋包装。每袋净重25kg。袋上注明：供方名称、产品名称及牌号、批号、净重，并标有“轻放防潮”等字样。

3.2 产品应用带篷的车辆运输，防止包装袋损伤、雨淋及化学药品的浸蚀。

3.3 每批产品应附产品质量证明书，其中注明：

a. 供方名称；

b. 产品名称及牌号；

c. 产品批号、净重、袋数；

d. 各项分析检验结果及检验部门印记；

中华人民共和国冶金工业部 1982-10-18 发布　　1983-06-01 实施

e. 本标准编号；

f. 检验日期；

g. 出厂日期。

3.4 产品应存放于凉爽、通风、干燥、无腐蚀性气氛的仓库内。

附加说明：

本标准由冶金工业部标准化研究所提出。

本标准由上海东升金属厂负责起草。

本标准主要起草人:裴润。

自本标准实施之日起,原冶金工业部部标准 YB 523—1965《二氧化钛》作废。

中华人民共和国有色金属行业标准

YS/T 350—1994

锆英石精矿

代替 YB 834—1987

本标准适用于海滨砂矿经选矿富集获得的锆英石精矿,供提取锆的化合物、锆铪分离、制造合金以及铸造、耐火材料、陶瓷、玻璃等用。

1 技术要求

1.1 锆英石精矿产品分为六个品级。以干矿品位计算,应符合下表规定。

品级	化学成分/%					
	二氧化(锆+铪)不小于	杂质,不大于				
		TiO_2	Fe_2O_3	P_2O_5	Al_2O_3	SiO_2
特级品	65.50	0.30	0.10	0.20	0.80	34.00
一级品	65.00	0.50	0.25	0.25	0.80	34.00
二级品	65.00	1.00	0.30	0.35	0.80	34.00
三级品	63.00	2.50	0.50	0.50	1.00	33.00
四级品	60.00	3.50	0.80	0.80	1.20	32.00
五级品	55.00	8.00	1.50	1.50	1.50	31.00

注:① 如需方对产品有特殊要求,由供需双方商定。

② 锆英石精矿中放射性物质含量按国家有关规定执行。

1.2 锆英石精矿中水分含量应不大于0.2%。

1.3 锆英石精矿中不得混入外来杂物。

1.4 锆英石精矿应全部通过 425μm 筛孔。

2 试验方法和检验规则

2.1 锆英石精矿化学成分分析方法按 YB 876—1976《锆英石精矿化学分析方法》进行。

2.2 取样和制样

2.2.1 每批精矿按10%抽样,然后用8mm半开管逐包插管法取样:将试样混匀并缩分至100g左右。

2.2.2 试样经玛瑙盘研磨加工为-75μm。

2.3 同一品级精矿为一批,分批供应,每批重量由供需双方商定。

2.4 需方如有异议,可在收货之日起3个月内向供方提出,并由供需双方会同重新取样复验,按复验结果判定品级。如一方要求仲裁时,有关事宜由双方商定。

2.5 产品由供方技术监督部门验收,保证产品质量符合本标准要求,并填写产品质量证明书。产品在供方交货。

3 包装、标志和质量证明书

3.1 产品包装、标志和质量证明书按 GB 5689—1985《冶金矿产品包装、标志和质量证明书的一般

中国有色金属工业总公司 1987-09-09 发布　　1988-09-01 实施

规定》进行。

附加说明：

本标准由粤西有色金属公司水东稀有金属选矿厂负责起草。

本标准主要起草人:阮振许。

本标准首次发布于 1975 年。

中华人民共和国有色金属行业标准

YS/T 351—1994

钛铁矿(砂矿)精矿

代替 YB 835—1987

本标准适用于砂矿经选矿富集获得的钛铁矿精矿,供提取金属钛和氧化物以及生产钛铁合金等用。

1 技术要求

1.1 钛铁矿(砂矿)精矿分类及化学成分应符合以下规定(以干矿品位计算)。

1.1.1 生产人造金红石、钛铁合金、高钛渣、电焊条等用(见表1)。

表 1 %

品级		TiO_2 不小于	杂质含量不大于	
			CaO+MgO	P
一级	一类	52	0.5	0.025
	二类	50	0.5	0.025
二级		50	0.5	0.030
三级		49	0.6	0.040
四级		49	0.6	0.050
五级		48	1.0	0.070

注:含铁金红石的钛精矿中 TiO_2 不小于 57%,(CaO+MgO)不大于 0.6%,P 不大于 0.045%的产品作为一级品。

1.1.2 生产钛白粉等用(见表2)。

表 2 %

品级		TiO_2 不小于	杂质含量不大于	
			P	Fe_2O_3
一级	一类	50	0.02	10
	二类	50	0.02	13
二级	一类	49	0.02	10
	二类	49	0.025	13

注:精矿中 TiO_2 含量不小于 52%,P 不大于 0.025%,Fe_2O_3 不大于 10%的产品作为一级品。

1.1.3 如需方对产品有特殊要求,由供需双方商定。

1.2 产品必须洁净、干燥、不得混入外来杂物。

2 试验方法和检验规则

2.1 产品化学成分分析方法按 YB 878—1976《钛铁矿(砂矿)精矿化学分析方法》进行。

2.2 采用逐包解包插管法取样,将试样混匀并缩分至 100g 左右。

2.3 同一品级精矿为一批,分批供应,每批重量由供需双方商定。

2.4 需方对产品质量如有异议时,可在产品收到之日起 3 个月内向供方提出,由供需双方商定。如

中国有色金属工业总公司 1987-09-09 发布 1988-09-01 实施

需仲裁,可委托双方认可的单位进行,在需方共同取样,重新判定质量。

2.5 产品由供方技术监督部门进行检验,保证产品质量符合本标准的要求,并填写产品质量证明书。

3 包装、标志和质量证明书

3.1 精矿产品包装、标志和质量证明书应符合 GB 5689—1985《冶金矿产品包装、标志和质量证明书一般规定》。

附加说明:

本标准由海南冶金局负责起草。

本标准主要起草人:斯晓琴、杨家珍。

本标准首次发布于 1975 年。

中华人民共和国有色金属行业标准

YS/T 352—1994

天然金红石精矿

代替 YB 839—1987

本标准适用于原生矿和砂矿经选矿富集获得的天然金红石精矿，供制造电焊条和提取金属钛及其化合物用。

1 技术要求

1.1 天然金红石精矿产品按化学成分分为四个品级，以干矿品位计算，应符合下表规定。

%

级　别	化　学　成　分			
	TiO_2，不小于	杂质含量，不大于		
		P	S	Fe_2O_3
一　级　品	93.0	0.02	0.02	0.5
二　级　品	90.0	0.03	0.03	0.8
三　级　品	87.0	0.04	0.04	1.0
四　级　品	85.0	0.05	0.05	1.2

注：如需方对产品有特殊要求，供需双方可另行商定。

1.2 产品中水分应不大于 1%。

1.3 产品中不得混入外来杂物。

1.4 产品粒度要求：

1.4.1 砂矿产品应全部通过 0.18mm 筛孔标准筛。

1.4.2 原生矿产品应全部通过 0.25mm 筛孔标准筛。

2 试验方法和检验规则

2.1 产品化学成分分析方法按 GB 4102.1—4102.12—1983《高钛渣、金红石化学分析方法》进行。

2.2 每批产品采取逐包插管法（内径 10mm，$\frac{1}{3}$开槽铜管）取样，并缩分至 300g 左右，制备成 3 份分析用样品。

2.3 产品由供方技术监督部门进行检验，保证产品符合本标准的规定，并填写产品质量证明书。

2.4 同一等级精矿为一批，分批供应，每批重量由供需双方商定。

2.5 需方可对收到的产品按本标准的规则验收。如验收结果与本标准规定不符时，可在收到产品之日起 3 个月内向供方提出，由供需双方协商解决。如需仲裁，可委托双方认可的单位进行，并在需方共同取样。

中国有色金属工业总公司 1987-09-09 发布　　　　1988-09-01 实施

3 包装、标志和质量证明书

3.1 精矿产品包装、标志和质量证明书应符合 GB 5689—1985《冶金矿产品包装、标志和质量证明书的一般规定》的规定。

附加说明：

本标准由广东稀土金属公司负责起草。

本标准主要起草人：许权。

本标准首次发布于 1975 年。

中华人民共和国有色金属行业标准

YS/T 394—1994

钽 精 矿

代替 YB 5000—1987

本标准适用于经过选矿富集获得的钽精矿,供提取钽铌氧化物及其金属和制造合金等用。

1 技术要求

1.1 钽精矿按五氧化二钽与五氧化二铌合量及五氧化二钽含量划分为3个等级7个品级,以干矿品位计算,应符合下表规定:

等级	品级	化学成分/%				
		$Ta_2O_5+Nb_2O_5$ 不小于	Ta_2O_5 不小于	杂质,不大于		
				TiO_2	SiO_2	WO_3
一等品	1 级	60	40	5	7	3
	2 级	55	38			
	3 级	55	35			
二等品	1 级	50	32	6	11	3.5
	2 级	45	29			
	3 级	45	26			
三等品		40	22	7	15	4

注:精矿中 U_3O_8、ThO_2 的含量应报分析数据,但不作为考核依据。

1.2 精矿粒度大于0.8mm,不超过10%。

1.3 精矿中不得混入外来夹杂物。

2 试验方法和检验规则

2.1 精矿化学成分分析按 YB 874—1976《钽铁、铌铁精矿分析方法》进行。

2.2 每批精矿,采用逐包插管法取样,所取试样,经混匀后,缩分加工至200g左右。

2.3 同品级精矿为一批,每批重量由供需双方协商。

2.4 产品由供方技术监督部门检验,保证产品质量符合本标准要求,并填写质量证明书。

2.5 需方对收到的产品可进行检验,如有异议,可在收到产品之日起两个月内向供方提出,由供需双方协商或仲裁解决。

3 包装、标志和质量证明书

3.1 产品包装、标志和质量证明书按 GB 5689—1985《冶金矿产品包装、标志和质量证明书的一般规定》进行。

中国有色金属工业总公司 1987-09-09 发布　　1988-09-01 实施

附加说明：

本标准由江西宜春钽铌矿负责起草。

本标准起草人：勾鸿忠、邝代岗、蒋腾修、田佩兰。

本标准首次发布于1975年。

中华人民共和国有色金属行业标准

YS/T 395—1994

铌铁矿精矿

代替 YB 5001—1987

本标准适用于砂矿、风化壳及原生矿经选矿富集所获得的铌铁矿精矿,供提取钽铌氧化物及其金属和制造合金等用。

1 技术要求

1.1 铌铁矿精矿按化学成分分为5级,每级分两类,以干矿品位计算,应符合下表规定:

%

级别		$(NbTa)_2O_5$ 不小于	Ta_2O_5	杂质含量,不大于				
				WO_3	TiO_2	SiO_2	Sn	P
特级	1 类	65.00	≥5.00	2.50	3.00	3.50	0.40	0.35
	2 类		<5.00					
一级	1 类	60.00	≥5.00	3.50	4.00	4.50	0.50	0.40
	2 类		<5.00					
二级	1 类	55.00	≥5.00	7.50	5.00	5.00	—	0.50
	2 类		<5.00					
三级	1 类	50.00	≥5.00	9.00	6.50	5.50	—	0.60
	2 类		<5.00					
四级	1 类	45.00	≥5.00		8.00	10.00	—	
	2 类		<5.00					

注:① 如用户对精矿有特殊要求,由供需双方商定。

② 表中“—”为杂质不限。

1.2 精矿中 $U_3O_8+ThO_2$ 含量由供需双方商定。

2 试验方法和检验规则

2.1 铌铁矿精矿化学成分分析方法按照 YB 874—1976《钽铁矿——铌铁矿精矿分析方法》进行;其中锡、磷分析方法由供需双方商定。

2.2 每批精矿采用斜口管逐包插管法取样,将试样混匀,并缩分至600g,然后分成3份,一份保存,一份加工研磨至全部通过0.075mm筛孔为分析样品;一份送需方。

2.3 同级同类精矿分批供应,每批重量由供需双方商定。

2.4 需方对产品质量如有异议,可在收货之日起3个月内向供方提出,并由供需双方按本标准2.1和2.2重新取样复验,按复验结果判定品级。如一方要求仲裁时,有关事宜由供需双方商定。

中国有色金属工业总公司 1987-09-09 发布

1988-09-01 实施

2.5　产品由供方技术监督部门验收。保证产品质量符合本标准的要求,并填写产品质量证明书。

3　包装、标志和质量证明书

精矿产品包装、标志和质量证明书应符合 GB 5689—1985《冶金矿产品包装、标志和质量证明书的一般规定》。

附加说明:

本标准由广东泰美钽铌矿负责起草。

本标准主要起草人:李海文。

本标准首次发布于 1975 年。

中华人民共和国有色金属行业标准

YS/T 397—1994

海　绵　锆

代替 YB 652—1970

本标准适用于以四氯化锆经镁还原、真空蒸馏所生产的海绵锆。

1. 海绵锆为银灰色海绵状金属。产品应保持干燥,表面洁净,无铁锈、氧化层、氮化层及肉眼可见的夹杂物。

2. 海绵锆应保持原始塑性。用油压机破碎海绵锆时,应采用切碎法,不得采用压散法。

3. 产品粒度为3～25mm,每批产品中允许含有粒度为1～3mm的不得超过总重量的5%。

4. 海绵锆产品按其化学成分的不同,划分如下级别和牌号:

产品级别			原子能级		工业级
产品牌号			HZr-01	HZr-02	HZr-1
化学成分/%	Zr+Hf含量,不小于				99.4
	杂质含量,不大于	Hf	0.010	0.015	2.5～3.0
		Co	0.002	0.002	
		Sn	0.005	0.020	
		Ni	0.007	0.030	0.010
		Cr	0.020	0.050	0.020
		Al	0.0075	0.0075	0.010
		Mg	0.060	0.060	0.060
		Mn	0.005	0.005	0.010
		Pb	0.010	0.010	0.005
		Ti	0.005	0.005	0.005
		V	0.005	0.005	0.005
		Fe	0.150	0.150	
		Cl	0.060	0.080	0.130
		Si	0.010	0.010	0.010
		B	0.00005	0.00005	
		Cd	0.00005	0.00005	
		Cu	0.003	0.003	
		W	0.005	0.005	
		Mo	0.005	0.005	
		O	0.140	0.140	0.10
		C	0.030	0.030	0.050
		N	0.005	0.005	0.010
		H	0.0075	0.0125	0.0125

注:需方如有特殊要求时,由供需双方协商议定。

中华人民共和国冶金工业部颁布　　**1971年1月1日实施**

5．产品由供方技术检验部门进行检验，按本标准确定产品等级，填写质量证明书。

6．需方可对收到的产品进行质量检验，如检验结果与质量证明书上所载等级不符时，可向供方提出，双方协商解决。

7．复查分析检验取样按以下方法进行：

(1) 用缩分法在每批混匀的产品中取出 3.2kg，再以四分法从中取 0.8kg。

(2) 将 0.8kg 试样压成直径为 30～50mm 的圆锭，用车床将其上下两面及周边各车去 2～3mm。在不使用任何冷却剂及车刀转速每分钟不超过 45 转和进刀量不大于 0.3mm 的情况下，从圆锭的两端及中部各车下 50g 试样。车屑不得沾污油脂和带入夹杂物，用磁铁除去取样时可能带入的铁屑。将所得试样仔细混匀后，再以缩分法取一定量作为分析检验试样。

8．复查分析检验方法按 YB 652FJ—1970 进行。

9．海绵锆用干净的塑料或人造革袋封口包装，每袋净重 2～5kg，置于密封的镀锌铁桶中，每桶净重 20kg，每桶附上批号。铁桶置于木箱内，箱外注上“防潮、轻放”字样。

注：需方对包装如有特殊要求时，由供需双方协商解决。

10．产品搬运时不得滚动，运输时不得震动。

11．产品应存放在干燥通风处，不得与破碎后的锆粉尘、酸、碱、腐蚀及易燃易爆物混放。

12．每批产品应附有质量证明书，内注明：

a．供方名称或代号；

b．产品名称或代号；

c．本标准号；

d．批号、批重、桶数和毛重；

e．各项分析检验结果和技术检验部门印记；

f．出厂日期。

中华人民共和国有色金属行业标准

YS/T 399—1994

海　绵　铪

代替 YB 772—1970

本标准适用于四氯化铪经镁还原、真空蒸馏所生产的海绵铪。

1. 海绵铪为浅灰色海绵状金属。产品应保持干燥,表面洁净,无氧化层及肉眼可见的夹杂物。

2. 海绵铪应保持原始塑性。破碎时应采用切碎法,不得采用压散法。

3. 产品粒度为3～15mm,每批产品中允许含有粒度为1～3mm的不得超过总重量的3%。

4. 海绵铪产品按其化学成分的不同,划分如下级别和牌号:

产品级别			原子能级	产品级别			原子能级
产品牌号			HHf—01	产品牌号			HHf—01
化学成分/%	Hf含量,不小于		96.0	化学成分/%	杂质含量,不小于	Cu	0.005
	杂质含量,不大于	Zr	3.0			Fe	0.050
		Al	0.015			Mo	0.001
		Co	0.001			Si	0.002
		Cr	0.015			W	0.001
		Mg	0.080			Cl	0.030
		Mn	0.003			Na	0.002
		Ni	0.005			P	0.002
		Pb	0.001			V	0.001
		Sn	0.001			U	0.0005
		Ti	0.003			O	0.120
		B	0.0005			C	0.010
		Cd	0.0001			N	0.005
						H	0.005

注:① 杂质Cl、Na、P、V、U的含量仅供参考,不作出厂依据。

② 需方如有特殊要求时,由供需双方协商议定。

5. 产品由供方技术检验部门进行检验,按本标准确定产品等级,填写质量证明书。

6. 需方可对收到的产品进行质量检验,如检验结果与质量证明书上所载等级不符时,可向供方提出,双方协商解决。

7. 复查分析检验取样按以下方法进行:

(1) 用缩分法在每批混匀的产品中取出2kg,再以四分法从中取出0.5kg。

中华人民共和国冶金工业部颁布　　1971年1月1日实施

(2) 将 0.5kg 试样压成直径为 30～50mm 的圆饼,用刨床把圆饼上下两面各刨去 2mm。在刨刀行程每分钟不超过 36 次和进刀量不大于 0.5mm 的情况下,从圆饼上下两面各刨下 50g 试样。刨屑不得沾污油脂和带入夹杂物,用磁铁除去取样时可能带入的铁屑。将所得试样仔细混匀后,再以缩分法取一定量作为分析检验试样。

8. 复查分析检验方法按 YB 772FJ—1971 进行。(此标准未制订以前,双方协商解决。)

9. 海绵铪用干净的塑料或人造革袋封口包装,每袋净重 2kg,置于密封的镀锌铁桶中,每桶净重不大于 20kg,每桶附上批号。铁桶置于木箱内,箱外注上"防潮、轻放"字样。

注: 需方对包装有特殊要求时,由供需双方协商解决。

10. 产品搬运时不得滚动,运输时不得震动。

11. 产品应存放在干燥通风处,不得与粉尘、酸、碱、腐蚀及易燃易爆物混放。

12. 每批产品应附有质量证明书,内注明:

(1) 供方名称或代号;

(2) 产品名称或代号;

(3) 本标准号;

(4) 批号、批重、桶数和毛重;

(5) 各项分析检验结果和技术检验部门印记;

(6) 出厂日期。

中华人民共和国有色金属行业标准

YS/T 402—1994

二　氧　化　锆

代替 YB 1713—1978

本标准适用于经锆铪分离制得的二氧化锆，供制取原子能级海绵锆用。

一、技　术　条　件

1．二氧化锆呈浅黄色或白色。产品无肉眼可见的夹杂物。

2．产品应保持干燥，含水量不得超过1%。

3．产品按化学成分不同，划分为如下牌号：

产品牌号			ZrO_2—01	ZrO_2—02
化学成分/%	ZrO_2 含量，不小于		96	96
	杂质含量，不大于	$\frac{HfO_2}{HfO_2+ZrO_2}$	0.010	0.015
		Fe	0.75	0.75
		Al	0.04	0.04
		Si	0.08	0.08
		Ti	0.05	0.05
		Ni	0.01	0.01
		Mn	0.01	0.01
		P	0.5	0.5
		Na	0.5	0.5

注：需方如有特殊要求时，供需双方协商解决。

中华人民共和国冶金工业部　发布　　1978年12月1日　实施

冶金工业部情报标准研究所　提出　　冶金部有色金属研究院　起草

二、验收规则和检验方法

4. 产品由供方质量检查部门验收,保证产品符合本标准要求,并填写产品质量证明书。

5. 需方可对收到的产品进行检验,如检验结果与质量证明书上所载牌号不符时,在收到产品之日起3个月内向供方提出,双方协商解决。

6. 仲裁取样按如下规定进行:

(1) 每批取样袋数按如下规定:

袋　数	2	3～10	11～30	≥31
取样数量/%	100	50	30	20

(2) 在每袋中大致均匀地采取三点试样,混匀后按四分法缩分至分析试样所需要求。

7. 二氧化锆化学成分的仲裁分析方法按GB/T 2590进行。

8. 仲裁检验不合格时,则加倍取样检验。若其中仍有一个结果不合格时,则该批产品为不合格。

三、包装、标志和质量证明书

9. 产品装入干净的双层塑料袋,封口后置于乳胶袋中,每袋净重25kg。袋面上应注明:产品名称、牌号、批号和净重,并有“防潮”字样或标志。

10. 每批产品应附有质量证明书,注明:

(1) 供方名称;

(2) 产品名称;

(3) 产品牌号;

(4) 批号、袋数和净重。

(5) 各项分析检验结果及检验部门印记;

(6) 本标准编号;

(7) 出厂日期。

中华人民共和国有色金属行业标准

YS/T 403—1994

二　氧　化　铪

代替 YB 1714—1978

本标准适用于经锆铪分离制得的二氧化铪，供制取原子能级海绵铪用。

一、技　术　条　件

1．二氧化铪呈浅黄色或白色。产品无肉眼可见的夹杂物。

2．产品应保持干燥，含水量不得超过 1%。

3．产品按化学成分不同，划分为如下牌号：

产品牌号			HfO_2—01	HfO_2—02	HfO_2—03
化学成分/%	HfO_2 含量，不小于		88	85	80
	$\frac{HfO_2}{HfO_2+ZrO_2}$，不小于		97	97	97
	杂质含量，不大于	Fe	0.6	1.0	1.5
		Al	0.05	0.08	0.1
		Si	0.1	0.3	0.4
		Ti	1.0	1.2	1.5
		P	0.5	0.5	0.5
		Na	0.5	0.5	0.5

注：需方如有特殊要求时，供需双方协商解决。

中华人民共和国冶金工业部　发布　　　1978 年 12 月 1 日　实施
冶金工业部情报标准研究所　提出　　　冶金部有色金属研究院　起草

二、验收规则和检验方法

4. 产品由供方质量检查部门验收,保证产品符合本标准要求,并填写产品质量证明书。

5. 需方可对收到的产品进行检验,如检验结果与质量证明书上所载牌号不符时,在收到产品之日起3个月内向供方提出,双方协商解决。

6. 仲裁取样按如下规定进行:

(1) 每批取样袋数按如下规定:

袋　数	2	3～10	11～30	≥31
取样数量/%	100	50	30	20

(2) 在每袋中大致均匀地采取三点试样,混匀后按四分法缩分至分析试样所需要求。

7. 二氧化铪化学成分的仲裁分析方法按 GB/T 2590 进行。

8. 仲裁检验不合格时,则加倍取样检验。若其中仍有一个结果不合格时,则该批产品为不合格。

三、包装、标志和质量证明书

9. 产品装入干净的双层塑料袋,每袋净重 5kg。封口后置于密封铁桶中。每桶净重 25kg。桶上应注明:产品牌号、批号和净重,并有“防潮”字样或标志。

10. 每批产品应附有质量证明书,注明:

(1) 供方名称;

(2) 产品名称或代号;

(3) 产品牌号;

(4) 批号、桶数、净重和毛重;

(5) 各项检验结果及检验部门印记;

(6) 本标准编号;

(7) 出厂日期。

中华人民共和国有色金属行业标准

YS/T 404—1994

电真空用锆粉

代替 YB 1715—1978

本标准适用于以氢化钙还原二氧化锆制得的锆粉，供电真空器件作涂复材料或吸气剂等用。

一、技 术 条 件

1．锆粉外观呈深灰色，并均匀一致。产品无肉眼可见的夹杂物。

2．根据化学成分及使用要求不同，产品划分为如下牌号：

产品牌号			FZrD—1	FZrD—2
化学成分/%	总锆含量	不小于	97	97
	活锆含量		94	90
	杂质含量，不大于	H	1	1
		Ca	0.3	0.4
		Fe	0.1	0.1
		Si	0.1	0.1
		Al	0.05	0.05
		Mg	0.05	0.05
		S	0.05	0.05
		Cl	0.008	0.008
		P	0.005	0.005
粒度/筛目			−360	−400

注：① 总锆含量由生产工艺控制，不作考核依据。

② 氢含量尽可能控制在0.5%～1%，但只考核不大于1%。

③ 需方如有特殊要求，供需双方协商解决。

④ 如需方对粒度的喷涂试用有异议时，双方协商解决。

中华人民共和国冶金工业部　发布　　　　1979年7月1日　试行

冶金工业部情报标准研究所　提出　　　　锦州铁合金厂　起草

3．原则上每炉为一个批号；如合批，要保证质量均匀，每批重量不得超过20kg。

二、验收规则和检验方法

4．产品由供方质量检验部门进行检验，保证产品符合本标准要求，并填写产品质量证明书。

5．需方可对收到的产品进行检验，如检验结果与质量证明书上所载牌号不符时，在收到产品之日起3个月内向供方提出，双方协商解决。

6．仲裁取样按如下规定进行：在没有开封的瓶（袋）中，按上、中、下部位大致均匀地取出三点试样，每点取样量不少于100g，混合均匀后，按四分法缩分至试样所需要求，试样分三等份，一份封存备用，另两份由供需双方各自复验。

7．供需双方复验结果不同而有异议时，可将备用试样委托双方同意的第三方作仲裁分析。

8．化学成分的仲裁分析方法按GB/T 3256进行。

9．供方提供粒度实测数据，需方在收到产品之日起3个月内将粒度复验结果抄送供方，否则按无异议处理。

三、包装、标志、运输、储存和质量证明书

10．产品包装按下述方式进行：

(1) 产品装入干净塑料瓶内，瓶内装入高于锆粉10mm以上的纯水，拧紧瓶盖，不得渗漏。每瓶净重不得超过2kg。

(2) 产品装入塑料袋内，扎紧封口后置于马口铁桶内，盖严桶盖。每桶净重不得超过2kg。

11．将塑料瓶（或铁桶）置于木箱中，四周紧固，不得窜动。每箱净重不得超过20kg。

12．塑料瓶（或铁桶）上应注明：产品牌号、批号、化学成分、生产日期和净重。每箱上注明：产品名称、批号和净重。并有“易燃”、“轻放”，“向上”等明显字样或标志。

13．产品运输时，应小心轻放，不得剧烈碰撞，不得同易燃、易爆的其他物品混放。

14．产品存放在防火防爆库房里。

15．每批产品应附有质量证明书。注明：

(1) 供方名称。

(2) 产品牌号。

(3) 产品批号和净重。

(4) 各项检验结果和检验部门印记。

(5) 本标准编号。

(6) 检验日期。

前　　言

本标准是第一次制定,在制定过程中参考了国外的钛箔产品实物测试数据。

本标准的附录 A 为标准的附录。

本标准由中国有色金属工业标准计量质量研究所提出并归口。

本标准由上海宁浦金属材料厂负责起草。

本标准主要起草人:张培正。

本标准委托中国有色金属工业标准计量质量研究所负责解释。

中华人民共和国有色金属行业标准

磁头用工业纯钛箔

YS/T 410—1998

Industry titanium foils for magnetic heads

1 范围

本标准规定了磁头用工业纯钛箔的要求、试验方法、检验规则及标志、包装、运输、贮存。

本标准适用于录音机、录像机、密码磁卡机等磁头用工业纯钛箔。

2 引用标准

下列标准所包含的条文,通过在本标准中引用而构成为本标准的条文。本标准出版时,所示版本均为有效。所有标准都会被修订,使用本标准的各方应探讨使用下列标准最新版本的可能性。

GB/T 3076—1982 金属薄板(带)拉伸试验方法

GB/T 8180—1987 钛及钛合金加工产品的包装、标志、运输和贮存

GB/T 3620.1—1994 钛及钛合金牌号和化学成分

3 合同内容

本标准所列产品的定货合同应包括下列内容:

a. 产品名称;

b. 产品牌号;

c. 产品状态;

d. 产品尺寸(厚度、宽度、长度);

e. 产品数量(每种尺寸的总片数或总长度);

f. 产品交货日期;

g. 标准编号;

h. 其他。

4 要求

4.1 产品分类

4.1.1 牌号、状态、规格

产品的牌号、状态和规格应符合表1的规定。

表1 牌号、供应状态、规格

牌　号	供应状态	厚度×宽度×长度/mm
TA1	退火(M)	(0.001～0.003)×(1.5～2.0)×(2～4.5)
		(0.001～0.003)×(30～40)×(50～60)

注:产品规格亦可按供需双方协议而定

4.1.2 标记示例

国家有色金属工业局 1999-01-11 批准　　1999-06-01 实施

用 TA1 制造的退火状态、厚度为 0.0015mm、宽度为 32mm 的箔材标记：

箔 TA1M 0.0015×32 YS/T 410—1998

4.2 化学成分

产品原材料的化学成分应符合 GB/T 3620.1 中相应牌号的规定。

4.3 尺寸及尺寸允许偏差

4.3.1 产品厚度、宽度和长度的尺寸允许偏差应符合表 2 的规定。

4.3.2 产品应平直，边部应平齐，边部允许有轻微的毛刺。

表 2 尺寸及其允许偏差

mm

<table>
<tr><th>厚度</th><th>厚度允许偏差</th><th>宽度</th><th>宽度允许偏差</th><th>长度</th><th>长度允许偏差</th></tr>
<tr><td rowspan="2">0.0010
0.0013
0.0015
0.0017</td><td rowspan="2">±0.00010</td><td>1.5~2</td><td>±0.1</td><td>2~4.5</td><td>±0.1</td></tr>
<tr><td rowspan="3">30~40</td><td rowspan="3">+2
0</td><td rowspan="3">50~60</td><td rowspan="3">+2
0</td></tr>
<tr><td>0.0020</td><td>±0.00015</td></tr>
<tr><td>0.0030</td><td>±0.00020</td></tr>
</table>

4.4 表面质量

4.4.1 产品表面应平整，表面粗糙度 R_a 应不大于 0.1μm。在用户无特殊要求或用户合同未注明时，不进行测试。

4.4.2 产品表面应光亮、洁净、无油污、无灰尘。

4.4.3 产品表面不允许有影响使用要求的划伤和痕迹。

4.4.4 产品表面允许有迎光肉眼可见的针孔，其直径不大于 0.1mm，在 25mm×25mm 面积内不超过 4 个。

4.5 力学性能

退火状态的产品，室温力学性能应符合表 3 的规定。但在用户无特殊要求或用户合同未注明时，不进行测试。

表 3 室温力学性能

牌号	产品厚度/mm	抗拉强度 σ_b/MPa 不小于	伸长率 δ_{50}/% 不小于
TA1	0.0010	370	0.6
	0.0013		0.7
	0.0015		0.8
	0.0017		1.0
	0.0020		1.2
	0.0030		1.5

5 试验方法

5.1 室温力学性能试验方法

产品的室温拉伸试验参照 GB/T 3076 的规定进行，具体的试验条件见附录 A。室温拉伸试验必须在产品未剪切成小尺寸之前，在其长条或成卷的钛箔上取样进行。

5.2 厚度均匀性的测量

厚度测量仪：厚度为 0.001~0.003mm 的产品可用带球面头的测量仪进行测量，测微仪应具有不超过 15N 的测量压力和直径 2mm 的球面测量头，其最小值为 0.01μm，精度为 0.05μm。产品厚度的测量，应在产品未剪切成小尺寸之前的长条或成卷的钛箔上进行。沿其长度方向，每隔 100～150mm 间隔距离测量一次，测量时沿宽度方向在两侧边缘(边缘不小于 5mm 处)和中部测量共 3 个点。

5.3 表面质量的检测

5.3.1 产品表面的粗糙度 R_a 采用高精度的表面轮廓测量仪或相应精度的仪器进行测量。

5.3.2 产品表面状况，可用 5 倍放大镜检查其划伤、痕迹和洁净程度。

5.3.3 产品表面针孔的检查：将产品放在白炽灯光组合箱上面，用肉眼观察计数。

5.4 用肉眼或 5 倍放大镜观察产品的边缘毛刺。

6 检验规则

6.1 检查和验收

6.1.1 产品应由供方技术监督部门进行检验，保证产品质量符合本标准的规定，并填写质量证明书或产品检验报告后方可入库和出厂。

6.1.2 需方可对收到的产品进行检验，检验结果与本标准不符时，自收到产品之日起 3 个月内向供方提出，由供需双方协商解决。

6.2 组批

产品应成批提交验收，每批应由同一牌号、同一厚度规格和同一热处理炉次的产品组成。

6.3 产品检验分为出厂检验和定型检验。

6.3.1 出厂检验

6.3.1.1 检验项目

每批产品应在未剪切成小尺寸的产品之前，对长条或成卷的钛箔逐条或逐卷进行厚度、外观和表面质量的检验。如果用户有特殊要求，还应进行力学性能的检验，每批取 2 个试样进行检验。

6.3.1.2 检验结果如有不合格的产品不得出厂。

6.3.2 定型检验

6.3.2.1 如有下列情况之一时应进行定型检验。

a. 新产品试制定型鉴定；

b. 生产过程中，如材料、工艺有较大改变，可能影响产品性能时；

c. 连续停产 6 个月以上，恢复生产时；

d. 上级质量监督机构提出要求时。

6.3.2.2 定型检验时抽样应从与出厂产品相符合的同一牌号、不同厚度规格和不同热处理工艺的钛箔成品中各取 2 个试样进行力学性能与表面粗糙度的检验。

6.4 重复试验和检验结果的判定

在力学性能的检验中，如果有一个试验的试样结果不合格，则从该批成品中取双倍试样进行不合格项目的重复试验。重复试验结果仍有一个试样不合格，则判定该批产品不合格。最终检验结果的判定：力学性能不合格时，按批判不合格；尺寸、外观和表面质量不合格时，按条或卷判不合格。

7 标志、包装、运输、贮存

7.1 产品标志

产品包装盒(箱)上面，应注明：

a. 产品名称；

b. 产品牌号、规格、数量；

c. 检验印记；

d. 包装日期；

e. 供方名称。

7.2 包装、运输、贮存

产品的包装、运输和贮存应符合 GB/T 8180 的规定，并结合本产品的特点补充如下条文。

7.2.1 规格为(1.5～2.0)mm×(2～4.5)mm 的小片产品用纸包成小包，每小包数量按需求而定，小包集装在用硬质纸或胶合板制作的盒子内并加封。规格为(30～40)mm×(50～60)mm 的大片产品，包装时片与片之间用纸隔开，整包数量按供需双方协议而定，外层用胶合板夹固并加封。

7.2.2 包装箱

包装箱可用木材，胶合板或硬质纸板制成，箱体应有足够的强度，能确保产品安全运抵目的地。

7.2.3 运输

本产品体积小，重量轻，由需方自提或供方送货均可。本产品包装后亦可通过快速专递邮寄。

7.2.4 贮存

产品均应放在干净、清洁的容器内。

7.3 质量证明书

每批产品应有符合标准的质量证明书，其上注明：

a. 供方名称，地址；

b. 需方名称；

c. 合同号；

d. 产品名称与牌号；

e. 规格与数量；

f. 厚度偏差值；

g. 交货状态；

h. 本标准编号；

i. 技术监督部门印章；

j. 质量证明书签发日期。

附 录 A
(标准的附录)
钛箔拉伸试验条件

A1 厚度为 0.001～0.003mm 的钛箔采用矩形试样，试样形状及尺寸见图 A1。

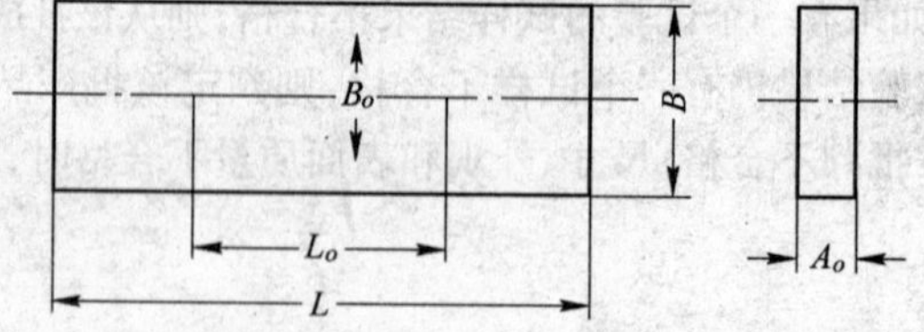

图 A1 拉伸试样

L_o—试样原始标距 50mm±0.1mm；B_o—试样原始宽度 15mm±0.1mm；

A_o—试样原始厚度，mm；L—试样总长度 80mm；B—夹持部分宽度 15mm

A2 试验设备:

试验机:Instron 1195　电子拉力机

拉力:5kg

速度:0.5mm/min

A3 试验方法:

试样两端夹持部分复一层牛皮纸,试样两端平面夹头长度各为15mm,中间有效长度为50mm。

前　　言

锑铍芯块为核电站堆芯用的材料之一，目前牌号只有一个。由于不同的反应堆，所用芯块的尺寸略有差别，所以本标准中未明确列出芯块规格，只规定了芯块尺寸的允许偏差。

本标准由中国有色金属工业标准计量质量研究所提出并归口。

本标准由西北稀有金属材料研究院负责起草。

本标准主要起草人：刘丽华、张天莉、唐先才、张红梅、王云贵。

中华人民共和国有色金属行业标准

锑铍芯块

YS/T 425—2000

Antimony-beryllium pellets

1 范围

本标准规定了锑铍芯块的要求、试验方法、检验规则及标志、包装、运输和贮存。

本标准适用于由锑粉和铍粉的均匀混合物压制而成的锑铍芯块。

2 引用标准

下列标准所包含的条文,通过在本标准中引用而构成为本标准的条文。本标准出版时,所示版本均为有效。所有标准都会被修订,使用本标准的各方应探讨使用下列标准最新版本的可能性。

YS/T 426.1～426.7—2000 锑铍芯块化学分析方法

3 要求

3.1 产品牌号为SbBe20,其状态和规格见表1。

表1

牌　号	制造方法	供应状态	规　格
SbBe20	粉末冶金	压制态	按需方要求

3.2 标记示例:

用锑粉和铍粉制造的、压制状态、直径为8.8mm、长度为15mm的锑铍芯块标记为:

芯块 SbBe20 ϕ8.8×15 YS/T 425—2000

3.3 产品的化学成分应符合表2规定。

表2

牌　号	化学成分/%										
	主成分		杂质 不大于								
	Sb+Be不小于	Be/Sb+Be	BeO	H_2O	Fe	Si	Al	Mg	Pb	Mn	C
SbBe20	99	20.30～23.30	1.00	0.08	0.10	0.15	0.05	0.02	0.04	0.04	0.10

注:Sb+Be含量包括BeO中的Be含量

3.4 产品尺寸及其允许偏差应符合表3规定。

表3　mm

直　径	直径允许偏差	长　度	长度允许偏差	两端面对柱面垂直度
按需方要求	±0.03	15	±0.05	≤0.15

3.5 产品密度不小于3.50g/cm^3。

国家有色金属工业局 2000-03-29 批准　　2000-10-01 实施

3.6 产品表面应光亮、洁净，不得有裂纹、黑圈、暗斑、擦伤、鼓包等缺陷，不得有润滑剂、油或其他外来物质。

4 试验方法

4.1 化学成分的分析方法按 YS/T 426.1～426.7—2000 进行。
4.2 水分含量通过测定质量损失确定。
4.3 尺寸用千分尺测量，垂直度用万能工具显微镜测量。
4.4 密度测定用质量除以体积按几何法计算。
4.5 表面质量用目视检查。

5 检验规则

5.1 产品应由供方技术监督部门进行检验，保证产品质量符合本标准的规定，并填写质量证明书。
5.2 需方可对收到的产品按本标准的规定进行检验，如检验结果与本标准的规定或质量证明书不符时，在收到产品之日起 3 个月内向供方提出，由供需双方协商解决。
5.3 每批产品由同一批混合粉末、用同一压制工艺、具有同一规格的芯块组成。
5.4 化学成分的取样方法按如下规定进行：
5.4.1 每批锑粉和铍粉混合后应任意抽取两个试样测定其中的铍含量，试样的最大质量为 0.1g。铍含量的分析结果波动在质量上不应超过铍的 2.0%，并且两个分析结果都应在上面规定的范围内。每批混合粉末至少取一个试样分析锑、铍和杂质的含量。

每批产品应至少取 1 个试样分析主成分及杂质含量，至少取 5 个试样分析水分含量。

5.4.2 密度、尺寸和表面质量逐个检测。
5.5 化学成分分析结果与本标准规定不符时，按批产品判为不合格；表面质量、密度和尺寸不合格时，单件判定。

6 标志、包装、运输、贮存

6.1 每盒产品内应附有产品标志，注明：产品名称、合同号、批号、数量、供方名称。
6.2 每个产品包装箱上标记“小心轻放”和“防水”字样或标志。
6.3 芯块应在烘干水分含量达到规定要求后进行真空封装。
6.4 芯块用木盒或泡沫塑料盒包装，每个芯块在盒内应单独隔开并加以固定，以免运输中互相碰撞而损坏。包装盒应真空密封于聚酯薄膜中，以免芯块吸收水分。真空密封的包装盒需放在木箱中，木箱中要填充防震的柔软垫料，以免划破聚酯薄膜包装袋和芯块破碎，确保芯块的完整性。
6.5 质量证明书

每批产品应附有产品质量证明书，注明：

a. 供方名称；

b. 产品名称和牌号；

c. 批号；

d. 数量；

e. 分析检验结果及技术监督部门印记；

f. 本标准编号；

g. 出厂日期或者包装日期。

前　　言

国家标准 GB/T 3626—1983《五氧化二钽技术条件》实施至今已长达 16 年之久。近几年五氧化二钽的生产技术水平有了较大提高，该国标已不能满足生产和使用的需求，必须加以修订。

五氧化二钽主要供生产钽粉等的原料，制定为行业标准更能及时满足需要，故将原国家标准转化为行业标准，并将名称改为《五氧化二钽》。

本标准依据技术上先进、经济上合理的原则对 GB/T 3626—1983 中的三个牌号均降低了杂质含量，并规定了物理性能的检测方法，标准水平提高较大。

本标准自生效之日起，同时废止 GB/T 3626—1983。

本标准由中国有色金属工业标准计量质量研究所提出并归口。

本标准由宁夏东方钽业股份有限公司和株洲硬质合金厂负责起草。

本标准主要起草人：霍红凤、万明远、余江陵、张静芳。

中华人民共和国有色金属行业标准

五氧化二钽

YS/T 427—2000

Tantalum pentaoxide

1 范围

本标准规定了五氧化二钽的技术要求、试验方法、检验规则及包装标志、运输和贮存。

本标准适用于液-液萃取法制得的五氧化二钽，供生产钽粉、钽条和碳化钽等用。

2 引用标准

下列标准所包含的条文，通过在本标准中引用而构成为本标准的条文。本标准出版时，所示版本均为有效。所有标准都会被修订，使用本标准的各方应探讨使用下列标准最新版本的可能性。

GB/T 1479—1984 金属粉末松装密度的测定 第一部分 漏斗法

GB/T 11107—1989 金属及其化合物粉末 比表面积和粒度测定 空气透过法

GB/T 13390—1992 金属粉末比表面积的测定 氮吸附法

GB/T 15076.1～15076.15—1994 钽铌化学分析方法

3 技术要求

3.1 根据使用要求及化学成分不同，产品划分为：FTa_2O_5-1、FTa_2O_5-2 和 FTa_2O_5-3 三个牌号。各牌号的化学成分应符合表 1 规定。

3.2 产品应通过 180μm(80 目)筛孔。

3.3 提供产品平均粒径、比表面积和松装密度的实测数据。

3.4 产品为粉末状，呈白色或浅黄色。产品无肉眼可见的夹杂物。

3.5 需方如有特殊要求，供需双方协商议定。

表 1

杂质元素 \ 含量/%不大于 \ 牌号	FTa_2O_5-1	FTa_2O_5-2	FTa_2O_5-3
Nb	0.003	0.02	0.2
Ti	0.001	0.002	0.005
W	0.001	0.003	—
Mo	0.001	0.002	0.005
Cr	0.001	0.003	—
Mn	0.001	0.002	0.005
Fe	0.004	0.01	0.03

国家有色金属工业局 2000-03-29 批准　　2000-10-01 实施

续表 1

杂质元素 \ 含量/%不大于 \ 牌号	FTa_2O_5-1	FTa_2O_5-2	FTa_2O_5-3
Ni	0.002	0.005	—
Cu	0.002	0.005	—
Al	0.002	0.002	0.01
Si	0.003	0.01	0.02
F^-	0.05	0.10	0.15
灼减	0.2	0.3	0.4
用途举例	电容器级钽粉等原料	钽条、钽材等原料	碳化钽等原料

4 试验方法

4.1 化学成分仲裁分析方法按 GB/T 15076.1～15076.15 进行。

4.2 松装密度测定方法按 GB/T 1479 进行。

4.3 平均粒径测定方法按 GB/T 11107 进行。

4.4 比表面积测定方法按 GB/T 13390 进行。

5 检验规则

5.1 产品由供方技术监督部门进行检验,保证产品符合本标准要求,并填写质量证明书。

5.2 需方可对收到的产品进行检验,如检验结果与本标准规定不符时,在收到产品之日起 3 个月内向供方提出,由供需双方协商解决。

5.3 每批产品须由同一混合料组成。

5.4 取样

5.4.1 每批仲裁取样按表 2 规定进行:

表 2

件　数	取样件数/%	件　数	取样件数/%
1～5	100	11～50	30
6～10	50		

5.4.2 用取样器在每件中大致均匀地取出 3 点试样,混匀后用四分法缩分至试样所需要求。

5.5 如检验结果不合格时,则加倍取样对不合格项目进行复验,若仍有一个结果不合格时,则该批产品为不合格。

6 包装、标志、运输和贮存

6.1 产品采用双层塑料袋或有双层盖的塑料瓶包装,严密封口后置于容器内,填紧,以防窜动。

6.2 每箱上应注明产品名称、牌号、批号、净重和出厂日期,并有“防潮”字样或标志。

6.3 每件产品应附有质量证明书,注明:

a. 供方名称;

b. 产品牌号;

c. 产品批号、净重、件数；

d. 各项分析检验结果及检验部门印记；

e. 本标准编号；

f. 检验日期。

6.4 产品运输时必须用有篷运输工具，不得露天堆放。

6.5 产品应密封存放于无酸、碱气氛之处，严防潮湿吸水。产品存放期不宜超过一年。

前　　言

国家标准 GB/T 3627—1983《五氧化二铌技术条件》实施至今已长达16年之久，近几年五氧化二铌的生产技术水平有了较大提高，该国标已不能满足生产和使用的需求，必须加以修订。

五氧化二铌主要供生产铌粉等的原料，制定为行业标准更能及时满足需要，故将原国家标准转化为行业标准，并将名称改为《五氧化二铌》。

本标准依据技术上先进、经济上合理的原则对 GB/T 3627—1983 中的三个牌号均降低了杂质含量，并规定了物理性能的检测方法，标准水平提高较大。

本标准自生效之日起，同时废止 GB/T 3627—1983。

本标准由中国有色金属工业标准计量质量研究所提出并归口。

本标准由宁夏东方钽业股份有限公司和株洲硬质合金厂负责起草。

本标准主要起草人：霍红凤、万明远、余江陵、张静芳。

中华人民共和国有色金属行业标准

五氧化二铌

YS/T 428—2000

Niobium pentaoxide

1 范围

本标准规定了五氧化二铌的技术要求、试验方法、检验规则及包装标志、运输和贮存。

本标准适用于液-液萃取法制得的五氧化二铌，供生产铌粉、铌条和陶瓷电容器等用。

2 引用标准

下列标准所包含的条文，通过在本标准中引用而构成为本标准的条文。本标准出版时，所示版本增为有效。所有标准都会被修订，使用本标准的各方应探讨使用下列标准最新版本的可能性。

GB/T 1479—1984 金属粉末松装密度的测定 第一部分 漏斗法

GB/T 11107—1989 金属及其化合物粉末 比表面积和粒度测定 空气透过法

GB/T 13390—1992 金属粉末比表面积的测定 氮吸附法

GB/T 15076.1～15076.15—1994 钽铌化学分析方法

3 技术要求

3.1 根据使用要求及化学成分不同，产品划分为：FNb_2O_5-1、FNb_2O_5-2 和 FNb_2O_5-3 三个牌号。各牌号的化学成分应符合表1规定。

3.2 产品应通过 250μm(60 目)筛孔。

3.3 提供产品平均粒径、比表面积和松装密度的实测数据。

3.4 产品为粉末状，呈白色或浅黄色。产品无肉眼可见的夹杂物。

3.5 需方如有特殊要求，供需双方协商议定。

表 1

杂质元素 \ 含量/%不大于 \ 牌号	FNb_2O_5-1	FNb_2O_5-2	FNb_2O_5-3
Ta	0.03	0.08	0.3
Ti	0.001	0.002	0.005
W	0.003	0.005	0.01
Mo	0.002	0.003	—
Cr	0.002	0.003	—
Mn	0.002	0.005	—
Fe	0.005	0.02	0.03
Ni	0.002	0.01	0.02

国家有色金属工业局 2000-03-29 批准 2000-10-01 实施

续表 1

含量/%不大于 杂质元素 \ 牌号	FNb_2O_5-1	FNb_2O_5-2	FNb_2O_5-3
Cu	0.002	0.005	0.005
Al	0.002	0.002	0.01
Si	0.005	0.01	0.02
As	—	—	0.005
Sb	—	—	0.005
Pb	—	—	0.005
S	—	—	0.01
P	—	—	0.01
F^-	0.08	0.1	0.15
灼减	0.2	0.3	0.4
用途举例	电容器级铌粉、超导原料	铌条等原料	陶瓷电容器等原料

4 试验方法

4.1 化学成分仲裁分析方法按 GB/T 15076.1～15076.15 进行。

4.2 松装密度测定方法按 GB/T 1479 进行。

4.3 平均粒径测定方法按 GB/T 11107 进行。

4.4 比表面积测定方法按 GB/T 13390 进行。

5 检验规则

5.1 产品由供方技术监督部门进行检验，保证产品符合本标准要求，并填写质量证明书。

5.2 需方可对收到的产品进行检验，如检验结果与本标准规定不符时，在收到产品之日起 3 个月内向供方提出，由供需双方协商解决。

5.3 每批产品须由同一混合料组成。

5.4 取样

5.4.1 每批仲裁取样按表 2 规定进行：

表 2

件　数	取样件数/%	件　数	取样件数/%
1～5	100	11～50	30
6～10	50		

5.4.2 用取样器在每件中大致均匀地取出 3 点试样，混匀后用四分法缩分至试样所需要求。

5.5 如检验结果不合格时，则加倍取样对不合格项目进行复验，若仍有一个结果不合格时，则该批产品为不合格。

6 包装、标志、运输和贮存

6.1 产品采用双层塑料袋或有双层盖的塑料瓶包装，严密封口后置于容器内，填紧，以防窜动。

6.2 每箱上应注明产品名称、牌号、批号、净重和出厂日期,并有“防潮”字样或标志。

6.3 每件产品应附有质量证明书,注明:

a. 供方名称;

b. 产品牌号;

c. 产品批号、净重、件数

d. 各项分析检验结果及检验部门印记;

e. 本标准编号;

f. 检验日期。

6.4 产品运输时必须用有篷运输工具,不得露天堆放。

6.5 产品应密封存放于无酸、碱气氛之处,严防潮湿吸水。产品存放期不宜超过1年。

六、粉末冶金标准

中华人民共和国有色金属行业标准

YS/T 57—1993

热喷涂用 Fe-Cr-B-Si 系合金粉

1 主题内容与适用范围

本标准规定了热喷涂用 Fe-Cr-B-Si 系合金粉的术语、产品分类、技术要求、试验方法、检验规则、标志、包装、运输和贮存。

本标准适用于氧-乙炔和等离子喷涂用 Fe-Cr-B-Si 系合金粉。

2 引用标准

GB 223 钢铁及合金化学分析方法

GB 231 金属布氏硬度试验方法

GB 1479 金属粉末松装密度的测定 第一部分:漏斗法

GB 1480 金属粉末粒度组成的测定 干筛分法

GB 1482 金属粉末流动性的测定 标准漏斗法(霍尔流速计)

GB 5314 粉末冶金用粉末的取样方法

GB 6526 自熔合金粉末固-液相线温度区间的测定方法

3 术语

等离子喷涂 plasma spraying

以等离子弧为热源,将合金粉经弧区后呈熔融或半熔融态喷射到工件表面上,形成以机械结合为主的涂层的表面强化与修复技术。

4 产品分类

4.1 热喷涂用 Fe-Cr-13-Si 系合金粉按化学成分和性能分成 10 个牌号,见表 1。

表 1

序号	牌 号	熔融温度/℃	涂层硬度 HB	化学成分/%							
				C	Ni	Cr	B	Si	Mo	O	Fe
1	FPTFCr15-250	1200～1250	230～260	0.2～0.5	8.0～10	13～16	1.5～2.0	1.0～2.5	—	≤0.12	余量
2	FPTFCr18-250	1150～1250	230～260	0.1～0.4	8.0～10	16～20	1.5～2.5	1.5～2.5	—	≤0.12	余量
3	FPTFCr13-280	1150～1250	260～300	0.2～0.5	30～40	12～14	1.2～2.0	2.0～3.0	3.0～6.0	≤0.12	余量
4	FPTFCr15-280	1200～1250	260～300	0.1～0.4		14～17	1.0～2.2	1.0～2.5	—	≤0.12	余量

中国有色金属工业总公司 1993-03-17 批准 1994-04-01 实施

续表 1

序号	牌　　号	熔融温度/℃	涂层硬度HB	化学成分/%							
				C	Ni	Cr	B	Si	Mo	O	Fe
5	FPTFCr23-280	1150～1200	260～300	0.1～0.3	13～15	21～25	2.0～3.0	2.5～3.5	1.5～2.0	≤0.12	余量
6	FPTFCr15-320	1100～1250	300～350	0.1～0.3	4.0～5.0	14～16	1.0～2.5	1.0～3.0	—	≤0.12	余量
7	FPTFCr18-320	1150～1250	300～350	0.1～0.3	5.0～10	15～19	1.5～2.5	1.0～1.5	—	≤0.12	余量
8	FPTFCr22-320	1150～1200	300～350	0.1～0.3	18～22	20～25	2.0～3.0	2.5～3.5	—	≤0.12	余量
9	FPTFCr15-450	1100～1200	400～460	1.0～2.0	12～15	14～17	1.0～2.5	1.5～3.5	3.0～5.0	≤0.12	余量
10	FPTFCr30-450	1150～1200	400～460	2.0～3.0		27～33	2.5～3.5	3.0～4.0	—	≤0.12	余量

4.2　牌号表示方法示例

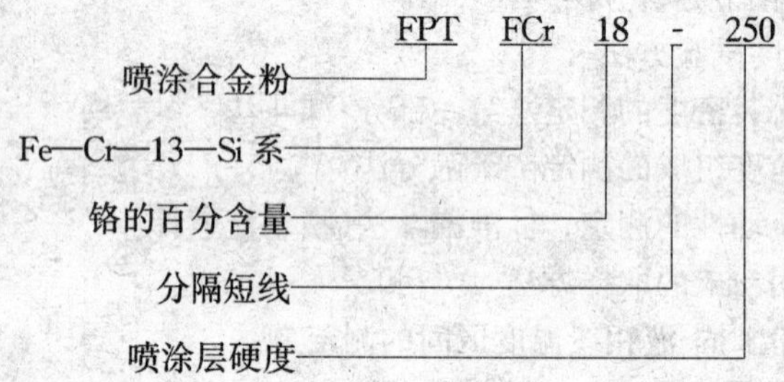

5　技术要求

5.1　粉末的化学成分应符合表 1 中的规定。

5.2　粉末的粒度范围应符合下面规定：

a. 氧-乙炔焰喷涂用粉末粒度范围为 106～38μm。106～125μm 范围的粉末不大于 3%；不允许有大于 125μm 的粉末颗粒存在；小于 38μm 的粉末不大于 5%。

b. 等离子喷涂用粉末粒度范围为 250～75μm。250～300μm 范围的粉末不大于 2%；不允许有大于 300μm 的粉末颗粒存在；小于 75μm 的粉末不大于 5%。

c. 其他的粉末粒度范围由供需双方协商。

5.3　粉末流动性不大于 25s/50g。

5.4　粉末松装密度不小于 3.5g/cm³。

5.5　粉末的熔融温度范围应符合 4.1 条表中的规定。

5.6　粉末喷涂层的硬度应符合 4.1 条表中的规定。

5.7　粉末不得有肉眼可见的外来夹杂物。

6　试验方法

6.1　粉末的化学成分分析按 GB 223 中的有关规定进行。

6.2　粉末粒度范围的测定按 GB 1480 的规定进行。

6.3　粉末流动性的测定按 GB 1482 的规定进行。

6.4　粉末松装密度的测定按 GB 1479 的规定进行。

6.5 定期抽检的粉末熔融温度范围的测定按 GB 6526 的规定进行。

6.6 粉末喷涂层硬度的测定按 GB 231 的规定进行。其试样的制备按 GB 231 和表 2 的规定进行。

表 2

喷涂条件	基材	试样尺寸 mm	喷涂层厚度/mm	
			加工前	加工后
氧乙炔和等离子喷涂	低中碳素钢	ϕ20～30×20	>1.5	1～1.5

7 检验规则

7.1 产品由供方技术监督部门进行检验，保证产品质量符合本标准要求，并填写质量证明书。

7.2 需方收到产品后应及时检验，如检验结果与本标准规定不符时，从收到产品之日起 3 个月内向供方提出，供需双方协商解决。如需仲裁时，应由供需双方在需方共同取样。

7.3 产品应成批提交检验，每批应由同一牌号的粉末组成，批重不大于 400kg。

7.4 抽检取样方法按 GB 5314 的规定进行。

7.5 检验结果不符合本标准规定时，则在该批中对不合格的项目加倍取样复检。如其中仍有 1 个结果不符合本标准要求时，则该批产品为不合格。

8 标志、包装、运输和贮存

8.1 产品装入硬质容器前必须是干燥的。包装要严密，防止受潮、散漏。

8.2 每个容器内产品的净重不大于 30kg。

8.3 包装容器上应标明供方名称和商标、产品名称、牌号及“防潮”字样或标志。

8.4 每批产品应附有产品质量证明书，注明：

a. 供方名称和商标；

b. 产品名称；

c. 牌号；

d. 批号；

e. 净重；

f. 各项检验结果及技术监督部门印记；

g. 包装日期；

h. 本标准编号。

8.5 产品运输时应注意防潮。

8.6 产品应存放在干燥、通风和无酸、碱气氛处，严防氧化。

附加说明：

本标准由中国有色金属工业总公司提出。

本标准由冶金工业部钢铁研究总院负责起草。

本标准主要起草人：艾宝仁、朱瑞珍、姜振春、柳春兰、李忠全。

中华人民共和国有色金属行业标准

热喷焊用 Fe-Cr-B-Si 系 + WC 自熔合金粉

YS/T 58—1993

1 主题内容与适用范围

本标准规定了热喷焊用 Fe-Cr-B-Si 系 + WC 自熔合金粉的产品分类、技术要求、试验方法、检验规则、标志、包装、运输和贮存。

本标准适用于氧-乙炔和等离子喷焊用 Fe-Cr-B-Si 系 + WC 自熔合金粉。

2 引用标准

GB 223 钢铁及合金化学分析方法

GB 230 金属洛氏硬度试验方法

GB 1479 金属粉末松装密度的测定 第一部分：漏斗法

GB 1480 金属粉末粒度组成的测定 干筛分法

GB 1482 金属粉末流动性的测定 标准漏斗法(霍尔流速计)

GB 5314 粉末冶金用粉末的取样方法

GB 6526 自熔合金粉末固-液相线温度区间的测定方法

GB 8640 金属热喷涂层表面洛氏硬度试验方法

3 产品分类

3.1 热喷焊用 Fe-Cr-B-Si 系 + WC 自熔合金粉按化学成分和性能分成 16 个牌号，见表 1。

表 1

序号	牌 号	基体粉熔融温度/℃	基体粉喷焊层硬度 HRC	喷焊层特性
1	FPHFCr22-35-20WC	1135～1220	35～45	(1) 具有良好的韧性； (2) 耐蚀性好兼有一定耐磨性
2	FPHFCr22-35-25WC			
3	FPHFCr22-35-35WC			
4	FPHFCr22-35-50WC			
5	FPHFCr10-50-20WC	1000～1150	50～60	耐磨性好
6	FPHFCr10-50-25WC			
7	FPHFCr10-50-35WC			
8	FPHFCr10-50-50WC			

中国有色金属工业总公司 1993-03-17 批准　　　　1994-04-01 实施

续表 1

序号	牌　　号	基体粉熔融温度/℃	基体粉喷焊层硬度 HRC	喷焊层特性
9	FPHFCr17-50-20WC	1110～1270	50～60	耐磨、耐蚀性较好
10	FPHFCr17-50-25WC			
11	FPHFCr17-50-35WC			
12	FPHFCr17-50-50WC			
13	FPHFCr30-55-20WC	1150～1250	55～65	耐磨、耐蚀性好
14	FPHFCr30-55-25WC			
15	FPHFCr30-55-35WC			
16	FPHFCr30-55-50WC			

3.2　牌号表示方法示例

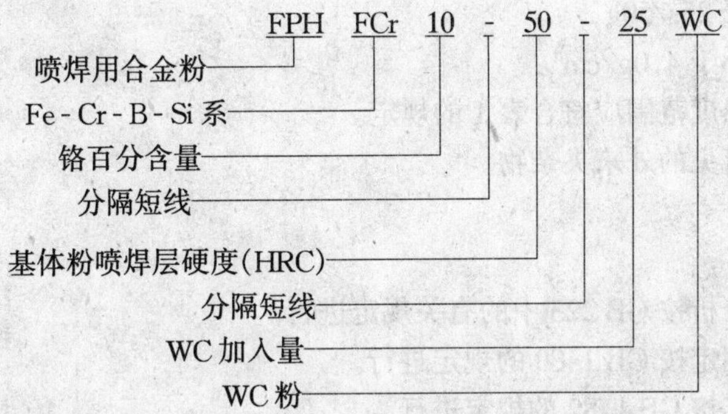

4　技术要求

4.1　粉末的化学成分应符合表 2 的规定。

表 2

序号	牌　　号	基体粉末化学成分/%										WC 加入量/%
		Cr	B	Si	Ni	Mo	Mn	V	C	O	Fe	
1	FPHFCr22-35-20WC	21～23	1.5～2.5	3.0～4.0	10～14	2.0～3.0	1.0～1.5	0.6～1.2	0.3～0.6	≤0.12	余量	20
2	FPHFCr22-35-25WC											25
3	FPHFCr22-35-35WC											35
4	FPHFCr22-35-50WC											50
5	FPHFCr10-50-20WC	8.0～12	3.5～5.0	3.0～5.0	28～32	3.0～5.0	—	—	1.0～1.5	≤0.12	余量	20
6	FPHFCr10-50-25WC											25
7	FPHFCr10-50-35WC											35
8	FPHFCr10-50-50WC											50
9	FPHFCr17-50-20WC	16～17	3.0～4.0	3.0～4.0	6.0～9.0	—	—	—	0.8～1.0	≤0.12	余量	20
10	FPHFCr17-50-25WC											25
11	FPHFCr17-50-35WC											35
12	FPHFCr17-50-50WC											50

续表 2

序号	牌　号	基体粉末化学成分/%										WC 加入量/%
		Cr	B	Si	Ni	Mo	Mn	V	C	O	Fe	
13	FPHFCr30-55-20WC	28～32	1.5～2.5	1.5～2.5	4.0～6.0	3.0～4.0	—	—	3.0～3.5	≤0.12	余量	20
14	FPHFCr30-55-25WC											25
15	FPHFCr30-50-35WC											35
16	FPHFCr30-55-50WC											50

4.2　粉末的粒度范围应符合下列规定：

a. 氧-乙炔焰喷焊用粉末粒度范围为 38～106μm。106～125μm 范围的粉末不大于 3%；不允许有大于 125μm 的粉末颗粒存在；小于 38μm 的粉末不大于 5%。

b. 等离子喷焊用粉末粒度范围为 75～250μm。250～300μm 范围的粉末不大于 2%；不允许有大于 300μm 的粉末颗粒存在；小于 75μm 的粉末不大于 5%。

c. 其他的粉末粒度范围由供需双方协商。

4.3　粉末流动性不大于 25s/50g。

4.4　粉末松装密度不小于 4.0g/cm^3。

4.5　基体粉末的熔融温度范围应符合表 1 的规定。

4.6　粉末不得有肉眼可见的外来夹杂物。

5　试验方法

5.1　粉末的化学成分分析按 GB 223 中的有关规定进行。

5.2　粉末粒度范围的测定按 GB 1480 的规定进行。

5.3　粉末流动性的测定按 GB 1482 的规定进行。

5.4　粉末松装密度的测定按 GB 1479 的规定进行。

5.5　定期抽检的基体粉末熔融温度范围的测定按 GB 6526 的规定进行。

5.6　基体粉末喷焊层硬度的测定按 GB 8640 或 GB 230 的规定进行。其试样的制备按 GB 8640 的规定进行。

6　检验规则

6.1　产品由供方技术监督部门进行检验，保证产品质量符合本标准要求，并填写质量证明书。

6.2　需方收到产品后应及时检验，如检验结果与本标准规定不符时，从收到产品之日起 3 个月内向供方提出，由供需双方协商解决。如需仲裁时，应由供需双方在需方共同取样。

6.3　产品应成批提交检验，每批应由同一牌号的粉末组成，批重不大于 400kg。

6.4　抽检取样方法按 GB 5314 的规定进行。

6.5　检验结果不符合本标准规定时，则在该批中对不符合的项目加倍取样复验。如其中仍有 1 个结果不符合本标准要求时，则该批产品为不合格。

7　标志、包装、运输和贮存

7.1　产品装入硬质容器前必须是干燥的。包装要严密，防止受潮、散漏。

7.2　每个容器内产品的净重不大于 30kg。

7.3　包装容器上应标明供方名称和商标、产品名称、牌号及“防潮”字样或标志。

7.4 每批产品应附有产品质量证明书,注明:

a. 供方名称和商标;

b. 产品名称;

c. 牌号;

d. 批号;

e. 净重;

f. 各项检验结果及技术监督部门印记;

g. 包装日期;

h. 本标准编号。

7.5 产品运输时应注意防潮。

7.6 产品应存放在干燥、通风和无酸、碱气氛处,严防氧化。

附加说明:

本标准由中国有色金属工业总公司提出。

本标准由冶金工业部钢铁研究总院负责起草。

本标准主要起草人:艾宝仁、朱瑞珍、姜振春、柳春兰、李忠全。

中华人民共和国有色金属行业标准

热喷焊用 Ni-Cr-B-Si 系 + WC 自熔合金粉

YS/T 59—1993

1 主题内容与适用范围

本标准规定了热喷焊用 Ni-Cr-B-Si 系 + WC 自熔合金粉的产品分类、技术要求、试验方法、检验规则、标志、包装、运输和贮存。

本标准适用于氧-乙炔和等离子喷焊用 Ni-Cr-B-Si 系 + WC 自熔合金粉。

2 引用标准

GB 223.1 钢铁及合金中碳量的测定
GB 230 金属洛氏硬度试验方法
GB 1479 金属粉末松装密度的测定 第一部分:漏斗法
GB 1480 金属粉末粒度组成的测定 干筛分法
GB 1482 金属粉末流动性的测定 标准漏斗法(霍尔流速计)
GB 5314 粉末冶金用粉末的取样方法
GB 6526 自熔合金粉末固-液相线温度区间的测定方法
GB 8638 镍基合金粉化学分析方法
GB 8640 金属热喷涂层表面洛氏硬度试验方法

3 产品分类

3.1 热喷焊用 Ni-Cr-B-Si 系 + WC 自熔合金粉按化学成分和性能分成 16 个牌号,见表 1。

表 1

序号	牌 号	基体粉熔融温度/℃	基体粉喷焊层硬度 HRC	喷焊层特性
1	FPHNCr15-55A-20WC	970～1070	50～60	基体具有良好的韧性
2	FPHNCr15-55A-25WC			
3	FPHNCr15-55A-35WC			
4	FPHNCr15-55A-50WC			
5	FPHNCr15-55B-20WC	970～1070	50～60	基体具有良好的韧性
6	FPHNCr15-55B-25WC			
7	FPHNCr15-55B-35WC			
8	FPHNCr15-55B-50WC			

中国有色金属工业总公司 1993-03-17 批准 1994-04-01 实施

续表 1

序号	牌　　号	基体粉熔融温度/℃	基体粉喷焊层硬度 HRC	喷焊层特性
9 10 11 12	FPHNCr18-60A-20WC FPHNCr18-60A-25WC FPHNCr18-60A-35WC FPHNCr18-60A-50WC	970～1040	55～65	耐磨、耐蚀性优良
13 14 15 16	FPHNCr18-60B-20WC FPHNCr18-60B-25WC FPHNCr18-60B-35WC FPHNCr18-60B-50WC	970～1040	55～65	耐磨、耐蚀性优良

3.2　牌号表示方法示例

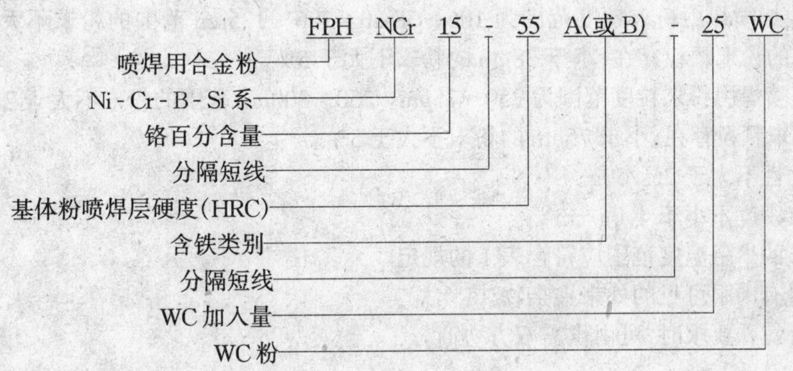

4　技术要求

4.1　粉末的化学成分应符合表 2 的规定。

表 2

序号	牌　　号	基体粉末化学成分/%									WC 加入量/%
		Cr	B	Si	Fe	Mo	Cu	C	O	Ni	
1 2 3 4	FPHNCr15-55A-20WC FPHNCr15-55A-25WC FPHNCr15-55A-35WC FPHNCr15-55A-50WC	14～17	2.5～4.0	3.5～5.0	≤5.0	2.0～4.0	2.0～4.0	0.5～0.9	≤0.08	余量	20 25 35 50
5 6 7 8	FPHNCr15-55B-20WC FPHNCr15-55B-25WC FPHNCr15-55B-35WC FPHNCr15-55B-50WC	14～17	2.5～4.0	3.5～5.0	≤17	2.0～4.0	2.0～4.0	0.5～0.9	≤0.08	余量	20 25 35 50

续表 2

序号	牌号	基体粉末化学成分/%									WC加入量/%
		Cr	B	Si	Fe	Mo	Cu	C	O	Ni	
9	FPHNCr18-60A-20WC	15~20	3.0~4.5	3.5~5.5	≤5.0	—	—	0.7~1.1	≤0.08	余量	20
10	FPHNCr18-60A-25WC										25
11	FPHNCr18-60A-35WC										35
12	FPHNCr18-60A-50WC										50
13	FPHNCr18-60B-20WC	15~20	3.0~4.5	3.5~5.5	≤17	—	—	0.7~1.1	≤0.08	余量	20
14	FPHNCr18-60B-25WC										25
15	FPHNCr18-60B-35WC										35
16	FPHNCr18-60B-50WC										50

注：B级的铁是根据需方要求采用硼铁合金生产允许的含量。

4.2 粉末的粒度范围应符合下列规定：

a．氧-乙炔焰喷焊用粉末粒度范围为106～38μm。106～125μm范围的粉末不大于3%；不允许有大于125μm的粉末颗粒存在；小于38μm的粉末不大于5%。

b．等离子喷焊用粉末粒度范围为250～75μm。250～300μm范围的粉末不大于2%；不允许有大于300μm的粉末颗粒存在；小于75μm的粉末不大于5%。

4.3 粉末流动性不大于25s/50g。

4.4 粉末松装密度不小于4.0g/cm^3。

4.5 基体粉末的熔融温度范围应符合表1的规定。

4.6 粉末不得有肉眼可见的外来夹杂物。

4.7 如用户有特殊要求时，可由供需双方协商。

5 试验方法

5.1 粉末中碳的化学分析按GB 223.1的规定进行。

5.2 粉末中其他成分化学分析按GB 8638的规定进行。

5.3 粉末粒度范围的测定按GB 1480的规定进行。

5.4 粉末流动性的测定按GB 1482的规定进行。

5.5 粉末松装密度的测定按GB 1479的规定进行。

5.6 定期抽检的基体粉末熔融温度范围的测定按GB 6526的规定进行。

5.7 基体粉末喷焊层硬度的测定按GB 8640或GB 230的规定进行。其试样的制备按GB 8640的规定进行。

6 检验规则

6.1 产品由供方技术监督部门进行检验，保证产品质量符合本标准要求，并填写质量证明书。

6.2 需方收到产品后应及时检验，如检验结果与本标准规定不符时，从收到产品之日起3个月内向供方提出，由供需双方协商解决。如需仲裁时，应由供需双方在需方共同取样。

6.3 产品应成批提交检验，每批应由同一牌号的粉末组成，批重不大于400kg。

6.4 抽检取样方法按GB 5314的规定进行。

6.5 检验结果不符合本标准规定时，则在该批中对不符合的项目加倍取样复验。如其中仍有1个结果不符合本标准要求时，则该批产品为不合格。

7 标志、包装、运输、贮存

7.1 产品装入硬质容器前必须是干燥的。包装要严密，防止受潮、散漏。

7.2 每个容器内产品的净重不大于30kg。

7.3 包装容器上应标明供方名称和商标、产品名称、牌号及“防潮”字样或标志。

7.4 每批产品应附有产品质量证明书，注明：

a. 供方名称和商标；

b. 产品名称；

c. 牌号；

d. 批号；

e. 净重；

f. 各项检验结果及技术监督部门印记；

g. 包装日期；

h. 本标准编号。

7.5 产品运输时应注意防潮。

7.6 产品应存放在干燥、通风和无酸、碱气氛处，严防氧化。

附加说明：

本标准由中国有色金属工业总公司提出。

本标准由冶金工业部钢铁研究总院负责起草。

本标准主要起草人：艾宝仁、朱瑞珍、姜振春、柳春兰、李忠全。

中华人民共和国有色金属行业标准

YS/T 60—1993

硬质合金密封环毛坯

1 主题内容与适用范围

本标准规定了硬质合金密封环毛坯的产品分类、技术要求、检验规则与试验方法及标志、包装、运输和贮存。

本标准适用于机械密封用硬质合金密封环毛坯。

2 引用标准

GB 5242 硬质合金制品检验规则与试验方法

GB 5243 硬质合金制品的标志、包装、运输和贮存

3 产品分类

3.1 型号

本标准包括平环(PH)和凸环(TH)两种型号的硬质合金毛坯。

3.2 型号表示规则

产品型号用字母 PH(或 TH)加毛坯内径尺寸的数字组成。

示例 1:

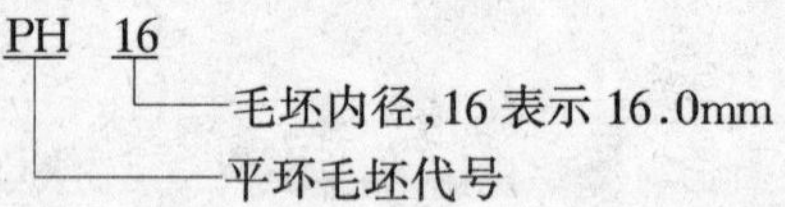

示例 2:

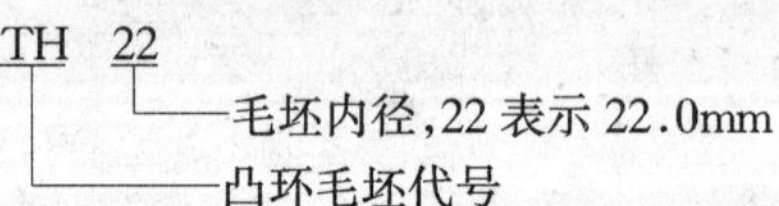

3.3 型号及其尺寸

3.3.1 PH 型见图 1 和表 1。

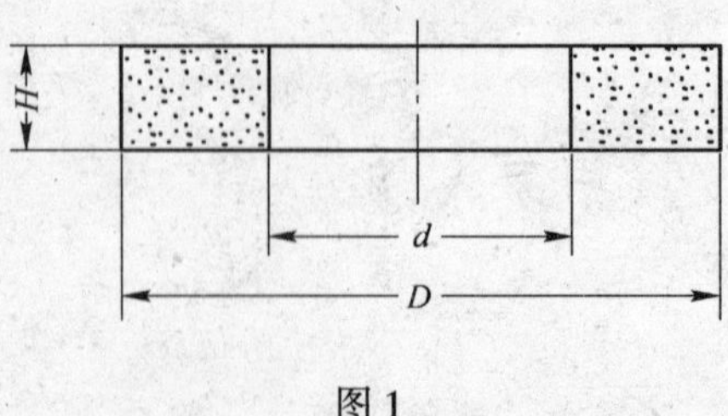

图 1

中国有色金属工业总公司 1993-03-17 批准　　　1994-04-01 实施

表 1 mm

型　号	基本尺寸		
	d	D	H
PH12	12.0	24.0	6.5
PH14	14.0	26.0	6.5
PH16	16.0	27.0	6.5
PH18	18.0	29.0	6.5
PH20	20.0	31.0	6.5
PH21	21.0	33.0	6.5
PH22	22.0	33.0	6.5
PH23	23.0	36.0	6.5
PH25	25.0	36.0	6.5
PH26	26.0	38.0	6.5
PH28	28.0	39.0	6.5
PH30	30.0	45.0	7.5
PH33	33.0	50.0	7.5
PH35	35.0	50.0	7.5
PH38	38.0	55.0	7.5
PH40	40.0	55.0	7.5
PH43	43.0	60.0	7.5
PH45	45.0	60.0	7.5
PH48	48.0	65.0	7.5
PH50	50.0	65.0	7.5
PH53	53.0	70.0	7.5
PH55	55.0	70.0	7.5
PH58	58.0	75.0	7.5
PH60	60.0	84.0	10.5
PH63	63.0	84.0	10.5
PH65	65.0	89.0	10.5
PH68	68.0	89.0	10.5
PH70	70.0	89.0	10.5
PH73	73.0	94.0	10.5
PH75	75.0	94.0	10.5
PH78	78.0	99.0	10.5
PH80	80.0	99.0	10.5
PH83	83.0	104.0	10.5
PH85	85.0	104.0	10.5
PH88	88.0	109.0	10.5
PH90	90.0	109.0	10.5
PH93	93.0	114.0	10.5
PH95	95.0	114.0	10.5
PH100	100.0	119.0	10.5

3.3.2 TH型见图2和表2。

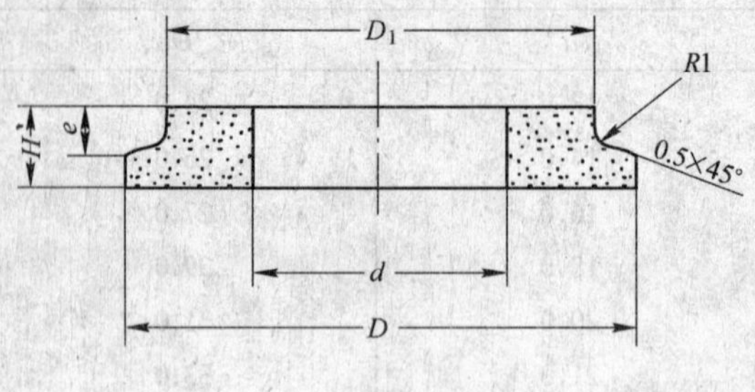

图2

表2 mm

型号	基本尺寸			参考尺寸	
	d	D	H	D_1	e
TH18	18.0	27.0	7.5	22	2.8
TH20	20.0	29.0	7.5	24	2.8
TH22	22.0	31.0	7.5	26	2.8
TH24	24.0	33.0	7.5	28	2.8
TH27	27.0	36.0	7.5	31	2.8
TH30	30.0	39.0	7.5	34	2.8
TH32	32.0	45.0	8.5	37	2.8
TH37	37.0	50.0	8.5	42	2.8
TH42	42.0	55.0	8.5	47	2.8
TH47	47.0	60.0	8.5	52	2.8
TH52	52.0	65.0	8.5	57	2.8
TH57	57.0	70.0	8.5	62	2.8
TH62	62.0	75.0	8.5	67	2.8
TH67	67.0	84.0	11.5	72	2.8
TH72	72.0	89.0	11.5	78	2.8
TH77	77.0	94.0	11.5	83	2.8
TH82	82.0	99.0	11.5	88	2.8
TH87	87.0	104.0	11.5	93	3
TH92	92.0	109.0	11.5	98	3
TH97	97.0	114.0	11.5	103	3
TH102	102.0	119.0	11.5	108	3

4 技术要求

4.1 毛坯所用硬质合金牌号及其物理、力学性能及金相组织应符合有关标准的规定。

4.2 毛坯的型号及其尺寸应符合本标准3.2条的规定。

4.3 毛坯尺寸的允许偏差应符合下列规定。

4.3.1 毛坯外径(D)允许偏差应符合表 3 的规定。

表 3

mm

型号及精度等级 \ 允许偏差 \ 外径(D)		≤31.0	>31.0~50.0	>50.0~75.0	>75.0~99.0	>99.0~120.0
PH 型	较高级	+0.6 0	+0.8 0	+1.2 0	+1.6 0	+2.0 0
	普通级	+0.8 0	+1.1 0	+1.5 0	+1.8 0	+2.3 0
TH 型	较高级	+0.6 0	+0.8 0	+1.2 0	+1.6 0	+2.0 0
	普通级	+0.8 0	+1.1 0	+1.6 0	+2.0 0	+2.4 0

4.3.2 毛坯内径(d)的允许偏差应符合表 4 的规定。

表 4

mm

内径(d)		≤18.0	>18.0~30.0	>30.0~50.0	>50.0~80.0	>80.0~100.0
允许偏差	较高级	±0.2	±0.3	±0.4	±0.6	±0.8
	普通级	+0.2 -0.5	+0.3 -0.5	+0.4 -0.7	+0.6 -0.9	+0.8 -1.0

4.3.3 毛坯高度(H)允许偏差应符合表 5 的规定。

表 5

mm

高度(H)	≤6.5	>6.5~8.5	>8.5
允许偏差	+0.7 0	+0.9 0	+1.1 0

4.4 毛坯的掉边、掉角深度不大于 0.3mm。

4.5 毛坯的挠曲度不大于相应的尺寸允许偏差值的一半。

4.6 毛坯表面不得有起皮、鼓泡、分层、裂纹、气孔、过烧、欠烧等缺陷。

4.7 毛坯的断面组织应均匀一致，不得有黑心、气孔、分层、裂纹、严重渗碳、脱碳和未压好等缺陷。

5 检验规则与试验方法

毛坯的检验规则与试验方法按 GB 5242 的规定执行。

6 标志、包装、运输和贮存

毛坯的标志、包装、运输和贮存按 GB 5243 的规定执行。

附加说明:

本标准由中国有色金属工业总公司提出。
本标准由自贡硬质合金厂负责起草。
本标准主要起草人:罗达成。

中华人民共和国有色金属行业标准

YS/T 61—1993

线材轧制用硬质合金辊环

1 主题内容与适用范围

本标准规定了硬质合金辊环的产品分类、技术要求、检验规则与试验方法及标志、包装、运输、贮存。

本标准适用于高速线材轧制用硬质合金辊环。

2 引用标准

GB 3851 硬质合金横向断裂强度测定方法

GB 5242 硬质合金制品检验规则与试验方法

GB 5243 硬质合金制品的标志、包装、运输和贮存

3 产品分类

3.1 型号表示规则

3.1.1 型号

硬质合金辊环的型号由辊环代号、外径精度等级、内径精度等级、高度精度等级和外径、内径、高度基本尺寸7个号位组合而成。

3.1.2 各号位含义

a. 第一号位,用英文字母 *R* 表示硬质合金辊环;

b. 第二号位,用英文字母表示外径精度等级;

c. 第三号位,用英文字母表示内径精度等级;

d. 第四号位,用英文字母表示高度精度等级;

e. 第五号位,用3个数字表示外径的基本尺寸,以毫米整数计;

f. 第六号位,用3个数字表示内径的基本尺寸,以毫米整数计,当基本尺寸为十位数时,百位数加“0”表示;

g. 第七号位,用3个数字表示高度的基本尺寸,以毫米整数计,当基本尺寸为十位数时,百位数加“0”表示;

h. 必要时在第八号位用英文字母 *r*□□表示轧槽半径数值。

3.1.3 示例

中国有色金属工业总公司 1993-03-17 批准　　　1994-04-01 实施

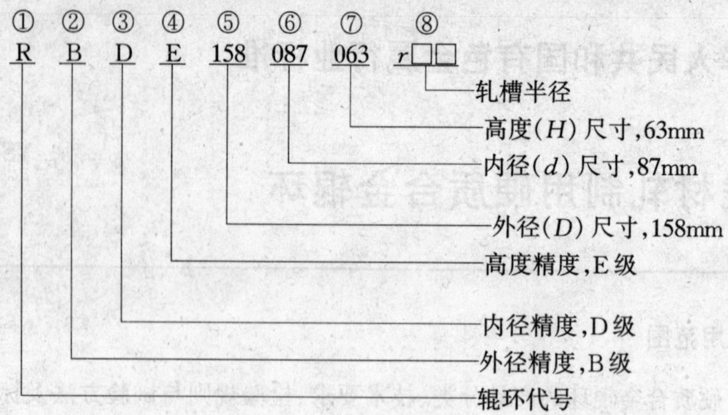

3.2　规格

3.2.1　型号及其主要参数应符合图1和表1的规定。

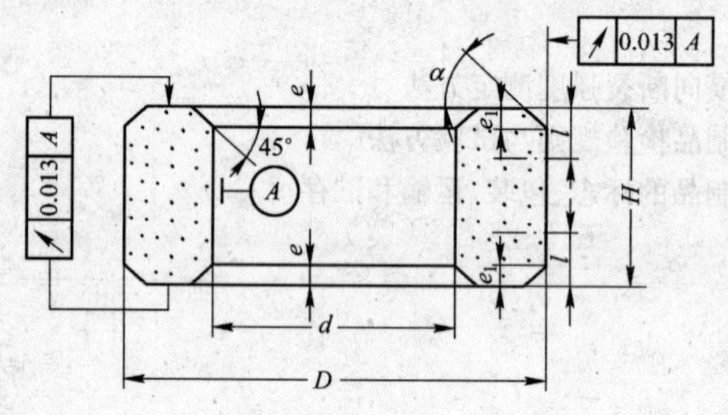

图1

表1

mm

型　　号	D	d	H	e	$e_1 \times \alpha$
RCAA155087070	155.58	87.310	70.00	1.5	3×45°
RBCA156087062	156.00	87.310	62.10	1.5	3×45°
RBCF156092063	156.00	92.000	63.40	1.5	1.5×45°
RECA156092064	156.00	92.080	64.05	1.5	4×45°
RECA156092069	156.00	92.080	69.90	1.5	4×45°
RBDA158087057	158.75	87.313	57.35	1.5	1×5°
RBDE158087063	158.75	87.313	63.00	1.5	5×30°
REDE158087064	158.75	87.313	64.50	1.5	5×30°
RBDB158087070	158.75	87.313	70.05	1.5	1×5°
RACA173095069	173.00	95.000	69.10	1.5	1.5×45°
RBFA177095068	177.50	95.000	68.10	2	2×45°
RAEA178095062	178.00	95.000	62.03	—	—
RDDG181087074	181.85	87.313	74.50	1.5	3×45°
RCAC206120072	206.38	120.650	72.00	1.5	3×45°

续表 1

型　号	D	d	H	e	$e_1 \times \alpha$
RECD206127060	206.00	127.000	60.30	4.5	2×45°
RABD208155072	208.00	155.000	72.00	4	3.5×10°
RADA208128072	208.00	128.000	72.10	3	3×45°
RADB210135072	210.00	135.00	72.00	3	2×30°
RADX210135072	210.00	135.000	72.00	3	2×30°
RBEC210120072	210.50	120.650	72.00	1	3×30°
RFEG210120074	210.00	120.650	74.50	1.5	3×30°
RBBB216160064	216.34	160.000	64.25	2	3.5×10°
RAEA220110068	220.00	110.000	68.03	—	—

3.2.2　需方如有特殊需要,供需双方协商解决,并可按表示规则确定其型号。

4　技术要求

4.1　制造硬质合金辊环用的混合料化学成分、合金的物理、力学性能和金相组织结构应符合有关标准的规定。

4.2　尺寸精度等级及其允许偏差应符合以下规定。

4.2.1　外径精度等级及其允许偏差应符合表 2 的规定。

表 2　　mm

精度等级	A	B	C	D	E	F	X
允许偏差(±)	0.02	0.05	0.10	0.15	0.30	0.50	特殊要求

4.2.2　内径精度等级及其允许偏差应符合表 3 的规定。

表 3　　mm

精度等级	A	B	C	D	E	F	X
允许偏差(+)	0.010	0.015	0.020	0.025	0.030	0.035	特殊要求

4.2.3　高度精度等级及其允许偏差应符合表 4 的规定。

表 4　　mm

精度等级	A	B	C	D	E	F	G	X
允许偏差(−)	0.1	0.2	0.3	0.5	1.0	2.0	3.5	特殊要求

4.2.4　带槽辊环的轧槽形状如图 2 所示,其 r_1 尺寸的允许偏差为 ±0.05mm,r_2 尺寸的允许偏差为 ±0.03mm;槽深 h 尺寸的允许偏差为 −0.076～0.0 mm。

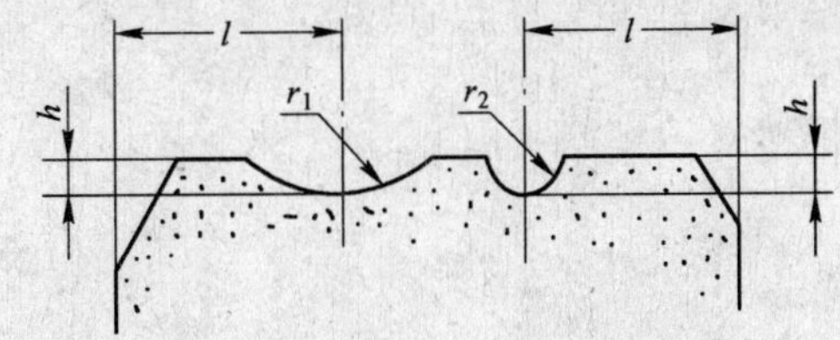

图 2

4.2.5　l 尺寸的允许偏差为 ±0.012mm。

4.3　形位精度

4.3.1　辊环的粗糙度应符合下列规定:

端面粗糙度 $R_a \leqslant 0.4\mu m$;

内孔粗糙度 $R_a \leqslant 0.4\mu m$;

外圆粗糙度 $R_a \leqslant 0.4\mu m$；

轧槽凹面粗糙度 $R_a \leqslant 0.8\mu m$。

4.3.2 辊环跳动应符合表 5 的规定。

表 5

mm

项　目	较高级(A)	普通级(B)	项　目	较高级(A)	普通级(B)
轴向跳动	0.013	0.025	径向跳动	0.013	0.025

4.4 辊环不得有影响使用的表面和内部缺陷。

5 检验规则与试验方法

合金性能的检验规则与试验方法按 GB 5242 的规定进行。

合金抗弯强度的测定按 GB 3851 的规定取 5.25mm×6.5mm×20mm 的试样进行，不作为产品验收依据。

6 标志、包装、运输、贮存

辊环的标志、包装、运输、贮存按 GB 5243 的规定进行。

附加说明：

本标准由中国有色金属工业总公司提出。

本标准由株洲硬质合金厂负责起草。

本标准主要起草人：黄义章、范志豪。

中华人民共和国有色金属行业标准

YS/T 79—1994

硬质合金焊接刀片

1 主题内容与适用范围

本标准规定了硬质合金焊接刀片的产品分类、技术要求、检验规则与试验方法以及标志、包装、运输和贮存。

本标准适用于硬质合金切削工具用焊接刀片。

2 引用标准

GB 5242 硬质合金制品检验规则与试验方法

GB 5243 硬质合金制品的标志、包装、运输和贮存

YB 849 硬质合金牌号

3 产品分类

3.1 型号

本标准包括下列几类刀片：

A——车刀类；

B——成型刀类；

C——螺纹刀、切断刀类；

D——铣刀类；

E——孔加工刀类。

3.2 型号表示规则

刀片型号由大写英文字母A(或B、C、D、E)和数字代号1(或2、3、4、5)加上表示 l 参数的数字组成。当 l 尺寸相同，s 和 t 不同时，则分别以A、B等字母以示区别。左刀片则加Z。

示例：A440AZ

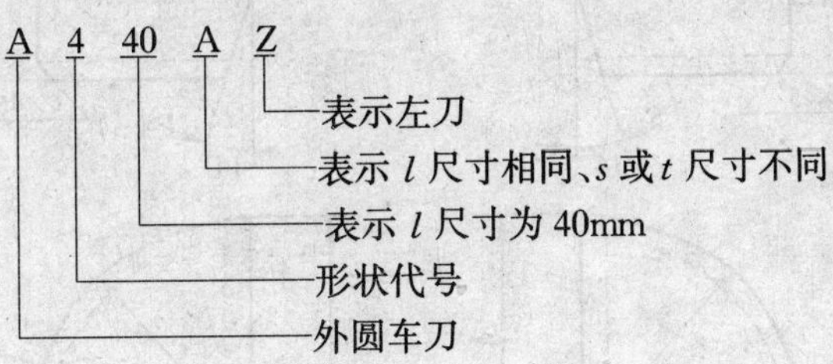

3.3 型号及其尺寸

3.3.1 A1型

中国有色金属工业总公司 1994-05-11 批准　　1995-05-01 实施

用于外圆车刀、镗刀和切槽刀的刀片。型式和尺寸应符合图1和表1规定。

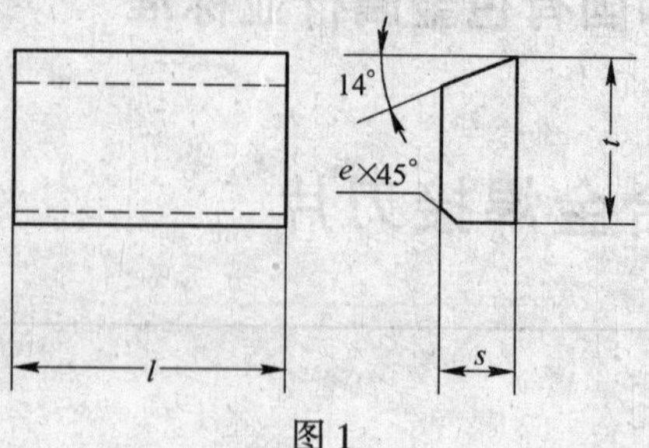

图1

表1

mm

型　号	基本尺寸			
	l	t	s	e
A106	6	5	2.5	—
A108	8	7	3.0	—
A110	10	6	3.5	—
A112	12	10	4.0	0.8
A114	14	12	4.5	0.8
A116	16	10	5.5	0.8
A118	18	12	7.0	0.8
A118A	18	16	6.0	0.8
A120	20	12	7.0	0.8
A122	22	15	8.5	0.8
A122A	22	18	7.0	0.8
A125	25	15	8.5	0.8
A125A	25	20	10	0.8
A130	30	16	10	0.8
A136	36	20	10	0.8
A140	40	18	10.5	1.2
A150	50	20	10.5	1.2

3.3.2　A2型

用于镗刀和端面车刀的刀片。型式和尺寸应符合图2和表2规定。

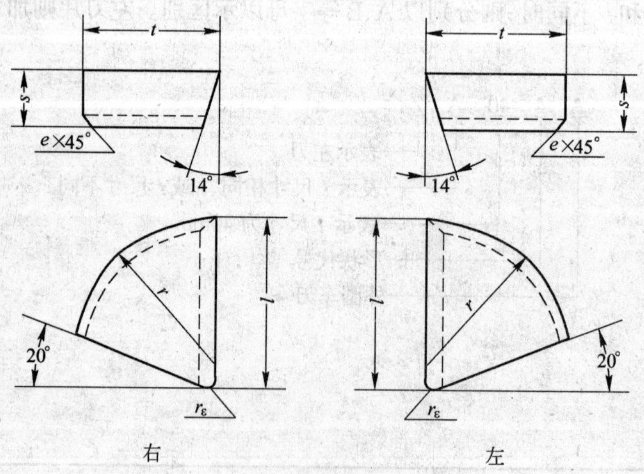

图2

表 2 mm

型号		基本尺寸					
右	左	l	t	s	r	r_{ε}	e
A208	—	8	7	2.5	7	0.5	—
A210	—	10	8	3.0	8	1	—
A212	A212Z	12	10	4.5	10	1	0.8
A216	A216Z	16	14	6	14	1	0.8
A220	A220Z	20	18	7	18	1	0.8
A225	A225Z	25	20	8	20	1	0.8

3.3.3 A3 型

用于端面车刀和外圆车刀的刀片。型式和尺寸应符合图 3 和表 3 规定。

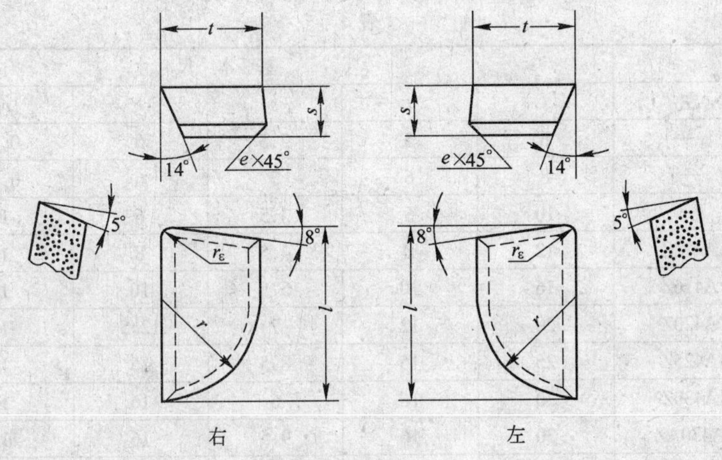

图 3

表 3 mm

型号		基本尺寸					
右	左	l	t	s	r	r_{ε}	e
A310	—	10	6	3	6	1	—
A312	A312Z	12	7	4	7	1	0.8
A315	A315Z	15	9	6	9	1	0.8
A320	A320Z	20	11	7	11	1	0.8
A325	A325Z	25	14	8	14	1	0.8
A330	A330Z	30	16	9.5	16	1	0.8
A340	A340Z	40	18	10.5	18	1	1.2

3.3.4 A4 型

用于外圆车刀、镗刀和端面车刀的刀片。型式和尺寸应符合图 4 和表 4 规定。

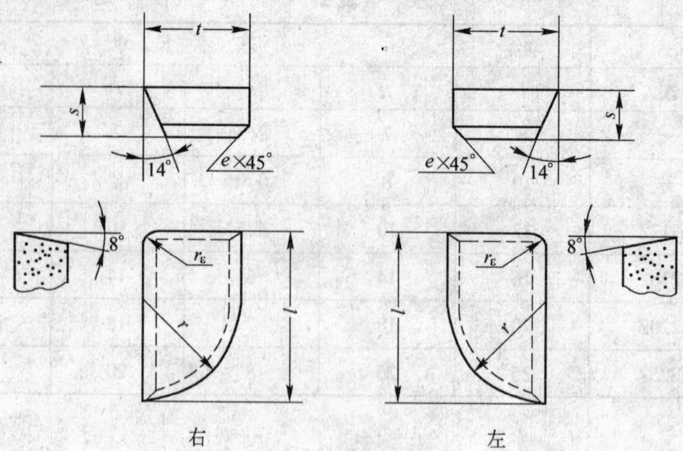

图 4

表 4 mm

型号		基本尺寸					
右	左	l	t	s	r	r_ε	e
A406	—	6	5	2.5	5	0.5	—
A408	—	8	6	3	6	0.5	—
A410	—	10	6	3.5	6	1	—
A412	A412Z	12	8	4.5	8	1	0.8
A416	A416Z	16	10	5.5	10	1	0.8
A420	A420Z	20	12	7	12.5	1	0.8
A425	A425Z	25	15	8.5	16	1	0.8
A430	A430Z	30	16	6	16	1	0.8
A430A	A430AZ	30	16	9.5	16	1	0.8
A440	A440Z	40	18	8	18	1	0.8
A440A	A440AZ	40	18	10.5	18	1	1.2
A450	A450Z	50	20	8	20	1.5	0.8
A450A	A450AZ	50	20	12	20	1.5	1.2

3.3.5 B1 型

用于制造成型车刀、燕尾槽刨刀和燕尾槽铣刀。型式和尺寸应符合图 5 和表 5 规定。

表 5 mm

型号		基本尺寸				
右	左	l	t	s	r_ε	e
B108	—	8	6	3	1.5	—
B112	B112Z	12	8	4	1.5	1
B116	B116Z	16	10	5	1.5	1
B120	B120Z	20	14	5	1.5	1
B120A	B120AZ	20	16	7	1.5	1.5
B125	B125Z	25	14	5	1.5	1.5
B125A	B125AZ	25	18	8	1.5	1.5
B130	B130Z	30	20	8	1.5	1.5

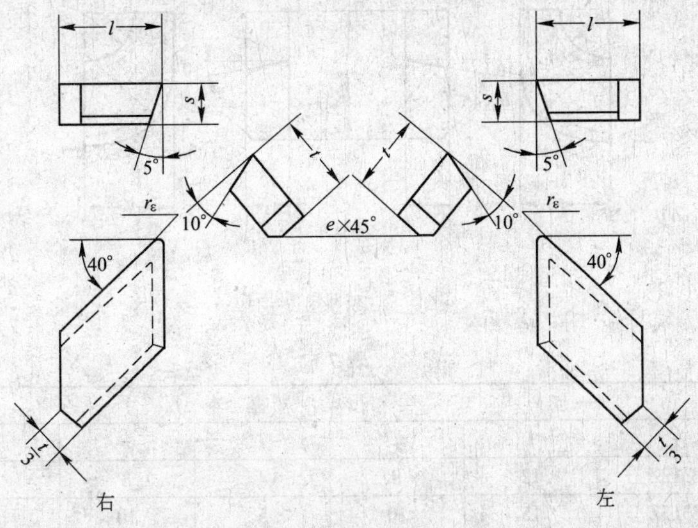

图 5

3.3.6 B2 型

用于制造凹圆弧成型车刀和轮缘车刀的刀片。型式和尺寸应符合图 6 和表 6 规定。

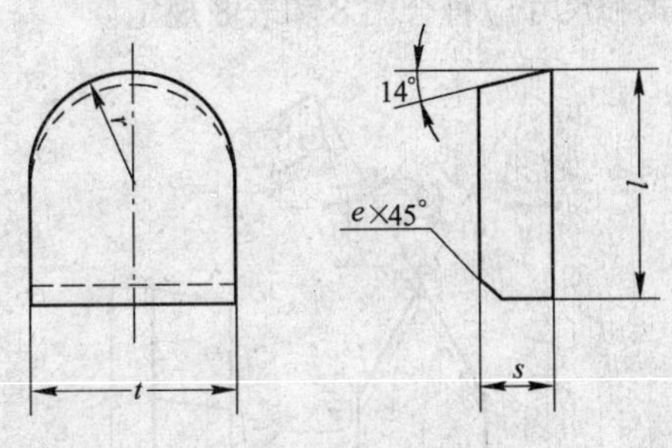

图 6

表 6 mm

型号	基本尺寸				
	l	t	s	r	e
B208	8	8	3	4	—
B210	10	10	3.5	5	—
B212	12	12	4.5	6	0.8
B214	14	16	5	8	0.8
B216	16	20	6	10	0.8
B220	20	25	7	12.5	0.8
B225	25	30	8	15	0.8
B228	28	35	9	17.5	0.8

3.3.7 B3 型

用于凸圆弧成型车刀的刀片。型式和尺寸应符合图 7 和表 7 规定。

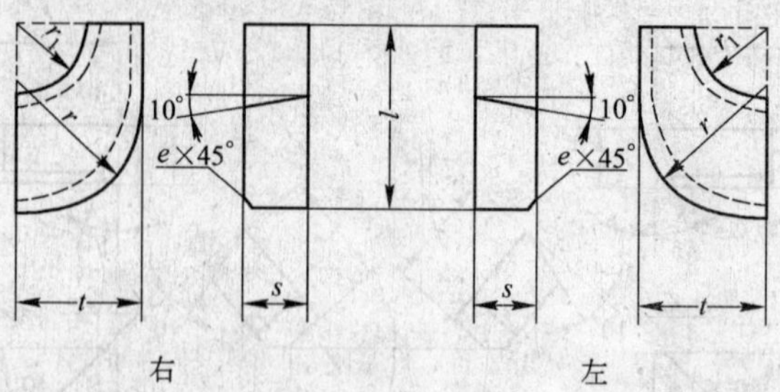

图7

表7 mm

型号		基本尺寸					
右	左	l	t	s	r	r_1	e
B312	B312Z	12	8	4	8	3	0.8
B315	B315Z	15	10	5	10	5	0.8
B318	B318Z	18	12	6	12	6	0.8
B322	B322Z	22	16	7	16	10	0.8

3.3.8 C1 型

用于螺纹车刀的刀片。型式和尺寸应符合图 8 和表 8 规定。

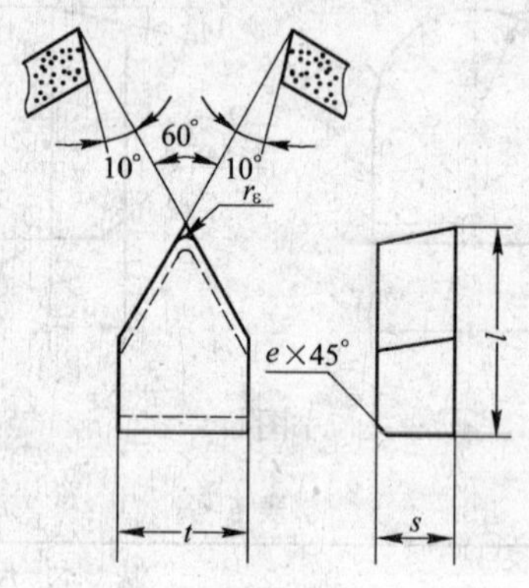

图8

表8 mm

型号	基本尺寸				
	l	t	s	r_ε	e
C110	10	4	3	0.5	—
C116	16	6	4	0.5	0.8
C120	20	8	5	0.5	0.8
C122	22	10	6	0.5	0.8
C125	25	12	7	0.8	0.8

3.3.9 C2 型

用于精车刀和梯形螺纹刀的刀片。型式和尺寸应符合图 9 和表 9 规定。

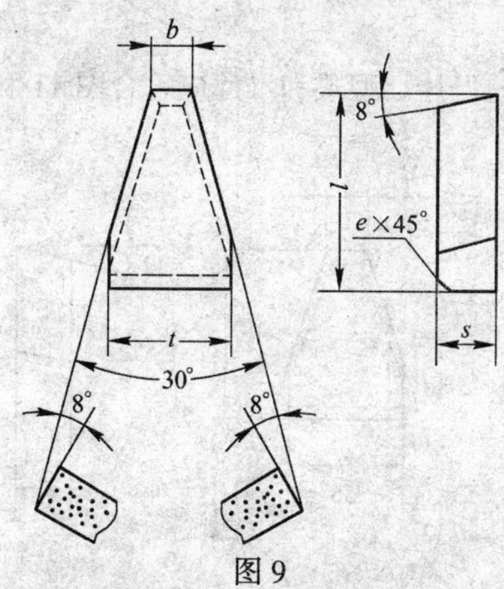

图 9

表 9 mm

型　号	基　本　尺　寸				
	l	t	s	b	e
C215	15	7	4	1.8	0.8
C218	18	10	5	3.1	0.8
C223	23	14	5	4.9	0.8
C228	28	18	6	7.7	0.8
C236	36	28	7	13.1	0.8

3.3.10　C3 型

用于切断刀和切槽刀的刀片。型式和尺寸应符合图 10 和表 10 规定。

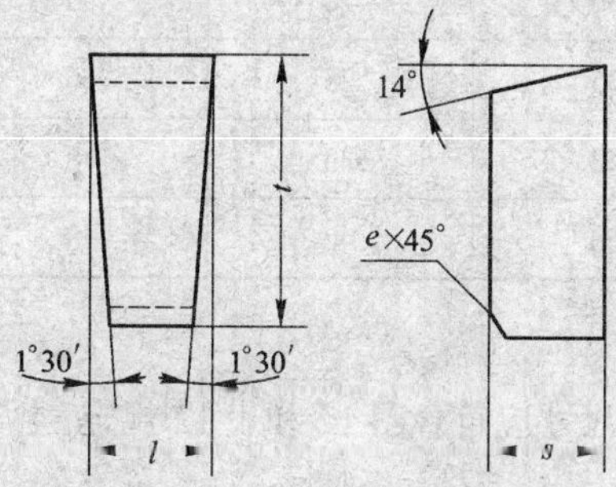

图 10

表 10 mm

型　号	基　本　尺　寸			
	l	t	s	e
C303	3.5	12	3	—
C304	4.5	14	4	0.8
C305	5.5	17	5	0.8
C306	6.5	17	6	0.8
C308	8.5	20	7	0.8
C310	10.5	22	8	0.8
C312	12.5	22	10	0.8
C316	16.5	25	11	1.2

3.3.11　C4 型

用于加工三角皮带轮切槽刀的刀片。型式和尺寸应符合图 11 和表 11 规定。

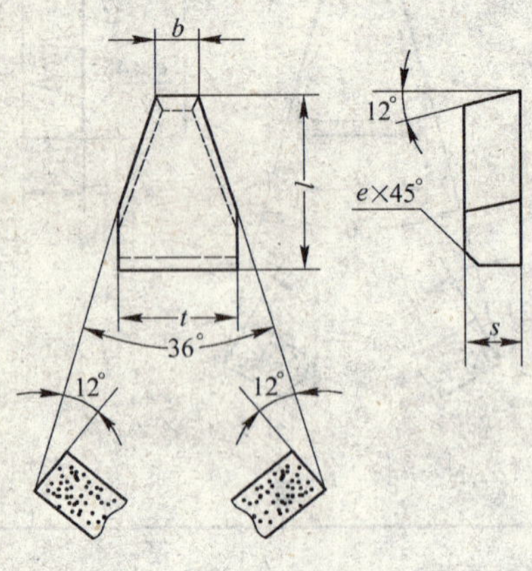

图 11

表 11　　mm

型　号	基本尺寸				
	l	*t*	*s*	*b*	*e*
C420	20	12	5	3	0.8
C425	25	16	5	4	0.8
C430	30	20	6	5.5	0.8
C435	35	25	6	7.5	0.8
C442	42	35	8	12.5	0.8
C450	50	42	8	15	0.8

3.3.12　D1 型

用于面铣刀的刀片。型式和尺寸应符合图 12 和表 12 规定。

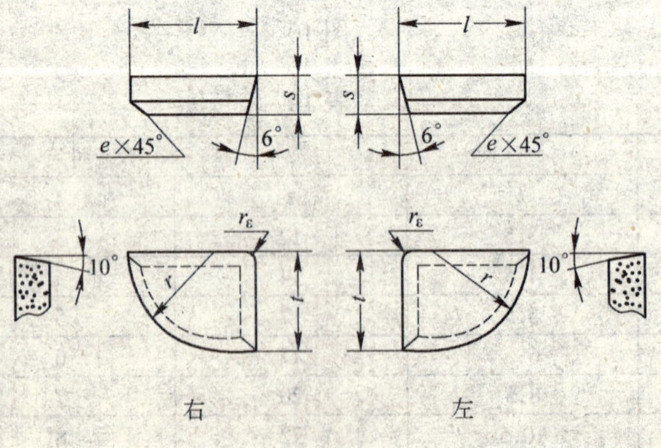

图 12

表 19　　mm

基本尺寸	允许偏差	E1、E2 型的 l 尺寸允许偏差	
		上偏差	下偏差
≤6	±0.2	+0.3	-0.1
>6~12	±0.3	+0.4	-0.2
>12~25	±0.4	+0.6	-0.3
>25~40	±0.6	+0.8	-0.4
>40~55	±0.7	+1.0	-0.4

4.4.2　刀片平面度的允许偏差应符合表 20 规定。

表 20　　mm

基本尺寸	≤18	>18~30	>30
允许偏差[1]	0.15	0.2	0.25

注：1) 此处指用塞尺进行简易测量。

4.4.3　刀片的几何角度允许偏差：角度小于 30°时，其允许偏差为 ±1°；角度等于或大于 30°时，其允许偏差为 ±2°。

4.5　刀片表面质量应符合下列规定。

4.5.1　刀片表面不得有分层、裂纹、鼓泡等影响使用的缺陷。

4.5.2　刀片的主、副切削刃上掉边、掉角的最大尺寸不得超过 0.3mm，非切削刃上不得大于 0.5mm。

4.5.3　刀片的毛刺高度不得大于 0.5mm。

5　检验规则与试验方法

刀片的检验规则与试验方法按 GB 5242 规定进行。

6　标志、包装、运输和贮存

刀片的标志、包装、运输和贮存按 GB 5243 规定进行。

附加说明：

本标准由中国有色金属工业总公司标准计量研究所提出。

本标准由自贡硬质合金厂负责起草。

本标准主要起草人：聂安之、陈石廷、陈雪松。

自本标准实施之日起，原国家标准 GB 5245—1985《硬质合金焊接刀片》作废。

中华人民共和国有色金属行业标准

YS/T 80—1994

硬质合金拉伸模坯

1 主题内容与适用范围

本标准规定了金属材料拉伸用硬质合金模毛坯的分类和表示、产品型式及参数、技术要求、检验规则与试验方法以及标志、包装、运输和贮存。

本标准适用于碳素钢和有色金属线材、棒材、管材和多边形型材拉伸用模坯。

2 引用标准

GB 5242 硬质合金制品检验规则与试验方法

GB 5243 硬质合金制品的标志、包装、运输和贮存

3 产品型式和品种

3.1 毛坯型式分类及表示

3.1.1 根据拉伸加工的材种及模坯的型式将模坯分为：

S01 型 金属线材拉伸模

S10 型 黑色金属线材拉伸模

S11 型 黑色金属线材拉伸模

S12 型 有色金属线材拉伸模

S13 型 金属棒材拉伸模

S20 型 黑色金属管材拉伸模

S22 型 有色金属管材拉伸模

S30 型 管材拉伸用芯头

S31 型 管材拉伸用芯头

S40 型 正方形型材拉伸模

S41 型 有色金属矩形型材拉伸模

S42 型 有色金属带材拉伸模

S60 型 六方形型材拉伸模

3.1.2 模坯型号表示

模坯型号由使用分类号、内孔参数代号组成。如分类号相同，内孔参数相同，而外径不同时，则应在其后加外径参数代号。当内孔参数小于 10mm 时，则应将小数位表示出来；若内孔参数大于 10 时，则只表示出整数位。

示例

中国有色金属工业总公司 1994-05-11 批准　　　　1995-05-01 实施

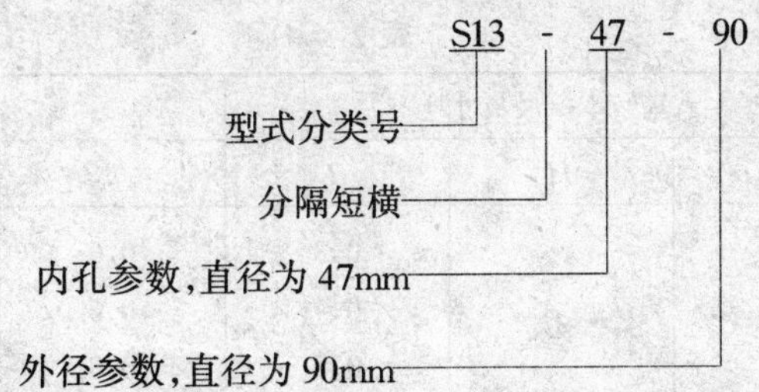

3.2 产品型式及品种

3.2.1 金属线材拉伸模 S01 型

见图 1、表 1。

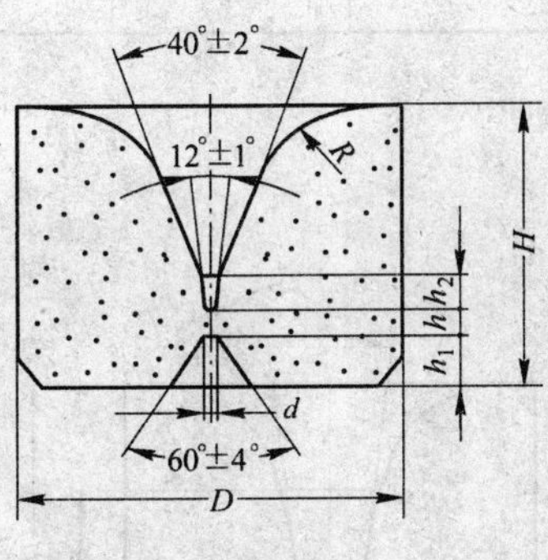

图 1

表 1 mm

型　　号	基本尺寸			参考参数			
	D	H	d	h	h_1	h_2	R
S01-0.8	6	4	0.2	0.8	0.6	0.8	1.5
S01-1.0	8	6		1.0		1.0	2.5

3.2.2 黑色金属线材拉伸模 S10 型

见图 2、表 2。

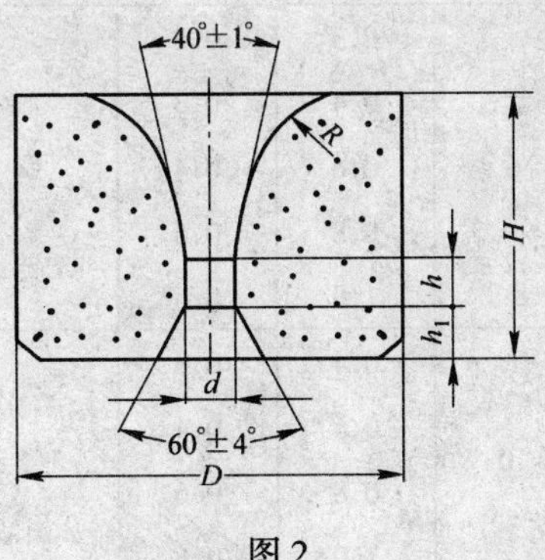

图 2

表 2

mm

型号	基本尺寸			参考参数		
	D	H	d	h	h_1	R
S10-0.3	6	4	0.3	0.6	0.8	1.5
S10-0.4			0.4	0.6		
S10-0.6			0.6	0.8		
S10-0.8			0.8	1.0		
S10-0.3-8	8	6	0.3	0.6	1.0	2
S10-0.4-8			0.4	0.8		
S10-0.6-8			0.6	0.8		
S10-0.8-8			0.8	1.0		

3.2.3 黑色金属线材拉伸模 S11 型

见图 3、表 3。

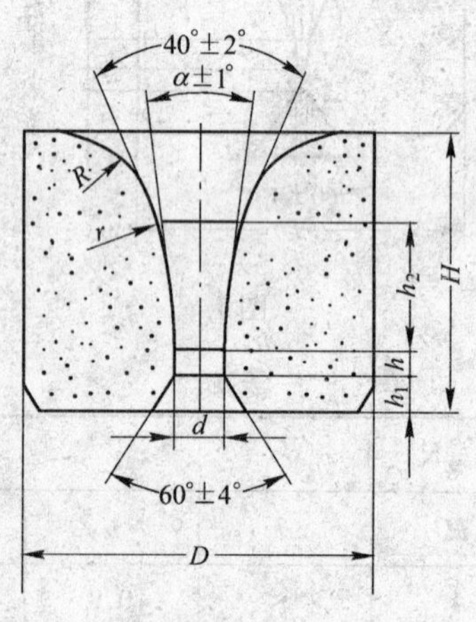

图 3

表 3

mm

型号	基本尺寸			参考参数				
	D	H	d	h	h_1	h_2	R	α
S11-0.3	8	6	0.3	0.3	1	1.2	2	12°
S11-0.4			0.4	0.3				
S11-0.6			0.6	0.4		1.4		
S11-0.8			0.8	0.6		1.8		
S11-1.0			1.0	0.6				
S11-0.4-13	13	10	0.4	0.3	1.2	2.0	4	14°
S11-0.6-13			0.6	0.4				
S11-0.8-13			0.8	0.6		2.5		
S11-1.0-13			1.0	0.6		3.0		

续表 3

型　号	基 本 尺 寸			参 考 参 数				
	D	H	d	h	h_1	h_2	R	α
S11-1.6	13	10	1.6	1.0	1.2	3.5	4	16°
S11-1.8			1.8	1.2				
S11-2.0			2.0	1.2				
S11-2.3			2.3	1.4				
S11-0.4-16	16	14	0.4	0.3	1.5	4	5	
S11-0.6-16			0.6	0.4				
S11-0.8-16			0.8	0.6				
S11-1.0-16			1.0	0.6				
S11-1.3-16			1.3	0.8				
S11-1.8-16			1.8	1.2				
S11-2.3			2.3	1.4				
S11-2.8			2.8	1.4				
S11-1.8-22	22	18	1.8	1.2	2.5	6		18°
S11-2.3-22			2.3	1.4				
S11-2.8-22			2.8	1.4				
S11-3.3			3.3	1.6				
S11-3.8			3.8	1.6				
S11-4.2			4.2	1.8				
S11-4.7			4.7	1.8				
S11-5.2			5.2	2.0				
S11-5.7			5.7	2.0				

3.2.4 有色金属线材拉伸模　S12 型

见图 4、表 4。

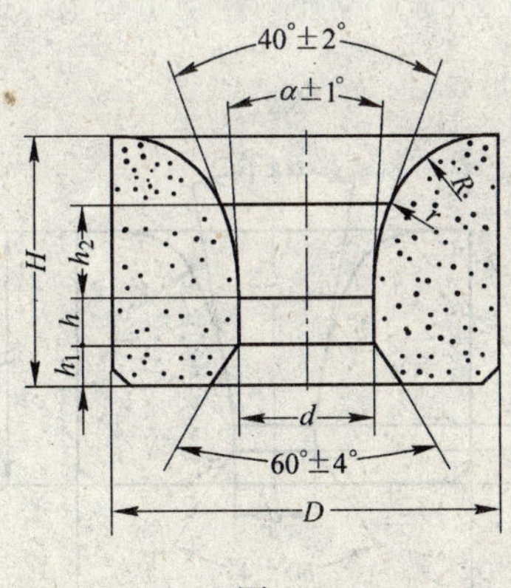

图 4

表 4

mm

<table>
<tr><th rowspan="2">型　号</th><th colspan="3">基 本 尺 寸</th><th colspan="5">参 考 参 数</th></tr>
<tr><th>D</th><th>H</th><th>d</th><th>h</th><th>h₁</th><th>h₂</th><th>R</th><th>α</th></tr>
<tr><td>S12-0.4</td><td rowspan="3">8</td><td rowspan="3">6</td><td>0.4</td><td>0.3</td><td rowspan="3">1.0</td><td rowspan="3">1.6</td><td rowspan="3">2.5</td><td rowspan="10">16°</td></tr>
<tr><td>S12-0.6</td><td>0.6</td><td>0.3</td></tr>
<tr><td>S12-0.8</td><td>0.8</td><td>0.4</td></tr>
<tr><td>S12-0.4-13</td><td rowspan="7">13</td><td rowspan="7">8</td><td>0.4</td><td>0.3</td><td rowspan="7">1.2</td><td rowspan="3">2.0</td><td rowspan="7">3</td></tr>
<tr><td>S12-0.6-13</td><td>0.6</td><td>0.3</td></tr>
<tr><td>S12-0.8-13</td><td>0.8</td><td>0.4</td></tr>
<tr><td>S12-1.0</td><td>1.0</td><td>0.6</td><td rowspan="4">2.5</td></tr>
<tr><td>S12-1.3</td><td>1.3</td><td>0.6</td></tr>
<tr><td>S12-1.8</td><td>1.8</td><td>0.8</td></tr>
<tr><td>S12-2.3</td><td>2.3</td><td>0.8</td></tr>
<tr><td>S12-0.8-16</td><td rowspan="6">16</td><td rowspan="6">10</td><td>0.8</td><td>0.4</td><td rowspan="6">1.6</td><td rowspan="3">2.5</td><td rowspan="14">4</td><td rowspan="6">18°</td></tr>
<tr><td>S12-1.0-16</td><td>1.0</td><td>0.6</td></tr>
<tr><td>S12-1.3-16</td><td>1.3</td><td>0.6</td></tr>
<tr><td>S12-1.8-16</td><td>1.8</td><td>0.8</td><td rowspan="3">3</td></tr>
<tr><td>S12-2.3-16</td><td>2.3</td><td>0.8</td></tr>
<tr><td>S12-2.8</td><td>2.8</td><td>1.0</td></tr>
<tr><td>S12-2.3-20</td><td rowspan="4">20</td><td rowspan="4">12</td><td>2.3</td><td>0.8</td><td rowspan="11">2.0</td><td rowspan="2">4</td><td rowspan="4">20°</td></tr>
<tr><td>S12-2.8-20</td><td>2.8</td><td>1.0</td></tr>
<tr><td>S12-3.3</td><td>3.3</td><td>1.2</td><td rowspan="2">4.5</td></tr>
<tr><td>S12-3.8</td><td>3.8</td><td>1.2</td></tr>
<tr><td>S12-4.2</td><td rowspan="7">22</td><td rowspan="4">14</td><td>4.2</td><td>1.4</td><td rowspan="4">5.5</td><td rowspan="7">22°</td></tr>
<tr><td>S12-4.7</td><td>4.7</td><td>1.4</td></tr>
<tr><td>S12-5.2</td><td>5.2</td><td>1.6</td></tr>
<tr><td>S12-5.7</td><td>5.7</td><td>2.0</td></tr>
<tr><td>S12-6.4</td><td rowspan="3">16</td><td>6.4</td><td>2.0</td><td rowspan="3">6.5</td><td rowspan="3">4.5</td></tr>
<tr><td>S12-7.2</td><td>7.2</td><td>2.3</td></tr>
<tr><td>S12-8.0</td><td>8.0</td><td>2.3</td></tr>
</table>

3.2.5　金属棒材拉伸模　S13 型

见图 5、表 5。

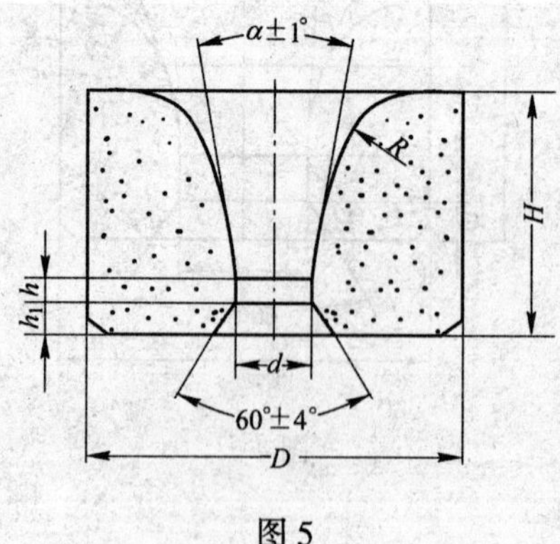

图 5

表 5 mm

<table>
<tr><th rowspan="2">型　号</th><th colspan="3">基 本 尺 寸</th><th colspan="4">参 考 参 数</th></tr>
<tr><th>D</th><th>H</th><th>d</th><th>h</th><th>h₁</th><th>R</th><th>α</th></tr>
<tr><td>S13-5.7</td><td rowspan="5">30</td><td rowspan="5">21</td><td>5.7</td><td rowspan="2">2.5</td><td rowspan="5">3</td><td rowspan="19">7</td><td rowspan="29">18°</td></tr>
<tr><td>S13-6.7</td><td>6.7</td></tr>
<tr><td>S13-7.7</td><td>7.7</td><td rowspan="2">3.5</td></tr>
<tr><td>S13-8.6</td><td>8.6</td></tr>
<tr><td>S13-9.6</td><td>9.6</td><td rowspan="4">4</td></tr>
<tr><td>S13-10</td><td rowspan="6">40</td><td rowspan="6">25</td><td>10.5</td><td rowspan="6">4</td></tr>
<tr><td>S13-11</td><td>11.5</td></tr>
<tr><td>S13-12</td><td>12.5</td></tr>
<tr><td>S13-13</td><td>13.5</td><td rowspan="3">4.5</td></tr>
<tr><td>S13-14</td><td>14.5</td></tr>
<tr><td>S13-15</td><td>15.5</td></tr>
<tr><td>S13-16</td><td rowspan="8">50</td><td rowspan="8">28</td><td>16.5</td><td rowspan="4">5.5</td><td rowspan="8">4.5</td></tr>
<tr><td>S13-17</td><td>17.5</td></tr>
<tr><td>S13-18</td><td>18.5</td></tr>
<tr><td>S13-19</td><td>19.5</td></tr>
<tr><td>S13-20</td><td>20.5</td><td rowspan="14">6</td></tr>
<tr><td>S13-21</td><td>21.5</td></tr>
<tr><td>S13-22</td><td>22.5</td></tr>
<tr><td>S13-23</td><td>23.5</td></tr>
<tr><td>S13-24</td><td rowspan="5">60</td><td rowspan="22">35</td><td>24.5</td><td rowspan="20">5.5</td><td rowspan="22">8</td></tr>
<tr><td>S13-25</td><td>25.5</td></tr>
<tr><td>S13-26</td><td>26.5</td></tr>
<tr><td>S13-27</td><td>27.5</td></tr>
<tr><td>S13-28</td><td>28.5</td></tr>
<tr><td>S13-29</td><td rowspan="5">65</td><td>29.5</td></tr>
<tr><td>S13-30</td><td>30.5</td></tr>
<tr><td>S13-31</td><td>31.5</td></tr>
<tr><td>S13-32</td><td>32.5</td></tr>
<tr><td>S13-33</td><td>33.5</td></tr>
<tr><td>S13-34</td><td rowspan="7">75</td><td>34.5</td><td rowspan="10">7</td><td rowspan="12">20°</td></tr>
<tr><td>S13-35</td><td>35.5</td></tr>
<tr><td>S13-36</td><td>36.5</td></tr>
<tr><td>S13-37</td><td>37.5</td></tr>
<tr><td>S13-38</td><td>38.5</td></tr>
<tr><td>S13-39</td><td>39.5</td></tr>
<tr><td>S13-40</td><td>40.5</td></tr>
<tr><td>S13-41-80</td><td rowspan="5">80</td><td>41.5</td></tr>
<tr><td>S13-42-80</td><td>42.5</td></tr>
<tr><td>S13-43-80</td><td>43.5</td></tr>
<tr><td>S13-44-80</td><td>44.5</td><td rowspan="2">8</td><td rowspan="2">6</td></tr>
<tr><td>S13-45-80</td><td>45</td></tr>
</table>

续表 5

型号	基本尺寸			参考参数			
	D	H	d	h	h_1	R	α
S13-41			41.5				
S13-42			42.5				
S13-43	85		43.5				
S13-44			44.5				
S13-45			45	8			
S13-47-90			47				
S13-49-90	90		49				
S13-51-90			51				
S13-53-95		35	53		6	8	20°
S13-55-95	95		55				
S13-57-95			57				
S13-47			47				
S13-49			49	8.5			
S13-51	100		51				
S13-53			53				
S13-55			55				
S13-57			57				

3.2.6 黑色金属管材拉伸模 S20 型

见图 6、表 6。

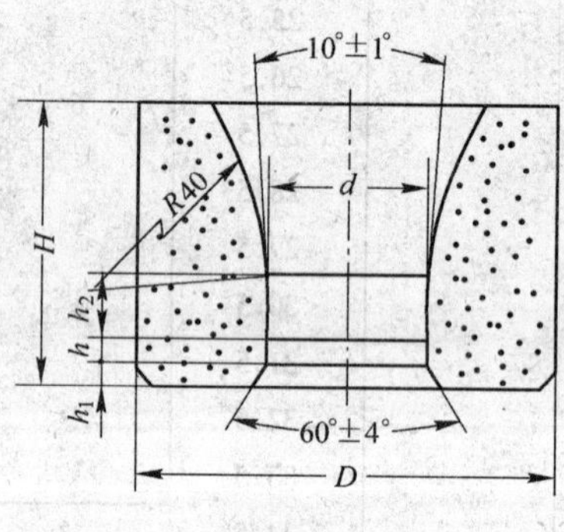

图 6

表 6

mm

型号	基本尺寸			参考参数		
	D	H	d	h	h_1	h_2
S20-2	16	14	2	1		2.5
S20-3			3	1.5	1.5	3.5
S20-4	22	18	4	2		4.5
S20-5			5			
S20-6			6			
S20-7	30	22	7	3	2	7
S20-8			8			

续表 6

<table>
<tr><th rowspan="2">型　号</th><th colspan="3">基 本 尺 寸</th><th colspan="3">参 考 参 数</th></tr>
<tr><th>D</th><th>H</th><th>d</th><th>h</th><th>h_1</th><th>h_2</th></tr>
<tr><td>S20-9</td><td rowspan="3">35</td><td rowspan="3">25</td><td>9</td><td rowspan="9">3</td><td rowspan="9">2</td><td rowspan="13">7</td></tr>
<tr><td>S20-10</td><td>10</td></tr>
<tr><td>S20-11</td><td>11</td></tr>
<tr><td>S20-12</td><td rowspan="3">40</td><td rowspan="3">28</td><td>12</td></tr>
<tr><td>S20-13</td><td>13</td></tr>
<tr><td>S20-14</td><td>14</td></tr>
<tr><td>S20-15</td><td rowspan="3">45</td><td rowspan="3">30</td><td>15</td></tr>
<tr><td>S20-16</td><td>16</td></tr>
<tr><td>S20-17</td><td>17</td></tr>
<tr><td>S20-18</td><td rowspan="4">50</td><td rowspan="8">32</td><td>18</td><td rowspan="14">4</td><td rowspan="14">2.5</td></tr>
<tr><td>S20-19</td><td>19</td></tr>
<tr><td>S20-20</td><td>20</td></tr>
<tr><td>S20-21</td><td>21</td></tr>
<tr><td>S20-22</td><td rowspan="4">55</td><td>22</td><td rowspan="10">8</td></tr>
<tr><td>S20-23</td><td>23</td></tr>
<tr><td>S20-24</td><td>24</td></tr>
<tr><td>S20-25</td><td>25</td></tr>
<tr><td>S20-26</td><td rowspan="3">60</td><td rowspan="3">34</td><td>26</td></tr>
<tr><td>S20-27</td><td>27</td></tr>
<tr><td>S20-28</td><td>28</td></tr>
<tr><td>S20-29</td><td rowspan="3">65</td><td rowspan="3">36</td><td>29</td></tr>
<tr><td>S20-30</td><td>30</td></tr>
<tr><td>S20-31</td><td>31</td></tr>
<tr><td>S20-33</td><td rowspan="2">75</td><td rowspan="2">42</td><td>33</td><td rowspan="7">5</td><td rowspan="7">3</td><td rowspan="7">10</td></tr>
<tr><td>S20-35</td><td>35</td></tr>
<tr><td>S20-37</td><td rowspan="2">85</td><td rowspan="2">45</td><td>37</td></tr>
<tr><td>S20-39</td><td>39</td></tr>
<tr><td>S20-41</td><td rowspan="3">95</td><td rowspan="3">48</td><td>41</td></tr>
<tr><td>S20-43</td><td>43</td></tr>
<tr><td>S20-45</td><td>45</td></tr>
<tr><td>S20-47</td><td rowspan="2">100</td><td rowspan="4">52</td><td>47</td><td rowspan="4">7</td><td rowspan="4">4</td><td rowspan="4">12</td></tr>
<tr><td>S20-51</td><td>51</td></tr>
<tr><td>S20-56</td><td rowspan="2">110</td><td>56</td></tr>
<tr><td>S20-60</td><td>60</td></tr>
</table>

3.2.7　有色金属管材拉伸模　S22 型

见图 7、表 7。

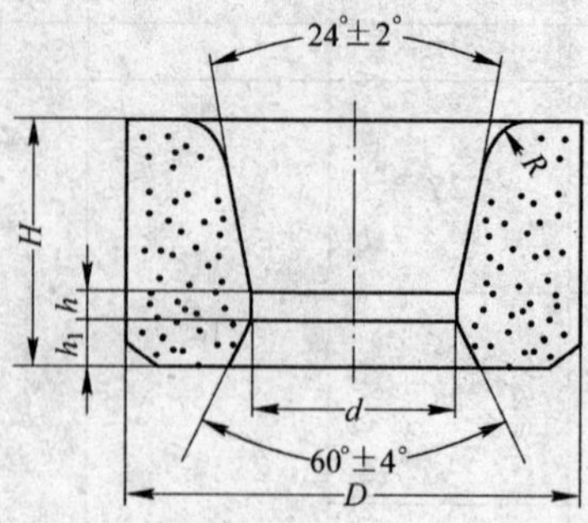

图 7

表 7

mm

型号	基本尺寸			参考参数		
	D	H	d	h	h_1	R
S22-2.8	20	13	2.8	1.5	3	4
S22-3.8			3.8			
S22-4.7			4.7			
S22-5.7			5.7			
S22-6.7	30	18	6.7	2		4.5
S22-7.6			7.6			
S22-8.6			8.6			
S22-9.6			9.6			
S22-10			10.5			
S22-11			11.5			
S22-12	45	24	12.5	2.7		5.5
S22-13			13.5			
S22-14			14.5			
S22-15			15.5		3.5	
S22-16			16.5			
S22-17			17.5			
S22-18			18.5			
S22-19			19.5			
S22-20			20.5			
S22-21			21.5			
S22-22			22.5			
S22-23			23.5			
S22-24	60	30	24.5	3.5	4	7
S22-25			25.5			

续表 7

<table>
<tr><th rowspan="2">型　号</th><th colspan="3">基 本 尺 寸</th><th colspan="3">参 考 参 数</th></tr>
<tr><th>D</th><th>H</th><th>d</th><th>h</th><th>h_1</th><th>R</th></tr>
<tr><td>S22-26</td><td rowspan="8">60</td><td rowspan="8">30</td><td>26.5</td><td rowspan="8">3.5</td><td rowspan="8">4</td><td rowspan="8">7</td></tr>
<tr><td>S22-27</td><td>27.5</td></tr>
<tr><td>S22-28</td><td>28.5</td></tr>
<tr><td>S22-29</td><td>29.5</td></tr>
<tr><td>S22-30</td><td>30.5</td></tr>
<tr><td>S22-31</td><td>31.5</td></tr>
<tr><td>S22-32</td><td>32.5</td></tr>
<tr><td>S22-33</td><td>33.5</td></tr>
<tr><td>S22-34</td><td rowspan="9">80</td><td rowspan="9">35</td><td>34.5</td><td rowspan="9">4</td><td rowspan="9">5</td><td rowspan="17">10</td></tr>
<tr><td>S22-35</td><td>35.5</td></tr>
<tr><td>S22-36</td><td>36.5</td></tr>
<tr><td>S22-37</td><td>37.5</td></tr>
<tr><td>S22-38</td><td>38.5</td></tr>
<tr><td>S22-39</td><td>39.5</td></tr>
<tr><td>S22-41</td><td>41.5</td></tr>
<tr><td>S22-44</td><td>44.5</td></tr>
<tr><td>S22-47</td><td>47</td></tr>
<tr><td>S22-49</td><td rowspan="2">90</td><td rowspan="4">40</td><td>49</td><td rowspan="8">5.5</td><td rowspan="15">5.5</td></tr>
<tr><td>S22-52</td><td>52</td></tr>
<tr><td>S22-55</td><td rowspan="2">100</td><td>55</td></tr>
<tr><td>S22-57</td><td>57</td></tr>
<tr><td>S22-59</td><td rowspan="4">120</td><td rowspan="4">45</td><td>59</td></tr>
<tr><td>S22-62</td><td>62</td></tr>
<tr><td>S22-64</td><td>64</td></tr>
<tr><td>S22-67</td><td>67</td></tr>
<tr><td>S22-69</td><td rowspan="4">130</td><td rowspan="7">50</td><td>69</td><td rowspan="7">6</td><td rowspan="7">12</td></tr>
<tr><td>S22-72</td><td>72</td></tr>
<tr><td>S22-74</td><td>74</td></tr>
<tr><td>S22-77</td><td>77</td></tr>
<tr><td>S22-79</td><td rowspan="3">140</td><td>79</td></tr>
<tr><td>S22-84</td><td>84</td></tr>
<tr><td>S22-88</td><td>88</td></tr>
</table>

3.2.8　管材拉伸用芯头　S30 型

见图 8、表 8。

表 8 mm

型号	基本尺寸			参考参数	型号	基本尺寸			参考参数
	D	H	d	e		D	H	d	e
S30-28	28				S30-47	47			
S30-29	29.2				S30-48	48			
S30-30	30.4		15		S30-49	49			
S30-31	31.6				S30-50	50		25	
S30-32	32.2				S30-51	51			
S30-33	33.4			2	S30-52	52	32		
S30-34	34				S30-53	53			
S30-35	35.2	27	17		S30-54	54			
S30-36	36.4				S30-55	55			
S30-37	37		19		S30-56	56			4
S30-38	38.2				S30-57	57			
S30-39	39.4				S30-58	58			
S30-40	40				S30-59	59		28	
S30-41	41		21		S30-60	60			
S30-42	42			3	S30-61	61	35		
S30-43	43				S30-62	62			
S30-44	44				S30-63	63			
S30-45	45	32	23		S30-64	64			
S30-46	46								

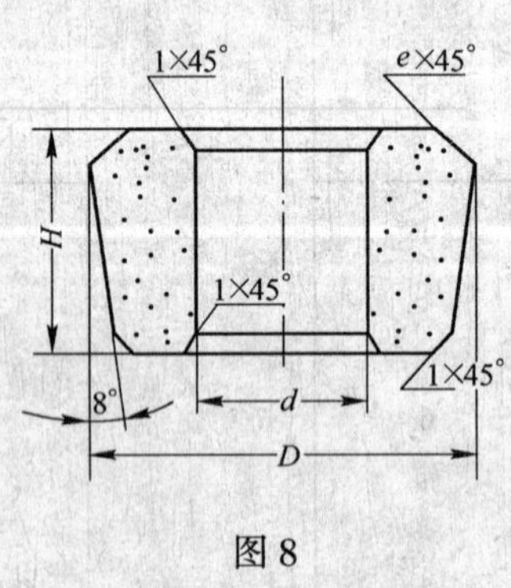

图 8

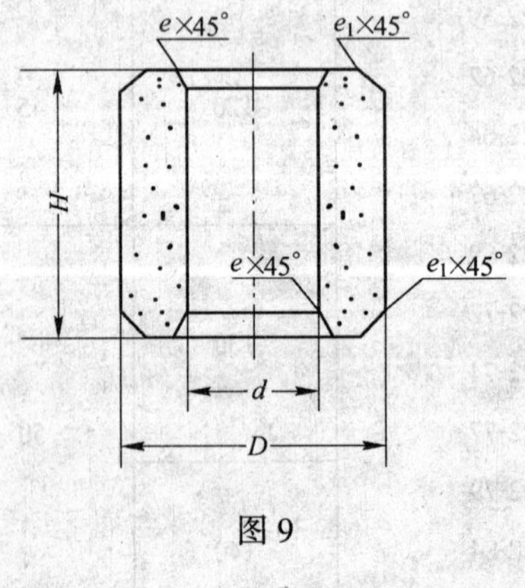

图 9

3.2.9 管材拉伸用芯头 S31 型

见图 9、表 9。

表 9

mm

<table>
<tr><th rowspan="2">型　　号</th><th colspan="3">基 本 尺 寸</th><th colspan="2">参 考 参 数</th></tr>
<tr><th>D</th><th>H</th><th>d</th><th>e_1</th><th>e</th></tr>
<tr><td>S31-14</td><td>14</td><td rowspan="5">25</td><td rowspan="3">7</td><td rowspan="17">1</td><td rowspan="33">0.5</td></tr>
<tr><td>S31-15</td><td>15</td></tr>
<tr><td>S31-16</td><td>16</td></tr>
<tr><td>S31-17</td><td>17</td><td rowspan="2">8</td></tr>
<tr><td>S31-18</td><td>18</td></tr>
<tr><td>S31-19</td><td>19</td><td rowspan="9">30</td><td rowspan="4">10</td></tr>
<tr><td>S31-20</td><td>20</td></tr>
<tr><td>S31-21</td><td>21</td></tr>
<tr><td>S31-22</td><td>22</td></tr>
<tr><td>S31-23</td><td>23</td><td rowspan="5">12</td></tr>
<tr><td>S31-24</td><td>24</td></tr>
<tr><td>S31-25</td><td>25</td></tr>
<tr><td>S31-26</td><td>26</td></tr>
<tr><td>S31-27</td><td>27</td></tr>
<tr><td>S31-28</td><td>28</td><td rowspan="15">35</td><td rowspan="5">16</td></tr>
<tr><td>S31-29</td><td>29</td></tr>
<tr><td>S31-30</td><td>30</td></tr>
<tr><td>S31-31</td><td>31</td><td rowspan="16">2</td></tr>
<tr><td>S31-32</td><td>32</td></tr>
<tr><td>S31-33</td><td>33</td><td rowspan="10">20</td></tr>
<tr><td>S31-34</td><td>34</td></tr>
<tr><td>S31-35</td><td>35</td></tr>
<tr><td>S31-36</td><td>36</td></tr>
<tr><td>S31-37</td><td>37</td></tr>
<tr><td>S31-38</td><td>38</td></tr>
<tr><td>S31-39</td><td>39</td></tr>
<tr><td>S31-40</td><td>40</td></tr>
<tr><td>S31-41</td><td>41</td></tr>
<tr><td>S31-42</td><td>42</td></tr>
<tr><td>S31-43</td><td>43</td><td rowspan="2">40</td><td rowspan="2">22</td></tr>
<tr><td>S31-44</td><td>44</td></tr>
<tr><td>S31-45</td><td>45</td><td rowspan="4">45</td><td rowspan="4">26.4</td></tr>
<tr><td>S31-46</td><td>46</td></tr>
<tr><td>S31-47</td><td>47</td></tr>
<tr><td>S31-50</td><td>50</td></tr>
</table>

3.2.10 正方形型材拉伸模 S40 型

见图 10、表 10。

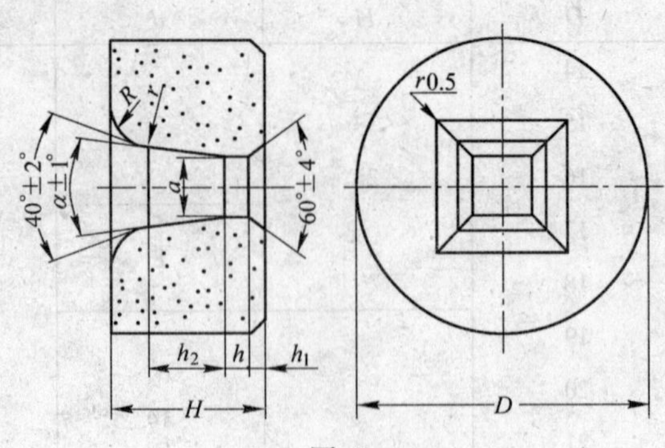

图 10

表 10

mm

型号	基本尺寸			参考参数				
	D	H	a	h	h_1	h_2	R	α
S40-1.4	16	12	1.4	1	1.5	5	3	14°
S40-1.8			1.8					
S40-2.4			2.4					
S40-2.8	22	18	2.8	1.5	2.5	7	4	
S40-3.2			3.2					
S40-3.6			3.6					
S40-4			4.0					
S40-4.6	30	21	4.6	2		9	5.5	16°
S40-5			5.0					
S40-5.7			5.7					
S40-6.7			6.7					
S40-7.7	35	25	7.7	2.5	3	11.5		
S40-8.7			8.7					
S40-9.7			9.7					
S40-10	40		10.7	3			6	18°
S40-11			11.7					
S40-12			12.7					
S40-13			13.7					
S40-14			14.7					
S40-15	50	28	15.7	4				
S40-16	55		16.7			12		
S40-17			17.7					
S40-18			18.7					

续表 10

型号	基本尺寸			参考参数				
	D	H	a	h	h_1	h_2	R	α
S40-19	60	30	19.7	5	4	12	6	18°
S40-20			20.7					
S40-21			21.7					
S40-22			22.7					20°
S40-23			23.7					
S40-24	70	35	24.7	6	5	13	7	
S40-25			25.5					
S40-26			26.5					
S40-27	75		27.5	7	5.5	14		
S40-28			28.5					
S40-29			29.5					
S40-30			30.5					
S40-31-80	80		31.5					
S40-32-80			32.5					
S40-31	85		31.5					
S40-32			32.5					
S40-33-85			33.5					
S40-34-85			34.5					
S40-33	90		33.5					
S40-34			34.5					
S40-35-90			35.5					
S40-36-90			36.5					
S40-37-90			37.5					
S40-35	100		35.5					
S40-36			36.5					
S40-37			37.5					
S40-38			38.5					
S40-39			39.5					

3.2.11　有色金属矩形型材拉伸模　S41 型

见图 11、表 11。

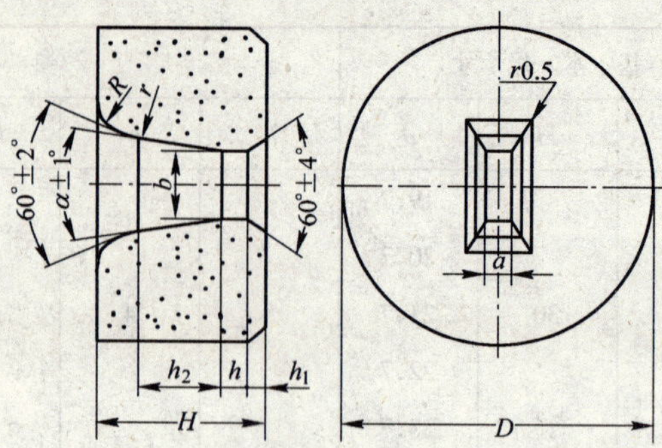

图 11

表 11

mm

<table>
<tr><th rowspan="2">型　号</th><th colspan="4">基 本 尺 寸</th><th colspan="5">参 考 参 数</th></tr>
<tr><th>D</th><th>H</th><th>b</th><th>a</th><th>h</th><th>h1</th><th>h2</th><th>R</th><th>α</th></tr>
<tr><td>S41-6.7×4.7</td><td>30</td><td>21</td><td>6.7</td><td>4.7</td><td rowspan="4">2</td><td>2</td><td>9</td><td rowspan="9">4</td><td rowspan="9">18°</td></tr>
<tr><td>S41-7.7×5.7</td><td rowspan="7">35</td><td rowspan="9">25</td><td rowspan="2">7.7</td><td>5.7</td><td rowspan="27">3</td><td rowspan="9">10</td></tr>
<tr><td>S41-7.7×6.7</td><td>6.7</td></tr>
<tr><td>S41-8.7×2.7</td><td>8.7</td><td>2.7</td></tr>
<tr><td>S41-9.7×3.7</td><td rowspan="4">9.7</td><td>3.7</td><td rowspan="6">3</td></tr>
<tr><td>S41-9.7×5.7</td><td>5.7</td></tr>
<tr><td>S41-9.7×6.7</td><td>6.7</td></tr>
<tr><td>S41-9.7×7.7</td><td>7.7</td></tr>
<tr><td>S41-11.7×7.7</td><td rowspan="2">45</td><td rowspan="2">11.7</td><td>7.7</td></tr>
<tr><td>S41-11×9.7</td><td>9.7</td><td rowspan="7">6</td><td rowspan="19">20°</td></tr>
<tr><td>S41-13×6.7</td><td rowspan="6">50</td><td rowspan="6">28</td><td rowspan="2">13.7</td><td>6.7</td><td rowspan="6">3.5</td><td rowspan="6">11</td></tr>
<tr><td>S41-13×8.7</td><td>8.7</td></tr>
<tr><td>S41-15×7.7</td><td rowspan="4">15.6</td><td>7.7</td></tr>
<tr><td>S41-15×9.7</td><td>9.7</td></tr>
<tr><td>S41-15×11</td><td>11.7</td></tr>
<tr><td>S41-15×12</td><td>12.7</td></tr>
<tr><td>S41-17×10</td><td rowspan="12">60</td><td rowspan="12">30</td><td rowspan="3">17.6</td><td>10.7</td><td rowspan="12">4.5</td><td rowspan="12">12</td><td rowspan="12">7</td></tr>
<tr><td>S41-17×12</td><td>12.7</td></tr>
<tr><td>S41-17×15</td><td>15.7</td></tr>
<tr><td>S41-19×7.7</td><td rowspan="4">19.6</td><td>7.7</td></tr>
<tr><td>S41-19×9.7</td><td>9.7</td></tr>
<tr><td>S41-19×11</td><td>11.7</td></tr>
<tr><td>S41-19×14</td><td>14.7</td></tr>
<tr><td>S41-21×9.2</td><td rowspan="3">21.6</td><td>9.2</td></tr>
<tr><td>S41-21×11</td><td>11.7</td></tr>
<tr><td>S41-21×14</td><td>14.2</td></tr>
<tr><td>S41-23×11</td><td rowspan="2">23.6</td><td>11.7</td></tr>
<tr><td>S41-23×14</td><td>14.7</td></tr>
</table>

3.2.12 有色金属带材拉伸模 S42 型

见图 12、表 12。

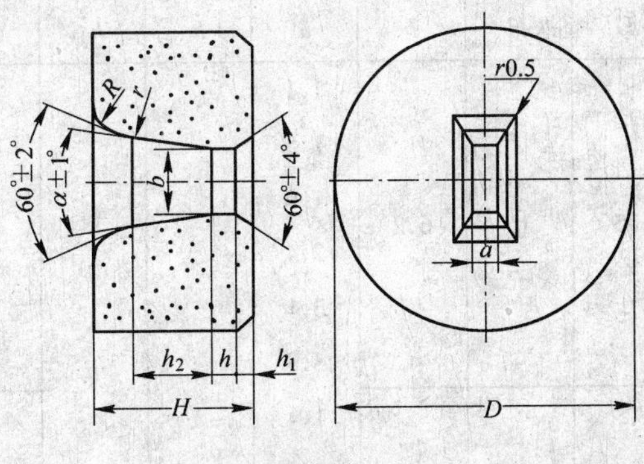

图 12

表 12

mm

<table>
<tr><th rowspan="2">型　号</th><th colspan="4">基 本 尺 寸</th><th colspan="6">参 考 参 数</th></tr>
<tr><th>D</th><th>H</th><th>b</th><th>a</th><th>h</th><th>h_1</th><th>h_2</th><th>R</th><th>α</th><th>r</th></tr>
<tr><td>S42-1.9×1</td><td rowspan="7">20</td><td rowspan="7">12</td><td rowspan="2">1.9</td><td>1.0</td><td rowspan="7">1.2</td><td rowspan="7">2</td><td rowspan="7">3.5</td><td rowspan="22">4</td><td rowspan="22">18°</td><td>0.5</td></tr>
<tr><td>S42-1.9×1.4</td><td>1.4</td><td>0.6</td></tr>
<tr><td>S42-2.4×1</td><td rowspan="2">2.4</td><td>1.0</td><td>0.5</td></tr>
<tr><td>S42-2.4×1.4</td><td>1.4</td><td>0.6</td></tr>
<tr><td>S42-3.1×1</td><td rowspan="3">3.1</td><td>1.0</td><td>0.5</td></tr>
<tr><td>S42-3.1×1.4</td><td>1.4</td><td>0.6</td></tr>
<tr><td>S42-3.1×1.9</td><td>1.9</td><td>0.6</td></tr>
<tr><td>S42-3.9×1</td><td rowspan="15">25</td><td rowspan="15">15</td><td rowspan="4">3.9</td><td>1.0</td><td rowspan="9">1.5</td><td rowspan="15">2.5</td><td rowspan="15">4.5</td><td>0.5</td></tr>
<tr><td>S42-3.9×1.5</td><td>1.5</td><td>0.6</td></tr>
<tr><td>S42-3.9×1.9</td><td>1.9</td><td>0.6</td></tr>
<tr><td>S42-3.9×2.4</td><td>2.4</td><td>0.8</td></tr>
<tr><td>S42-4.5×1.1</td><td rowspan="5">4.5</td><td>1.1</td><td>0.5</td></tr>
<tr><td>S42-4.5×1.5</td><td>1.5</td><td>0.6</td></tr>
<tr><td>S42-4.5×1.9</td><td>1.9</td><td>0.6</td></tr>
<tr><td>S42-4.5×2.4</td><td>2.4</td><td>0.8</td></tr>
<tr><td>S42-4.5×2.8</td><td>2.8</td><td>0.8</td></tr>
<tr><td>S42-5.3×1.1</td><td rowspan="6">5.3</td><td>1.1</td><td rowspan="6">1.8</td><td>0.5</td></tr>
<tr><td>S42-5.3×1.5</td><td>1.5</td><td>0.6</td></tr>
<tr><td>S42-5.3×1.9</td><td>1.9</td><td>0.6</td></tr>
<tr><td>S42-5.3×2.3</td><td>2.3</td><td>0.8</td></tr>
<tr><td>S42-5.3×3.1</td><td>3.1</td><td>0.8</td></tr>
<tr><td>S42-5.3×3.9</td><td>3.9</td><td>1.0</td></tr>
</table>

续表 12

型　　号	基本尺寸				参考参数					
	D	H	b	a	h	h_1	h_2	R	α	r
S42-6.2×1.1				1.1						0.5
S42-6.2×1.5				1.5						0.6
S42-6.2×1.9				1.9						0.6
S42-6.2×2.4	25	15	6.2	2.4			4.5	4	18°	0.8
S42-6.2×3.1				3.1						0.8
S42-6.2×3.9				3.9						0.8
S42-7.2×1.1				1.1	2					0.5
S42-7.2×1.5				1.5						0.6
S42-7.2×1.9				1.9						0.6
S42-7.2×2.4			7.2	2.4						0.8
S42-7.2×3.1				3.1						0.8
S42-7.2×3.9				3.9						1.0
S42-7.2×4.9				4.9						1.0
S42-8.4×1.2				1.2						0.5
S42-8.4×1.5				1.5						0.6
S42-8.4×1.9				1.9						0.6
S42-8.4×2.4			8.4	2.4		2.5				0.8
S42-8.4×3.1				3.1						0.8
S42-8.4×3.9				3.9						1.0
S42-8.4×4.9	35	18		4.9			5	5.5	20°	1.0
S42-9.1×1				1.0						0.5
S42-9.1×1.7				1.7						0.6
S42-9.1×2				2.0						0.6
S42-9.1×2.4			9.1	2.4	2.5					0.8
S42-9.1×3				3.0						1.0
S42-9.1×3.8				3.8						1.0
S42-9.1×4.9				4.9						1.0
S42-9.8×1.2				1.2						0.5
S42-9.8×1.8				1.8						0.6
S42-9.8×2.3			9.8	2.3						0.8
S42-9.8×3.1				3.1						0.8
S42-9.8×4.9				4.9						1.0
S42-9.8×6.3				6.3						1.2

续表 12

型　号	基　本　尺　寸				参　考　参　数					
	D	H	b	a	h	h_1	h_2	R	α	r
S42-10×1				1.0						0.5
S42-10×1.5				1.5						0.6
S42-10×1.9			10.8	1.9						0.6
S42-10×2.4				2.4						0.8
S42-10×2.9				2.9						0.8
S42-10×3.8				3.8						1.0
S42-11×1.1	35	18		1.1						0.5
S42-11×1.5				1.5						0.6
S42-11×1.9				1.9						0.6
S42-11×2.4			11.4	2.4						0.8
S42-11×3.1				3.1	2.5	2.5		5.5		0.8
S42-11×3.9				3.9						1.0
S42-11×4.9				4.9						1.2
S42-11×6.3				6.3						1.2
S42-12×1.4				1.4						0.6
S42-12×1.9				1.9						0.8
S42-12×2.6				2.6			5		20°	0.8
S42-12×3.4			12.8	3.4						1.0
S42-12×4.1				4.1						1.0
S42-12×4.9				4.9						1.0
S42-12×5.9				5.9						1.0
S42-14×1.6	45			1.6						0.6
S42-14×2.1				2.1						0.6
S42 14×2.8		20		2.8						0.8
S42-14×3.4			14.6	3.4	3					0.8
S42-14×4.1				4.1						1.0
S42-14×4.9				4.9						1.0
S42-14×5.9				5.9		3		6		1.0
S42-16×1.9				1.9						0.6
S42-16×2.4				2.4						0.8
S42-16×3.1	50		16.5	3.1	3.5					0.8
S42-16×3.9				3.9						1.0
S42-16×4.9				4.9						1.0
S42-16×6.3				6.3						1.2

续表 12

型号	基本尺寸				参考参数					
	D	H	b	a	h	h_1	h_2	R	α	r
S42-17×1	50	20	17.6	1.0	3.5	3	5	6	20°	0.5
S42-17×1.5				1.5						0.6
S42-17×2.1				2.1						0.6
S42-17×2.8				2.8						0.8
S42-17×3.4				3.4						0.8
S42-17×4.1				4.1						1.0
S42-17×4.9				4.9						1.0
S42-17×5.9				5.9						1.0
S42-19×1			19.2	1.0						0.5
S42-19×1.5				1.5						0.6
S42-19×2				2.0						0.6
S42-19×2.8				2.8						0.8
S42-19×3.7				3.7						1.0
S42-19×4.9				4.9						1.0
S42-19×5.9				5.9						1.0
S42-20×2.1			20.8	2.1						0.6
S42-20×2.8				2.8						0.8
S42-20×3.4				3.4						0.8
S42-20×4.1				4.1						1.0
S42-20×4.9				4.9						1.0
S42-20×5.9				5.9						1.0
S42-23×1			23.2	1.0						0.5
S42-23×1.4				1.4						0.6
S42-23×1.9				1.9						0.6
S42-23×2.4				2.4						0.8
S42-23×3				3.0						0.8
S42-23×3.8				3.8						1.0
S42-23×4.9				4.9						1.0
S42-23×5.9				5.9						1.0
S42-24×1	60		24.5	1.0						0.5
S42-24×1.4				1.4						0.6
S42-24×2.6				2.6						0.8
S42-24×3.3				3.3						0.8
S42-24×3.8				3.8						1.0

续表 12

型号	基本尺寸				参考参数					
	D	H	b	a	h	h_1	h_2	R	α	r
S42-27×1.4	60	20	27	1.4	3.5	3	5	6	20°	0.6
S42-27×1.9				1.9						0.6
S42-27×2.4				2.4						0.8
S42-27×3				3.0						0.8
S42-31×1.5			31	1.5						0.6
S42-31×3				3.0						0.8
S42-31×3.8				3.8						1.0

3.2.13 六方形型材拉伸模 S60 型

见图 13、表 13。

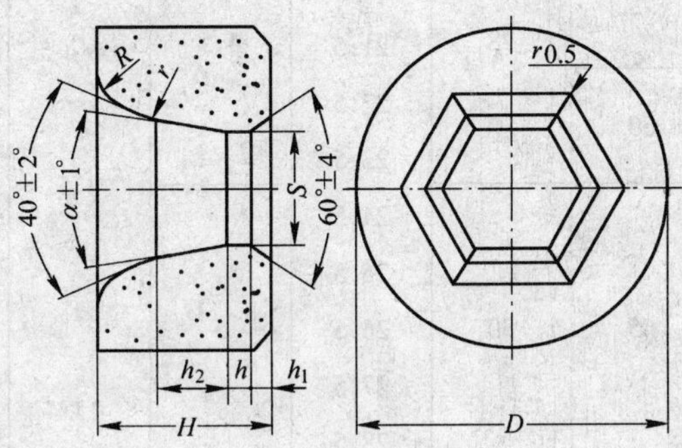

图 13

表 13 mm

型号	基本尺寸			参考参数				
	D	H	S	h	h_1	h_2	R	α
S60-2.5	30	21	2.5	1.8	2	9	4	14°
S60-3			3.0					
S60-4			4.0					
S60-4.7			4.7	2.5				
S60-5.7			5.7					
S60-6.7			6.7					
S60-7.7			7.7					
S60-8.7	35		8.7	3				16°
S60-9.7			9.7					
S60-10			10.6					

续表 13

型号	基本尺寸			参考参数				
	D	H	S	h	h_1	h_2	R	α
S60-11	40	25	11.5	4	2.5	10	5.5	16°
S60-12	40	25	12.5	4	2.5	10	5.5	16°
S60-13	45	25	13.5	4	2.5	10	5.5	16°
S60-14	45	25	14.5	4	2.5	10	5.5	16°
S60-15	45	25	15.5	4	2.5	10	5.5	16°
S60-16	45	25	16.5	4	2.5	10	5.5	16°
S60-17	45	25	17.5	4	2.5	10	5.5	16°
S60-18	45	25	18.5	4	2.5	10	5.5	16°
S60-19	55	28	19.5	4.5	3.5	11	5.5	18°
S60-20	55	28	20.5	4.5	3.5	11	5.5	18°
S60-21	55	28	21.5	4.5	3.5	11	5.5	18°
S60-22	60	28	22.5	4.5	3.5	11	5.5	18°
S60-23	60	28	23.5	4.5	3.5	11	5.5	18°
S60-24	65	30	24.5	5	3.5	11	5.5	18°
S60-25	65	30	25.5	5	3.5	11	5.5	18°
S60-26	65	30	26.5	5	3.5	11	5.5	18°
S60-27	65	30	27.5	5	3.5	11	5.5	18°
S60-28	65	30	28.5	5	3.5	11	5.5	18°
S60-29	70	35	29.5	5.5	5	12	6	18°
S60-30	70	35	30.5	5.5	5	12	6	18°
S60-31	70	35	31.3	5.5	5	12	6	18°
S60-32	70	35	32.3	5.5	5	12	6	18°
S60-33	80	35	33.3	5.5	5	12	6	18°
S60-34	80	35	34.3	5.5	5	12	6	18°
S60-35	80	35	35.3	5.5	5	12	6	18°
S60-36-80	80	35	36.3	5.5	5	12	6	18°
S60-37-80	80	35	37.3	5.5	5	12	6	18°
S60-36	85	35	36.3	5.5	5	12	6	18°
S60-37	85	35	37.3	6	5	12	6	18°
S60-38-85	85	35	38.3	6	5	12	6	18°
S60-39-85	85	35	39.3	6	5	12	6	18°
S60-41-85	85	35	41	6	5	12	6	18°

续表 13

型号	基本尺寸			参考参数				
	D	H	S	h	h_1	h_2	R	α
S60-38	90	35	38.3	6	5	12	6	18°
S60-39			39.3					
S60-41			41					
S60-42-90			42					
S60-44-90			44					
S60-47-90			47					
S60-42	100	40	42	8.5	6	13	8	
S60-44			44					
S60-47			47					
S60-49-100			49					
S60-49	110		49					
S60-52			52					
S60-54			54					

4 技术要求

4.1 模坯的物理力学性能和金相组织结构应符合相应硬度合金牌号标准规定。

4.2 模坯的型式及参数应符合本标准第 3 章规定。

4.3 模坯尺寸的允许偏差应符合下列规定：

4.3.1 圆形孔模坯的尺寸允许偏差：

4.3.1.1 内径尺寸允许偏差应符合表 14 规定。

表 14 mm

基本尺寸	允许偏差		基本尺寸	允许偏差	
	较高级	普通级		较高级	普通级
≤1	0 -0.1	0 -0.15	>16～20	0 -0.4	0 -0.6
>1～2	0 -0.15	0 -0.2	>20～25	0 -0.45	0 -0.7
>2～4	0 -0.2	0 -0.3	>25～32	0 -0.5	0 -0.8
>4～6	0 -0.25	0 -0.35	>32～40	0 -0.6	0 -1.0　1.8[1)]
>6～12	0 -0.3	0 -0.4	>40～55	0 -0.7	—　2.5[1)]
>12～16	0 -0.35	0 -0.5	>55～70	0 -0.9	—　2.5[1)]

注：1) 热压产品尺寸允许偏差。

4.3.1.2 外径尺寸允许偏差应符合表15规定。

表 15 mm

基本尺寸	允许偏差		基本尺寸	允许偏差	
	较高级	普通级		较高级	普通级
≤16	+0.6 +0.2	+0.8 0	>50~60	±1.3%	+1.9 0
>16~20	+0.7 +0.2	+0.9 0	>60~70	±1.3%	+2.1 0
>20~30	+0.7 +0.2	+1.0 0	>70~80	±1.3%	+3.4[1)] 0
>30~45	±1.3%	+1.3 0	>80~90	—	+3.4[1)] 0
>45~50	±1.3%	+1.6 0	>90~120	—	+4.0[1)] 0

注：1) 见表14注。

4.3.1.3 高度尺寸允许偏差应符合表16规定。

表 16 mm

基本尺寸	允许偏差		基本尺寸	允许偏差	
	较高级	普通级		较高级	普通级
≤10	±0.2	±0.4	>30~40	±0.5	±0.7 ±1.5[1)]
>10~20	±0.3	±0.5	>40~50	±0.5	±0.8 ±1.5[1)]
>20~30	±0.4	±0.6			

注：1) 见表14注。

4.3.2 多边形孔模尺寸允许偏差：

4.3.2.1 内孔尺寸允许偏差应符合表17规定。

表 17 mm

基本尺寸	允许偏差		基本尺寸	允许偏差	
	较高级	普通级		较高级	普通级
≤2	0 -0.2	0 -0.3	>20~25	0 -0.5	0 -0.9
>2~4	0 -0.25	0 -0.4	>25~32	0 -0.55	0 -1.0
>4~6	0 -0.3	0 -0.45	>32~40	0 -0.65	0 -1.1
>6~12	0 -0.35	0 -0.55	>40~50	—	— 2.8[1)]
>12~16	0 -0.4	0 -0.7	>50~60	—	— 2.8[1)]
>16~20	0 -0.45	0 -0.8	>60~75	—	— 2.8[1)]

注：1) 见表14注。

4.3.2.2 外径尺寸允许偏差应符合表18规定。

表 18 mm

基本尺寸	允许偏差		基本尺寸	允许偏差	
	较高级	普通级		较高级	普通级
≤30	+1.0 +0.2	+1.2 0	>70~80	±1.5%	+2.5 +3.5[1)] 0 0
>30~40	+1.1 +0.2	+1.4 0	>80~90	—	— +3.5[1)] 0
>40~50	±1.5%	+1.7 0	>90~100	—	— +3.5[1)] 0
>50~60	±1.5%	+2.1 0	>100~130	—	— +3.5[1)] 0
>60~70	±1.5%	+2.4 0			

注：1) 见表 14 注。

4.3.2.3 高度尺寸允许偏差应符合表 19 规定。

表 19 mm

基本尺寸	允许偏差		基本尺寸	允许偏差	
	较高级	普通级		较高级	普通级
≤20	±0.4	±0.6	>40~50	±0.6	±1.0 ±2.0[1)]
>20~30	±0.5	±0.7	>50~60	±0.7	— ±2.0[1)]
>30~40	±0.6	±0.8 ±2.0[1)]			

注：1) 见表 14 注。

4.3.3 拉伸模芯头 S30、S31 型尺寸允许偏差：

4.3.3.1 外径允许偏差应符合表 20 规定。

表 20 mm

基本尺寸	允许偏差		基本尺寸	允许偏差	
	较高级	普通级		较高级	普通级
>10~20	+0.6 +0.2	+0.7 +0.2	>40~50	+0.9 +0.2	+1.0 +0.2
>20~30	+0.7 +0.2	+0.8 +0.2	>50~60	+1.0 +0.2	+1.2 +0.2
>30~40	+0.8 +0.2	+0.9 +0.2	>60	+1.2 +0.2	+1.4 +0.2

4.3.3.2 芯头内孔尺寸允许偏差应符合表 21 规定。

表 21 mm

基本尺寸	允许偏差		基本尺寸	允许偏差	
	较高级	普通级		较高级	普通级
>10~20	+0.8 0	+1.0 0	>20~30	+1.0 0	+1.2 0

4.3.3.3 芯头高度尺寸允许偏差应符合表 22 规定。

表 22

mm

基本尺寸	允许偏差		基本尺寸	允许偏差	
	较高级	普通级		较高级	普通级
>10~20	±0.45	±0.5	>30~40	±0.55	±0.7
>20~30	±0.5	±0.6	>40~50	±0.6	±0.8

4.4 热压产品无倒角。

4.5 模坯不得有黑心、分层、裂纹和孔洞以及其他影响使用的缺陷。

4.6 工作部位不允许有掉边掉角,非工作部位掉边掉角不大于长×宽=1.0mm×0.5mm。热压产品非工作部位掉边掉角不大于长×宽=3mm×2mm。

5 试验方法与检验规则

试验方法与检验规则应符合 GB 5242 的规定。

6 标志、包装、运输和贮存

标志、包装、运输和贮存应符合 GB 5243 的规定。

附加说明:

本标准由中国有色金属工业总公司标准计量研究所提出。

本标准由株洲硬质合金厂负责起草。

本标准主要起草人:黄义章。

自本标准实施之日起,原国家标准 GB 6883—1986《硬质合金拉制模毛坯》作废。

中华人民共和国有色金属行业标准

YS/T 218—1994

超细羰基镍粉

代替 GBn 214—1984

本标准适用于制作粉末冶金材料、各种金属过滤器和电子工业材料等用途的超细羰基镍粉。

1 名词术语

1.1 超细羰基镍粉——系指采用热分解羰基镍的方法所制得的平均粒度小于 1μm 的颗粒组成的粉末。

1.2 羰基法——系指某些过渡族元素(如铁、钴、镍等)与一氧化碳在一定的温度、压力下反应生成羰基金属化合物,然后进行热分解制取金属粉末的方法。

2 品种和规格

2.1 超细羰基镍粉按其目前使用要求可分成 3 种牌号。

2.2 牌号的表示方法

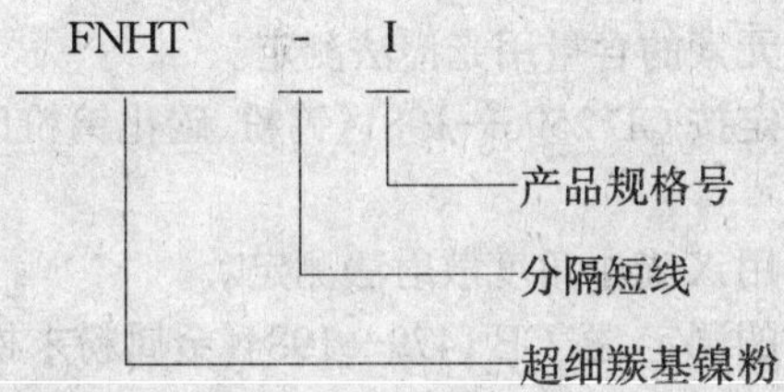

2.3 各牌号超细羰基镍粉的参考用途

FNHT-Ⅰ 主要用于粉末冶金工业。

FNHT-Ⅱ 主要用于粉末冶金工业和电子工业材料。

FNHT-Ⅲ 主要用于粉末冶金工业和电子工业材料。

3 技术要求

3.1 各牌号的超细羰基镍粉的物理性能应符合表 1 规定。

表 1

牌 号	平均粒度/Å	比表面/(m^2/g)	松装密度/(g/cm^3)
FNHT-Ⅰ	1000±50	6.5~8.5	0.2~0.4
FNHT-Ⅱ	630±40	16~20	0.15~0.2
FNHT-Ⅲ	470±80	27~35	0.16~0.26

3.2 各牌号的超细羰基镍粉的化学成分应符合表 2 规定。

国家标准局 1984-03-27 发布　　　　1985-03-01 实施

表 2

<table>
<tr><td rowspan="3">牌　号</td><td colspan="7">化　学　成　分</td></tr>
<tr><td colspan="6">杂质,不大于</td><td rowspan="2">Ni</td></tr>
<tr><td>C</td><td>O</td><td>Fe</td><td>S</td><td>P</td><td>其他杂质总和</td></tr>
<tr><td>FNHT-Ⅰ</td><td>0.2</td><td>2.5</td><td>0.01</td><td>0.003</td><td>0.005</td><td>0.01</td><td>余量</td></tr>
<tr><td>FNHT-Ⅱ</td><td>0.2</td><td>4.0</td><td>0.03</td><td>0.003</td><td>0.005</td><td>0.01</td><td>余量</td></tr>
<tr><td>FNHT-Ⅲ</td><td>0.2</td><td>6.0</td><td>0.03</td><td>0.003</td><td>0.005</td><td>0.01</td><td>余量</td></tr>
</table>

3.3　各牌号羰基镍粉的粒度分布应均匀,其中 FNHT-Ⅱ、FNHT-Ⅲ中大于和等于 1000Å 的大颗粒粉末少于 10%。

3.4　超细羰基镍粉外观呈黑色,无肉眼可见的氧化物。

3.5　需方有特殊要求时,可由供需双方商定。

4　试验方法

4.1　超细羰基镍粉中碳含量的测定,按 GB 223.1—1981《钢铁及其合金中碳量的测定》进行。

4.2　超细羰基镍粉中硫含量的测定,按 GB 223.2—1981《钢铁及其合金中硫量的测定》进行。

4.3　超细羰基镍粉中磷含量的测定,按 GB 223.3—1981《钢铁及其合金中磷量的测定》进行。

4.4　超细羰基镍粉中氢损的测定,按有关标准进行。

4.5　超细羰基镍粉中铁含量用光谱法与磺基水杨酸比色法测定。

4.6　超细羰基镍粉中其他化学元素的含量用光谱法测定。

4.7　超细羰基镍粉的比表面测定按 GB 2596—1981《钨粉、碳化钨粉比表面积(平均粒度)测定(简化氮吸附法)》进行。

4.8　超细羰基镍粉的平均粒度用 X 光小角度散射法测定。

4.9　超细羰基镍粉的松装密度的测定,按 GB 1479—1984《金属粉末松装密度的测定　第 1 部分　漏斗法》进行。

5　检验规则

5.1　验收

超细羰基镍粉应由供方技术监督部门验收,保证产品质量符合本标准要求,并填写质量证明书。

5.2　重复试验

如某项分析检验结果不符合本标准的规定,则在该批粉末中对该项加倍取样复验,如仍有一个结果不符合本标准规定,则该批粉末为不合格。

5.3　取样方法

5.3.1　每炉超细羰基镍粉,过筛后,检查表面质量,经确认无氧化、无油、洁净干燥的粉末,用粉末取样器在桶内不同部位取五点,每点 3～6g,混匀,平分为两份,装于玻璃瓶中,一份送检验室检验用,一份副样保留,副样可保留到合批后处理。

5.3.2　符合技术要求的同一牌号不同炉次的粉末,混合在一起,混匀后,装于桶(或瓶)内。从每桶(或瓶)中取三点,每点重量相同(3～6g),混匀后,用四分法缩分至分析所需的样品重量,平分作两份,装于玻璃瓶中,一份送检验室检验,一份作副样保留。

5.4　质量异议和仲裁

需方在收到产品后,可按本标准规定进行验收。当验收结果与本标准规定不符时,应在收到产品之日起 3 个月内,向供方提出,由供需双方协商解决。必要时请第三者进行仲裁,仲裁分析结果为最终结果。

6 标志、包装、运输、贮存

6.1 产品装入干净的塑料袋内,充入氮气,用塑料热合机封口后装入桶内、每桶净重为 0.5kg 或 1.0kg。如有特殊要求由供需双方协商解决。

6.2 包装桶上应注明:产品牌号、批号、规格和净重以及“防潮”、“防火”字样或标志。

6.3 产品运输时,应防止潮湿,桶置于木箱中、并在箱上注明产品牌号、批号、规格和净重。

6.4 产品应存放在干燥、通风、无酸、无碱气氛处。

6.5 每批产品应附有质量证明书,注明:

a. 供方名称;
b. 产品名称;
c. 产品牌号、批号;
d. 分析检验结果及检验部门印记;
e. 检验日期;
f. 本标准编号。

附加说明:

本标准由中华人民共和国冶金工业部提出。
本标准由冶金部钢铁研究总院负责起草。
本标准主要起草人:陈利民、滕荣厚。

中华人民共和国有色金属行业标准

YS/T 219—1994

镍铁磁粉芯

代替 GBn 251—1985

Permalloy powder cores

本标准适用于 Ni81Mo2 和 Ni50 软磁粉末压制而成的环形粉芯。

该类粉芯具有稳定性好,使用频率范围较宽等特点,主要用于滤波及谐振电路中。

粉芯使用的环境条件为:

a. 温度:－55～＋125℃;

b. 相对湿度:40±2℃时达98%;

c. 大气压力:5～1600mmHg。

1 名词术语

1.1 粉芯主要特性用下列名词术语表示:

a. 有效磁导率:μ_e;

b. 有效品质因数:Q_e;

c. 有效磁导率温度系数:α_{μ_e}。

1.2 各名词术语的含义分别由下列公式确定。

1.2.1 粉芯有效磁导率按公式(1)计算:

$$\mu_e = \frac{\bar{l}L}{0.4\pi N^2 A} \cdot 10^8 \tag{1}$$

式中 μ_e——有效磁导率,H/m;

$\bar{l}$——试样平均磁路长度,cm;

L——电感量,H;

N——线圈匝数;

A——试样截面积,cm^2。

1.2.2 粉芯有效品质因数按公式(2)计算:

$$Q_e = \frac{2\pi f L}{R_{eff}} \tag{2}$$

式中 Q_e——有效品质因数;

f——频率,Hz;

L——电感量,H;

R_{eff}——含磁芯的线圈的等效电阻,Ω。

1.2.3 粉芯有效磁导率温度系数按公式(3)计算:

$$\alpha_{\mu_e} = \frac{\mu_{e_2} - \mu_{e_1}}{\mu_{e_1}} \cdot \frac{1}{\theta_2 - \theta_1}, (\theta_2 > \theta_1) \tag{3}$$

国家标准局 1985-08-24 发布　　　　1986-07-01 实施

式中 α_{μ_e}——有效磁导率温度系数,1/℃;

μ_{e_1}——温度为 θ_1 时的有效磁导率,H/m;

μ_{e_2}——温度为 θ_2 时的有效磁导率,H/m。

2 分类、代号

2.1 粉芯按其有效磁导率分类。分类代号采用镍铁磁粉芯中"粉"和"镍"字汉语拼音的第一个大写字母,以主元素镍的名义成分值加测试频率 10kHz 时的有效磁导率的值联合表示。

2.2 代号示例:

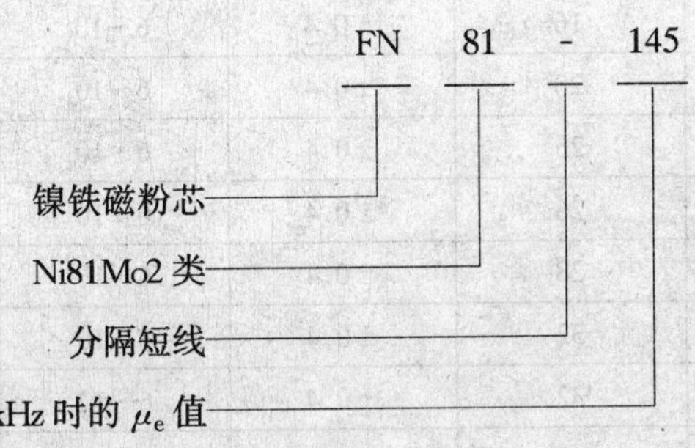

2.3 粉芯的分类及代号见表 1。

表 1

牌 号	分 类 及 代 号					
Ni81Mo2	FN81-60	FN81-90	FN81-125	FN81-145	FN81-170	FN81-200
Ni50	FN50-70	FN50-90	FN50-110	—	—	—

3 外形、尺寸

3.1 粉芯的外形如图:

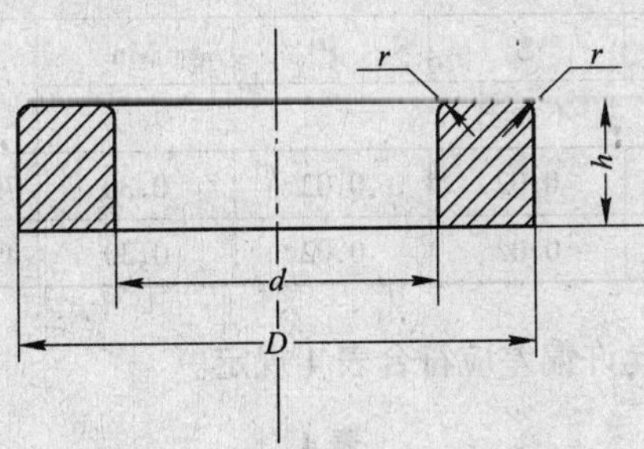

图中:D——外径,mm;

d——内径,mm;

h——高度,mm;

r——圆角半径,mm。

3.2 粉芯的尺寸规格及允许偏差应符合表 2 规定。

表 2

mm

D		d		h		r
基本尺寸	允许偏差	基本尺寸	允许偏差	基本尺寸	允许偏差	不大于
13	±0.4	8	±0.3	3~7	±0.2	0.5
15	±0.4	9	±0.3	3~7	±0.2	0.5
19	±0.4	13	±0.3	3~7	±0.2	0.5
22	±0.4	14	±0.3	3~7	±0.2	0.5
25	±0.5	14	±0.4	6~10	±0.3	2.5
26	±0.5	16	±0.4	6~10	±0.3	2.5
32	±0.5	20	±0.4	6~10	±0.3	3.0
36	±0.5	25	±0.4	6~10	±0.3	3.0
40	±0.5	26	±0.4	6~10	±0.3	3.5
44	±0.5	28	±0.4	6~10	±0.3	4.0
50	±0.5	32	±0.4	6~10	±0.4	4.5
52	±0.5	32	±0.4	6~12	±0.4	4.5
64	±0.5	40	±0.4	6~12	±0.4	6.0

3.3 标记示例如下：

外径为 22mm,内径为 14mm,高度为 7mm,μ_e 为 145 的 Ni81Mo2 粉芯,其标记为：

FN81-145-ϕ22/14×7-GBn251—1985

4 技术要求

4.1 粉芯的合金粉化学成分应符合表 3 规定。在粉芯的磁性能符合本标准规定时,化学成分不作为判定条件。

表 3

牌 号	化 学 成 分/%							
	C	Si	S	P	Mn	Ni	Mo	Fe
	不大于							
Ni81Mo2	0.03	0.30	0.02	0.02	0.30	79.00~81.00	1.80~2.20	余量
Ni50	0.03	0.30	0.02	0.02	0.30	49.00~51.00	—	余量

4.2 各类粉芯的有效磁导率及允许偏差应符合表 4 规定。

表 4

类 别	有效磁导率 μ_e	允 许 偏 差
FN81-60	60	±5
FN81-90	90	±10
FN81-125	125	±10
FN81-145	145	±10

续表 4

类　别	有效磁导率 μ_e	允 许 偏 差
FN81-170	170	±15
FN81-200	200	±15
FN50-70	70	±10
FN50-90	90	±10
FN50-110	110	±10

4.3 粉芯的有效品质因数为：

a. Ni81Mo2 类不小于 15；

b. Ni50 类不小于 5。

4.4 粉芯的有效磁导率温度系数为：

a. Ni81Mo2 类分为 -100×10^{-6}/℃～200×10^{-6}/℃和不大于 450×10^{-6}/℃两档；

b. Ni50 类不大于 200×10^{-6}/℃。

4.5 粉芯进行基本环境试验的项目包括：

a. 温度变化；

b. 恒定湿热；

c. 振动和冲击。

4.6 粉芯的外观应完整光洁。但允许有不影响使用性能的微小缺陷。

5 试验方法

5.1 粉芯的有效磁导率和有效品质因数的测量采用电桥法(马克斯韦尔桥型)。

5.2 用于测量的仪表精度应不低于 0.5 级。

5.3 粉芯的测试条件如下：

5.3.1 粉芯测试的标准环境条件应符合 GB 2421—1981《电工电子产品基本环境试验规程总则》4.3 的规定。

5.3.2 试样应为单只磁环。磁环上先绕上 2～3 层能绝缘的薄带，然后用线径为 0.41mm 的漆包铜线均匀地缠绕 50 匝。

5.3.3 用于测量的线圈漆包铜线非缠绕部分，端部应基本平齐。其长度为：外径大于或等于 22mm 的粉芯试样留 100～120mm；外径小于 22mm 的粉芯试样留 80～100mm。

5.3.4 粉芯的测试频率为 10kHz，电流为 3mA。

5.3.5 粉芯有效磁导率温度系数的测试温度范围为 −40～80℃。在此温度范围内，每 20℃为一测温点，每一测温点保温时间应不少于 30min。有效磁导率温度系数的计算按 1.2.3 进行。

5.4 粉芯基本环境试验的具体技术要求等级和试验方法由供需双方根据 GB 2421～2424—1981《电工电子产品基本环境试验规程》中的有关规定协商决定，并在合同中注明。

5.5 粉芯的合金粉化学成分的分析按 YB 789—1975《精密合金化学分析方法》的规定进行。

5.6 粉芯的外观检查用目测，外形尺寸采用通用量具测量。

6 检验规则

6.1 粉芯的检查和验收由供方技术监督部门按本标准的要求进行。

6.2 粉芯的检验抽样按同一冶炼号、同一绝缘号、同一热处理号或同一规格、同一压制号为一个批号。

6.3 每批抽样数量及技术条款见表5。

表5

检验项目	抽样数量	本标准条款
外观	100%	4.6
外形尺寸	从外观合格品中抽30%	5.6
性能	从外观和尺寸合格品中抽1%,但不得少于3只	4.2 4.3

6.4 粉芯有效磁导率温度系数的检验由供需双方按本标准4.4的分类商定,并在合同中注明。

6.5 粉芯基本环境试验每半年不少于一次,试样从合格的产品中随机抽取,数量不少于9只。

6.6 进行基本环境试验后的产品不得作为合格品交货。

6.7 若试样的某一项应检项目不合格,则在该批中加倍抽样进行该不合格项目的复验。复验结果仍有一只试样不合格,则该批不予验收。

6.8 需方对收到的产品按本标准的规定进行检验。若检验结果不符合本标准的规定时,可在收到产品后3个月内向供方提出,由供需双方协商解决。

7 包装、标志和质量证明书

7.1 粉芯的包装应采用能足以保证防潮、防震的盒(箱)。每一盒(箱)内只能装同一规格、同一批号的产品。

7.2 每一盒(箱)粉芯的重量不应超过30kg。盒(箱)内应有产品合格证及装箱单,装箱单上应注明:

a. 供方名称;
b. 粉芯代号、标记;
c. 供方商标;
d. 数量(只数及盒数);
e. 装箱日期;
f. 包装及检验人员签章。

7.3 包装粉芯的盒(箱)外应注明"小心轻放"字样及防潮、易碎品标志。

7.4 粉芯贮存处温度为-10~+40℃,相对湿度不大于80%,周围应无酸、碱及其他有害气体杂质。

7.5 粉芯交货时应附产品质量证明书,内容包括:

a. 供方名称;
b. 需方名称;
c. 粉芯牌号;
d. 合同号;
e. 批号;
f. 尺寸规格;
g. 件数;
h. 主要性能指标及技术监督部门印记;
i. 检验日期;
j. 本标准编号。

附加说明:

本标准由中华人民共和国冶金工业部提出。
本标准由武汉冶金研究所负责起草。
本标准主要起草人:周炳毅、王克华。

中华人民共和国有色金属行业标准

YS/T 220—1994

镍铝合金粉

代替 GBn 261—1986

本标准适用于制取骨架镍催化剂用镍铝合金粉。该产品用于石油化工、化纤、香料、制药等行业。

1 品种规格

1.1 镍铝合金粉按其化学成分和物理性能分为 FNL11、FNL12、FNL13 和 FNL21 四个牌号。

2 技术要求

2.1 镍铝合金粉的化学成分应符合表 1 规定。

表 1 %

牌号	化学成分				
	Ni	Fe	Cr	Al	杂质 S
FNL11 FNL12 FNL13	40.0～50.0	—	—	余量	<0.005
FNL21	48.0～50.0	0.3～0.6	1.0～1.25		

注：需方对化学成分有其他要求时，可由供需双方商定。

2.2 FNL11、FNL12、FNL13 镍铝合金粉的粒度分布应符合表 2 规定。

表 2

牌号		FNL11			FNL12			FNL13		
粒度范围	目	+40	−40+60	−60	+60	−60+80	−80	+80	−80+120	−120
	%(重量)	<5	≥80	余量	<7	≥75	余量	<10	≥65	余量

注：需方对粒度分布有其他要求时，可由供需双方商定。

2.3 FNL21 镍铝合金粉的粒度分布应符合表 3 的规定。

表 3

粒度范围/μm	>50	50～40	40～30	30～20	20～10	<10
%(重量)	<10	4～20	10～25	10～25	20～40	<25

国家标准局 1986-09-15 发布 1987-09-01 实施

2.4 镍铝合金粉经活化后的初活性用吸氢速度(单位时间的吸氢量)表示。FNL21 经活化后的初活性,按附录 B 规定的条件进行试验时,应不小于 1100L/h。FNL11、FNL12、FNL13 的初活性由供需双方商定。

2.5 镍铝合金粉中不得含有肉眼可见的夹杂物和块状物体。

3 试验方法

3.1 镍铝合金粉的化学成分分析按附录 A(补充件)规定的方法进行。

3.2 FNL11、FNL12、FNL13 镍铝合金粉粒度分布的测定,按 GB 1480—1984《金属粉末粒度组成的测定——干筛分法》进行,振筛时间 15min。

3.3 FNL21 镍铝合金粉粒度分布的测定按 GB 5157—1985《金属粉末粒度分布的测定——沉降天平法》进行。

3.4 镍铝合金粉经活化后的初活性的测定按附录 B(补充件)规定的方法进行。

4 检验规则

4.1 镍铝合金粉应由供方技术监督部门进行检验,保证产品质量符合本标准要求,并填写质量证明书。

4.2 需方可对收到的产品按本标准规定进行检验,如检验结果与本标准规定不符时,应从收到产品之日起 3 个月内向供方提出,由供需双方协商解决。如需仲裁,应由供需双方在需方共同取样。

4.3 镍铝合金粉应成批提交检验,每批由同一牌号产品组成,批重不大于 5000kg。

4.4 粉末取样按 GB 5314—1985《粉末冶金用粉末的取样方法》进行。用取样器从容器中取出规定数目的份样,总样不得少于 2kg。混匀后用四分法缩分至试验所需数量。

4.5 检验结果如有一项不符合本标准的规定,则在该批镍铝合金粉中对该项加倍取样复验。若复验结果仍不符合本标准规定,则该批产品为不合格。

5 标志、包装、运输、贮存

5.1 镍铝合金粉用塑料袋包装后,扎紧袋口,置于加盖金属桶内。每桶毛重不超过 60kg。

5.2 金属桶应坚固并密封良好。可采用铝合金桶、镀锌铁桶或里外涂漆的铁桶。

5.3 包装桶外表面应标明:

a. 供方名称及商标;
b. 产品名称和牌号;
c. 批号;
d. 毛重、净重;
e. 生产日期;
f. 防湿、防热标志。

5.4 每批产品应附有质量证明书,其上注明:

a. 供方名称;
b. 产品牌号;
c. 批号;
d. 件数和净重;
e. 检验结果;
f. 本标准编号;

g. 出厂日期。

5.5 镍铝合金粉应贮存在阴凉干燥的库房内。

5.6 采用篷车或集装箱运输。

附 录 A

镍铝合金粉化学分析方法

（补充件）

镍铝合金粉化学分析方法包括镍、铝、铁、铬、硫的测定。其中杂质硫的测定采用燃烧碘量法，本附录不作详细叙述。

本方法遵守 GB 1467—1978《冶金产品化学分析方法标准的总则及一般规定》。

A.1 EDTA 络量法测定铝

A.1.1 方法提要

铝与 EDTA 形成中等强度的络合物（$PK=16.1$）。试样以盐酸、硝酸溶解后，加入过量的 EDTA，使铝和各金属离子与 EDTA 完全络合。用锌盐标准液滴定过量的 EDTA，然后加入氟化钠置换，再以锌标准液滴定 Al-EDTA 络合物中释放出来的 EDTA，以二甲酚橙为指示剂，终点由黄变为橙红。本合金含量范围的 Ni、Fe、Cr 均不干扰测定。

A.1.2 试剂

A.1.2.1 盐酸（1+1）。

A.1.2.2 硝酸（1+1）。

A.1.2.3 氨水（1+1）。

A.1.2.4 乙酸-乙酸钠缓冲液 pH=5.5～6.0。

A.1.2.5 氟化钠 3%。

A.1.2.6 指示剂：二甲酚橙 0.1%。

A.1.2.7 EDTA 标准液 0.02N。

A.1.2.8 锌盐标准液 $K=\frac{\text{EDTA毫升数}}{\text{锌标准液毫升数}}$。

A.1.3 分析步骤

A.1.3.1 称取 1.0000g 镍铝合金粉于 250mL 烧杯中，加入（1+1）盐酸 20mL，待激烈反应停止后低温溶解。后期滴加（1+1）硝酸（约 2mL）至试样全部溶解。微火驱赶多余的酸。冷却，加入 50mL 水，加热溶解。冷却后移入 500mL 容量瓶中。

A.1.3.2 用 10mL 移液管吸取试液置于 250mL 三角瓶中，加 EDTA 标准液 35mL。加水 40mL[需要时以（1+1）氨水调节 pH≈3]。加乙酸-乙酸钠缓冲液 10mL。煮沸 5～7min，冷却，加二甲酚橙指示剂 6 滴，以锌标准液返滴至溶液由黄变为橙红色。加 3% 氟化钠溶液 10mL，煮沸 5min，以锌标准液返滴至溶液由黄变橙红为终点。记下第二次返滴时消耗的锌标准液体积 V（两次终点的观察应一致）。

A.1.4 分析结果的计算

铝的百分含量按公式（A1）计算：

$$\text{Al}(\%)=\frac{V\cdot K\cdot T_{\text{Al}}}{G}\times 100 \tag{A1}$$

式中 V——第二次返滴定游离 EDTA 时消耗锌标准液体积，mL；

K——每毫升锌标准液相当 EDTA 标准液数的比值；

T_{Al}——EDTA 标准液对铝的滴定度，mg/mL；

G——分取试样的重量，mg。

注：T_{Al}和 K 值的标定可采用与试样组分相近的合成试样来标定。

A.1.5 允许差(%)

含铝量:40～50；

允许差:0.3。

A.2 EDTA 容量法测定镍

A.2.1 方法提要

在氨性溶液中，以酒石酸钾钠掩蔽铁，以紫尿酸铵为指示剂，用 EDTA 标准溶液滴定。铝、铬等存在元素不干扰测定。

A.2.2 试剂

A.2.2.1 氯化铵-氢氧化铵缓冲溶液(pH=10～11)。

A.2.2.2 盐酸(1+1)。

A.2.2.3 硝酸(1+1)。

A.2.2.4 酒石酸钾钠 20%。

A.2.2.5 紫尿酸铵指示剂：将 99% 的氯化钠与 1% 的紫尿酸铵混合磨细备用。

A.2.2.6 EDTA 标准溶液 0.02N。

A.2.3 分析步骤

A.2.3.1 称取 1.0000g 镍铝合金粉于 250mL 烧杯中，加入(1+1)盐酸 20mL，待激烈反应停止后，低温溶解，后期滴加(1+1)硝酸(约 2mL)至试样全部溶解。微火驱赶多余的酸，冷却，加入 50mL 水，加热溶解，冷却，移入 500mL 容量瓶中。

A.2.3.2 用 25mL 移液管吸取上述溶解稀释后的溶液于 500mL 三角瓶中，加水 50mL，加 20% 酒石酸钾钠 25mL，加氯化铵-氢氧化铵缓冲液 20mL，加少量(约 50～100mg)固体指示剂混合物，用 EDTA 标准液滴定至黄橙变为亮紫色为终点。

记录消耗的 EDTA 毫升数 V。

A.2.4 分析结果的计算

镍的百分含量按公式(A2)计算：

$$\mathrm{Ni}(\%)=\frac{T_{Ni}\cdot V}{G}\times 100 \qquad \text{(A2)}$$

式中 T_{Ni}——EDTA 标准液对镍的滴定度，mg/mL；

V——EDTA 标准液消耗的体积，mL；

G——分取试样的重量，mg。

A.2.5 允许差(%)

含镍量:40～50；

允许差:0.3。

A.3 硫代硫酸钠容量法测定铬

A.3.1 方法提要

试样以磷酸、高氯酸溶解，以高氯酸将三价铬氧化为六价铬，加过量碘化钾，以淀粉为指示剂，以硫代硫酸钠标准液滴定。

A.3.2 试剂

A.3.2.1 磷酸 $\rho=1.70$(g/mL)。

A.3.2.2 高氯酸 $\rho=1.61$(g/mL)。

A.3.2.3 碘化钾溶液 3%。

A.3.2.4 硫代硫酸钠标准液 0.02N。

A.3.2.5 可溶性淀粉溶液 0.1%。

A.3.3 分析步骤

称镍铝合金粉 1.0000g,置于 500mL 三角瓶中,加水 5mL,加磷酸 10mL,分四次加入 20mL 高氯酸。每添加一次要等几分钟。在室温下溶解,反应缓慢时加热至沸。完全溶解后煮沸 5~10min,至呈现铬离子的黄色。冷却后加 75mL 水(要小心!),再加热沸腾几分钟,使生成的氯气排出。

冷却到 20~25℃,加水 75mL 加 3%碘化钾溶液 25mL,用硫代硫酸钠标准液滴定至呈淡黄色,加淀粉溶液 5mL,继续滴定至溶液呈淡绿色。

A.3.4 分析结果的计算

铬的百分含量按公式(A3)计算:

$$\mathrm{Cr}(\%)=\frac{T_{\mathrm{Cr}}\cdot V}{G}\times 100 \tag{A3}$$

式中 T_{Cr}——硫代硫酸钠标准液对铬的滴定度,mg/mL;

V——硫代硫酸钠标准液消耗的体积,mL;

G——试样重量,mg。

A.3.5 允许差(%)

含铬量:1~1.25;

允许差:0.03。

A.4 硫氰化钾光度法测定铁

A.4.1 方法提要

试样以盐酸、硝酸溶解,以溴水氧化,以硫氰化钾显色,于波长 480nm 处测量其吸光度。

A.4.2 试剂

A.4.2.1 盐酸 $\rho=1.19$(g/mL)。

A.4.2.2 盐酸(1+1)。

A.4.2.3 氨水(1+1)。

A.4.2.4 硝酸(1+1)。

A.4.2.5 溴水。

A.4.2.6 硫氰化钾(25%)。

A.4.2.7 铁标准液。

A.4.2.7.1 铁标准液 A:称取 1.0000g 金属铁(纯度 99.99%)置于 200 毫升烧杯中,加入 40mL(1+1)硝酸进行溶解。冷却,以水稀释至 1L 容量瓶中。此标准液为 A(1mL=1mgFe)。

A.4.2.7.2 铁标准液 B:吸取铁标准液 A2mL 于 100mL 容量瓶中,以水稀释至刻度,摇匀。此标准液为 B(1mL=20μg 铁)。

A.4.2.8 镍标准液:称取 0.5000g 金属镍(纯度 99.99%)置于 200mL 烧杯中,加入 20mL(1+1)硝酸溶解,冷却,以水稀释至 100mL 容量瓶中,此标准液 1mL=5mg 镍。

A.4.3 分析步骤

A.4.3.1 溶解试样同镍铝合金粉中铝的测定方法 3.1。

A.4.3.2 取 3.1 溶解好的试样 5mL,放入 50mL 比色管中,加水 10mL,再加 0.1mL 溴水、5mL 盐酸、10mL25%硫氰化钾,以水稀释至刻度,摇匀,放置 10min 后用 1cm 比色皿在波长 480nm 处测吸光度。

A.4.3.3 工作曲线的绘制

吸取铁标准液 B0.00、1.00、2.00、3.00、4.00mL 分别置于一组 50mL 比色管中,同时分别加入 1.00mL 镍标准液,以下操作同 3.2 以铁量为横坐标,吸光度为纵坐标,绘制工作曲线。

A.4.4 分析结果的计算

铁的百分含量按公式(A4)计算:

$$\mathrm{Fe}(\%)=\frac{R}{G}\times 100 \tag{A4}$$

式中 R——从工作曲线上查得的铁量,mg;

G——分取试样重量,mg。

A.4.5 允许差(%)

含铁量:0.3~0.6;

允许差:0.03。

附 录 B
镍铝合金粉经活化后初活性测定方法
(补充件)

本方法适用于骨架镍用镍铝合金粉活化后初活性的测定。以下以己二腈加氢反应中,镍铝合金粉活化后吸氢速度的测定为例。

本方法遵守 GB 1476—1978《冶金产品化学分析方法标准的总则及一般规定》。

B.1 方法提要

B.1.1 实验室活化—碱抽提。装置如图 B1 所示。

容量为 2000mL 三颈蒸馏瓶一个。在一个支管上配备一支温度计(0~150℃)。在中间主颈内插入一只搅拌棒,由电动搅拌机带动(转速 180r/m)。另一支管作加料口。

在实验室条件下,控制氢氧化钠浓度、活化温度、加料速度、反应时间等因素。镍铝合金粉中铝和氢氧化钠作用进行活化,制备骨架镍催化剂。

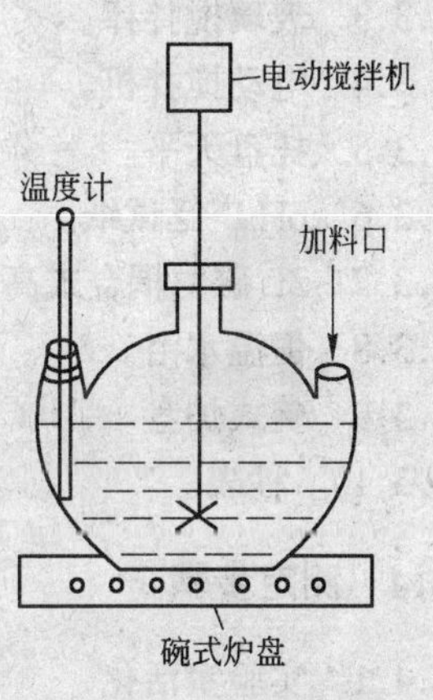

图 B1 实验室活化装置示意图

$$2\mathrm{NiAl}+2\mathrm{NaOH}+2\mathrm{H_2O}=2\mathrm{NaAlO_2}+3\mathrm{H_2}\uparrow+2\mathrm{Ni}$$

B.1.2 己二腈在高压釜氢化时的吸氢速度的测定。装置如图 B2 所示。

镍铝合金粉中铝和氢氧化钠反应生成氢和偏铝酸钠,使其成活性镍。测定在催化剂活性镍存在下,己二腈氢化速度。

B.2 试剂

B.2.1 压缩氢(99.99%)。

B.2.2 压缩氮(99.99%)。

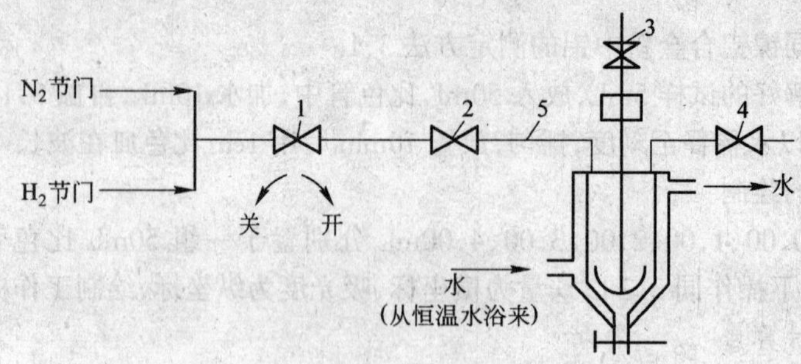

图 B2 高压釜测定吸氢速度装置示意图

1—进气阀（室内）；2—进气阀（釜内）；3—放气阀（釜上方）；
4—放气阀（釜侧方）；5—连接管（采用不锈钢管）

B.2.3 己二腈（精品）。

B.2.4 乙醇（分析纯）。

B.2.5 氢氧化钠溶液（30％）。

B.2.6 甲基红（0.04％）。

B.2.7 盐酸标准液 0.100N。

B.3 仪器

B.3.1 三颈蒸馏瓶 容量 2000mL。

B.3.2 水银温度计 刻度范围 0～150℃。

B.3.3 玻璃搅拌棒。

B.3.4 电动搅拌机。

B.3.5 托盘天平。

B.3.6 pH 广泛试纸。

B.3.7 2L 磁力耦合式高压釜。

B.3.8 恒温水浴。

B.3.9 碗式炉盘。

B.3.10 秒表。

B.4 测定步骤

B.4.1 实验室活化

称 70g 镍铝合金粉置于 100mL 干燥烧杯中备用。

将 490mL30％氢氧化钠溶液、210mL 水加入反应瓶中（三颈蒸馏瓶），开始搅拌加热，当温度达到 80～85℃停止加热。放入少量的镍铝合金粉，将 70g 镍铝合金粉在 20min 内加完（均匀地加）。加热升温，温度上升至 105℃保持 50min（温度控制在 105～110℃之间即可）。共约持续 70min，不要停止搅拌，要避免镍铝合金粉悬浮液溅到烧瓶的内壁上（加料口易黏住合金粉，最好用长柄勺或玻璃棒刮入瓶内以少量水冲洗）。在反应过程中应补充水（大约 500mL）以保持原来液体的体积（共 700mL）。反应时间到后停止搅拌，静置 15～20min 待溶液和催化剂分开，倒出水层（注意！不要溅入眼内），用 500mL50℃的温水洗二次，并转移至 1000mL 的烧杯中（注意！干燥的活性镍易着火！）。继续用冷水洗 10～15 次（可用抽滤泵抽滤洗涤）洗至中性。用 pH 试纸检查 pH 至 7 后，取 25mL 过滤下来的洗涤水,加入甲基红指示剂 2 滴,以 1 滴 0.1N 盐酸标准液中和,溶液变红为合格。

将活性镍移入 250mL 内,以 75mL 乙醇脱水三次,并保存在 100mL 乙醇中备用。

B.4.2 高压釜己二腈氢化吸氢速度的测定

B.4.2.1 高压釜使用前进行气密性试验

使用前检查工作压力下是否漏气。开高压釜进气阀(阀 2,逆时针为开),开高压釜室内管路进气阀(阀 1,顺时针为开),开氮气瓶节门至釜内压力表读数为 $22kgf/cm^2$,关上进气阀,关上氮气瓶节门,观察压力表读数 30min 不下降为合格。开放气阀 4(逆时针),将氮气放掉,压力表读数为“0”,关上放气阀 4。此时高压釜可投入运行。

B.4.2.2 开釜前的准备工作

B.4.2.2.1 检查高压釜电气系统和控制箱各插头是否接通;

B.4.2.2.2 检查高压釜加热水管,冷却水管是否正确接通;

B.4.2.2.3 恒温水浴内加满热水,插入温度计;

B.4.2.2.4 检查水浴的水泵运转是否正常(接通水泵电源时出水口应有水流动);

B.4.2.2.5 检查控制箱测温部分的机械零点,调节高温指针在 50℃,低温指针在 0℃;

B.4.2.2.6 检查高压釜搅拌系统是否正常运转。

a. 开轴冷却水;

b. 开控制箱总开关(向上);

c. 开测速开关(向下为慢速,向上为快速);

d. 开可控硅电压调节器开关,旋转手调旋钮按顺时针方向慢慢增大。此时釜内速度指示 μA 表读数相应慢慢增大,说明搅拌轴转动;

e. 旋转(逆时针)手调旋钮至零位(注意此点!)后,关可控硅电压调节器开关。

B.4.3 吸氢速度的测定

B.4.3.1 称 26g 润湿的活性镍于 250mL 烧杯中,加入 50mL 乙醇调稀,通过加料球阀加入釜内,用乙醇清洗漏斗和烧杯上粘附的活性镍。向釜内加入己二腈 369g、30% 氢氧化钠 7.5mL,最后用乙醇冲洗,乙醇的总量为 370mL。

B.4.3.2 用氮气吹扫 3 次,每次搅拌 30s,氮气的压力分别为 5、10、$15kgf/cm^2$(搅拌目的是除溶解氧),用秒表控制时间。用氮气吹扫操作阀门顺序与气密试验相同。

搅拌:开轴冷却水,开可控硅电压调节器开关 B,将手调旋钮增大到 $90\mu A$(180r/m),30s 后手调旋钮逆时针转到“0”,关上 B。

B.4.3.3 加氢三次。压力分别为 10、15、$20kgf/cm^2$。每次通氢后搅拌 30s,最后一次通氢完毕,关放气阀后再检查一次各节门是否关严(注意上方加料口及下方放料口的阀门应关闭严)。

B.4.3.4 测吸氢速度

将氢气压力升至 $22kgf/cm^2$,检查漏气,系统无漏气时通氢。维持 $22kgf/cm^2$,通热水至釜温 55℃,搅拌 1min 左右后,待温度升至 67℃,关氢阀,用秒表测量压力由 $21kgf/cm^2$ 降至 $19kgf/cm^2$ 所需的时间 t_1,换算成反应速度 v_1。

当温度达到 73℃,同上法检查第二反应时间 t_2(反应速度 v_2),维持 73±1℃(需要时通冷水),每隔 5min 测反应速度一次,记录下 t_3、t_4、t_5(反应速度 v_3、v_4、v_5)。

停止通氢,冷却,当釜温降至 55℃ 以下时,停搅拌,停轴冷却水。

B.4.3.5 开排气阀 4 放空关上。

B.4.3.6 用 $10kgf/cm^2$ 氮气吹去氢后,放空氮气。

B.4.3.7 开高压釜下方放料口阀门出料(产物有毒,放指定地点)。

B.4.3.8 用约 300mL 乙醇洗釜,再用水洗釜。

B.4.3.9 注入釜内 300~500mL 乙醇,关各节门,备下次使用。

B.4.3.10 停止试验后要将釜体卸下来,用酒精棉球刷洗釜内各处,不能留下一点镍粉,特别要注意保护釜盖接触面,不要留下一点颗粒状物质,以免划伤表面。

B.4.3.11 装好釜体,关总电源,检查水门是否关好,填写安全记录。

B.5 测定结果计算

B.5.1 氢气消耗速度由公式(B1)计算:

$$v = V_F \cdot \Delta P \cdot \frac{273}{273+T} \cdot \frac{3600}{t} \qquad \text{(B1)}$$

式中 v——氢气消耗速度,L/h;

V_F——容器中的自由容积,L;

ΔP——压降(本试验为 $2kgf/cm^2$),kgf/cm^2;

T——反应时温度,℃;

t——每降低 $2kgf/cm^2$ 压力所需的时间,s。

当 $T=73$℃时,$V=\frac{6964}{t}$。

B.5.2 吸氢速度由公式(B2)计算:

$$v = v_1 + v_2 + v_3 + v_4 + v_5 \qquad \text{(B2)}$$

附加说明:

本标准由中国有色金属工业总公司提出。

本标准由天津市有色金属研究所负责起草。

本标准主要起草人:余根新。

中华人民共和国有色金属行业标准

钢球冷镦模具用硬质合金毛坯

As-sintered hardmetal blanks used
in cold forging dies for steel ball

YS/T 241—1994

代替 GB 3613—1989

1 主题内容与适用范围

本标准规定了钢球冷镦模具用硬质合金毛坯的产品分类、技术要求、检验规则与试验方法以及标志、包装、运输和贮存。

本标准适用于冷镦 $\phi 2 \sim 27$mm 钢球用硬质合金模具毛坯。

2 引用标准

GB 5242 硬质合金制品检验规则与试验方法

GB 5243 硬质合金制品的标志、包装、运输和贮存

3 产品分类

3.1 型号

本标准用 CG 表示钢球冷镦模具用硬质合金毛坯。

3.2 型号表示规则

毛坯型号用字母 CG 加上表示主要参数的数字组成。球面直径以扩大 10 倍表示，不足三位在前面加“0”。

示例：CG0181210

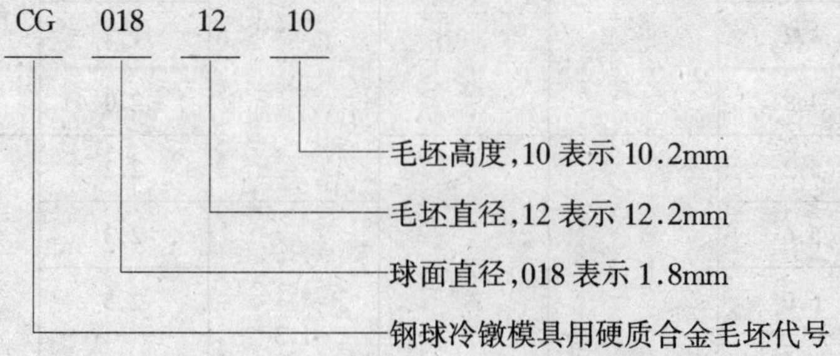

3.3 型号及其尺寸

中国有色金属工业总公司 1989-02-23 批准 1990-03-01 实施

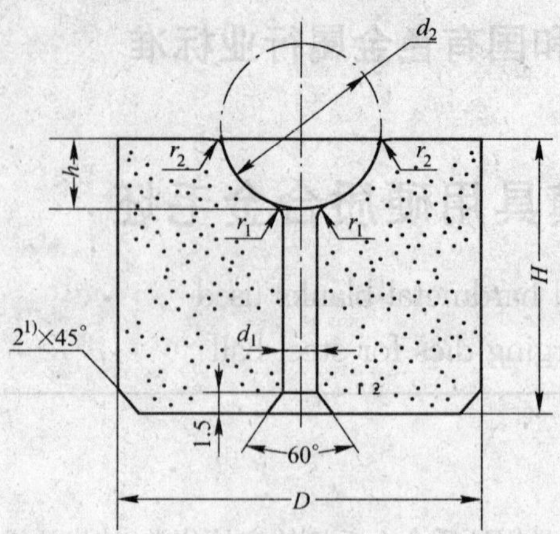

注：1)$D<25.3$mm的为$R1.5$mm。

表 1　　　　　　　　　　　　　　　　　mm

型　号	公称尺寸						
	d_2	D	H	d_1	h	T_1	T_2
CG0181210	1.8	12.2	10.2	0.8	0.5	0.4	1.0
CG0221210	2.2				0.7		
CG0261210	2.6			0.9	0.9		
CG0301210	3.0				1.2		
CG0341210	3.4				1.3		
CG0381210	3.8				1.5		
CG0421210	4.2				1.7		
CG0481210	4.8				2.0		
CG0521512	5.2	15.2	12.2		2.2	0.6	1.5
CG0561512	5.6			1.3	2.3		
CG0601512	6.0				2.5		
CG0651512	6.5				2.8		
CG0682012	6.8	20.2	15.2		2.8		
CG0732015	7.3			1.8	3.1		
CG0812015	8.1				3.5		
CG0862015	8.6				3.8		

续表 1

型　号	公称尺寸						
	d_2	D	H	d_1	h	T_1	T_2
CG0962520	9.6	25.3	20.2	2.3	4.2	0.8	2.0
CG1022520	10.2				4.6		
CG1052520	10.5				5.0		
CG1122520	11.2						
CG1163020	11.6	30.3					
CG1203020	12.0			2.8	5.4		
CG1243020	12.4				5.6		
CG1283020	12.8				5.8		
CG1373020	13.7				6.2		
CG1403020	14.0						
CG1453020	14.5				6.6		
CG1533525	15.3	35.4	25.2	3.3	7.0		
CG1603525	16.0				7.3		
CG1683525	16.8				7.7		
CG1723525	17.2						
CG1764025	17.6	40.4		3.8	8.0		
CG1844025	18.4				8.3		
CG1924025	19.2				8.7		
CG2004530	20.0	45.4	30.2		9.1	1.0	2.5
CG2084530	20.8				9.5		
CG2164530	21.6				9.8		
CG2244530	22.4				10.2		
CG2325030	23.2	50.4		4.3	10.6		
CG2405030	24.0				11.0		
CG2485030	24.8				11.4		
CG2555030	25.5				11.8		

4 技术要求

4.1 毛坯所用的硬质合金牌号及其物理、力学性能和金相组织结构应符合有关标准的规定。

4.2 毛坯型号及其尺寸应符合第 3.3 条的规定。

4.3 毛坯尺寸的允许偏差应符合下列规定。

4.3.1 外径(D)、高度(H)的允许偏差应符合表 2 规定。

表 2

mm

公称尺寸	允许偏差	
	普通级	较高级
≤14	±0.35	±0.30
>14~18	±0.40	±0.35
>18~25	±0.45	±0.40
>25~30	±0.50	±0.40
>30~40	±0.60	±0.50
>40~50	±0.65	±0.55
>50~60	±0.70	±0.60

4.3.2 内孔(d_1)的允许偏差应符合表 3 的规定。

表 3

mm

内孔尺寸	普通级	较高级
d_1	+0.40 −0.10	+0.30 −0.10

4.4 毛坯工作面和非工作面的掉边掉角长或宽应符合表 4 的规定。

表 4

mm

部位	普通级	较高级
工作面	≤0.2	≤0.15
非工作面	≤0.5	≤0.4

4.5 毛坯表面不得有分层、起皮、鼓泡、裂纹、脏化、过烧和欠烧等缺陷,并应经喷砂处理。

4.6 毛坯断面组织应均匀一致,不得有黑心、气孔、分层、裂纹等影响使用的缺陷。

5 检验规则与试验方法

毛坯的检验规则与试验方法按 GB 5242 的规定进行。

6 标志、包装、运输和贮存

毛坯的标志、包装、运输和贮存按 GB 5243 的规定进行。

附加说明:

本标准由中国有色金属工业总公司标准计量研究所提出。

本标准由株洲硬质合金厂负责起草。

本标准主要起草人:钟明扬、黄启主、黄义章。

中华人民共和国有色金属行业标准

YS/T 250—1994

核级碳化硼粉技术条件

代替 GB 5151—1985

Nuclear-grade boron carbide powder

本标准适用于核工业用的特殊碳化硼粉末。可直接应用于核装置中,也可作为原料用于制造核装置用的碳化硼制件、复合材料或合金。

1 技术要求

1.1 外观

1.1.1 产品为黑色或黑色略带灰色的粉末,颜色应均匀一致。

1.1.2 产品无肉眼可见的夹杂物。

1.2 化学成分

1.2.1 根据性能和使用要求不同,产品分为三个牌号,化学成分应符合下表规定。

项　目	含　量/(重量) %		
	FB_4CH-1	FB_4CH-2	FB_4CH-3
总　硼	76.5~81.0	73.0~81.0	70.0~77.0
游离硼	≤0.7	≤1.3	不测定
游离碳	≤0.7	≤1.0	不测定
氟	≤25μg/g	≤25μg/g	不测定
氯	≤75μg/g	≤75μg/g	不测定
钙	≤0.3	≤0.3	不测定
铁	≤1.0	≤1.0	≤2.0
总硼加总碳	≥98.0	≥96.0	≥94.0

注:① 除另有注明外,产品中同位素 B^{10} 在总硼中的浓度为天然硼中 B^{10} 的丰度。

② 各牌号粉末的用途不同。

1.2.1.1 FB_4CH-1 用于制造特殊需要的反应堆控制芯块;

1.2.1.2 FB_4CH-2 用于制造反应堆控制芯块或某些成形件;

1.2.1.3 FB_4CH-3 非芯应用或一般要求的控制芯。

1.2.2 如需方对同位素 B^{10} 的浓度有特殊要求时,由供需双方商定。

1.3 物理性能

1.3.1 粉末平均粒度及允许偏差、松装密度由供需双方议定并在合同中注明。

2 试验方法

2.1 化学成分分析按供方的惯用方法进行。

2.2 粗粉粒度和粒度分布的测定参照GB1480—1984《金属粉末粒度组成的测定——干筛分法》进

国家标准局 1985-05-08 发布　　1986-02-01 实施

行。细粉(小于 40μm)平均粒度的测定参照 GB 3249—1982《难熔金属及化合物粉末粒度的测定方法——弗氏法》进行。细粉粒度分布的测定方法由供需双方议定。

2.3 松装密度的测定按 GB 5060—1985《金属粉末松装密度的测定 第二部分 斯柯特容量计法》进行。

3 检验规则

3.1 产品由供方技术监督部门进行检验,保证产品质量符合本标准要求,并填写质量证明书。

3.2 需方可对收到的产品进行检验。如检验结果与本标准的规定不符时,应在收到产品之日起的 3 个月内向供方提出,由供、需双方协商解决。如需仲裁时,在需方由供、需双方共同取样。

3.3 每批产品由同一混合料组成。批量大小由供需双方议定并在合同中注明。

3.4 每批仲裁取样规定如下:

在每一包装容器内大致均匀地采取三个试样,混匀后按四分法缩分至试样测定所需量。

3.5 检验结果不符合本标准规定时,则在该批产品中对不符合本标准规定的项目加倍取样复验。若其中仍有一个结果不符合本标准规定时,则该批产品为不合格。

4 标志、包装、运输、贮存

4.1 包装物表面应标明:

a. 供方名称;

b. 产品名称和牌号;

c. 净重、全重;

d. 生产日期;

e. "防潮"、"向上"字样或标志。

4.2 粉末应包装在密封可靠的容器中,容器的设计应确保粉末在运输途中清洁、吸收水分少、不易损坏和便于拆包。

4.3 产品运输和贮存时应防止潮湿和碰撞。

4.4 每批产品应附有质量证明书,注明:

a. 供方名称;

b. 产品名称和牌号;

c. 产品批号和净重;

d. 各项分析检验结果及技术监督部门印记;

e. 本标准编号;

f. 出厂日期。

附加说明:

本标准由中国有色金属工业总公司提出。

本标准由中南矿冶学院粉末冶金研究所负责起草。

本标准主要起草人:王零森。

中华人民共和国有色金属行业标准

YS/T 251—1994

核级碳化硼芯块技术条件

代替 GB 5152—1985

Nuclear-grade boron carbide pellets

本标准适用于作核装置控制材料的天然 B^{10} 浓度碳化硼芯块。

1 技术要求

1.1 外观

1.1.1 烧结产品呈暗灰色,略带金属光泽,颜色均匀。非烧结产品呈黑色,无金属光泽。

1.1.2 产品无明显掉边、掉角和扭曲缺陷。

1.2 化学成分

1.2.1 化学成分应符合下表规定。

项 目	含量/(重量)%	项 目	含量/(重量)%
总 硼	73.0~81.0	氯	≤75μg/g
游离硼	≤0.5	钙	≤0.3
游离碳	≤0.7	总硼加总碳	≥98.0
氟	≤25μg/g	水	≤750μg/g

注:除另有注明外,产品中同位素 B^{10} 在总硼中的浓度为天然硼中 B^{10} 的丰度。

1.2.2 如需方对同位素 B^{10} 的浓度有特殊要求时,由供需双方商定。

1.3 尺寸及允许偏差

1.3.1 芯块基本尺寸和允许偏差由供需双方议定并在合同中注明。

1.3.2 供方应测量每个芯块的直径以确保符合图纸要求。圆柱高度也应检查,一般不作保证条件,但要求置信度不低于90%,即由样品所代表的芯块90%在所要求的允许偏差范围内。

1.3.3 经供需双方议定,可供应除圆柱形以外的其他形状的芯块或制件。

1.4 表面状态

1.4.1 端面掉块面积不得超过端面总面积的5%,掉块深度不得超过0.5mm。

1.4.2 周边掉块面积不得超过周边总面积的3%,掉块深度不得超过0.5mm。

1.4.3 在圆周长度上的裂纹长度不得超过90°。

1.4.4 本标准中1.4.1、1.4.2、1.4.3所规定的缺陷不允许在同一芯块上出现,但允许不超过上述任何两种缺陷各二分之一在同一芯块上出现。

1.5 物理性能

1.5.1 芯块的密度及允许偏差由供需双方商定,并在合同中注明。芯块的密度应进行检验,至少保证具有95%的置信度,即由样品代表的芯块95%在规定的密度范围内。

1.5.2 如需方对碳化硼芯块的其他物理性能有特殊要求时,可向供方提出,由供、需双方协商议定。

国家标准局 1985-05-08 发布　　　　1986-02-01 实施

2 试验方法

2.1 化学成分分析按供方惯用的方法进行。

2.2 尺寸及允许偏差用游标卡尺检查。

2.3 表面状态测定方法由供、需双方议定。

2.4 密度测定可参照 GB 3850—1983《致密烧结金属材料与硬质合金密度测定方法》或 GB 5163—1985《可渗性烧结金属材料——密度的测定》进行。参照哪一个标准由产品的密度决定。

3 检验规则

3.1 检查和验收

3.1.1 产品由供方技术监督部门进行检验,保证产品质量符合本标准要求,并填写质量证明书。

3.1.2 需方可对收到的产品进行检验。如检验结果与本标准的规定不符时,应在收到产品之日起的3个月内向供方提出,由供、需双方协商解决。如需仲裁时,在需方由供、需双方共同取样。

3.2 仲裁取样

3.2.1 化学分析试样在每一包装容器内任取一块,粉碎合批后,用四分法缩分至试样测定所需量。

3.2.2 密度、尺寸和表面状态检验在每一包装容器内任取一块。

3.2.3 如包装容器数少于3件时,则以取足3块试样为准。

3.3 重复试验

检验结果不符合本标准规定时,则在该批产品中,对于不符合本标准规定的项目加倍取样复验。若其中仍有一个结果不符合本标准规定时,则该批产品为不合格。

4 标志、包装、运输、贮存

4.1 包装物表面应标明:

a. 供方名称;

b. 产品名称或牌号;

c. 净重、全重;

d. 生产日期;

e. “防潮”、“易碎”、“向上”字样或标志。

4.2 芯块包装应满足下列要求:

4.2.1 包装容器应能确保芯块在运输中清洁、吸收水分少,不至损坏,以确保其使用要求。

4.2.2 包装方式可分:

a. 真空封装。容器真空度由供、需双方议定;

b. 普通包装。

注:包装方式应在合同中注明。

4.3 产品运输和贮存时应防止潮湿和碰撞。

4.4 每批产品应附有质量证明书,注明:

a. 供方名称;

b. 产品名称;

c. 产品批号和净重;

d. 各项分析检验结果及技术监督部门印记;

e. 本标准编号;

f. 出厂日期。

附加说明：

本标准由中国有色金属工业总公司提出。

本标准由中南矿冶学院粉末冶金研究所负责起草。

本标准主要起草人:王零森。

中华人民共和国有色金属行业标准

YS/T 253—1994

硬质合金焊接车刀片

代替 GB 5244—1985

Carbide tips for brazing on turning tools

本标准适用于焊接式车刀用硬质合金刀片。

本标准是参照采用 ISO 242—1975《硬质合金焊接车刀片》。

型式和尺寸参数

1.1 型式和尺寸参数按下列图 1～5、表 1～5 规定：

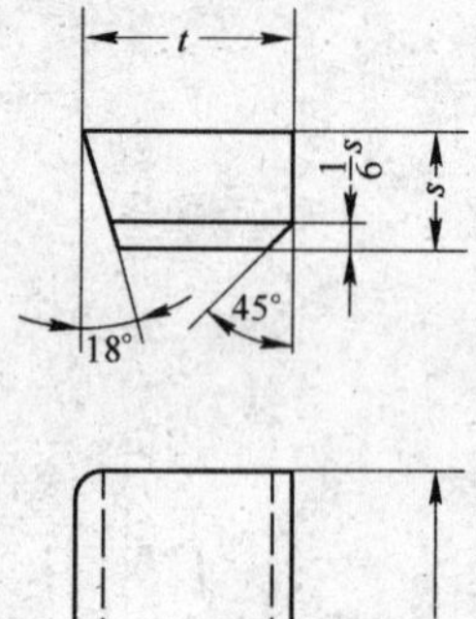

图1 A型

表 1

mm

型　号	基　本　尺　寸			
	l	t	s	r
A5	5	3	2	2
A6	6	4	2.5	2.5
A8	8	5	3	3
A10	10	6	4	4
A12	12	8	5	5
A16	16	10	6	6
A20	20	12	7	7
A25	25	14	8	8
A32	32	18	10	10
A40	40	22	12	12
A50	50	25	14	14

国家标准局 1985-07-22 发布　　1986-07-01 实施

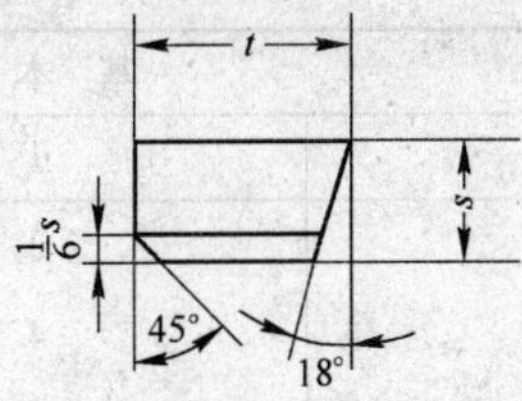

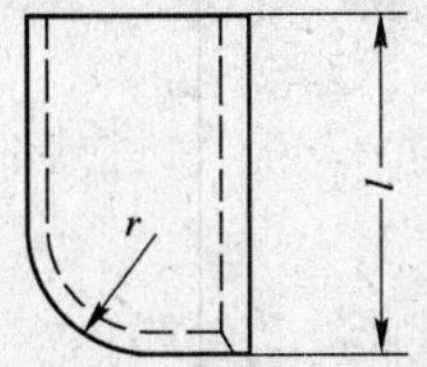

图2 B型

表2

mm

型号	基本尺寸			
	l	*t*	*s*	*r*
B5	5	3	2	2
B6	6	4	2.5	2.5
B8	8	5	3	3
B10	10	6	4	4
B12	12	8	5	5
B16	16	10	6	6
B20	20	12	7	7
B25	25	14	8	8
B32	32	18	10	10
B40	40	22	12	12
B50	50	25	14	14

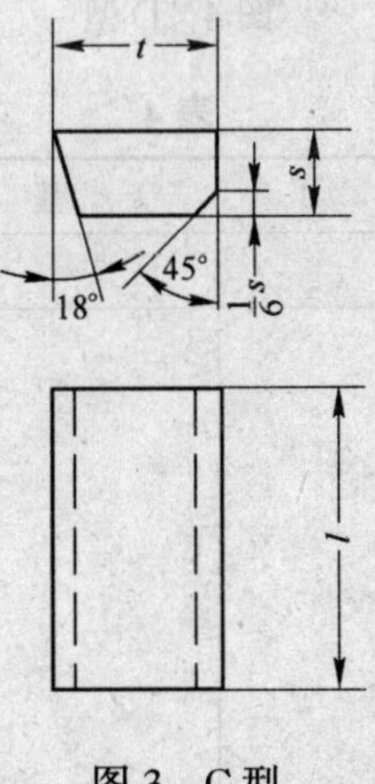

图3 C型

表 3

mm

型号	基本尺寸		
	l	t	s
C5	5	3	2
C6	6	4	2.5
C8	8	5	3
C10	10	6	4
C12	12	8	5
C16	16	10	6
C20	20	12	7
C25	25	14	8
C32	32	18	10
C40	40	22	12
C50	50	25	14

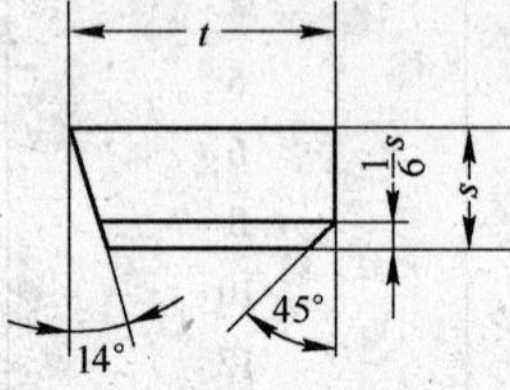

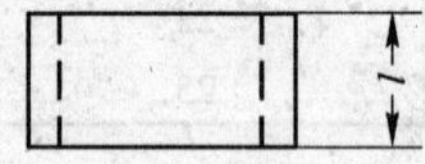

图 4 D型

表 4

mm

型号	基本尺寸		
	l	t	s
D3	3.5	8	3
D4	4.5	10	4
D5	5.5	12	5
D6	6.5	14	6
D8	8.5	16	8
D10	10.5	18	10
D12	12.5	20	12

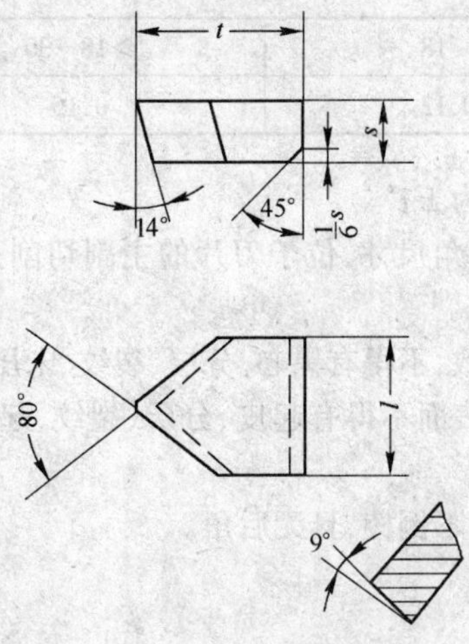

图5 E型

表5

mm

型号	基本尺寸		
	l	t	s
E4	4	10	2.5
E5	5	12	3
E6	6	14	3.5
E8	8	16	4
E10	10	18	5
E12	12	20	6
E16	16	22	7
E20	20	25	8
E25	25	28	9
E32	32	32	10

2 技术要求

2.1 刀片的型式和尺寸参数应符合本标准第1.1条的规定。

2.2 刀片的基本尺寸的允许偏差应符合下列规定。

2.2.1 刀片的长度(l)、宽度(t)、厚度(s)、半径(r)等的允许偏差应符合表6规定。

表6

mm

基本尺寸	≤6	>6~12	>12~25	25~50	50
允许偏差	+0.3 0	+0.4 0	+0.6 0	+1.0 0	+2.0 0

2.2.2 刀片的平面度的允许偏差应符合表7规定。

表 7

mm

基本尺寸	≤18	>18~30	30
允许偏差	0.12	0.15	0.2

2.2.3 刀片几何角度的允许偏差为±1°。

2.2.4 刀片掉边、掉角的深度和圆角尺寸，位于刀片的主副切削刃上不大于0.2mm，位于刀片的非切削刃上不大于0.3mm。

2.2.5 刀片的断面组织应均匀一致，不得有黑心、分层、裂纹、未压好和严重渗碳、脱碳、脏化等缺陷。

2.2.6 刀片表面进行喷砂处理。表面不得有起皮、分层、裂纹、起泡、过烧、脏化、严重毛刺及深度大于0.2mm的麻点。

2.2.7 刀片厚度小于4mm的刀片不倒棱，且无后角。

3 检验规则和试验方法

3.1 制品的检验规则和试验方法，按GB 5242—1985《硬质合金制品检验规则和试验方法》规定进行。

4 标志、包装、运输和贮存

4.1 标志、包装、运输和贮存，按GB 5243—1985《硬质合金制品的标志、包装、运输和贮存》规定进行。

附加说明：

本标准由中国有色金属工业总公司提出。

本标准由自贡硬质合金厂负责起草。

本标准主要起草人：张星魁、胡宝德、欧阳福。

七、稀土金属标准

中华人民共和国稀土行业标准

XB/T 101—1995

高 稀 土 铁 矿 石

代替 ZB D43002—1990

Iron ore of high rare earths

1 主要内容与适用范围

本标准规定了高稀土铁矿石的技术要求、试验方法、检验规则、包装、标志和质量证明书。

本标准适用于供冶炼稀土富渣的高稀土铁矿石。

2 引用标准

GB 2007 散装矿产品取样、制样通则

GB 5689 冶金矿产品包装、标志和质量证明书的一般规定

GB 6730 铁矿石化学分析方法

GB/T 12690 稀土金属及其氧化物化学分析方法

3 技术要求

3.1 按化学成分高稀土铁矿石分为3个等级,其指标应符合下表规定。

%

等级	化学成分	
	REO	TFe
特级品	≥12.2	≥24
一级品	≥9.2	≥24
二级品	≥7.2	≥24

3.2 需方若对高稀土铁矿石中的 Nd_2O_3、MnO、SiO_2、F 等有特殊要求时,由双方商定。

3.3 高稀土铁矿石的粒度为0~200mm,其中大于200mm不超过10%。

3.4 产品中不得混入外来杂物。

4 试验方法和检验规则

4.1 化学成分分析方法按 GB 6730 和 GB/T 12690 进行。

国家计委稀土办公室 1995-01-24 批准　　1995-01-24 实施

4.2 粒度和外来杂物的判定,以检查人员目测为准。

4.3 产品质量由供方技术监督部门负责检验。

4.4 高稀土铁矿石以输出一组列车为一批,每批为一检验单位。

4.5 高稀土铁矿石的取样是在车上进行,从每组列车第一车开始,每隔两车取一车,每车五个取样点,每点取样量不少于4kg,合成大样量不少于160kg。

4.6 将合成大样全部破碎至10mm以下,然后混匀并缩分至不少于5kg送化验。

4.7 需方对产品质量有异议时,应及时通知供方,由双方会同重新取样复验,以复验结果判定等级。如需仲裁,有关事宜由双方商定。

5 包装、标志和质量证明书

高稀土铁矿石的包装、标志、运输、贮存和质量证明书按GB 5689规定执行。

附加说明:

本标准由包头钢铁稀土公司负责起草。

本标准主要起草人:陶桂茹、宋平原。

中华人民共和国稀土行业标准

XB/T 102—1995

氟碳铈矿—独居石混合精矿

代替 GB 8634—1988

Mixed concentrate of bastnasite and monazite

1 主要内容与适用范围

本标准规定了氟碳铈矿—独居石混合精矿的技术要求、试验方法、检验规则及标志、包装、运输、贮存。

本标准适用于提取稀土氧化物及冶炼稀土产品等用的氟碳铈矿—独居石混合精矿。

2 引用标准

GB/T 2591.1～2591.8 氟碳铈镧矿精矿化学分析方法

GB/T 4101.1～4101.2 氟碳铈镧矿精矿化学分析方法

GB 5689 冶金产品包装、标志和质量证明书的一般规定

GB 8170 数值修约规则

3 技术要求

3.1 产品按化学成分分为5个品级，以干矿品位计算，应符合下表规定。

%

品 级	REO 不小于	杂质，不大于	
		F	CaO
一 级 品	60	7	6
二 级 品	55	8	9
三 级 品	50	9	13
四 级 品	45	9	15
五 级 品	30	13	—

注：① 一级品至四级品中氧化钡的含量，供方可提供数据。

② 五级品中全铁、磷、氧化钙的含量，供方只提供实测数据。

3.2 需方如对精矿中的其他杂质有要求时，由供需双方协商解决。

3.3 产品中水分含量应不大于12%，但不作为技术考核指标。需方如对水分有特殊要求时，由供需双方协商解决。

国家计委稀土办公室 1995-02-16 批准　　1996-02-01 实施

3.4 产品必须洁净,不得有外来夹杂物。

4 试验方法

4.1 精矿化学成分分析方法按 GB 2591.1~2591.8 及 GB 4101.1~4101.2 的规定进行。
4.2 数字修约规则按 GB 8170 的规定进行。
4.3 外观质量用目视检查。

5 检验规则

5.1 检查与验收
5.1.1 产品由供方技术监督部门进行检验,保证产品质量符合本标准规定,并填写质量证明书。
5.1.2 需方可对收到的产品进行检验,如检验结果与本标准规定不符时,可在收到产品之日起一个月内向供方提出,由供需双方协商解决。如需仲裁,可委托双方认可的单位进行,并在需方共同取样。
5.2 组批
产品按批提交检验,每批产品应由同一品级的精矿组成。批量由供需双方商定。
5.3 检验项目
每批产品应进行化学成分和外观检查。
5.4 取样方法
5.4.1 袋包装的产品,20 袋以下按 50% 抽取样袋,但不得少于 4 袋;20~100 袋按 25% 抽取样袋;100 袋以上按 5% 抽取样袋,用插管法或探针法取样。
5.4.2 汽车运输的散装产品,在汽车的两条对角线与平行于长边的三条四等分线的五个交点上,用插管法或探针法取样。
将所取试样经充分混匀后,缩分至约 100g 作分析样品并迅速装入磨口瓶或塑料袋中。水分测定应在 8h 内进行。
5.5 检验结果判定
化学成分分析结果不合格,则从该产品中取双倍试样对不合格项目进行复验,如仍有一项结果不合格,则该批产品为不合格。

6 标志、包装、运输、贮存

产品的包装、标志、运输、贮存及质量证明书按 GB 5689 的规定执行。

附加说明:

本标准由稀土行业标准化工作办公室提出。
本标准由包头钢铁稀土企业集团负责起草。
本标准主要起草人:陶桂茹、卢在漳、胡秀英、张鉴。
自本标准实施之日起,原中华人民共和国国家标准 GB 8634—1988《氟碳铈矿—独居石混合精矿》作废。

中华人民共和国稀土行业标准

XB/T 103—1995

氟碳铈镧矿精矿

代替 YB 4030—1991

1 主要内容与适用范围

本标准规定了氟碳铈镧矿精矿的技术要求、试验方法、检验规则、包装、标志和质量证明书。

本标准适用于经选矿所得的氟碳铈镧矿精矿，供冶炼稀土合金，制取稀土化合物，抛光粉、澄清剂等。

2 引用标准

GB/T 2591.1～2591.8 氟碳铈镧矿精矿化学分析方法

GB/T 4101.1～4101.2 氟碳铈镧矿精矿化学分析方法

GB 5689 冶金矿产品包装、标志和质量证明书的一般规定

3 技术要求

3.1 按化学成分氟碳铈镧矿精矿分为九个牌号。以干矿品位计算，其指标应符合下表规定。

%

<table>
<tr><th rowspan="2">牌　号</th><th rowspan="2">REO 不小于</th><th colspan="5">杂质含量，不大于</th></tr>
<tr><th>F</th><th>TiO_2</th><th>P_2O_5</th><th>CaO</th><th>TFe</th></tr>
<tr><td>REO68</td><td>68</td><td rowspan="9">7</td><td rowspan="9">0.5</td><td rowspan="7">1.0</td><td>2.5</td><td>2.0</td></tr>
<tr><td>REO63</td><td>63</td><td rowspan="8">不规定</td><td rowspan="8">不规定</td></tr>
<tr><td>REO60</td><td>60</td></tr>
<tr><td>REO55</td><td>55</td></tr>
<tr><td>REO50</td><td>50</td></tr>
<tr><td>REO45</td><td>45</td></tr>
<tr><td>REO40</td><td>40</td></tr>
<tr><td>REO35</td><td>35</td><td rowspan="2">1.5</td></tr>
<tr><td>REO30</td><td>30</td></tr>
</table>

注：氟碳铈镧矿精矿 REO63～REO30 八个牌号中的 F、CaO、TiO_2、TFe 含量供方提供分析数据，但不作考核依据。

国家计委稀土办公室 1995-01-24 批准

1995-01-24 实施

3.2 精矿中水分含量不超过5%。

3.3 精矿中不得混入外来杂物。

4 试验方法和检验规则

4.1 化学成分分析方法按GB/T 2591.1～2591.8和GB/T 4101.1～4101.2进行。

4.2 产品质量由供方技术监督部门负责检验。

4.3 产品按批交货。每批产品由同一牌号组成。每批为一检验单位。

4.4 每批精矿采用包装插管法取样。取样时,100袋以上按5%抽取样袋;100袋以下抽取10个样袋。

4.5 将所取试样合成为大样,并缩分至实验用样品。

4.6 需方对产品质量有异议时,应在收货之日起两个月内向供方提出,并会同供方重新取样复验,以复验结果判定牌号。如需仲裁,有关事宜由双方商定。

5 包装、标志和质量证明书

氟碳铈镧矿精矿的包装、标志、运输、贮存和质量证明书按GB 5689规定执行。

附加说明:

本标准由稀土行业标准化工作办公室提出。

本标准由山东省冶金总公司负责起草。

本标准主要起草人:曹真、苑希平、程晋杰、郭乃中。

前　　言

本标准目前尚未查阅到相应的国际标准和国外先进标准。

本标准是依据我国矿产资源情况及用户使用要求修订的。

本标准与原标准相比有如下改变：

1．将原标准的字符体系牌号改为六位数字体系牌号。

2．对各牌号的产品，增加了二氧化硅及三氧化二铁两项考核指标；并规定了产品中不得混有磷钇矿（以 Y_2O_3/REO≤5％为考核指标），水分含量不得大于0.5％。

本标准自实施之日起，代替 XB/T 104—1995。

本标准由全国稀土标准化技术委员会提出。

本标准由全国稀土标准化技术委员会归口。

本标准由湖南桃江稀土金属冶炼厂负责起草。

本标准主要起草人：周金华、曾宪连、彭斯率。

中华人民共和国稀土行业标准

XB/T 104—2000

独居石精矿

代替 XB/T 104—1995

1 范围

本标准规定了独居石精矿的要求、试验方法、检验规则和标志、包装、运输、贮存。

本标准适用于砂矿经选矿富集获得的干品独居石精矿,供提取稀土金属及其化合物和提取铀、钍等用。

2 引用标准

下列标准所包含的条文,通过在本标准中引用而构成为本标准的条文。本标准出版时,所示版本均为有效。所有标准都会被修订,使用本标准的各方应探讨使用下列标准最新版本的可能性。

GB/T 8170—1987 数值修约规则

GB/T 18114.1~18114.10—2000 独居石精矿化学分析方法

YB/T 5142—1993 冶金产品包装、标志和质量证明书的一般规定

3 要求

3.1 产品按其化学成分分为 4 个牌号:000265、000263、000260、000258。

3.2 以干矿品分析结果计算,其化学成分应符合表 1 的规定。需方如有特殊要求,由供需双方协商解决。

表 1

产品牌号	化学成分 /%					
	$REO+ThO_2$ 不小于	杂质含量 不大于				
		CaO	TiO_2	ZrO_2	SiO_2	Fe_2O_3
000265	65.0	1.0	1.5	2.5	2.5	1.5
000263	63.0	1.5	2.0	3.0	3.0	2.0
000260	60.0	2.5	2.5	3.5	3.5	2.5
000258	58.0	3.0	3.0	4.5	4.5	3.0

3.3 产品中不得混有磷钇矿(以 Y_2O_3/REO≤5%为考核指标)。

3.4 产品中的水分含量不得大于 0.5%。

3.5 产品中不得混入外来夹杂物。

4 试验方法

4.1 产品化学成分分析方法按 GB/T 18114.1~18114.10 的规定进行。

4.2 数值修约按 GB/T 8170 的规定进行。

4.3 产品外观质量用目视检查。

国家发展计划委员会稀土办公室 2000-03-15 批准

2000-09-01 实施

5 检验规则

5.1 检查与验收

产品由供方技术监督部门进行检验,保证产品质量符合本标准的规定,并填写产品质量证明书。

需方可对收到的产品按本标准的规定进行检验。如检验结果与本标准规定不符时,可在收到产品之日起3个月内向供方提出,由供需双方协商解决。如需仲裁,可委托双方认可的单位进行,并在需方共同取样。

5.2 组批

产品应成批提交检验,每批应由同一牌号的产品组成。一个检验批为一批,批重不大于60000kg。

5.3 检验项目

每批产品应进行化学成分(包括 Y_2O_3/REO 含量、水分)及外观的检验。

5.4 取样与制样

每批产品化学成分分析的取样件数按表2规定。

表 2

每批件(袋)数	<20	21~100	101~500	501~1000	>1000
取样件(袋)数	50%	18	70	120	200

每批产品采取逐件(袋)插管法(内径10mm,1/3开槽管)取样,将试样混匀并缩分至约300g,制备成分析样品。

5.5 检验结果判定

化学成分(包括 Y_2O_3/REO 含量、水分)仲裁分析结果与本标准规定不符时,则从该批产品中取双倍试样对不合格项目进行复验,若仍有一项结果不合格,则该批产品为不合格。

6 标志、包装、运输、贮存

产品标志、包装、运输、贮存及质量证明书应符合 YB/T 5142 的规定。

中华人民共和国稀土行业标准

XB/T 105—1995

磷钇矿精矿

代替 YB 838—1987

本标准适用于砂矿经选矿富集获得的干燥磷钇矿精矿,供提取金属钇及其化合物和提取铀、钍等用。

1　技术要求

1.1　磷钇矿精矿产品按化学成分分为5个品级,以干矿品位计算,应符合下表规定。

%

级　别	化学成分			
	Y_2O_3 不小于	杂质含量,不大于		
		TiO_2	ZrO_2	SiO_2
一级品	33.0	3.0	1.2	4.0
二级品	30.0	5.0	1.5	5.0
三级品	28.0	7.0	1.8	5.5
四级品	25.0	9.0	2.0	6.0
五级品	23.0	11.0	2.5	6.5

注:如需方对产品有特殊要求,由供需双方商定。

1.2　产品中三氧化二钇含量不得低于稀土总量的百分之六十。

1.3　产品中不得混入外来杂物。

2　试验方法和检验规则

2.1　产品成分分析按GB/T 2125~2128—1980《磷钇矿精矿化学分析方法》进行。

国家计委稀土办公室 1995-01-24 批准　　　　1995-01-24 实施

2.2 每批产品采取逐包插管法(内径 10mm,1/3 开槽铜管)取样,将试样混匀并缩分至 300g 左右,制备成 3 份分析用样品。

2.3 产品由供方技术监督部门进行检验,保证产品符合本标准的规定,并填写产品质量证明书。

2.4 同一等级精矿为一批,分批供应,每批重量由供需双方商定。

2.5 需方对产品质量如有异议,可在收到产品之日起 3 个月内向供方提出,由供需双方协商解决。如需仲裁,可委托双方认可的单位进行,并在需方共同取样。

3 包装、标志和质量证明书

3.1 精矿产品包装、标志和质量证明书应符合 GB 5689—1985《冶金矿产品包装、标志和质量证明书的一般规定》的规定。

附加说明:

本标准由广东稀土金属公司负责起草。

本标准主要起草人:许权。

本标准首次发布于 1975 年。

中华人民共和国稀土行业标准

XB/T 106—1995

褐钇铌矿精矿

代替 YB 831—1975

（内部）

本标准适用于砂矿或原生矿经选矿富集获得的褐钇铌精矿，供提取铌（钽）和稀土等金属及其化合物等用。

一、分类和技术条件

1．按化学成分，精矿分为两级（均以干矿品位计算）应符合以下规定：

等级	$(Ta、Nb)_2O_5$/%，不少于	杂质/%，不大于		
		TiO_2	SiO_2	P
一级品	35	4	4	0.5
二级品	30	5	6	0.5

注：精矿中$(Ta、Nb)_2O_5$含量少于30%时，由供需双方商定。

2．精矿中不得混入外来夹杂物。

二、验收规则

3．同一等级精矿分批供应，每批重量供需双方共同商定。

4．产品由供方质量检验部门检验，保证精矿质量符合本标准的要求。

5．精矿经混样后，采用逐包插管法取样，并缩分至300g左右。

6．分析方法按该精矿分析方法部标准进行。

三、包装与标志

7．精矿采用双层袋包装，每袋净重25kg，袋口封严。

8．精矿包装件上应标明：生产单位标记；精矿名称；精矿等级和批号。

9．运往需方每批精矿应附有质量证明书，内注明：本标准编号；精矿名称及等级；批号；化学成分；包装件数；净重；交货日期。

国家计委稀土办公室 1995-01-24 批准 1995-01-24 实施

中华人民共和国稀土行业标准

XB/T 107—1995

稀　土　富　渣

代替 ZB D43001—1990

Rich slag of rare earths

1　主题内容与适用范围

本标准规定了稀土富渣的技术要求、试验方法、检验规则、包装、标志和质量证明书。

本标准适用于冶炼稀土合金的稀土富渣。

2　引用标准

GB/T 12690　稀土金属及其氧化物化学分析方法

GB 2007　散装矿产品取样、制样通则

GB 5689　冶金矿产品包装、标志和质量证明书的一般规定

3　技术要求

3.1　按化学成分稀土富渣分为3个等级，其指标应符合下表规定。

%

等　级	化学成分			碱度 $\frac{CaO-1.47F}{SiO_2}$
	REO	MnO	TFe	
特级品	≥16	<1.2	<1.0	≥1.0
一级品	≥14	<1.5	<1.0	≥1.0
二级品	≥12	<1.9	<1.2	≥1.0

注：当碱度 $\left(\frac{CaO-1.47F}{SiO_2}\right)$≥0.9，REO≥14%的稀土富渣，允许交货。

3.2　稀土富渣的粒度为5～300mm，其中大于300mm和小于5mm者均不超过5%。

3.3　产品中不得有明显的非稀土富渣块状夹杂物。

国家计委稀土办公室 1995-01-24 批准　　　　1995-01-24 实施

4 试验方法和检验规则

4.1 化学成分分析方法按 GB/T 12690 进行。

4.2 粒度和外来杂物的判定以检查人员目测为准。

4.3 产品质量由供方技术监督部门负责检验。

4.4 每批产品由同一等级组成。产品按批交货,每批为一检验单位。

4.5 稀土富渣的取样在装车前进行。将渣在场地堆成堆方,每堆方约 50t,堆高 1m 左右,并在 0.5m 和 1m 两层平面上九点取样,每点取样量不少于 2kg,合成大样。

4.6 将合成大样破碎到 10mm 以下,然后混匀,并缩分至不小于 2kg 送化验。

4.7 若无堆方条件,稀土富渣的取样可在车上五点取样。

4.8 需方对产品质量有异议时,应及时通知供方,并由双方会同重新取样复验,以复验结果判定等级。如需仲裁,有关事宜由双方商定。

5 包装、标志和质量证明书

稀土富渣的包装、标志、运输、贮存和质量证明书按 GB 5689 规定执行。

附加说明:

本标准由包头钢铁稀土公司负责起草。

本标准主要起草人:陶桂茹、李彤、佟刚。

中华人民共和国稀土行业标准

XB/T 108—1995

高钇混合稀土氧化物

代替 YB 4046—1991

1 主题内容与适用范围

本标准规定了高钇混合稀土氧化物的技术要求、试验方法、检验规则、包装、标志和质量证明书。

本标准适用于从离子吸附型稀土矿中提取制得的高钇混合稀土氧化物，供分离提取氧化钇及其他稀土元素等用。

2 引用标准

GB/T 12690 稀土金属及其氧化物化学分析方法

3 技术要求

3.1 外观

3.1.1 产品为淡黄色粉末。

3.1.2 产品应洁净，无明显机械夹杂物。

3.2 牌号及化学成分

3.2.1 产品牌号：按化学成分和氧化钇配分，产品分为 HY_2O_3-60；HY_2O_3-55；HY_2O_3-50；HY_2O_3-45；HY_2O_3-40 五个牌号。

以“High”大写字母“H”表示“高”，HY_2O_3 表示“高钇”。

3.2.2 化学成分应符合下表规定。

国家计委稀土办公室 1995-01-24 批准

1995-01-24 实施

%

产品牌号	化学成分			
	REO	Y_2O_3/REO	杂质含量	
			Al_2O_3	ThO_2
	不小于		不大于	
HY_2O_3-60	92	60	0.30	0.05
HY_2O_3-55	92	55	0.30	0.05
HY_2O_3-50	92	50	0.30	0.05
HY_2O_3-45	92	45	0.30	0.05
HY_2O_3-40	92	40	0.30	0.05

注：如需方对产品质量有特殊要求时，由双方议定。

4 试验方法和检验规则

4.1 化学成分分析方法按 GB/T 12690 进行，其中 Y_2O_3/REO 的测定采用 X-荧光光谱法或色层法。

注：高钇混合稀土氧化物试样应在 105～110℃ 烘干 2h 后，放置干燥器内保存，供分析时用。

4.2 产品质量由供方技术监督部门负责检验。

4.3 需方对收到的产品按本标准的规定进行验收，如验收结果与本标准规定不符时，可在收到产品之日起两个月内向供方提出，由供需双方协商解决。如需仲裁，可委托双方认可单位进行，并在需方共同取样。

4.4 仲裁取样按下述规定进行。

取样数量为每批件的 20%～30%。取样时，选择每桶(袋)中五点插管取出样品 50～100g，用四分法缩分至试样所需数量。

4.5 上述结果如有一项不合格，则从该批中取双倍试样进行重复试验，若其中仍有一项结果不合格，则该批产品为不合格品。

5 包装、标志和质量证明书

5.1 产品内包装采用两层塑料袋，经热压或绳扎封口，每件净重 25kg、40kg 或 50kg。外包装为铁桶或塑料编织袋两种。每包装件外面均应附标签注明：产品名称、牌号、批号、毛重、净重及出厂日期。

5.2 产品易吸水吸气，须存放在干燥处，不得露天放置。运输时应严防淋雨受潮。

5.3 每批产品应附质量证明书，注明：

a. 供方名称；

b. 产品名称；

c. 产品牌号、批号、毛重、净重、件数；

d. 分析检验结果及检验部门印记；

e. 检验日期；

f. 出厂日期；

g. 本标准编号。

附加说明：

本标准由稀土行业标准化工作办公室提出。

本标准由江西省龙南县稀土工业公司负责起草。

本标准主要起草人：廖正中、钟龙青。

中华人民共和国稀土行业标准

XB/T 109—1995

富铕混合稀土氧化物

代替 YB 4047—1991

1 主题内容与适用范围

本标准规定了富铕混合稀土氧化物的技术要求、试验方法、检验规则、包装、标志和质量证明书。

本标准适用于从离子吸附型稀土矿中提取制得的富铕混合稀土氧化物，供分离提取氧化铕、氧化钆及其他稀土元素等用。

2 引用标准

GB/T 12690 稀土金属及其氧化物化学分析方法

3 技术要求

3.1 外观

3.1.1 产品为淡黄—褐黄色粉末。

3.1.2 产品应洁净，无明显机械夹杂物。

3.2 牌号及化学成分

3.2.1 产品牌号：按化学成分和氧化铕配分，产品分为 $C_{Eu_2O_3}$-05；$C_{Eu_2O_3}$-06；$C_{Eu_2O_3}$-07；$C_{Eu_2O_3}$-08；$C_{Eu_2O_3}$-09；$C_{Eu_2O_3}$-10 六个牌号。

以“Concentrate”第一大写字母“C”表示“富集物”。

3.2.2 产品化学成分应符合下表规定。

国家计委稀土办公室 1995-01-24 批准　　1995-01-24 实施

%

产品牌号	稀土氧化物总量 REO 不小于	氧化钬相对纯度 Ho_2O_3/REO 不小于	杂质含量，不大于				
			稀土杂质/REO	非稀土杂质			灼减量≥850℃
			$(Gd+Tb+Dy+Er+Tm+Y)_xO_y$/REO	Fe_2O_3	SiO_2	CaO	
Ho_2O_3-1	99	99.95	0.05	0.005	0.005	0.02	1
Ho_2O_3-2	99	99.9	0.1	0.01	0.01	0.05	1
Ho_2O_3-3	99	99.5	0.5	0.05	0.05	0.1	1
Ho_2O_3-4	99	99	1	0.1	0.05	0.15	1
Ho_2O_3-6	99	97	3	0.2	—	—	1
Ho_2O_3-8	99	95	5	0.3	—	—	1

3.2.2　如需方对产品有特殊要求，供需双方可另行协议。

4　试验方法与检验规则

4.1　化学成分标准分析方法按 GB/T 12690 进行。

4.2　产品质量由供方技术监督部门负责检验。

4.3　需方可对收到的产品按本标准的规定验收，如验收结果与本标准规定不符时，可在收到产品之日起 3 个月内向供方提出，由供需双方协商解决。如需仲裁，可委托双方认可的单位进行，并在需方共同取样。

4.4　仲裁取样按下述规定进行。

取样数量为每批件数的 50%，但最少不得少于两件，取样时每件插管取样 10～15g，经充分混匀后，用四分法缩分到试样所需数量。

4.5　上述试样分析结果，如有不合格项目时，则用同样方法从取样件中取双倍样，进行不合格项目复验，若复验结果仍不合格时，则该批产品为不合格。

5　包装、标志和质量证明书

5.1　产品内包装用双层塑料袋，经热压或绳扎封口。

5.2　每件净重 0.5kg、1kg、5kg、10kg；外包装为桶或箱两种。

5.3　每件包装外应附标签注明：供方名称、产品名称、牌号、批号、净重及出厂日期。

5.4　产品易吸水吸气，须存放干燥处，不得露天放置。运输时严防雨淋受潮。

5.5　每批产品应附质量证明书并注明：

a. 供方名称；

b. 产品名称；

c. 牌号、批号、净重、件数；

d. 各种分析检验结果及检验部门印记；

e. 本标准编号；

f. 检验日期；

g. 出厂日期。

附加说明：

本标准由稀土行业标准化工作办公室提出。

本标准由常熟江南稀土材料总厂负责起草。

本标准主要起草人：丁听生。

中华人民共和国稀土行业标准

XB/T 202—1995

氧　化　铥

代替 YB 4042—1991

1　主题内容与适用范围

本标准规定了氧化铥的技术要求、检验方法、验收规则、包装、标志、贮存、运输和质量证明书。

本标准适用于萃取、离子交换或其他分离方法所得氧化铥。

2　引用标准

GB/T 12690 稀土金属及其氧化物化学分析方法

3　技术要求

3.1　外观

3.1.1　产品为白色略带微绿色粉末。

3.1.2　产品应洁净、无明显机械夹杂物。

3.2　牌号及化学成分

3.2.1　产品牌号及化学成分应符合下表规定。

%

产品牌号	稀土氧化物总量 REO 不小于	氧化铥相对纯度 Tm_2O_3/REO 不小于	杂质含量，不大于				
			稀土杂质/REO	非稀土杂质			灼减量＞850℃
			$(Dy+Ho+Er+Yb+Lu+Y)_xO_y$/REO	Fe_2O_3	SiO_2	CaO	
Tm_2O_3-1	99	99.95	0.05	0.005	0.005	0.02	1
Tm_2O_3-2	99	99.9	0.1	0.01	0.01	0.05	1
Tm_2O_3-3	99	99.5	0.5	0.05	0.05	0.1	1
Tm_2O_3-4	99	99	1	0.1	0.05	0.15	1
Tm_2O_3-6	99	97	3	0.2	—	—	1
Tm_2O_3-8	99	95	5	0.3	—	—	1

国家计委稀土办公室 1995-01-24 批准　　　　1995-01-24 实施

3.2.2 如需方对产品有特殊要求,供需双方可另行协议。

4 试验方法与检验规则

4.1 化学成分标准分析方法按 GB/T 12690 进行。

4.2 产品质量由供方技术监督部门负责检验。

4.3 需方可对收到的产品按本标准的规定验收,如验收结果与本标准规定不符时,可在收到产品之日起 3 个月内向供方提出,由供需双方协商解决,如需仲裁,可委托双方认可的单位进行,并在需方共同取样。

4.4 仲裁取样按下述规定进行。

取样数量为每批件数的 50%,但最少不得少于两件,取样时每件插管取样 10～15g,经充分混匀后,用四分法缩分到试样所需数量。

4.5 上述试样分析结果,如有不合格项目时,则用同样方法从取样件中取双倍样,进行不合格项目复验,若复验结果仍不合格时,则该批产品为不合格。

5 包装、标志和质量证明书

5.1 产品内包装用双层塑料袋,经热压或绳扎封口。

5.2 每件净重 0.5kg、1kg、5kg、10kg;外包装为桶或箱两种。

5.3 每件包装外应附标签注明:供方名称、产品名称、牌号、批号、净重及出厂日期。

5.4 产品易吸水吸气,须存放干燥处,不得露天放置。运输时严防雨淋受潮。

5.5 每批产品应附质量证明书并注明:

a. 供方名称;

b. 产品名称;

c. 牌号、批号、净重、件数;

d. 各种分析检验结果及检验部门印记;

e. 本标准编号;

f. 检验日期;

g. 出厂日期。

附加说明:

本标准由稀土行业标准化工作办公室提出。

本标准由常熟江南稀土材料总厂负责起草。

本标准主要起草人:丁听生。

中华人民共和国稀土行业标准

XB/T 203—1995

氧 化 镱

代替 YB 4043—1991

1 主题内容与适用范围

本标准规定了氧化镱的技术要求、检验方法、验收规则、包装、标志、贮存、运输和质量证明书。

本标准适用于萃取、离子交换或其他分离方法所得氧化镱。

2 引用标准

GB/T 12690 稀土金属及其氧化物化学分析方法

3 技术要求

3.1 外观

3.1.1 产品为白色粉末。

3.1.2 产品应洁净、无明显机械夹杂物。

3.2 牌号及化学成分

3.2.1 产品牌号及化学成分应符合下表规定。

%

产品牌号	稀土氧化物总量 REO 不小于	氧化镱相对纯度 Yb_2O_3/REO 不小于	杂质含量,不大于				
			稀土杂质/REO	非稀土杂质			灼减量≥850℃
			$(Dy+Ho+Er+Tm+Lu+Y)_xO_y$/REO	Fe_2O_3	SiO_2	CaO	
Yb_2O_3-1	99	99.95	0.05	0.005	0.005	0.02	1
Yb_2O_3-2	99	99.9	0.1	0.01	0.01	0.05	1
Yb_2O_3-3	99	99.5	0.5	0.05	0.05	0.1	1
Yb_2O_3-4	99	99	1	0.1	0.05	0.15	1
Yb_2O_3-6	99	97	3	0.2	—	—	1
Yb_2O_3-8	99	95	5	0.3	—	—	1

国家计委稀土办公室 1995-01-24 批准　　1995-01-24 实施

3.2.2 如需方对产品有特殊要求,供需双方可另行协议。

4 试验方法与检验规则

4.1 化学成分标准分析方法按 GB/T 12690 进行。

4.2 产品质量由供方技术监督部门负责检验。

4.3 需方可对收到的产品按本标准的规定验收,如验收结果与本标准规定不符时,可在收到产品之日起 3 个月内向供方提出,由供需双方协商解决,如需仲裁,可委托双方认可的单位进行,并在需方共同取样。

4.4 仲裁取样按下述规定进行。

取样数量为每批件数的 50%,但最少不得少于两件,取样时每件插管取样 10～15g,经充分混匀后,用四分法缩分到试样所需数量。

4.5 上述试样分析结果,如有不合格项目时,则用同样方法从取样件中取双倍样,进行不合格项目复验,若复验结果仍不合格时,则该批产品为不合格。

5 包装、标志和质量证明书

5.1 产品内包装用双层塑料袋,经热压或绳扎封口。

5.2 每件净重 0.5kg、1kg、5kg、10kg;外包装为桶或箱两种。

5.3 每件包装外应附标签注明:供方名称、产品名称、牌号、批号、净重及出厂日期。

5.4 产品易吸水吸气,须存放干燥处,不得露天放置。运输时严防雨淋受潮。

5.5 每批产品应附质量证明书并注明:

a. 供方名称;

b. 产品名称;

c. 牌号、批号、净重、件数;

d. 各种分析检验结果及检验部门印记;

e. 本标准编号;

f. 检验日期;

g. 出厂日期。

附加说明:

本标准由稀土行业标准化工作办公室提出。

本标准由常熟江南稀土材料总厂负责起草。

本标准主要起草人:丁听生。

中华人民共和国稀土行业标准

XB/T 204—1995

氧　化　镥

代替 YB 4044—1991

1　主题内容与适用范围

本标准规定了氧化镥的技术要求、检验方法、验收规则、包装、标志、贮存、运输和质量证明书。

本标准适用于萃取、离子交换或其他分离方法所得氧化镥。

2　引用标准

GB/T 12690　稀土金属及其氧化物化学分析方法

3　技术要求

3.1　外观

3.1.1　产品为白色粉末。

3.1.2　产品应洁净、无明显机械夹杂物。

3.2　牌号及化学成分

3.2.1　产品牌号及化学成分应符合下表规定。

%

产品牌号	稀土氧化物总量 REO 不小于	氧化镥相对纯度 Lu_2O_3/REO 不小于	杂质含量,不大于				
			稀土杂质/REO	非稀土杂质			灼减量≥850℃
			$(Dy+Ho+Er+Tm+Yb+Y)_xO_y$/REO	Fe_2O_3	SiO_2	CaO	
Lu_2O_3-1	99	99.95	0.05	0.005	0.005	0.02	1
Lu_2O_3-2	99	99.9	0.1	0.01	0.01	0.05	1
Lu_2O_3-3	99	99.5	0.5	0.05	0.05	0.1	1
Lu_2O_3-4	99	99	1	0.1	0.05	0.15	1
Lu_2O_3-6	99	97	3	0.2	—	—	1
Lu_2O_3-8	99	95	5	0.3	—	—	1

国家计委稀土办公室 1995-01-24 批准　　1995-01-24 实施

3.2.2　如需方对产品有特殊要求，供需双方可另行协议。

4　试验方法与检验规则

4.1　化学成分标准分析方法按 GB/T 12690 进行。

4.2　产品质量由供方技术监督部门负责检验。

4.3　需方可对收到的产品按本标准的规定验收，如验收结果与本标准规定不符时，可在收到产品之日起 3 个月内向供方提出，由供需双方协商解决，如需仲裁，可委托双方认可的单位进行，并在需方共同取样。

4.4　仲裁取样按下述规定进行。

取样数量为每批件数的 50%，但最少不得少于两件，取样时每件插管取样 10～15g，经充分混匀后，用四分法缩分到试样所需数量。

4.5　上述试样分析结果，如有不合格项目时，则用同样方法从取样件中取双倍样，进行不合格项目复验，若复验结果仍不合格时，则该批产品为不合格。

5　包装、标志和质量证明书

5.1　产品内包装用双层塑料袋，经热压或绳扎封口。

5.2　每件净重 0.5kg、1kg、5kg、10kg；外包装为桶或箱两种。

5.3　每件包装外应附标签注明：供方名称、产品名称、牌号、批号、净重及出厂日期。

5.4　产品易吸水吸气，须存放干燥处，不得露天放置。运输时严防雨淋受潮。

5.5　每批产品应附质量证明书并注明：

a. 供方名称；

b. 产品名称；

c. 牌号、批号、净重、件数；

d. 各种分析检验结果及检验部门印记；

e. 本标准编号；

f. 检验日期；

g. 出厂日期。

附加说明：

本标准由稀土行业标准化工作办公室提出。

本标准由常熟江南稀土材料总厂负责起草。

本标准主要起草人：丁听生。

中华人民共和国稀土行业标准

XB/T 205—1995

镧铈氧化物富集物

代替 YB 4048—1991

1 主题内容与适用范围

本标准规定了镧铈氧化物富集物的技术要求、检验方法、验收规则、包装、标志和质量证明书。

本标准适用于离子吸附型稀土矿中提取制得的镧铈氧化物富集物，供深加工和冶金、农业微肥、石油催化剂等用。

2 引用标准

GB/T 12690 稀土金属及其氧化物化学分析方法
GB/T 14635 稀土金属及其化合物化学分析方法

3 技术要求

3.1 外观

3.1.1 镧铈氧化物富集物为淡土灰色粉末。

3.1.2 产品应洁净、无明显的机械夹杂物。

3.2 牌号及化学成分

3.2.1 产品牌号：按化学成分和氧化镧配分，产品分为 $C_{(La,Ce)O}$-70；$C_{(La,Ce)O}$-80 两个牌号。以“Concentrate”第一大写字母“C”表示“富集物”。

3.2.2 产品化学成分应符合下表规定。

%

产品牌号	化学成分			
	不小于			不大于
	REO	La_2O_3/REO	CeO_2/REO	ThO_2
$C_{(La,Ce)O}$-80	85.00	80.00	2.00	0.05
$C_{(La,Ce)O}$-70	85.00	70.00	2.00	0.05

注：如需方对产品质量有特殊要求时，由双方议定。

国家计委稀土办公室 1995-01-24 批准 1995-01-24 实施

4 试验方法和检验规则

4.1 化学成分分析方法按 GB/T 12690 和 GB/T 14635 进行，其中 La_2O_3/REO、CeO_2/REO 测定方法用 X-荧光光谱法或色层法。

注：分析样品应在 105～110℃烘 2h 后，置于干燥器内保存，供分析时用。

4.2 产品质量由供方技术监督部门负责检验。

4.3 需方可对收到的产品按本标准的规定验收，如验收结果与本标准规定不符时，可在收到产品之日起两个月内向供方提出，由供需双方协商解决。

4.4 仲裁取样按下述规定进行，取样数量为每批件数的 20%～30%，取样时，从每桶(袋)中五点插管取出样品 50～100g，用四分法缩分至试样所需数量。

4.5 上述分析结果如有不合格，则从该批中取双倍样进行重复试验，若其中仍有一项结果不合格时，则该批产品为不合格品。

5 包装、标志和质量证明书

5.1 产品内包装用两层塑料袋，经热压或绳扎封口，每件净重 25kg、40kg、50kg、外包装为铁桶或塑料编织袋两种，每件包装外面均应附标签注明：供方名称、产品名称、牌号、批号、毛重、净重及出厂日期。

5.2 产品易吸水吸气，须存放干燥处，不得露天放置。运输时严防淋雨受潮。

5.3 每批产品应附质量证明书，注明：

a. 供方名称；

b. 产品名称；

c. 牌号、批号、毛重、净重、件数；

d. 各项分析检验结果及检验部门印记；

e. 检验日期；

f. 出厂日期；

g. 本标准编号。

附加说明：

本标准由稀土行业标准化工作办公室提出。

本标准由江西省寻邬稀土工业公司负责起草。

本标准主要起草人：吴明权。

中华人民共和国稀土行业标准

XB/T 206—1995

镨钕氧化物富集物

代替 YB 4049—1991

1 主题内容与适用范围

本标准规定了镨钕氧化物富集物的技术要求、试验方法、检验规则、包装、标志和质量证明书。

本标准适用于从离子吸附型稀土矿中提取制得的镨钕氧化物富集物，供深加工和玻璃、陶瓷、磁性材料等用。

2 引用标准

GB/T 12690　稀土金属及其氧化物化学分析方法

GB/T 14635　稀土金属及其化合物化学分析方法

3 技术要求

3.1 外观

3.1.1 镨钕氧化物富集物为棕褐色粉末。

3.1.2 产品应洁净、无明显的机械夹杂物。

3.2 牌号及化学成分

3.2.1 产品牌号：按化学成分和氧化钕配分，产品分为 $C_{(Pr,Nd)O}$-60；$C_{(Pr,Nd)O}$-65；$C_{(Pr,Nd)O}$-70 三个牌号。

以“Concentrate”第一大写字母“C”表示“富集物”。

3.2.2 产品化学成分应符合下表规定：

%

产品牌号	化学成分				
	不小于			不大于	
	REO	Pr_6O_{11}/REO	Nd_2O_3/REO	ThO_2	Sm_2O_3
$C_{(Pr,Nd)O}$-70	95.00	17.00	70.00	0.05	1.00
$C_{(Pr,Nd)O}$-65	94.00	15.00	65.00	0.05	1.00
$C_{(Pr,Nd)O}$-60	92.00	13.00	60.00	0.05	

注：如需方对产品质量有特殊要求时，由双方议定。

国家计委稀土办公室 1995-01-24 批准　　1995-01-24 实施

4 试验方法和检验规则

4.1 化学成分分析方法按 GB/T 12690 和 GB/T 14635 进行。其中 Pr_6O_{11}/REO、Nd_2O_3/REO 测定方法用 X-荧光光谱法或色层法。

注：分析样品应在 105～110℃ 烘 2h 后，置于干燥器内保存，供分析时用。

4.2 产品质量由供方技术监督部门负责检验。

4.3 需方可对收到的产品按本标准的规定验收，如验收结果与标准规定不符时，可在收到产品之日起两个月内向供方提出，由供需双方协商解决。

4.4 仲裁取样按下述规定进行，取样数量为每批件数的 20%～30%，取样时，从每桶(袋)中五点插管取出样品 50～100g，用四分法缩分至试样所需数量。

4.5 上述分析结果如有一项不合格，则从该批中取双倍试样进行重复试验，若其中仍有一项结果不合格，则该批产品为不合格品。

5 包装、标志与质量证明书

5.1 产品内包装用两层塑料袋，经热压或绳扎封口，每件净重 25kg、40kg、50kg；外包装为铁桶或塑料编织袋两种，每包装件外面均应附标签注明：供方名称、产品名称、牌号、批号、毛重、净重及出厂日期。

5.2 产品易吸水吸气，须存放在干燥处，不得露天放置，运输时严防淋雨受潮。

5.3 每批产品应附质量证明书，注明：

a. 供方名称；

b. 产品名称；

c. 牌号、批号、毛重、净重、件数；

d. 各项分析结果及检验部门印记；

e. 检验日期；

f. 出厂日期；

g. 本标准编号。

附加说明：

本标准由稀土行业标准化工作办公室提出。

本标准由江西省寻邬稀土工业公司负责起草。

本标准主要起草人：吴明权。

中华人民共和国稀土行业标准

XB/T 207—1995

钐铕钆氧化物富集物

代替 YB 4051—1991

1 主题内容与适用范围

本标准规定了钐铕钆氧化物富集物技术要求、试验方法、检验规则、包装、标志和质量证明书。

本标准适用于从离子吸附型稀土矿中提取制得的钐铕钆氧化物富集物，供深加工后作磁性、荧光材料及电子工业等行业用。

2 引用标准

GB/T 11065 钐铕钆富集物化学分析方法

3 技术要求

3.1 外观

3.1.1 钐铕钆氧化物富集物为淡黄色粉末。

3.1.2 产品应洁净、无明显的机械夹杂物。

3.2 牌号及化学成分

3.2.1 产品牌号：按化学成分和氧化铕配分，产品分为 $C_{(Sm,Eu,Gd)O}$-05；$C_{(Sm,Eu,Gd)O}$-08；$C_{(Sm,Eu,Gd)O}$-10 三个牌号。

3.2.2 产品化学成分应符合下表规定。

%

产品牌号	化学成分				
	不小于				不大于
	REO	Sm_2O_3/REO	Eu_2O_3/REO	Gd_2O_3/REO	ThO_2
$C_{(Sm,Eu,Gd)O}$-10	95.00	35.00	10.00	35.00	0.05
$C_{(Sm,Eu,Gd)O}$-08	95.00	35.00	8.00	35.00	0.05
$C_{(Sm,Eu,Gd)O}$-05	92.00	38.00	5.00	28.00	0.05

注：如需方对产品质量有特殊要求时，由双方议定。

国家计委稀土办公室 1995-01-24 批准

1995-01-24 实施

4　试验方法和检验规则

4.1　化学成分分析方法按 GB/T 11065 进行。其中 Sm_2O_3/REO、Eu_2O_3/REO、Gd_2O_3/REO 测定方法用 X-荧光光谱法或色层法。

注：分析样品应在 105～110℃烘 2h 后，置于干燥器内保存，供分析时用。

4.2　产品质量由供方技术监督部门负责检验。

4.3　需方可对收到的产品按本标准的规定验收，如验收结果与标准规定不符时，可在收到产品之日起两个月内向供方提出，由供需双方协商解决。

4.4　仲裁取样按下述规定进行，取样数量为每批件数的 20%～30%，取样时，从每桶(袋)中五点插管取出样品 50～100g，用四分法缩分至试样所需数量。

4.5　上述分析结果如有一项不合格，则从该批中取双倍试样进行重复试验，若其中仍有一项结果不合格，则该批产品为不合格品。

5　包装、标志与质量证明书

5.1　产品内包装用两层塑料袋，经热压或绳扎封口，每件净重 10kg、25kg、40kg、50kg，外包装为铁桶或塑料编织袋两种，每包装件外面均应附标签，注明：供方名称、产品名称、牌号、批号、毛重、净重及出厂日期。

5.2　产品易吸水吸气，须存放在干燥处，不得露天放置，运输时严防淋雨受潮。

5.3　每批产品应附质量证明书，注明：

a. 供方名称；

b. 产品名称；

c. 牌号、批号、毛重、净重、件数；

d. 各项分析结果及检验部门印记；

e. 检验日期；

f. 出厂日期；

g. 本标准编号。

附加说明：

本标准由稀土行业标准化工作办公室提出。

本标准由江西省寻邬县稀土工业公司负责起草。

本标准主要起草人：吴明权。

中华人民共和国稀土行业标准

XB/T 208—1995

重稀土氧化物富集物

代替 YB 4050—1991

1 主题内容与适用范围

本标准规定了重稀土氧化物富集物的技术要求、试验方法、检验规则、包装、标志和质量证明书。

本标准适用于从离子吸附型稀土矿中提取制得的重稀土氧化物富集物，供深加工和冶金等用。

2 引用标准

GB/T 12690 稀土金属及其氧化物化学分析方法

GB/T 14635 稀土金属及其化合物化学分析方法

3 技术要求

3.1 外观

3.1.1 重稀土氧化物富集物为淡黄色粉末。

3.1.2 产品洁净、无明显的机械夹杂物。

3.2 牌号及化学成分

3.2.1 产品牌号：按化学成分和氧化钇配分，产品为 $C_{Y_2O_3}$-60；$C_{Y_2O_3}$-65；$C_{Y_2O_3}$-70；$C_{Y_2O_3}$-75 四个牌号。以“Concentrate”第一个大写字母“C”表示“富集物”。

3.2.2 产品化学成分应符合下表规定。

%

产品牌号	化学成分			
	不小于		不大于	
	REO	$C_{Y_2O_3}$/REO	$(La\text{-}Nd)_2O_3$/REO	ThO_2
$C_{Y_2O_3}$-75	95.00	75.00	1.50	0.05
$C_{Y_2O_3}$-70	95.00	70.00	1.50	0.05
$C_{Y_2O_3}$-65	95.00	65.00	1.50	0.05
$C_{Y_2O_3}$-60	92.00	60.00	3.00	0.05

注：如需方对产品质量有特殊要求时，由双方议定。

国家计委稀土办公室 1995-01-24 批准

1995-01-24 实施

4 试验方法和检验规则

4.1 化学成分分析方法按 GB/T 12690 和 GB/T 14635 进行。其中 Y_2O_3/REO、$(La\text{-}Nd)_2O_3$/REO 测定方法用 X-荧光光谱法或色层法。

注：分析样品应在 105～110℃烘 2h 后，置于干燥器内保存，供分析时用。

4.2 产品质量由供方技术监督部门负责检验。

4.3 需方可对收到的产品按本标准的规定验收，如验收结果与标准规定不符时，可在收到产品之日起两个月之内向供方提出，由供需双方协商解决。

4.4 仲裁取样按下述规定进行，取样数量为每批件数的 20%～30%，取样时，从每桶（袋）中五点插管取出样品 50～100g，用四分法缩分至试样所需数量。

4.5 上述分析结果如有一项不合格，则从该批中取双倍试样进行重复试验，若其中仍有一项结果不合格，则该批产品为不合格品。

5 包装、标志与质量证明书

5.1 产品内包装用两层塑料袋，经热压或绳扎封口，每件净重 25kg、40kg、50kg，外包装为铁桶或塑料编织袋，每包装件外面均应附标签注明：供方名称、产品名称、牌号、批号、毛重、净重及出厂日期。

5.2 产品易吸水吸气，须存放在干燥处，不得露天放置，运输时严防淋雨受潮。

5.3 每批产品应附质量证明书，注明：

a. 供方名称；

b. 产品名称；

c. 牌号、批号、毛重、净重、件数；

d. 各项分析结果及检验部门印记；

e. 检验日期；

f. 出厂日期；

g. 本标准号。

附加说明：

本标准由稀土行业标准化工作办公室提出。

本标准由江西省寻邬稀土工业公司负责起草。

本标准主要起草人：吴明权。

中华人民共和国稀土行业标准

XB/T 209—1995

氟　化　稀　土

代替 GB 4152—1984

本标准适用于以轻稀土为主的矿物所制得的氟化稀土,供弧光碳棒用。

1　技术要求

1.1　外观

1.1.1　产品应为白色或略带粉红色粉末。

1.1.2　产品必须洁净,无明显的机械夹杂物。

1.2　粒度

产品应100%通过100目筛网,95%通过200目筛网。

1.3　牌号、化学成分及物理性能

产品牌号、化学成分及物理性能应符合下表规定。如需方对产品有特殊要求,供需双方可另行协议。

产品牌号	化学成分/%				摇实密度/(g/cm³)不小于
	REO,不小于	CeO_2/REO,不小于	F,不小于	水分,不大于	
REF_3-1	83	45	26	0.5	3.0
REF_3-2	83	45	26	0.5	1.4

2　试验方法和检验规则

2.1　化学成分标准分析方法按 GB/T 14635 稀土金属及其化合物化学分析方法和 XB/T 606 进行。

2.2　产品由供方技术监督部门检验,保证产品符合本标准的规定,并填写质量证明书。

2.3　需方可对收到的产品按本标准的规定验收。如验收结果与本标准规定不符时,可在收到产品之日起3个月内向供方提出,由供需双方协商解决。如需仲裁,可委托双方认可的单位进行。并在需方共同取样。

2.4　仲裁取样按下述规定进行。

每批产品在两件以内取样数量为件数的100%,两件以上取样数量为件数的50%,但不得少于两

国家计委稀土办公室 1995-01-24 批准　　1995-01-24 实施

件。取样时,用取样管在袋中心及周围等距离取样五点,将取样管垂直插入袋中各点至袋深 3/4 处,分别抽取一管,将所取试样以四分法缩分至试样所需数量,立即装入带盖的磨口瓶中,瓶口用蜡密封。

2.5 上述分析结果如有一项不合格,则从该批中取双倍试样进行重复检验,若其中仍有一项结果不合格,则该批产品为不合格。

3 标志、包装、运输、贮存

3.1 产品应装入干净塑料袋内,每袋净重 50kg,扎紧袋口,将塑料袋置于铁桶内,桶外应印有不褪色的标志。注明:供方名称、产品名称、牌号、批号、净重及出厂日期。

3.2 产品易吸水潮解,须存放在干燥处,不得露天放置。运输时严防淋雨受潮。

3.3 每批产品应附质量证明书,注明:

a. 供方名称;

b. 产品名称;

c. 牌号、批号、净重、件数;

d. 各项分析检验结果及检验部门印记;

e. 本标准编号;

f. 检验日期;

g. 出厂日期。

附加说明:

本标准由稀土行业标准化工作办公室提出。

本标准由上海跃龙化工厂负责起草。

本标准主要起草人:张飞鸣、戴莲香。

自本标准实施之日起,原冶金工业部部标准 YB 1512—1977《氟化稀土》作废。

中华人民共和国稀土行业标准

XB/T 210—1995

富铈氢氧化物

代替 GB 5241—1985

本标准适用于化学法制得的富铈氢氧化物。该产品供玻璃工业做脱色剂、澄清剂等用,也可用做冶炼富铈稀土硅铁合金的原料。

1 技术要求

1.1 外观

1.1.1 产品呈淡黄色粉末。

1.1.2 产品必须清洁,无肉眼可见夹杂物。

1.2 牌号及化学成分

产品牌号及化学成分应符合下表规定。需方对产品如有特殊要求,供需双方可另行议定。

%

产品牌号	化学成分			
	REO	CeO_2	Nd_2O_3	Fe_2O_3
			不大于	
$Ce(OH)_4$-1	70～75	60～65	5	0.5
$Ce(OH)_4$-2	70～75	60～65	—	—

1.3 产品比放射性

产品比放射性应符合国家非放射性物质标准的规定。

2 试验方法

2.1 化学成分仲裁分析方法按附录 A“草酸盐重量法测定稀土氧化物总量”、附录 B“亚铁容量法测定氧化铈量”、附录 C“分光光度法测定氧化钕量”和附录 D“硫氰酸钾光度法测定氧化铁量”进行测定。

3 检验规则

3.1 每批产品由同一混合料组成。

国家计委稀土办公室 1995-01-24 批准　　1995-01-24 实施

3.2 产品应由供方质量检验部门进行检验,保证产品符合本标准的规定,并填写质量证明书。

3.3 需方可对收到的产品进行质量检验,如检验结果与本标准规定不符时,在收到产品之日起两个月内向供方提出,供需双方协商解决。如需仲裁,可委托双方认可的单位进行,并在需方共同取样。

3.4 仲裁取样按以下规定进行。

3.4.1 每批产品在两件以内,取样件数为100%;两件以上,取样件数为50%,但不得少于两件。

3.4.2 在每件中大致均匀地采取三点试样,以四分法缩分至试样所需数量。

3.5 仲裁检验不合格时,则从该批取双倍试样进行不合格项目的复验。若其中仍有一个结果不合格时,则该批产品为不合格。

4 标志、包装、运输、贮存

4.1 产品用内衬双层塑料袋的铁桶包装,每桶净重25kg或50kg。铁桶外应附标签,注明:供方名称、牌号、批号、净重、毛重及出厂日期。

4.2 产品易吸水,须存放在干燥处,不得露天放置。运输时严防淋雨受潮。

4.3 每批产品应附质量证明书,注明:

a. 供方名称;
b. 产品名称;
c. 产品牌号和批号;
d. 产品净重、毛重和件数;
e. 各项分析检验结果及检验部门印记;
f. 本标准编号;
g. 出厂日期。

附 录 A
草酸盐重量法测定稀土氧化物总量
(补充件)

本方法适用于富铈氢氧化物中稀土氧化物总量的测定。测定范围:大于60%。

本方法遵守GB 1467—1978《冶金产品化学分析方法标准的总则及一般规定》。

A1 方法提要

试样经盐酸溶解,氢氧化铵分离碱土金属,高氯酸冒烟脱硅,滤去残留的硅酸,调节滤液酸度至pH1.5~1.8,草酸沉淀稀土。沉淀经过滤、洗涤、灰化、灼烧成氧化稀土后称重。

A2 试剂

A2.1 氯化铵;
A2.2 盐酸(比重1.19);
A2.3 硝酸(比重1.42);
A2.4 高氯酸(70%);
A2.5 过氧化氢(30%);
A2.6 氢氧化铵(1+1);
A2.7 草酸(10%);

A2.8 草酸(2%);

A2.9 盐酸(2%);

A2.10 氯化铵(2%,用氢氧化铵调 pH9~10);

A2.11 甲酚红(0.1%乙醇溶液)。

A3 仪器

高温炉。

A4 试样

A4.1 富铈氢氧化物试样应通过 180 目筛。

A4.2 分析试样需预先在 100~105℃烘 1h,置于干燥器中冷至室温。

A5 分析步骤

A5.1 测定数量

分析时应称取 3 份试样进行测定,取其平均值。

A5.2 试样量

称取 0.2000g 试样。

A5.3 空白试验

随同富铈氢氧化物试样做空白试验。

A5.4 测定

A5.4.1 将称取的试样置于 300mL 烧杯中,加 10mL 盐酸(A2.2),加热溶解。如试样不易溶解,可适当补加 5~10mL 盐酸(A2.2),并滴加 1~2mL 过氧化氢(A2.5)。然后加水稀释至 150mL,煮沸,加 1g 氯化铵(A2.1),搅匀,用氢氧化铵(A2.6)中和至氢氧化物沉淀出现,并过量 20mL,再加 2 滴过氧化氢(A2.5),煮沸后,冷至室温。用快速滤纸过滤,用氨性氯化铵洗液(A2.10)洗烧杯 3 次,洗沉淀 7~8 次。

A5.4.2 将沉淀连同滤纸放入原烧杯中,加 25mL 硝酸(A2.3)、5mL 高氯酸(A2.4),盖上表面皿,加热破坏滤纸,溶解沉淀,待剧烈作用停止后,继续加热到冒高氯酸烟,并冒烟至体积为 2~3mL,取下,稍冷。用 50mL 热水溶解盐类,中速滤纸过滤,以热盐酸洗液(A2.9)洗烧杯 3 次,洗沉淀 7~8 次。

A5.4.3 在滤硅后的滤液中,加水稀释至体积为 100mL,加热煮沸,加 50mL 热草酸溶液(A2.7)、3 滴甲酚红指示剂(A2.11),用氢氧化铵(A2.6)调节酸度使溶液呈黄色(pH1.5~1.8)在 70~80℃保温 30min,静止 4h 以上或过夜。沉淀用慢速滤纸过滤,用小块滤纸擦净玻棒及烧杯,用草酸洗液(A2.8)洗烧杯 3 次,洗沉淀 8~10 次。

A5.4.4 将沉淀连同滤纸放入已恒重的瓷坩埚中,低温烘干,灰化,置于 850℃马弗炉中灼烧 40min,取出,置于干燥器中冷却至室温,称重,重复此操作直至恒量。

A6 分析结果的计算

按下式计算稀土氧化物的总百分含量:

$$\text{REO}(\%)=\frac{W_1-W_2}{G}\times 100$$

式中 W_1——稀土氧化物重量,g;

W_2——空白重量,g;

G——试样重量,g。

分析结果修约到小数点后二位。

A7　允许差

实验室之间分析结果的差值应不大于下表所列允许差。

%

稀土氧化物总量	允 许 差
>60.00	0.80

附 录 B

亚铁容量法测定氧化铈量

（补充件）

本方法适用于富铈氢氧化物中氧化铈量的测定。测定范围:大于50%。

本方法遵守GB 1467—1978《冶金产品化学分析方法标准的总则及一般规定》。

B1　方法提要

试样经磷酸溶解,高氯酸将三价铈氧化为四价,在尿素存在下,用亚砷酸钠-亚硝酸钠还原三价锰,于5%硫酸介质中,以苯代邻氨基苯甲酸为指示剂,用硫酸亚铁铵标准溶液滴定之。

B2　试剂

B2.1　磷酸(比重1.69);

B2.2　高氯酸(70%);

B2.3　尿素(20%);

B2.4　硫酸(5%);

B2.5　苯代邻氨基苯甲酸:称取0.2g苯代邻氨基苯甲酸、0.2g无水碳酸钠,溶于100mL水中。

B2.6　亚砷酸钠-亚硝酸钠溶液:称取1.24g三氧化二砷,加50mL氢氧化钠(10%),加热溶解,用硫酸(1+1)中和至微酸性,然后用碳酸钠(15%)中和至pH6.5~7,再加入0.86g亚硝酸钠,溶解后,过滤,再以水稀释至2000mL,摇匀。此溶液约为0.025N。

B2.7　硫酸亚铁铵标准溶液:0.02N。

配制:称取9g硫酸亚铁铵$(NH_4)_2Fe(SO_4)_2\cdot 6H_2O$于500mL烧杯中,加硫酸(5%)溶解,溶清后用硫酸(5%)稀释至1000mL,摇匀。

标定:准确移取20mL上述硫酸亚铁铵标液4份,分别置于各个锥形瓶中,加10mL硫磷混酸(70mL水中加入15mL磷酸和15mL硫酸),加水至100mL,加4滴二苯胺磺酸钠(0.5%),用重铬酸钾标准溶液滴定至蓝紫色不退为终点。

计算:

$$N=\frac{N_1\cdot V_1}{V} \quad (B1)$$

$$T=N\cdot E \quad (B2)$$

式中　N——被标定亚铁标准溶液的当量浓度;

N_1——重铬酸钾标准溶液的当量浓度；

V——所取亚铁标准溶液之体积，mL；

V_1——标定时所消耗的重铬酸钾标准溶液之体积，mL；

T——亚铁标准溶液对氧化铈的滴定度，mg/mL；

E——氧化铈的毫克当量，为 172.12。

B3 试样

B3.1 富铈氢氧化物试样应通过 180 目筛。

B3.2 分析试样需预先在 100～105℃温度烘 1h，置于干燥器中冷至室温。

B4 分析步骤

B4.1 测定数量

分析时应称取 3 份试样进行测定，取其平均值。

B4.2 试样量

称取 0.1000g 试样。

B4.3 空白试验

移取 10mL 硫酸高铈溶液(约 0.02N)于 300mL 锥形瓶中，按 B.4.4.2 进行操作，至终点后，再移入 10mL 与上述相同浓度的硫酸高铈溶液，用同浓度的亚铁标准液滴定至终点，其两次滴定液体积之差，即为空白值。

B4.4 测定

B4.4.1 将称取的试样置于 300mL 锥形瓶中，加 10mL 磷酸(B2.1)、2mL 高氯酸(B2.2)，加热溶解，直至高氯酸冒烟、剧烈反应平静，取下，稍冷，加 100mL 硫酸(B2.4)，流水冷却至室温。

B4.4.2 然后加 5mL 尿素(B2.3)，滴加亚砷酸钠-亚硝酸钠(B2.6)至三价锰的紫红色消失，并过量 2 滴，再加 2 滴苯代邻氨基苯甲酸指示剂(B2.5)，用硫酸亚铁铵标准溶液(B2.7)滴定至黄绿色为终点。

B5 分析结果的计算

按式(B3)计算氧化铈的百分含量：

$$CeO_2(\%)=\frac{T\cdot(V_1+V_2)}{G}\times 100 \qquad (B3)$$

式中 T——亚铁标准溶液对氧化铈的滴定度，mg/mL；

V_1——滴定时所消耗的亚铁标准溶液之体积，mL；

V_2——空白量，mL；

G——试样重量，mg。

分析结果修约到小数点后两位。

B6 允许差

实验室之间分析结果的差值应不大于下表所列允许差：

%

氧 化 铈 量	允 许 差
>50.00	0.80

附　录　C

分光光度法测定氧化钕量

（补充件）

本方法适用于富铈氢氧化物中氧化钕量的测定。测定范围:1%～10%。

本方法遵守 GB 1467—1978《冶金产品化学分析方法标准的总则及一般规定》。

C1　方法提要

试样经高氯酸溶解,在 8%高氯酸酸度下,分别在镨和钕的特有吸收波长处,以空白液作参比,测定吸光度。

C2　试剂

C2.1　过氧化氢(30%);

C2.2　高氯酸(1+1);

C2.3　高氯酸(8%);

C2.4　钕标准溶液:称取 2.0000g 预先在 850℃ 灼烧 1h 并置于干燥器中冷至室温的氧化钕(99.99%),置于 100mL 烧杯中,加 10mL 高氯酸(C2.2),加热溶解,并冒烟至近干,取下,稍冷。加 25mL 高氯酸(C2.3),加热,使盐类溶解至清亮,冷至室温,移入 100mL 容量瓶中,用高氯酸(C2.3)稀释至刻度,摇匀。此溶液 1mL 含氧化钕 20mg。

C2.5　镨标准溶液:称取 0.1000g 预先在 850℃ 灼烧 1h 并置于干燥器中冷至室温的氧化镨(99.99%),置于 50mL 烧杯中,加 5mL 高氯酸(C2.2),加热溶解,并冒烟至近干,取下,稍冷。加 5mL 高氯酸(C2.3),加热,使盐类溶解至清亮,冷至室温,移入 10mL 容量瓶中,用高氯酸(C2.3)稀释至刻度,摇匀。此溶液 1mL 含氧化镨 10mg。

C3　仪器

751 型分光光度计。

C4　试样

C4.1　富铈氢氧化物试样应通过 180 目筛。

C4.2　分析试样需预先在 100～105℃ 温度烘 1h,置于干燥器中冷至室温。

C5　分析步骤

C5.1　测定数量

分析时应称取 3 份试样进行测定,取其平均值。

C5.2　试样量

称取 1.000g 试样。

C5.3　空白试验。

以 8%高氯酸为空白液。

C5.4　测定

C5.4.1 将称取的试样置于50mL烧杯中,加5mL高氯酸(C2.2),加热,滴加过氧化氢(C2.1)至试样溶解,并冒烟至近干,取下,稍冷。再加5mL高氯酸(C2.3),加热,使盐类溶解至清冷至室温,移入10mL容量瓶中,用高氯酸(C2.3)稀释至刻度,摇匀。

C5.4.2 将部分溶液(C5.4.1)用滤纸干过滤入2cm比色皿中,以空白液作参比,于分光光度计上波长444nm处(镨波长)、576nm处(钕波长)分别测量其吸光度。以镨波长测得的吸光度计算出校正值;将钕波长测得的吸光度,减去校正值后,再从工作曲线上查出相应的氧化钕量。

C5.5 工作曲线的绘制

C5.5.1 移取1.00、2.00、3.00、4.00、5.00mL氧化钕标准溶液(C2.4),分别置于一组10mL容量瓶中,用高氯酸(C2.3)稀释至刻度,摇匀。

C5.5.2 将部分溶液(C5.5.1)移入2cm比色皿中,以空白液作参比,于分光光度计上波长576nm处测量其吸光度。以氧化钕量为横坐标,吸光度为纵坐标,绘制工作曲线。

C5.6 校正系数的测定

C5.6.1 将部分镨标准溶液(C2.5)移入2cm比色皿中,以空白液作参比,于分光光度计上波长576nm处测量其吸光度 A_1,再在波长444nm处测量其吸光度 A_2。

C5.6.2 按式(C1)计算镨校正系数:

$$F = A_1/A_2 \tag{C1}$$

C6 分析结果的计算

C6.1 按式(C2)计算校正值:

$$A_3 = F \cdot A_4 \tag{C2}$$

式中 F——镨校正系数;

A_3——镨对钕测定的校正值;

A_4——试样在镨波长444nm处测得的吸光度。

C6.2 按式(C3)计算试样中氧化钕的吸光度:

$$A = A_5 - A_3 \tag{C3}$$

式中 A——试样中氧化钕的吸光度;

A_3——镨对钕测定的校正值;

A_5——试样在钕波长576nm处测得的吸光度。

C6.3 按式(C4)计算氧化钕的百分含量:

$$Nd_2O_3(\%) = \frac{W \times 10}{G} \times 100 \tag{C4}$$

式中 W——由 A 值自工作曲线上查得的氧化钕量,mg;

G——试样重量,mg。

分析结果表示到小数点后两位。

C7 允许差

实验室之间分析结果的差值应不大于下表所列允许差:

%

氧 化 钕 量	允 许 差
1.00～10.00	0.40

附 录 D
硫氰酸钾光度法测定氧化铁量
（补充件）

本方法适用于富铈氢氧化物中氧化铁量的测定。测定范围：0.10%～0.60%。

本方法遵守 GB 1467—1978《冶金产品化学分析方法标准的总则及一般规定》。

D1 方法提要

试样经硝酸溶解后，在 0.2～0.7N 硝酸介质中，三价铁离子与硫氰酸钾生成较为稳定的红色络合物，借此进行光度测定。

D2 试剂

D2.1 过氧化氢（30%）；

D2.2 硫氰酸钾（20%）；

D2.3 硝酸（1+1）；

D2.4 氧化铁标准溶液：称取 0.6994g 纯铁丝（99.9%），加 30mL 盐酸（1+1），加热至铁丝完全溶解，加 2mL 硝酸（比重 1.42），加热蒸发至 2～3mL，再加入 5mL 硝酸（1+1），继续加热蒸发至 2～3mL，取下，冷却，移入 1000mL 容量瓶中，以水稀释至刻度，摇匀。此溶液 1mL 含氧化铁 1mg。准确移取 5mL 该溶液于 500mL 容量瓶中，加 5mL 硝酸（1+1），以水稀释至刻度，摇匀。此溶液 1mL 含氧化铁 0.01mg。

D3 仪器

分光光度计。

D4 试样

D4.1 富铈氢氧化物试样应通过 180 目筛。

D4.2 分析试样需预先在 100～105℃烘上 1h，置于干燥器中冷至室温。

D5 分析步骤

D5.1 测定数量

分析时应称取 3 份试样进行测定，取其平均值。

D5.2 试样量

称取 0.1000g 试样。

D5.3 空白试验

随同富铈氢氧化物试样做试剂空白试验。

D5.4 测定

D5.4.1 将称取的试样置于 50mL 烧杯中,加 10mL 硝酸(D2.3)、3 滴过氧化氢(D2.1),盖上表面皿,加热溶解,并蒸发至体积为 5mL,取下,冷至室温。移入 100mL 容量瓶中,以水稀释至刻度,摇匀。

D5.4.2 移取 5mL 溶液(D5.4.1)置于 25mL 容量瓶中,加 0.5mL 硝酸(D2.3)、10mL 硫氰酸钾(D2.2),以水稀释至刻度,摇匀。

D5.4.3 将部分溶液(D5.4.2)移入 2cm 比色皿中,以试剂空白作参比,于光度计上波长 480nm 处测量其吸光度,从工作曲线上查出相应的氧化铁量。

D5.5 工作曲线的绘制

D5.5.1 移取 0、0.50、1.00、2.00、3.00、4.00、5.00mL 氧化铁标准溶液(D2.4),分别置于一组 25mL 容量瓶中,以下按 D.5.4.2 进行。

D5.5.2 将部分溶液(D5.5.1)移入 2cm 比色皿中,以试剂空白作参比,于光度计上波长 480nm 处测量其吸光度。以氧化铁量为横坐标,吸光度为纵坐标,绘制工作曲线。

D6 分析结果的计算

按下式计算氧化铁的百分含量:

$$Fe_2O_3(\%)=\frac{W}{G\times 5/100}\times 100$$

式中 W——自工作曲线上查得的氧化铁量,mg;

G——试样重量,mg。

分析结果修约到小数点后两位。

D7 允许差

实验室之间分析结果的差值应不大于下表所列允许差:

%

氧化铁量	允许差
0.10~0.30	0.02
>0.30~0.60	0.04

附加说明:

本标准由稀土行业标准化工作办公室提出。
本标准由包钢稀土公司负责起草。
本标准主要起草人:刘广勤、谢张茂、张立宝、田亚东。

前　　言

本标准目前尚未查阅到相应的国际标准和国外先进标准。

本标准是依据国内主要生产厂家的实际生产情况及用户的使用要求修订的。

本标准与原标准相比有如下变动：

1. 将原标准的字符体系牌号改为六位数字体系牌号。

2. 增加了2个牌号。

3. 提高了相应牌号的稀土氧化物总含量及钐、铕、钆氧化物含量，并增加了氧化铈及灼减两项考核指标。

4. 本标准明确规定产品化学成分指标均为干基测定结果。

本标准自生效之日起，代替XB/T 211—1995。

本标准由全国稀土标准化技术委员会提出。

本标准由全国稀土标准化技术委员会归口。

本标准由包钢稀土高科技股份有限公司、包钢稀土研究院负责起草。

本标准主要起草人：王静、马婕。

中华人民共和国稀土行业标准

XB/T 211—2000

代替 XB/T 211—1995

钐铕钆富集物

Rare earth abundance with samarium, europium and gadolinium oxides

1 范围

本标准规定了钐铕钆富集物的要求、试验方法、检验规则和标志、包装、运输、贮存。

本标准适用于以包头稀土精矿为原料,用萃取法分离制取的钐铕钆富集物。该产品主要用做提取钐、铕、钆等单一稀土的原料。

2 引用标准

下列标准所包含的条文,通过在本标准中引用而构成为本标准的条文。本标准出版时,所示版本均为有效。所有标准都会被修订,使用本标准的各方应探讨使用下列标准最新版本的可能性。

GB/T 8170—1987 数值修约规则

GB/T 11065—1989 钐铕钆富集物化学分析方法

GB/T 12690.5—1990 稀土金属及其氧化物化学分析方法 X射线荧光光谱法测定氧化镧、氧化铈、氧化钕、氧化钐和氧化钇量

GB/T 12690.27—1990 稀土金属及其氧化物化学分析方法 重量法测定灼减量

3 要求

3.1 产品分类

产品按化学成分分为3个牌号:060018、060015A、060015B。

3.2 化学成分

产品化学成分应符合表1的规定。需方如对产品有特殊要求,由供需双方协商解决。

表1 %

产品牌号	化学成分					灼减
	REO	CeO_2/REO	Sm_2O_3/REO	Eu_2O_3/REO	Gd_2O_3/REO	1000℃ 1h
060017	≥97.0	≤1.0	≥45.0	≥10.0	≥16.5	≤1.0
060015A	≥95.0	≤1.0	≥45.0	≥9.0	≥16.5	≤2.0
060015B	≥95.0	≤2.0	≥45.0	≥8.0	≥16.5	≤2.0

注:表中所有考核指标均为干基测定结果

3.3 外观

产品为棕褐色粉末。必须洁净,无肉眼可见的夹杂物。

4 试验方法

4.1 稀土总含量的分析方法按 GB/T 11065 的规定进行。

国家发展计划委员会稀土办公室 2000-03-15 批准 2000-09-01 实施

4.2 二氧化铈含量的分析方法按 GB/T 12690.5 的规定进行:其余元素含量的分析方法按 GB/T 11065 的规定进行。

4.3 灼减含量的分析方法按 GB/T 12690.27 的规定进行。

4.4 数值修约按 GB/T 8170 的规定进行。

4.5 产品外观用目视检查。

5 检验规则

5.1 检查与验收

5.1.1 产品由供方技术监督部门进行检验,保证产品质量符合本标准的规定,并填写质量证明书。

5.1.2 需方可对收到的产品按本标准的规定进行检验。如检验结果与本标准规定不符时,应在收到产品之日起 3 个月内向供方提出,由供需双方协商解决。如需仲裁,可委托双方认可的单位进行,并在需方共同取样。

5.2 组批

产品应成批提交检验,每批应由同一牌号的产品组成。

5.3 检验项目

每批产品应进行化学成分、灼减和外观的检验。

5.4 取样与制样

仲裁取样按表 2 的规定进行

表 2

每批件(袋)数	1~4	5~10	11~20	21~50	51~100	>100
取样件(袋)数	100%	6	8	10	15	20

取样时,从每件(袋)中用插管法在大致均匀的 3 个点上、深度 2/3 处采取试样,试样量不少于 10g。将所取试样放入带盖的玻璃瓶或塑料袋中,经充分混匀后以四分法迅速缩分至所需试样量。

5.5 检验结果的判定

化学成分仲裁分析结果与本标准规定不符时,则从该批产品中取双倍试样对不合格项目进行复验,若仍有一项结果不合格,则该批产品为不合格。

6 标志、包装、运输、贮存

6.1 标志、包装

产品用双层塑料袋包装,经热压或绳扎封口后放入铁桶或塑料编织袋中,每桶(袋)净重 50kg。桶(袋)外应附标签,注明:供方名称、产品名称、牌号、批号、毛重、净重及出厂日期。

6.2 运输、贮存

产品易吸水,须存放在干燥处,不得露天放置,运输时严防淋雨、受潮。

6.3 质量证明书

每批产品应附质量证明书,注明:

a. 供方名称;

b. 产品名称;

c. 牌号、批号、毛重、净重、件数;

d. 各项分析检验结果及技术监督部门印记;

e. 本标准编号；

f. 检验日期；

g. 出厂日期。

中华人民共和国稀土行业标准

XB/T 212—1995

金　属　钆

代替 YB/T 046—1993

1　主题内容与适用范围

本标准规定了金属钆的产品分类、技术要求、试验方法、检验规则及标志、包装、运输、贮存。

本标准适用于钙热还原法生产的金属钆,主要用作核反应堆的制管材料、磁致冷的工作介质和磁光记录材料以及有色金属合金添加剂等。

2　引用标准

GB 8170　数值修约规则

GB/T 12690　稀土金属及其氧化物化学分析方法

GB/T 14635　稀土金属及其化合物化学分析方法

3　产品分类

产品按化学成分分为 Gd—04,Gd—2,Gd—4 三个牌号。

4　技术要求

4.1　产品牌号及化学成分

产品牌号及化学成分应符合表 1 的规定。需方如对产品有特殊要求,由供需双方另行议定。

国家计委稀土办公室 1995-01-24 批准　　1995-01-24 实施

表 1

<table>
<tr><td rowspan="4">产品牌号</td><td colspan="12">化 学 成 分 /%</td></tr>
<tr><td rowspan="3">RE
不小于</td><td rowspan="3">Gd/RE
不小于</td><td colspan="10">杂质含量 不大于</td></tr>
<tr><td>稀土杂质</td><td colspan="9">非 稀 土 杂 质</td></tr>
<tr><td>$\frac{Sm+Eu+Tb+Dy+Y}{RE}$</td><td>Fe</td><td>Si</td><td>Ca</td><td>Al</td><td>Cu</td><td>Ni</td><td>Ta(Nb,Mo,Ti)</td><td>C</td><td>O</td></tr>
<tr><td>Gd—04</td><td>99</td><td>99.99</td><td>0.01</td><td>0.01</td><td>0.005</td><td>0.01</td><td>0.005</td><td>0.01</td><td>0.05</td><td>0.08</td><td>0.01</td><td>0.1</td></tr>
<tr><td>Gd—2</td><td>99</td><td>99.9</td><td>0.1</td><td>0.03</td><td>0.01</td><td>0.03</td><td>0.01</td><td>0.05</td><td>0.1</td><td>0.15</td><td>0.05</td><td>0.15</td></tr>
<tr><td>Gd—4</td><td>98.5</td><td>99</td><td>1</td><td>0.05</td><td>0.02</td><td>0.05</td><td>0.05</td><td>0.1</td><td>0.1</td><td>0.2</td><td>0.08</td><td>0.2</td></tr>
</table>

4.2 化学成分测定值

表 1 中化学成分测定值按 GB 8170 数值修约规则进行修约。

4.3 外观

产品为铸态金属,表面洁净,无肉眼可见夹杂物,新截面致密,呈银灰色。

5 试验方法

5.1 稀土杂质含量分析,按供方现行的发射光谱法进行。

5.2 非稀土杂质含量与 RE 的分析,按 GB/T 12690 和 GB/T 14635 方法进行。该方法未包括的元素,经需方认可,可按供方现行分析检验方法进行。

6 检验规则

6.1 检查与验收

6.1.1 产品由供方技术监督部门进行检验,保证产品符合本标准的规定,并填写质量证明书。

6.1.2 需方可对收到的产品,按标准进行检验,若检验结果与本规定不符,可在收到产品之日起一个月内向供方提出,由双方协商解决,若需仲裁,可委托双方认可单位进行,并在需方共同取样。

6.2 组批

产品按批检验,每批应由同一牌号产品组成。

6.3 取样与制样

仲裁取样分析按表 2 的规定进行。

表 2

金属锭数/个	≤4	5～10	11～50	51～100
取样锭量/%	100	40	30	10

取样方法:分析氧元素含量,试样需锯块状样品。其他元素含量的分析,用直径 5～10mm 的钻头在锭上下两面钻取试样,去掉表层 0.5～1mm 深的钻屑,然后钻取分析试样,并将试样屑立即放入带盖的磨口瓶中。每块锭钻取点数不应少于两点。

6.4 检验项目

每批产品应进行化学分析和外观检验。

6.5 检验结果判定

若仲裁检验不合格,则从该批产品中取双倍数量试样,对不合格项目进行复验,其中仍有一项结果不合格,则判该批产品不合格。

7 标志、包装、运输、贮存

7.1 产品装入塑料袋内,抽真空密封后,装入铁桶中,每桶净重 1～5kg。桶外可用木箱包装。桶(箱)外应印有供方名称、产品名称、商标、牌号、批号、净重、毛重和出厂日期等标志。

7.2 产品放干燥处,不得受潮。

7.3 每批产品应附质量证明书,并注明:

a. 供方名称;

b. 产品名称;

c. 牌号、批量、净重、毛重、件数;

d. 各项分析检验结果及检验部门印记;

e. 本标准编号;

f. 检查日期;

g. 出厂日期。

附加说明:

本标准由稀土行业标准化工作办公室提出。

本标准由包头稀土研究院负责起草。

本标准主要起草人:刘文准。

中华人民共和国稀土行业标准

XB/T 213—1995

金　属　铽

代替 YB/T 047—1993

1　主题内容与适用范围

本标准规定了金属铽的产品分类、技术要求、试验方法、检验规则及标志、包装、运输、贮存。

本标准适用于钙热还原法生产的金属铽，主要用作制造超磁致伸缩合金，光磁记录材料及有色金属合金添加剂等。

2　引用标准

GB 8170　数值修约规则

GB/T 12690　稀土金属及其氧化物化学分析方法

GB/T 14635　稀土金属及其化合物化学分析方法

3　产品分类

产品按化学成分分为 Tb—04，Tb—2，Tb—4 三个牌号。

4　技术要求

4.1　产品牌号及化学成分

产品牌号及化学成分应符合表 1 的规定。需方如对产品有特殊要求，由供需双方另行议定。

国家计委稀土办公室 1995-01-24 批准　　　　1995-01-24 实施

表 1

产品牌号	化学成分/%												
	RE 不小于	Tb/RE 不小于	杂质含量 不大于										
			稀土杂质	非稀土杂质									
			(Eu+Gd+Dy+Ho+Y)/RE	Fe	Si	Ca	Al	Cu	Ni	Ta(Nb,Mo,Ti)	C	O	
Tb—04	99	99.99	0.01	0.008	0.005	0.01	0.005	0.01	0.05	0.08	0.01	0.1	
Tb—2	99	99.9	0.1	0.02	0.01	0.02	0.01	0.05	0.1	0.15	0.05	0.15	
Tb—4	98.5	99	1	0.05	0.02	0.05	0.05	0.1	0.1	0.2	0.08	0.2	

4.2 化学成分测定值

表 1 中化学成分测定值按 GB 8170 数值修约规则修约。

4.3 外观

产品为铸态金属,表面洁净,无肉眼可见夹杂物,新截面致密,呈银灰色。

5 试验方法

5.1 稀土杂质含量分析,按供方现行的发射光谱法进行。

5.2 非稀土杂质含量与稀土的分析,按 GB/T 12690 和 GB/T 14635 方法进行。该方法未包括的元素,征得需方认可,可按供方现行分析检验方法进行。

6 检验规则

6.1 检查与验收

6.1.1 产品由供方技术监督部门进行检验,保证产品符合本标准的规定,并填写质量证明书。

6.1.2 需方可对收到的产品,按标准进行检验,若检验结果与本规定不符,可在收到产品之日起一个月内向供方提出,由双方协商解决,若需仲裁,可委托双方认可的单位进行,并在需方共同取样。

6.2 组批

产品按批检验,每批应由同一牌号产品组成。

6.3 取样与制样

仲裁取样分析按表 2 的规定进行。

表 2

金属锭数/个	≤4	5~10	11~50	51~100
取样锭量/%	100	40	30	10

取样方法:分析氧元素含量,试样需锯块状样品。其他元素含量的分析,用直径 5~10mm 的钻头在锭上下两面钻取试样,去掉表层 0.5~1mm 深的钻屑,然后钻取试样屑,并立即放入带盖的磨口瓶中。每块锭钻取点数不应少于两点。

6.4 检验项目

每批产品应进行化学分析和外观检验。

6.5 检验结果判定

若仲裁检验不合格,则从该批产品中取双倍数量试样,对不合格项目进行复验,其中仍有一项结果不合格,则判该批产品不合格。

7 标志、包装、运输、贮存

7.1 产品装入塑料袋内,抽真空密封后,装入铁桶中,每桶净重 1～5kg。桶外可用木箱包装。桶(箱)外应印有供方名称、产品名称、商标、牌号、批号、净重、毛重和出厂日期等标志。

7.2 产品放干燥处,不得受潮。

7.3 每批产品应附质量证明书,并注明:

a. 供方名称;

b. 产品名称;

c. 牌号、批量、净重、毛重、件数;

d. 各项分析检验结果及检验部门印记;

e. 本标准编号;

f. 检查日期;

g. 出厂日期。

附加说明:

本标准由稀土行业标准化工作办公室提出。

本标准由包头稀土研究院负责起草。

本标准主要起草人:刘文淮。

中华人民共和国稀土行业标准

氟　化　钕

XB/T 214—1995

Neodynium fluoride

1　主题内容与适用范围

本标准规定了氟化钕的技术要求、试验方法、检验规则和包装、标志、运输、贮存。

本标准适用于萃取法或其他方法制得的,供制取金属钕等用的氟化钕。

2　引用标准

GB 8170　数值修约规则

GB/T 12690　稀土金属及其氧化物化学分析方法

GB/T 14635　稀土金属及其化合物化学分析方法

XB/T 606　稀土产品化学分析方法

3　技术要求

3.1　化学成分

产品牌号及化学成分应符合表1的规定。需方如有特殊要求,由供需双方协议。

表 1

产品牌号	化学成分 /%						
	REO 不小于	Nd_2O_3/REO 不小于	F 不小于	杂质含量,不大于			
				稀土杂质	非稀土杂质		
				$(La+Ce+Pr+Sm+Y)_xO_y$/REO	Fe_2O_3	SiO_2	CaO
NdF_3—3	82	99.5	27	0.5	0.1	0.1	0.5
NdF_3—4	82	99	27	1	0.1	0.1	0.5
NdF_3—8	82	95	27	5	0.5	0.5	0.5

3.2　外观

产品为白色略带紫红色粉末。产品应洁净,无肉眼可见的夹杂物。

国家计委稀土办公室 1995-11-10 批准　　　　1996-12-01 实施

4 试验方法

4.1 稀土氧化物总量的分析方法按 GB/T 14635 规定进行。

4.2 氟含量的分析方法按 XB/T 606 规定进行。

4.3 稀土杂质含量和非稀土杂质含量的分析方法按 GB/T 12690 规定进行。

4.4 数值修约规则按 GB 8170 规定进行。

4.5 产品外观用目视检查。

5 检验规则

5.1 检查与验收

5.1.1 产品由供方技术监督部门进行检验,保证产品质量符合本标准的规定,并填写产品质量证明书。

5.1.2 需方应对收到的产品按本标准的规定进行检验,如检验结果与本标准规定不符时,可在收到产品之日起 3 个月内向供方提出,由供需双方协商解决。如需仲裁,可委托双方认可的单位进行,并在需方共同取样。

5.2 组批

产品应成批检验。每批应由同一牌号的产品组成。

5.3 检验项目

每批产品应进行化学成分和外观质量的检验。

5.4 取样与制样

仲裁取样数量按表 2 的规定进行。

表 2

件(袋)数	1～5	6～49	50～100	>100
取样 件(袋)数	件(袋)数的 100%	5	件(袋)数的 10% 取整数	件(袋)数的平方 根取正整数

每件(袋)数取样不少于 10g。经充分混匀后用四分法迅速缩分至试样所需数量。

5.5 检验结果判定

化学成分仲裁分析结果与本标准规定不符时,则从该批产品中取双倍试样对不合格项目进行复验,如仍有一项结果不合格,则该批产品为不合格。

6 标志、包装、运输、贮存

6.1 产品分装于塑料瓶或双层塑料袋中。每瓶(袋)净重 1、5、10、50kg。瓶(袋)置于铁桶(木箱、纸盒)中,每桶(木箱、纸盒)净重 20、50kg。桶(箱、盒)外应注明:供方名称、产品名称、牌号、批号、毛重、净重、出厂日期及“防潮”等标志或字样。

6.2 产品需存放于干燥处,不得露天放置。运输时严防受潮。

6.3 每批产品应附质量证明书,注明:

a. 供方名称;

b. 产品名称;

c. 牌号、批号、净重、毛重、件数;

d. 各项分析检验结果及技术监督部门印记；
e. 本标准编号；
f. 检验日期；
g. 出厂日期。

附加说明：

本标准由稀土行业标准化工作办公室提出。
本标准由上海跃龙有色金属有限公司负责起草。
本标准主要起草人：辛模良、姜关祥。

中华人民共和国稀土行业标准

氟 化 镝

Dysprosium fluoride

XB/T 215—1995

1 主题内容与适用范围

本标准规定了氟化镝的技术要求、试验方法、检验规则和包装、标志、运输、贮存。

本标准适用于氟化法制得的,供制取金属镝等用的氟化镝。

2 引用标准

GB 8170 数值修约规则

GB/T 12690 稀土金属及其氧化物化学分析方法

GB/T 14635 稀土金属及其化合物化学分析方法

XB/T 606 稀土产品化学分析方法

3 技术要求

3.1 化学成分

产品牌号及化学成分应符合表1的规定。需方如有特殊要求,由供需双方协议。

表 1

产品牌号	化学成分 /%							
	Dy_2O_3 不小丁	Nd_2O_3/REO 不小于	F 不小于	杂质含量,不大于				
				稀土杂质	非稀土杂质			
				$(Gd+Tb+Ho+Er+Y)_xO_y$/REO	Fe_2O_3	CaO	SiO_2	Al_2O_3
DyF_3—2	82	99.9	24	0.1	0.05	0.1	0.05	0.05
DyF_3—3	82	99.5	24	0.5	0.05	0.1	0.05	0.05
DyF_3—4	82	99	24	1	0.10	0.2	0.10	0.05
DyF_3—7	82	96	24	4	0.10	0.2	0.10	0.05

3.2 外观

国家计委稀土办公室 1995-11-10 批准 1996-12-01 实施

产品为白色粉末。产品应洁净,无肉眼可见的夹杂物。

4 试验方法

4.1 稀土氧化物总量的分析方法按 GB/T 14635 规定进行。

4.2 氟含量的分析方法按 XB/T 606 规定进行。

4.3 稀土杂质含量的分析方法按供方现行方法规定进行。

4.4 非稀土杂质含量的分析方法按 GB/T 12690 规定进行。

4.5 数值修约规则按 GB 8170 规定进行。

4.6 产品外观用目视检查。

5 检验规则

5.1 检查与验收

5.1.1 产品由供方技术监督部门进行检验,保证产品质量符合本标准的规定,并填写产品质量证明书。

5.1.2 需方应对收到的产品按本标准的规定进行检验,如检验结果与本标准规定不符时,可在收到产品之日起 3 个月内向供方提出,由供需双方协商解决。如需仲裁,可委托双方认可的单位进行,并在需方共同取样。

5.2 组批

产品应成批检验。每批应由同一牌号的产品组成。

5.3 检验项目

每批产品应进行化学成分和外观质量的检验。

5.4 取样与制样

仲裁取样数量按表 2 的规定进行。

表 2

件(袋)数	1~5	6~49	50~100	>100
取　样 件(袋)数	件(袋)数的 100%	5	件(袋)数的 10% 取整数	件(袋)数的平方 根取正整数

每件(袋)数取样不少于 10g。经充分混匀后用四分法迅速缩分至试样所需数量。

5.5 检验结果判定

化学成分仲裁分析结果与本标准规定不符时,则从该批产品中取双倍试样对不合格项目进行复验,如仍有一项结果不合格,则该批产品为不合格。

6 标志、包装、运输、贮存

6.1 产品分装于塑料瓶或双层塑料袋中。每瓶(袋)净重 1、5、10、50kg。瓶(袋)置于铁桶(木箱、纸盒)中,每桶(木箱、纸盒)净重 20、50kg。桶(箱、盒)外应注明:供方名称、产品名称、牌号、批号、毛重、净重、出厂日期及“防潮”等标志或字样。

6.2 产品需存放于干燥处,不得露天放置。运输时严防受潮。

6.3 每批产品应附质量证明书,注明:

a. 供方名称;

b. 产品名称；

c. 牌号、批号、净重、毛重、件数；

d. 各项分析检验结果及技术监督部门印记；

e. 本标准编号；

f. 检验日期；

g. 出厂日期。

附加说明：

本标准由稀土行业标准化工作办公室提出。

本标准由上海跃龙有色金属有限公司负责起草。

本标准主要起草人:辛模良、姜关祥。

中华人民共和国稀土行业标准

电池级混合稀土金属

XB/T 216—1995

Misch metal of making battery

1 主题内容与适用范围

本标准规定了电池级混合稀土金属的技术要求、试验方法、检验规则和包装、标志、运输、贮存。

本标准适用于经熔盐电解法生产的，供制作镍氢电池用的混合稀土金属。

2 引用标准

GB 8170 数值修约规则

GB/T 12690 稀土金属及其氧化物化学分析方法

GB/T 14635 稀土金属及其化合物化学分析方法

3 技术要求

3.1 化学成分

产品牌号及化学成分应符合表1的规定。需方如有特殊要求，由供需双方协议。

表1

产品牌号	化学成分/%											
	RE不小于	主要稀土含量					非稀土杂质，不大于					
		La/RE	Ce/RE	Pr/RE	Nd/RE	Sm/RE	Fe	Mg	Si	Mo+W	Zn	C
RELa—55D	99	53~57	<5	8~12	28~32	<0.2	0.3	0.1	0.03	0.05	0.05	0.08
RELa—50D	99	48~52	<5	8~12	33~37	<0.2	0.3	0.1	0.03	0.05	0.05	0.08
RELa—45D	99	43~47	<5	8~12	35~39	<0.2	0.3	0.1	0.05	0.05	0.05	0.08
RECe—55D	99	20~24	53~57	3~7	14~18	<0.2	0.5	0.1	0.03	0.05	0.07	0.05
RECe—50D	99	25~29	48~52	3~7	14~18	<0.2	0.5	0.1	0.03	0.05	0.07	0.05
RECe—45D	99	<5	43~47	8~12	38~42	<0.2	0.5	0.1	0.03	0.05	0.07	0.05

国家计委稀土办公室 1995-11-10 批准

1996-12-01 实施

3.2 外观

3.2.1 产品为铸态金属,新截面为银灰色。

3.2.2 金属锭表面应清洁,无明显的机械夹杂物。

4 试验方法

4.1 产品中稀土(RE)总量的分析方法按 GB/T 14635 的规定进行。

4.2 产品中铁、镁、硅含量的分析方法按 GB/T 12690 的规定进行。

4.3 产品中主要稀土含量和其余杂质含量的分析方法按供方现行方法进行。

4.4 数值修约规则按 GB 8170 规定进行。

4.5 产品外观用目视检查。

5 检验规则

5.1 检查与验收

5.1.1 产品由供方技术监督部门进行检验,保证产品质量符合本标准的规定,并填写质量证明书。

5.1.2 需方应对收到的产品按本标准的规定进行检验,如检验结果与本标准规定不符时,可在收到产品之日起 3 个月内向供方提出,由供需双方协商解决。如需仲裁,可委托双方认可的单位进行,并在需方共同取样。

5.2 组批

产品应成批检验。每批应由同一牌号的产品组成。

5.3 检验项目

每批产品应进行化学成分和外观质量的检验。

5.4 取样与制样

仲裁取样数量按表 2 的规定进行。

表 2

金属量/kg	1~5	6~10	11~50	51~100	101~200	201~500
取样数/块	1	2	3	4	5	8

取样时,用直径 5~10mm 的钻头在金属锭上下两面各钻三点以上,距锭块表面 0.5~1.0mm 的钻屑应弃去,然后钻取试样并立即放入带盖的磨口瓶中。

5.5 检验结果判定

化学成分仲裁分析结果与本标准规定不符时,则从该批产品中取双倍试样对不合格项目进行复验,若仍有一项结果不合格,则该批产品为不合格。

6 标志、包装、运输、贮存

6.1 产品装于双层塑料袋中。抽真空密封后装入铁桶中(包装形式也可由供需双方协商确定)。每桶净重 50kg。桶外应有明显标志,注明:供方名称、产品名称、牌号、批号、毛重、净重、出厂日期及“防潮”等标志或字样。

6.2 产品需存放于干燥处,不得露天放置。不得靠近高温和有易燃易爆物品的地方。运输时严防受潮及碰撞。不得将金属锭暴露于空气中,以防氧化变质。

6.3 每批产品应附质量证明书,注明:

a. 供方名称；
b. 产品名称；
c. 牌号、批号、净重、毛重、件数；
d. 各项分析检验结果及技术监督部门印记；
e. 本标准编号；
f. 检验日期；
g. 出厂日期。

附加说明：

本标准由稀土行业标准化工作办公室提出。
本标准由包头钢铁稀土企业集团负责起草。
本标准主要起草人：马婕、顾明。

前　　言

目前尚未查到与本产品相应的国际标准和国外先进标准。

本标准根据国内生产、使用、试验研究积累的数据制定的。

本产品的试验方法采用 GB/T 16477—1996《稀土硅铁合金及镁硅铁合金化学分析方法》。产品牌号采用了 GB/T 17803—1999《稀土产品牌号表示方法》。为了便于由字符牌号到数字牌号的过渡，本标准同时列出了产品的数字与字符两种牌号。

本标准由全国稀土标准化技术委员会提出。

本标准由全国稀土标准化技术委员会归口。

本标准由德阳稀土材料厂负责起草。

本标准主要起草人:解宾、易鸿、王科弟、黄琳。

本标准由全国稀土标准化技术委员会负责解释。

中华人民共和国稀土行业标准

XB/T 401—2000

轻稀土复合孕育剂

1 范围

本标准规定了轻稀土复合孕育剂的要求、试验方法、检验规则和标志、包装、运输、贮存。

本标准适用于作铁水(包括低硫铁水)的高效孕育剂,也适用于作钢水的添加剂。

2 引用标准

下列标准所包含的条文,通过在本标准中引用而构成为本标准的条文。本标准出版时,所示版本均为有效。所有标准都会被修订,使用本标准的各方应探讨使用下列标准最新版本的可能性。

GB/T 8170—1987 数值修约规则

GB/T 16477.1—1996 稀土硅铁合金及镁硅铁合金化学分析方法 稀土总量的测定

GB/T 16477.2—1996 稀土硅铁合金及镁硅铁合金化学分析方法 钙、镁、锰量的测定

GB/T 16477.4—1996 稀土硅铁合金及镁硅铁合金化学分析方法 硅量的测定

3 定义

本标准采用下列定义:

轻稀土复合孕育剂 mitsh metal multiple inoculant

以硅为基,铁为余量,并含有稀土(轻稀土为主)、钡、钙等元素的孕育剂。

4 要求

4.1 产品分类

产品按化学成分分为4个牌号。其数字牌号分别为:199101、199102、199103、199104;对应的字符牌号分别为:SiRE1、SiRE2、SiRE3、SiRE4。

4.2 产品牌号举例

199101表示混合稀土大类中的其他(备用)类的第一个级别(规格)产品,对应的字符牌号为SiRE1。

4.3 产品牌号及化学成分

产品牌号及化学成分应符合表1的规定。需方如有特殊要求,供需双方可另行协商。

4.4 物理性能

产品为银灰色颗粒状。粒度分为0.2～2mm、>2～10mm、>10～30mm三种。熔点为1200～1280℃。

4.5 外观

产品应洁净,无肉眼可见的夹杂物。

国家发展计划委员会稀土办公室 2000-08-08 批准 2000-12-01 实施

表 1

产品牌号		化学成分 /%						备注
数字牌号	字符牌号	Si	RE	Ba	Ca	Sb	Fe	
199101	SiRE1	65~70	0.5~1.5	1.0~2.0	1.0~2.0	—	余量	适用于各种铸铁件
199102	SiRE2	55~65	1.5~2.5	1.0~2.5	1.5~2.5	—	余量	适用于高强度薄壁灰铁件
199103	SiRE3	50~60	2.0~3.0	2.5~3.0	2.0~3.0	2.0~5.0	余量	适用于珠光体球铁及厚壁球铁件
199104	SiRE4	45~55	0.5~1.2	3.0~4.0	2.0~3.0	—	余量	适用于各种铸态铁素体球铁件

5 试验方法

5.1 产品中稀土总量的分析方法按 GB/T 16477.1 的规定进行。

5.2 产品中钙含量的分析方法按 GB/T 16477.2 的规定进行。

5.3 产品中硅含量小于和等于 50% 的分析方法按 GB/T 16477.4 的规定进行。

5.4 产品中锑、钡含量及硅含量大于 50% 的分析方法以及产品粒度的测量方法，由供需双方商定。

5.5 数值修约规则按 GB/T 8170 的规定进行。

5.6 产品外观用目视检查。

6 检验规则

6.1 检查与验收

产品由供方技术监督部门进行检验，保证产品质量符合本标准的规定，并填写质量证明书。

需方可对收到的产品进行质量检验，如检验结果与本标准的规定不符时，应在收到产品之日起 1 个月内向供方提出，由供需双方协商解决。如需仲裁，可委托双方认可的单位进行，并在需方共同取样。

6.2 组批

产品应成批提交检验。每批应由同一牌号的产品组成。批重不大于 1000kg。

6.3 检验项目

每批产品应进行化学成分、粒度和外观的检验。

6.4 取样与制样

每批产品的取样数量按表 2 的规定进行。

表 2

件数	1~5	6~10	11~20	>20
取样件数	100%	5	6	7

从抽取的每个取样件中取2袋,每袋取样30g。经充分混匀后,用四分法迅速缩分至试样所需量,密封待用。

6.5 检验结果判定

化学成分仲裁分析结果与本标准规定不符时,则从该批产品中取双倍试样对不合格项目进行复验,如仍有一项结果不合格,则该批产品为不合格。

7 标志、包装、运输、贮存

7.1 标志、包装

产品用塑料袋封装,每袋净重5kg。每5袋为1件,用塑料编织袋包装。每件产品应附标签,注明:供方名称、产品名称及牌号、批号、毛重、净重。

7.2 运输、贮存

产品用篷车运输,严防淋雨、受潮。产品应存放于干燥的场所。

7.3 质量证明书

每批产品应附质量证明书,注明:

a. 供方名称;

b. 产品名称;

c. 产品牌号、批号、净重、毛重;

d. 各项分析检验结果及技术监督部门印记;

e. 本标准编号;

f. 生产日期;

g. 检验日期。

中华人民共和国稀土行业标准

XB/T 501—1993

六　硼　化　镧

1　主题内容与适用范围

本标准规定了六硼化镧的产品分类、技术要求、试验方法、检验规则和标志、包装、运输、贮存。

本标准适用于碳化硼(或纯硼)还原氧化镧等方法制得的六硼化镧粉末及经热压制得的多晶六硼化镧,该产品主要作阴极发射材料用。

2　引用标准

GB/T 3249　难熔金属及化合物粉末粒度的测定方法　费氏法

GB/T 3850　致密烧结金属材料与硬质合金密度测定方法

GB/T 5314　粉末冶金用粉末的取样方法

GB 5957　烧结金属材料(不包括硬质合金)—抽样

XB/T 601.1～601.9　六硼化镧化学分析方法

3　术语

相对密度 relative density

产品的实测密度与理论密度之比,通常以百分率表示。

4　产品分类

4.1　产品按化学成分分为 LaB_6-1、LaB_6-2 两个牌号;按形状、规格分为粉末、片和棒。

4.2　牌号示例:

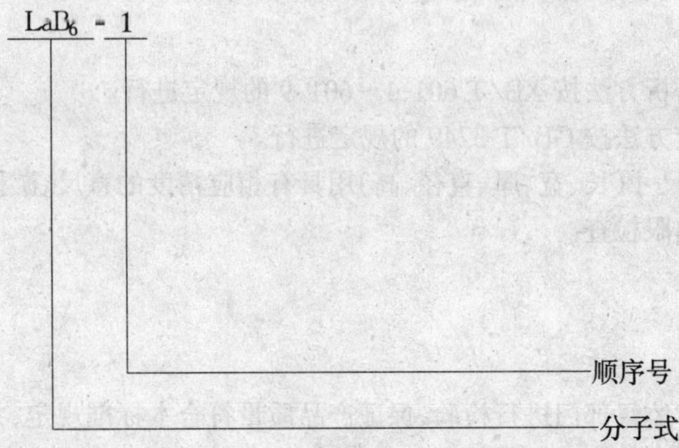

国务院稀土领导小组 1993-06-26 批准　　1994-07-01 实施

5 技术要求

5.1 产品化学成分应符合表1的规定。

表1

牌号	化学成分/%									
	组元		杂质含量,不大于							
	B	La	Fe	Mg	Si[1)]	Ca	Mn	Cu	Cr	$C_{总}$
LaB_6-1	31～33	余量	0.02	0.002	0.005	0.01	0.005	0.005	0.002	0.05
LaB_6-2	31～33	余量	0.20	0.05	0.05	0.20	0.02	0.02	0.05	0.40

注：1)为酸溶硅。

5.2 产品形状、规格应符合表2的规定。

表2

牌号	形状	费氏粒度/μm	高 H(厚)/mm,不少于	直径 D/mm(长,宽)	高径比 H/D,不大于
LaB_6-1	粉末	≤15	—	—	—
	片	—	0.5	6～40	1
LaB_6-2	棒	—	—	6～20	2
	棒	—	—	20～40	1.5

5.3 片和棒的相对密度分为以下两个等级：

高密度＞95%；

低密度 90%～95%。

注：片和棒的理论密度为 4.721g/cm³。

5.4 产品呈紫红色。粉末产品应洁净,无肉眼可见的夹杂物;片、棒产品表面应平整、光洁,无肉眼可见的孔洞和裂纹。

6 试验方法

6.1 产品的化学成分分析方法按 XB/T 601.1～601.9 的规定进行。

6.2 粉末产品粒度测定方法按 GB/T 3249 的规定进行。

6.3 片、棒产品的几何尺寸(长、宽、厚、直径、高)用具有相应精度的直尺、游标卡尺或千分尺测量。

6.4 产品外观质量用肉眼检查。

7 检验规则

7.1 检查与验收

7.1.1 产品由供方技术监督部门进行检验,保证产品质量符合本标准规定,并填写质量证明书。

7.1.2 需方应对收到的产品按本标准的规定进行检验,如检验结果与本标准规定不符,应在收到产品之日起3个月内向供方提出,由供需双方协商解决。如需仲裁,可委托双方认可的单位进行,并在需方共同取样。

7.2 组批

产品应成批提交检验。每批应由同一牌号、规格的产品组成。

7.3 检验项目

每批产品应进行化学成分、粒度或几何尺寸、密度、外观质量的检验。

7.4 取样和制样

产品仲裁取样按 GB/T 5314、GB 5957 的规定进行。

7.5 检验结果判定

产品检验结果判定按 GB/T 5314、GB 5957 的规定进行。

8 标志、包装、运输、贮存

8.1 标志、包装

粉末产品装入玻璃瓶或塑料瓶中再放入硬纸盒或木盒中。每盒净重 5、10、20、50、100kg。瓶上及盒外应附标签,注明:供方名称、产品名称、牌号、批号、净重、毛重及出厂日期。

8.2 运输、贮存

产品运输、贮存过程应防震、防压。不得损坏包装及污染产品。

8.3 质量证明书

每盒产品应附质量证明书,注明:

a. 供方名称;

b. 产品名称;

c. 牌号、批号;

d. 净重、件数;

e. 各项分析检验结果及技术监督部门印记;

f. 本标准编号;

g. 检验日期;

h. 出厂日期。

附加说明:

本标准由中国有色金属工业总公司标准计量研究所提出。

本标准由湖南稀土金属材料研究所负责起草。

本标准主要起草人:曾兴蒂。

中华人民共和国稀土行业标准

XB/T 502—1993

钐钴 1—5 型永磁合金粉

1 主题内容与适用范围

本标准规定了钐钴 1—5 型永磁合金粉的产品分类、技术要求、试验方法、检验规则和包装、标志、运输、贮存。

本标准适用于钙热还原法生产的、主要作粉末冶金烧结磁体和黏结磁体用的钐钴 1—5 型永磁合金粉。

2 引用标准

GB/T 钐钴永磁合金粉分析方法(报批稿)

3 术语

3.1 单合金粉 single alloy powder

金属钐含量不需用添加其他液相合金粉调整,直接(指细粉)或只需经研磨(指粗粉)就可用于制造烧结或黏结磁体的永磁合金粉。

3.2 双合金粉 double alloy powder

金属钐含量需用添加其他合金粉调整,才能用于制造烧结或黏结磁体的永磁合金粉。

3.3 基相合金粉 basic alloy powder

双合金粉中的一种。制造烧结或黏结磁体的基体组分。其金属钐含量需用液相合金粉来调整。

3.4 液相合金粉 Liquid alloy powder

双合金粉中的一种。用来调整基相合金粉中钐的含量。

4 产品分类

4.1 钐钴 1—5 型永磁合金粉按其化学成分、特性分为 FSmCo1—5DX、FSmCo1—5DC、FSmCo1—5JX、FSmCo1—5JC、FSmCo1—5YX、FSmCo1—5YC 六个牌号。

国务院稀土领导小组 1993-06-26 批准 1994-07-01 实施

4.2 牌号示例：

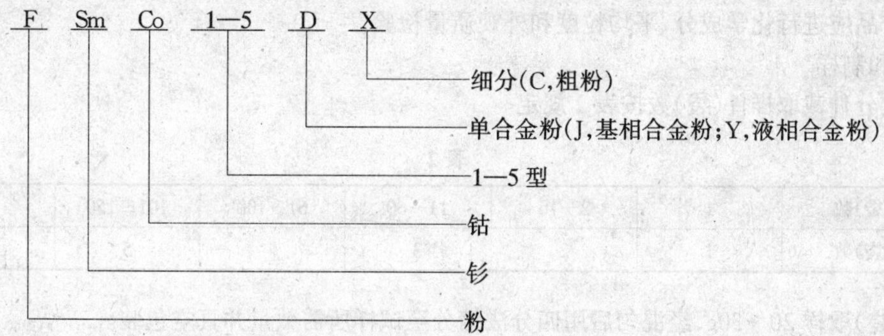

5 技术要求

5.1 产品化学成分、平均粒度应符合表1规定。

表1

产品名称			牌号	化学成分/%					平均粒度/μm
				Sm	Co	杂质含量 不大于			
						Ca	Fe	O	
单合金粉		细粉	FSmCo1—5DX	35.1±0.5	64.4±0.5	0.15	0.10	0.5	5±1
		粗粉	FSmCo1—5DC	35.1±0.5	64.4±0.5	0.23	0.10	0.3	18±5
双合金粉	基相合金粉	细粉	FSmCo1—5JX	34.5±0.5	65.0±0.5	0.15	0.10	0.5	5±1
		粗粉	FSmCo1—5JC	34.5±0.5	65.0±0.5	0.23	0.10	0.3	18±5
	液相合金粉	细粉	FSmCo1—5YX	42.0±0.5	57.5±0.5	0.15	0.10	0.5	5±1
		粗粉	FSmCo1—5YC	42.0±0.5	57.5±0.5	0.23	0.10	0.3	18±5

5.2 产品外观为银灰色粉末。产品应洁净，无肉眼可见的夹杂物。

6 试验方法

6.1 钐、钴含量测定方法见附录A(参考件)。

6.2 钙、铁含量测定按GB/T 钐钴永磁合金粉分析方法规定进行。

6.3 氧含量的测定方法见附录B(参考件)。

6.4 平均粒度的测定方法见附录C(参考件)。

6.5 产品外观质量用目视检查。

7 检验规则

7.1 检查与验收

7.1.1 产品由供方技术监督部门进行检验，保证产品质量符合本标准规定，并填写质量证明书。

7.1.2 需方应对收到的产品按本标准的规定进行检验，如检验结果与本标准规定不符，应在收到产品之日起3个月内向供方提出，由供需双方协商解决。如需仲裁，可委托双方认可的单位进行，并在需方共同取样。

7.2 组批

产品应成批提交检验。每批应由同一牌号的产品组成。

7.3 检验项目

每批产品应进行化学成分、平均粒度和外观质量检验。

7.4 取样和制样

化学成分仲裁取样件(袋)数按表2规定。

表2

每批件(袋)数	1	2~10	11~60	61~100	101~150	>150
每样件(袋)数	1	2	3	4	5	6

每件(袋)取样20~30g,经混匀后用四分法缩分至试样所需数量并真空包装。

7.5 检验结果判定

化学成分分析结果不合格,则从该批产品中取双倍试样对不合格项目进行复验,如仍有一项结果不合格,则该批产品为不合格。

8 标志、包装、运输、贮存

8.1 标志、包装

产品装入复合塑料袋中抽真空封装。每袋净重为1、2kg,外用钙塑箱包装,保证产品在一年内不变质。每箱净重不超40kg。箱外印有不退色标志,注明:供方名称、产品名称、牌号、批号、净重、毛重、出厂日期。

8.2 运输、贮存

运输过程严防包装袋破损而引起真空失效。产品极易氧化,应存放于真空柜内。

8.3 质量证明书

每批产品应附质量证明书,注明:

a. 供方名称;

b. 产品名称;

c. 牌号、批号;

d. 净重、件数;

e. 各项分析检验结果及技术监督部门印记;

f. 本标准编号;

g. 检验日期;

h. 出厂日期。

附 录 A
钐钴1—5型永磁合金粉化学分析方法
乙二胺四乙酸二钠络合滴定法测定钐和钴量
(参考件)

A1 主题内容与适用范围

本附录规定了钐钴1—5型永磁合金粉中钐、钴含量的测定方法。

本附录适用于钐钴1—5型合金粉中钐、钴含量的测定。

测定范围:钐 33%~45%;钴 57%~66%。

A2 方法原理

试料用硝酸溶解,移取试液并调至 pH5~6 的条件下,用 EDTA 滴定钐、钴合量;移取试液并调至 pH5.5~6 的条件下,加入邻菲啰啉,与钴离子形成稳定的络合物,掩蔽大量的钴,再用 EDTA 直接滴定钐含量。将钐、钴合量减去钐含量即为钴含量。

A3 试剂

A3.1 硝酸(1+1)。

A3.2 盐酸(1+1)。

A3.3 氨水(1+1)。

A3.4 邻菲啰啉乙醇溶液(50g/L)。

A3.5 二甲酚橙指示剂(10g/L)。

A3.6 钐标准溶液:准确称取预先在 850℃ 灼烧 1h 并置于干燥器中冷却至室温的氧化钐,用硝酸(A3.1)溶解,配成每毫升含 2mg 氧化钐的标准溶液。

A3.7 钴标准溶液:准确称取电解金属钴板(99.99%),用硝酸(A3.1)溶解配成每毫升含 1mg 钴的标准溶液。

A3.8 六次甲基四胺缓冲溶液(200g/L,pH5~6)。

A3.9 乙二胺四乙酸二钠(EDTA)标准溶液(约 0.02mol/L)。

A3.10 乙二胺四乙酸二钠(EDTA)标准溶液滴定度标定。

A3.10.1 钴滴定度标定:移取钴标准溶液 10mL(A3.7)于 200mL 烧杯中,加 2 滴二甲酚橙指示剂(A3.4)用氨水(A3.3)调溶液至紫红色,再加盐酸(A3.2)回调至黄色并过量 1 滴,加 10mL 缓冲溶液(A3.8),加 100mL 热的蒸馏水,立即用 EDTA 标准溶液(A3.9)滴定至溶液由紫红色变为橙黄色为终点。

DETA 标准溶液对钴的滴定度按公式(A1)计算:

$$T_1=\frac{m}{V} \tag{A1}$$

式中 T_1——EDTA 标准溶液对钴的滴定度,g/mL;

V——标定时消耗 EDTA 标准溶液的体积,mL;

m——标定时所取钴的质量,g。

取三次标定结果的平均值为滴定度,三次结果的极差值应不大于 0.00001g/mL。

A3.10.2 钐滴定度标定:移取钐标准溶液 5mL(A3.6)于 200mL 烧杯中,加 2 滴二甲酚橙指标剂(A3.4),用氨水(A3.3)调溶液至紫红色,再加盐酸(A3.2)回调至黄色并过量 1 滴。加 10mL 邻菲啰啉(A3.5),加 10mL 缓冲溶液(A3.8),加 100mL 热的蒸馏水,再加 2 滴二甲酚橙指示剂(A3.4),使溶液呈现酒红色,用 EDTA 标准溶液(A3.9)滴至溶液由酒红色变为亮黄色即为终点。

EDTA 标准溶液对钐的滴定度按公式(A2)计算:

$$T_2=\frac{m}{V} \tag{A2}$$

式中 T_2——EDTA 标准溶液对钴的滴定度,g/mL;

V——标定时消耗 EDTA 标准溶液的体积,mL;

m——标定时所取钴的质量,g。

取三次标定结果的平均值为滴定度,三次结果的极差值应不大于0.00001g/mL。

A4 分析步骤

A4.1 测量次数

独立进行二次测定,取其平均值。

A4.2 试样

称取1.0000g试料,置于100mL烧杯中,加10mL硝酸(A3.1),低温加热溶解。试料溶解完毕后冷却,转入100mL容量瓶中,用水稀释至刻度,混匀。

A4.3 测定

A4.3.1 钐、钴总量的测定:

准确移取上述溶液5.00mL于200mL烧杯中,加2滴二甲酚橙指示剂(A3.4),用氢氧化铵调溶液至紫红色,再加盐酸(A3.2)回调至黄色并过量1滴。加10mL缓冲溶液(A3.8),加100mL热的蒸馏水,立即用EDTA标准溶液(A3.9)滴定至溶液由紫红色变为橙黄色即为终点。

A4.3.2 钐分量的测定:

移取5mL上述溶液于200mL烧杯中,加2滴二甲酚橙指示剂(A3.4),用氢氧化铵调溶液至紫红色,再加盐酸(A3.2)回调至黄色并过量1滴。加10mL邻菲啰啉(A3.5),加10mL缓冲溶液(A3.8),加100mL热的蒸馏水,再加二甲酚橙指示剂(A3.4),使溶液呈酒红色,用EDTA标准溶液滴至溶液由酒红色变为亮黄色即为终点。

A5 分析结果的计算与表述

按公式(A3)、(A4)计算钴与钐的百分含量:

$$\mathrm{Co}(\%)=\frac{T_1(V_1-V_2)}{m}\times 100 \qquad \text{(A3)}$$

$$\mathrm{Sm}(\%)=\frac{T_2\cdot V_2}{m}\times 100 \qquad \text{(A4)}$$

式中 T_1——EDTA标准溶液对钴的滴定度,g/mL;

T_2——EDTA标准溶液对钐的滴定度,g/mL;

V_1——滴定Sm+Co含量时所消耗的EDTA标准溶液体积,mL;

V_2——滴定Sm分量时所消耗的EDTA标准溶液体积,mL;

m——试料的质量,g。

分析结果修约到小数点后二位。

A6 允许差

实验室之间分析结果的差值应不大于表(A1)所列允许差值。

表 A1

元　素	含量/%	允许差/%
Co	57~66	0.4
Sm	33~45	0.3

附 录 B
钐钴 1—5 型永磁合金粉分析方法
脉冲加热—红外吸收法测定氧含量
(参考件)

B1 主题内容与适用范围

本附录规定了钐钴 1—5 型永磁合金粉氧含量的测定方法。

本附录适用于钐钴 1—5 型永磁合金粉氧含量的测定。

测定范围:0.1%～0.6%。

B2 方法原理

采用脉冲加热还原熔融的方法来提取金属中的氧,金属中的氧被石墨坩埚中的碳还原成一氧化碳,被惰性气体带入红外检测器进行测定,由数据处理装置直接计算金属中的氧含量。

B3 试剂

B3.1 铌粉标样(氧含量 0.26%)。

B3.2 氩气(>99%)。

B3.3 锡箔(99.9%),包试样用。

B4 仪器

B4.1 金属中氧分析器。

B4.2 仪器工作条件:

脉冲电流:脱气电流 850A,分析电流 800A。

分析时间:9s。

锡浴比:锡箔用量为试料质量的 5 倍。

B5 分析步骤

B5.1 测量次数

独立进行三次测定,取其平均值。

B5.2 试样

称取 0.010～0.020g 试样,试样量视氧含量高低而定。

B6 测定

B6.1 空白扣除

将石墨坩埚放入脉冲炉,下电极上升时,分析程序自动进行,控制脉冲电流,熔化后显示的数值为坩埚空白,旋转数据处理的“调零”钮,使显示值为 0.002～0.005。

B6.2 仪器校正

称取标样,将其送入质量补偿器,然后将标样投入已脱气并做好空白扣除的坩埚内熔化,将数字显示调到理论值,记下刻度盘上的读数。重复做 3～5 个称样,取其平均值,将校正盘转到平均值的位置。

B6.3 试样分析

将试料(B5.2)送入质量补偿器,以做空白和标样的方法操作,熔化后所显示之数字即为氧的 ppm (10^{-6})值。

B7 允许差

实验室之间分析结果的差值应不大于表(B1)所列允许差值。

表 B1 %

含 量	允许差	含 量	允许差
0.3~0.4	0.03	>0.4~0.6	0.05

附 录 C
钐钴 1—5 型永磁合金粉检验方法
粒度测试方法一费氏法
(参考件)

C1 主题内容与适用范围

本附录规定了钐钴 1—5 型永磁合金粉粒度的费氏测定方法。

本附录适用于钐钴 1—5 型永磁合金粉粒度的测定。

C2 方法原理

该法属空气透过法。由于粉末试料层的气体透过能力与粉末的比表面积有关,可借此求出比表面,用比表面换算的体积表面积的平均直径表示粒度。

C3 仪器

WLP—202 平均粒度测定仪。

C4 试料准备

待测试料粒度应均匀,试料取样量为真密度的两倍以上。试料要求干燥,无氧化。

C5 测定

C5.1 仪器校准

采用红宝石标准管来校准,根据标准管的孔隙度,使粒度指示针指示的粒度与红宝石标准管给定的二档粒度相符,相差不得超过 3%,否则调整二档针阀,使读数与二档值相符。

C5.2 试料测定

C5.2.1 粉末试料的粒度若为 0.5~20μm,使用一档范围,若为 21~50μm,则使用二档范围。

C5.2.2 按粉末的真实密度称出试料,精确到 0.010g,钐钴 1—5 型永磁合金粉末的真实密度为 8.5g/cm^3。将试料倒入装有多孔塞和滤纸的干燥的试料管中。

C5.2.3 移动读数板,使孔隙度指示针指在预定压制的孔隙度的位置(钐钴 1—5 型永磁合金粉的孔隙度为0.61),将装有试料的试料管移到仪器的齿条下进行压实,直至粒度指示针与试料高度线重合。

C5.2.4 将试料管竖直移到仪器右手轮下的橡皮垫间,旋动手轮,压紧试料管使试料管两端不漏气。

C5.2.5 此时压力计水位上升,待稳定后,转动齿条,使粒度指示针的横梁上沿与压力计水位弯月面对齐,读出粒度值,用一档范围时,读数即为粉末的粒度值;用二档范围时,读数乘以2为粒度值。

C6 结果处理

每份粉末测二次,二次测得结果的算术平均值与其中任一结果的允许差绝对值不大于3%。即:

$$\frac{X_1 - X_2}{X} \times 100\% \leqslant 6\% \qquad \text{(C1)}$$

式中 X_1——两次测定结果中的大值,μm;

X_2——两次测定结果中的小值,μm;

X——两次测定结果的算术平均值,μm。

附加说明:

本标准由中国有色金属工业总公司标准计量研究所提出。

本标准由上海跃龙有色金属有限公司负责起草。

本标准主要起草人:辛模良、钱建林、朱金发。

中华人民共和国稀土行业标准

XB 504—1993

稀土有机络合物饲料添加剂

1　主题内容与适用范围

本标准规定了稀土有机络合物饲料添加剂的产品分类、技术要求、试验方法、检验规则和标志、包装、运输、贮存。

本标准适用于以北方稀土矿经高温硫酸焙烧，萃取分离中、重稀土后的轻稀土氯化物为原料，以维生素C或柠檬酸为络合剂，经化学合成法制得的维C稀土有机络合物或柠檬酸稀土有机络合物。该产品用做畜禽、水产及其他养殖业的饲料添加剂。

2　引用标准

GB 8170　数值修约规则

GB/T 12687.1～12687.8　农用硝酸稀土化学分析方法

3　产品分类

3.1　产品按其组成不同，分为维C稀土有机络合物饲料添加剂和柠檬酸稀土有机络合物饲料添加剂两种，牌号分别为SREW和SREN。

3.2　牌号示例：

4　技术要求

国务院稀土领导小组 1993-12-09 批准　　　　1995-01-01 实施

4.1 产品牌号及化学成分应符合表1的规定。

表 1

产品牌号	化学成分 /%				
	REO不小于	有害杂质含量 不大于			
		As	Hg	Cd	Pb
SREW	30	2×10^{-4}	0.1×10^{-4}	5×10^{-4}	3×10^{-3}
SREN	32	2×10^{-4}	0.1×10^{-4}	5×10^{-4}	3×10^{-3}

4.2 细度通过 $W\leqslant170\mu m$ 试验筛。

4.3 维C稀土有机络合物为浅黄色粉末,柠檬酸稀土有机络合物为浅绿色粉末。流动性好,溶于水。

4.4 产品必须清洁,无明显的机械夹杂物。

5 试验方法

5.1 产品中砷、镉、铅的分析方法按 GB/T 12687.3、GB/T 12687.6 的规定进行。

5.2 产品中稀土氧化物总量的分析方法按附录A(补充件)的规定进行。

5.3 产品中汞的分析方法按附录B(补充件)的规定进行。

5.4 数值修约规划按 GB 8170 的规定进行。

5.5 细度检查用筛分法。

5.6 产品外观用目视检查。

6 检验规则

6.1 检查和验收

6.1.1 产品由供方技术监督部门进行检验,保证产品质量符合本标准的规定,并填写质量证明书。

6.1.2 需方可对收到的产品按本标准的规定进行检验。如检验结果与本规定不符时,可在收到产品之日起1个月内向供方提出,由供需双方协商解决,若需仲裁,可委托双方认可的单位进行,并在需方共同取样。

6.2 组批

产品应成批检验,每批应由同一牌号的产品组成。

6.3 检验项目

每批产品应进行化学成分和外观的检验

6.4 取样和制样

仲裁取样件数按表2的规定进行。

表 2

件(袋)数	1~5	6~49	50~100	>100
取样件(袋)数	100%	5	10%	总件数的平方根取正整数

每件(袋)在任意3点上取样,取样量不少于10g,将试样充分混匀后,立即放入带盖的磨口瓶中。

6.5 检验结果判定

化学成分仲裁分析结果与本标准规定不符时，则从该批产品中取双倍试样对不合格项目进行复验，若仍有一项结果不合格，则该批产品为不合格。

7 标志、包装、运输、贮存

7.1 产品用聚乙烯等无毒材料密封包装，连同使用说明书一起装入板桶或内衬塑料袋的纸箱中。每桶(箱)净重为10、30、40、50kg。桶(箱)外应有明显标志，注明：供方名称、产品名称、批号、净重、生产日期及“防潮”标志或字样。

7.2 产品需存放干燥处，不得露天放置。运输时严防受潮及与有毒物品混放。

7.3 每批产品应附质量证明书，注明：

a. 供方名称；

b. 产品名称；

c. 牌号、批号、净重、毛重、件数；

d. 各项分析检验结果及检验部门印记；

e. 本标准编号；

f. 生产日期及使用说明；

g. 检查日期；

h. 有效日期。

附 录 A
稀土有机络合物饲料添加剂化学分析方法
重量法测定稀土氧化物总量
(补充件)

A1 适用范围

本附录适用于维C稀土有机络合物和柠檬酸稀土有机络合物中稀土氧化物总量的测定。测定范围20%～70%。

A2 方法原理

试样经溶解除去有机物，盐酸溶解残渣。用氨水沉淀稀土以分离钙、镁、钡、沉淀用盐酸溶解，用草酸沉淀稀土。沉淀经灼烧后用重量法测定稀土氧化物总量。

A3 试剂

A3.1 盐酸(ρ1.19g/mL)。

A3.2 盐酸(1+1)。

A3.3 硝酸(ρ1.42g/mL)。

A3.4 硝酸(1+1)。

A3.5 高氯酸(ρ1.675g/mL)。

A3.6 氨水(1+1)。

A3.7 草酸溶液(50g/L)。

A3.8 草酸溶液(20g/L)。

A3.9 氯化铵溶液(20g/L),用氨水(A3.6)调至 pH8～9。

A3.10 甲酚红指示剂(1g/L),用乙醇配制。

A4 设备

A4.1 高温炉:温度 0～1000℃。

A4.2 天平:感量 1μg。

A5 分析步骤

称取 0.5g(精确至 0.0001g)试料置于 250mL 烧杯中,加 35～40mL 硝酸(A3.4),5mL 高氯酸,低温加热进行溶解,直到溶液无色,继续加热至冒高氯酸白烟,取下烧杯冷却,用水洗杯壁,加热蒸至近干取下,冷却,用水吹洗杯壁,加入 5mL 盐酸(A3.2),加热溶解至清,取下烧杯,加入 100mL 水,加热煮沸。滴加氨水(A3.6)至沉淀出现,并过量 20mL,继续加热煮沸,取下稍冷。

趁热用中速定量滤纸过滤。用氯化铵溶液洗涤烧杯 2～3 次,洗沉淀 5～6 次。将沉淀连同滤纸放入原烧杯中,加 2mL 盐酸(A3.1),捣碎滤纸,加 100mL 沸水,在不断搅拌下,缓慢加 100mL 煮沸的草酸溶液(A3.7)沉淀稀土,加 2～3 滴甲酚红指示剂,用氨水(A3.6)调至溶液恰呈橙黄色(pH1.5～2)静置 4h 以上。

沉淀用慢速定量滤纸过滤,用带有橡皮头的玻璃棒擦洗杯壁。用草酸溶液(A3.8)洗烧杯 3 次,洗沉淀 8～10 次。

将沉淀连同滤纸放入已恒重的铂坩埚中,低温灰化后,于 900℃ 高温炉中灼烧 90min,取出后放入干燥器中冷至室温,重复灼烧至恒重。

A6 分析结果的计算与表述

按下式计算稀土氧化物总量的百分含量。

$$\mathrm{REO}(\%)=\frac{m_2-m_1}{m_0}\times 100$$

式中 m_2——稀土氧化物总量与铂坩埚的质量,g;

m_1——铂坩埚的质量,g;

m_0——试料的质量,g。

A7 允许差

实验室之间分析结果的差值应不大于下表所列允许差。

表 A1 %

稀土氧化物总量	允 许 差	稀土氧化物总量	允 许 差
20.0～40.0	0.4	>50.0～60.0	0.6
>40.0～50.0	0.5	>60.0～70.0	0.7

附 录 B
稀土有机络合物饲料添加剂化学分析方法
冷原子吸收光谱法测定微量汞
（补充件）

B1 适用范围

本附录适用于维C稀土有机络合物和柠檬酸稀土有机络合物中微量汞的测定。测定范围0.00001%～0.001%。

B2 方法原理

试样用硝酸溶解，用氯化亚锡将溶液中的汞离子还原成汞。在测汞装置上测量汞蒸气产生的原子吸收信号。

B3 试剂

B3.1 硝酸(1+1)，优级纯。

B3.2 氯化亚锡硫酸溶液：称取2g氯化亚锡($SnCl_2 \cdot 2H_2O$)溶于100mL硫酸(1+4)中。

B3.3 汞标准溶液：称取1.0000g金属汞于300mL烧杯中，加入20～30mL硝酸(1+1)，置于通风橱内慢慢加热至完全分解（应在通风良好的橱中分解汞，以防中毒）。用水稀释后，移入1000mL容量瓶中，再加水稀释至刻度，摇匀。溶液酸度为1%，此溶液1mL含1mg汞，其浓度C(Hg^{2+})=0.00499mol/L。

B4 仪器

配有汞蒸气发生装置的原子吸收光谱仪，附汞元素灯。分析线波长253.7nm。

B5 分析步骤

称取适量试样(0.2～2.0g)置于100mL烧杯中，加入20～30mL水和2mL硝酸(B3.1)溶解试样，移入100mL容量瓶中，用水稀释至刻度，混匀。同时做空白试验。

分取20mL试样溶液置于汞蒸气发生瓶中，加入2mL氯化亚锡硫酸溶液还原汞，从测汞装置的显示仪表读取测量信号峰值。

工作曲线的绘制：移取0、0.25、0.50、0.75、1.0mL汞标准溶液分别置于一组100mL容量瓶中，加入2mL硝酸(B3.1)，用水稀释至刻度，混匀。分取20mL置于汞蒸气发生瓶中，加入2mL氯化亚锡硫酸溶液还原汞，从测汞装置的显示仪表上读取测量信号峰值。根据汞浓度与测量值（扣除零浓度标准溶液测量值）的对应关系绘制工作曲线。

B6 分析结果计算

根据试样溶液测定值（扣除空白试验的测量值）从工作曲线上查出试料溶液中汞浓度，按下式计算汞含量的百分含量

$$Hg\% = \frac{c \cdot V \times 10^{-6}}{m \times 100}$$

式中 c——从工作曲线上查出的汞浓度,μm/mL;

V——试样溶液总体积,100mL;

m——试料的质量,g。

B7 允许差

实验室之间分析结果的差值应不大于下表所列允许差。

表 B1 %

汞含量	允许差	汞含量	允许差
0.00001~0.00005	0.00001	>0.00040~0.00060	0.00007
>0.00005~0.00010	0.00002	>0.00060~0.00080	0.00009
>0.00010~0.00020	0.00003	>0.00080~0.00010	0.000011
>0.00020~0.00040	0.00005		

附加说明:

本标准由稀土行业标准化工作办公室提出。

本标准由北京有色金属研究总院负责起草。

本标准主要起草人:陈惠芳、牛新伟、胡莉茵、张树根。

本社出版的相关书目

材料腐蚀与防护	孙秋霞　主编
钢材质量检验	刘天佑　主编
模具钢手册	陈再枝　等编著
金属凝固过程中的晶体生长与控制	常国威　等编著
陶瓷基复合材料导论(第 2 版)	贾成厂　主编
陶瓷—金属复合材料	李荣久　主编
焊接材料研制理论与技术	张清辉　等著
高温用特殊复合材料	徐桂兰　编著
负压实型铸造及铸件质量	马幼平　等编著
高速工具钢	邓玉昆　等主编
金属塑性变形的实验方法	林治平　等编著
中国冶金百科全书　金属材料	本书编委会　编
材料研究与测试方法	张国栋　主编
金刚石薄膜沉积制备工艺与应用	戴达煌　等编著
X 射线衍射技术及设备	丘　利　等编
材料的结构	余永宁　等编著
金属的高温腐蚀	李美栓　编著
高效快速感应熔涂技术	张增志　著
微合金非调质钢	董成瑞　等编著
钎钢与钎具	洪达灵　等编著
轴承钢	钟顺思　等主编
双相不锈钢	吴　玖　等著
铸造流涂新工艺	张启富　等著
材料科学基础(教材)	李　见　主编
金属学原理(教材)	余永宁　编